普通高等教育“十三五”规划教材

WUJI JI FENXI HUAXUE

无机及分析化学

谢练武　郭亚平　主编

化学工业出版社

·北京·

本书按照高等院校本科基础课程无机及分析化学的基本要求，结合各参编学校多年来的教学实践编写而成。编写过程中遵循“通用性、适用性和先进性有机结合”的原则，在保持无机及分析化学课程体系完整性的基础上，对教学内容进行了重组、删除、补充与优化。主要内容包括分散系统、化学反应基本理论、定量分析概论、酸碱平衡与沉淀溶解平衡、酸碱滴定法、重量分析法与沉淀滴定法、配位化合物、配位滴定法、氧化还原与电化学、氧化还原滴定法与电势分析法、物质结构基础、元素选论、紫外-可见分光光度法等内容。本教材各章前均附有学习指导，各章后均附有知识拓展和精选的习题。为方便教师开展多媒体教学，本教材提供配套的教学课件，思考题和习题配有电子版参考答案。

本书是化学相关专业通用型的化学基础课教材，适用于化学、化工、材料、能源、生命科学、生物工程、环境科学、林学、生态学、农学、医学、药学、轻工、食品等专业。

图书在版编目(CIP)数据

无机及分析化学/谢练武，郭亚平主编，—北京：化学工业出版社，2017.8（2024.8 重印）
普通高等教育“十三五”规划教材
ISBN 978-7-122-29804-1

Ⅰ.①无…　Ⅱ.①谢…②郭…　Ⅲ.①无机化学-高等学校-教材②分析化学-高等学校-教材　Ⅳ.①O61②O65

中国版本图书馆 CIP 数据核字（2017）第 160968 号

责任编辑：成荣霞　　文字编辑：王　琪
责任校对：边　涛　　装帧设计：王晓宇

出版发行：化学工业出版社（北京市东城区青年湖南街 13 号　邮政编码 100011）
印　　装：北京机工印刷厂有限公司　010-6 518 99
787mm×1092mm　1/16　印张 20　彩插 1　字数 510 千字　2024 年 8 月北京第 1 版第 11 次印刷

购书咨询：010-64518888　　售后服务：010-64518899
网　　址：http://www.cip.com.cn
凡购买本书，如有缺损质量问题，本社销售中心负责调换。

定　　价：49.80 元

《无机及分析化学》编写人员名单

主　　编　谢练武　郭亚平

副 主 编　（按姓氏汉语拼音排序）

贺国文　皮少锋　周尽花

编写人员　（按姓氏汉语拼音排序）

郭亚平　郭　鑫　贺国文

刘长辉　皮少锋　王　琼

王文磊　文瑞芝　肖红波

谢练武　胥　涛　张　宁

周尽花

前　言

FOREWORD

根据教育部“十三五”规划发展纲要，高等院校要着力培养信念执著、品德优良、知识丰富、本领过硬的高素质专门人才和拔尖创新人才。这就要求高等院校的课程体系和教学内容进行必要的改革与创新。本书按照高等院校本科基础课程无机及分析化学的基本要求，结合各参编学校多年来的教学实践编写而成。在内容的选择和章节安排上，注意了无机化学和分析化学两部分内容的整合与衔接，避免了不必要的重复，文字叙述力求深入浅出，通俗易懂，便于自学。在编写过程中，本教材编写组始终注意以下几点：注重理论联系实际与专业需求；注重基础理论知识的完整性与拓展知识点的有机统一；注重将平时的教学经验充分体现在章节内容的编写中。

为了加强实践教学，为培养学生创新创业意识，将无机化学内容做了较大幅度的压缩，分析化学内容也做了适当的调整。由于各专业的授课学时不尽相同，书中一些章节加有“*”号，可供不同专业选用或供学生自学参考。讲授本书约需 80 学时，各校在使用时可根据各自的学时数进行增减。

编写过程中遵循“通用性、适用性和先进性有机结合”的原则，在保持原课程体系基础上，对教学内容进行了重组、删除和补充。主要内容包括分散系统、化学反应基本理论、定量分析概论、酸碱平衡与沉淀溶解平衡、酸碱滴定法、重量分析法与沉淀滴定法、配位化合物、配位滴定法、氧化还原与电化学、氧化还原滴定法与电势分析法、物质结构基础、元素选论、紫外-可见分光光度法等内容。教材各章前均附有学习指导，各章后均附有知识拓展和精选的习题。为方便教师开展多媒体教学，本教材提供配套的教学课件，思考题和习题配有电子版参考答案，可电子邮件联系：xielianwu@csuft.edu.cn。本书是化学相关专业通用型的化学基础课教材，适用于化学、化工、材料、能源、生命科学、生物工程、环境科学、林学、生态学、农学、医学、药学、轻工、食品等专业。

为了适应国内国际学术交流，全书的术语、符号、计量单位均采用我国现行有关法规，对于一些文献资料中常见的非法定计量单位也列于附录，以便查阅。

本书由谢练武、郭亚平主编，并负责全书的组织策划、编排修订、统稿审定等工作，贺国文、皮少锋、周尽花担任副主编。具体编写分工如下：谢练武编写第 1 章、第 6 章、附录，郭亚平编写第 2 章，贺国文编写第 3 章，王琼编写第 4 章，皮少锋编写第 5 章，胥涛编写第 7 章，文瑞芝编写第 8 章，周尽花编写第 9 章，刘长辉编写第 10 章，王文磊编写第 11 章，肖红波编写第 12 章，张宁编写第 13 章，郭鑫编写第 14 章。

中南林业科技大学的陈学泽教授、王元兰教授为本书的编写提供了大量素材，初稿经陈学泽教授精心审阅，并提出不少极为宝贵的意见，谨此致谢。

由于受到学术水平和教学经验的限制，本书难免存在疏漏之处，恳切希望读者予以批评指正。

编　者

2017 年 7 月

目　录

CONTENTS

第1章 绪论

1.1 化学研究的内容

化学是一门在原子、分子水平上研究物质的组成、结构、性质及其变化规律的科学，在现代自然科学中占有十分重要的地位。

化学从一开始就与人类生存、生产、生活、发展密切相关。燃烧是人类最早掌握的化学反应。燃烧显著改善了人类的生存条件，如提供饮食、制作陶器、冶炼金属。与此同时，燃烧也为人类社会带来文明的曙光。古代的炼丹家、炼金术士们在各自的神秘实验中逐渐掌握了加热、蒸馏、分离等基本化学操作，学会了观察总结实验，学会了客观分析和思考，积累了初步的化学知识。

化学研究的内容很广泛，由于学科发展，传统上把化学分为无机化学、分析化学、有机化学和物理化学四大分支学科，通常称之为"四大化学"。

无机化学研究除碳氢化合物及其衍生物以外的所有元素单质和它们的化合物的组成、结构、性质、变化规律和变化过程中的能量关系。

有机化学的研究对象是碳氢化合物及其衍生物，人类已发现和合成的数千万种化合物中，有8000多万种是有机物，因而有机物与人类的生存和发展息息相关。

分析化学把化学与物理学、电子学、信息学等学科的方法原理相结合来研究物质的组成、含量、结构的分析原理、方法和技术。

物理化学利用物理学的原理和方法研究物质及其反应，以寻求物质化学性质与物理性质之间的联系，物理化学是化学的理论部分。

随着科学的发展和研究的深入，学科之间相互交叉渗透出现了许多与化学有关的边缘学科。例如与数学、物理学、天文学、地质学、生物学等一级学科形成的交叉学科有计算化学、物理化学、天体化学、地球化学、生物化学等。除此以外，还有许多与二级学科形成的边缘学科，如植物化学、生物无机化学、食品化学、药物化学、细胞化学、酶化学、环境化学等。由于化学与许多学科形成交叉的边缘学科，因此有人称化学为自然科学的中心学科。

就化学学科基础研究而言，著名化学家徐光宪院士指出，21世纪化学需面对四大难题。

(1) 化学反应理论问题，建立精确有效而又普遍适用的化学反应的含时多体量子理论和统计理论。

（2）结构和性能的定量关系问题，是解决定向分子设计和实用问题的关键。

（3）生命现象的化学机理问题，这无疑是从分子水平了解生命活动过程的支撑基础，如包括研究小分子与生物大分子相互作用的化学生物学和与生物医学衔接的化学信息学等方面的研究。

（4）纳米分子和材料的结构与性能的关系问题，尺度效应在复合性科学和物质多样性研究上至关重要，例如量子隧穿效应、量子相干效应等。

1.2 无机化学和分析化学的地位和作用

（1）无机化学是化学科学中发展得最早的分支学科，是其他化学分支学科的基础。无机化学中的一些基本定律、原理和实验技术在其他化学分支中得到了广泛应用，从而推动了这些学科的发展。无机化学的主要任务是将一些天然无机物加工成化工原料和化工产品，使日益增长的生产和生活需求得到满足。无机化学工业在国民经济中具有十分重要的地位，其兴衰直接关系到国家经济建设发展的快慢。

（2）分析化学是研究物质及其变化的重要方法之一，是人们获得物质化学组成和结构信息的科学。在化学学科本身的发展以及与化学有关的各学科领域中，分析化学都起着重要的作用，例如矿物学、地质学、生理学、生物学、医学、农学、林学和许多技术学科，都要用到分析化学。任何科学研究，只要涉及化学现象，就必定要运用分析化学这一手段。

在国民经济建设中，分析化学的实用意义就更加明显。分析化学起着工业生产上“眼睛”的作用。原料、材料、中间产品和出厂成品的质量检查，生产过程的控制和管理，都需要应用分析化学。科学理论的建立、新技术与新工艺的研究和推广也常以分析结果作为重要依据，所以，常常称分析化学为科研工作的“参谋”。

在农林业上，植物的营养诊断，土壤肥力的测定，农药、肥料品质的评定，农林产品质量的检验，重金属、农药残留量的检测等，都要广泛地应用到分析化学。

近年来，环境保护问题已经引起人们的普遍重视，对大气和水质等的连续监测，也是分析化学的任务之一。对废料、废液、废渣的处理和综合利用，也都需要分析化学。

由于科学和技术的发展，分析化学正处在变革之中。近代的科学研究和生产不仅要求测定物质的化学组成，还要求研究诸如元素的氧化态、配合态及空间分布，物质的晶体结构、表面结构及微区结构，不稳定中间体等。这些研究拓展了分析化学的范围，大大地促进了分析化学的发展。

1.3 无机及分析化学与专业的关系

本课程包括了无机化学和分析化学的基础知识，是很多高校相关专业一年级开设的第一门化学基础课。许多后续课程，如有机化学、物理化学、仪器分析、环境化学、环境监测、生物化学、土壤学、植物生理学、植物化学、食品化学和林产品加工分析等都要用到本课程的原理和方法。通过学习无机及分析化学，可了解化学变化的基本规律；了解分析、预测、控制、优化化学反应的理论方法；学会从现代原子分子结构理论的角度理解元素及其化合物的性质；掌握典型化学平衡（酸碱平衡、沉淀平衡、配位平衡、氧化还原平衡）与实验室化学分析的理论和方法；了解无机化学、分析化学和仪器分析的基础原理和方法，提高化学素养，为进一步学习相关专业课程打下良好基础。

学习这门课程的主要目的有以下三点。

（1）充实化学基础知识，扩大知识面，为相关专业课程打好基础。

（2）树立准确“量”的概念，要求切实掌握分析方法及相关原理，自觉培养严谨、认真和实事求是的科学作风，提高分析和处理实际问题的能力。

（3）重视综合能力的培养，尤其是自学能力，便于后续课程的学习和今后的实际工作。

第 2 章

分散系统

本章学习指导

了解分散系统的分类，掌握溶液浓度的不同表示方法及其相互换算，掌握稀溶液的依数性，掌握胶团结构的书写及溶胶的稳定性与聚沉。

溶液和胶体是物质的不同存在形式，在自然界中普遍存在，与工农业生产以及人类生命活动过程有着密切的联系。广大的江河湖海就是最大的水溶液，生物体和土壤中的液态部分大都为溶液或胶体。溶液和胶体是物质在不同条件下所形成的两种不同状态。例如，NaCl溶于水就成为溶液，把它溶于酒精则成为胶体。那么，溶液和胶体有什么不同呢？它们各自又有什么样的特点呢？要了解上述问题，需要了解有关分散系统的概念。

2.1 分散系统及其分类

在自然界和生产实践中，经常遇到的并不是纯的气体、液体或固体，而是一种或几种物质分散在另一种物质之中所构成的系统，例如，水滴分散在空气中形成的云雾，奶油和蛋白质分散在水中形成的牛奶，染料分散在油中形成的涂料和油墨，各种矿物分散在岩石中形成的矿石等，这些都称为分散系统（disperse system），是指将一种或几种物质分散到另一种物质中所形成的系统。系统中被分散的物质称为分散质（或分散相），起分散作用的物质称为分散剂（或分散介质）。上述分散系统中，水滴、奶油、蛋白质、染料、各种矿物是分散质，而空气、水、油、岩石则是分散剂。

在分散系统中，分散质和分散剂可以是固体、液体或气体，故按分散质或分散剂的聚集状态分类，分散系统可以有 9 种，见表 2-1。

表 2-1　按分散相和分散介质的聚集状态对分散系统进行分类

分散相	分散介质	系统名称	实例
气	气	气溶胶	空气
液	气	气溶胶	云、雾

续表

分散相	分散介质	系统名称	实例
固	气	气溶胶	烟、尘
气	液	泡沫	肥皂泡
液	液	乳浊液	牛奶、原油、农药乳浊液
固	液	溶胶、悬浊液	涂料、泥浆、农药悬浊液
气	固	固体泡沫	泡沫塑料、浮石、馒头
液	固	固溶胶	珍珠、肉冻
固	固	固溶胶	大部分合金、有色玻璃

按分散相粒子直径的大小，可将分散系统分为三类，其分类标准及主要特性列于表2-2。

表2-2 分散系统按分散相颗粒大小的分类

类型	分散质颗粒直径/nm	主要特征	举例
小分子(离子)溶液	<1	颗粒能通过半透膜，扩散快，普通显微镜及超显微镜下不可见	硫酸铜溶液、蔗糖水溶液
胶体溶液、高分子溶液	1～100	颗粒能通过普通滤纸，不能通过半透膜，扩散慢，普通显微镜不可见，超显微镜可见	氢氧化铁溶胶、碘化银溶胶
粗分散系统	>100	颗粒不能通过滤纸，不扩散，普通显微镜可见	豆浆、黄河水

当然，按颗粒大小来分类不是绝对的，例如，某些物质在粒子直径大到500nm的情况下，还可以表现出胶体的性质。

高分子溶液分散相粒子的直径也在胶体范围内，因而具有溶胶的某些特性，但其分散相粒子是单个的分子，对分散剂有强烈的亲和能力，分散相粒子与分散剂之间无界面存在，具有均相性，这又与溶液相似。所以，高分子溶液又称亲液溶胶，而将难溶性固体分散在水中形成的胶体称为憎液溶胶。本章重点讨论溶液和胶体分散系统的一些性质。

2.2 溶液

溶液（solution）是指把一种或几种物质以分子、原子或离子的状态分散于另一种物质中所构成的均匀稳定的分散系统。溶液是高度分散的单相系统。溶液可以分为液态溶液（如糖水、食盐水）、固态溶液（如铜锌合金）、气态溶液（如空气）。通常说的溶液指的是液态溶液，由溶质和溶剂组成。水是最常用的溶剂，如不特殊指明，通常说的溶液即指水溶液。溶液是均匀系统，它的组成不固定，可以在很大范围内变动，而且溶液中各组分基本上还保留着原有的化学性质。从这一点看，溶液像是混合物，但在溶解过程中，往往伴随着吸热或放热现象，或有体积和颜色的改变等，说明有溶剂化等作用发生。所以可以认为溶液是介于混合物与化合物之间的一种状态。

2.2.1 溶液的浓度

在一定量溶剂或溶液中所含溶质的量叫作溶液的浓度。溶液的浓度（concentration）可以用不同的方法表示，最常用的有以下几种。

2.2.1.1 质量分数浓度(mass fraction)

(1) 质量百分数浓度　每 100 份质量的溶液中所含溶质的质量分数，用符号 w 表示如下：

$$w=\frac{m_{质}}{m_{液}}\times 100\% \tag{2-1}$$

(2) 百万分数浓度*　每 100 万份质量的溶液中溶质所占的质量分数，用 10^{-6} 表示。百万分数浓度过去又叫 ppm 浓度（现在此表示方法已经废止）。例如，1kg 水溶液中含铜离子 50mg，该溶液的百万分数浓度为 50×10^{-6}。

$$百万分数浓度=\frac{m_{质}}{m_{液}}\times 10^{6}\times 10^{-6} \tag{2-2}$$

(3) 十亿分数浓度*　每 10 亿份质量的溶液中溶质所占的质量分数，用 10^{-9} 表示。十亿分数浓度过去又叫 ppb 浓度(现在此表示方法已经废止)。

$$十亿分数浓度=\frac{m_{质}}{m_{液}}\times 10^{9}\times 10^{-9} \tag{2-3}$$

百万分数浓度和十亿分数浓度在一些极稀的溶液的配制、污水中微量污染物的测定中经常用到。在实际应用中，常用 mg/kg、ng/mg 表示百万分数浓度，用 μg/kg 表示十亿分数浓度。

2.2.1.2 物质的量浓度(molarity)

单位体积的溶液中所含溶质的物质的量称为该物质的物质的量浓度。

$$c=\frac{n}{V} \tag{2-4}$$

式中，c 表示物质的量浓度；n 表示溶质的物质的量；V 表示溶液的体积。c 的单位常用 mol/L，n 的单位常用 mol，V 的单位常用 L。由于：

$$n=\frac{m}{M}=cV$$

$$c=\frac{m}{MV} \tag{2-5}$$

式中，m 表示溶质的质量；M 表示溶质的摩尔质量。m 常用 g 为单位，M 常用 g/mol 为单位。

2.2.1.3 摩尔分数(mole fraction)

溶液中某种组分的物质的量占溶液总物质的量的分数，用符号 X 表示。如果溶液是由溶剂 A 和溶质 B 两组分所组成，则摩尔分数可表示如下：

$$X_{A}=\frac{n_{A}}{n_{A}+n_{B}} \tag{2-6}$$

$$X_{B}=\frac{n_{B}}{n_{A}+n_{B}} \tag{2-7}$$

$$X_{A}+X_{B}=1 \tag{2-8}$$

式中，X_A、X_B 分别表示溶剂 A 和溶质 B 的摩尔分数；n_A、n_B 分别表示溶剂 A 和溶质 B 的物质的量。

2.2.1.4 质量摩尔浓度(molality)

溶质的物质的量与溶剂质量的比值叫作质量摩尔浓度，用符号 b 表示如下：

$$b=\frac{n_B}{m_A}=\frac{m_B}{M_B m_A} \tag{2-9}$$

式中，m_A、m_B 分别表示溶剂、溶质的质量。b 的单位常用 mol/kg，m_A、m_B 的单位常用 kg 与 g，M_B 的单位常用 g/mol。

2.2.2 难挥发、非电解质稀溶液的依数性

不同的溶液有不同的性质，如密度、颜色、气味、导电性、酸碱性等主要由溶质的本性决定，溶质不同，性质各异。也有几种性质，如蒸气压、沸点、凝固点、渗透压，只与溶液的浓度（溶质的粒子数）有关，而与溶质的本性无关，这些性质叫作溶液的依数性，因为它只有当溶液很稀时才较准确，故而称为稀溶液的依数性（colligative properties of dilute solutions)。浓溶液的情况比较复杂，迄今尚未能建立起完整的浓溶液理论。

2.2.2.1 溶液的蒸气压下降(vapor pressure lowering)

当温度恒定时，将一种纯液体放入密闭的容器中，该液体中一部分动能较高的分子从液体表面逸出液面成为气态分子，这一过程称为蒸发。在蒸发过程进行的同时，有一部分气态分子在运动中碰到液体表面又成为液态分子，这一过程称为凝聚。随着蒸发的进行，气态分子数增多，浓度增大，凝聚速度逐渐加快，最后当蒸发速度与凝聚的速度相等时，达到动态平衡。这时液面上方的气态分子浓度不再改变，达到饱和，这时的蒸气压称为饱和蒸气压，简称蒸气压。

液体的饱和蒸气压与物质的本性有关，不同的液体在相同的条件下，饱和蒸气压不同。如在 20℃时，水、乙醇的蒸气压分别是 2.33×10^3 Pa 与 5.93×10^3 Pa。同一液体的饱和蒸气压随着温度的升高而增大。表 2-3 列出了水在不同温度时的饱和蒸气压。

表 2-3 在不同温度下水的饱和蒸气压

温度/℃	压力/Pa	温度/℃	压力/Pa	温度/℃	压力/Pa	温度/℃	压力/Pa
0	613	14	1600	28	3772	70	31152
1	653	15	1706	29	3999	75	38537
2	706	16	1813	30	4239	80	47335
3	760	17	1933	31	4492	85	57799
4	813	18	2066	32	4759	90	70089
5	866	19	2199	33	5025	95	84526
6	933	20	2333	34	5319	96	87658
7	1000	21	2493	35	5625	97	90924
8	1066	22	2639	40	7371	98	94283
9	1146	23	2813	45	9584	99	97736
10	1226	24	2986	50	12330	100	101325
11	1306	25	3173	55	15729	101	104987
12	1400	26	3359	60	19915		
13	1493	27	3559	65	24994		

与液体相似，固体也可以蒸发，因而也有一定的蒸气压。在一般情况下，大多数固体的蒸气压很小。

当在纯液体（溶剂）中加入一种难挥发的物质（溶质）时，溶液的蒸气压便会下降。即在同一温度下，溶液的蒸气压总是低于纯溶剂的蒸气压。因为难挥发性溶质的蒸气压很小，常常可以忽略，所以溶液的蒸气压实际上是指溶液中溶剂的蒸气压。产生这种现象的原因是：由于溶质的加入降低了单位体积内溶剂分子的数目，在同一温度下，单位时间内从溶液逸出的溶剂分子数目减少，即蒸发速度减小，这样，蒸发与凝聚建立平衡后，溶液的蒸气压必然低于纯溶剂的蒸气压。

1887 年法国物理学家拉乌尔（Raoult F. M.）依据实验结果，得出一条重要结论：在一定温度下，难挥发非电解质稀溶液的蒸气压等于纯溶剂的蒸气压乘以该溶剂在溶液中的摩尔分数。这个定量关系叫作拉乌尔定律。即：

$$P = P_{\mathrm{A}}^{\ominus} X_{\mathrm{A}} \tag{2-10}$$

式中，P、$P_{\mathrm{A}}^{\ominus}$ 分别为溶液、纯溶剂的蒸气压；X_{A} 为纯溶剂在溶液中的摩尔分数。因为：

$$X_{\mathrm{A}} + X_{\mathrm{B}} = 1$$

所以

$$P = P_{\mathrm{A}}^{\ominus}(1 - X_{\mathrm{B}})$$

溶液的蒸气压下降值 ΔP 为：

$$\Delta P = P_{\mathrm{A}}^{\ominus} - P = P_{\mathrm{A}}^{\ominus} - P_{\mathrm{A}}^{\ominus}(1 - X_{\mathrm{B}})$$

$$\Delta P = P_{\mathrm{A}}^{\ominus} X_{\mathrm{B}} \tag{2-11}$$

因此拉乌尔定律也可以描述为：在一定温度下，难挥发非电解质稀溶液的蒸气压下降与溶质的摩尔分数成正比。

当溶液很稀时，$n_{\mathrm{A}} > n_{\mathrm{B}}$，$n_{\mathrm{A}} + n_{\mathrm{B}} \approx n_{\mathrm{A}}$，因此：

$$X_{\mathrm{B}} = \frac{n_{\mathrm{B}}}{n_{\mathrm{A}} + n_{\mathrm{B}}} \approx \frac{n_{\mathrm{B}}}{n_{\mathrm{A}}}$$

若以水为溶剂，假设溶液的质量摩尔浓度为 b mol/kg，如溶剂水的质量为 1kg，溶质的物质的量 $n_{\mathrm{B}} = b$ mol，且有 $n_{\mathrm{A}} = 1000/18 = 55.5$ mol。代入上式中，得：

$$X_{\mathrm{B}} = \frac{n_{\mathrm{B}}}{n_{\mathrm{A}}} = \frac{b}{55.5}$$

$$\Delta P = P_{\mathrm{A}}^{\ominus} X_{\mathrm{B}} = P_{\mathrm{A}}^{\ominus} \frac{b}{55.5}$$

在一定温度时，纯溶剂的 $P_{\mathrm{A}}^{\ominus}$ 为一常数，令：

$$K = \frac{P_{\mathrm{A}}^{\ominus}}{55.5}$$

则

$$\Delta P = Kb \tag{2-12}$$

从式（2-12）可看出，在一定温度下，难挥发非电解质稀溶液的蒸气压下降，近似地与溶液的质量摩尔浓度成正比，而与溶质的种类无关。这是拉乌尔定律的第三种表达形式。

2.2.2.2 溶液的沸点升高（boiling point elevation）

沸点是液体的蒸气压等于外界大气压时的温度。根据拉乌尔定律，在同一温度时，溶液的蒸气压必然小于纯溶剂的蒸气压，要使溶液的蒸气压等于外界大气压，则必须升高温度，故溶液的沸点总是比其纯溶剂的高（图 2-1）。

若纯溶剂的沸点为 $T_b^\ominus$，溶液的沸点为 T_b，则沸点的升高值为 $\Delta T_b = T_b - T_b^\ominus$。根据拉乌尔定律，溶液的蒸气压降低与质量摩尔浓度近似地成正比，而溶液沸点的升高程度又与 ΔP 成正比，故 ΔT_b 亦应与质量摩尔浓度近似成正比。即：

$$\Delta T_b = K_b b \tag{2-13}$$

式中，K_b 为摩尔沸点升高常数，该常数取决于溶剂的性质，而与溶质的种类无关。摩尔沸点升高常数不能简单地看作是浓度为 1mol/kg 时溶液的沸点升高值，因为有些溶质由于溶解度的限制不能达到 1mol/kg 的浓度，而且溶液的浓度达到 1mol/kg 时，已不符合拉乌尔定律。K_b 值由实验测得，几种溶剂的 K_b 值列于表 2-4 中。

表 2-4 几种溶剂的 K_b 和 K_f 值

溶剂	沸点/℃	K_b/(K·kg/mol)	凝固点/℃	K_f/(K·kg/mol)
水	100	0.513	0	1.86
乙醇	78.5	1.22	−117.3	—
丙酮	56.2	1.71	−95.4	—
苯	80.2	2.57	5.53	5.12
乙酸	118.4	3.11	16.65	3.90

2.2.2.3 溶液的凝固点下降（freezing point depression）

溶液的凝固点是指在一定的压力下（通常是指 101.325kPa）溶液的蒸气压与固态纯溶剂的蒸气压相等且两相共存时的温度，水的凝固点是冰水共存达平衡时的温度，此时水和冰有相同的蒸气压。图 2-2 是水溶液的蒸气压与凝固点的关系图。图中 A、B、C 分别为固相冰、液相水和溶液的蒸气压随温度变化的曲线。随着温度的降低，液相水的蒸气压下降，当温度降低至 $T_f^\ominus$ 时，A、B 两曲线相交于 a 点，此时两相的蒸气压相等，$T_f^\ominus$ 为纯水的凝固点。由于溶液的蒸气压低于同温度时水的蒸气压，曲线 C 在 B 的下方，在 $T_f^\ominus$ 时 A、C 曲线不会相交，只有当温度继续下降至 T_f 时，A、C 曲线才能相交于 b 点，两相的蒸气压才相等，T_f 为溶液的凝固点。溶液凝固点的降低值 $\Delta T_f = T_f^\ominus - T_f$。溶液的凝固点下降与溶液的沸点升高一样，也是由溶液的蒸气压下降所引起的。同样地，溶液的凝固点下降与溶液的质量摩尔浓度近似成正比，即：

$$\Delta T_f = K_f b \tag{2-14}$$

式中，K_f 为摩尔凝固点下降常数，K_f 与 K_b 一样和溶质的种类无关，只随溶剂的不同而异。几种溶剂的 K_f 值也列于表 2-4。

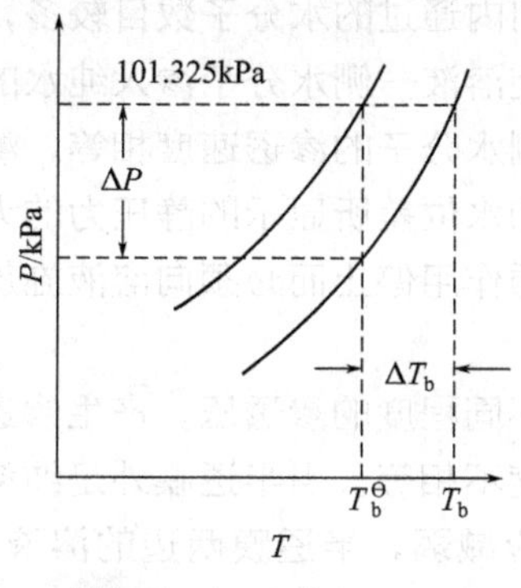

图 2-1 溶液的沸点升高

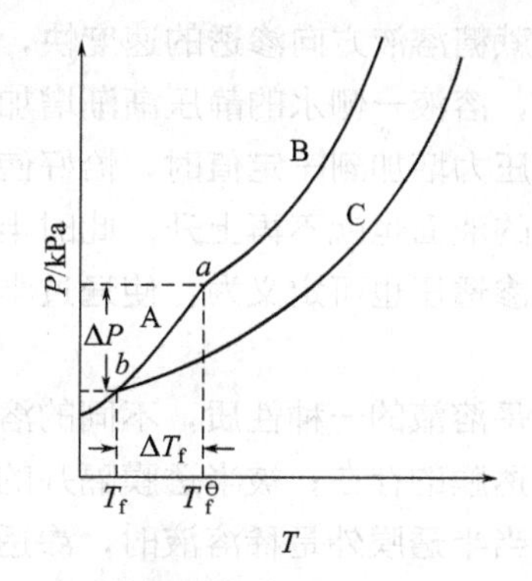

图 2-2 凝固点下降

A—固相冰；B—液相水；C—溶液

利用K_f、K_b及拉乌尔定律，可以从溶液的蒸气压下降、沸点上升和凝固点下降测定一些物质的分子量。在实际工作中由于凝固点的测定比较简便、准确，而有些物质特别是有机化合物在高温时不稳定，容易发生分解，因此用凝固点的降低来进行测定应用比较广泛。

例 2-1 某含氮有机物300mg溶解于20g水中，测得凝固点比纯水降低了0.212K，计算该化合物的摩尔质量。

解：设该有机物的摩尔质量为M，由：

$$\Delta T_f = K_f b = K_f \frac{m_{质}}{M_{质} m_{剂}}$$

$$M_{质} = \frac{K_f m_{质}}{\Delta T_f m_{剂}}$$

水的$K_f = 1.86\text{K} \cdot \text{kg/mol}$；$m_{质} = 0.3\text{g}$；$m_{剂} = 20\text{g}$；$\Delta T_f = 0.212\text{K}$。

$$M = \frac{1.86 \times 0.3}{0.212 \times 20} \times 10^3 = 131.6\text{g/mol}$$

该含氮有机物的摩尔质量为131.6g/mol。

溶液的凝固点下降有广泛的应用。在严寒的冬天，汽车水箱可能会因水结冰而破裂，在水中加入甘油或乙二醇等物质，就可降低水的凝固点，防止结冰。实验室中常用盐和冰的混合物作制冷剂获得低温。例如，1份食盐和3份碎冰的混合物可使温度降低至−20℃。这是因为盐溶解在冰表面的水中成为溶液，溶液的蒸气压低于冰的蒸气压，使冰融化，冰在融化过程中吸收大量的热，使温度降低。

2.2.2.4 溶液的渗透压(osmotic pressure)

如果用一种具有选择性的只能让溶剂分子通过的薄膜（半透膜）把水和蔗糖隔开（图2-3）。开始时让半透膜两侧的液面高度相等，经过一段时间以后，水通过半透膜进入溶液，使溶液的液面升高。若将半透膜两侧换成浓度不同的蔗糖溶液，则会发现稀溶液里的水通过半透膜进入浓溶液，使溶液的液面上升。这种只有溶剂分子通过半透膜自动扩散的过程叫作渗透。

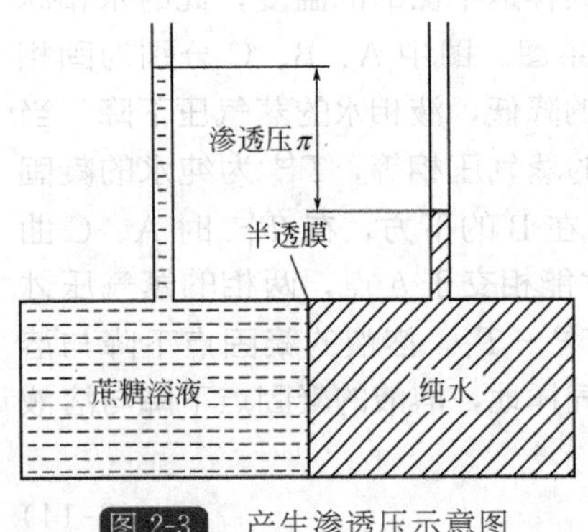

图 2-3 产生渗透压示意图

渗透现象的产生是由于半透膜两侧与膜接触的溶剂分子数不相等引起的。因为溶剂水分子能自由通过半透膜，而溶质分子不能通过。所以水分子从纯水向蔗糖溶液方向渗透的速度快，即单位时间内通过的水分子数目较多，因此溶液液面不断升高，溶液一侧水的静压渐渐增加。其结果使溶液一侧水分子渗入纯水的速度渐渐加快，当这种压力增加到一定值时，恰好使半透膜两侧水分子的渗透速度相等，渗透达到动态平衡，溶液的液面也就不再上升。此时半透膜两侧的水位差所显示的静压力的大小称为溶液的渗透压。渗透压也可定义为：使通过半透膜的渗透作用停止而必须向溶液施加的最小额外压力。

渗透压是溶液的一种性质，不同的溶液表现出不同程度的渗透压。产生渗透压的必要条件是：有半透膜的存在；被半透膜隔开的液体的浓度不相等。当半透膜外是纯溶剂时，渗透作用最强，当半透膜外是稀溶液时，渗透作用便相应减弱，半透膜两边的溶液浓度差越大，渗透作用越大。如膜内外溶液浓度相等时，渗透作用便不会发生，这种渗透压相同的溶液称为等渗溶液。

1886年荷兰的范特霍夫（van't Hoff）总结了渗透压的许多实验结果，提出了稀溶液的渗透压与热力学温度、浓度的关系，类似于理想气体状态方程。即：

$$\pi V = nRT \quad 或 \quad \pi = cRT \tag{2-15}$$

式中，π 是溶液的渗透压，kPa；V 是溶液的体积，L；n 是溶液中所含溶质的物质的量，mol；R 是气体常量，其常用值为 8.314kPa·L/(mol·K)；T 是热力学温度 K；c 是溶液的物质的量浓度，mol/L。如果水溶液浓度很稀，则有 $c \approx b$，上式可写为：

$$\pi = bRT \quad （稀的水溶液）$$

从式（2-15）可以看出，在一定温度下，溶液的渗透压与溶液中所含溶质的数目成正比，而与溶质的本性无关。实验证明，即使是蛋白质这样的大分子，其溶液的渗透压与其他小分子一样，是由它们的质点数决定的，而与溶质的性质无关。

利用范特霍夫公式，可用测定溶液渗透压的办法求算溶质的摩尔质量。

例 2-2　在 288K，1L 溶液中溶解了某种蛋白质 21.5g，测得该溶液的渗透压为 516Pa，计算该蛋白质的摩尔质量。

解：因为
$$\pi = \frac{nRT}{V} = \frac{mRT}{MV}$$

所以
$$M = \frac{mRT}{\pi V} = \frac{21.5 \times 8.314 \times 288}{516 \times 10^{-3} \times 1} = 9.98 \times 10^{4}\,\text{g/mol}$$

渗透现象与生物的生理活动息息相关。动物血液中的红细胞在水中或在很稀的溶液中时，水会渗入红细胞使之膨胀或破裂，这种情况叫作溶血。当动物需要输液补充水分时，应使用质量分数为 0.90%的生理盐水（等渗溶液），而不能用纯水。

植物的细胞壁内有一层原生质膜，起着半透膜的作用，而细胞液则是一种溶液。植物体内水分的传导、植物组织的撑紧状态都与渗透压有关。土壤溶液的渗透压和植物细胞液渗透压的比值与植物的生长和发育有很大关系，只有当植物根系细胞液的渗透压大于土壤溶液的渗透压时，植物才能正常生长。植物根系细胞液的渗透压一般为 405～2030kPa，黑钙土的土壤溶液的渗透压约为 253kPa，而盐碱土的渗透压可高达 1300kPa，所以，盐碱土不利于植物生长，它使植物根部吸水困难，甚至使植物体内水分外渗，造成生理干旱。施肥不当，造成土壤溶液局部浓度过大，也会使植物枯萎。

溶液的依数性只适用于难挥发非电解质的稀溶液，在浓溶液中，由于浓度大，溶质的质点数多，溶质粒子间的相互影响大，因此情况比较复杂，依数性的定量关系就不存在了。在电解质溶液中，由于电解质的解离，产生的阴阳离子相互牵制，相互影响，使稀溶液依数性的定量关系发生很大的偏离，不过仍可做一些定性的比较。

例 2-3　按沸点从高到低的顺序排列下列各溶液：

（1）0.1mol/L HAc　　（2）0.1mol/L NaCl　　（3）1mol/L 蔗糖

（4）0.1mol/L $CaCl_2$　　（5）0.1mol/L 葡萄糖

解：在一定体积的溶液中，粒子数目越多，即粒子浓度越大，沸点越高。电解质的粒子数目比相同浓度的非电解质多，强电解质的粒子数较相同浓度的弱电解质多，因此，粒子浓度由大到小的顺序为(3)＞(4)＞(2)＞(1)＞(5)，沸点顺序与此相同。

2.2.3　强电解质溶液

2.2.3.1　电解质溶液依数性的偏差

稀溶液的依数性只适用于难挥发非电解质的稀溶液，对于电解质溶液（electrolyte

solution）会产生很大的偏差。例如 0.1mol/kg 的氯化钠溶液，实验测得其凝固点降低值为 0.349℃，比理论计算值（按质量摩尔浓度计算）0.186℃大了 0.89 倍，其蒸气压的下降、沸点上升和渗透压的数值也比理论计算值大得多。同一种电解质溶液浓度越稀，依数性的偏差越大。表 2-5 列出几种电解质不同浓度的水溶液实验值与理论计算值的比值（i）。

由表 2-5 可以看出，随溶液浓度的变小，i 值渐趋近于某一限值，像 HCl、KCl 这种由一价阳离子和阴离子组成的 AB 型电解质，i 值以 2 为极限；而由一价阳离子和二价阴离子组成的 A_2B 型电解质，i 值的极限值为 3。

表 2-5　几种电解质不同浓度水溶液的 i 值

电解质	i 值				
	0.001mol/kg	0.005mol/kg	0.01mol/kg	0.05mol/kg	0.1mol/kg
HCl	1.99	1.98	1.97	1.94	1.92
KCl	1.98	1.96	1.94	1.89	1.86
K_2SO_4	2.90	2.90	2.80	2.74	2.44

根据上述实验事实，瑞典化学家阿伦尼乌斯提出了解离学说，认为电解质溶于水时，可以解离成阴、阳两种离子，所以 i 值总是大于 1，由于解离的程度不同，i 值总是小于全部解离时质点所应增加的倍数（2,3,…）。按照解离学说，0.1mol/kg NaCl 溶液若全部解离，ΔT_f 应该是 0.372℃，若不解离，ΔT_f 为 0.186℃，由此得出 NaCl 在水中没有完全解离，即解离度小于 100%。根据近代物质结构理论，NaCl、KCl、K_2SO_4 等是强电解质，在晶体中以离子状态存在，在水中应该全部解离为离子，即解离度为 100%。是什么原因造成电解质溶液解离不完全的现象呢？1923 年德拜（Debye P. J. W.）和休克尔（Hückel E.）提出了以离子互吸为核心内容的强电解质理论，下边对其做简单介绍。

2.2.3.2　强电解质溶液理论简介

德拜和休克尔确认强电解质在水溶液中是完全解离的，但由于离子间存在较强的静电作用，每个离子都被异号电荷的离子所包围，形成"离子氛"（图 2-4）。阳离子附近有较多的阴离子，阴离子附近有较多的阳离子，这样，离子在溶液中并不完全自由。假如让电流通过电解质溶液，这时，阳离子向阴极移动，但它的"离子氛"却向阳极移动。这样离子的速度显然就比假定没有离子氛时的离子慢些，因此就产生一种解离不完全的表面现象。

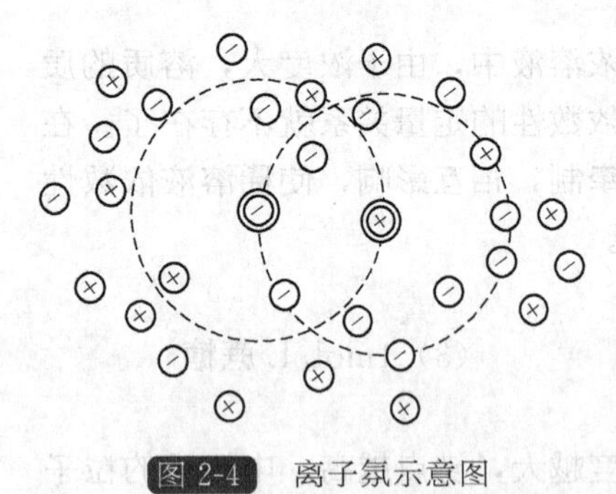

图 2-4　离子氛示意图

可见，强电解质解离度的意义和弱电解质不同：弱电解质的解离度表示解离了的分子百分数；强电解质的解离度仅仅反映溶液中离子间相互牵制作用的强弱程度。因此，强电解质的解离度称为"表观解离度"。

2.2.3.3　活度、活度系数和离子强度

为了定量描述强电解质溶液中离子间的牵制作用，引入了活度（activity）的概念。单位体积电解质溶液中，表观上所含有的离子浓度称为有效浓度，即活度。活度 a 与实际浓度 c 的关系为：

$$a = \gamma c \tag{2-16}$$

式中，γ 为活度系数（activity coefficient），它反映了电解质溶液中离子相互牵制作用的大小，溶液浓度越大，离子电荷越多，离子间的牵制作用越大，γ 也就越小。γ 越小，活度和浓度间的差距越大；γ 越大，活度和浓度间的差距就越小。当溶液极稀时，离子间相互作用极微，$\gamma \rightarrow 1$，这时，a 与 c 基本趋于一致。

某离子的活度系数，不仅受它本身浓度和电荷的影响，还受溶液中其他离子的浓度及电荷的影响，为了说明这些影响，引入离子强度（ionic strength）的概念。离子强度 I 的定义为：

$$I=\frac{1}{2}(c_1Z_1^2+c_2Z_2^2+c_3Z_3^2+\cdots) \qquad (2\text{-}17)$$

式中，I 为离子强度；c_1、c_2、c_3 等和 Z_1、Z_2、Z_3 等分别表示各离子的浓度及电荷数的绝对值。离子强度是溶液中存在的离子所产生的电场强度的量度。它仅与溶液中各离子的浓度和电荷有关，而与离子本性无关。

例 2-4 计算含有 0.1mol/L HCl 和 0.1mol/L $CaCl_2$ 的混合溶液的离子强度。

解：

$$I=\frac{1}{2}(c_{H^+}Z_{H^+}^2+c_{Ca^{2+}}Z_{Ca^{2+}}^2+c_{Cl^-}Z_{Cl^-}^2)$$

$$=\frac{1}{2}(0.1\times1^2+0.1\times2^2+0.3\times1^2)=0.4$$

德拜和休克尔从静电理论和分子运动论出发，得出在 25℃的水溶液中，当 $I \ll 1$ 时，活度系数与离子强度的近似公式为：

$$\lg\gamma=-0.509Z_+Z_-\sqrt{I} \qquad (2\text{-}18)$$

式中，Z_+、Z_- 分别为阳、阴离子所带电荷数的绝对值。

从式（2-18）中可以看出，离子强度 I 越小，活度系数 γ 越大，离子的电荷数越少，γ 值越大。

电解质溶液的浓度与活度之间一般是有差别的，严格说都应该用活度进行计算，但对于离子强度较小的稀溶液，由于 γ 接近于 1，若对结果的准确度要求不很高，为简便起见，通常就用浓度代替活度来进行有关计算。

2.3 胶体

胶体（colloid），又称溶胶，是由大量的分子、原子或离子聚集而成的粒子直径大小在 1～100nm 范围内的分散相，粒子直径介于溶液和粗分散系统之间。属于高度分散的多相系统，具有聚结不稳定性。在本节中主要介绍胶体的结构和性质。

2.3.1 分散度和比表面积

胶体分散系统和粗分散系统都是多相系统，分散相与分散介质之间存在相界面。但是，两种分散系统分散程度不同，很多性质都不相同。分散程度简称分散度（dispersion），常用单位体积物质的表面积来表示，称为比表面积（specific surface）。若以 V 表示物质的总体积，S 表示总表面积，S_0 表示比表面积，则有：

$$S_0=\frac{S}{V}$$

一个立方体，若边长为 L，体积就为 L^3，总表面积为 $6L^2$，则比表面积 S_0 为：

$$S_0=\frac{6L^2}{L^3}=\frac{6}{L}$$

显然，立方体的边长 L 越小，比表面积 S_0 越大。若将一个边长为 1cm 的立方体分割成胶体分散相的大小，即边长为 1×10^{-6} cm，可得到 1×10^{18} 个小立方体，总表面积可达 600m^2，比表面积为 6×10^6 cm^{-1}。由此可见，胶体分散系统的比表面积是相当大的，它是一个高度分散的多相系统，分散相与分散介质之间存在着巨大的相界面，因此，将表现出一系列特殊的表面现象，这些表面现象使溶胶具有不同于其他分散系统的特征。

2.3.2 表面现象

任何一个相，其表面分子与内部分子所具有的能量是不相同的，以图 2-5 所示的纯液体及其蒸气为例，虚线圆圈代表分子的引力范围。在液体内部的分子 A，因四面八方均有同类分子包围着，所受周围分子的引力是对称的，可以相互抵消而合力为零，因此它在液体内部移动时并不需要消耗功。处于表面的分子 B 及靠近表面的分子 C，其情况就与分子 A 大不相同。由于下方密集的液体分子对它的引力远大于上方稀疏气体分子对它的引力，所以不能相互抵消，这些力的合力垂直于液面而指向液体内部，亦即液体表面分子受到向内的拉力。因此，在没有其他作用力存在时，液体都有缩小其表面积而呈球形的趋势，因为球形的比表面积最小。相反地，如果要扩展液体的表面，即把一部分分子由内部移到表面上来，则需要克服向内的拉力而消耗功。可见表面分子比内部分子有更高的能量。

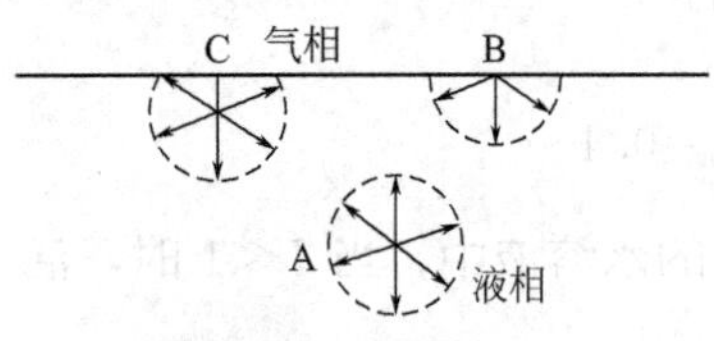

图 2-5 相界面与相内的分子受力情况

在一定的温度与压力下，对一定的液体来说，扩展表面所需消耗的功 W 应与增加的表面积 ΔS 成正比，即：

$$W=-\sigma\Delta S \tag{2-19}$$

由式（2-19）看出，σ 的物理意义是：在恒温恒压下增加单位表面积所引起的系统能量的增量。σ 也就是单位表面积上的分子比相同数量的内部分子多余的能量，因此称 σ 为比表面能，单位为 J/m^2。由于 J 可化为 N·m，所以 σ 的单位又可为 N/m，因此 σ 也可称为“表面张力”。一种物质的比表面能与表面张力数值上完全一样，量纲也一样，但物理意义有所不同，表面张力的物理意义是：沿着与表面相切的方向垂直作用于表面上任意单位长度线段的表面紧缩力。二者是从不同角度看同一问题的结果。

表面张力的大小与物质的种类、共存另一相的性质以及温度、压力等因素有关。对于纯液体来说，共存的另一相一般指空气或其饱和蒸气。一些纯液体在常压、298.15K 时的表面张力列于表 2-6。

表 2-6 几种常见液体的表面张力（298.15K）

液体	表面张力/(mN/m)	液体	表面张力/(mN/m)
水	72.8	乙醇	22.3
苯	28.9	正甲烷	21.8
四氯化碳	26.9	正已烷	18.4
丙酮	23.7	乙醚	16.9

固体的表面分子与液体情况一样，比内部分子有较高的能量。当固体或液体逐渐被分散时，总表面积逐渐增大，所需要做的功也随之增多，当达到高度分散时，所需要做的功已相

当可观。例如，将 1g 水分散为 10^{-7} cm 的小球时，表面积共 $3\times10^{7}cm^{2}$，需要做功 220J，相当于这 1g 水温度升高 50℃所需供给的能量，显然这是一个不容忽视的数值，它将使系统处于能量较高的不稳定状态。由于巨大表面的高能系统是不稳定的，都有自动地向减小能量的方向转变的倾向，可以通过减小表面积或降低表面张力来达到此目的。例如，放置较长时间，溶液中的晶粒会慢慢长大；液体对固体的润湿及固体表面的吸附等，均能使系统表面的能量降低。

固体具有从溶液中吸附溶质的特性，这一特性对溶胶的形成具有重要意义。固体在溶液中的吸附，简单讲，可以分为两种不同类型，即选择吸附和离子交换吸附。

2.3.2.1　选择性吸附 (selective adsorption)

固体在溶液中的吸附比较复杂，被吸附的物质可以是溶质，也可以是溶剂。溶剂被吸附得越多，对溶质的吸附就越少。一般规律是：固体吸附剂优先选择吸附与其极性和结构相似的物质，即“相似相吸”。例如，活性炭对色素水溶液的脱色比对色素苯溶液的脱色要好，因为非极性的活性炭对极性水分子的吸附很少，故吸附非极性的色素强；而对色素的苯溶液，由于活性炭对非极性的苯吸附得多，故对色素的吸附就少，脱色就不好。

如果溶质是电解质，由于电解质解离后溶液中存在正、负离子，则发生的是离子吸附。离子吸附常常是不可逆的，而且固体对阴阳离子的吸附能力也不相同，吸附剂常常优先吸附其中的一种，称为离子选择吸附。至于固体在什么情况下吸附阳离子，什么情况下吸附阴离子，这主要由固体与电解质的种类及性质来决定。一般可以认为：固体吸附剂常常是优先吸附固体晶格上的同名离子，或化学成分相近且结晶结构相似的物质的离子。例如，固体 AgI 在 $AgNO_3$ 溶液中，则选择吸附同名离子 Ag^+，使固体表面带正电荷，NO_3^- 留在溶液中；若在 KI 溶液中，则选择吸附同名离子 I^-，使固体表面带负电荷，带正电荷的 K^+ 留在溶液中。又如，$Fe(OH)_3$ 固体在 $FeCl_3$ 水溶液中，就很容易吸附 $FeCl_3$ 水解产生的与其结构相似的 FeO^+ 而带正电荷。

2.3.2.2　离子交换吸附 (ion exchange adsorption)

固体吸附剂从溶液中选择吸附某种离子后，溶液中的部分与被吸附离子具有相反电荷的离子（反号离子），受到带电固体表面足够大的静电引力作用而紧靠固体表面形成一个吸附层，由于这部分反号离子与固体表面的吸附离子结合较不牢固，可以被其他同电荷离子等量地取代下来，这种吸附称为离子交换吸附。离子交换吸附是可逆过程，遵循化学平衡原理，浓度大的离子可以交换浓度小的离子。除此之外，离子的交换能力还与离子所带的电荷数以及离子半径大小有关。离子带的电荷数越多，交换能力越强，例如：

$$Ti^{4+}>Al^{3+}>Ca^{2+}>K^+$$

同价离子半径越大，离子交换能力越强，例如一价碱金属离子交换能力的顺序为：

$$Cs^+>Rb^+>K^+>Na^+>Li^+$$

对于一价阴离子，实践证明 CNS^- 较卤素离子交换能力强，其交换能力顺序为：

$$CNS^->I^->Br^->Cl^-$$

这些均与离子的水化程度有密切关系。

离子交换吸附在工农业生产以及科学研究中应用极为广泛。在化工生产及化学实验室里，常常应用离子交换树脂作吸附剂来净化水和分离提纯某些电解质。离子交换树脂是人工合成的高分子有机化合物，一般分为阳离子交换树脂和阴离子交换树脂两大类：阳离子交换树脂分子结构中，一般都含有—SO_3H、—COOH 等基团，基团上的 H^+ 可与水中的阳离子进行交换；阴离子交换树脂分子结构中一般都含有—NH_2、—$N^+(CH_3)_3$ 等基团，在水中能形成羟铵—NH_3OH、—$N(CH_3)_3OH$，基团上的 OH 能与水中的阴离子进行交换，其过程可以表示如下：

$$R—SO_3H+M^+ \rightleftharpoons R—SO_3M+H^+$$

$$R—N(CH_3)_3OH+X^- \rightleftharpoons R—N(CN_3)_3X+OH^-$$

例如去离子水的制取，就是先将天然水通过装有阳离子交换树脂的交换柱，水中的阳离子被交换吸附在树脂上，交换出来的 H^+ 进入水中，而后再通过装有阴离子交换树脂的交换柱，水中的阴离子被交换吸附在后一树脂上，交换出来的 OH^- 进入水中并与水中交换下来的 H^+ 等量地结合成水分子，便可得到无杂质的去离子水。在实验室里，去离子水可以代替蒸馏水使用。离子交换树脂在使用过程中，会逐渐失去交换能力，但可通过化学处理，即阳离子交换树脂用强酸洗涤，阴离子交换树脂用氢氧化钠溶液洗涤，可以再生：

$$R—SO_3M+H^+ \rightleftharpoons R—SO_3H+M^+$$

$$R—N(CH_3)_3X+OH^- \rightleftharpoons R—N(CH_3)_3OH+X^-$$

2.3.3 胶团结构

因胶粒带有电荷，则分散介质一定带有相反电荷，这样才能使整个溶胶保持电中性。而处在分散介质中的反电荷离子（简称反离子或异解离子），由于受到胶粒表面电位离子（称为电势离子）的静电引力作用，环绕在胶粒周围，并在固液界面间形成双电层。在溶液中的反离子一方面受到胶粒表面的电势离子的引力，力图把它们拉向表面；另一方面，离子本身的热运动使它们离开表面扩散到溶液中去，这两种效应的结果，使靠近表面处反离子浓度最大，随着与表面距离的增大，反离子浓度逐渐变小，形成扩散层。基于上述情况，可以认为胶团（micelle）是由胶核和周围的扩散双电层所构成。扩散双电层又分内外两层，内层叫作吸附层，外层叫作扩散层。胶核是由许多分子、原子或离子形成的固态微粒，胶核常具有晶体结构，它是胶团的核心部分，固体微粒可以从周围的介质中选择性地吸附某种离子，或者通过表面分子的解离而使之成为带电体。带电的胶核与介质中的反离子存在着静电引力作用，使一部分反离子紧靠在胶核表面与电势离子牢固地结合在一起，形成吸附层，另一部分反离子则呈扩散状态分布在介质中，即为扩散层。吸附层与扩散层的分界面就称为滑动面，滑动面所包围的带电体，称为胶粒。溶胶在外加电场作用下，胶粒向某一电极移动；而扩散层的反离子与介质一起则向另一电极移动。胶粒和扩散层结合在一起就形成电中性的胶团。

现以 AgI 溶胶为例来进一步说明胶团的结构。前已说明，胶核优先吸附其结构组成相似的离子。所以在制备 AgI 胶体过程中，若 $AgNO_3$ 过量，则胶核优先吸附 Ag^+ 而带正电；若 KI 过量，则胶核优先吸附 I^- 而带负电。如果是前一种情况，那么，由 m 个 AgI 分子组成的胶核，选择吸附 n 个 Ag^+ 而带正电，除 n 个 Ag^+ 外，一部分反离子 $(n-x)NO_3^-$ 也会进入吸附层，而另一部分反离子 xNO_3^- 则分布在扩散层中。整个胶团结构可以用下式表示（图 2-6）：

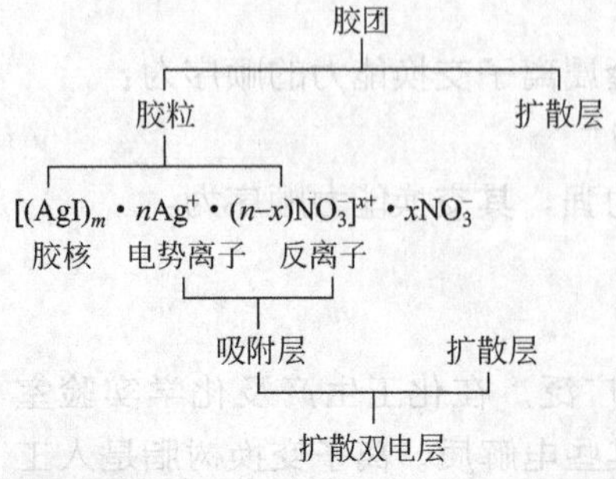

图 2-6 AgI 胶团结构（Ag^+ 过量）

$$[(AgI)_m \cdot nAg^+ \cdot (n-x)NO_3^-]^{x+} \cdot xNO_3^-$$

如果是后一种情况，AgI 的胶团结构式则可写成：

$$[(AgI)_m \cdot nI^- \cdot (n-x)\ K^+]^{x-} \cdot xK^+$$

再如 SiO_2 溶胶，当 SiO_2 微粒与水接触时，可生成

弱酸 H_2SiO_3，它的解离产物 $HSiO_3^-$ 部分地固定在 SiO_2 微粒表面上形成带负电荷的胶粒，H^+ 成为反离子。反应过程表示如下：

$$SiO_2+H_2O \longrightarrow H_2SiO_3$$

$$H_2SiO_3 \rightleftharpoons H^+ + HSiO_3^-$$

SiO_2 溶胶的胶团结构式可写成：

$$[(SiO_2)_m \cdot nHSiO_3^- \cdot (n-x)H^+]^{x-} \cdot xH^+$$

2.3.4 溶胶的性质

溶胶的性质包括光学性质、动力学性质和电学性质三个方面。

2.3.4.1 溶胶的光学性质(optical properties)

在暗室中让一束经聚集的强光通过溶胶时，从垂直于入射光前进的方向观察，可以看到溶胶中出现一个浑浊发亮的光锥，这种现象称为丁达尔（Tyndall）效应（图 2-7）。丁达尔效应的实质是溶胶粒子强烈散射光的结果。当光束投射到一个分散系统上时，可以发生光的吸收、反射、散射和透射等，究竟产生哪一种现象，则与入射光的波长（或频率）和分散相粒子的大小有密切关系。当入射光的频率与分散相粒子的振动频率相同时，主要发生光的吸收，如有颜色的真溶液；当入射光束与系统不发生任何相互作用时，则发生透射，如清澈透明溶液；当入射光的波长小于分散相粒子的直径时，则发生光反射现象，使系统呈现浑浊，如悬浊液；当入射光的波长略大于分散相粒子的直径时，则发生光散射现象，如溶胶系统。可见光的波长在 400～750nm 范围内，胶粒的大小在 1～100nm 范围内，因此，当可见光束投射于溶胶系统时，会发生光的散射现象。

2.3.4.2 溶胶的动力学性质(dynamical properties)

超显微镜是利用溶胶粒子对光的散射现象设计而成，具有强光源、暗视野的目视显微镜，其分辨能力比普通显微镜大 200 多倍。在超显微镜下观察胶体溶液，可以看到代表胶体粒子的发光点在介质中间不停地作不规则的运动，这种运动称为布朗（Brown）运动，如图 2-8 所示。布朗运动是溶胶分散系统的重要动力学特性之一，它是介质分子的热运动和胶体粒子的热运动的综合表现。

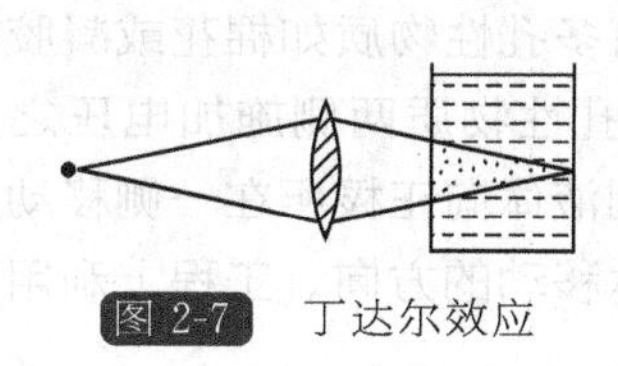

图 2-7 丁达尔效应

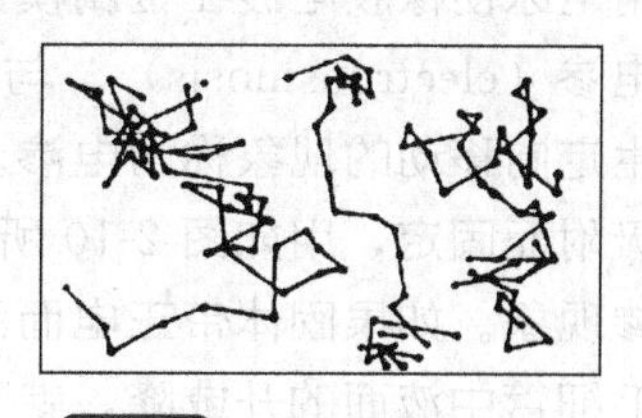

图 2-8 布朗运动示意图

在分散系统中，分散介质分子均处于无规则的热运动状态，它们可以从四面八方不断地撞击悬浮在介质中的分散相粒子。对于粗分散系统的粒子来说，在某一瞬间可能受到的撞击达千百次，从统计的观点来看，各个方向上所受撞击的概率应当相等，合力为零，所以不能发生位移，即使是在某一方向上遭受撞击的次数较多，但由于粒子的质量较大，发生的位移并不明显，故无布朗运动。对于胶体分散相粒子来说，由于它的大小比粗分散系统的粒子要小得多，因而介质分子从各个方向对它的撞击次数相应的也要少得多，在各个方向上所受到的撞击力不易完全抵消，它们在某一瞬间从某一方向受到较大冲击，而在另一瞬间又从另一方向受到较大的冲击，这样就使得溶胶体粒子发生不断改变方向、改变速度的不规则运动，即布朗运动。在小分子分散系统中，由于分散相粒子的大小与分散介质的分子大小相近，故只具有热运动而无布朗运动。

胶体粒子的布朗运动必然导致溶胶具有扩散作用。由于胶体粒子质量比普通分子的质量大得多，因此溶胶的扩散速度比普通溶液要小得多。

由于重力作用，悬浮在分散介质中的胶体粒子有向下沉降的趋势，沉降的结果将使底部粒子浓度增大，造成上下粒子浓度的不均匀。与此同时，布朗运动引起的扩散作用又会使底部的粒子向上浮，力图使粒子趋于均匀。沉降和扩散是两个相反的作用，当沉降速度与扩散引起的上浮速度相等时，在一定高度的粒子浓度不再随时间而改变，这种状态称为沉降平衡。溶胶粒子的沉降和扩散均很慢，要达到沉降平衡往往需要很长的时间。

由布朗运动引起的扩散作用在一定程度上可以抵消胶粒受重力作用而引起的沉降，使溶胶具有一定的稳定性，称为溶胶的动力学稳定性。

2.3.4.3 溶胶的电学性质 (electrical properties)

在外电场的作用下，分散相与分散介质发生相对移动的现象，称为溶胶的电动现象。电动现象主要有电泳和电渗。

(1) 电泳 (electrophoresis)　在电解质溶液中插入两根电极，接通直流电，就会发生离子的定向迁移，即阳离子移向负极、阴离子移向正极。在如图 2-9 所示的电泳管中先后加入棕红色溶胶 $Fe(OH)_3$ 和无色 NaCl 溶液，仔细地加入使两者之间有明显的界面。在电泳管的两个管中插入两个电极，并通以直流电，就可以看到胶体粒子向电极的某个方向移动，使电泳管一侧溶胶的界面下降，另一侧溶胶的界面上升。在外电场作用下，带电的固体分散相粒子在液体介质中作定向移动的现象称为电泳。溶胶能产生电泳，说明胶体粒子带有电荷。根据胶体粒子在电泳时移动的方向，就可以确定它们所带的电荷符号。电泳时移向负极的胶粒带正电荷，移向正极的带负电荷。

研究溶胶的电泳现象不仅有助于了解溶胶粒子的结构及电学性质，而且电泳现象在生产和科研中也有很多应用。例如，根据不同蛋白质分子、核酸分子电泳速度的不同对它们进行分离，已成为生物化学中的一项重要实验技术。又如利用电泳的方法使橡胶的乳状液凝结而浓缩；利用电泳使橡胶电镀在金属模具上，可得到易于硫化、弹性好及拉力强的产品。

(2) 电渗 (electroosmosis)　与电泳现象相反，将固相粒子固定不动而使液体介质在电场中发生定向移动的现象称为电渗。把溶胶充满在具有多孔性物质如棉花或凝胶中，使胶体粒子被吸附而固定，用如图 2-10 所示的电渗仪，在多孔性物质两侧施加电压之后，可以观察到电渗现象。如果固体带正电而液体介质带负电，则液体向正极所在一侧移动。观察侧面的刻度毛细管中液面的升或降，就可清楚地分辨出液体移动的方向。工程上利用电渗使泥土脱水。

电泳和电渗现象是胶粒带电的最好证明。胶粒带电是溶胶能保持长期稳定的重要因素之一。胶粒带电的原因主要有以下两种情况。

一是溶胶系统是高度分散的多相系统，具有巨大的表面积，因此胶粒有选择吸附介质中某种离子的特性，从而使胶粒周围带上一层电荷。例如 $Fe(OH)_3$ 溶胶，常常用 $FeCl_3$ 水解制备，水解反应为：

$$FeCl_3 + 3H_2O \rightleftharpoons Fe(OH)_3 + 3HCl$$

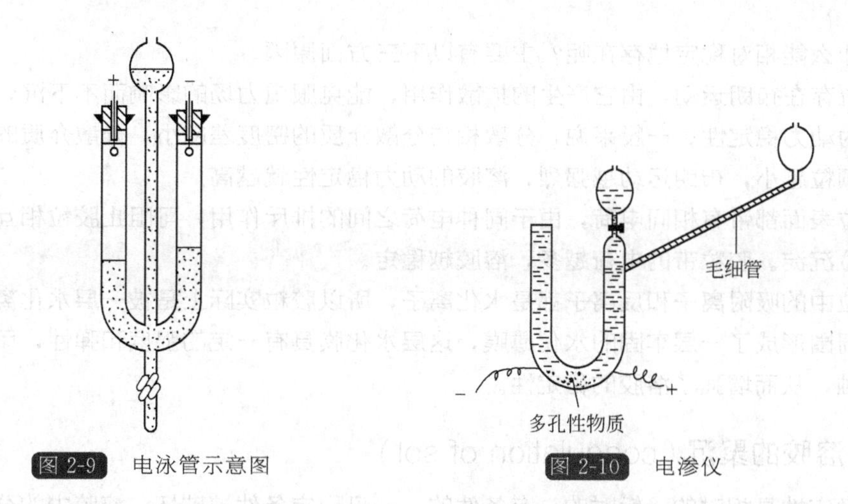

图 2-9 电泳管示意图　　图 2-10 电渗仪

由于水解是分步进行的，因此，除 $Fe(OH)_3$ 外还有 FeO^+ 产生，即：

$$FeCl_3 + 2H_2O \rightleftharpoons Fe(OH)_2Cl + 2HCl$$

$$Fe(OH)_2Cl = FeO^+ + Cl^- + H_2O$$

当 $Fe(OH)_3$ 分子聚集到胶体粒子的大小时，就会选择吸附与其结构相似的 FeO^+ 而使胶粒带正电荷，形成正电溶胶。在电泳仪中，这种 $Fe(OH)_3$ 溶胶的胶粒会向负极移动，如图 2-9 所示。

又如 As_2S_3 溶胶是用亚砷酸 H_3AsO_3 和 H_2S 气体制备的，制备反应为：

$$2H_3AsO_3 + 3H_2S = As_2S_3 + 6H_2O$$

溶液中过量的 H_2S 解离，产生 HS^-：

$$H_2S \rightleftharpoons H^+ + HS^-$$

As_2S_3 粒子容易吸附 HS^- 而使胶粒周围带负电，形成负电溶胶，这种溶胶的粒子电泳时会向正极移动。

另一个原因是有些胶粒与分散介质接触时，固体表面分子会发生解离，使这一种离子进入液体而本身带电。例如，硅酸溶胶粒子是由很多 $SiO_2 \cdot H_2O$ 组成的，表面上的 H_2SiO_3 分子发生解离：

$$H_2SiO_3 \rightleftharpoons H^+ + HSiO_3^-$$

$$HSiO_3^- \rightleftharpoons H^+ + SiO_3^{2-}$$

$HSiO_3^-$、SiO_3^{2-} 留在晶格上不能离开胶粒表面，而 H^+ 可以离开胶体粒子自由地进入分散介质中，结果就使胶粒带负电荷，生成负电溶胶。再如肥皂本身可以解离出 Na^+ 和脂肪酸根离子，Na^+ 离开分散相表面进入溶液中，而硬脂酸根离子留在胶体粒子上，因此肥皂溶胶也是负电溶胶。

2.3.5 溶胶的稳定性和聚沉

2.3.5.1 溶胶的稳定性 (stability of sol)

前面已经指出，溶胶是高度分散的多相系统，拥有巨大的表面积和较高的表面能，属于热力学不稳定系统，溶胶分散相粒子有自动聚结，由小颗粒合并变成大颗粒以降低表面积和减小表面能的倾向，这种倾向就称为溶胶的聚结不稳定性。但事实表明，用正确的方法制取的溶胶却能稳定地存在很长时间。例如，法拉第制备的金溶胶放置了几十年才沉淀。

溶胶为什么能相对稳定地存在呢？主要有以下三方面原因。

（1）胶粒存在布朗运动，由它产生的扩散作用，能克服重力场的影响而不下沉，溶胶的这种性质称为动力稳定性。一般来说，分散相与分散介质的密度差越小，分散介质的黏度越大及分散相颗粒越小，布朗运动越强烈，溶胶的动力稳定性就越高。

（2）胶粒表面都带有相同电荷，由于同种电荷之间的排斥作用，可阻止胶粒相互碰撞而聚结成大颗粒沉淀。胶粒带的电荷越多，溶胶越稳定。

（3）胶粒中的吸附离子和反离子都是水化离子，所以胶粒实际上是被一层水化离子所包围，在胶粒周围形成了一层牢固的水化薄膜，这层水化膜具有一定的强度和弹性，可以阻止胶粒相互接触，从而增强了溶胶的稳定性。

2.3.5.2 溶胶的聚沉（coagulation of sol）

溶胶的稳定性是相对的、暂时的、有条件的，一旦稳定条件被破坏，溶胶中的分散相粒子就会相互聚结变大而发生沉淀，这种现象称为溶胶的聚沉。在生产和科学实验中，有时需要制备稳定的溶胶，有时却需要破坏胶体的稳定性，使胶体物质聚沉下来，以达到分离提纯的目的。例如，净化水时就需要破坏泥沙形成的胶体；在蔗糖的生产中，蔗汁的澄清需要除去硅酸溶胶、果胶及蛋白质等。

要使溶胶聚沉，必须破坏其稳定因素，增加溶胶的浓度、辐射、强烈振荡、加入电解质等或另一种溶胶都能导致溶胶的聚沉。而最常用的方法是加入电解质和溶胶的相互聚沉。

（1）加入电解质使溶胶聚沉　在溶胶中加入适量的强电解质时，就会使溶胶发生明显的聚沉现象。其主要原因是电解质的加入会使分散介质中的反电荷离子浓度增大，由于浓度和电性的影响，使扩散层中一些反离子被挤入吸附层内，中和了胶粒的部分电荷，胶粒间的斥力变小，当胶粒相互碰撞时就易合并成大颗粒而下沉。其次是加入电解质后，由于加入的电解质离子的水化作用，夺取了胶粒水化膜中的水分子，使胶粒水化膜变薄，因而有利于胶体的聚沉。

这里需要指出的是，只有当外加电解质的浓度达到一定的程度，才能使溶胶明显聚沉。不同电解质对溶胶的聚沉能力是不同的，为了比较各种电解质的聚沉能力，提出了聚沉值的概念。所谓聚沉值是指一定量的溶胶在一定的时间内明显聚沉所需要电解质的最低浓度，单位常用 mmol/L 表示。聚沉值是衡量电解质聚沉能力大小的尺度，电解质的聚沉值越小，聚沉能力越强，聚沉值越大，聚沉能力越弱。表 2-7 列出了不同电解质对一些正负溶胶的聚沉值。值得注意的是，聚沉值与实验条件有关。

表 2-7　不同电解质对一些正负溶胶的聚沉值

负离子和正电溶胶			正离子和负电溶胶		
电解质	负离子	$Fe(OH)_3$ 正电溶胶/(mmol/L)	电解质	正离子	As_2S_3 负电溶胶/(mmol/L)
NaCl	Cl^-	9.25	LiCl	Li^+	58
KCl	Cl^-	9.0	NaCl	Na^+	51
$Ba(NO_3)_2$	NO_3^-	14	KNO_3	K^+	50
KNO_3	NO_3^-	12	K_2SO_4	K^+	65.5
K_2SO_4	SO_4^{2-}	0.205	$CaCl_2$	Ca^{2+}	0.65
$MgSO_4$	SO_4^{2-}	0.22	$BaCl_2$	Ba^{2+}	0.69
			$AlCl_3$	Al^{3+}	0.093

研究结果表明，起聚沉作用的主要是反离子，即与胶粒带电符号相反的离子，对带正电的溶胶起聚沉作用的是阴离子，对带负电的溶胶，起聚沉作用的是阳离子。其次，反离子的价数越高，其聚沉能力越强，聚沉能力随反离子价数的增高而迅速增大。一般来说，一价反离子的聚沉值在 25～150mmol/L 之间，二价反离子的聚沉值在 0.5～2mmol/L 之间，三价反离子的聚沉值在 0.01～0.1mmol/L 之间。这个规律称为叔采-哈迪（Schulze-Hardy）规则。

同价反离子的聚沉值虽然相近，但仍有差别，一价离子的差别尤为明显，若将一价离子按其聚沉能力的大小排列，某些一价阳离子对负电溶胶的聚沉能力大致为：

$$H^+ > Cs^+ > Rb^+ > NH_4^+ > K^+ > Na^+ > Li^+$$

某些一价阴离子，对正电溶胶的聚沉能力排列顺序为：

$$F^- > Cl^- > Br^- > I^- > CNS^- > OH^-$$

同价离子聚沉能力的这一顺序称为“感胶离子序”，它和离子水化半径从小到大的排列次序大致相同。因此聚沉能力的差别可能是水化离子大小的影响。

利用加入电解质使溶胶发生聚沉的例子很多。例如，豆浆是蛋白质的负电胶体，在豆浆中加卤水，豆浆就变为豆腐，这是由于卤水中的 Na^+、Ca^{2+}、Mg^{2+} 等离子加入后，破坏了蛋白质负电胶体的稳定性，而使其聚沉的结果。

（2）溶胶的相互聚沉　把两种电性相反的溶胶混合，也能发生聚沉，溶胶的这种聚沉现象称为相互聚沉。发生相互聚沉的原因是由于带有相反电荷的两种溶胶混合后，不同电性的胶粒之间相互吸引，胶粒中的电荷相互中和所致，此外，两种胶体中的稳定剂也可能相互发生反应，从而破坏了胶体的稳定性。这种聚沉作用与加入电解质的聚沉作用不相同的地方在于，它要求的浓度条件比较严格，只有其中一种溶胶的总电荷量恰能中和另一种溶胶的总电荷量时才能发生完全聚沉，否则只能部分聚沉，甚至不聚沉。

溶胶的相互聚沉具有很大的实际意义。例如，明矾净水的原理就是胶体的相互聚沉。明矾在水中水解产生带正电的 $Al(OH)_3$ 胶体和 $Al(OH)_3$ 沉淀，而水中的污物主要是带负电的黏土及 SiO_2 等胶体，二者发生相互聚沉，使胶体污物下沉。另外，由于 $Al(OH)_3$ 絮状沉淀的吸附，两种作用结合就能清除污物，达到净化水的目的。

2.3.5.3　高分子溶液对溶胶稳定性的影响

前边曾讨论过，高分子溶液（polymer solution）具有溶胶和真溶液的双重性质，称为亲液溶胶，由于高分子物质中常含有大量的—OH、—COOH、—NH_2 等亲水基团，因此对分散剂有较强的亲和力，属于热力学稳定分散系统。由于高分子分散相粒子表面带电和粒子周围有一层水化膜，因此，对于高分子溶液来说，加入少量电解质时，它的稳定性并不会受到影响，需要加入大量电解质，才能使它发生聚沉。高分子溶液的这种聚沉现象称为盐析作用。

在溶胶中加入高分子化合物，可使溶胶更稳定，也可使溶胶易聚沉。在溶胶中加入足够量的高分子化合物，就能降低溶胶对电解质的敏感性而提高溶胶的稳定性，高分子化合物的这种作用称为对溶胶的保护作用。产生保护作用的原因是高分子物质被附着在胶粒表面，把胶粒包住而使胶粒不易聚结。这种现象在动植物的生理过程中具有重要意义。例如，健康人血液中的 $CaCO_3$、$MgCO_3$、$Ca(PO_4)_2$ 等难溶盐都是以溶胶的状态存在，并被血清蛋白等高分子化合物保护着，若保护物质减少就可能使这些溶胶在身体的某些部分聚沉下来成为结石。

在溶胶中加入少量高分子物质，不仅不能对溶胶起保护作用，反而使溶胶更易发生聚沉，这种现象称为敏化作用。产生敏化作用的原因主要是加入高分子化合物所带的电荷少，附着在带电的胶粒表面上可以中和胶粒表面的电荷，胶粒间的斥力降低而更易发生聚沉。另外，具有长链形的高分子化合物可同时吸附在许多胶粒上，把许多个胶粒联在一起变成较大的聚集体而聚沉。高分子化合物的加入，还可脱去胶粒周围的溶剂化膜，使溶胶更易聚沉。

2.3.6 表面活性物质和乳浊液

2.3.6.1 表面活性物质(surfactant)

凡是能显著降低水的表面张力的物质均称为表面活性物质或称为表面活性剂。表面活性剂在日常生活、食品、医药、纺织、石油、建筑等各个领域中得到了广泛的应用。肥皂是使用最早而且很普遍的一种表面活性物质。

表面活性物质都是一些分子结构不对称的线型分子。整个分子是由极性基团和非极性基团两部分组成的。极性基团（又称亲水基团）如—OH、—CHO、—COOH、$—NH_2$、$—SO_3H$等，它们对水的亲和力很强；非极性基团（又称憎水基团）如脂肪烃基（—R）、芳香烃基（—Ar）等，它们对油性物质亲和力较强。

表面活性物质种类繁多。有天然物质如磷脂、蛋白质、皂苷、甾类等，还有人工合成物质如硬脂酸盐（肥皂 $C_{17}H_{35}COONa$）、磺酸盐（RSO_3Na）、胺盐（RNH_2HCl）等。

当表面活性物质溶于水以后，表面活性物质分子中的极性部分力图钻入水中，而非极性的憎水基团则力图逃出水面而钻入非极性的有机相（油）或空气中，结果表面活性物质便浓集于油水相互排斥的界面上，形成有规则的定向排列，这样一方面可以使表面活性物质的分子稳定，另一方面使界面上的不饱和力场得到某种程度的补偿，从而降低了水的表面张力。

表面活性物质具有广泛的用途，经常用作润湿剂、渗透剂、分散剂、起泡剂、消泡剂、洗涤剂、增溶剂、乳化剂等。

2.3.6.2 乳浊液(emulsion)

一种液体以细小液滴的形式分散在另一种与它不互溶的液体之中所形成的粗分散系统称为乳浊液。如牛奶、含水石油、乳化农药等都属于此类。乳浊液常由水和另一种不溶于水的有机物液体统称“油”组成。一般可分为两类：一类为油分散在水中，称为“水包油型乳浊液”，以“油/水”或“O/W”表示，如牛奶是奶油分散在水中形成的“O/W”型乳浊液；另一类是水分散在油中，称为“油包水型乳浊液”，以“水/油”或“W/O”表示，如含水原油就是水珠分散在石油中形成的W/O型乳浊液。

乳浊液的分散相粒子直径一般在$10^{-5}\sim10^{-3}$cm之间，大部分属于粗分散系统。粗分散系统属于热力学的不稳定系统，小液滴很容易聚结。要想得到稳定的乳浊液，必须加入乳化剂，常见的乳化剂有三类：表面活性物质，如肥皂、洗涤剂等；具有亲水性质的大分子化合物，如明胶、蛋白质、树胶等；不溶性固体粉末，如Fe、Cu、Ni的碱式硫酸盐、$PbSO_4$、Fe_2O_3、$CaCO_3$、黏土、炭黑等。

加入乳化剂后形成哪种类型的乳浊液，主要取决于所用乳化剂的品种。例如水溶性的一价金属皂，其亲水基一端比亲油基一端的横截面要大，因而亲水部分被拉入水相而将油滴包住形成O/W型乳浊液，如图2-11（a）所示。而高价金属皂，其亲水基一端比具有两三碳链的亲油基一端横截面要小，分子的大部分进入油相而将水滴包住，形成了W/O型乳浊液，如图2-11（b）所示。如以固体粉末作乳化剂时，形成乳浊液的类型，主要取决于水和油对固体粉末的相对润湿作用，由于油、水对不溶性固体粉末乳化剂都能润湿，因此固体粉末能聚集在油水界面上，形成一层固体物质薄膜。如果油和水相比较，水对固体的润湿性较大，则粉末薄膜必然凸向水相，有利于形成O/W型乳浊液，若油对固体的润湿性较大，则粉末薄膜凸向油相，有利于形成W/O型乳浊液。要制得稳定的乳浊液，必须选用合适的乳化剂。

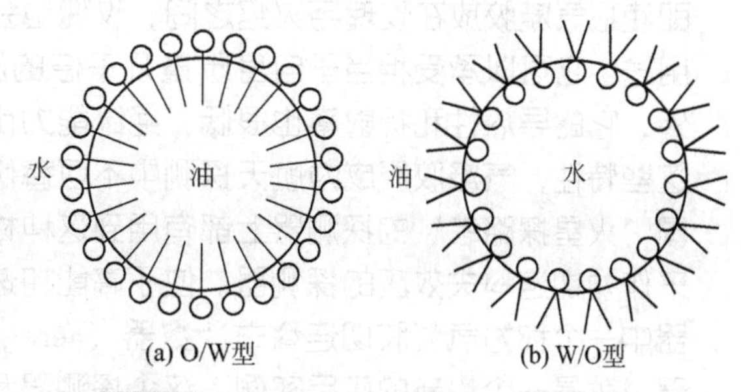

图2-11 不同乳化剂对乳状液类型的影响

在生产和生活实践中有时需要制成稳定的乳浊液以便于使用。例如，农药、杀虫剂、除草剂等大都是不溶于水的有机物，常常要制成O/W型乳浊液然后进行喷洒。有时要求破坏乳浊液，使分散相液珠聚结。如含水原油除水、由天然橡胶原乳汁制取橡胶等。乳浊液的破坏称为破乳。破乳方法必须消除或削弱乳化剂保护能力的因素以达到破乳的目的。常用的方法有以下几种。

（1）加入电解质。

（2）对于采用了能形成坚韧保护膜的表面活性物质作乳化剂的乳浊液，可以加入表面活性更强但碳氢链较短而不能形成坚固的界面膜的物质来顶替原来的乳化剂，以此破坏保护膜，常用的顶替剂是戊醇。

（3）可采用化学方法来破坏乳化剂。例如，以皂类作乳化剂时，加入强酸，使脂肪酸析出即可达到破乳目的。

除此而外，还可以加入类型相反的乳化剂破乳，也可以采用物理方法如离心分离、加热、静电、加压过滤等方法破乳。

知识拓展

气凝胶：固体也能轻如烟

气凝胶（aerogel）是一种固体物质形态，世界上密度最小的固体。密度为3kg/m^3。一般常见的气凝胶为硅气凝胶，其最早由美国科学工作者Kistler在1931年制得。气凝胶的种类很多，有硅系、碳系、硫系、金属氧化物系、金属系等。aerogel是个组合词，此处aero是形容词，表示飞行的，gel显然是凝胶。字面意思是可以飞行的凝胶。任何物质的gel只要可以经干燥后除去内部溶剂，又可基本保持其形状不变，且产物高孔隙率、低密度，则皆可以称为气凝胶。

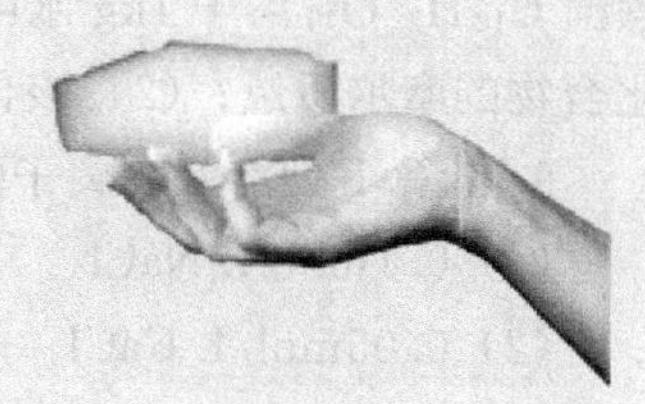

目前最轻的硅气凝胶仅有0.16mg/cm^3，略低于比空气密度，所以也被叫作“冻结的烟”或“蓝烟”。由于里面的颗粒非常小（纳米量级），所以可见光经过它时散射较小（瑞利散射），就像阳光经过空气一样。因此，它也和天空一样看着发蓝（如果里面没有掺杂其他东西），如果对着光看有点发红（天空是蓝色的，而太阳看起来有点发红）。由于气凝胶中一般80%以上是空气，所以有非常好的隔热效果，1寸厚的气凝胶相当于20～30块普通玻璃的隔热功能。

即使把气凝胶放在玫瑰与火焰之间，玫瑰也会丝毫无损。气凝胶在航天探测上也有多种用途。它可以承受相当于自身质量几千倍的压力，在温度达到1200℃时才会熔化。此外，它的导热性和折射率也很低，绝缘能力比最好的玻璃纤维还要强39倍。由于具备这些特性，气凝胶便成为航天探测中不可替代的材料，在俄罗斯“和平”号空间站和美国“火星探路者”的探测器上都有用到这种材料。气凝胶也使用在粒子物理实验中，用来作为切连科夫效应的探测器。位于高能加速器研究机构B介子工厂的Belle实验探测器中一个称为气凝胶切连科夫计数器（aerogel Cherenkov counter，ACC）的粒子鉴别器，就是一个最新的应用实例。这个探测器利用的气凝胶介于液体与气体之间低折射系数的特性，还有其高透光度与固态的性质，优于传统使用低温液体或是高压空气的做法。

习　题

1. 下列溶液是实验室常用试剂，它们的物质的量浓度为多少？质量摩尔浓度又是多少？

(1) 38%的盐酸，密度为1.19g/mL

(2) 98%的硫酸，密度为1.84g/mL

(3) 71%的硝酸，密度为1.42g/mL

(4) 30%的氨水，密度为0.89g/mL

2. 10.00 mL的饱和NaCl溶液重12.003g，将其蒸干后得NaCl 3.173g，求：(1) 溶液的质量摩尔浓度；(2) 溶液的物质的量浓度；(3) 水和NaCl的摩尔分数。

3. 将10.2g葡萄糖 $C_6H_{12}O_6$ 溶于200g水中，问此溶液在1atm[1]时，沸点和凝固点各是多少？

4. 在200g水中溶解某有机物20g，测得其凝固点为−0.54℃，求该有机物的摩尔质量。

5. 在26.6g某有机溶剂中溶解0.40g萘（$C_{10}H_8$），其沸点比该纯溶剂的沸点升高0.45℃，求该有机溶剂的沸点升高常数。

6. 密度为1.01g/mL的葡萄糖溶液与37℃时人体血液具有相同的渗透压，该溶液的凝固点下降值为0.543℃，求此溶液的质量摩尔浓度和血液的渗透压。

7. $HgCl_2$ 的 K_f 为34.3，将氯化亚汞（最简式为HgCl）0.849g溶于50g $HgCl_2$ 中，测得溶液的凝固点降低了1.24℃，求氯化亚汞的摩尔质量和分子式。

8. 在25℃将2g某化合物溶于1kg水中，它的渗透压与25℃时将0.8g葡萄糖和1.2g蔗糖 $C_{12}H_{22}O_{11}$ 溶于1kg水中的渗透压相同，假设溶液的密度均为1.00g/mL，求：(1) 该化合物的摩尔质量；(2) 该化合物溶液的凝固点和沸点。

9. 计算下列溶液的离子强度，并说明哪个溶液最先结冰？

(1) 0.1mol/L NaCl

(2) 0.05mol/L $CaCl_2$

(3) 0.025mol/L K_2SO_4

---

[1] 1atm=101325Pa。

（4）0.03mol/L $FeCl_3$

（5）0.03mol/L $MgSO_4$

10. 在两个充有0.001mol/L KCl溶液的容器之间是一个AgCl多孔塞，塞中细孔道充满了KCl溶液，在多孔塞两侧放入两个电极，接以直流电源。问溶液将向什么方向移动？当以0.1mol/L KCl溶液代替0.001mol/L KCl溶液时，溶液在相同电压下流动速度变快还是变慢？如果用$AgNO_3$溶液代替KCl溶液，液体流动方向又如何？

11. $Cu_2[Fe(CN)_6]$溶胶的稳定剂是$K_4[Fe(CN)_6]$，试写出胶团结构式及胶粒的电荷符号。

12. 写出下列条件下制备的溶胶的胶团结构：（1）向25mL 0.1mol/L KI溶液中加入70mL 0.005mol/L的$AgNO_3$溶液；（2）向25mL 0.01mol/L KI溶液中加入70mL 0.005mol/L的$AgNO_3$溶液。

13. 在$Al(OH)_3$溶胶中加入KCl，其最终浓度为80mmol/L时恰能完全聚沉，加入$K_2C_2O_4$，浓度为0.4mmol/L时也恰能完全聚沉。问：（1）$Al(OH)_3$胶粒的电荷符号是正还是负？（2）为使该溶胶完全聚沉，大约需要$CaCl_2$溶液的浓度为多少？

14. 混合等体积浓度为0.0008mol/L的$BaCl_2$溶液和0.0001mol/L的Na_2SO_4溶液，制得一种$BaSO_4$溶胶，问：$MgCl_2$和$K_4[Fe(CN)_6]$这两种电解质对该溶胶的聚沉值哪个大？为什么？

15. 今有两种溶液，一种为1.50g尿素溶于200g水中，另一种为未知非电解质42.5g溶于1000g水中，这两种溶液在同一温度结冰，求这个未知物的分子量（已知尿素的分子量为60）。

16. 将12mL 0.10mol/L的KI溶液和100mL 0.005mol/L的$AgNO_3$溶液混合以制备AgI溶胶，写出胶团结构式，问$MgCl_2$与$K_3[Fe(CN)_6]$这两种电解质对该溶胶的聚沉值哪个大？

第 3 章

化学反应基本理论

本章学习指导

明确体系与环境、过程与途径、状态和状态函数、热与功等基本概念；明确内能、焓、熵、自由能及其变化值的意义；能初步计算化学反应中的 ΔH 、ΔS 和 ΔG；能应用 ΔG 判断化学反应进行的方向，并能估算反应能自发进行的最低温度；明确标准平衡常数 $K^{\ominus}$ 与 K_c 和 K_p 的意义及相互关系、标准平衡常数 $K^{\ominus}$ 与 $\Delta G^{\ominus}$ 的关系；掌握改变温度、浓度、压力对化学平衡的影响，能利用平衡常数进行有关的计算。

物质世界的各种变化总是伴随着各种形式的能量变化。定量研究化学变化及相变化等过程中能量转换规律的学科称为化学热力学，主要研究化学变化过程中所发生的能量效应，以及化学反应的方向性与反应进行的程度。在实际生产中，人们总是希望反应物能最大限度地转化为目标产物。另一方面，如合成氨，人们总是希望氢气与氮气反应的速率越快越好，以便提高生产效率。一些对人类不利的化学反应，如金属的腐蚀、食物的变质、染料的褪色、橡胶和塑料的老化等，人们总是希望反应速率越慢越好，不发生更好，以减少损失。所以，研究化学热力学和反应速率问题对生产实践及人类的日常生活具有重要的现实意义。总之，一个化学反应，如要实现工业生产，必须研究以下三个问题：该反应能否自发进行，即反应的方向问题；在给定条件下，有多少反应物可以最大限度地转化为生成物，即化学平衡问题；实现这种转化需要多少时间，即反应速率问题。本章将依次讨论上述问题。

3.1 化学热力学

化学热力学（chemical thermodynamics）是研究化学变化及相变化等过程中能量转换规律的一门科学。全面地掌握它需要一定的数理基础，本节仅做一些简单介绍。

3.1.1 基本概念

3.1.1.1 系统和环境（system，surroundings）

热力学研究中，为了明确讨论的对象，把被研究的那部分物质或空间称为系统，系统以外与系统相联系的其他部分称为环境。系统和环境是相互依存、相互制约的。如研究 $BaCl_2$ 和 Na_2SO_4 在水溶液中的反应，含有这两种物质及其反应产物的水溶液是系统，溶液之外的烧杯和周围的空气等就是环境。

系统和环境之间通过物质交换与能量（热和功）传递而发生联系。按照物质交换与能量传递的不同情况，可将系统分为三种类型。

（1）敞开系统　系统与环境间既有物质交换，又有能量传递。

（2）封闭系统　系统与环境间没有物质交换，但有能量传递。

（3）孤立系统　系统与环境间既无物质交换，又无能量传递。

3.1.1.2 状态和状态函数（state，state function）

一个系统的状态是由它的一系列物理量所确定的。例如，用来表明气体状态的物理量有压力、体积、温度和各组分的物质的量等。当这些物理量都有确定值时，该系统处于一定的状态。如果其中一个物理量发生改变，则系统的状态随之而变。这些决定系统状态的物理量称为状态函数。

要确定一个系统的状态，并不需要先确定所有的状态函数，事实上由于状态函数之间彼此是相互关联、相互制约的，通常只要确定其中几个状态函数，其余的状态函数也就随之而定。例如，确定某一气体的状态，只需在压力、体积、温度和物质的量这四个状态函数中确定任意三个就行，因第四个状态函数可以通过气体状态方程式来确定。此外，通过其他形式的方程式还可以确定该气体系统的能量、密度等其他状态函数。

3.1.1.3 过程和途径（process，path）

当系统的状态发生变化时，这种变化称为过程，完成这个过程的具体步骤则称为途径。

从一种状态到另一种状态的变化过程，可以通过不同的途径达到，但其状态函数的改变量却是相同的。例如，把 25℃的水升温至 100℃，可以通过如下的途径达到：直接升温至 100℃；先冷却至 0℃，然后升温至 100℃等，但其状态函数（温度 T）的改变量却相同，即 $\Delta T = T(终态) - T(始态) = 75℃$。这是因为在状态一定时，状态函数就有一个相应的确定值。始态和终态一定时，状态函数的改变量就只有一个唯一的数值。

热力学上经常遇到的过程有下列几种。

（1）恒压过程　系统的压力始终恒定不变（$\Delta P = 0$）。在通常情况下，在敞口容器（敞开系统）中进行的反应，可看作恒压过程，因系统始终受到相同的大气压力。

（2）恒容过程　系统的体积始终恒定不变（$\Delta V = 0$）。在容积不变的密闭容器中进行的过程，就是恒容过程。

（3）等温过程　只要求系统终态和始态温度相同（$\Delta T = 0$）。

3.1.1.4 热和功（heat，work）

当两个温度不同的物体相互接触时，热的要变冷，冷的要变热，在两者之间必定发生能量的交换。这种仅仅由于温差而引起的能量传递称为热，用符号 Q 表示。

在热力学中，除热以外，其他各种被传递的能量都叫作功，用符号 W 表示。功有多种形式，通常分为体积功和非体积功两大类。由于系统体积变化反抗外力所做的功为体积功，其他如电功、表面功等都称为非体积功。在一般情况下，化学反应中系统只做体积功。本章的讨论都局限于系统只做体积功。

3.1.1.5 内能 (internal energy)

既然物质之间可以有热和功两种形式的能量传递，这表明物质内部都蕴藏着一定的能量。系统所存储的总能量叫作系统的内能，又叫热力学能，用符号 U 表示。它包括分子运动的动能、分子间的势能以及分子、原子内部所蕴藏的能量等。内能既然是系统内部能量的总和，所以是系统自身的一种性质，在一定的状态下应有一定的数值，因此内能是系统的状态函数。

内能的绝对值无法确定，但当系统状态发生改变时，系统和环境有能量交换，即有功和热的传递，据此可确定系统内能的变化值。

3.1.2 化学反应热效应

3.1.2.1 热力学第一定律 (first law of thermodinamics)

在热力学中，要研究当系统从一种状态变化到另一种状态时发生的能量变化。关于能量的变化，人们在长期实践的基础上得出这样一个结论：能量具有各种不同的形式，它们之间可以相互转化，在转化的过程中能量的总值不变。这就是热力学第一定律，它可用一个简单的方程式表示：

$$\Delta U = Q + W \tag{3-1}$$

其中，ΔU 是系统终态和始态的内能差，式（3-1）表明，系统内能的增量应等于环境以热的形式供给系统的能量与系统对环境做功的形式所交换的能量和。

必须指出，应用式（3-1）进行计算时，要特别注意 Q 与 W 正负号选用的习惯。本书采用：凡系统吸收热量，Q 为正值，系统放出热量，Q 为负值；系统对环境做功，W 为负值，环境对系统做功，W 为正值。例如，在某一变化中，系统放出热量 100J，环境对系统做功 30J，则系统内能变化为：

$$\Delta U = (-100) + (+30) = -70\text{J}$$

负值表示系统内能净减少 70 J。

3.1.2.2 恒容/恒压反应热、焓 (heat of reaction at constant volume/pressure, enthalpy)

在化学反应计量式中，可将反应物看成系统的始态，生成物看成系统的终态。由于各种物质内能不同，当反应发生后，生成物的总内能与反应物的总内能不相等，这种内能变化在反应过程中就以热和功的形式表现出来，这就是反应热效应产生的原因。

反应热的定义为：当系统发生化学变化后，使生成物的温度回到反应前的温度（即等温过程)，系统放出或吸收的热量就叫作这个反应的反应热。

（1）恒容反应热　若系统在变化过程中，体积始终保持不变（$\Delta V=0$），系统不做体积功，即 $W=0$。根据热力学第一定律可得：

$$Q_V = \Delta U - W = \Delta U \tag{3-2}$$

这就是说，在恒容过程中，系统吸收的热量 Q_V（右下标 V 表示恒容过程）全部用来增加系统的内能。

（2）恒压反应热 若系统的压力在变化过程中始终不变，其反应热表示为 Q_p（右下标 p 表示恒压过程）。此时，$W=-p\Delta V$，根据热力学第一定律可得：

$$Q_p=\Delta U-W=\Delta U+p\Delta V=U_2-U_1+p(V_2-V_1)$$
$$=(U_2+pV_2)-(U_1+pV_1) \tag{3-3}$$

即在恒压过程中，系统吸收的热量 Q_p 等于终态和始态的 $U+pV$ 值之差。U、p、V 都是状态函数，它们的组合 $U+pV$ 当然也是状态函数。为了方便起见，把这个新的状态函数叫作焓，用符号 H 表示：

$$H=U+pV \tag{3-4}$$

这样，式（3-3）就可化简为：

$$Q_p=H_2-H_1=\Delta H \tag{3-5}$$

这就是说，在恒压过程中，系统吸收的热量全部用来增加系统的焓。所以，恒压反应热就是系统的焓变，常用 ΔH 来表示。

由上可知，在恒压过程中，系统的焓变（ΔH）和内能的变化（ΔU）之间的关系式为：

$$\Delta H=\Delta U+p\Delta V \tag{3-6}$$

当反应物和生成物都处于固态和液态时，反应的 ΔV 值很小，$p\Delta V$ 可忽略，故 $\Delta H\approx\Delta U$。对有气体参加的反应，ΔV 值往往较大。根据理想气体状态方程式，可得：

$$p\Delta V=p(V_2-V_1)=(n_2-n_1)RT=(\Delta n)RT$$

式中，Δn 为气体生成物的物质的量减去气体反应物的物质的量。将此关系式代入式（3-6），可得：

$$\Delta H=\Delta U+(\Delta n)RT \tag{3-7}$$

例 3-1 在 373K 和 101.325kPa 下，2.0mol 的 H_2 和 1.0mol 的 O_2 反应，生成 2.0mol 的水蒸气，总共放出 484kJ 的热量。求该反应的 ΔH 和 ΔU。

解：因为 $$2H_2(g)+O_2(g)=\!=\!=2H_2O(g)$$

反应在恒压下进行，所以：

$$\Delta H=Q_p=-484\text{kJ/mol}$$
$$\Delta U=\Delta H-(\Delta n)RT$$
$$=-484-[2-(2+1)]\times8.314\times10^{-3}\times373=-481\text{kJ/mol}$$

3.1.2.3 热化学方程式（thermochemical equation）

表示化学反应及其热效应关系的化学方程式叫作热化学方程式。例如，在 298K 和 101.325kPa 下，1mol H_2 和 0.5mol O_2 反应，生成 1mol 液态水，放出 286kJ 热量，其热化学方程式可写成：

$$H_2(g)+\frac{1}{2}O_2(g)=\!=\!=H_2O(l)$$
$$\Delta_r H^{\ominus}_{m,298}=-286\text{kJ/mol}$$

凡放热反应，表示系统放出热量，ΔH 为负值；吸热反应，ΔH 为正值。在符号 $\Delta_r H^{\ominus}_{m,298}$ 中，H 的左下标 r 表示“反应”（reaction），$\Delta_r H$ 表示反应的焓变，H 的右下标 m 表示发生了 1mol 反应，所以 $\Delta_r H_m$ 表示发生 1mol 反应时所产生的焓变，称为摩尔焓变。摩尔焓变的单位为 kJ/mol，H 的右上标 $^{\ominus}$（读作“标准”）表示该反应在标准状态下进行。

热力学上的“标准状态”（简称为标准态）与讨论气体定律时所提到的“标准状况”含义不同。后者是指压力为101.325kPa、温度为273.15K的状况，而前者实际上只涉及浓度（或压力）项，与温度无关。

标准状态不仅用于气体，也用于液体、固体或溶液。物质所处的状态不同，标准状态的含义不同。具体说，气体是指分压为标准压力 $P^{\ominus}=101.325\text{kPa}$ 的理想气体（工程计算时，常用 $P^{\ominus}=100\text{kPa}$），溶液是指标准浓度 $c^{\ominus}=1\text{mol/L}$ 的理想溶液，固体和纯液体是指在标准压力下的该纯物质。反应系统中各物质均处于标准状态下的焓变，称为标准反应焓变，记为 $\Delta_r H_m^{\ominus}$。

3.1.2.4 盖斯定律（Hess' law）

1840年盖斯从热化学实验中总结出一条规律：不论化学反应是一步完成，还是分步完成，其热效应总是相同的，这就是盖斯定律。这个定律实际上是热力学第一定律的必然结果。因 $\Delta U=Q_V$，$\Delta H=Q_p$，U、H 都是状态函数，只要反应的始态和终态一定，反应的 ΔU 和 ΔH 便是定值，与反应物如何变成生成物的途径无关。

盖斯定律有着广泛的应用。利用一些反应热的数据，就可以计算出另一些反应的反应热。尤其是不易直接准确测定或根本不能直接测定的反应热，常可利用盖斯定律进行计算。例如，C和 O_2 化合生成CO的反应热是很难准确测定的。因为在反应过程中不可避免地会有一些 CO_2 生成。但是C和 O_2 化合生成 CO_2 以及CO和 O_2 化合生成 CO_2 的反应热是可准确测定的，因而可利用盖斯定律把生成CO的反应热计算出来。即：

$$C(s)+O_2(g) \longrightarrow CO_2(g) \quad (1)$$

$$\Delta_r H_{m,1}^{\ominus}=-393.5\text{kJ/mol}$$

$$CO(g)+\frac{1}{2}O_2(g) \longrightarrow CO_2(g) \quad (2)$$

$$\Delta_r H_{m,2}^{\ominus}=-283.0\text{kJ/mol}$$

$$C(s)+\frac{1}{2}O_2(g) \longrightarrow CO(g) \text{ 的 } \Delta_r H_{m,3}^{\ominus} \quad (3)$$

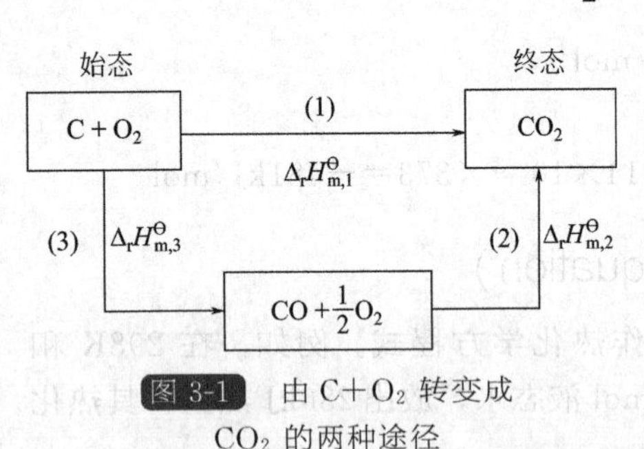

图 3-1 由C+O_2 转变成 CO_2 的两种途径

这三个反应的关系如图3-1所示。按照反应箭头的方向，可选择C+O_2 和 CO_2 分别作为反应的始态和终态，从始态到终态就有两种不同的途径：(1)和(3)+(2)。这两种途径总的焓变应该相等。

$$\Delta_r H_{m,1}^{\ominus}=\Delta_r H_{m,2}^{\ominus}+\Delta_r H_{m,3}^{\ominus}$$

$$\Delta_r H_{m,3}^{\ominus}=\Delta_r H_{m,1}^{\ominus}-\Delta_r H_{m,2}^{\ominus}=-393.5-(-283.0)$$

$$=-110.5\text{kJ/mol}$$

用盖斯定律计算反应热时，利用反应式之间的代数关系进行计算更为方便。例如，上述的反应式(1)、(2)、(3)的关系是：

$$(3)=(1)-(2)$$

所以 $$\Delta_r H_{m,3}^{\ominus}=\Delta_r H_{m,1}^{\ominus}-\Delta_r H_{m,2}^{\ominus}$$

必须指出，在计算过程中，把相同物质项消去时，不仅物质种类必须相同，而且状态（即物态、温度、压力）也要相同，否则不能消去。

例 3-2 已知：

(1) $4NH_3(g)+3O_2(g) \longrightarrow 2N_2(g)+6H_2O(l)$ $\quad \Delta_r H_1^{\ominus}=-1530\text{kJ/mol}$

(2) $H_2(g)+\frac{1}{2}O_2(g) = H_2O(l)$ $\Delta_r H_2^\ominus=-285.8kJ/mol$

试求反应 $N_2(g)+3H_2(g) = 2NH_3(g)$的 $\Delta_r H^\ominus$。

解：由 $3\times(2)-\frac{1}{2}\times(1)$得：

$$N_2(g)+3H_2(g) = 2NH_3(g)$$

$$\Delta_r H^\ominus=3\Delta_r H_2^\ominus-\frac{1}{2}\Delta_r H_1^\ominus=[3\times(-285.8)-\frac{1}{2}\times(-1530)]=-92.4kJ/mol$$

3.1.2.5 生成焓 (enthalpy of formation)

由元素的稳定单质生成 1mol 某物质时的热效应叫作该物质的生成焓。如果生成反应在标准状态和指定温度（通常为 298.15K）下进行，这时的生成焓称为该温度下的标准生成焓，用 $\Delta_f H_m^\ominus$ 表示，下标 f 表示“生成”（formation）。例如，石墨与氧气在标准压力 $P^\ominus$ 和 298.15K 下反应，生成 1mol CO_2，放热 393.5kJ，则 CO_2 的 $\Delta_f H_{m,298}^\ominus$为$-393.5kJ/mol$。

一些物质在 298.15K 时的 $\Delta_f H_m^\ominus$ 值列于附表 3。任意化学反应的标准摩尔焓变可由下式求得：

$$\Delta_r H_m^\ominus=\sum_B \nu_B \Delta_f H_m^\ominus(B) \tag{3-8}$$

式中，ν_B 为化学计量数。例如，对于一般化学反应：

$$dD+eE = fF+gG$$

式（3-8）的展开式即为：

$$\Delta_r H_m^\ominus=[f\Delta_f H_m^\ominus(F)+g\Delta_f H_m^\ominus(G)]-[d\Delta_f H_m^\ominus(D)+e\Delta_f H_m^\ominus(E)]$$

例 3-3 计算下列反应 $2Na_2O_2(s)+2H_2O(l) = 4NaOH(s)+O_2(g)$的 $\Delta_r H_m^\ominus$。

解：查附表 3 得各化合物的 $\Delta_f H_m^\ominus$ 如下：

	$Na_2O_2(s)$	$H_2O(l)$	$NaOH(s)$	$O_2(g)$
$\Delta_f H_m^\ominus/(kJ/mol)$	-510.9	-285.8	-426.8	0

$$\begin{aligned}\Delta_r H_m^\ominus &=\{4\times\Delta_f H_m^\ominus[NaOH(s)]+\Delta_f H_m^\ominus[O_2(g)]\}\\&\quad-\{2\times\Delta_f H_m^\ominus[Na_2O_2(s)]+2\times\Delta_f H_m^\ominus[H_2O(l)]\}\\&=[4\times(-426.8)+0]-[2\times(-510.9)+2\times(-285.8)]=-113.8kJ/mol\end{aligned}$$

$\Delta_r H_m^\ominus$ 之所以可由式（3-8）计算，其道理可从图 3-2 看出。按箭头的方向，选择元素的稳定单质为始态，生成物 $4NaOH+O_2$ 为终态，从始态到终态有两种不同的途径，它们的焓变应该相同。即：

$$2\Delta_f H_m^\ominus(Na_2O_2)+2\Delta_f H_m^\ominus(H_2O)+\Delta_r H_m^\ominus=4\Delta_f H_m^\ominus(NaOH)+\Delta_f H_m^\ominus(O_2)$$

$$\Delta_r H_m^\ominus=[4\Delta_f H_m^\ominus(NaOH)+\Delta_f H_m^\ominus(O_2)]-[2\Delta_f H_m^\ominus(Na_2O_2)+2\Delta_f H_m^\ominus(H_2O)]$$

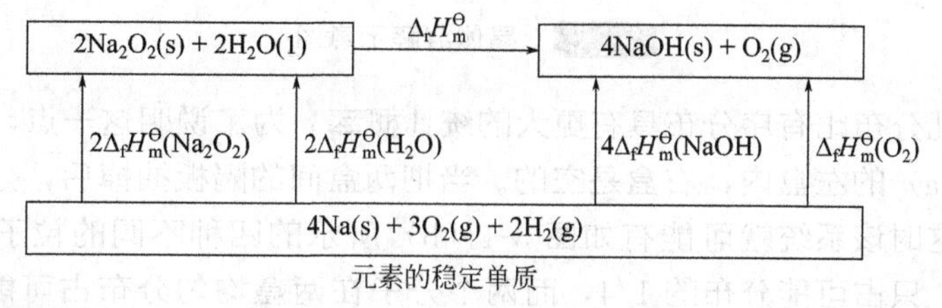

图 3-2 由元素的稳定单质转变为生成物（$4NaOH+O_2$）的两种途径

由图 3-2 可见，所谓的标准生成焓，其实质就是把元素的稳定单质的焓值人为地定义为零而求得的“相对焓”。有了各物质的“相对焓”，反应的焓变就可用式（3-8）求得。

例 3-4 计算 100g NH_3 在标准状态下燃烧反应的热效应。NH_3 的燃烧反应为：

$$4NH_3(g)+5O_2(g)\xlongequal{Pt}4NO(g)+6\ H_2O(g)$$

解： 查附表 3 得各物质的 $\Delta_f H_m^\ominus$ 为：

	$NH_3(g)$	$O_2(g)$	$NO(g)$	$H_2O(g)$
$\Delta_f H_m^\ominus/(kJ/mol)$	-46.19	0	90.3	-241.8

$$\begin{aligned}\Delta_r H_m^\ominus &=\{4\times\Delta_f H_m^\ominus[NO(g)]+6\times\Delta_f H_m^\ominus[H_2O(g)]\}\\&\quad-\{4\times\Delta_f H_m^\ominus[NH_3(g)]+5\times\Delta_f H_m^\ominus[O_2(g)]\}\\&=[4\times90.3+6\times(-241.8)]-[4\times(-46.19)+5\times0]=-904.8kJ/mol\end{aligned}$$

计算表明 4mol NH_3 完全燃烧放热 904.8kJ，所以 100g NH_3 燃烧的热效应为：

$$\frac{100}{17}\times\frac{-904.8}{4}=-1331kJ$$

3.1.3 熵和熵增原理

3.1.3.1 化学反应的自发性

化学应该能够解决化学反应能否“自发变化”的问题。所谓“自发变化”就是不需要外力帮助而能自动发生的变化。那么，到底是什么因素决定一个过程的自发性呢？一个球从高处往下滚，是大家熟悉的自发过程。最后当球在低处停止滚动时，它的势能已降低，因而更稳定了。由此可得出这样的推论：一个过程如果导致系统（如上述的球）的能量减少，这个过程将是自发的。的确，许多放出能量的过程是自发的。例如，点燃 H_2 和 O_2 的混合气体，反应就迅速进行，在反应过程中突然放出如此多的热量，以致使系统发生爆炸。

但是，能量降低不是过程自发性的充分判据。也可举出许多自发的吸热过程，如 KI 晶体在水中的溶解过程就是一例。那么，是什么因素促使 KI 晶体溶解呢？当 KI 晶体溶于水时，溶质的粒子离开了规则排列的晶格逐渐扩散到整个溶液中，溶质粒子在溶解之后比溶解之前处于更混乱的状态（图 3-3）。

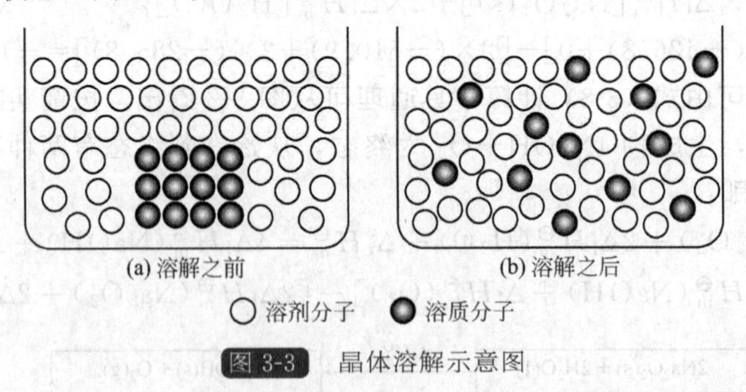

图 3-3 晶体溶解示意图

因为粒子混乱分布比有序分布具有更大的统计概率。为了说明这一点，假设有 a 和 b 两个分子在图 3-4（a）的左盒内，右盒是空的。当把两盒间的隔板抽掉后，分子可自由地从这盒运动到那盒。这时该系统就可能有如图 3-4（b）所示的四种不同的粒子分布的状态。两个分子仍在左盒，只占可能分布的 1/4，而两个分子在两盒均匀分布占可能分布的 1/2。换句话说，发现两个分子仍在左盒的概率是 1/4，而两个分子均匀分布的概率是 1/2。若图 3-4

（a）的左盒中有更多的分子，例如左盒原有 6 个分子，抽掉隔板后，6 个分子仍在左盒的概率是 1/64，而平均分布（每盒 3 个分子）的概率是 20/64。若左盒的分子数为 n，根据数学的运算，将发现 n 个分子全在一盒的概率是 $1/2^n$。对 1mol 气体分子在一盒（即气体分子不自动地向另一盒扩散）的概率 P 为：

$$P=\frac{1}{2^{6.02\times10^{23}}}=10^{-1.81\times10^{23}}$$

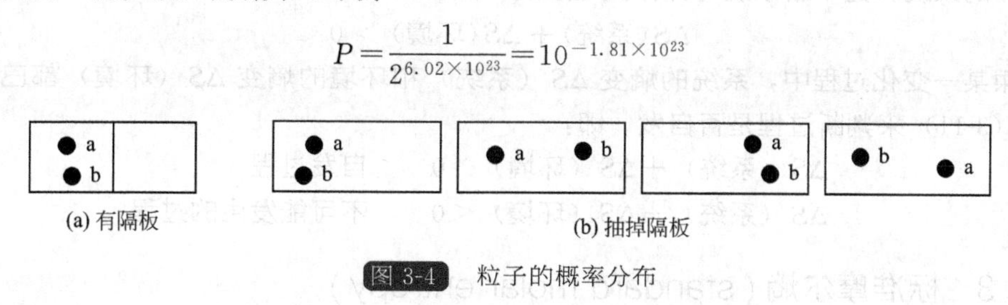

图 3-4 粒子的概率分布

该概率如此之小，几乎等于零。这就是说，分子仍旧在一盒内不扩散是不可能的。气体之所以向另一盒扩散，是系统从低概率状态趋向高概率状态的结果。

由此可见，有两种因素影响着过程的自发性：一个是能量变化，系统将趋向最低能量；另一个是混乱度变化，系统将趋向最高混乱度。

3.1.3.2 熵（entropy）

系统的混乱度可用一个称为熵的热力学函数（符号为 S）来描述。系统越混乱，熵值越大。如同内能、焓一样，熵也是状态函数。过程的熵变 ΔS，只取决于系统的始态和终态，而与途径无关。等温过程的熵变可由下式计算：

$$\Delta S=\frac{Q_r}{T} \tag{3-9}$$

Q_r（下标 r 代表“可逆”reversible）是可逆过程的热效应，T 为系统的热力学温度。关于该式的推导，已超出本课程的范围，但我们可以这样粗略地理解：对于一种处于 0K 温度下的晶体，因完全有序，见图 3-5（a），系统熵值最小；当晶体受热时，由于晶格上质点的热运动（振动），使一些分子取向混乱，见图 3-5（b），系统熵值增加了，传入的热量越多，晶体越混乱，可见系统的 ΔS 值正比于传入系统的热量。这个 ΔS 值反比于系统的温度，因为一定的热量传入一个低温系统（如接近 0K 的系统），则系统从几乎完全有序变成一定程度的混乱，混乱度有一个较显著的变化；如果相同的热量传入一个高温系统，因系统原来已相当混乱，传入一定的热量后仅使混乱度变得稍高一些，相对来说，混乱度只有较小的变化，所以 ΔS 与系统的温度成反比。

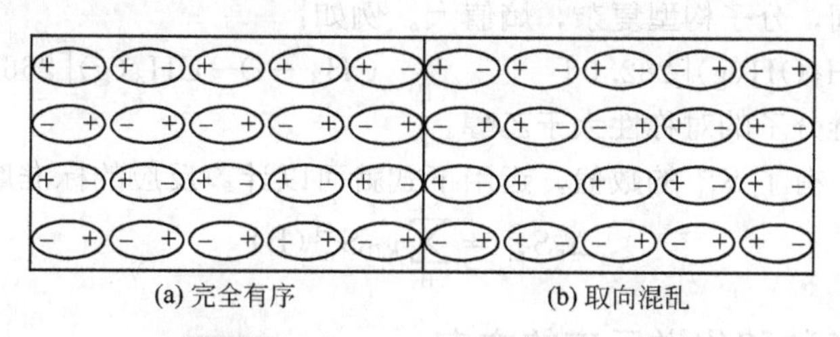

图 3-5 温度对晶体混乱度的影响

热力学第二定律的一种表述方法是：在孤立系统的任何自发过程中，系统的熵总是增加的。即：

$$\Delta S(\text{孤立}) > 0 \tag{3-10}$$

孤立系统是指与环境不发生物质和能量交换的系统。真正的孤立系统是不存在的，因为能量交换不能完全避免。但是若将与系统有物质或能量交换的那一部分环境也包括进去而组成一个新的系统，这个新系统可算作孤立系统。因此式（3-10）可表示为：

$$\Delta S(\text{系统}) + \Delta S(\text{环境}) > 0 \tag{3-11}$$

如果某一变化过程中，系统的熵变 ΔS（系统）和环境的熵变 ΔS（环境）都已知，则可用式（3-11）来判断过程是否自发。即：

ΔS（系统）$+\Delta S$（环境）>0　　自发过程

ΔS（系统）$+\Delta S$（环境）<0　　不可能发生的过程

3.1.3.3 标准摩尔熵（standard molar entropy）

熵是表示系统混乱度的热力学函数。对纯净物质的完整晶体，在热力学温度 0K 时，分子间排列整齐，且分子任何热运动也停止了，这时系统完全有序化了。因此热力学第三定律指出：在热力学温度 0K 时，任何纯物质的完整晶体的熵值等于零。

有了第三定律，我们就能测量任何纯物质在温度 T 时熵的绝对值。因为：

$$S_T - S_0 = \Delta S$$

S_T 表示温度为 TK 时的熵值，S_0 表示 0K 时的熵值，由于 $S_0=0$，所以：

$$S_T = \Delta S$$

这样，只需求得物质从 0K 到 TK 的熵变 ΔS，就可得该物质在 TK 时熵的绝对值。在标准状态下 1mol 物质的熵值称为该物质的标准摩尔熵（简称标准熵）用符号 $S_m^{\ominus}$ 表示。附表 3 列出了一些物质在 298.15K 的标准摩尔熵，单位是 J/（mol·K）。需要指出，水合离子的标准摩尔熵不是绝对值，而是规定标准状态下水合 H^+ 的熵值为零的基础上求得的相对值。

根据熵的含义，不难看出物质标准熵的大小应有如下的规律。

（1）同一物质所处的聚集态不同，熵值大小次序是气态≫液态>固态。例如：

$H_2O(g)$[188.7]　　$H_2O(l)$[69.94]　　$H_2O(s)$[39.4]

方括号内的数值是 298.15K 时物质的标准摩尔熵，单位为 J/(mol·K)，下同。

（2）聚集态相同，复杂分子比简单分子有较大的熵值。例如：

$O(g)$[161.0]　　$O_2(g)$[205.0]　　$O_3(g)$[238.8]

（3）结构相似的物质，分子量大的熵值大。例如：

$F_2(g)$[203.3]　　$Cl_2(g)$[222.9]　　$Br_2(g)$[245.3]　　$I_2(g)$[260.6]

（4）分子量相同，分子构型复杂，熵值大。例如：

$C_2H_5OH(g)$[282.0]　　$CH_3—O—CH_3(g)$[266.3]

这是由于二甲醚分子的对称性大于乙醇。

熵是状态函数，有了 $S_m^{\ominus}$ 的数值，运用下式就可以计算反应的标准摩尔熵变 $\Delta_r S_m^{\ominus}$：

$$\Delta_r S_m^{\ominus} = \sum_B \nu_B S_m^{\ominus}(B) \tag{3-12}$$

3.1.4 Gibbs 函数和化学反应的方向

3.1.4.1 Gibbs 函数（Gibbs function）

用式（3-11）来判断变化的自发性很不方便，因为它既牵涉系统又涉及环境。因此常做如下的变换：ΔS（环境）是传入环境的热量除以传热时的温度，对于等温恒压过程，传入环境的热量等于传入系统热量的负值，即 Q(环境) $= -\Delta H$(系统)。所以：

$$\Delta S(\text{环境}) = \frac{Q(\text{环境})}{T} = \frac{-\Delta H(\text{系统})}{T}$$

将此代入式（3-11）：

$$\Delta S(\text{孤立}) = \Delta S(\text{系统}) + \Delta S(\text{环境}) = \Delta S(\text{系统}) - \frac{\Delta H(\text{系统})}{T}$$

$$T\Delta S(\text{孤立}) = T\Delta S(\text{系统}) - \Delta H(\text{系统}) = -[\Delta H(\text{系统}) - T\Delta S(\text{系统})]$$

对自发变化，ΔS(孤立) 总是正值，乘积 $T\Delta S$(孤立) 也总是正值，所以 ΔH(系统) $-$ $T\Delta S$(系统) 必定为负值。即：

$$\Delta H - T\Delta S < 0$$

因此在等温恒压过程中，如果系统 $\Delta H - T\Delta S$ 小于零，则其变化是自发的。

为了方便，可引入另一个热力学函数——吉布斯（Gibbs）函数，用符号 G 表示，其定义为：

$$G = H - TS \tag{3-13}$$

因为 H、T、S 都是状态函数，故它们的组合 G 一定也是状态函数。对一个等温恒压过程，设始态的 Gibbs 函数为 G_1，终态的 Gibbs 函数为 G_2，则该过程 Gibbs 函数变 ΔG 为：

$$\Delta G = G_2 - G_1 = (H_2 - TS_2) - (H_1 - TS_1) = (H_2 - H_1) - T(S_2 - S_1)$$

即

$$\Delta G = \Delta H - T\Delta S \tag{3-14}$$

这个关系式常称为吉布斯-赫姆霍兹（Gibbs-Helmholtz）方程式。在等温恒压过程中，可以用 Gibbs 函数变 ΔG 来判断过程的自发性，ΔG 小于零时，表示该过程可以自发进行。即：

$\Delta G < 0$　　自发进行

$\Delta G > 0$　　不可能自发进行(其逆过程可自发进行)

$\Delta G = 0$　　过程处于平衡状态　　(3-15)

从式（3-14）中还可看出，实际上有两个因素——ΔH 和 ΔS 决定过程的自发性。它们对自发变化的影响，可分成下列四种情况加以讨论。

(1) $\Delta H<0$，$\Delta S>0$　两因素都对自发过程有利，不管什么温度下，总是 $\Delta G<0$，所以过程总是自发的。

(2) $\Delta H>0$，$\Delta S<0$　两因素都对自发过程不利，不管什么温度下，总是 $\Delta G>0$，所以过程不可能自发进行。

(3) $\Delta H<0$，$\Delta S<0$　这时温度将起重要作用，因为只有在 $|\Delta H| > |T\Delta S|$ 时，$\Delta G<0$，所以温度越低，对这种过程越有利。水结冰是这种过程的一个例子。因水结冰放出热量，$\Delta H<0$；但结冰过程中水分子变得有序，混乱度减少，$\Delta S<0$。为了保证 $\Delta G<0$，温度 T 不能高。在 101.325kPa 下，水在温度低于 273.15K 时才会自动结冰；高于 273.15K 时 $|T\Delta S| > |\Delta H|$，即 $\Delta G>0$，结冰就不可能自发进行，相反的，它的逆过程（冰融化）却发生了。

(4) $\Delta H>0$，$\Delta S>0$　这种情况与（3）相反，只有在 $|T\Delta S| > |\Delta H|$ 时，$\Delta G<0$。所以温度越高，对这种过程越有利。冰融化、水蒸发即属于这一类的过程。

ΔG 具有一定的物理意义。它代表在等温恒压过程中，能被用来做有用功（即非体积功）的最大值。一个过程实际能做多少有用功，在一定程度上取决于利用这个过程做功的效率。例如，每摩尔甲烷在内燃机中燃烧，得到的有用功很少超过 100～200kJ。在燃料电池中情况要好得多，甚至可得到 700kJ 的功。但是不管设计多么巧妙，在 298.15K 和 $P^{\ominus}$ 下，消耗 1mol 甲烷得到的有用功不会超过 818kJ。该值就是下列反应的 $\Delta_r H_m^{\ominus}$：

$$CH_4(g)+2O_2(g) = CO_2(g)+2H_2O(l) \qquad \Delta_r H_m^{\ominus}=-818kJ/mol$$

这个值也就是燃烧 1mol 甲烷能被用来做有用功的最大值。

3.1.4.2 标准生成 Gibbs 函数（standard formation Gibbs function）

因 Gibbs 函数是状态函数，在化学反应中如果能够知道反应物和生成物的 Gibbs 函数的数值，则反应的 Gibbs 函数变 ΔG 可由简单的加减法求得。但是从 Gibbs 函数的定义可知，它与内能、焓一样，是无法求得绝对值的。为了求算反应 ΔG，可仿照求标准生成焓的处理方法。首先规定一个相对的标准——在指定的反应温度（一般指定为 298.15K）和标准状态下，令稳定单质的 Gibbs 函数为零，并且把在指定温度和标准状态下，由稳定单质生成 1mol 某物质的 Gibbs 函数变称为该物质的标准生成 Gibbs 函数（$\Delta_f G_m^{\ominus}$）。

一些物质 298.15K 时的标准生成 Gibbs 函数列于附表 3。有了 $\Delta_f G_m^{\ominus}$ 数据，就可方便地由下式计算任何反应的标准摩尔 Gibbs 函数变 $\Delta_r G_m^{\ominus}$。

$$\Delta_r G_m^{\ominus}=\sum_B \nu_B \Delta_f G_m^{\ominus}(B) \tag{3-16}$$

例 3-5 计算下列反应在 298K 时的 $\Delta_r G_m^{\ominus}$：

$$C_6H_{12}O_6(s)+6O_2(g) = 6CO_2(g)+6H_2O(l)$$

解： 查附表 3 得各物质的 $\Delta_f G_m^{\ominus}$，代入式（3-16）可得：

$$\begin{aligned}\Delta_r G_m^{\ominus} &= [6\times\Delta_f G_m^{\ominus}(CO_2)+6\times\Delta_f G_m^{\ominus}(H_2O)]-[\Delta_f G_m^{\ominus}(C_6H_{12}O_6)+6\times\Delta_f G_m^{\ominus}(O_2)]\\ &= [6\times(-394.4)+6\times(-237.2)]-[(-910.5)+6\times0]\\ &= -2879kJ/mol\end{aligned}$$

$\Delta_r G_m^{\ominus}$ 为负值，表明上述反应在 298K 的标准状态下能自发进行。

3.1.4.3 ΔG 与温度的关系

由标准生成 Gibbs 函数的数据计算所得 $\Delta_r G_m^{\ominus}$，可用来判断反应在标准状态下能否自发进行。但是能查到的标准生成 Gibbs 函数一般都是 298.15K 时的数据，那么在其他温度，如在人的体温 37℃时，某一生化反应能否自发进行？为此需要了解温度对 ΔG 的影响。

一般来说温度变化时，ΔH、ΔS 变化不大，而 ΔG 却变化很大。因此，当温度变化不太大时，可近似地把 ΔH、ΔS 看作不随温度而变的常数。这样，只要求得 298.15K 时 $\Delta H_{298.15}^{\ominus}$ 和 $\Delta S_{298.15}^{\ominus}$，利用如下近似公式就可求算 T 时的 $\Delta G_T^{\ominus}$。

$$\Delta G_T^{\ominus}\approx \Delta H_{298.15}^{\ominus}-T\Delta S_{298.15}^{\ominus} \tag{3-17}$$

例 3-6 已知

	$C_2H_5OH(l)$	$C_2H_5OH(g)$
$\Delta_f H_m^{\ominus}/(kJ/mol)$	−277.6	−235.3
$S_m^{\ominus}/[J/(mol\cdot K)]$	161	282

试求：（1）在 298.15K 和标准状态下，$C_2H_5OH(l)$ 能否自发地变成 $C_2H_5OH(g)$？（2）在 373.15K 和标准状态下，$C_2H_5OH(l)$ 能否自发地变成 $C_2H_5OH(g)$？（3）估算乙醇的沸点。

解：(1) 对于过程　　　$C_2H_5OH(l) \longrightarrow C_2H_5OH(g)$

$$\Delta H^{\ominus}_{298.15} = (-235.3) - (-277.6) = 42.3\text{kJ/mol}$$

$$\Delta S^{\ominus}_{298.15} = 282 - 161 = 121\text{J/(mol·K)}$$

$$\Delta G^{\ominus}_{298.15} = \Delta H^{\ominus}_{298.15} - T\Delta S^{\ominus}_{298.15} = 42.3 - 298 \times 121 \times 10^{-3} = 6.2\text{kJ/mol} > 0$$

在 298.15K 和标准状态，$C_2H_5OH(l)$ 不能自发地变成 $C_2H_5OH(g)$。

(2) 可得

$$\Delta G^{\ominus}_{373.15} \approx \Delta H^{\ominus}_{298.15} - T\Delta S^{\ominus}_{298.15} \approx 42.3 - 373 \times 121 \times 10^{-3} \approx -2.8\text{kJ/mol} < 0$$

在 373.15K 和标准状态，$C_2H_5OH(l)$ 可自发地变成 $C_2H_5OH(g)$。

(3) 设在 $P^{\ominus}$ 下乙醇在温度 T 时沸腾，则：

$$\Delta G^{\ominus}_{T} = 0$$

$$\Delta G^{\ominus}_{T} \approx \Delta H^{\ominus}_{298.15} - T\Delta S^{\ominus}_{298.15}$$

$$T = \frac{\Delta H^{\ominus}_{298.15}}{\Delta S^{\ominus}_{298.15}} = \frac{42.3}{121 \times 10^{-3}} = 350\text{K}$$

故乙醇的沸点约为 350K（实验值为 351K）。

3.2　化学动力学

3.2.1　化学反应速率

一个反应开始后，反应物的数量随时间而不断降低，生成物的数量却不断增加，为了描述反应进行的快慢，可以用反应物物质的量随时间不断降低来表示，也可用生成物物质的量随时间不断增加来表示。但由于反应式中生成物和反应物的化学计量数往往不同，所以用反应物或生成物的物质的量变化率来表示转化速率时，其数值就不一致。转化速率定义为反应进行程度随时间的变化率，如果考虑反应的化学计量关系，则不会产生以上的麻烦。例如，某反应在时间 t_1 至 t_2 的间隔内，平均转化速率 J 为：

$$J = \frac{\Delta n}{\nu \Delta t}$$

式中，Δn 为参加化学反应的某反应物或生成物在时间 t_1 至 t_2 的间隔内物质的量的变化，$\Delta n = n_2 - n_1$，mol；ν 为某反应物或生成物的化学计量数（反应物取负值，生成物取正值，以保证 J 值为正）；Δt 为时间的变化，s 或 min 或 h 等。

对于恒容反应（大多数反应属于这类反应），由于反应过程中体积始终保持不变，还可以用单位体积内的转化速率来描述反应的快慢，并称为平均反应速率（用符号 $\bar{v}$ 表示），即：

$$\bar{v} = \frac{J}{V} = \frac{\Delta n}{\nu V \Delta t} = \frac{\Delta c}{\nu \Delta t} \tag{3-18}$$

式中，Δc 为物质浓度的变化，mol/L。对大多数化学反应来说，反应过程中反应物和生成物的浓度时时刻刻都在变化着，故反应速率也是随时间变化的。平均反应速率不能真实地反映这种变化，只有瞬时速率才能表示化学反应中某时刻的真实反应速率。瞬时反应速率（常简称反应速率）是 Δt 趋近于零时的平均速率的极限值，即：

$$\lim_{\Delta t \to 0} \bar{v} = \lim_{\Delta t \to 0} \frac{\Delta c}{\nu \Delta t} = \frac{dc}{\nu dt} \tag{3-19}$$

对一般化学反应：

$$aA + bB \longrightarrow dD + eE$$

瞬时速率可表示为：

$$v = -\frac{dc_A}{a\,dt} = -\frac{dc_B}{b\,dt} = \frac{dc_D}{d\,dt} = \frac{dc_E}{e\,dt} \tag{3-20}$$

对于气相反应，压力比浓度容易测量，因此也可用气体的分压代替浓度。例如：

$$N_2O_5(g) = N_2O_4(g) + \frac{1}{2}O_2(g)$$

$$v = -\frac{dp(N_2O_5)}{dt} = \frac{dp(N_2O_4)}{dt} = 2\frac{dp(O_2)}{dt}$$

反应速率是通过实验测定的。实验中，用化学方法或物理方法测定在不同时刻反应物（或生成物）的浓度，然后通过作图法，即可求得不同时刻的反应速率。

3.2.2 化学反应速率理论

反应速率理论是化学动力学研究的理论课题，从分子的角度解释了化学反应的快慢。目前提出的反应速率理论主要有碰撞理论和过渡态理论两种，下面对它们做定性的叙述。

3.2.2.1 碰撞理论 (collision theory)

碰撞理论是 1918 年路易斯（Lewis W. C. M.）在气体分子运动基础上提出来的。该理论认为碰撞是发生化学反应的前提，要求反应物分子之间必须相互碰撞。碰撞频率越高，反应速率越快。但事实上并不是每次碰撞都能发生反应，否则所有气相反应都能在瞬间完成了。例如碘化氢气体分解反应：

$$2HI(g) = H_2(g) + I_2(g)$$

据理论计算，温度为 773K，浓度为 10^{-3} mol/L 的 HI，如果每次碰撞都引起反应，反应速率将达 3.8×10^4 mol/(L·s)，但该条件下实际上的反应速率为 6×10^{-9} mol/(L·s)。两者相差 10^{13} 倍，所以在千万次碰撞中，只有极少数的碰撞才是有效的。为什么会出现这种现象呢？对此，碰撞理论又指出：只有极少数动能特别大的分子碰撞才是有效碰撞。这是容易理解的，因为分子发生化学反应时是“破”旧键“立”新键，非要一个激烈的碰撞不可。只有那些动能特别大的分子才能达到这一目的，这些动能特别大且又能导致有效碰撞的分子称为活化分子。

在一定的温度下气体分子具有一定的平均动能（$E_m = kT/2$，k 为玻耳兹曼常量），但各分子的动能并不相同。气体分子的能量分布如图 3-6 所示（称为麦克斯韦分布曲线）。图中横坐标代表分子的动能，纵坐标 $\Delta N/(N\Delta E)$ 表示具有动能在 E 到 $E+\Delta E$ 区间内，单位能量区间的分子数（ΔN）占总分子数（N）的百分数。从能量曲线可见，大部分分子的动能在 E_m 附近，但也有少数分子动能比 E_m 低得多或高得多。如果分子达到有效碰撞的最低能量为 E_0，则曲线下阴影部分表示活化分子所占的百分数（曲线下的总面积表示分子总数，即 100%）。活化能就是把反应物分子转变为活化分子所需的能量。由于反应物分子的能量各不相同，活化分子的能量彼此也不同，只能从统计的角度

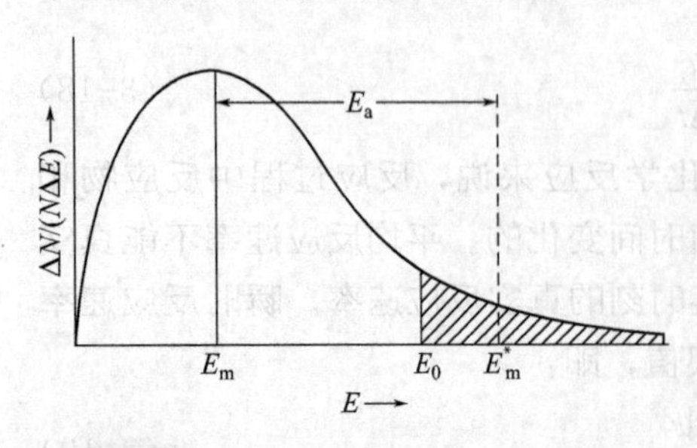

图 3-6 气体分子的能量分布示意图

来比较反应物分子和活化分子的能量。

因此活化能 E_a 可定义为活化分子的平均能量 E_m^* 与反应物分子的平均能量 E_m 之差，即：

$$E_a = E_m^* - E_m$$

一般化学反应的活化能在 40～400kJ/mol 之间。在一定的温度下，反应的活化能越大，活化分子所占的百分数就越小，反应越慢。反之，活化能越小，活化分子所占的百分数就越大，反应越快。

对一些反应，特别是结构比较复杂的分子之间的反应，考虑了能量因素后往往发现反应速率计算值与实验值还是相差很大。这个事实说明，影响反应速率的还有其他因素。碰撞时分子间的取向就是一个重要因素。例如反应：

$$NO_2(g) + CO(g) \longrightarrow NO(g) + CO_2(g)$$

只有当 CO 中的 C 原子与 NO_2 中的 O 原子迎头相碰才有可能发生反应（图 3-7），而其他方位的碰撞都是无效碰撞。

3.2.2.2 过渡态理论（transition state theory）

过渡态理论是在量子力学和统计力学发展的基础上提出来的。该理论认为化学反应不是只通过简单碰撞就生成产物，而是要经过一个由反应物分子以一定的构型而存在的过渡态。

当具有足够动能的分子彼此以适当的取向发生碰撞时，动能转变为分子间相互作用的势能，引起分子和原子内部结构的变化。使原来以化学键结合的原子间的距离变长，而没有结合的原子间距离变短，形成了过渡状态的构型。例如 NO_2 与 CO 的反应，可表示为：

$$NO_2 + CO \longrightarrow [\ \overset{\displaystyle O}{\overset{\diagup}{N}}\cdots O \cdots C{-}O\ ] \longrightarrow CO_2 + NO$$

图 3-8 为反应过程势能变化示意图。E_1 表示反应物分子的平均势能，E_2 表示产物分子的平均势能，E^* 表示过渡态分子的平均势能。从图中可见，在反应物分子和生成物分子之间构成了一个势能垒。要使反应发生，必须使反应物分子“爬上”这个势能垒。E^* 势能越大，反应越困难，反应速率越小。E^* 与 E_1 的能量差为正反应的活化能，用 E_a(正) 表示，E^* 与 E_2 之差为逆反应的活化能，用 E_a(逆) 表示，正逆反应的活化能之差为反应的焓变，而 E_1 与 E_2 的能量差为反应的内能变 ΔU。

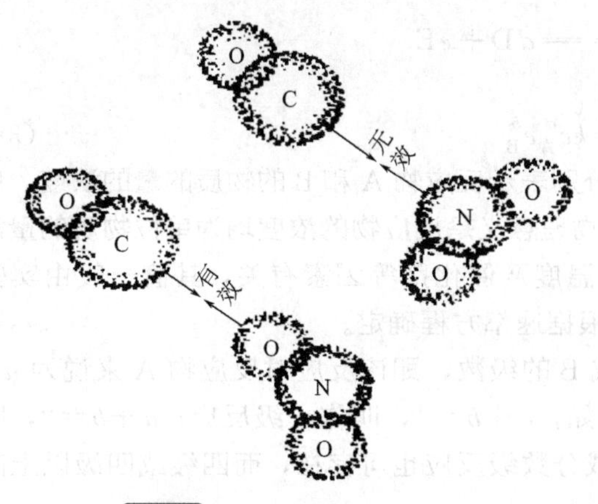

图 3-7 分子碰撞的不同取向

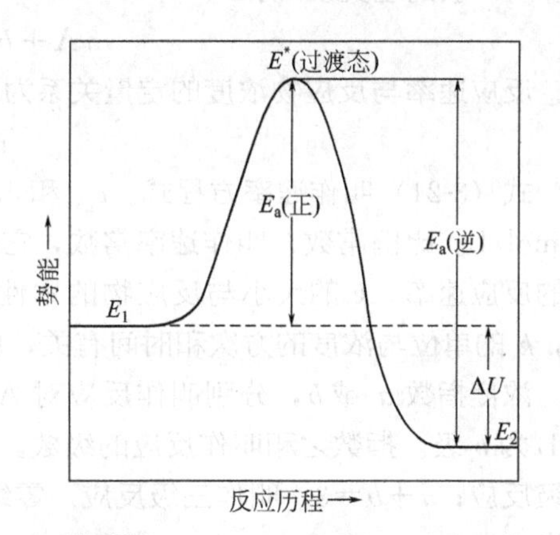

图 3-8 反应过程势能变化示意图

过渡态理论充分考虑了分子的内部结构，从分子的水平解释了反应速率问题，但由于过渡态结构极不稳定，且不易分离，致使这一理论的应用受到限制。因此，反应速率理论至今仍不完善，有待进一步发展。

3.2.3 影响化学反应速率的因素

反应速率除取决于反应物质的本性外，外界条件对它也有强烈的影响。这些外界条件主要是浓度、温度和催化剂。

3.2.3.1 浓度对反应速率的影响

(1) 基元反应和非基元反应 (elementary reaction，non-elementary reaction) 化学反应式只能指出反应物和最后的生成物，不能指出反应是如何进行的。例如反应：

$$2NO + 2H_2 \longrightarrow N_2 + 2H_2O \quad (1)$$

经研究，发现它实际上经过以下三步才完成：

$$2NO \longrightarrow N_2O_2 \quad (快) \quad (2)$$

$$N_2O_2 + H_2 \longrightarrow N_2O + H_2O \quad (慢) \quad (3)$$

$$N_2O + H_2 \longrightarrow N_2 + H_2O \quad (快) \quad (4)$$

反应物分子在碰撞中一步直接转化为生成物分子的反应称为基元反应。所以反应 (2)、(3)、(4) 均为基元反应，而反应 (1) 则为非基元反应。一个化学反应是基元反应还是非基元反应，不能简单地从化学反应方程式来判断，需要通过实验来确定。例如已经证明下面 (5)、(6) 两个反应是基元反应：

$$NO_2 + CO \longrightarrow NO + CO_2 \quad (5)$$

$$2NO + O_2 \longrightarrow 2NO_2 \quad (6)$$

(2) 基元反应的速率方程式 基元反应的反应速率与反应物浓度之间的关系比较简单，在大量实验的基础上，人们总结出一条规律："基元反应的反应速率与反应物浓度以方程式中化学计量数的绝对值为幂的乘积成正比"，并称之为质量作用定律 ("质量" 在此处实际上意味着浓度)。所以上述 (5)、(6) 两个基元反应速率可用下式表达：

$$v_5 = k_5 c(NO_2) c(CO)$$

$$v_6 = k_6 c^2(NO) c(O_2)$$

对一般的基元反应：

$$aA + bB \longrightarrow dD + eE$$

反应速率与反应物浓度的定量关系为：

$$v = k c_A^a c_B^b \quad (3\text{-}21)$$

式 (3-21) 叫作速率方程式。c_A 和 c_B 分别表示反应物 A 和 B 的物质的量的浓度，单位为 mol/L。比例常数 k 叫作速率常数，它的物理意义是反应物的浓度均为单位物质的量浓度时的反应速率。k 的大小与反应物的本性、温度及催化剂等因素有关，其值一般由实验测定，k 的单位与浓度的方次和时间有关，应根据速率方程确定。

浓度指数 a 或 b，分别叫作反应对 A 或 B 的级数，即该反应对反应物 A 来说为 a 级，对 B 为 b 级。指数之和叫作反应的级数。例如，$a+b=1$，叫作一级反应；$a+b=2$，叫作二级反应；$a+b=3$，叫作三级反应。零级或分数级反应也可存在，而四级或四级以上的反应尚未发现。

关于速率方程式的几点说明如下。

① 如果有固体和纯液体参加反应，因固体和纯液体本身为标准状态，即单位浓度，因此不必列入反应速率方程式。例如：

$$\mathrm{C(s)+O_2(g)=\!=\!=CO_2(g)}$$

$$v=kc(\mathrm{O_2})$$

② 如果反应物中有气体，在速率方程式中可用气体分压代替浓度。故上述反应的速率方程式也可写成：

$$v=k'p(\mathrm{O_2})$$

(3) 非基元反应的速率方程式（rate equation of non-elementary reaction）　对于非基元反应，从反应方程式中是不能给出速率方程式的。它必须通过实验，由实验获得有关的数据后，通过数学处理，求得反应级数，才能确定速率方程式。由实验确定反应级数的方法很多，这里只介绍一种比较简单的方法——改变物质数量比例法。例如对于反应：

$$a\mathrm{A}+b\mathrm{B}=\!=\!=d\mathrm{D}+e\mathrm{E}$$

可先假设其速率方程式为：

$$v=kc_{\mathrm{A}}^{x}c_{\mathrm{B}}^{y}$$

然后通过实验确定 x 和 y 值。实验时在一组反应物中保持 A 的浓度不变，而将 B 的浓度加大一倍，若反应速率比原来加大一倍，则可确定 $y=1$。在另一组反应物中设法保持 B 的浓度不变，而将 A 的浓度加大一倍，若反应速率增加到原来的 4 倍，则可确定 $x=2$。这种方法特别适用于较复杂的反应。

例 3-7　在碱性溶液中，次磷酸根离子（$\mathrm{H_2PO_2^-}$）分解为亚磷酸根离子（$\mathrm{HPO_3^{2-}}$）和氢气，反应式为：

$$\mathrm{H_2PO_2^-(aq)+OH^-(aq)=\!=\!=HPO_3^{2-}(aq)+H_2(g)}$$

在一定的温度下，实验测得下列数据：

实验编号	$c(\mathrm{H_2PO_2^-})/(\mathrm{mol/L})$	$c(\mathrm{OH^-})/(\mathrm{mol/L})$	$v/[\mathrm{mol/(L\cdot s)}]$
1	0.10	0.10	5.30×10^{-9}
2	0.50	0.10	2.67×10^{-8}
3	0.50	0.40	4.25×10^{-7}

试求：(1) 反应级数；(2) 速率常数 k。

解：(1) 设 x 和 y 分别为对于 $\mathrm{H_2PO_2^-}$ 和 $\mathrm{OH^-}$ 的反应级数，则该反应的速率方程为：

$$v=kc^{x}(\mathrm{H_2PO_2^-})c^{y}(\mathrm{OH^-})$$

把三组数据代入，得：

$$5.30\times10^{-9}=k(0.10)^{x}(0.10)^{y} \tag{1}$$

$$2.67\times10^{-8}=k(0.50)^{x}(0.10)^{y} \tag{2}$$

$$4.25\times10^{-7}=k(0.50)^{x}(0.40)^{y} \tag{3}$$

(2) ÷ (1)

$$\frac{2.67\times10^{-8}}{5.30\times10^{-9}}=\left(\frac{0.50}{0.10}\right)^{x}$$

$$5=5^{x}$$

$$x=1$$

(3) ÷ (2)：

$$\frac{4.25\times10^{-7}}{2.67\times10^{-8}}=\left(\frac{0.40}{0.10}\right)^y$$

$$16=4^y$$

$$y=2$$

所以，反应级数为 3，对 $H_2PO_2^-$ 来说是一级，对 OH^- 来说是二级。其速率方程式为：

$$v=kc(HPO_2^-)c^2(OH^-)$$

（2）将表中任意一组数据代入速率方程式，可求得 k 值。现取第一组数据：

$$k=\frac{5.30\times10^{-9}}{0.10\times(0.10)^2}=5.3\times10^{-6}\ L^2/(mol^2\cdot s)$$

3.2.3.2 温度对反应速率的影响（effect of temperature on reaction rate）

温度对反应速率有显著的影响，且其影响比较复杂。多数化学反应随温度升高反应速率增大。一般来说，温度每升高 10K，反应速率增加 2～4 倍。这是一个很近似的规律。温度对分子动能的影响如图 3-9 所示。1889 年瑞典化学家阿伦尼乌斯（Arrhenius S. A.）在总结大量实验事实的基础上，提出了反应速率常数与温度的定量关系式如下：

$$k=Ae^{-\frac{E_a}{RT}} \quad 或 \quad \ln k=-\frac{E_a}{RT}+\ln A \qquad (3\text{-}22)$$

式中，E_a 为反应的活化能；R 为摩尔气体常量；A 为指前因子，对指定反应来说为一常数；e 为自然对数的底（e=2.718）。由式（3-22）可见，k 与温度 T 呈指数关系，温度微小的变化将导致 k 值较大的变化。

3.2.3.3 催化剂对反应速率的影响

催化剂是一种能改变化学反应速率，而本身的质量、组成和化学性质在反应前后保持不变的物质。能加快反应速率的催化剂称为正催化剂；减慢反应速率的催化剂称为负催化剂。一般所说的催化剂是指正催化剂，负催化剂常称为抑制剂。催化剂之所以能改变反应速率，是由于参与反应过程，改变了原来反应的途径，因而改变了活化能。例如反应：

$$A+B\longrightarrow AB \qquad 活化能为\ E_a$$

当有催化剂 Z 存在时，改变了反应的途径，使之分为两步：

$$A+Z\longrightarrow AZ \qquad 活化能为\ E_1 \qquad (1)$$

$$AZ+B\longrightarrow AB+Z \qquad 活化能为\ E_2 \qquad (2)$$

由于 E_1、E_2 均小于 E_a（图 3-10），所以反应加快了。

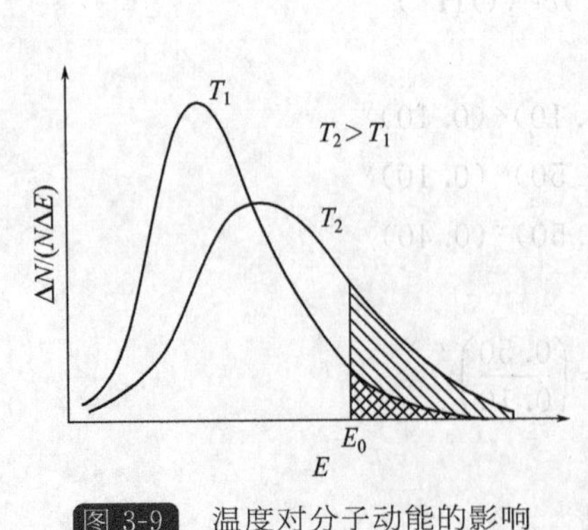

图 3-9 温度对分子动能的影响

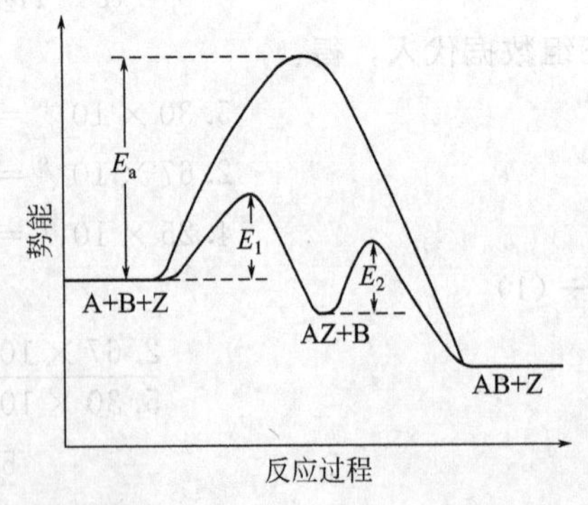

图 3-10 催化剂改变反应途径示意图

催化剂加速反应速率往往是很惊人的。例如，在 503K 时分解 HI 气体，若无催化剂时，E_a 为 184.1kJ/mol，以 Au 作催化剂时，E_a 降至 104.6kJ/mol。由于 E_a 降低 80kJ/mol，可使反应速率增大 1 亿多倍。

催化剂在加速正反应的同时，也以同样的倍数加快逆反应的速率。所以催化剂只能缩短化学平衡到达的时间，不能改变化学平衡的状态。

此外，还必须指出，催化剂只能对热力学上可能发生的反应起加速作用，对一个 $\Delta_r G>0$ 的反应，想用催化剂促使其自发将是徒劳的。

3.3 化学平衡

对于一个化学反应，我们不仅要考虑反应能否发生、反应的快慢，还要考虑反应能进行到什么程度，即在一定条件下，反应物有多少能最大限度地转化成生成物，也就是化学平衡的问题。研究化学平衡的规律，对生产实践有极大的指导意义。

3.3.1 可逆反应与化学平衡状态

在一定条件下，既能向正方向进行又能向逆方向进行的反应称为可逆反应。如反应：

$$CO(g) + H_2O(g) \rightleftharpoons H_2(g) + CO_2(g)$$

在高温下 CO 与 H_2O 能反应生成 H_2 和 CO_2，同时 H_2 与 CO_2 也能反应生成 CO 和 H_2O。对这样的反应，在强调可逆时，在反应式中常用“$\rightleftharpoons$”代替“$=$”。

可以认为几乎所有反应都是可逆的，只是有些反应在已知的条件下逆反应进行的程度极为微小，以致可以忽略，这样的反应通常称为不可逆。如 $KClO_3$ 加热分解便是不可逆反应的例子。

可逆反应在进行到一定程度时，便会建立起平衡。例如，一定温度下，将一定量的 CO 和 H_2O 加入一个密闭容器中。反应开始时，CO 和 H_2O 的浓度较大，正反应速率较大。一旦有 CO_2 和 H_2 生成，就产生逆反应。开始时逆反应速率较小，随着反应进行，反应物的浓度减小，生成物的浓度逐渐增大。正反应速率逐渐减小，逆反应速率逐渐增大。当正、逆反应速率相等时，即达到平衡状态。在平衡状态下，反应达到了最大限度，这时各物质的浓度叫作平衡浓度，用符号 [ ] 表示。

化学平衡有以下两个特征。

(1) 化学平衡是一种动态平衡。平衡时，正、逆反应仍在进行，只是单位时间内，反应物因正反应消耗的分子数恰等于由逆反应生成的分子数。

(2) 化学平衡是有条件的平衡。当外界条件改变时，原有的平衡即被破坏，直到在新的条件下建立新的平衡。

3.3.2 平衡常数

3.3.2.1 实验平衡常数

当可逆反应达到平衡时，反应物和生成物的浓度将不再改变。这时这些浓度之间有什么关系？为此，进行如下实验：在三个封闭的容器中，分别加入不同数量的 H_2、I_2 和 HI。将容器恒温在 793K，直至建立起化学平衡：

$$H_2(g) + I_2(g) \rightleftharpoons 2HI(g)$$

然后分别测量平衡时 H_2、I_2 和 HI 的浓度。表 3-1 给出三个实验测定的结果。

表 3-1 $H_2+I_2 \rightleftharpoons 2HI$ 的实验数据（793K）

实验编号	起始浓度/(mol/L)			平衡浓度/(mol/L)			$\frac{[HI]^2}{[H_2][I_2]}$
	$c(H_2)$	$c(I_2)$	$c(HI)$	$[H_2]$	$[I_2]$	$[HI]$	
1	0.200	0.200	0.000	0.188	0.188	0.024	0.016
2	0.000	0.000	0.200	0.094	0.094	0.012	0.016
3	0.100	0.100	0.100	0.177	0.177	0.023	0.017

实验数据表明，无论从正反应开始（实验 1），还是从逆反应开始（实验 2），或者从 H_2、I_2 和 HI 混合物开始（实验 3），尽管平衡时各物质的浓度不同，但生成物浓度幂的乘积除以反应物浓度幂的乘积却为一常数。即：

$$\frac{[HI]^2}{[H_2][I_2]}=0.016$$

这种关系对任何可逆反应都适用。对一般的可逆反应：

$$aA+bB \rightleftharpoons dD+eE$$

在一定温度下达平衡时，都能建立如下的关系式：

$$\frac{[D]^d[E]^e}{[A]^a[B]^b}=K_c \tag{3-23}$$

K_c 称为浓度实验平衡常数，又称经验平衡常数。由式（3-23）可见，K_c 值越大，表明反应在平衡时生成物浓度的乘积越大，反应物浓度的乘积越小，所以反应进行的程度越高。

对于气体反应，平衡常数表达式中常用平衡时气体的分压代替浓度。例如上述生成 HI 反应的平衡常数表达式可写成 K_p，称为压力平衡常数。

$$\frac{p^2(HI)}{p(H_2)p(I_2)}=K_p$$

3.3.2.2 标准平衡常数

标准平衡常数又称热力学平衡常数，用符号 $K^{\ominus}$ 表示。

在一定温度下，反应处于平衡状态时，生成物的相对活度以化学方程式中化学计量数的绝对值为乘幂（相对活度幂）的乘积，除以反应物的相对活度幂的乘积等于常数，并称为标准平衡常数。相对活度是将物质所处的状态与标准状态相比后所得的数值，由于物质所处的状态不同，标准状态定义不同，故相对活度的表达式不同。所以对不同类型的反应，$K^{\ominus}$ 的表达式也有所不同。

（1）气体反应　在一定温度下，对于反应物和生成物都是气体的可逆反应 $bB(g)+dD(g) \rightleftharpoons eE(g)+fF(g)$，理想气体（或低压下的真实气体）的相对活度为平衡时气体的分压与标准压力 $P^{\ominus}$(100kPa) 的比值，即：

$$a=\frac{p}{P^{\ominus}}$$

$$K^{\ominus}=\frac{(p_E/P^{\ominus})^e(p_F/P^{\ominus})^f}{(p_B/P^{\ominus})^b(p_D/P^{\ominus})^d}=\frac{p_E^e p_F^f}{p_B^b p_D^d}\left(\frac{1}{P^{\ominus}}\right)^{\sum\nu} \tag{3-24}$$

式中，$\sum\nu=(e+f)-(b+d)$，这就是气体反应的标准平衡常数表达式。

（2）溶液反应　在一定温度下，对于溶液中的反应 $bB+dD \rightleftharpoons eE+fF$，理想溶液（或浓度极稀的真实溶液）的相对活度是平衡时溶液中各物质的浓度（单位为 mol/L）与标

准浓度 $c^{\ominus}$（1mol/L）的比值，即：

$$a=\frac{[c]}{c^{\ominus}}$$

$$K^{\ominus}=\frac{([E]/c^{\ominus})^{e}([F]/c^{\ominus})^{f}}{([B]/c^{\ominus})^{b}([D]/c^{\ominus})^{d}}=\frac{[E]^{e}[F]^{f}}{[B]^{b}[D]^{d}}\left(\frac{1}{c^{\ominus}}\right)^{\sum\nu} \tag{3-25}$$

这就是溶液中反应的标准平衡常数表达式。

（3）多相反应　多相反应是指反应系统中存在两个以上相的反应。如三相反应：

$$CaCO_3(s)+2H^+(aq)\longrightarrow Ca^{2+}(aq)+CO_2(g)+H_2O(l)$$

由于固相和纯液相的标准状态是它本身的纯物质，故固相和纯液相均为单位活度，即 $a=1$，所以在平衡常数表达式中可不必列入。故上述反应的标准平衡常数表达式为：

$$K^{\ominus}=\frac{\{[Ca^{2+}]/c^{\ominus}\}[p(CO_2)/P^{\ominus}]}{\{[H^+]/c^{\ominus}\}^2}$$

（4）应用平衡常数注意事项

① 标准平衡常数无量纲，这是与经验平衡常数不同的地方，为了计算方便和统一，本书均采用标准平衡常数。

② 标准平衡常数是温度的函数，与压力、浓度无关。故在使用标准平衡常数时，必须注明反应的温度。

③ 标准平衡常数表达式与反应方程式的写法有关。

例如，298K 时，反应：

$$N_2(g)+3H_2(g)\rightleftharpoons 2NH_3(g) \tag{a}$$

$$K^{\ominus}(a,298K)=6.1\times10^{5}$$

若反应式写为：

$$2N_2(g)+6H_2(g)\rightleftharpoons 4NH_3(g) \tag{b}$$

则：

$$K^{\ominus}(b,298K)=[K^{\ominus}(a,298K)]^2=(6.1\times10^5)^2=3.7\times10^{11}$$

一般来说，若化学反应式中各物质的化学计量系数均变为原来的 n 倍，则对应的标准平衡常数等于原标准平衡常数的 n 次方。

④ 若有纯固体、纯液体参加反应，或在稀薄的水溶液中发生的反应，则纯固体、纯液体以及溶剂水都不列入平衡常数表达式中。

3.3.3　多重平衡规则

化学反应的平衡常数也可利用多重平衡规则（rule of multiple-equilibrium）计算获得。如果某反应可以由几个反应相加（或相减）得到，则该反应的平衡常数等于这几个反应平衡常数相乘（或相除）。这种关系称为多重平衡规则。例如：

$$反应(3)=反应(1)+反应(2)$$

则

$$K_3^{\ominus}=K_1^{\ominus}K_2^{\ominus}$$

同理，如果：

$$反应(4)=反应(1)-反应(2)$$

则

$$K_4^{\ominus}=K_1^{\ominus}/K_2^{\ominus}$$

多重平衡规则在平衡计算中经常用到。但使用多重平衡规则时应注意所有的平衡常数必须是相同温度时的值，否则不能使用该规则。

3.3.4 Gibbs 函数与标准平衡常数的关系

$\Delta_r G^{\ominus}$ 只能用来判断化学反应在标准状态下能否自发进行，但是通常遇到的反应系统都是非标准状态，处于标准状态的反应系统是极罕见的。对于非标准状态的反应，应该用 $\Delta_r G$ 来判断反应的方向。那么，$\Delta_r G$ 如何求算呢？范特霍夫（van't Hoff）化学反应等温方程式给出了 $\Delta_r G$ 的计算式。对任一化学反应：

$$bB + dD \rightleftharpoons eE + fF$$

化学反应等温方程式为：

$$\Delta_r G = \Delta_r G^{\ominus} + RT\ln \frac{a_E^e a_F^f}{a_B^b a_D^d} \tag{3-26}$$

式中，a_B、a_D、a_E、a_F 分别是体系中物质 B、D、E、F 的相对活度。比值$\frac{a_E^e a_F^f}{a_B^b a_D^d}$叫作反应商。

如果反应处于平衡状态，$\Delta_r G = 0$，由式（3-26）可得：

$$\Delta_r G^{\ominus} + RT\ln \frac{a_E^e a_F^f}{a_B^b a_D^d} = 0 \tag{3-27}$$

式中，a_B、a_D、a_E、a_F 均是平衡状态下的相对活度。此时：

$$\frac{a_E^e a_F^f}{a_B^b a_D^d} = K^{\ominus} \tag{3-28}$$

则有：

$$\Delta_r G^{\ominus} = -RT\ln K^{\ominus} \tag{3-29}$$

在一定温度下，指定反应的 $\Delta_r G^{\ominus}$ 为固定值。由式（3-29）不难看出，其 $K^{\ominus}$ 也是固定值。

3.3.5 有关化学平衡的计算

例 3-8 求 298.15K 时反应 $2SO_2(g) + O_2(g) \rightleftharpoons 2SO_3(g)$ 的 $K^{\ominus}$。已知 $\Delta_f G_m^{\ominus}(SO_2) = -300.4$kJ/mol，$\Delta_f G_m^{\ominus}(SO_3) = -370.4$kJ/mol。

解： 该反应的 $\Delta_r G_m^{\ominus}$ 为：

$$\Delta_r G_m^{\ominus} = 2\Delta_f G_m^{\ominus}(SO_3) - 2\Delta_f G_m^{\ominus}(SO_2)$$
$$= 2 \times (-370.4) - 2 \times (-300.4) = -140.0\text{kJ/mol}$$

$$\ln K^{\ominus} = \frac{-\Delta_r G_m^{\ominus}}{RT} = \frac{140.0 \times 10^3}{8.314 \times 298.15} = 54.48$$

$$K^{\ominus} = 3.4 \times 10^{24}$$

例 3-9 将 1.0mol H_2 和 1.0mol I_2 放入 10L 容器中，使其在 793K 达到平衡。经分析，平衡系统中含 HI 0.12mol，求反应 $H_2(g) + I_2(g) \rightleftharpoons 2HI(g)$ 在 793K 时的 $K^{\ominus}$。

解： 从反应式可知，每生成 2mol HI 要消耗 1mol H_2 和 1mol I_2。根据这个关系，可求出平衡时各物质的物质的量。

	$H_2(g)$ +	$I_2(g)$	$\rightleftharpoons 2HI(g)$
起始时物质的量/mol	1.0	1.0	0
平衡时物质的量/mol	1.0−0.12/2	1.0−0.12/2	0.12

利用公式 $p=nRT/V$，求得平衡时各物质的分压，代入标准平衡常数表达式得：

$$K^{\ominus}=\frac{[n(HI)RT/V]^2}{[n(H_2)RT/V][n(I_2)RT/V]}\left(\frac{1}{P^{\ominus}}\right)^{\sum\nu}$$

$$=\frac{n^2(HI)}{n(H_2)n(I_2)}=\frac{(0.12)^2}{(1.0-0.12/2)^2}=0.016$$

例 3-10 已知反应 $CO(g)+H_2O(g) \rightleftharpoons CO_2(g)+H_2(g)$ 在 1123K 时 $K^{\ominus}=1.0$，现将 2.0mol CO 和 3.0mol $H_2O(g)$ 混合，并在该温度下达平衡，试计算 CO 的转化率。

解：设达平衡时 H_2 为 $x$mol，则：

	$CO(g)$ +	$H_2O(g) \rightleftharpoons$	$CO_2(g)$ +	$H_2(g)$
起始时物质的量/mol	2.0	3.0	0	0
平衡时物质的量/mol	$2.0-x$	$3.0-x$	x	x

设反应系统的体积为 V，利用公式 $p=nRT/V$，将平衡时各物质的分压代入 $K^{\ominus}$ 表达式：

$$K^{\ominus}=\frac{[n(CO_2)RT/V][n(H_2)RT/V]}{[n(CO)RT/V][n(H_2O)RT/V]}\left(\frac{1}{P^{\ominus}}\right)^{\sum\nu}$$

$$=\frac{n(CO_2)n(H_2)}{n(CO)n(H_2O)}=\frac{x^2}{(2.0-x)(3.0-x)}=1.0$$

解方程，得：

$$x=1.2$$

物质的平衡转化率是指该物质到达平衡时已转化了的量与反应前该物质的总量之比：

$$\text{CO 的转化率}=\frac{1.2}{2.0}\times 100\%=60\%$$

3.3.6 化学平衡的移动

化学平衡是动态平衡，平衡是相对的、暂时的。当外界条件改变时，旧的平衡被破坏，在新的条件下，重新建立新的平衡。在新的平衡建立时，反应物浓度和生成物浓度与原平衡时不同。这种因条件改变从旧的平衡状态转变到新的平衡状态的过程称为平衡的移动。

影响化学平衡的因素有浓度、压力和温度等。这些因素对化学平衡的影响，可以用 1887 年法国化学家勒夏特里（Le Chatelier）提出的平衡移动原理判断：假如改变平衡系统的条件之一，如温度、压力或浓度，平衡就向减弱这个改变的方向移动。例如，在下列的平衡系统中：

$3H_2(g)+N_2(g) \rightleftharpoons 2NH_3(g)$	$\Delta_r H^{\ominus}=-92.2\text{kJ/mol}$
增加 H_2 的浓度或分压	平衡向右移动
减少 NH_3 的浓度或分压	平衡向右移动
增加系统总压力	平衡向右移动
增加系统温度	平衡向左移动

但是勒夏特里原理只能做出定性的判断，如果已知平衡常数就可进一步做定量的计算。

例 3-11 已知反应 $C_2H_4(g)+H_2O(g) \rightleftharpoons C_2H_5OH(g)$ 在 773K 时 $K^{\ominus}=0.015$，试分别计算该温度和 1000kPa 时，下面两种情况下 C_2H_4 的平衡转化率：

（1）C_2H_4 与 H_2O 物质的量之比为 1∶1；

（2）C_2H_4 与 H_2O 物质的量之比为 1∶10。

解：（1）设 C_2H_4 的转化率为 α_1，则：

$$C_2H_4(g)+H_2O(g)\rightleftharpoons C_2H_5OH(g)$$

起始时物质的量/mol　1　　1　　0

平衡时物质的量/mol　$1-\alpha_1$　　$1-\alpha_1$　　α_1

平衡时系统总物质的量$=(1-\alpha_1)+(1-\alpha_1)+\alpha_1=2-\alpha_1$，若以 P 代表系统的总压力，则平衡时：

$$p(C_2H_4)=\frac{1-\alpha_1}{2-\alpha_1}P$$

$$p(H_2O)=\frac{1-\alpha_1}{2-\alpha_1}P$$

$$p(C_2H_5OH)=\frac{\alpha_1}{2-\alpha_1}P$$

$$K^{\ominus}=\frac{p(C_2H_5OH)/P^{\ominus}}{[p(C_2H_4)/P^{\ominus}][p(H_2O)/P^{\ominus}]}=\frac{\frac{\alpha_1}{2-\alpha_1}P}{\left(\frac{1-\alpha_1}{2-\alpha_1}P\right)^2}\left(\frac{1}{P^{\ominus}}\right)^{\sum\nu}$$

其中$\sum\nu=1-(1+1)=-1$，且计算中取 $P^{\ominus}=100\text{kPa}$，将有关数据代入：

$$0.015=\frac{\alpha_1(2-\alpha_1)}{(1-\alpha_1)^2}\times\frac{100}{1000}$$

解得 $\alpha_1=0.067$，即 C_2H_4 的转化率为 6.7%。

(2) 设 C_2H_4 的转化率为 α_2，则：

$$C_2H_4(g)+H_2O(g)\rightleftharpoons C_2H_5OH(g)$$

起始时物质的量/mol　1　　10　　0

平衡时物质的量/mol　$1-\alpha_2$　　$10-\alpha_2$　　α_2

平衡时系统总物质的量$=(1-\alpha_2)+(10-\alpha_2)+\alpha_2=11-\alpha_2$，若以 P 代表系统的总压力，则平衡时：

$$p(C_2H_4)=\frac{1-\alpha_2}{11-\alpha_2}P$$

$$p(H_2O)=\frac{10-\alpha_2}{11-\alpha_2}P$$

$$p(C_2H_5OH)=\frac{\alpha_2}{11-\alpha_2}P$$

$$K^{\ominus}=\frac{p(C_2H_5OH)/P^{\ominus}}{[p(C_2H_4)/P^{\ominus}][p(H_2O)/P^{\ominus}]}=\frac{\frac{\alpha_2}{11-\alpha_2}P}{\left(\frac{1-\alpha_2}{11-\alpha_2}P\right)\left(\frac{10-\alpha_2}{11-\alpha_2}P\right)}\left(\frac{1}{P^{\ominus}}\right)^{\sum\nu}$$

$$0.015=\frac{\alpha_2(11-\alpha_2)}{(1-\alpha_2)(10-\alpha_2)}\times\frac{100}{1000}$$

解得 $\alpha_2=0.12$，即 C_2H_4 的转化率为 12%。

以上计算表明，C_2H_4 与 H_2O 物质的量的比例从 1∶1 变到 1∶10 时，C_2H_4 的转化率从 6.7%提高到 12%。因此，几种物质参加反应时，为了使价格昂贵物质得到充分利用，常常多加入价格低廉物质，借以降低成本、提高经济效益。

与浓度和压力对化学平衡的影响不同，温度对化学平衡的影响表现为平衡常数随温度而变。因此要定量地讨论温度的影响，必须先了解温度与平衡常数的关系。因为：

$$\Delta_r G^{\ominus} = -RT\ln K^{\ominus}$$

$$\Delta_r G^{\ominus} = \Delta_r H^{\ominus} - T\Delta_r S^{\ominus}$$

合并两式，得：

$$\ln K^{\ominus} = -\frac{\Delta_r H^{\ominus}}{RT} + \frac{\Delta_r S^{\ominus}}{R}$$

设在温度 T_1 和 T_2 时的平衡常数分别为 $K_1^{\ominus}$ 和 $K_2^{\ominus}$，并设 $\Delta_r H^{\ominus}$ 和 $\Delta_r S^{\ominus}$ 不随温度而变，则：

$$\ln K_1^{\ominus} = \frac{-\Delta_r H^{\ominus}}{RT_1} + \frac{\Delta_r S^{\ominus}}{R} \tag{1}$$

$$\ln K_2^{\ominus} = \frac{-\Delta_r H^{\ominus}}{RT_2} + \frac{\Delta_r S^{\ominus}}{R} \tag{2}$$

式（2）减去式（1），得：

$$\ln\frac{K_2^{\ominus}}{K_1^{\ominus}} = \frac{\Delta_r H^{\ominus}}{R}\left(\frac{1}{T_1} - \frac{1}{T_2}\right) = \frac{\Delta_r H^{\ominus}}{R}\left(\frac{T_2 - T_1}{T_1 T_2}\right) \tag{3-30}$$

式（3-30）表述 $K^{\ominus}$ 与 T 的关系，当已知化学反应的 $\Delta_r H^{\ominus}$ 时，只要已知某温度 T_1 下的 $K_1^{\ominus}$，就可利用式（3-30）求另一温度 T_2 下的 $K_2^{\ominus}$。也可以利用两温度下的平衡常数，求反应的 $\Delta_r H^{\ominus}$。

例 3-12　试计算反应 $CO_2(g) + 4H_2(g) \rightleftharpoons CH_4(g) + 2H_2O(g)$ 在 800K 时的 $K^{\ominus}$。

解：欲利用式（3-30）计算 800K 时的 $K^{\ominus}$，必须先知道另一温度时的 $K^{\ominus}$。为此，可利用附录的数据求得 298.15K 时的 $K_{298.15}^{\ominus}$ 和 $\Delta_r H^{\ominus}$。由附表 3 查得：

	$CO_2(g)$	$H_2(g)$	$CH_4(g)$	$H_2O(g)$
$\Delta_f H^{\ominus}/(kJ/mol)$	−393.5	0	−74.8	−241.8
$\Delta_f G^{\ominus}/(kJ/mol)$	−394.4	0	−50.8	−228.6

$$\Delta_r H^{\ominus} = [(-74.8) + 2\times(-241.8)] - (-393.5) = -164.9\text{kJ/mol}$$

$$\Delta_r G^{\ominus} = [(-50.8) + 2\times(-228.6)] - (-394.4) = -113.6\text{kJ/mol}$$

$$\ln K_{298.15}^{\ominus} = -\frac{\Delta G^{\ominus}}{RT} = \frac{113.6\times10^3}{8.314\times298.2} = 45.82$$

将上述数据代入式(3-32)：

$$\ln K_{800}^{\ominus} - 45.82 = \frac{-164.9\times10^3}{8.314}\left(\frac{800-298}{800\times298}\right) = -41.47$$

$$\ln K_{800}^{\ominus} = 45.82 - 41.74 = 4.08$$

$$K_{800}^{\ominus} = 59.1$$

知识拓展

药物代谢动力学

药物代谢动力学（pharmacokinetic）是定量研究药物在生物体内吸收、分布、代谢和排泄规律，并运用数学原理和方法阐述血药浓度随时间变化的规律的一门学科。随着药物化学的发展及人类健康水平的不断提高，对药物的药物代谢动力学性质的要求越来越高：判断一个药物的应用前景特别是市场前景，不单纯是疗效强，毒副作用小；更要具备良好的药物代谢动力学性质。肽类药物就是最典型的例子。一般来说，体内的许多生物活性肽如内啡肽等均具有高效低毒的特点，但是，在体内不稳定，口服无效。

药物代谢动力学的重要参数如下。

(1) 药物清除半衰期（half life） 是血浆药物浓度下降一半所需要的时间。其长短可反映体内药物消除速度。

(2) 清除率（clearance） 是机体清除器官在单位时间内清除药物的血浆容积，即单位时间内有多少体积的血浆中所含药物被机体清除。使体内肝脏、肾脏和其他所有消除器官清除药物的总和。

(3) 表观分布容积（apparent volume of distribution） 是当血浆和组织内药物分布达到平衡后，体内药物按此时的血浆药物浓度在体内分布时所需的体液容积。

(4) 生物利用度（bioavailability，F） 即药物经血管外途径给药后吸收进入全身血液循环药物的相对量。可分为绝对生物利用度和相对生物利用度。

药物代谢速率过程如下。

(1) 药物浓度-时间曲线 给药后药物浓度随时间迁移发生变化为纵坐标、以时间为横坐标绘制曲线图，称为药物浓度-时间曲线。由于血液是药物及其代谢物在体内吸收、分布代谢和排泄的媒介，各种体液和组织中的药物浓度与血液中的药物浓度保持一定的比例关系，而有些体液采集较困难，所以血药浓度变化最具有代表性，是最常用的样本，其次是尿液和唾液。

(2) 消除速率类型

① 一级速率消除 单位时间内体内药物浓度按恒定比例消除。计算公式为 $dc/dt=-Kc$。

② 零级速率消除 单位时间内体内药物浓度按恒定的量消除。计算公式为 $dc/dt=-K_0c^0$，即 $dc/dt=-K_0$。

③ 混合速率消除 少部分药物小剂量时以一级速率转运，而在大剂量时以零级速率转运。因此描述这类药物的消除速率需要将两种速率类型结合起来，通常以米-曼氏方程式描述。

(3) 药动学模型 房室模型是药动学研究中广为采用的模型之一，由一个或数个房室组成，一个是中央室，其余是周边室。这种模型是一种抽象的表达方式，并非指机体中的某一个器官或组织。

(4) 药动学参数计算及意义

① 峰浓度和达峰时间 指血管外给药后药物在血浆中的最高浓度值及其出现时间，分别代表药物吸收的程度和速度。

② 曲线下面积 指时量曲线和横坐标围成的区域，表示一段时间内药物在血浆中的相对累积量。

③ 生物利用度 药物经血管外给药后能被吸收进入体循环的分量及速度。

④ 生物等效性 比较同一种药物的相同或者不同剂型，在相同实验条件下，其活性成分吸收程度和速度是否接近或等同。

> ⑤ 表观分布容积 指理论上药物均匀分布应占有的体液容积。
> ⑥ 消除速率常数 指单位时间内消除药物的分数。
> ⑦ 半衰期 指血浆中药物浓度下降一半所需要的时间。
> ⑧ 清除率 指单位时间内多少毫升血浆中的药物被清除。

习 题

1. 计算下列系统的内能变化：

（1）系统吸收了 100J 热量，并且系统对环境做了 540J 功。

（2）系统放出 100J 热量，并且环境对系统做了 635J 功。

2. 在 $P^{\ominus}$ 和 885℃下，分解 1.0mol $CaCO_3$ 需消耗热量 165kJ，试计算此过程的 W、ΔU 和 ΔH。$CaCO_3$ 的分解反应方程式为：

$$CaCO_3(s) = CaO(s) + CO_2(g)$$

3. 已知：$C(s)+O_2(g) = CO_2(g)$，$\Delta_r H_1^{\ominus} = -393.5kJ/mol$；$H_2(g)+\frac{1}{2}O_2(g) = H_2O(l)$，$\Delta_r H_2^{\ominus} = -285.9kJ/mol$；$CH_4(g)+2O_2(g) = CO_2(g)+2H_2O(l)$，$\Delta_r H_3^{\ominus} = -890.0kJ/mol$。试求反应 $C(s)+2H_2(g) = CH_4(g)$ 的 $\Delta_r H_m^{\ominus}$。

4. 人体消除 C_2H_5OH 是靠将它氧化成下列一系列含碳的产物：

$$C_2H_5OH \rightarrow CH_3CHO \rightarrow CH_3COOH \rightarrow CO_2$$

试将各步氧化的方程式配平并求其 $\Delta_r H_m^{\ominus}$。C_2H_5OH 完全氧化成 CO_2 时总的 $\Delta_r H_m^{\ominus}$ 又是多少？

5. 阿波罗登月火箭用 $N_2H_4(l)$ 作燃料，用 $N_2O_4(g)$ 作氧化剂，燃烧后产生 $N_2(g)$ 和 $H_2O(l)$。写出配平的化学方程式，并计算 $N_2H_4(l)$ 燃烧后的 $\Delta_r H_m^{\ominus}$。

6. 推测下列过程中系统的 ΔS 符号：

（1）水变成水蒸气。

（2）气体等温膨胀。

（3）苯与甲苯相溶。

（4）盐从过饱和溶液中结晶出来。

（5）渗透。

（6）固体表面吸附气体。

7. 不查表，预测下列反应的熵值是增加还是减少：

（1）$2CO(g)+O_2(g) = 2CO_2(g)$

（2）$2O_3(g) = 3O_2(g)$

（3）$2NH_3(g) = N_2(g)+3H_2(g)$

（4）$2Na(s)+Cl_2(g) = 2NaCl(s)$

（5）$H_2(g)+I_2(s) = 2HI(g)$

8. 计算下列过程中系统的熵变：

（1）1mol NaCl 在熔点 804℃下熔融。已知 NaCl 的熔化热 $\Delta_{fus} H_m^{\ominus}$ 为 34.4kJ/mol（下标 fus 代表“熔化”）。

（2）2mol 液态 O_2 在其沸点－183℃下气化。已知 O_2 的气化热 $\Delta_{vap}H_m^\ominus$ 为 6.82kJ/mol（下标 vap 代表“气化”）。

9. 水在 0℃的熔化热是 6.04kJ/mol，它在 100℃的气化热是 40.6kJ/mol。1mol 水在熔化和沸腾时的熵变各是多少？为什么 $\Delta_{vap}H_m^\ominus > \Delta_{fus}H_m^\ominus$？

10. 判断下列反应在标准状态下能否自发进行：

（1）$Ca(OH)_2(s) + CO_2(g) = CaCO_3(s) + H_2O(l)$

（2）$CaSO_4 \cdot 2H_2O(s) = CaSO_4(s) + 2H_2O(l)$ $[\Delta_f G_m^\ominus(CaSO_4 \cdot 2H_2O, s) = -1796kJ/mol]$

（3）$PbO(s) + CO(g) = Pb(s) + CO_2(g)$

11. CO 是汽车尾气的主要污染源，有人设想以加热分解的方法来消除：

$$CO(g) = C(s) + \frac{1}{2}O_2(g)$$

试从热力学角度判断该想法能否实现？

12. 蔗糖在新陈代谢过程中所发生的总反应可写成：

$$C_{12}H_{22}O_{11}(s) + 12O_2(g) = 12CO_2(g) + 11H_2O(l)$$

假定有 25%的反应热转化为有用功，试计算体重为 65kg 的人登上 3000 m 高的山，仅考虑增加的势能，需消耗多少蔗糖 $[$已知 $\Delta_f H_m^\ominus(C_{12}H_{22}O_{11}) = -2222kJ/mol]$？

13. 如果设想在标准压力 $P^\ominus$ 下将 $CaCO_3$ 分解为 CaO 和 CO_2，试估计进行这个反应的最低温度（设反应的 ΔH 和 ΔS 不随温度而变）。

14. 反应 $4HBr(g) + O_2(g) = 2H_2O(g) + 2Br_2(g)$，在一定温度下，测得 HBr 起始浓度为 0.0100mol/L，10 s 后 HBr 的浓度为 0.0082mol/L，试计算反应在 10 s 之内的平均速率为多少？如果上述数据是 O_2 的浓度，则该反应的平均速率又是多少？

15. 在 298K 时，用反应 $S_2O_8^{2-}(aq) + 2I^-(aq) = 2SO_4^{2-}(aq) + I_2(aq)$进行实验，得到数据如下：

实验序号	$c(S_2O_8^{2-})/(mol/L)$	$c(I^-)/(mol/L)$	$v/[mol/(L \cdot min)]$
1	1.0×10^{-4}	1.0×10^{-2}	0.65×10^{-6}
2	2.0×10^{-4}	1.0×10^{-2}	1.30×10^{-6}
3	2.0×10^{-4}	0.5×10^{-2}	0.65×10^{-6}

求：（1）反应速率方程；（2）速率常数 k。

16. 在 301K 时鲜牛奶大约 4.0 h 变酸，但在 278K 的冰箱中可保持 48 h。求牛奶变酸反应的活化能。

17. 在 298K 时，在 1.00 L 的密闭容器中，充入 1.0mol NO_2、0.10mol N_2O 和 0.10mol O_2，试判断下列反应进行的方向：

$$2N_2O(g) + 3O_2(g) = 4NO_2(g)$$

18. 在 1105K 时将 3.00mol 的 SO_3 放入 8.00 L 的容器中，达到平衡时，产生 0.95mol 的 O_2。试计算在该温度时，反应 $2SO_2(g) + O_2(g) \rightleftharpoons 2SO_3(g)$的 $K^\ominus$。

19. 对化学平衡 $PCl_5(g) \rightleftharpoons PCl_3(g) + Cl_2(g)$，在 298K 时，$K^\ominus$ 是 1.8×10^{-7}，问该反应的 $\Delta_r G^\ominus$ 是多少？

20. 尿素 $CO(NH_2)_2(s)$的 $\Delta_f G^\ominus = -197.15kJ/mol$，其物质的 $\Delta_f G^\ominus$ 查附表 3。求反应 $CO_2(g) + 2NH_3(g) \rightleftharpoons H_2O(g) + CO(NH_2)_2(s)$在 298K 时的 $K^\ominus$。

21. 已知在 298K 时有：

$$2N_2(g)+O_2(g) \longrightarrow 2NO_2(g) \qquad K_1^\ominus=4.8\times10^{-37} \qquad (1)$$

$$N_2(g)+2O_2(g) \longrightarrow 2N_2O(g) \qquad K_2^\ominus=4.8\times10^{-19} \qquad (2)$$

求 $3N_2(g)+3O_2(g) \longrightarrow 2N_2O(g)+2NO_2(g)$ 的 $K^\ominus$。

22. PCl_5 加热后，分解反应式为 $PCl_5(g) \rightleftharpoons PCl_3(g)+Cl_2(g)$，在10L密闭容器内盛有2.0mol PCl_5，500K达到平衡时有1.5mol PCl_5，求该温度下的 $K^\ominus$。若在该密闭容器内通入1.0mol Cl_2，PCl_5 分解的百分数为多少？

23. 反应 $H_2(g)+I_2(g) \rightleftharpoons 2HI(g)$，在628K时 $K^\ominus=54.4$。现混合 H_2 和 I_2 的量各为0.200mol，并在该温度和5.10kPa下达到平衡，求 I_2 的转化率。

24. 在合成氨工业中，CO的变换反应 $CO(g)+H_2O(g) \rightleftharpoons CO_2(g)+H_2(g)$，已知在700K时 $\Delta_r H^\ominus=-37.9$kJ/mol，$K^\ominus=9.07$，求800K时的平衡常数 $K^\ominus$。

25. 已知298K时有下列热力学数据：

项目	C(s)	CO(g)	Fe(s)	$Fe_2O_3(s)$
$\Delta H_f^\ominus$/(kJ/mol)	0	−110.5	0	−822.2
$S^\ominus$/[J/(K·mol)]	5.69	197.90	27.15	90

假定上述热力学数据不随温度而变化，请估算标准状态下 Fe_2O_3 能用C还原的温度。

第 4 章 定量分析概论

本章学习指导

了解误差的分类和来源，掌握避免误差的方法；理解数据处理和分析结果的表示方法；掌握有效数字的应用；了解滴定分析法对化学反应的要求和滴定方式；掌握标准溶液及滴定分析的计算。

4.1 分析化学概述

4.1.1 分析化学的任务和作用

分析化学是化学学科的一个重要分支，是研究物质的组成、含量、结构和形态等化学信息的分析方法及理论的一门学科，它包括成分分析和结构分析两个方面。成分分析又分为定性分析和定量分析两部分。定性分析的任务是鉴定物质是由哪些元素、离子、官能团或化合物组成的；定量分析的任务是测定有关组分的含量。结构分析的任务是研究物质的分子结构、晶体结构。

分析化学俗称工农业的“眼睛”，在国民经济建设、国防建设和科研活动与实际生产中都发挥着巨大作用。分析化学的应用范畴几乎涉及各行各业。在工业方面，从资源的勘探、矿山的开发、原料的选择、工艺流程的控制、产品质量的检验及“三废”的利用和处理等方面的分析都离不开分析化学；在农业方面，对于土壤的肥力分析、农药、残留物、农作物及其产品质量的检验均要用到分析化学的方法和手段；在国防建设中，分析化学在武器结构材料、航天材料、航海材料、动力材料等的研究中都有广泛应用；在科学研究中，对全球范围内的大气、水体和土壤等环境的研究，对新材料的研究，对资源能源的研究，对生命科学以及医学科学的研究，分析化学都起着极其重要的作用。

在高等农林院校中，分析化学是一门重要的基础课，许多后续课程，如有机化学、物理化学、仪器分析、生物学、环境化学、环境监测、生物化学、土壤学、植物生理学、植物化学、食品化学、食品分析、药物分析和林产品加工分析等都要用到本课程的原理和方法。

4.1.2　分析方法的分类

分析化学的应用领域非常广泛，研究内容相当丰富，所采用的分析方法也是多种多样。根据研究的需要，对分析方法从不同的角度进行了分类。

分析化学除按任务分为成分分析和结构分析外，还可根据分析对象、测定原理、样品的用量及被测组分含量等进行分类。

根据分析对象不同，分析化学可分为无机分析和有机分析。前者分析对象是无机物，后者分析对象是有机物。无机物所含元素种类繁多，要求分析结果以某些元素、离子或化合物是否存在以及相对含量多少来表示。有机物的组成元素虽很少，但由于结构复杂，化合物的种类非常繁多，所以分析对象除元素外还有官能团分析和结构分析。

分析时所用试样量的大小以及被测组分含量多少都涉及分析方法的选择。根据试样量的大小可分为以下几种。

（1）常量分析　试样量 0.1～1g。可以用锥形瓶、试管、漏斗等一般仪器进行操作。

（2）半微量分析　试样量 0.01～0.1g。所用仪器略小于常量仪器。

（3）微量分析　试样量 0.001～0.01g。所用仪器主要有点滴板、显微镜等。

（4）超微量分析　试样量 0.0001～0.001g。因而需要使用特殊的仪器和设备。

根据被测组分含量一般将其划分成：含量超过 1%时，称为常量成分分析；0.01%～1%时，称为微量成分分析；小于 0.01%时，称为痕量成分分析。

按分析测定原理和具体操作方式的不同，分析化学又可分为化学分析和仪器分析。

（1）化学分析　以物质的化学反应为基础的分析方法称为化学分析法，主要包括重量分析法和滴定分析法。重量分析法和滴定分析法通常用于高含量或中含量组分的测定，即待测组分的含量一般在 1%以上。重量分析法的准确度比较高，但分析速度较慢。滴定分析法操作简便、快速，测定结果的准确度也比较高（一般情况下相对误差为±0.2%左右），所用仪器设备操作又很简单，是重要的例行测试手段之一，因此滴定分析法在生产实践和科学实验上都有很大的实用价值。

（2）仪器分析　这是一类借助光电仪器测量物质的物理性质或物理化学性质为基础的分析方法。因为这类分析方法需要专用的、较特殊的仪器，故称为仪器分析法。它包括电化学分析法、光化学分析法、色谱分析法和质谱分析法等。

电化学分析法是利用物质的电学或电化学性质建立的方法，如电势分析法、电解分析法、库仑分析法、极谱分析法和电导分析法。

光化学分析法是根据物质对特定波长的辐射能的吸收或发射建立起来的分析方法，如紫外-可见吸收光谱法、红外吸收光谱法、发射光谱法、原子吸收光谱法、荧光光谱法、激光拉曼光谱法等。

色谱分析法是以物质的吸附或溶解性能不同而建立起来的分离、分析方法。主要有薄层色谱法、纸色谱法、气相色谱分析法和高效液相色谱分析法等，目前在生物分析领域应用较多的还有超高效液相色谱法。

4.1.3　分析化学的发展趋势

20 世纪以来，分析化学学科的发展经历了三次巨大变革。20 世纪初至 30 年代，是分析化学与物理化学结合的时代。随着分析化学基础理论，特别是物理化学的基本概念（如溶液理论）的发展，建立了溶液中酸碱、配位、沉淀、氧化还原四大平衡理论，使分析化学从一种技术演变成为一门科学。20世纪40～60年代，是分析化学与电子学结合的时代。随着物理学和电子学的发展，改变了经典的以化学分析为主的局面，使以光谱分析、极谱分析为代表的仪器分析获得蓬勃发展。目前，分析化学正处在第三次变革时期，是分析科学的时代。生命科学、环境科学、新材料科学等发展的需要，生物学、信息科学、计算机技术的引入，使分析化学进入了一个崭新的境界。现代分析化学是在综合光、电、热、声和磁等现象的基础上进一步采用数学、计算机科学及生物学等学科新成就对物质进行纵深分析的科学。从解决的任务看，现代分析化学已发展成为获取形形色色物质尽可能全面的信息、进一步认识自然、改造自然的科学。现代分析化学的任务已不只限于测定物质的组成及含量，而是要对物质的形态（氧化还原态、络合态、结晶态）、结构（空间分布）、微区、薄层及化学和生物活性等做出瞬时追踪、无损和在线监测等分析及过程控制。随着计算机科学及仪器自动化的飞速发展，分析化学家也不能只满足于分析数据的提供，而是要和其他学科的科学家合作，逐步成为生产和科学研究中实际问题的解决者。

分析手段越来越灵敏、准确、简便和自动化。分析方法正向着仪器化、自动化及各种方法联用的方向发展。

4.1.4 定量分析的一般步骤

定量分析大致包括以下几个步骤：试样的采取和制备、试样的分解、测定方法的选择、测定、数据处理及报告分析结果。

4.1.4.1 试样的采取和制备

在实际工作中，要分析的对象往往是很大量的、很不均匀的，而分析时所取试样量很少。因此，必须保证所取试样具有代表性，即分析试样的组成能代表整批物料的平均组成。否则，无论分析工作做得怎样认真、准确，所得结果也毫无实际意义。更有害的是，提供了无代表性的分析数据，给实际工作造成严重的混乱。慎重地审查试样的来源，按有关标准采取样品是非常重要的。

取样大致可分三步：收集粗样（原始试样）；将每份粗样混合或粉碎、缩分，减少至适合分析所需的数量；制成符合分析用的样品。

原始试样的采集时部位必须广，取的次数必须多，每次所取的量要少。如果被测物质块粒大小不一，则各种不同粒度的块粒都要采取一些。采取粗样的量取决于颗粒的大小和颗粒的均匀性等。原始粗样一般是不均匀的，但必须能代表整体的平均组成。

粗样经破碎过筛、混合和缩分后，制成分析试样。常用的缩分法为四分法（图4-1）。这样每经处理一次，试样就缩减了一半。然后再粉碎、过筛、混合和缩分，直到留下所需量为

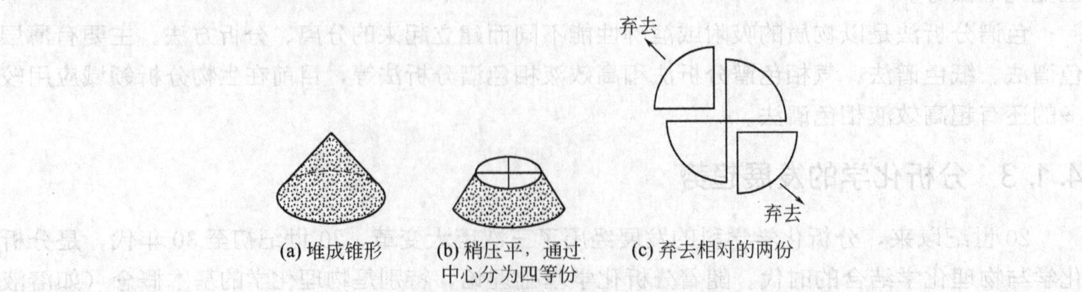

图4-1 四分法

止。一般送化验室的试样为100～300g。试样应贮存在具有磨口玻璃塞的广口瓶中，贴好标签，注明试样的名称、来源和采样日期等。

在试样粉碎过程中，应注意避免混入杂质，过筛时不能弃去未通过筛孔的颗粒试样，而应再磨细后使其通过筛孔，即过筛时全部试样都要通过筛孔，以保证所得试样能代表整个物料的平均组成。

4.1.4.2 试样的分解

一般分析工作中，先要将试样分解，制成溶液，而后测定。在分解试样时应注意下列几点。

(1) 试样分解必须完全。

(2) 试样分解过程中，待测组分不应损失。

(3) 不应引入待测组分和干扰物质。

(4) 分解试样最好与分离干扰元素相结合。

试样性质不同，分解方法也不同。常用的分解试样的方法主要有干法和湿法两种。湿法即用水、稀酸、浓酸或混合酸（如王水、硫酸与硝酸、高氯酸与硝酸）等消解处理。干法则于坩埚内将试样在高温电炉中灰化（有时还加一些熔剂，如Na_2CO_3、$NaNO_3$、$KHSO_4$等进行熔融），然后再用湿法处理，此法常用于测定有机物和生物试样中的无机元素。另一种干法是在充满氧气的密闭瓶内，用电火花引燃有机试样，瓶内可盛适当的吸收剂以吸收其燃烧产物，然后用适当方法测定，这种方式叫作氧瓶燃烧法。它广泛用于有机物中卤素、硫、磷、硼等元素的测定，也可用于许多有机物中部分金属元素如Hg、Zn、Mg、Co、Ni等的测定。

4.1.4.3 测定方法的选择

随着工农业生产和科学技术的发展，对分析化学不断提出了更高的要求和任务，同时也为分析化学提供了更多更先进的测定方法，一种组分（无机离子或有机官能团等）可用多种方法测定，因此必须根据不同情况和要求选择方法。选择测定方法应考虑以下几个问题。

(1) 实验室条件　选择测定方法时，首先要考虑实验室是否具备所需条件。

(2) 测定的具体要求　应明确测定的目的及要求，其中主要包括需要测定的组分、准确度及完成测定的速度等。一般对标准物和成品分析的准确度要求较高，微量成分分析则对灵敏度要求较高，而生产过程控制分析则要求快速简便。

(3) 待测组分的含量范围　适用于测定常量组分的方法常不适用于测定微量组分或低浓度的物质，反之，测定微量组分的方法也多不适用于常量组分的测定，因此在选择测定方法时应考虑待测组分的含量范围。常量组分多采用滴定分析法（包括电势分析法、电导分析法、库仑分析法和光度分析法等）和重量分析法，它们的相对误差为千分之几。由于滴定分析法简便、快速，因此两者均可应用时，一般选用滴定法。对于微量组分的测定，则应用灵敏度较高的仪器分析法，如分光光度法、原子吸收光谱法、色谱分析法等。这些方法的相对误差一般为百分之几，因此用这些方法测定常量组分时，其准确度就不能达到滴定分析法和重量分析法那样高。但对微量组分的测定，这些方法的准确度已能满足要求。

(4) 待测组分的性质　了解待测组分的性质常有助于测定方法的选择。例如，大部分金属离子均可与EDTA形成稳定的螯合物，因此配位滴定法是测定金属离子的重要方法。又如，生物碱大多数具有一定的碱性，可用酸碱滴定法测定。

(5) 共存组分的影响　选择测定方法时，必须同时考虑共存组分对测定的影响。如果没有合适的直接测定方法，应改变测定条件，加入适当的掩蔽剂或进行分离，排除各种干扰后再进行测定。

分析方法很多，各种方法都有其特点和不足之处。选择分析方法时，首先查阅有关文献，然后根据上述原则判定切实可行的分析方案，通过实验进行修改完善，最好应用标准样或管理（合成）样判断方法的准确度和精密度，确认能满足分析的要求后，再进行试样的测定。一个好的分析工作者应能根据分析任务最恰当地使用仪器，而不是一定要用最新的仪器来解决简单的分析问题。

4.1.4.4 数据处理及报告分析结果

取得测定数据后，要按一定方法计算试样中待测组分的含量。固体试样中待测组分的含量分析结果通常以质量分数百分数表示，液体试样中待测组分的含量分析结果通常以物质的量浓度、体积分数或质量浓度表示。还应对分析结果进行评价，判断分析结果的可靠程度。

4.2 有效数字及运算规则

4.2.1 有效数字

为了得到准确的分析结果，不仅要准确地测量，而且还要正确地记录和计算，即记录的数字不仅表示数量的大小，而且要正确地反映测量的精确程度。例如，用一般的分析天平称取某物体的质量为 0.5180g，这一数值中，0.518 是准确的，最后一位数字“0”是可疑的，可能有正负一个单位的误差，即实际质量是(0.5180±0.0001)g 范围内的某一个数值。若将上述称量结果写成 0.518g，则意味着该物体的实际质量为(0.518±0.001)g 范围内的某一数值，即绝对误差为±0.001g，这样的记录与测量所用的仪器的准确度是不符合的。可见，记录时在小数点后多写或少写一位“0”数字，从数学角度看关系不大，但是记录所反映的测量精确程度无形中被夸大或缩小了 10 倍。所以在数据中代表着一定量的每一个数字都是重要的。这种在分析工作中实际上能测量到的数字称为有效数字（significant digit）。这些数值的最后一位都是可疑值，通常理解为可能有±1 单位的误差。

关于有效数字的位数：

0.5180g	四位有效数字（分析天平称量）
24.34 mL	四位有效数字（滴定管量取）
25 mL	两位有效数字（量筒量取）
$K_a^\ominus = 1.8\times10^{-5}$	两位有效数字（解离常数）
pH 值 4.30 12.68	两位有效数字

对于 pH、pM、lg$K$ 等对数值，其有效数字取决于小数部分（尾数）数字的位数，因整数部分（首数）说明相应真数 10 的方次。例如 pH＝12.68，即 $c(H^+)=2.1\times10^{-13}$ mol/L，其有效数字的位数为两位，不是四位。

数字“0”在数据中具有双重意义。若作为普通数字使用，它就是有效数字，若它只起定位作用，就不是有效数字。例如，在分析天平上称得重铬酸钾的质量为 0.0758g，此数据具有三位有效数字。数字前面的“0”只起定位作用，而不是有效数字。又如，溶液浓度为 0.2100mol/L，后面两个“0”表示该溶液浓度准确到小数点后第三位，第四位可能会有±1 的误差，所以这两个“0”是有效数字。数据 0.2100 具有四位有效数字。某些数字如 5400，末位的“0”可以是有效数字，也可以仅是定位的非有效数字，为了避免混淆，最好用 10 的指数来表示。5400 写成 5.4×10^3，两位有效数字，写成 5.40×10^3 则表示是三位有效数字。

遇到倍数或分数（如取几分之几）关系以及计算百分率而乘 100%时，这些数字不是测量所得，可看作无误差的数字，有效数字位数不受限制。

4.2.2　有效数字的修约

在运算数据过程中，保留不必要的非有效数字，只会增加运算的麻烦，既浪费时间又容易出错，不能正确地反映实验的准确程度。

在数据中，保留的有效数字中只有一位是未定数字。多余的数字（尾数）一律应舍弃。舍弃的方法按“四舍六入五留双”的原则进行。若被修约数字后面的数字等于或小于 4 时，应舍弃；若大于或等于 6 时，则应进位；若等于 5 时，5 的后面无数字或为“0”时，5 的前一位是奇数则进位，而 5 的前一位是偶数则舍去，若 5 的后面不为“0”，则一律进位。例如，将下列测量值修约为两位有效数字：

4.1235　修约为 4.1　　0.305　修约为 0.30　　8.5876　修约为 8.6

0.355　修约为 0.36　　0.7651　修约为 0.77　　0.2553　修约为 0.26

应当注意，在修约有效数字时，只能一次修约到所需位数，不可分次修约。例如，将 0.1749 修约到两位有效数字，应一次修约到 0.17，不可先修约到 0.175，再修约到 0.18。

4.2.3　有效数字的运算规则

对分析数据进行处理时，每个测定值的误差都传递到分析结果中去，因此必须按有效数字运算规则合理取舍，既不保留过多位数使计算复杂化，也不舍弃过多尾数使准确度受到损失。运算过程中应先按上述规则将各个数据进行修约，再计算结果。

4.2.3.1　加减法

几个数据相加或相减时，它的和或差的有效数字的保留，应依小数点后位数最少的数据为根据，即取决于绝对误差最大的那个数据。例如，将 0.0121、25.64 和 1.05782 三数相加，其中 25.64 为绝对误差最大的数据，所以应先分别将数据进行修约，然后计算结果得 26.71。

$$0.0121+25.64+1.05782=0.01+25.64+1.06=26.71$$

4.2.3.2　乘除法

在几个数据的乘除运算中，所得结果的有效数字的位数取决于相对误差最大的那个数，即有效数字位数最少的数据。例如下式：

$$\frac{0.0325\times5.103\times60.06}{139.8}=\frac{0.0325\times5.10\times60.1}{140}=0.0712$$

各数的相对误差分别为：

$$0.0325 \qquad \frac{\pm0.0001}{0.0325}=\pm0.3\%$$

$$5.103 \qquad \pm0.02\%$$

$$60.06 \qquad \pm0.02\%$$

$$139.8 \qquad \pm0.07\%$$

可见，四个数中相对误差最大是 0.0325，是三位有效数字，因此计算结果也应取三位有效数字 0.0712。如果把按计算器得到的 0.0712504 作为答数就不对了，因为 0.0712504 的相对误差为±0.0001%，而在测量中没能达到如此高的准确程度。

对于高含量组分（大于 10%）的测定，一般要求分析结果有四位有效数字；对中含量组分（1%～10%）一般只要求两位有效数字。通常以此为标准，报告分析结果。对于各种误差的计算，一般取一位有效数字即已足够，最多取两位。在混合计算中，有效数字的保留以最后一步计算的规则执行。

4.3 定量分析中的误差

定量分析（quantitative analysis）的目的是要准确测定试样中有关组分的含量，因此得到的分析结果与被测组分的含量越接近，准确度就越高，分析结果就越可靠。但在实际测定过程中即使采用最可靠的分析方法，使用最精密的仪器，由技术很熟练的分析人员进行测定，也不可能得到绝对准确的结果。同一个人在相同条件下对同一个试样进行多次测定，所得结果也不会完全相同。这表明，在分析过程中，误差是客观存在的。因此，我们应该了解分析过程中产生误差的原因及误差出现的规律，以便采取相应措施减小误差，并对所得的数据进行归纳、取舍等一系列分析结果处理，使测定结果尽量接近客观真实值。

4.3.1 误差的来源及分类

分析结果与真实值之差称为误差（error）。分析结果大于真实值为正误差；分析结果小于真实值为负误差。根据误差的性质及产生的原因不同，可将误差分为系统误差和偶然误差两大类。

4.3.1.1 系统误差（systematic error）

由测定过程中某些固定的、经常性的原因造成的误差叫作系统误差。它是定量分析误差的主要来源，对分析结果的影响较大，在相同条件下重复测定会重复出现，使测定结果系统地偏高或偏低，而且大小有一定规律。它的大小和正负是可以测定的，至少从理论上来说可以测定，所以又称可测误差。

根据产生的原因不同，系统误差可以分为以下几类。

(1) 方法误差　指由于分析方法本身不够完善而引入的误差。例如，在重量分析中由于沉淀溶解损失而产生的误差及在滴定分析中滴定反应不完全、滴定终点和化学计量点不完全一致而造成的误差都属于方法误差。

(2) 仪器误差　指由于仪器本身不够精确或未经校准而造成的误差。如天平两臂长度不相等，砝码因磨损或锈蚀造成真实质量与标记质量不一致，滴定管、容量瓶等未经校正而引入的误差。

(3) 试剂误差　如果试剂不纯或者所用的蒸馏水或去离子水不合格，引入微量的待测组分或对测定有干扰的杂质，就会造成误差。

(4) 主观误差　指在正常操作情况下，由于操作人员主观原因造成的误差。例如，对终点颜色的辨别不同，有人偏深，而有人偏浅。又如，用滴定分析法进行平行滴定时，有人总是想使第二份滴定结果与前一份滴定结果相吻合，在判断终点或读取滴定管读数时，就不自觉地受这种“先入为主”的影响，从而产生主观误差。

4.3.1.2 偶然误差(accidental error)

由于某些难以控制的偶然原因所引起的误差叫作偶然误差。例如,它可能由于室温、气压、湿度等偶然波动所引起,也可能由于个人一时辨别的差异而使读数不一致。这类误差在操作中不能完全避免。在实际分析中常有这样的情况,同一个人以同一种分析方法,用同一套仪器,对同一试样进行多次重复测定时,在考虑消除系统误差以后,得到的结果不完全一致。这种误差是由某些偶然因素造成的,它的数值有时大,有时小,有时正,有时负,所以偶然误差又称不定误差(随机误差)。

偶然误差虽然难以找出确定的原因,似乎没有规律性,但如果在相同条件下进行多次重复测定,就会发现数据的分布服从正态分布规律(图 4-2)。

(1)正误差和负误差出现的概率相等。

(2)小误差出现的频率较高,而大误差出现的频率较低,很大误差出现的概率近于零。

在定量分析中,系统误差和偶然误差都是指正常操作情况下产生的误差。还有一类“过失误差”,是指工作中的人为差错,由于工作上的粗枝大叶、不遵守操作规程而造成。例如,操作时不严格按照操作规程,使用的器皿不洁净、溶液溅出、加错试剂、看错砝码、记录及计算错误等,这些都是不应有的过失,会对分析结果带来严重影响,必须注意避免。如果发现有过失,应舍弃所得结果。

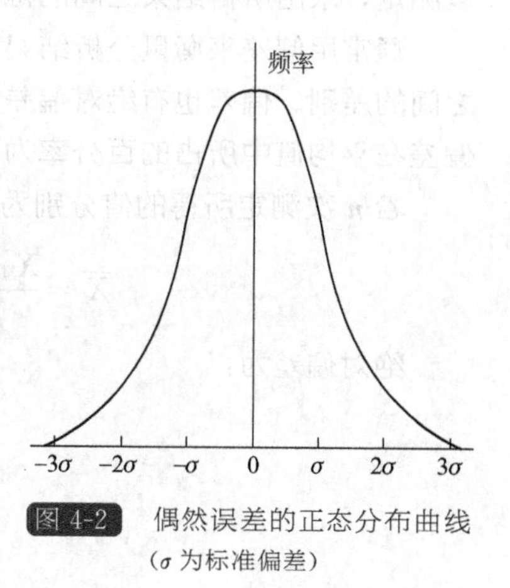

图 4-2 偶然误差的正态分布曲线
(σ 为标准偏差)

4.3.2 误差的表示方法

4.3.2.1 准确度与误差(accuracy and error)

分析结果的准确度是指测定值 X 与真实值 T 的接近程度,两者差值越小,则分析结果准确度越高,准确度的高低用误差来衡量。误差又可分为绝对误差和相对误差两种,其表示方法如下:

绝对误差 $$E = X - T$$

相对误差 $$E_r = \frac{X - T}{T} \tag{4-1}$$

相对误差表示误差在真实值中所占的百分率,例如分析天平称量两物体的质量各为 1.9591g 和 0.1960g,假定两者的真实质量分别为 1.9592g 和 0.1961g,则两者的绝对误差分别为:

$$E_1 = 1.9591 - 1.9592 = -0.0001\text{g}$$

$$E_2 = 0.1960 - 0.1961 = -0.0001\text{g}$$

两者的相对误差分别为:

$$E_{r1} = \frac{-0.0001}{1.9592} \times 100\% = -0.005\%$$

$$E_{r2} = \frac{-0.0001}{0.1961} \times 100\% = -0.05\%$$

由此可知,绝对误差相等,相对误差并不一定相同,上例中第一个称量结果的相对误差为第二个称量结果相对误差的 1/10。也就是说，同样的绝对误差，当被测定的量较大时，相对误差就比较小，测定的准确度也就比较高。因此，用相对误差来表示各种情况下测定结果的准确度更为确切。

绝对误差和相对误差都有正值和负值。正值表示分析结果偏高，负值表示分析结果偏低。

4.3.2.2 精密度与偏差 (precision and deviation)

在实际工作中，真实值常常是不知道的，因此无法求得分析结果的准确度，所以常用另一种表达方式来说明分析结果的好坏。这种表达方式是：在相同条件下对同一试样做多次重复测定，求出所得结果之间的符合程度，即精密度。它表现了测定结果的再现性。

通常用偏差来衡量分析结果的精密度。偏差是指个别测定结果与几次测定结果的平均值之间的差别。偏差也有绝对偏差与相对偏差之分：测定结果与平均值之差为绝对偏差；绝对偏差在平均值中所占的百分率为相对偏差。

若 n 次测定所得的值分别为 X_1，X_2，$X_3 \cdots X_n$，则其算术平均值为：

$$\overline{X} = \frac{X_1 + X_2 + X_3 + \cdots + X_n}{n} = \frac{1}{n}\sum_{i=1}^{n} X_i \qquad (4\text{-}2)$$

绝对偏差为：

$$d_1 = X_1 - \overline{X}$$
$$d_2 = X_2 - \overline{X}$$
$$\cdots$$
$$d_n = X_n - \overline{X}$$

偏差与平均值之比称为相对偏差，常用百分率表示为：

$$d_r = \frac{d}{\overline{X}} \times 100\% \qquad (4\text{-}3)$$

单次测定值的偏差之和等于零，即分析结果的精密度不能用偏差之和来表示，通常用标准偏差或平均偏差来表示。平均偏差是各数据偏差绝对值的平均值，即：

$$\overline{d} = \frac{|d_1| + |d_2| + |d_3| + \cdots + |d_n|}{n} = \frac{1}{n}\sum_{i=1}^{n} |d_i| \qquad (4\text{-}4)$$

平均偏差没有正负号。相对平均偏差就是平均偏差与平均值之比，通常用百分率表示为：

$$\overline{d}_r = \frac{\overline{d}}{\overline{X}} \times 100\% \qquad (4\text{-}5)$$

4.3.2.3 标准偏差 (standard deviation)

将个别测定值与平均值的偏差的平方和除以测定次数 n，得总体方差为：

$$\sigma^2 = \frac{\sum (X_i - \overline{X})^2}{n} \quad (n \to \infty)$$

对于有限测定次数时的样本来说，样本方差为：

$$S^2 = \frac{\sum (X_i - \overline{X})^2}{n-1}$$

方差的平方根为标准偏差，简称标准差，即：

$$\sigma = \sqrt{\frac{\sum (X_i - \overline{X})^2}{n}} \quad (n \to \infty)$$

设 μ 为无限多次测定的平均值，称为总体平均值。有：

$$\lim_{n \to \infty} \overline{X} = \mu$$

显然，在校正了系统误差的情况下，μ 为真值。

在一般的分析工作中，只做有限次数的测定，在有限测定次数时的样本标准差 S 表达式为：

$$S = \sqrt{\frac{\sum (X_i - \overline{X})^2}{n-1}} \tag{4-6}$$

标准偏差把单次测定的偏差自乘，以避免偏差相加时正负抵消，同时由于平方更突出了大偏差，所以标准偏差比平均偏差能更灵敏地反映大偏差的存在，因而能较好地反映测定结果的精密度。

例如，有两组数据，各次测量的偏差如下。

甲组偏差：＋0.11、－0.73、＋0.24、＋0.51、－0.14、0.00、＋0.30、－0.21。

乙组偏差：＋0.18、＋0.26、－0.25、－0.37、＋0.32、－0.28、＋0.31、－0.27。

平均偏差：$\overline{d}_{甲} = 0.28$，$\overline{d}_{乙} = 0.28$。

甲、乙两组平均偏差虽然相同，但实际上甲组数据中出现两个大偏差，测定结果精密度不如乙组好，因为甲、乙两组的标准偏差为：$S_{甲} = 0.38$，$S_{乙} = 0.29$。

可见乙组数据离散程度较小，精密度较高。这就正确地比较出两组数据的优劣。

相对标准偏差也称变异系数（CV），常用百分率表示。计算方法是：

$$CV = \frac{S}{\overline{X}} \times 100\% \tag{4-7}$$

以上讨论的平均值 $\overline{d}$ 和标准差 S 的表达式中都涉及平行测定中各个测定值与平均值之间的偏差，但是平均值毕竟不是真值，在很多情况下，还需要进一步解决平均值与真值之间的误差。

4.3.2.4 准确度与精密度的关系

准确度表示测定结果与真实值的符合程度，而精密度是表示测定结果的重现性。由于真实值是未知的，因此常常根据测定结果的精密度来衡量分析测量是否可靠，但是精密度高的测定结果，不一定是准确的，两者的关系可用图 4-3 说明。

图 4-3 表示甲、乙、丙、丁四人测定同一试样中铁含量时所得的结果。由图可见：甲所得结果的准确度和精密度均好，结果可靠；乙的分析结果的精密度虽然高，但准确度较低；丙的精密度和准确度都很差；丁的精密度很差，平均值虽然接近真值，但这是由于大的正负误差相互抵消的结果，因此丁的分析结果也是不可靠的。由此可见，精密度是保证准确度的先决条件。精密度差，所得结果不可靠，但高的精密度也不一定能保证高的准确度。

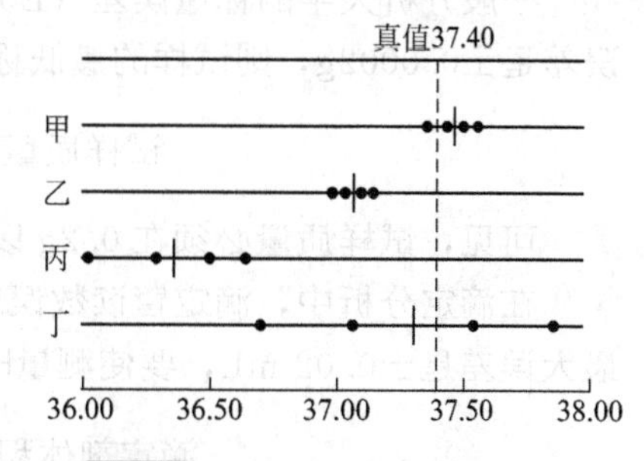

图 4-3 准确度与精密度的关系
（•表示个别测量值，| 表示平均值）

4.3.3 减少定量分析中误差的方法

从造成误差的原因来看，要减少定量分析中的误差，提高分析结果的准确度，必须尽可能地消除系统误差和减少偶然误差。

4.3.3.1 消除系统误差的方法

系统误差要按误差的来源进行检验和确定克服的方法。常用的方法有以下几种。

(1) 对照实验　即用已知准确含量的标准试样（或配制的试样）按所选用的测定方法，以同样条件、同样试剂进行对照实验，将测定结果与标准值比较，找出改正数据或直接在实验中纠正可能引起的误差。对照实验是检查分析过程中有无系统误差的最有效的方法。

(2) 空白实验　由试剂或器皿带进的杂质所产生的系统误差可做空白实验来消除。空白实验是在不加待测试样的情况下，用分析试样完全相同的方法及条件进行平行测定，实验所得结果称为空白值。从试样分析结果中扣除空白值，就可得到比较可靠的分析结果。空白值一般不应过大，特别是在微量组分分析时，如果空白值太大，应提纯试剂和改用其他适当器皿。

(3) 校准仪器　仪器不准确引起的系统误差可以通过校准仪器来减小其影响。在准确度要求高的分析中，天平、砝码、移液管、滴定管等应预先校准，以符合测量精度的要求。在日常分析工作中，因仪器出厂时已进行过校准，只要仪器保管妥当，通常可以不用进行校准。

4.3.3.2 减少偶然误差的方法

在消除系统误差的情况下，平行测定的次数越多，结果的平均值越接近真实值。因此，增加平行测定次数，取其平均值，可以减少偶然误差。

偶然误差的大小可以说明测定的精密度，一般来说，测定中的偶然误差越大，说明测定结果的精密度越差。

4.3.3.3 减少测量误差

在选择好测定方法后，尽管天平和滴定管校准过，但在使用过程中仍会引入一定的误差。为了保证分析结果的准确度，就必须尽量减少测量误差。例如，在重量分析中，测量步骤是称量，就应设法减少称量误差。要使测量时相对误差在 0.1%以下，试样的称取量就不能太小。

一般分析天平的称量误差（E）为±0.0001g，用减量法称量两次，则可能引起的最大误差是±0.0002g，则试样的最低称样量应为：

$$试样质量=\frac{绝对误差}{相对误差}=\frac{\pm 0.0002\text{g}}{\pm 0.1\%}=0.2\text{g}$$

可见，试样质量必须在 0.2g 以上才能保证称量的相对误差在 0.1%以内。

在滴定分析中，滴定管读数误差是±0.01 mL，一次滴定需要读数两次，则可能引起的最大误差是±0.02 mL，要使测量时相对误差在 0.1%以下，则消耗滴定剂体积应为：

$$滴定剂体积=\frac{绝对误差}{相对误差}=\frac{\pm 0.02\ \text{mL}}{\pm 0.1\%}=20\text{mL}$$

一般控制滴定剂体积在 20～30mL，以保证定量分析的相对误差在 0.1%以内。

4.3.4 分析结果的数据处理

在分析工作中，最后处理分析数据时，首先要把数据加以整理，剔除由于明显的原因而与其他测定结果相差甚远的那些数据，对于一些精密度似乎不甚高的可疑数据，则应按照一定规则决定取舍（如 Q 检验），然后计算测定的平均值、各次测定的偏差、平均偏差与标准偏差，最后按照要求的置信度报告平均值的置信区间。

4.3.4.1 测定结果中离群值的取舍

在进行一系列平行测定时，往往会出现个别偏差比较大的数值，称为离群值（可疑值）。离群值的取舍会影响结果的平均值，尤其当数据少时影响更大。因此在计算前必须对离群值进行合理的取舍，不可为了单纯追求实验结果的“一致性”，而把这些数据随便舍弃。若离群值不是由于明显的过失造成的，就要根据偶然误差分布规律决定取舍。取舍方法很多，现介绍其中的 Q 检验法和 $4\bar{d}$ 法。

（1）Q 检验法

① 将各数据按大小顺序排列：X_1，$X_2 \cdots X_n$。

② 求出最大与最小数据之差（极差）：$X_n - X_1$。

③ 求出离群值与其最邻近的数值的差值：$X_n - X_{n-1}$，$X_2 - X_1$。

④ 求：

$$Q=\frac{X_n - X_{n-1}}{X_n - X_1} \quad 或 \quad Q=\frac{X_2 - X_1}{X_n - X_1}$$

⑤ 根据测定次数 n 和要求的置信度（如 90%），查表 4-1，得到 $Q_{0.90}$。

⑥ 将 Q 与 $Q_{0.90}$ 比较，若 $Q > Q_{0.90}$，则弃去离群值，否则应予保留。

表 4-1 在不同置信水平下舍弃离群值的 Q 值

Q 值	3 次	4 次	5 次	6 次	7 次	8 次	9 次	10 次	∞
$Q_{0.90}$	0.94	0.76	0.64	0.56	0.51	0.47	0.44	0.41	0.00
$Q_{0.95}$	0.98	0.85	0.73	0.64	0.59	0.54	0.51	0.48	0.00
$Q_{0.99}$	0.99	0.93	0.82	0.74	0.68	0.63	0.60	0.57	0.00

例 4-1 某试样，经 4 次测定百分含量分别为 30.34、30.22、30.42、30.38，30.22 是否应舍弃（要求置信度为 90%）？

解：先求 Q 值：

$$Q=\frac{X_2 - X_1}{X_4 - X_1}=\frac{30.34-30.22}{30.42-30.22}=\frac{0.12}{0.20}=0.60$$

查表 4-1，$n=4$ 时，$Q_{0.90}=0.76$，可见 $Q < Q_{0.90}$，所以 30.22 应该保留。

（2）$4\bar{d}$ 法（四倍法）　用 $4\bar{d}$ 法判断离群值取舍步骤如下。

① 求出离群值除外的其余数据的平均值 $\overline{X}$ 和平均偏差 $\bar{d}$。

② 将离群值和平均值进行比较，如果其差值的绝对值大于或等于平均偏差的四倍（$4\bar{d}$），则离群值舍弃，否则应予保留。即：

$$|离群值-不含离群值的平均值| \geqslant 4\bar{d}$$

$$或 \quad \frac{|离群值-不含离群值的平均值|}{\bar{d}} \geqslant 4 \tag{4-8}$$

例 4-2 某一标准溶液的 4 次标定值分别为 0.1014mol/L、0.1012mol/L、0.1025mol/L 和 0.1016mol/L，离群值 0.1025mol/L 是否应舍弃？

解：先求不含离群值的其他数据的平均值和平均偏差：

$$\overline{X}=\frac{0.1012+0.1014+0.1016}{3}=0.1014$$

$$\overline{d}=\frac{0.0002+0.0000+0.0002}{3}=0.00013$$

$$\frac{|\text{离群值}-\text{不含离群值的平均值}|}{\overline{d}}=\frac{0.1025-0.1014}{0.00013}=8.5>4$$

故 0.1025mol/L 应舍弃。

用以上两种方法决定舍弃一可疑值后，如果仍有可疑的数据，可再依次进行检验。

一般来说，四倍法适用于 3 次以上的测定，但缺乏统计学上的依据，且舍弃标准过严，可能舍弃不该舍弃的数据。Q 检验法具有统计概念，适用于 3～10 次的测定，但舍弃标准太宽。

4.3.4.2 平均值的置信区间

在系统误差已经消除的情况下，假如对一试样做无限次测定，得平均值 μ（可看作真值）和标准差 σ。因随机误差符合正态分布，如果在同样条件下，对该试样再做一次测定，则测定结果落在 $\mu\pm\sigma$ 区间内的概率为 68.3%，在 $\mu\pm2\sigma$ 区间内的概率为 95.5%，在 $\mu\pm3\sigma$ 区间内的概率为 99.7%。此概率称为置信度或置信水平。

在有限次测定中，一般 σ 是不知道的，可用 S 代替 σ。英国化学家高塞特（Gosset）用统计方法处理少量数据时，推导出真值与平均值之间有如下关系：

$$\mu=\overline{X}\pm\frac{tS}{\sqrt{n}} \tag{4-9}$$

式中，S 为标准偏差；n 为测定次数；t 为在选定的某一置信度下的概率系数，可根据测定次数从表 4-2 中查得。

上式表明真值与平均值的关系，说明平均值的可靠性。平均值不是真值，但我们可以期待真值落在 $\overline{X}\pm\frac{tS}{\sqrt{n}}$ 的区间内。因此，平均值的置信区间取决于测定的精密度、测定的次数和置信水平。处理数据时，如把置信水平固定，可以估算出总体平均值 μ 在以测定平均值 $\overline{X}$ 为中心的多大范围内出现，这个范围就是平均值的置信区间，下面举例说明。

例 4-3 某分析工作者测定 $(NH_4)_2SO_4$ 中氮的质量分数，4 次测定结果的平均值 $\overline{X}=0.2085$，$S=0.0010$。计算置信水平为 90%和 99%的平均值的置信区间。

解：已知 $\overline{X}=0.2085$，$S=0.0010$，$n=4$。

（1）计算置信水平为 90%时平均值的置信区间，当 $n=4$，$f=3$，90%置信水平时，查表 4-2，知 $t=2.35$，所以：

$$\mu=0.2085\pm2.35\times0.0010/\sqrt{4}$$
$$=0.2085\pm0.0012$$ （即总体平均值在 0.2073～0.2097 区间内）

（2）计算置信水平为 99%时平均值的置信区间，99%置信水平时，查表 4-2，知 $t=5.84$，所以：

$$\mu=0.2085\pm5.84\times0.0010/\sqrt{4}$$
$$=0.2085\pm0.0029$$ （即总体平均值在 0.2053～0.2114 区间内）

由例 4-3 计算得知，置信水平高，置信区间必然大。区间的大小反映估计的精度，置信水平的高低说明估计的把握程度。如取 90%的置信水平，则说明有 90%的把握可断定总体平均值 μ 在此区间内。当置信水平和标准偏差不变，而测定次数 $n\to\infty$时，消除了 S 的不确定性，使置信区间变窄。

在一定次数范围内，分析数据的可靠性才随平行测定次数的增加而增加。

表 4-2　不同测定次数及不同置信度的 t 值

实验次数 n	自由度 $n-1$	置信水平				
		50%	90%	95%	99%	99.5%
2	1	1.00	6.31	12.71	63.66	127.3
3	2	0.82	2.92	4.30	9.93	14.09
4	3	0.76	2.35	3.18	5.84	7.45
5	4	0.74	2.13	2.78	4.60	5.60
6	5	0.73	2.02	2.57	4.03	4.77
7	6	0.72	1.94	2.45	3.71	4.32
8	7	0.71	1.90	2.37	3.50	4.03
9	8	0.71	1.86	2.31	3.36	3.83
10	9	0.70	1.83	2.26	3.25	3.69
11	10	0.70	1.81	2.23	3.17	3.58
16	15	0.69	1.75	2.13	2.95	3.25
21	20	0.69	1.73	2.09	2.85	3.15
26	25	0.68	1.71	2.06	2.79	3.08
∞	∞	0.65	1.65	1.96	2.58	2.81

例 4-4　某学生标定 HCl 溶液的浓度，获得以下分析结果（单位均为 mol/L）：0.1141、0.1140、0.1148 和 0.1142；再标定 2 次测得数据为 0.1145 和 0.1142。分别按 4 次标定和 6 次标定的数据计算置信水平为 95%时，平均值的置信区间。

解：(1) 4 次标定

$$\overline{X}_4=(0.1141+0.1140+0.1148+0.1142)/4=0.1143$$

$$S=0.0004$$

95%置信水平时，$n=4$，$f=3$，t 值为 3.18。

$$\mu_4=0.1143\pm 3.18\times 0.0004/\sqrt{4}=0.1143\pm 0.0006$$

(2) 6 次标定

$$\overline{X}_6=(0.1141+0.1140+0.1148+0.1142+0.1145+0.1142)/6=0.1143$$

$$S=0.0003$$

95%置信水平时，$n=6$，$f=5$，t 值为 2.57。

$$\mu_6=0.1143\pm 2.57\times 0.0003/\sqrt{6}=0.1143\pm 0.0003$$

4.3.4.3　分析结果的报告

在实际工作中，分析结果的数据处理是非常重要的。分析人员仅做 1～2 次测定不能提供可靠的信息，也不会被人们接受。因此，在实验和科学研究工作中，必须对试样进行多次平行测定，直至获得足够的数据，然后进行统计处理并写出分析报告。

例如，用硼砂标准溶液标定 HCl 溶液的浓度，获得如下结果，根据统计方法做如下处理。

（1）根据实验记录，将 6 次实验测定所得浓度（mol/L），按大小排列

测定次数（n）	1	2	3	4	5	6
分析结果（x）/(mol/L)	0.1020	0.1022	0.1023	0.1025	0.1026	0.1029

（2）用 Q 检验法检验有无离群值，并将离群值舍弃，从上列数据看，0.1020 及 0.1029 有可能是离群值，做 Q 检验

$$Q_1 = \frac{0.1022 - 0.1020}{0.1029 - 0.1020} = \frac{0.0002}{0.0009} = 0.2$$

$$Q_2 = \frac{0.1029 - 0.1026}{0.1029 - 0.1020} = \frac{0.0003}{0.0009} = 0.3$$

由表 4-1 查得 6 次的 $Q_{0.90} = 0.56$，所以 Q(计算值)<Q(表值)，则 0.1020 及 0.1029 都应保留。

（3）根据所有保留值，求出平均值

$$\overline{X} = \frac{0.1020 + 0.1022 + 0.1023 + 0.1025 + 0.1026 + 0.1029}{6} = 0.1024$$

（4）求出平均偏差

$$\overline{d} = \frac{|-0.0004| + |-0.0002| + |-0.0001| + |0.0001| + |0.0002| + |0.0005|}{6}$$

$$= 0.0002$$

（5）求出标准偏差 S

$$S = \sqrt{\frac{(0.0004)^2 + (0.0002)^2 + (0.0001)^2 + (0.0001)^2 + (0.0002)^2 + (0.0005)^2}{6-1}}$$

$$= 0.0003$$

（6）求出变异系数

$$CV = \frac{S}{\overline{X}} = \frac{0.0003}{0.1024} = 0.3\%$$

（7）求出置信水平为 95%时的置信区间

$$\mu = 0.1024 \pm \frac{2.57 \times 0.0003}{\sqrt{6}} = 0.1024 \pm 0.0003(\text{mol/L})$$

4.4 滴定分析

4.4.1 滴定分析概述

滴定分析（titration analysis）也称容量分析，是化学分析法中最重要的一类分析方法。该法使用滴定管将一种已知准确浓度的试剂溶液（标准溶液）滴加到待测物质的溶液中，直到所加试剂与被测组分按化学计量关系完全反应为止，然后根据试剂溶液的浓度和用去的体积计算被测物质的含量。在滴定过程中，当所加入的标准溶液与被测物质按化学计量关系完全起反应时，反应就到达了理论终点，理论终点也叫化学计量点。

在化学计量点时，反应往往没有易为人察觉的任何外部特征，因此，为了确定化学计量

点，通常在待测溶液中加入一种合适的指示剂（如酚酞等），利用指示剂颜色的突变来判断，在指示剂变色时停止滴定，根据指示剂变色而终止滴定的这一点称为滴定终点。在实际分析中指示剂并不一定恰好在化学计量点时变色，滴定终点与化学计量点不能完全吻合，由此造成的分析误差称为终点误差。

4.4.2 滴定分析法的分类

滴定分析法是化学分析法中重要的一类分析方法。按照所利用的化学反应不同，滴定分析法一般可分为下列四种。

4.4.2.1 酸碱滴定法

这是以酸碱中和反应为基础的一种滴定分析法，用来测定酸、碱、植物粗蛋白等的含量，应用很广。

4.4.2.2 沉淀滴定法

这是以沉淀反应为基础的一种滴定分析法，主要的沉淀法之一是银量法。

4.4.2.3 配位滴定法

利用配位反应进行的滴定分析法，可用于对金属离子进行测定，如用 EDTA 作配位剂的 EDTA 滴定法。

4.4.2.4 氧化还原滴定法

这是以氧化还原反应为基础的一种滴定分析法，可用于对具有氧化还原性质的物质进行测定，也可以间接测定某些不具有氧化还原性质的物质。

4.4.3 滴定反应的条件和滴定方式

4.4.3.1 滴定反应的条件

化学反应很多，但是适用于滴定分析法的化学反应必须具备下列条件。

（1）反应定量地完成，即反应按一定的反应式进行，无副反应发生，且进行完全，通常要求反应完全程度达 99.9%以上，这是定量分析的基础。

（2）反应速率快，如果速率较慢，要有适当的措施提高其反应速率。

（3）有适当的方法确定滴定终点。

4.4.3.2 滴定方式

（1）直接滴定法　是用标准溶液直接滴定被测物质的一种方法。凡是能同时满足上述 3 个条件的化学反应，都可以采用直接滴定法。直接滴定法是滴定分析法中最常用、最基本的滴定方法。例如，用 HCl 滴定 NaOH，用 $K_2Cr_2O_7$ 滴定 Fe^{2+} 等。

（2）返滴定法　也称回滴法。有时由于滴定反应较慢，或被测物质是固体时，可以先加入一定量过量的标准溶液，待标准溶液与试样反应完成后，再用另一种标准溶液滴定剩余的前一种标准溶液，这种方式称为返滴定法或回滴法。例如，对固体 $CaCO_3$ 的测定，可先加入过量 HCl 标准溶液，待反应完成后，用 NaOH 标准溶液滴定剩余的 HCl。

$$CaCO_3(s)+2\ HCl(标1) = CaCl_2+CO_2\uparrow+H_2O$$
(已知过量)
$$HCl(标1)+NaOH(标2) = NaCl+H_2O$$
(剩余量)

(3) 置换滴定法　对于不按一定反应方程式进行或伴有副反应的滴定反应，可先用适当的试剂与被测物质反应，使其定量地置换出另一种能被定量滴定的物质，再用标准溶液滴定，这种滴定方式称为置换滴定法。例如，硫代硫酸钠不能用重铬酸钾直接滴定，因为在酸性溶液中像重铬酸钾这类强氧化剂不仅能将 $S_2O_3^{2-}$ 氧化为 $S_4O_6^{2-}$，还会部分地将其氧化成 SO_4^{2-}，这就没有确定的计量关系，无法进行计算。但是，若在一定量的重铬酸钾的酸性溶液中加入过量的碘化钾，重铬酸钾与碘化钾定量反应后析出 I_2，就可以用硫代硫酸钠标准溶液直接滴定。

(4) 间接滴定法　不能与滴定剂直接反应的物质，有时可以通过另一种化学反应进行间接滴定。例如，Ca^{2+} 不能用高锰酸钾标准溶液直接滴定。但若先加入 $C_2O_4^{2-}$ 使 Ca^{2+} 生成草酸钙（CaC_2O_4）沉淀，再经过滤，洗净后，溶解于硫酸中，就可以用高锰酸钾标准溶液滴定与 Ca^{2+} 定量结合的 $C_2O_4^{2-}$，从而间接测定 Ca^{2+} 的含量。

显然，由于返滴定法、置换滴定法、间接滴定法的应用，使滴定分析的应用范围更加广泛。

4.4.4 标准溶液

滴定分析中必须使用标准溶液（standard solution），标准溶液是已知准确浓度的试剂溶液，待测物质的含量根据标准溶液的浓度和体积来计算。因此，正确配制标准溶液，准确标定标准溶液，以及妥善保存标准溶液，对提高滴定分析结果的准确度有重要意义。

4.4.4.1 标准溶液的浓度

(1) 物质的量浓度　在滴定分析中，标准溶液的浓度常用物质的量浓度（简称浓度）表示。例如，B 物质的浓度以符号 c_B 表示，即：

$$c_B=\frac{n_B}{V}=\frac{m_B/M_B}{V/1000}=\frac{m_B\times 1000}{M_BV} \tag{4-10}$$

式中，m_B 为物质 B 的质量，g；M_B 为物质 B 的摩尔质量，g/mol；V 为溶液体积，mL。浓度单位为 mol/L。因为指定了各量的单位，故式（4-10）与式（2-5）有所不同。

(2) 滴定度　滴定度是指每毫升标准溶液相当于待测组分的质量，用 $T_{待测物/滴定剂}$ 表示，单位为 g/mL。例如，采用 $K_2Cr_2O_7$ 标准溶液测铁含量时，$T_{Fe/K_2Cr_2O_7}=0.005000$g/mL，它表示 1mL $K_2Cr_2O_7$ 标准溶液相当于 0.005000g Fe。

4.4.4.2 标准溶液的配制

配制标准溶液有两种方法，即直接法和间接法。

(1) 直接法　准确称取一定量的纯物质，溶解后定量地转移到容量瓶中，并定容至刻度，然后计算出该标准溶液的准确浓度。能用直接法配制标准溶液的物质，必须具备下列条件。

① 必须具有足够的纯度，杂质含量应小于滴定分析所允许的误差限度。一般要求纯度在 99.9%以上。

② 物质的组成应与化学式完全符合。若含结晶水，结晶水的含量也应与化学式相符。

③ 稳定性高，在烘干时不分解，称量时不吸收空气中的水分和二氧化碳，不挥发，不风化，也不易被空气中的氧气所氧化等。

具备上述条件的物质通常称为基准物质。在分析化学中，常用的基准物质如 $KHC_8H_4O_4$（邻苯二甲酸氢钾）、Na_2CO_3、$K_2Cr_2O_7$、KIO_3、$KBrO_3$、$Na_2B_4O_7 \cdot 10H_2O$（硼砂）、$H_2C_2O_4 \cdot 2H_2O$、$Na_2C_2O_4 \cdot 2H_2O$、As_2O_3、$CaCO_3$、ZnO、Cu 和 Pb 等。但是，用来配制标准溶液的物质大多数不能满足上述条件。如氢氧化钠易吸收空气中的水分和二氧化碳，市售盐酸的含量有一定的波动，且易挥发，这类物质的标准溶液就不能用直接法配制，$KMnO_4$、H_2SO_4、$Na_2S_2O_3 \cdot 5H_2O$ 等也不能用直接法配制。

（2）间接法（或标定法） 粗略地称取一定量物质或量取一定量体积溶液，配制成接近所需浓度的溶液，再用一种基准物质（或另外一种物质的标准溶液）精确测定它的准确浓度。这种确定浓度的操作，称为标定。

标定一般要求进行 3～4 次平行测定，相对平均偏差要求不大于 0.2%。

标准溶液应妥善保存。有些标准溶液保存得当可长期保持浓度不变或极少变化。溶液保存在试剂瓶中，因部分水分蒸发而凝结在瓶的内壁而使浓度改变，在每次使用前应将溶液充分摇匀。对于一些性质不够稳定的溶液，应根据它们的性质妥善保存，如见光易分解的硝酸银、高锰酸钾等标准溶液要贮存于棕色瓶中，并放置暗处。对玻璃有腐蚀作用的强碱溶液最好贮存于塑料瓶中。对不够稳定的溶液，在隔一段时间后还要重新标定。

4.4.5 滴定分析中的计算

4.4.5.1 滴定分析计算的依据

滴定分析的计算包括配制溶液、确定溶液浓度和计算分析结果等。滴定分析计算的主要依据是根据化学反应方程式找出物质的量之间的关系，从而求出未知量。设被测物 A 与滴定剂 B 之间的反应为：

$$aA + bB = dD + eE$$

反应到达化学计量点时，有：

$$n_A : n_B = a : b$$

故

$$n_A = \frac{a}{b} n_B$$

式中，n_A 为被测物质 A 的物质的量；n_B 为滴定剂 B 的物质的量。

例如，强酸和强碱的相互滴定为：

$$HCl + NaOH = NaCl + H_2O$$

式中，$a = b = 1$，故化学计量点时，有：

$$n(HCl) = n(NaOH)$$

$$c(HCl)V(HCl) = c(NaOH)V(NaOH)$$

再如，高锰酸钾测定双氧水为：

$$2KMnO_4 + 5H_2O_2 + 3H_2SO_4 = 2MnSO_4 + 5O_2 \uparrow + K_2SO_4 + 8H_2O$$

式中，$a = 2$，$b = 5$，化学计量点时，有：

$$n(KMnO_4) = \frac{2}{5} n(H_2O_2)$$

$$c(KMnO_4)V_1 = \frac{2}{5}c(H_2O_2)V_2$$

V_1、V_2 分别表示高锰酸钾和双氧水的体积。

4.4.5.2 例题解析

例 4-5 欲配制 0.1mol/L HCl 标准溶液 1.0L，应取浓盐酸（密度为 1.18g/mL，含量为 37%）多少毫升？

解：浓盐酸的浓度为：

$$c(HCl) = \frac{1.18 \times 10^3 \times 0.37}{36.46} = 12.0 mol/L$$

根据 $c_1V_1 = c_2V_2$，有：

$$V(HCl) = \frac{0.1 \times 1.0}{12.0} = 8.3 mL$$

配制方法是用量筒量取浓盐酸 8.3mL，将浓盐酸倒入烧杯中，用蒸馏水稀释至 1.0L。因为浓盐酸不是基准物质，HCl 标准溶液只能用间接法配制，故浓 HCl 的量取和稀释时的体积都不必十分准确。配好后的溶液转移至试剂瓶中保存，其准确浓度必须经过标定求得。

例 4-6 欲配制 $c(H_2C_2O_4 \cdot 2H_2O)$ 为 0.2100mol/L 标准溶液 250.00mL，应称取 $H_2C_2O_4 \cdot 2H_2O$ 多少克？

解：$H_2C_2O_4 \cdot 2H_2O$ 的摩尔质量为 126.07g/mol，则：

$$m_1 = cVM = 0.2100 \times 250.00 \times 10^{-3} \times 126.07 = 6.619g$$

例 4-7 标定 0.2mol/L NaOH 溶液，如选用邻苯二甲酸氢钾作基准物质，今欲把所用 NaOH 溶液的体积控制在 25mL 左右，问应称取 $KHC_8H_4O_4$ 多少克？如果改用草酸（$H_2C_2O_4 \cdot 2H_2O$）作基准物质，则应称取 $H_2C_2O_4 \cdot 2H_2O$ 多少克？

解：(1) 已知 $NaOH + KHC_8H_4O_4 = KNaC_8H_4O_4 + H_2O$

设应称取 $KHC_8H_4O_4$ 的质量为 m_1(g)，根据等物质的量规则，有：

$$n(NaOH) = n(KHC_8H_4O_4)$$

$$0.2 \times 25 \times 10^{-3} = \frac{m_1}{204.2}$$

$$m_1 = 0.2 \times 25 \times 10^{-3} \times 204.2 = 1g$$

(2) 已知 $2NaOH + H_2C_2O_4 = Na_2C_2O_4 + 2H_2O$

设应称取 $H_2C_2O_4 \cdot 2H_2O$ 的质量为 m_2(g)，有：

$$n(NaOH) = 2n(H_2C_2O_4 \cdot 2H_2O)$$

$$m_2 = \frac{0.2 \times 25 \times 10^{-3}}{2} \times 126.1 = 0.3g$$

由此可见，采用邻苯二甲酸氢钾作基准物质可减少称量上的相对误差。另外，标准溶液的用量以控制在 25mL 左右为宜，这样可使滴定管的读数误差控制在允许误差范围内，而又不致消耗过多的标准溶液。

例 4-8 称取纯 $CaCO_3$ 0.5000g，溶于 50.00mL HCl 溶液中，多余的酸用 NaOH 溶液回滴，计消耗 6.20mL。1mL NaOH 溶液相当于 1.010mL HCl 溶液。求两种溶液的浓度。

解：6.20mL NaOH 溶液相当于 $6.20\times1.010=6.26$mL HCl 溶液。因此与 $CaCO_3$ 反应的 HCl 溶液的体积实际为：

$$50.00-6.26=43.74\text{mL}$$

根据反应式：

$$CaCO_3+2HCl=\!=\!=CaCl_2+CO_2\uparrow+H_2O$$

$CaCO_3$ 与 HCl 的化学计量关系为：

$$c(HCl)V(HCl)=\frac{2m(CaCO_3)}{M(CaCO_3)}$$

$$c(HCl)=\frac{2\times\dfrac{0.5000}{100.1}}{43.74\times10^{-3}}=0.2284\text{mol/L}$$

$$c(NaOH)=\frac{0.2284\times1.010}{1.000}=0.2307\text{mol/L}$$

因此，HCl 溶液浓度为 0.2284mol/L，NaOH 溶液浓度为 0.2307mol/L。

例 4-9　不纯的碳酸钾试样 0.5000g，滴定时用去 0.1064mol/L HCl 27.31mL，试计算试样中 K_2CO_3 的质量分数；钾肥中钾含量习惯上以 K_2O 表示，此样品若以 K_2O 的质量分数表示，结果为多少？若以 K 的质量分数表示，结果为多少？

解：

$$2HCl+K_2CO_3=\!=\!=2KCl+CO_2+H_2O$$

$$n(HCl)=2n(K_2CO_3)$$

$$w(K_2CO_3)=\frac{\dfrac{1}{2}\times0.1064\times27.31\times10^{-3}\times M(K_2CO_3)}{0.5000}\times100\%$$

$$=\frac{0.1064\times27.31\times138.2}{2\times0.5000\times1000}\times100\%=40.16\%$$

$$w(K_2O)=\frac{0.1064\times27.31\times10^{-3}\times M(K_2O)}{2\times0.5000}\times100\%$$

$$=\frac{0.1064\times27.31\times94.20}{2\times0.5000\times1000}\times100\%=27.37\%$$

根据已求得的 K_2CO_3 含量，也可以乘以适当的系数（即换算因数，见第 7 章）求得 K_2O 含量。即：

$$w(K_2O)=w(K_2CO_3)\times\frac{M(K_2O)}{M(K_2CO_3)}=40.16\%\times\frac{94.20}{138.2}=27.37\%$$

$M(K_2O)/M(K_2CO_3)$ 就是将 K_2CO_3 含量换成 K_2O 含量的换算因数。

将 K_2CO_3 换算成 K 含量，可用换算因数 $2M(K)/M(K_2CO_3)$，即：

$$w(K)=w(K_2CO_3)\times\frac{2M(K)}{M(K_2CO_3)}=40.16\%\times\frac{2\times39.10}{138.2}=22.72\%$$

例 4-10　称取 1.000g 过磷酸钙试样，溶解后转移至 250mL 容量瓶中定容，移取该溶液 25.00mL，将其中的磷完全沉淀为钼磷酸喹啉，沉淀经洗涤后溶解在 35.00mL 的 0.2000mol/L NaOH 溶液中，反应如下：

$$(C_9H_7N)_3H_3[P(Mo_3O_{10})_4]+26OH^-=\!=\!=12MoO_4^{2-}+HPO_4^{2-}+3C_9H_7N+14H_2O$$

然后用 0.1000mol/L HCl 溶液返滴剩余的 NaOH 溶液，计用去 20.00mL，试计算试样含水溶性磷的质量分数。

解：由于 $1P \rightarrow 1(C_9H_7N)_3 \cdot H_3[P(Mo_3O_{10})_4]$，所以有：

$$26n(P)=n(NaOH)$$

$$w(P)=\frac{\frac{1}{26}\times[c(NaOH)V(NaOH)-c(HCl)V(HCl)]\times M(P)}{m_s\times\frac{25.00}{250.00}}\times 100\%$$

$$=\frac{\frac{1}{26}\times[0.2000\times 35.00\times 10^{-3}-0.1000\times 20.00\times 10^{-3}]\times 30.97}{1.000\times\frac{25.00}{250.00}}\times 100\%$$

$$=5.956\%$$

知识拓展

显著性检验

抽样实验会产生抽样误差，对实验资料进行比较分析时，不能仅凭两个结果（平均数或概率）的不同就做出结论，而是要进行统计学分析，鉴别出两者差异是抽样误差引起的，还是由特定的实验处理引起的。

显著性检验（significance test）就是事先对总体（随机变量）的参数或总体分布形式做出一个假设，然后利用样本信息来判断这个假设（备择假设）是否合理，即判断总体的真实情况与原假设是否有显著性差异。或者说，显著性检验要判断样本与我们对总体所做的假设之间的差异是纯属机会变异，还是由我们所做的假设与总体真实情况之间不一致所引起的。显著性检验是针对我们对总体所做的假设做检验，其原理就是“小概率事件实际不可能性原理”来接受或否定假设。通俗地讲，显著性检验即用于实验处理组与对照组或两种不同处理的效应之间是否有差异，以及这种差异是否显著的方法。

常把一个要检验的假设记作 H_0，称为原假设（或零假设）（null hypothesis），与 H_0 对立的假设记作 H_1，称为备择假设（alternative hypothesis）。

（1）在原假设为真时，决定放弃原假设，称为第Ⅰ类错误，其出现的概率通常记作 α。

（2）在原假设不真时，决定不放弃原假设，称为第Ⅱ类错误，其出现的概率通常记作 β。

通常只限定犯第Ⅰ类错误的最大概率 α，不考虑犯第二类错误的概率 β。这样的假设检验又称显著性检验，概率 α 称为显著性水平。最常用的 α 值为 0.01、0.05、0.10 等。一般情况下，根据研究的问题，如果放弃真假设损失大，为减少这类错误，α 取值小些，反之，α 取值大些。进行显著性检验是为了消除Ⅰ类错误和Ⅱ类错误。

显著性检验的基本原理是提出“无效假设”和检验“无效假设”成立的概率（p）水平的选择。所谓“无效假设”，就是当比较实验处理组与对照组的结果时，假设两组结果间差异不显著，即实验处理对结果没有影响或无效。经统计学分析后，如发现两组间差异是抽样引起的，则“无效假设”成立，可认为这种差异为不显著（即实验处理无效）。若两组间差异不是由抽样引起的，则“无效假设”不成立，可认为这种差异是显著的（即实验处理有效）。

检验“无效假设”成立的概率水平一般定为 5%，其含义是将同一实验重复 100 次，两者结果间的差异有 5 次以上是由抽样误差造成的，则“无效假设”成立，可认为两组间的差异为不显著，常记为 $p>0.05$。若两者结果间的差异 5 次以下是由抽样误差造成的，则“无效假设”不成立，可认为两组间的差异为显著，常记为 $p\leqslant 0.05$。如果 $p\leqslant 0.01$，则认为两组间的差异为非常显著。

显著性检验的一般步骤或格式如下。

(1) 提出假设 H_0 与 H_1，同时，与备择假设相应，指出所做检验为双尾检验还是左单尾或右单尾检验。

(2) 构造检验统计量，收集样本数据，计算检验统计量的样本观察值。

(3) 根据所提出的显著水平，确定临界值和拒绝域。

(4) 做出检验决策。把检验统计量的样本观察值和临界值比较，或者把观察到的显著水平与显著水平标准比较；最后按检验规则做出检验决策。当样本值落入拒绝域时，表述成：“拒绝原假设”，“显著表明真实的差异存在”；当样本值落入接受域时，表述成：“没有充足的理由拒绝原假设”，“没有充足的理由表明真实的差异存在”。另外，在表述结论之后应当注明所用的显著水平。

常用检验方法有以下几种。

t 检验——适用于计量资料、正态分布、方差具有齐性的两组间小样本比较。包括配对资料间、样本与均数间、两样本均数间比较三种，三者的计算公式不能混淆（处理时不用判断分布类型就可以使用 t 检验）。

t′检验——应用条件与 t 检验大致相同，但 t′检验用于两组间方差不齐时，t′检验的计算公式实际上是方差不齐时 t 检验的校正公式。

U 检验——应用条件与 t 检验基本一致，只是当大样本时用 U 检验，而小样本时则用 t 检验，t 检验可以代替 U 检验。

方差分析——用于正态分布、方差齐性的多组间计量比较。常见的有单因素分组的多个样本均数的比较及双因素分组的多个样本均数的比较，方差分析首先是比较各组间总的差异，如总差异有显著性，再进行组间的两两比较，组间比较用 q 检验或 LST 检验等。

X2 检验——是计数资料主要的显著性检验方法。用于两个或多个百分比（率）的比较。常见以下几种情况：四格表资料、配对资料、多于 2 行×2 列资料及组内分组 X2 检验。

零反应检验——用于计数资料。是当实验组或对照组中出现概率为 0 或 100%时，X2 检验的一种特殊形式。属于直接概率计算法。

符号检验、秩和检验和 Ridit 检验——三者均属非参数统计方法，共同特点是简便、快捷、实用。可用于各种非正态分布的资料、未知分布资料及半定量资料的分析。其主要缺点是容易丢失数据中包含的信息。所以凡是正态分布或可通过数据转换成正态分布者尽量不用这些方法。

Hotelling 检验——用于计量资料、正态分布、两组间多项指标的综合差异显著性检验。

注意：以上所有检验均可用 SPSS 软件进行自动计算。SPSS 为 IBM 公司推出的一系列用于统计学分析运算、数据挖掘、预测分析和决策支持任务的软件产品及相关服务的总称，有 Windows 和 Mac OS X 等版本。

习题

1. 平均偏差常简称为均差。测定某样品的含 N 量，6 次平行测定的结果是 20.48%、20.55 %、20.58%、20.60%、20.53%和 20.50%。

（1）计算这组数据的平均值、绝对均差、相对均差、标准偏差和变异系数。

（2）若此样品是标准样品，含 N 量为 20.45%，计算 6 次测定结果的绝对误差和相对误差。

2. 下列数据中各包含几位有效数字：

（1）0.0376　（2）1.2067　（3）0.2180　（4）1.8×10^{-5}

3. 依有效数字计算规则计算下列各式：

（1）7.9933－0.9967－5.02＝

（2）1.060＋0.05974－0.0013＝

（3）0.414＋（31.31×0.0530）＝

（4）（1.276×4.17）＋（1.7×10^{-4}）－（0.0021764×0.0121）＝

4. 滴定管读数误差为±0.01mL，做一次滴定要读数两次。如果滴定时用去标准溶液 2.50mL，相对误差是多少？如果用去 25.00mL，相对误差又是多少？这个数值说明什么问题？

5. 某同学测定样品含 Cl 量为 30.44%、30.52%、30.60%、30.12%，按 $Q_{0.90}$ 检验法和 $4\bar{d}$ 法的规则判断 30.12%，是否舍弃？样品中 Cl 的百分含量为多少？

6. 某矿石中钨的百分含量的测定结果为 20.39%、20.41%、20.43%。计算标准偏差 S 及置信度为 95%时的置信区间。

7. 水中 Cl^- 含量，经 6 次测定，求得其平均值为 35.2mg/L，$S=0.7$，计算置信度为 90%时平均值的置信区间。

8. 某溶液浓度经 6 次平行测定，得到的结果是 0.5042mol/L、0.5050mol/L、0.5051mol/L、0.5063mol/L、0.5064mol/L、0.5086mol/L，问：

（1）是否有需要舍弃的可疑值？

（2）求保留值的平均值。

（3）求标准偏差及其变异系数。

（4）求置信度水平为 95%时的置信区间。

（$n=6$，$Q_{0.95}=0.64$，$t_{0.95}=2.57$；$n=5$，$Q_{0.95}=0.73$，$t_{0.95}=2.78$）

9. 下列物质中哪些可以用直接法配制标准溶液？哪些只能用间接法配制？

$$H_2SO_4,\ KOH,\ KMnO_4,\ K_2Cr_2O_7,\ KIO_3,\ K_2S_2O_3\cdot5H_2O$$

10. 如果要求分析结果达到 99.8%的准确度，问称取试样量至少要多少克？滴定所用标准溶液至少要多少毫升？

11. 把 0.880g 有机物质里的氮转变为 NH_3，然后将 NH_3 通入 20.00mL 0.2133mol/L HCl 溶液里，过量的酸以 0.1962mol/L NaOH 溶液滴定，需要用 5.50mL，计算有机物中氮的质量分数。

12. 用邻苯二甲酸氢钾（$KHC_8H_4O_4$）标定浓度约为 0.1mol/L NaOH 时，控制 NaOH 溶液用量在 30mL 左右，问应称取 $KHC_8H_4O_4$ 多少克？

13. 0.2845g 碳酸钠（含 Na_2CO_3 90.35%，不含其他碱性物质）恰好与 28.45mL HCl 中和生成 CO_2，计算 HCl 的物质的量浓度。

14. 滴定 0.1560g 草酸的试样，用去 0.1011mol/L NaOH 22.60mL，求草酸试样中 $H_2C_2O_4 \cdot 2H_2O$ 的质量分数。

第 5 章

酸碱平衡与沉淀溶解平衡

本章学习指导

了解酸碱质子理论；熟练掌握弱电解质的解离平衡及有关离子浓度和 pH 值的计算；明确缓冲作用原理，掌握缓冲溶液 pH 值的计算和配制方法；掌握溶度积的规则及有关计算方法；掌握沉淀的生成、溶解和转化条件。

电解质溶液中的化学反应，大致有以下类型：

类型	实例
弱电解质的解离反应	$Pb(CH_3COO)_2 \rightleftharpoons Pb^{2+} + 2CH_3COO^-$
弱酸的解离反应	$CH_3COOH + H_2O \rightleftharpoons H_3O^+ + CH_3COO^-$
弱碱的解离反应	$NH_3 + H_2O \rightleftharpoons OH^- + NH_4^+$
酸碱中和反应	$NaOH + CH_3COOH \rightleftharpoons CH_3COONa + H_2O$
盐类的水解反应	$NH_4Cl + H_2O \rightleftharpoons NH_3 \cdot H_2O + HCl$
沉淀反应	$BaCl_2 + Na_2SO_4 \rightleftharpoons BaSO_4\downarrow + 2NaCl$
配位反应	$Cu^{2+} + 4NH_3 \rightleftharpoons [Cu(NH_3)_4]^{2+}$
氧化还原反应	$Zn + CuSO_4 \rightleftharpoons Cu\downarrow + ZnSO_4$

本章从酸碱质子理论出发，以化学平衡及其移动原理为基础，着重讨论了酸碱的解离平衡及各类酸碱溶液 pH 值的计算和难溶电解质的沉淀溶解平衡。配位反应和氧化还原反应将在后续章节中介绍。

5.1 酸碱质子理论

人们对于酸碱的认识，是从纯粹的实际观察中开始的：酸有酸味，能使石蕊变红，碱有涩味，能使石蕊变蓝；酸和碱能中和等。1880～1890 年阿伦尼乌斯提出：凡是在水溶液中解离生成的阳离子全部是氢离子的化合物叫作酸；在水溶液中解离生成的阴离子全部是氢氧根离子的化合物叫作碱，这就是阿伦尼乌斯的酸碱解离理论。阿伦尼乌斯酸碱解离理论首次赋予了酸碱以科学的定义，对化学科学的发展起了积极作用，至今仍有应用。但其局限性是明显的，因为它把酸和碱局限于水溶液中，又把碱限制为氢氧化物。事实是：HCl 气体具有酸性，NH_3 气体具有碱性，它们不仅在水溶液中能生成 NH_4Cl，就是在气体状态下或在苯中，也同样会生成 NH_4Cl；氨水呈碱性，却并不存在 NH_4OH 分子；$NaHCO_3$ 溶液呈碱性，但 $NaHCO_3$ 不可能解离出 OH^- 等。为了克服阿伦尼乌斯酸碱解离理论的局限性，1905 年弗兰克林（Franklin）提出了酸碱的溶剂理论。1923 年布朗斯特（Bronsted J. N.）和劳莱（Lowry T. M.）从化学反应中质子的给出与接受，各自独立地提出了酸碱质子理论。几乎同时，路易斯（Lewis）从化学反应中电子对的给出与接受，提出了酸碱电子理论。为了解决路易斯酸碱反应方向等问题，1963 年皮尔逊（Pearson）根据路易斯酸碱之间接受电子对的难易程度，又提出了所谓“软硬酸碱”的概念。这些都是酸碱理论发展史中的组成部分，本章主要讨论酸碱质子理论。

5.1.1 质子酸碱

5.1.1.1 质子酸碱的定义

布朗斯特-劳莱酸碱理论即酸碱质子理论认为：凡是能给出质子的物质都是酸；凡是能接受质子的物质都是碱。酸和碱的关系可以用简式表示：

$$\text{酸} \rightleftharpoons \text{质子} + \text{碱}$$

$$HAc \rightleftharpoons H^+ + Ac^-$$

$$NH_4^+ \rightleftharpoons H^+ + NH_3$$

$$H_2PO_4^- \rightleftharpoons H^+ + HPO_4^{2-}$$

$$[Al(H_2O)_6]^{3+} \rightleftharpoons H^+ + [Al(H_2O)_5(OH)]^{2+}$$

从酸碱质子理论的酸碱定义可以看出，酸和碱可以是分子、阳离子或阴离子。例如，HCl、HAc、NH_4^+、HS^-、$H_2PO_4^-$、$[Al(H_2O)_6]^{3+}$ 都是酸，而 Ac^-、NH_3、S^{2-}、$[Al(H_2O)_5(OH)]^{2+}$ 等都是碱。因为前者能给出质子，后者能接受质子。一些物质既能给出质子，又能接受质子，如 H_2O、HS^-、$H_2PO_4^-$、HPO_4^{2-}、$[Al(H_2O)_5(OH)]^{2+}$ 等，它们是具有酸碱两性的物质。

广义而言，任何含有氢的化合物都可能成为酸，但实际上很多含氢化合物（如烃类 CH_4 等）失去质子的倾向极小，所以通常不把它们看作酸。同样，任何酸的阴离子都是碱，但对于非常强的酸的酸根阴离子（如 Cl^-），接受质子的倾向极小，所以通常也不把它们看作碱。

5.1.1.2 酸碱的共轭关系和共轭酸碱对

酸给出质子后生成相应的碱，而碱接受质子后生成相应的酸。酸和碱的这种既相互依存又相互转化的关系称为共轭关系，将这种通过给出或接受一个质子而相互转化的一对物质称为共轭酸碱对（表 5-1），可表示为：

$$\underset{\text{(共轭酸)}}{\text{酸}} \rightleftharpoons \text{质子} + \underset{\text{(共轭碱)}}{\text{碱}}$$

如在共轭酸碱对 HAc-Ac^- 中，HAc 是 Ac^- 的共轭酸，Ac^- 是 HAc 的共轭碱。上述各共轭酸碱对的质子得失反应，称为酸碱半反应。在一个共轭酸碱对中，酸越强表明其给出质子的能力越强，因此它的共轭碱接受质子的能力越弱，即其碱性就越弱。由此可见，在一个共轭酸碱对中，如果酸的酸性越强，则其共轭碱的碱性越弱，如果碱的碱性越强，则其共轭酸的酸性越弱。

表 5-1 常见的共轭酸碱对

	酸$\rightleftharpoons$$H^+$+碱			酸$\rightleftharpoons$$H^+$+碱	
酸性增强↑	$HCl \rightleftharpoons H^+ + Cl^-$ $H_3O^+ \rightleftharpoons H^+ + H_2O$ $H_3PO_4 \rightleftharpoons H^+ + H_2PO_4^-$ $HAc \rightleftharpoons H^+ + Ac^-$ $H_2CO_3 \rightleftharpoons H^+ + HCO_3^-$ $H_2S \rightleftharpoons H^+ + HS^-$	碱性增强↓	酸性增强↑	$NH_4^+ \rightleftharpoons H^+ + NH_3$ $HCN \rightleftharpoons H^+ + CN^-$ $HCO_3^- \rightleftharpoons H^+ + CO_3^{2-}$ $H_2O \rightleftharpoons H^+ + OH^-$ $NH_3 \rightleftharpoons H^+ + NH_2^-$	碱性增强↓

5.1.2 酸碱反应的实质

酸碱质子理论认为，酸碱反应的实质是质子的转移，是两个共轭酸碱对（酸$_1$-碱$_1$和酸$_2$-碱$_2$）共同作用的结果。在酸碱反应中，酸$_1$把质子传递给碱$_2$，各自转变为其相应的共轭物质。酸碱反应基本表达式为：

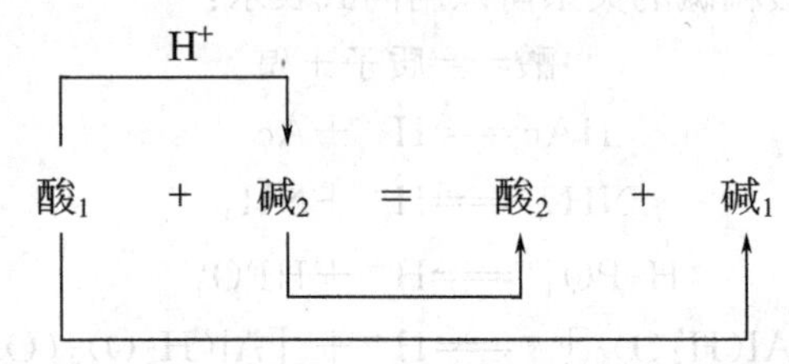

从质子传递的观点来看，酸碱解离反应、中和反应、盐的水解等，都可以纳入以质子传递为基础的酸碱反应。例如：

水的质子自递 $H_2O + H_2O \rightleftharpoons OH^- + H_3O^+$

中和反应 $HAc + OH^- \rightleftharpoons H_2O + Ac^-$

$H_3O^+ + NH_3 \rightleftharpoons NH_4^+ + H_2O$

酸碱解离 $HAc + H_2O \rightleftharpoons H_3O^+ + Ac^-$

$NH_3 + H_2O \rightleftharpoons OH^- + NH_4^+$

盐类水解 $Ac^- + H_2O \rightleftharpoons OH^- + HAc$

$NH_4^+ + H_2O \rightleftharpoons H_3O^+ + NH_3$

水合阳离子水解 $[Fe(H_2O)_6]^{3+} + H_2O \rightleftharpoons H_3O^+ + [Fe(H_2O)_5(OH)]^{2+}$

酸碱质子理论不仅扩大了酸碱的范围，有分子酸碱，也有离子酸碱。同时摆脱了酸碱反应必须在水溶液中才能发生的局限性，也可在非水体系中进行。所以，在分析化学中广泛采用的是酸碱质子理论，这是因为该理论对酸碱强弱的量化程度最高（如$K_a^\ominus$、$K_b^\ominus$），便于定量计算。

5.2 酸碱解离平衡

5.2.1 解离平衡

水是最重要也是使用最广泛的溶剂，酸的解离和碱的解离都离不开溶剂水的作用。所不同的是，在酸的解离中，溶剂水起碱的作用，而在碱的解离中，溶剂水起酸的作用。本章讨论的酸碱解离平衡都是在水溶液中建立的。水溶液的酸碱性取决于溶质和水的解离平衡，所以首先应该了解水的自身解离。

5.2.1.1 水的质子自递反应及离子积

实验证明，纯水有微弱的导电性，这是由于水的质子自递反应所引起的。

$$H_2O+H_2O \rightleftharpoons H_3O^+ + OH^-$$

水的质子自递反应的标准平衡常数表达式为：

$$K_w^\ominus = \frac{[H_3O^+]}{c^\ominus} \times \frac{[OH^-]}{c^\ominus} \quad (5\text{-}1)$$

式中，$K_w^\ominus$ 称为水的质子自递反应常数，也称水的离子积常数，简称水的离子积；$[H_3O^+]$ 和 $[OH^-]$ 分别表示 H_3O^+ 和 OH^- 的平衡浓度。溶液中的质子总是水合的，水体中的水合质子有 H_3O^+、$H_5O_2^+$、$H_7O_3^+$、$H_9O_4^+$ 等多种型体，通常简写作 H_3O^+ 或简写作 H^+。由于 $c^\ominus=1mol/L$，为书写简便，经常把 $c^\ominus$ 省略（本教材后续章节中的平衡常数表达式均省略 $c^\ominus$），所以水的离子积表达式通常简写为：

$$K_w^\ominus = [H_3O^+][OH^-] \quad 或 \quad K_w^\ominus = [H^+][OH^-] \quad (5\text{-}2)$$

$K_w^\ominus$ 随温度的升高而增大，但变化不明显。在常温（25℃）下 $K_w^\ominus = 1.0\times10^{-14}$。

pH 值是水溶液酸碱度的一种标度，即：

$$pH = -\lg a(H^+) \quad (5\text{-}3)$$

当 $[H^+]$ 不太大时，经常用 $[H^+]$ 代替 $a(H^+)$，用 $[H^+]$ 的负对数计算 pH 值；也用 $[OH^-]$ 的负对数计算 pOH 值（$pOH=-\lg[OH^-]$）。因为常温下水溶液中，$[H^+][OH^-]=1.0\times10^{-14}$，故有：

$$pH + pOH = 14 \quad (5\text{-}4)$$

纯水中，$[H^+]=[OH^-]$，室温下，$K_w^\ominus=1.0\times10^{-14}$。因此，室温下纯水的 pH＝7.0。

pH 值一般适用于 H^+ 浓度或 OH^- 浓度为 1mol/L 以下的溶液，若 H^+ 浓度或 OH^- 浓度大于 1mol/L，通常直接用 H^+ 浓度或 OH^- 浓度表示酸度，因此实用 pH 值范围是 0～14。

5.2.1.2 酸碱解离及解离平衡常数

在水溶液中，酸碱的解离实际上就是它们与水的酸碱反应。酸碱的解离程度可以用解离平衡常数和解离度的大小来衡量。

（1）酸碱的解离常数

① 一元弱酸（碱）的解离　一定温度下，一元弱酸（HA）和一元弱碱（B）水溶液中分别存在如下质子转移平衡：

$$HA+H_2O \rightleftharpoons H_3O^+ + A^-$$

$$K_a^\ominus(HA) = \frac{[H_3O^+][A^-]}{[HA]} \quad (5\text{-}5)$$

$$H_2O+B \rightleftharpoons HB^+ + OH^-$$

$$K_b^\ominus(B) = \frac{[HB^+][OH^-]}{[B]} \quad (5\text{-}6)$$

$K_a^\ominus$ 为酸在水溶液中的质子转移平衡常数，也称酸的解离常数，简称酸常数。$K_a^\ominus$ 值的大小反映了酸给出质子的能力大小，是酸强度的量度。同浓度的酸，$K_a^\ominus$ 值大则酸性较强，$K_a^\ominus$ 值小则酸性较弱。一般认为 $K_a^\ominus$ 在 10^{-2} 左右为中强酸，在 10^{-5} 左右为弱酸，在 10^{-10} 左右为极弱酸。$K_b^\ominus$ 为碱在水溶液中的质子转移平衡常数，也称碱的解离常数，简称碱常数。它表示碱接受质子的能力。同浓度的碱，$K_b^\ominus$ 值越大，碱性越强，$K_b^\ominus$ 值越小，碱性越弱。

酸碱解离常数具有平衡常数的一般属性，即只与温度有关，与平衡体系中各组分的浓度无关。书末附表 5 列出了一些常见酸碱的解离常数。

② 多元弱酸（碱）的解离　多元弱酸（碱）在水溶液中是分级解离的，每级解离均有一个解离常数，分别用 $K_{a1}^\ominus$、$K_{a2}^\ominus$ ……表示。例如，三元酸 H_3PO_4 在水溶液中存在三级解离：

$$H_3PO_4 + H_2O \rightleftharpoons H_3O^+ + H_2PO_4^- \qquad K_{a1}^\ominus = 7.5\times10^{-3}$$

$$H_2PO_4^- + H_2O \rightleftharpoons H_3O^+ + HPO_4^{2-} \qquad K_{a2}^\ominus = 6.2\times10^{-8}$$

$$HPO_4^{2-} + H_2O \rightleftharpoons H_3O^+ + PO_4^{3-} \qquad K_{a3}^\ominus = 4.8\times10^{-13}$$

由 $K_{a1}^\ominus > K_{a2}^\ominus > K_{a3}^\ominus$ 可知，三种酸的强弱顺序为 $H_3PO_4 > H_2PO_4^- > HPO_4^{2-}$。

三元碱 PO_4^{3-} 在水溶液中也是分级解离的：

$$PO_4^{3-} + H_2O \rightleftharpoons OH^- + HPO_4^{2-} \qquad K_{b1}^\ominus$$

$$HPO_4^{2-} + H_2O \rightleftharpoons OH^- + H_2PO_4^- \qquad K_{b2}^\ominus$$

$$H_2PO_4^- + H_2O \rightleftharpoons OH^- + H_3PO_4 \qquad K_{b3}^\ominus$$

三种碱 PO_4^{3-}、HPO_4^{2-}、$H_2PO_4^-$ 的强弱顺序为 $PO_4^{3-} > HPO_4^{2-} > H_2PO_4^-$。

（2）解离度　弱电解质的解离程度也可用解离度来表示。解离度即弱电解质在溶液中达到解离平衡时，弱电解质解离的百分率，用 α 表示为：

$$\alpha = \frac{\text{解离的弱电解质浓度}}{\text{未解离前弱电解质浓度}} \times 100\%$$

解离度和解离常数都能表示弱电解质解离程度大小。解离度和解离常数的定量关系可以根据解离常数表达式推导出来。现以浓度为 c mol/L 的 HAc 为例说明。设 HAc 的解离度为 α，则有：

	HAc $+ H_2O \rightleftharpoons$	H_3O^+	$+ Ac^-$
初始浓度/(mol/L)	c	0	0
平衡浓度/(mol/L)	$c(1-\alpha)$	$c\alpha$	$c\alpha$

$$\frac{[H_3O^+][Ac^-]}{[HAc]} = \frac{(c\alpha)^2}{c(1-\alpha)} = K_a^\ominus(HAc)$$

当 α 很小时，则 $1-\alpha \approx 1$，上式可写为：

$$K_a^\ominus(HAc) \approx c\alpha^2$$

$$\alpha \approx \sqrt{\frac{K_a^\ominus(HAc)}{c}}$$

写成通式得：

$$\alpha \approx \sqrt{\frac{K_a^\ominus}{c}} \tag{5-7}$$

同理，对一元弱碱来说，则有：

$$\alpha \approx \sqrt{\frac{K_b^\ominus}{c}} \tag{5-8}$$

式（5-8）和式（5-9）表示弱电解质解离度、解离常数和溶液浓度之间的定量关系。弱电解质的解离常数只与温度有关，而解离度随溶液的浓度而变化，浓度越稀，解离度越大，这种关系称为稀释定律。例如，在298.15K时，0.10mol/L HAc溶液的解离度为1.3%，而0.010mol/L HAc溶液的解离度则为4.2%。由此可见，只有在相同浓度下，才能用解离度来比较电解质的相对强弱。在相同浓度和温度的条件下，解离度越小，表明弱电解质的解离常数越小，因此该电解质就越弱。

例5-1 计算0.10mol/L HAc溶液的解离度。

解：查附表5，$K_a^\ominus(HAc)=1.8\times10^{-5}$，设HAc的解离度为$\alpha$，则有：

$$\alpha \approx \sqrt{\frac{K_a^\ominus(HAc)}{c}}=\sqrt{\frac{1.8\times10^{-5}}{0.10}}=0.013$$

0.10mol/L HAc溶液的解离度为1.3%。

5.2.2 共轭酸碱对$K_a^\ominus$与$K_b^\ominus$的关系

共轭酸碱对通过质子相互依存，它们的$K_a^\ominus$与$K_b^\ominus$之间存在着确定的关系。如共轭酸碱对HA和A^-，$K_a^\ominus(HA)$与$K_b^\ominus(A^-)$之间的关系为：

$$K_a^\ominus(HA)K_b^\ominus(A^-)=\frac{[H_3O^+][A^-]}{[HA]}\times\frac{[HA][OH^-]}{[A^-]}=[H_3O^+][OH^-]=K_w^\ominus \tag{5-9}$$

式（5-9）表明，共轭酸碱对的$K_a^\ominus K_b^\ominus=K_w^\ominus$，如果知道某酸的解离常数$K_a^\ominus$就可以算得其共轭碱的解离常数$K_b^\ominus$，如果知道某碱的解离常数$K_b^\ominus$就可以算得其共轭酸的解离常数$K_a^\ominus$。共轭酸碱对$K_a^\ominus$与$K_b^\ominus$的反比关系也印证了前面所述的酸越强其共轭碱碱性越弱而碱越强其共轭酸酸性越弱的关系。

多元弱酸（碱）在水溶液中是分级解离的，存在着多个共轭酸碱对，这些共轭酸碱对的$K_a^\ominus$和$K_b^\ominus$之间也存在着一定的依存关系。

例如，三元酸H_3PO_4在水溶液中有H_3PO_4、$H_2PO_4^-$、HPO_4^{2-}与PO_4^{3-}四种型体，有H_3PO_4-$H_2PO_4^-$、$H_2PO_4^-$-HPO_4^{2-}与HPO_4^{2-}-PO_4^{3-}三组共轭酸碱对。三组共轭酸碱对$K_a^\ominus$和$K_b^\ominus$的对应关系为：$K_{a1}^\ominus K_{b3}^\ominus=K_w^\ominus$，$K_{a2}^\ominus K_{b2}^\ominus=K_w^\ominus$，$K_{a3}^\ominus K_{b1}^\ominus=K_w^\ominus$。

5.2.3 同离子效应和盐效应

在弱酸或弱碱的水溶液中，当加入其他电解质时，引起原平衡条件改变，质子转移平衡会发生移动，并在新的条件下，达到新的平衡状态。

在HAc溶液中，若加入含有相同离子（Ac^-）的NaAc，由于NaAc完全解离为Na^+和Ac^-，使溶液中的Ac^-浓度增大，引起HAc的解离平衡$HAc \rightleftharpoons H^+ + Ac^-$向左移动。

达到新平衡时，溶液中H^+浓度减小，体系中HAc浓度比原平衡体系中HAc浓度大，即HAc的解离度降低。这种由于在弱电解质溶液中加入与这种电解质含有相同离子的强电解质，使弱电解质解离度降低的现象称为同离子效应。

如果在弱电解质溶液中，加入不含相同离子的强电解质（如在HAc溶液中加入NaCl）时，该弱电解质的解离度将略有增大，这种效应称为盐效应。其原因是由于强电解质的加入，离子浓度增大，“离子氛”（图 2-4）使异号电荷离子间相互牵制作用增强，使弱电解质组分中的阴、阳离子结合成分子的速度降低，其结果是弱电解质的解离度增大。

同离子效应和盐效应对于弱电解质的解离所起的作用是相反的，但是发生同离子效应的同时，必然伴随着盐效应。由于同离子效应对弱电解质的解离所起的作用比盐效应大得多，因此在溶液浓度不大的情况下，可以只考虑同离子效应而忽略盐效应的影响。

例 5-2 在 0.10mol/L HAc 溶液中，加入 NaAc 使 NaAc 浓度为 0.10mol/L，忽略水的解离，计算 HAc 的解离度。

解：查附表 5，$K_a^{\ominus}(HAc)=1.8\times10^{-5}$，设平衡时 HAc 的解离度为 x。

忽略水的解离，溶液中的 H^+ 可以认为都由 HAc 解离产生。因 HAc 的解离度为 x，则有 $[H^+]=0.10x$ mol/L。溶液中存在以下平衡：

	HAc	$\rightleftharpoons$ H^+	$+$	$+Ac^-$
起始浓度/(mol/L)	0.10	0		0.10
平衡浓度/(mol/L)	$0.10-0.10x$	$0.10x$		$0.10+0.10x$

$$K_a^{\ominus}(HAc)=\frac{[H^+][Ac^-]}{[HAc]}$$

$$1.8\times10^{-5}=\frac{0.10x(0.10+0.10x)}{0.10-0.10x}$$

因 HAc 的解离度很小，可认为 $0.10+0.10x\approx0.10$，$0.10-0.10x\approx0.10$，所以 $x=1.8\times10^{-4}$，加入 NaAc 后 HAc 的解离度为 0.018%。

5.3 酸碱溶液 pH 值的计算

酸度是水溶液中最重要的参数之一，应用酸碱解离平衡可求得弱酸及弱碱的 H^+ 或 OH^- 的浓度。弱酸或弱碱在水溶液中仅部分解离，绝大部分仍然以未解离的分子状态存在，因此弱酸或弱碱的水溶液中存在各种相关的型体。

5.3.1 酸碱溶液中各种相关型体浓度的计算

利用弱酸或弱碱的解离常数和溶液中的物料平衡方程、电荷平衡方程，可以计算弱酸或弱碱溶液中各种相关型体的浓度。

5.3.1.1 物料平衡方程

物料平衡方程简称物料平衡，用 MBE 表示。它是指在一个化学平衡体系中，某一给定物质的总浓度，等于各有关型体平衡浓度之和。例如浓度为 c mol/L 的 HAc 溶液的物料平衡为：

$$[HAc]+[Ac^-]=c$$

浓度为 c mol/L 的 H_3PO_4 溶液的物料平衡为：

$$[H_3PO_4]+[H_2PO_4^-]+[HPO_4^{2-}]+[PO_4^{3-}]=c$$

浓度为 c mol/L 的 Na_2SO_3 溶液的物料平衡，根据需要，可列出与 Na^+ 和 SO_3^{2-} 有关的两个物料平衡方程为：

$$[Na^+]=2c$$

$$[SO_3^{2-}]+[HSO_3^-]+[H_2SO_3]=c$$

5.3.1.2 电荷平衡方程

电荷平衡方程简称电荷平衡，用 CBE 表示。溶液是电中性的，单位体积溶液中阳离子所带正电荷的量（mol）应等于阴离子所带负电荷的量（mol），根据这一原则，由各离子的电荷和浓度可列出电荷平衡方程。

例如，NaCN 溶液中有下列反应：

$$NaCN \rightleftharpoons Na^+ + CN^-$$

$$CN^- + H_2O \rightleftharpoons HCN + OH^-$$

$$H_2O \rightleftharpoons H^+ + OH^-$$

由于溶液是电中性的，正负电荷的量相等，由此得到电荷平衡方程：

$$[H^+]+[Na^+]=[CN^-]+[OH^-]$$

假如是 $CaCl_2$ 溶液，根据下列反应：

$$CaCl_2 \rightleftharpoons Ca^{2+} + 2\,Cl^-$$

$$H_2O \rightleftharpoons H^+ + OH^-$$

正离子有 Ca^{2+} 和 H^+，负离子有 Cl^- 和 OH^-，其中 Ca^{2+} 带两个正电荷，$[Ca^{2+}]$ 必须乘以 2 才是 Ca^{2+} 所带正电荷的量，因此，根据电中性原则，得到下列电荷平衡方程：

$$[H^+]+2[Ca^{2+}]=[OH^-]+[Cl^-]$$

5.3.1.3 溶液平衡体系的处理和各种相关型体浓度的计算

弱电解质在水溶液中部分解离而有各种相关型体，溶剂水因质子自递而有 H^+、OH^- 两种型体，溶液平衡体系中各种相关型体的浓度可通过物料平衡方程、电荷平衡方程和酸碱解离常数表达式，用解方程组的方法求得。现以浓度为 c mol/L 的 HAc 溶液为例讨论溶液平衡体系的处理和各种相关型体浓度的计算。

HAc 溶液中，因 HAc 的解离和水的质子自递而有 H^+ 和 OH^-、HAc、Ac^- 四种型体，其浓度未知。由于 HAc 的解离，有：

$$HAc + H_2O \rightleftharpoons H_3O^+ + Ac^-$$

有物料平衡方程：

$$[Ac^-]+[HAc]=c \tag{1}$$

有解离常数表达式：

$$K_a^\ominus(HAc)=\frac{[H^+][Ac^-]}{[HAc]} \tag{2}$$

由于水的质子自递有：

$$H_2O + H_2O \rightleftharpoons OH^- + H_3O^+$$

有水的离子积表达式：

$$K_w^\ominus=[H^+][OH^-] \tag{3}$$

溶液中的离子有电荷平衡方程：

$$[H^+]=[OH^-]+[Ac^-] \tag{4}$$

以上列出的 4 个方程中共有 4 个未知数，因此联立求解四元方程组，就可以求得 HAc 溶液平衡体系中各种相关型体浓度。

溶液中各种相关型体浓度的计算允许有 5% 的误差，因此在运算中可以忽略数值较小的项，这样可以简化计算。在处理多元酸碱溶液时会出现高次方程，这时必须忽略数值较小的项计算近似解。这里仍以浓度为 c mol/L 的 HAc 溶液为例说明溶液平衡体系的处理。

在酸性溶液中，水的解离产生的 H^+ 远小于乙酸解离提供的 H^+，因此在近似计算中，水的解离可以忽略。浓度为 c mol/L 的 HAc 溶液中，如忽略水的解离，溶液中主要的化学平衡式为 $HAc \rightleftharpoons H^+ + Ac^-$，并存在以下 3 个方程：

解离常数表达式 $$K_a^{\ominus}(HAc)=\frac{[H^+][Ac^-]}{[HAc]} \tag{1}$$

物料平衡方程 $$[Ac^-]+[HAc]=c \tag{2}$$

溶液中离子的电荷平衡方程 $$[H^+]=[Ac^-] \tag{3}$$

由这 3 个方程联立，把式（3）代入式（1）、式（2），得：

$$K_a^{\ominus}=\frac{[H^+][Ac^-]}{[HAc]}=\frac{[H^+]^2}{c-[H^+]} \tag{5-10}$$

由式（5-10）就可解得溶液中 H^+、HAc、Ac^- 的浓度。进一步计算结果，还能得到溶液的 pH 值和 HAc 的解离度，这就是处理平衡体系的基本方法。

在计算 HAc 溶液解离度的例 5-2 和本章第三节计算溶液 pH 值时，各项平衡浓度就是基于起始浓度，并依据物料平衡方程和电荷平衡方程得出的。处理酸碱平衡、沉淀平衡、配位平衡和处理溶液中的综合平衡，其基本方法是相通的，都要用以上处理酸碱溶液平衡体系的思路来分析问题。

5.3.2 一元弱酸（碱）溶液 pH 值的计算

以浓度为 c 的一元弱酸（HA）为例，实际上常用近似公式进行计算，当 $cK_a^{\ominus} \geqslant 20K_w^{\ominus}$，且 $c/K_a^{\ominus} \geqslant 500$ 时，质子转移平衡中的 $[H^+] \ll c$，式（5-10）中 $[HA]=c-[H^+] \approx c$，则：

$$K_a^{\ominus}=\frac{[H^+]^2}{c}$$

$$[H^+]=\sqrt{K_a^{\ominus}c(HAc)}$$

即对于一元弱酸，当 $cK_a^{\ominus} \geqslant 20K_w^{\ominus}$，且 $c/K_a^{\ominus} \geqslant 500$ 时：

$$[H^+]=\sqrt{K_a^{\ominus}c_{酸}} \tag{5-11}$$

同理，对于一元弱碱，当 $cK_b^{\ominus} \geqslant 20K_w^{\ominus}$，且 $c/K_b^{\ominus} \geqslant 500$ 时：

$$[OH^-]=\sqrt{K_b^{\ominus}c_{碱}} \tag{5-12}$$

例 5-3 在 298K 时 HAc 的 $K_a^{\ominus}=1.8\times10^{-5}$，计算 0.010mol/L HAc 溶液中 H^+ 的浓度和溶液的 pH 值。

解： 因为 $cK_a^{\ominus} \geqslant 20K_w^{\ominus}$，$c/K_a^{\ominus} > 500$，所以：

$$[H^+]=\sqrt{K_a^{\ominus}c_{酸}}=\sqrt{1.8\times10^{-5}\times0.01}=4.2\times10^{-4}\,mol/L$$

$$pH=-\lg[H^+]=-\lg(4.2\times10^{-4})=3.38$$

0.010mol/L HAc 溶液中 H^+ 的浓度为 4.2×10^{-4} mol/L，溶液的 pH 值为 3.38。

例 5-4 计算 0.010mol/L 二氯乙酸（$CHCl_2COOH$，$K_a^{\ominus}=5.0\times10^{-2}$）溶液中 H^+ 的浓度和溶液的 pH 值。

解： 由于 $cK_a^{\ominus} \geqslant 20K_w^{\ominus}$，但 $c/K_a^{\ominus} < 500$，因此不能用式（5-11）计算。

设溶液中 $[H^+]=x$ mol/L，则 $[CHCl_2COO^-]=[H^+]=x$ mol/L。

$$CHCl_2COOH + H_2O \rightleftharpoons CHCl_2COO^- + H_3O^+$$

起始浓度/(mol/L)　　c　　　　0　　0

平衡浓度/(mol/L)　　$c-x$　　　x　　x

$$K_a^{\ominus} = \frac{x^2}{c-x} = \frac{x^2}{0.01-x} = 5.0 \times 10^{-2}$$

$$[H^+] = x = 8.54 \times 10^{-3}\,mol/L$$

$$pH = -lg[H^+] = -lg(8.54 \times 10^{-3}) = 2.07$$

如按式（5-11）计算，$[H^+] = \sqrt{5.0 \times 10^{-2} \times 0.01} = 2.2 \times 10^{-2}\,mol/L > c$，显然错误。

0.010mol/L 二氯乙酸溶液中 H^+ 浓度为 8.54×10^{-3} mol/L，溶液的 pH 值为 2.07。

例 5-5　计算 0.10mol/L NH_4Cl 溶液中 H^+ 的浓度和溶液的 pH 值，已知 $K_b^{\ominus}(NH_3) = 1.8 \times 10^{-5}$。

解：根据质子理论，NH_4^+ 是质子酸，Cl^- 接受质子的倾向极小，不能看作是碱，因此 NH_4Cl 溶液的 pH 值由质子酸 NH_4^+ 在水中的解离反应决定，则：

$$NH_4^+ + H_2O \rightleftharpoons NH_3 + H_3O^+$$

$$K_a^{\ominus}(NH_4^+) = \frac{[NH_3][H^+]}{[NH_4^+]} = \frac{[NH_3][H^+]}{[NH_4^+]} \times \frac{[OH^-]}{[OH^-]}$$

$$= \frac{K_w^{\ominus}}{K_b^{\ominus}(NH_3)} = \frac{1.0 \times 10^{-14}}{1.8 \times 10^{-5}} = 5.6 \times 10^{-10}$$

因为 $cK_a^{\ominus} > 20K_w^{\ominus}$，$c/K_a^{\ominus} > 500$，所以：

$$[H^+] = \sqrt{K_a^{\ominus}(NH_4^+)c(NH_4^+)} = \sqrt{5.6 \times 10^{-10} \times 0.1} = 7.5 \times 10^{-6}\,mol/L$$

$$pH = -lg[H^+] = -lg7.5 \times 10^{-6} = 5.12$$

0.10mol/L NH_4Cl 溶液中 H^+ 的浓度为 7.5×10^{-6} mol/L，溶液的 pH 值为 5.12。

例 5-6　计算 0.1mol/L NaCN 溶液中 OH^-、H^+ 的浓度和溶液的 pH 值，已知 $K_a^{\ominus}(HCN) = 6.2 \times 10^{-10}$。

解：根据质子理论，CN^- 是碱，NaCN 溶液的 pH 值由 CN^- 在水中的质子传递反应决定。

$$CN^- + H_2O \rightleftharpoons HCN + OH^-$$

$$K_b^{\ominus}(CN^-) = \frac{[HCN][OH^-]}{[CN^-]} = \frac{[HCN][OH^-]}{[CN^-]} \times \frac{[H^+]}{[H^+]}$$

$$= \frac{K_w^{\ominus}}{K_a^{\ominus}(HCN)} = \frac{1.0 \times 10^{-14}}{6.2 \times 10^{-10}} = 1.6 \times 10^{-5}$$

因为 $cK_b^{\ominus} > 20K_w^{\ominus}$，$c/K_b^{\ominus} > 500$，所以：

$$[OH^-] = \sqrt{K_b^{\ominus}(CN^-)c(CN^-)} = \sqrt{1.6 \times 10^{-5} \times 0.1} = 1.3 \times 10^{-3}\,mol/L$$

$$[H^+] = \frac{K_w^{\ominus}}{[OH^-]} = \frac{1.0 \times 10^{-14}}{1.3 \times 10^{-3}} = 7.7 \times 10^{-12}\,mol/L$$

$$pH = -lg[H^+] = -lg(7.7 \times 10^{-12}) = 11.11$$

0.10mol/L NaCN 溶液中 OH^- 的浓度为 1.3×10^{-3} mol/L，H^+ 的浓度为 7.7×10^{-12} mol/L，溶液的 pH 值为 11.11。

5.3.3 多元弱酸(碱)溶液

能够给出(或接受)两个或更多质子的弱酸(弱碱)称为多元弱酸(多元弱碱)。多元弱酸(如 H_2CO_3、H_2S 等)和多元弱碱(CO_3^{2-}、S^{2-} 等)在水溶液中的解离是分步进行的。例如,H_2S 在水溶液中的解离是分两步进行的,则:

$$H_2S+H_2O \rightleftharpoons H_3O^+ + HS^- \qquad K_{a1}^{\ominus}=\frac{[H^+][HS^-]}{[H_2S]}=1.3\times10^{-7}$$

$$HS^- + H_2O \rightleftharpoons H_3O^+ + S^{2-} \qquad K_{a2}^{\ominus}=\frac{[H^+][S^{2-}]}{[HS^-]}=7.1\times10^{-15}$$

可以看出,两步的解离常数相差很大,即 $K_{a1}^{\ominus} \gg K_{a2}^{\ominus}$,说明第二步质子转移比第一步困难得多。这是由于第一步解离产生的 H^+ 抑制了第二步解离。多元弱酸(多元弱碱)的解离一般是 $K_{a1}^{\ominus} \gg K_{a2}^{\ominus} \gg K_{a3}^{\ominus}$,每一步的解离常数相差 10^4 倍以上,所以多元弱酸(多元弱碱)水溶液中 H^+(OH^-)的浓度主要取决于第一步解离反应,可近似按一元弱酸(碱)处理。

例 5-7 计算 H_2S 饱和水溶液(饱和溶液的浓度为 0.1mol/L)中 H^+、S^{2-} 的浓度和溶液的 pH 值。

解: H_2S 的 $K_{a1}^{\ominus}=1.3\times10^{-7}$,$K_{a2}^{\ominus}=7.1\times10^{-15}$,因为 $K_{a1}^{\ominus} \gg K_{a2}^{\ominus}$,所以计算 H^+ 的浓度时可忽略第二步解离反应。

因为 $cK_{a1}^{\ominus}>20K_w^{\ominus}$,$c/K_{a1}^{\ominus}>500$,所以:

$$[H^+]=\sqrt{K_{a1}^{\ominus}c_{酸}}=\sqrt{1.3\times10^{-7}\times0.1}=1.1\times10^{-4}$$

$$pH=-\lg[H^+]=-\lg(1.1\times10^{-4})=3.96$$

S^{2-} 是 H_2S 第二步解离的产物(即 HS^- 解离的产物),解离平衡为:

$$HS^- + H_2O \rightleftharpoons H_3O^+ + S^{2-}$$

$$K_{a2}^{\ominus}=\frac{[H^+][S^{2-}]}{[HS^-]}=7.1\times10^{-15}$$

由于第二步解离程度极小,可以忽略,因此可以认为 $[HS^-]\approx[H^+]$,所以:

$$[S^{2-}]=K_{a2}^{\ominus}=7.1\times10^{-15}\text{mol/L}$$

通过以上的计算可以看出以下几点。

(1) 多元弱酸溶液,若其 $K_{a1}^{\ominus} \gg K_{a2}^{\ominus} \gg K_{a3}^{\ominus}$,则计算 H^+ 的浓度时,可将多元弱酸当作一元弱酸近似处理。当 $cK_{a1}^{\ominus}\geqslant20K_w^{\ominus}$,$c/K_{a1}^{\ominus}\geqslant500$ 时,可用公式 $[H^+]=\sqrt{K_{a1}^{\ominus}c_{酸}}$ 来计算的 H^+ 浓度。

(2) 对于二元弱酸溶液,酸根离子的浓度近似等于 $K_{a2}^{\ominus}$,而与酸的浓度关系不大。

(3) 在多元弱酸溶液中,由于酸根离子的浓度极小,当需要溶液中有大量的酸根离子时应考虑使用其可溶性盐。如当需要溶液中有大量的 S^{2-} 时,应使用 Na_2S。

例 5-8 向 0.10mol/L 的 HCl 溶液中通 H_2S 气体至饱和(H_2S 气体常温常压下在水中的饱和浓度为 0.10mol/L),求溶液中 S^{2-} 的浓度。

解: 查附表 5,H_2S 的 $K_{a1}^{\ominus}=1.3\times10^{-7}$,$K_{a2}^{\ominus}=7.1\times10^{-15}$。溶液中的 S^{2-} 由 H_2S 经两级解离而得:

$$H_2S+H_2O \rightleftharpoons H_3O^+ + HS^-$$

$$HS^- + H_2O \rightleftharpoons H_3O^+ + S^{2-}$$

溶液中共有 H_2S、HS^-、S^{2-}、H_3O^+、OH^- 五种型体，与题意有关的平衡是：

$$H_2S+2H_2O \rightleftharpoons 2H_3O^+ + S^{2-} \qquad K^\ominus=\frac{[H^+]^2[S^{2-}]}{[H_2S]}$$

根据多重平衡规则：

$$K^\ominus=K_{a1}^\ominus K_{a2}^\ominus=1.3\times10^{-7}\times7.1\times10^{-15}=9.2\times10^{-22}$$

平衡体系中 $[H_2S]$ 的饱和浓度为 0.10mol/L，平衡体系中 H^+ 由 HCl、H_2S 和 H_2O 解离而得，但在 0.10mol/L HCl 条件下，H_2S 和 H_2O 的解离都因同离子效应而被抑制，与 HCl 解离而给出的 H^+ 相比，由 H_2S 和 H_2O 的解离而给出的 H^+ 可以忽略，可以认为平衡体系中 $[H^+]=0.10$mol/L。所以：

$$[S^{2-}]=K^\ominus\frac{[H_2S]}{[H^+]^2}=9.2\times10^{-22}\times\frac{0.1}{0.1^2}=9.2\times10^{-21}\text{mol/L}$$

例 5-9　向稀 HCl 溶液中通 H_2S 气体至饱和（H_2S 气体常温常压下在水中的饱和浓度为 0.10mol/L），如果要使溶液中 S^{2-} 的浓度为 1.0×10^{-18}mol/L，溶液的 pH 值应为多少？

解：由上例：

$$H_2S+2H_2O \rightleftharpoons 2H_3O^+ + S^{2-} \qquad K^\ominus=\frac{[H^+]^2[S^{2-}]}{[H_2S]}=9.2\times10^{-22}$$

$$[H^+]^2=K^\ominus\frac{[H_2S]}{[S^{2-}]}=9.2\times10^{-22}\times\frac{0.1}{1.0\times10^{-18}}=9.2\times10^{-5}$$

$$[H^+]=9.6\times10^{-2}\text{mol/L}$$

$$pH=1.02$$

在向水溶液中通 H_2S 气体至饱和的条件下，如果要求溶液中 S^{2-} 的浓度为 1.0×10^{-18} mol/L，溶液的 pH 值应为 1.02。

例 5-10　计算 0.10mol/L Na_2CO_3 溶液的 pH 值，已知 H_2CO_3 的 $K_{a1}^\ominus=4.3\times10^{-7}$，$K_{a2}^\ominus=4.8\times10^{-11}$。

解：在 Na_2CO_3 溶液中，CO_3^{2-} 为二元碱，其碱性决定溶液酸碱度。CO_3^{2-} 的解离分两步进行：

$$CO_3^{2-}+H_2O \rightleftharpoons HCO_3^- + OH^-$$

$$K_{b1}^\ominus(CO_3^{2-})=\frac{[HCO_3^-][OH^-]}{[CO_3^{2-}]}=\frac{K_w^\ominus}{K_{a2}^\ominus(H_2CO_3)}=\frac{1.0\times10^{-14}}{4.8\times10^{-11}}=2.1\times10^{-4}$$

$$HCO_3^- + H_2O \rightleftharpoons H_2CO_3 + OH^-$$

$$K_{b2}^\ominus(CO_3^{2-})=\frac{[H_2CO_3][OH^-]}{[HCO_3^-]}=\frac{K_w^\ominus}{K_{a1}^\ominus(H_2CO_3)}=\frac{1.0\times10^{-14}}{4.3\times10^{-7}}=2.3\times10^{-8}$$

因为 $K_{b1}^\ominus(CO_3^{2-})\gg K_{b2}^\ominus(CO_3^{2-})$，溶液中的 OH^- 主要来源于 CO_3^{2-} 的第一步解离，第二步解离产生的 OH^- 可以忽略，可以近似将 CO_3^{2-} 作为一元弱碱处理。

因为 $cK_{b1}^\ominus>20K_w^\ominus$，$c/K_{b1}^\ominus=0.10/2.1\times10^{-4}\approx500$，用公式 $[OH^-]=\sqrt{K_{b1}^\ominus c_{碱}}$ 来计算 OH^- 的浓度。

所以 $[OH^-]=\sqrt{K_{b1}^\ominus(CO_3^{2-})c(CO_3^{2-})}=\sqrt{2.1\times10^{-4}\times0.1}=4.6\times10^{-3}$mol/L

$$pOH=-\lg[OH^-]=-\lg(4.6\times10^{-3})=2.34$$

$$pH=14-pOH=11.66$$

0.10mol/L Na_2CO_3 溶液的 pH 值为 11.66。

5.3.4 两性物质溶液

既能给出质子又能接受质子的物质称为两性物质（amphoteric substance），较重要的两性物质有 $NaHCO_3$、Na_2HPO_4、NaH_2PO_4、NH_4Ac 等，在这些物质的水溶液中，决定溶液 pH 值的是 HCO_3^-、$H_2PO_4^-$、HPO_4^{2-}、NH_4^+ 和 Ac^- 等物质的解离，在考虑两性物质水溶液的 pH 值时，应根据具体情况进行分析。

5.3.4.1 含酸式酸根离子的溶液

以 HCO_3^- 为例，作为酸：

$$HCO_3^- \rightleftharpoons H^+ + CO_3^{2-}$$

$$K_{a2}^{\ominus}=\frac{[CO_3^{2-}][H^+]}{[HCO_3^-]}=4.8\times10^{-11}$$

作为碱：

$$HCO_3^- + H_2O \rightleftharpoons H_2CO_3 + OH^-$$

$$K_{b2}^{\ominus}=\frac{[H_2CO_3][OH^-]}{[HCO_3^-]}=\frac{K_w^{\ominus}}{K_{a1}^{\ominus}}=\frac{1.0\times10^{-14}}{4.3\times10^{-7}}=2.3\times10^{-8}$$

在两个平衡中，因为 $K_{b2}^{\ominus}(CO_3^{2-}) \gg K_{a2}^{\ominus}(H_2CO_3)$，表示 HCO_3^- 获取质子的能力大于其失去质子的能力，所以溶液呈碱性，脚标 2 分别表示 H_2CO_3 和 CO_3^{2-} 的第二步解离。达到平衡时有：

$$[H^+]=[CO_3^{2-}]$$

$$[OH^-]=[H_2CO_3]$$

两式相加移项得：

$$[H^+]=[CO_3^{2-}]+[OH^-]-[H_2CO_3] \tag{5-13}$$

式中

$$[CO_3^{2-}]=\frac{K_{a2}^{\ominus}[HCO_3^-]}{[H^+]}$$

$$[OH^-]=\frac{K_w^{\ominus}}{[H^+]}$$

$$[H_2CO_3]=\frac{[HCO_3^-][H^+]}{K_{a1}^{\ominus}}$$

将此三式代入式（5-13），并解一元二次方程，可得：

$$[H^+]=\sqrt{\frac{K_{a1}^{\ominus}(K_{a2}^{\ominus}[HCO_3^-]+K_w^{\ominus})}{K_{a1}^{\ominus}+[HCO_3^-]}}$$

由于通常情况下，$K_{a2}^{\ominus}[HCO_3^-] \gg K_w^{\ominus}$，则 $K_{a2}^{\ominus}[HCO_3^-]+K_w^{\ominus} \approx K_{a2}^{\ominus}[HCO_3^-]$，且有 $[HCO_3^-] > K_{a1}^{\ominus}$，则 $K_{a1}^{\ominus}+[HCO_3^-] \approx [HCO_3^-]$，所以上式可简化为：

$$[H^+]=\sqrt{K_{a1}^{\ominus}K_{a2}^{\ominus}} \tag{5-14}$$

对于其他酸式盐，可以同样推导，例如：

NaH_2PO_4 溶液　　$[H^+]=\sqrt{K_{a1}^{\ominus}K_{a2}^{\ominus}}$

Na_2HPO_4 溶液　　$[H^+]=\sqrt{K_{a2}^{\ominus}K_{a3}^{\ominus}}$

一般来说，对于类似 HCO_3^-、$H_2PO_4^-$ 这样的两性物质，当溶液浓度不是很稀时

（$c/K_{a1}^{\ominus}>20$），根据质子转移平衡关系均可推导出 H^+ 浓度的近似计算式：

$$[H^+]=\sqrt{K_{a(n-1)}^{\ominus}K_{an}^{\ominus}} \tag{5-15}$$

式中，$K_{a(n-1)}^{\ominus}$ 为两性物质的共轭酸的解离常数；$K_{an}^{\ominus}$ 为它本身的解离常数。

5.3.4.2 弱酸弱碱盐溶液

以 NH_4Ac 溶液为例，溶液中 NH_4^+ 为酸，Ac^- 为碱。

作为酸：

$$NH_4^+ + H_2O \rightleftharpoons NH_3 + H_3O^+$$

$$K_a^{\ominus}(NH_4^+)=\frac{[NH_3][H^+]}{[NH_4^+]}=\frac{K_w^{\ominus}}{K_b^{\ominus}(NH_3)}=\frac{1.0\times10^{-14}}{1.8\times10^{-5}}=5.6\times10^{-10}$$

作为碱：

$$Ac^- + H_2O \rightleftharpoons HAc + OH^-$$

$$K_b^{\ominus}(Ac^-)=\frac{[HAc][OH^-]}{[Ac^-]}=\frac{K_w^{\ominus}}{K_a^{\ominus}(HAc)}=\frac{1.0\times10^{-14}}{1.8\times10^{-5}}=5.6\times10^{-10}$$

因为 $K_a^{\ominus}(NH_4^+)=K_b^{\ominus}(Ac^-)$，所以溶液呈中性。

当溶液浓度不是很稀时，可推导出 NH_4Ac 溶液 H^+ 浓度的近似计算公式为：

$$[H^+]=\sqrt{K_a^{\ominus}(HAc)K_a^{\ominus}(NH_4^+)} \tag{5-16}$$

$$[H^+]=\sqrt{1.8\times10^{-5}\times5.6\times10^{-10}}=1.0\times10^{-7}\,mol/L$$

例 5-11 通过计算说明 0.1mol/L NH_4CN 溶液的酸碱性。

解：因为：

$$[H^+]=\sqrt{K_a^{\ominus}(HCN)K_a^{\ominus}(NH_4^+)}$$

$$=\sqrt{6.2\times10^{-10}\times5.6\times10^{-10}}=5.9\times10^{-10}\,mol/L$$

pH＝9.23，所以 NH_4CN 溶液呈碱性。

5.4 酸碱缓冲溶液

由弱酸及其盐、弱碱及其盐组成的混合溶液，能在一定程度上抵消、减轻外加强酸或强碱对溶液酸度的影响，并在适度稀释时都能保持溶液 pH 值相对稳定的溶液，称为 pH 缓冲溶液（buffer）。“buffer”的意思是弹簧的缓冲作用。在这里借用它来表达能减缓因外加强酸或强碱以及稀释而引起的 pH 值急剧变化的作用。

缓冲溶液具有重要的意义和广泛的应用。例如，人体血液的 pH 值需保持在 7.35～7.45，pH 值过高或过低都将致病甚至死亡。由于血液中存在着许多酸碱物质，如 H_2CO_3、HCO_3^-、HPO_4^{2-}、蛋白质等，这些酸碱物质组成的缓冲体系可使血液的 pH 值稳定在 7.40 左右。又如植物只有在一定 pH 值的土壤中才能正常生长发育，大多数植物在 pH＜3.5 和 pH＞9 的土壤中都不能生长，如水稻生长适宜 pH 值为 6～7。土壤中的缓冲体系一般由酸碱物质 H_2CO_3 和 HCO_3^-、腐殖酸及其共轭碱组成，因此，土壤溶液是很好的缓冲溶液，具有比较稳定的 pH 值，有利于微生物的正常活动和农作物的发育生长。许多化学反应需要在一定 pH 值条件下进行，使用缓冲溶液可提供这样的条件。

5.4.1 缓冲溶液的组成及作用原理

根据酸碱质子理论，缓冲溶液是由弱酸及其共轭碱所组成，如 HAc-Ac^-、NH_4^+-$NH_3\cdot H_2O$、$NaHCO_3$-Na_2CO_3 等，缓冲溶液的 pH 值由处于共轭关系的这一对酸碱物质决定。在这种类型的缓冲溶液中，共轭酸具有对抗外加强碱的作用，而共轭碱具有对抗外加强酸的作用。在加水稀释的情况下，共轭酸和共轭碱的浓度比不会改变，因此溶液的 pH 值也基本不变，所以由共轭酸碱对组成的缓冲溶液还具有抗稀释的作用。在高浓度的强酸或强碱溶液中，由于 H^+ 或 OH^- 的浓度本来就很高，外加少量酸或碱不会对溶液的酸度产生太大的影响，在这种情况下，强酸溶液（pH<2）或强碱溶液（pH>12）对溶液的 pH 值也有缓冲作用，但这类缓冲溶液不具有抗稀释的作用。现以 HAc-NaAc 缓冲溶液为例，说明缓冲作用的原理。

在 HAc-NaAc 混合溶液中，NaAc 在溶液中完全解离，因此溶液中 Ac^- 浓度较大。溶液中存在下列解离平衡 $HAc+H_2O \rightleftharpoons H_3O^+ + Ac^-$，但大量存在的 Ac^- 浓度因同离子效应而抑制了 HAc 的解离，而缓冲对中的 HAc 也同样抑制了 Ac^- 的解离，即溶液中存在着大量的抗碱成分（共轭酸 HAc 分子）和抗酸成分（共轭碱 Ac^- 离子）。当向该溶液中加入少量强酸时，H^+ 与 Ac^- 结合成 HAc，使解离平衡向左移动，在达到新的平衡时，[HAc] 仅略有增加，[Ac^-] 也仅略有减少，而 [H^+] 或 pH 值几乎没有变；当向该溶液中加入少量强碱时，OH^- 与 H^+ 结合成 H_2O，使解离平衡向右移动，解离出 H^+ 以补充溶液中减少的 H^+，在达到新的平衡时，溶液中的 [H^+] 或 pH 值也几乎没有变化；当此缓冲溶液作适当稀释时，由于 HAc 和 Ac^- 浓度以同等倍数降低，其比值不变，由 HAc 的解离平衡常数表达式可知，溶液中 H^+ 浓度也几乎不会有变化。由以上分析可知，在外加强酸、强碱或适度稀释时，缓冲溶液就通过改变溶液中共轭酸、共轭碱的相对浓度来稳定溶液中氢离子浓度。

5.4.2 缓冲溶液 pH 值的计算

分析化学用到缓冲溶液大多用于控制溶液的 pH 值，另外还有一些准缓冲溶液是测量溶液 pH 值时用作参照标准的，称为标准缓冲溶液。作为一般控制酸度用的缓冲溶液，因为缓冲剂本身的浓度较大，对计算结果也不要求十分准确，可以采用近似方法进行计算。

现以浓度为 c(酸)mol/L HA 和浓度为 c(碱)mol/L A^- 组成的缓冲溶液为例，说明缓冲溶液 pH 值的计算。在缓冲溶液中存在下列平衡：

	HA	$+H_2O \rightleftharpoons H_3O^+ +$	A^-
初始浓度/(mol/L)	c(酸)		c(碱)
平衡浓度/(mol/L)	c(酸)$-[H^+]$	$[H^+]$	c(碱)$+[H^+]$

由于缓冲溶液 HA 和 A^- 的浓度不是很稀，而 HA 和 A^- 的解离度都很小，由 HA 解离产生的 [H^+] 很少，可近似认为 $c(酸)-[H^+]\approx c(酸)$，$c(碱)+[H^+]\approx c(碱)$。

将各物质的平衡浓度代入 HA 解离常数表达式，即可得计算缓冲溶液 pH 值的近似公式：

$$[H^+]=K_a^{\ominus}\frac{c(酸)}{c(碱)} \tag{5-17}$$

将上式取负对数，得：

$$pH = pK_a^{\ominus}(共轭酸) - \lg \frac{c(共轭酸)}{c(共轭碱)} \tag{5-18}$$

由式（5-18）可见，缓冲溶液的 pH 值取决于缓冲对中共轭酸的解离常数和缓冲对共轭酸与共轭碱的浓度比，通常把 c(共轭酸)/c(共轭碱）叫作缓冲比。当选定缓冲对后，因 $pK_a^{\ominus}$ 是常数，溶液的 pH 值变化主要由缓冲比决定。

例 5-12　计算 0.10mol/L NH_4Cl 和 0.20mol/L NH_3 缓冲溶液的 pH 值。

解： 已知 NH_3 的 $K_b^{\ominus} = 1.8 \times 10^{-5}$，所以，$NH_4^+$ 的 $K_a^{\ominus} = K_w^{\ominus}/K_b^{\ominus} = 5.6 \times 10^{-10}$，由于 $c(NH_4^+)$ 和 $c(NH_3)$ 均较大，故可采用计算缓冲溶液 pH 值的近似公式计算：

$$pH = pK_a^{\ominus} - \lg \frac{c(NH_4^+)}{c(NH_3)} = 9.26 - \lg \frac{0.10}{0.20} = 9.56$$

0.10mol/L NH_4Cl 和 0.20mol/L NH_3 缓冲溶液的 pH 值为 9.56。

5.4.3　缓冲容量和缓冲范围

任何一种缓冲溶液，其缓冲能力都有一定的限度。如果加入的强酸（碱）的量太大或稀释的倍数太大时，溶液的 pH 值就会发生较大的变化，此时缓冲溶液就会失去缓冲能力。缓冲能力的大小通常用缓冲容量 β 来度量：

$$\beta = \frac{db}{dpH} = \frac{-da}{dpH} \tag{5-19}$$

式中，d 为微分符号；b、a 为外加强碱、强酸。β 表示使 1L 溶液的 pH 值增加（或降低）一个单位时，所需强酸（碱）的物质的量。因强酸使 pH 值降低，所以要负号才能保持 β 为正值。显然，缓冲溶液的缓冲容量 β 越大，缓冲溶液的缓冲能力越大。

缓冲容量与缓冲组分的总浓度及缓冲比有关。缓冲组分的总浓度越大，缓冲容量越大，缓冲组分的总浓度通常为 0.01～1mol/L，缓冲比通常为 1∶10 到 10∶1。将 c(共轭酸)/c(共轭碱)＝1∶10 或 10∶1 代入缓冲溶液 pH 值计算公式，得到 $pH = pK_a^{\ominus}(共轭酸) \pm 1$，这就是缓冲溶液的有效缓冲范围。

例如，HAc-NaAc 缓冲溶液，$pK_a^{\ominus}(HAc) = 4.74$，其缓冲范围为 pH＝3.74～5.74；$NH_4Cl$-$NH_3$ 缓冲溶液，$pK_a^{\ominus}(NH_4^+) = 9.26$，其缓冲范围为 pH＝8.26～10.26。

当 c(共轭酸)/c(共轭碱)＝1∶1 时，缓冲容量最大，此时 $pH = pK_a^{\ominus}$。

5.4.4　缓冲溶液的配制

在科研和生产实践中，经常要配制一定 pH 值的缓冲溶液。选择缓冲溶液的原则是：缓冲溶液对化学反应没有干扰，使用中所需控制的 pH 值应在缓冲溶液的缓冲范围之内，缓冲溶液应有足够的缓冲容量，以满足实际工作的需要，缓冲溶液应价廉易得，污染较小。

配制缓冲溶液的基本过程如下。

（1）选择合适的缓冲对　缓冲对由共轭酸碱对组成，缓冲对中共轭酸的 $pK_a^{\ominus}$ 应在缓冲溶液 pH ± 1 范围内。宜选择共轭酸的 $pK_a^{\ominus}$ 最接近缓冲溶液 pH 值的缓冲对，以使 c(酸)/c(碱)比值接近于 1，这样能使缓冲溶液有较大的缓冲容量。例如，配制 pH＝5 的缓冲溶液，选择 HAc-NaAc 缓冲对 [$pK_a^{\ominus}(HAc) = 4.74$] 比较合适；配制 pH＝9 的缓冲溶液，选择 NH_4Cl-NH_3 缓冲对 [$pK_a^{\ominus}(NH_4^+) = 9.26$] 比较合适。

（2）计算缓冲比 c(共轭酸)/c(共轭碱)　选择合适的缓冲对后，将缓冲溶液所需的 pH

值和 $pK_a^\ominus$ 值代入缓冲溶液 pH 公式中，即可求出缓冲比。然后根据提示的有关要求确定出溶质质量或溶液体积。

(3) 确定溶质质量或溶液体积　根据缓冲比和缓冲溶液的有关具体要求，确定溶质的质量或酸（碱）溶液的体积。

(4) 配制　根据计算量，称取溶质、量取溶液，再根据溶液配制方法配制缓冲溶液。溶液配好之后要用精密 pH 试纸或 pH 计测量所配溶液的 pH 值，若与要求值相差较大，则应做适当调整。

例 5-13　配制 pH=5.00 的缓冲溶液，应往 500mL 0.10mol/L 的 HAc 中加多少克无水 NaAc（设加入 NaAc 后溶液体积不变）？

解：已知 pH=5.00，$pK_a^\ominus(HAc)=4.75$，$M(NaAc)=82g/mol$。

由式（5-18）得：

$$pH=pK_a^\ominus-\lg\frac{c(HAc)}{c(NaAc)}=pK_a^\ominus-\lg\frac{n(HAc)}{n(NaAc)}$$

$$5.00=4.75-\lg\frac{0.1\times0.5}{n(NaAc)}$$

解之得：

$$n(NaAc)=0.089mol$$

$$m(NaAc)=n(NaAc)M(NaAc)=0.089\times82=7.3g$$

应加入无水 NaAc 7.3g。

例 5-14　欲配制 pH=9.00 的缓冲溶液，应在 500mL 0.20mol/L $NH_3\cdot H_2O$ 的溶液中加入固体 NH_4Cl（$M=53.5g/mol$）多少克？

解：已知 $pK_b^\ominus(NH_3)=4.74$，$pK_a^\ominus(NH_4^+)=9.26$。

由式（5-18）得：

$$pH=pK_a^\ominus-\lg\frac{c(NH_4^+)}{c(NH_3)}=pK_a^\ominus-\lg\frac{n(NH_4^+)}{n(NH_3)}$$

$$9.0=9.26-\lg\frac{n(NH_4Cl)}{0.500\times0.20}$$

解之得：

$$n(NH_4Cl)=0.18mol$$

$$m(NH_4Cl)=n(NH_4Cl)M(NH_4Cl)=0.18\times53.5=9.6g$$

应该加入 9.6g 固体 NH_4Cl。

5.5 沉淀溶解平衡

在分离纯化及定性定量分析过程中，经常涉及难溶化合物溶解、析出或防止生成难溶化合物这一类问题。究竟如何利用沉淀反应才能使沉淀能够生成并沉淀完全，或将沉淀溶解、转化，这些问题要涉及难溶化合物的沉淀-溶解平衡。严格地说，在水中绝对不溶的物质是不存在的，通常将溶解度小于 0.01g/100g 的物质称为难溶物质。大多数难溶物质所溶解的部分能够解离为阴、阳离子，这类难溶物质称为难溶电解质。本节讨论难溶电解质（insoluble electrolyte）。

5.5.1　沉淀溶解平衡常数

5.5.1.1　溶度积常数(solubility product constant)

在一定温度下，将过量 $BaSO_4$ 固体投入水中，固态的构晶离子 Ba^{2+} 和 SO_4^{2-} 在水分子的作用下会不断离开固体表面进入溶液，形成水合离子，这是 $BaSO_4$ 的溶解过程。同时，已溶解的 Ba^{2+} 和 SO_4^{2-} 又会因固体表面的异号电荷离子的吸引而回到固体表面，这就是 $BaSO_4$ 的沉淀过程。当沉淀与溶解两过程反应速率相同时，达到了平衡状态：

$$\underset{\text{(未溶解固体)}}{BaSO_4(s)} \rightleftharpoons \underset{\text{(已溶解的水合离子)}}{Ba^{2+} + SO_4^{2-}}$$

该平衡为沉淀溶解平衡，又称多相离子平衡（heterogeneous ion equilibrium）。根据化学平衡原理，省略标准 $c^{\ominus}$，其平衡常数可表示为：

$$K_{sp}^{\ominus}(BaSO_4) = [Ba^{2+}][SO_4^{2-}]$$

$K_{sp}^{\ominus}$称为溶度积常数，简称为溶度积（solubility product）。对于一般的难溶电解质 A_mB_n 的沉淀溶解平衡：

$$A_mB_n(s) \underset{\text{沉淀}}{\overset{\text{溶解}}{\rightleftharpoons}} mA^{n+} + nB^{m-}$$

$$K_{sp}^{\ominus} = [A^{n+}]^m[B^{m-}]^n \tag{5-20}$$

式（5-20）说明，在一定温度下，难溶电解质饱和溶液中各离子浓度幂的乘积为一常数。严格地说，$K_{sp}^{\ominus}$应该用溶解平衡时各离子活度幂的乘积来表示。但由于难溶电解质的溶解度很小，溶液的浓度很稀。一般计算中，可用浓度代替活度。本书附表 6 列出了一些难溶电解质的溶度积。

5.5.1.2　溶解度和溶度积的相互换算

$K_{sp}^{\ominus}$的大小反映了难溶电解质溶解能力的大小。$K_{sp}^{\ominus}$越小，表示该难溶电解质的溶解度越小。根据溶度积常数表达式，可以进行溶度积和溶解度之间的相互换算，在换算时离子浓度应采用物质的量浓度。

例 5-15　已知 AgCl 在 298K 时的溶度积为 1.8×10^{-10}，求 AgCl 的溶解度。

解：设 AgCl 的溶解度为 Smol/L，AgCl 的溶解平衡为：

$$AgCl(s) \rightleftharpoons Ag^+ + Cl^-$$

平衡浓度/(mol/L)　　　S　　S

$$K_{sp}^{\ominus}(AgCl) = [Ag^+][Cl^-] = S^2$$

故　$S = \sqrt{K_{sp}^{\ominus}(AgCl)} = \sqrt{1.8\times10^{-10}} = 1.34\times10^{-5}\,\text{mol/L}$

计算结果表明，AB 型的难溶电解质，其溶解度在数值上等于其溶度积的平方根。即：

$$S = \sqrt{K_{sp}^{\ominus}} \tag{5-21}$$

对于 AB_2（或 A_2B）型的难溶电解质（如 CaF_2、Ag_2S 等）同理可推导出 AB_2（或 A_2B）型的难溶电解质的溶解度和溶度积的关系为：

$$S = \sqrt[3]{\frac{K_{sp}^{\ominus}}{4}} \tag{5-22}$$

例 5-16　在 298K 时，AgBr 和 Ag_2CrO_4 的溶解度分别为 7.1×10^{-7} mol/L 和 $6.5\times$

10^{-5} mol/L，分别计算其溶度积。

解：(1) AgBr 属于 AB 型难溶电解质，溶解度 $S=7.1\times10^{-7}$ mol/L，则：

$$AgBr \rightleftharpoons Ag^+ + Br^-$$

平衡浓度/(mol/L)　　S　　S

故　$K_{sp}^{\ominus}(AgBr)=[Ag^+][Br^-]=(7.1\times10^{-7})^2=5.0\times10^{-13}$

(2) Ag_2CrO_4 属于 A_2B 型难溶电解质，溶解度 $S=6.5\times10^{-5}$ mol/L，则：

$$Ag_2CrO_4 \rightleftharpoons 2Ag^+ + CrO_4^{2-}$$

平衡浓度/(mol/L)　　$2S$　　S

$$K_{sp}^{\ominus}(Ag_2CrO_4)=[Ag^+]^2[CrO_4^{2-}]=(2S)^2\times S=4S^3$$

$$=4\times(6.5\times10^{-5})^3=1.1\times10^{-12}$$

从上述两例的计算可以看出，AgCl 的溶度积（1.8×10^{-10}）比 AgBr 的溶度积（5.0×10^{-13}）大，所以 AgCl 的溶解度（1.34×10^{-5} mol/L）也比 AgBr 的溶解度（7.1×10^{-7} mol/L）大。然而，AgCl 的溶度积比 Ag_2CrO_4 的溶度积（1.1×10^{-12}）大，AgCl 的溶解度却比 Ag_2CrO_4 的溶解度（6.5×10^{-5} mol/L）小，这是由于 AgCl 为 AB 型难溶电解质而 Ag_2CrO_4 为 A_2B 型难溶电解质，两者的溶度积表达式不同。因此，只有对同一类型的难溶电解质，才能应用溶度积常数值的大小直接比较其溶解度的相对大小。而对于不同类型的难溶电解质，必须通过计算才能比较其溶解度的相对大小。

5.5.1.3 溶度积和 Gibbs 函数

在化学热力学基础的内容中，曾学过平衡常数和 Gibbs 函数的关系式，即：

$$\Delta_r G_T^{\ominus}=-RT\ln K^{\ominus}$$

因为溶度积也是一种平衡常数，所以上式可用来计算溶度积。

例 5-17　已知 AgCl(s)、Ag^+ 和 Cl^- 的标准 Gibbs 函数 $\Delta_f G_{298.15}^{\ominus}$ 分别是 -109.72kJ/mol、77.11kJ/mol 和 -131.17kJ/mol，求 298.15K 时 AgCl 的溶度积。

解：因为　$AgCl(s) \rightleftharpoons Ag^+ + Cl^-$

$\Delta_f G_{298.15}^{\ominus}/(kJ/mol)$　-109.72　　77.11　　-131.17

$$\Delta_r G_{298.15}^{\ominus}=\sum \nu_i \Delta_f G_{298.15}^{\ominus}=77.11+(-131.17)-(-109.72)=55.66\text{kJ/mol}$$

$$\lg K_{sp}^{\ominus}=\frac{-\Delta_r G_{298.15}^{\ominus}}{2.303RT}=\frac{-55.66\times10^3}{2.303\times8.314\times298.15}=-9.750$$

$$K_{sp}^{\ominus}=10^{-9.750}=1.8\times10^{-10}$$

$K_{sp}^{\ominus}$ 与其他平衡常数 $K_a^{\ominus}$、$K_b^{\ominus}$ 一样，也是温度 T 的函数。对大多数难溶盐来说，温度升高，$K_{sp}^{\ominus}$ 增加，但温度对 $K_{sp}^{\ominus}$ 的影响不是很大。因此，在实际工作中，常用 298.15K 时的数据。

5.5.2 同离子效应和盐效应对沉淀溶解平衡的影响

如前所述，如果在 $BaSO_4$ 的沉淀溶解平衡系统中加入 $BaCl_2$（或 Na_2SO_4）就会破坏平衡，结果生成更多的 $BaSO_4$ 沉淀。当新的平衡建立时，$BaSO_4$ 的溶解度减小。在难溶电解质的饱和溶液中，这种因加入与这种难溶电解质含有相同离子的强电解质，使难溶电解质溶解度降低的效应，称为同离子效应。

例 5-18　分别计算 $BaSO_4$ 在纯水和 0.10mol/L $BaCl_2$ 溶液中的溶解度，已知 $BaSO_4$ 在 298K 时的溶度积为 1.1×10^{-10}。

解：(1) 设 $BaSO_4$ 在纯水中的溶解度为 S_1 mol/L，因为：

$$BaSO_4(s) \rightleftharpoons Ba^{2+} + SO_4^{2-}$$

平衡浓度/(mol/L)　　　S_1　　S_1

$$K_{sp}^{\ominus}(BaSO_4) = [Ba^{2+}][SO_4^{2-}] = S_1^2$$

所以　$S_1 = \sqrt{K_{sp}^{\ominus}(BaSO_4)} = \sqrt{1.1 \times 10^{-10}} = 1.0 \times 10^{-5}$ mol/L

(2) 设 $BaSO_4$ 在 0.10mol/L $BaCl_2$ 溶液中的溶解度为 S_2 mol/L，根据：

$$BaSO_4(s) \rightleftharpoons Ba^{2+} + SO_4^{2-}$$

平衡浓度/(mol/L)　$0.10+S_2$　S_2

因为 $K_{sp}^{\ominus}(BaSO_4)$ 的值很小，所以 $0.10+S_2 \approx 0.10$，故：

$$K_{sp}^{\ominus}(BaSO_4) = [Ba^{2+}][SO_4^{2-}] = (0.10 + S_2) \times S_2 \approx 0.10 \times S_2$$

$$S_2 = \frac{K_{sp}^{\ominus}}{0.10} = \frac{1.1 \times 10^{-10}}{0.10} = 1.1 \times 10^{-9} \text{ mol/L}$$

由计算结果可见，$BaSO_4$ 在 0.10mol/L $BaCl_2$ 溶液中的溶解度约为在纯水中的万分之一。因此，利用同离子效应可以使难溶电解质的溶解度大大降低。一般来说，溶液中残留的离子浓度，在定性分析中小于 10^{-5} mol/L，在定量分析中小于 10^{-6} mol/L，就可以认为沉淀完全。

实验表明，在 KNO_3 等强电解质存在的情况下，难溶电解质的溶解度比在纯水中略有增大。这种由于加入强电解质而使沉淀溶解度增大的现象，称为盐效应。加入强电解质产生盐效应的机理是强电解质解离而生成的大量离子，“离子氛”（图 2-4）的作用是使溶液中的构晶离子活度降低，因而沉淀溶解平衡向难溶电解质解离的方向移动。在利用同离子效应降低沉淀溶解度时，也应考虑盐效应的影响，因此在沉淀操作中沉淀剂不能过量太多。

例 5-19　在含有少量 Cu^{2+} 的溶液中通 H_2S 至饱和，如测得此时溶液 pH 值为 1.00，求溶液中铜离子的残留浓度。

解：H_2S 气体常温常压下在水中的饱和浓度为 0.10mol/L，H_2S 的 $K_{a1}^{\ominus}=1.3\times10^{-7}$，$K_{a2}^{\ominus}=7.1\times10^{-15}$。溶液中的 S^{2-} 由 H_2S 经两级解离而得：

$$H_2S + 2H_2O \rightleftharpoons 2H_3O^+ + S^{2-}$$

$$K_a^{\ominus} = \frac{[H^+]^2[S^{2-}]}{[H_2S]} = K_{a1}^{\ominus}K_{a2}^{\ominus} = 1.3 \times 10^{-7} \times 7.1 \times 10^{-15} = 9.2 \times 10^{-22}$$

$$[S^{2-}] = K_a^{\ominus}\frac{[H_2S]}{[H^+]^2} = 9.2 \times 10^{-22} \times \frac{0.10}{0.10^2} = 9.2 \times 10^{-21} \text{ mol/L}$$

对于难溶电解质 CuS，查附表 6，$K_{sp}^{\ominus}(CuS)=6.3\times10^{-36}$。溶液中存在平衡：

$$CuS(s) \rightleftharpoons Cu^{2+} + S^{2-}$$

$$[Cu^{2+}] = \frac{K_{sp}^{\ominus}(CuS)}{[S^{2-}]} = 6.3 \times 10^{-36}/9.2 \times 10^{-21} = 6.8 \times 10^{-16} \text{ mol/L}$$

在 pH 值为 1.0 的 H_2S 气体饱和的水溶液中，铜离子的残留浓度为 6.8×10^{-16} mol/L。

5.5.3 溶度积规则及其应用

5.5.3.1 溶度积规则

根据溶度积常数，可以判断某一难溶电解质的多相系统中沉淀、溶解过程进行的方向。

例如，在一定温度下，将过量的 $BaSO_4$ 固体放入水中，溶液达到饱和后，如果加入 $BaCl_2$ 增大 Ba^{2+} 浓度，则平衡向左移动，生成 $BaSO_4$ 沉淀。

$$BaSO_4(s) \xrightleftharpoons[\text{平衡向左移动}]{} Ba^{2+} + SO_4^{2-}$$

由于沉淀的生成，SO_4^{2-} 浓度逐渐减小，当 Ba^{2+} 浓度和 SO_4^{2-} 浓度乘积 $[Ba^{2+}][SO_4^{2-}]$ 等于 $K_{sp}^{\ominus}(BaSO_4)$ 时，系统又达到了一个新的平衡状态。

如果设法降低上述平衡系统中的 Ba^{2+} 或 SO_4^{2-} 浓度，平衡将向右移动，使 $BaSO_4$ 溶解，达到新的平衡状态。

沉淀溶解平衡系统在任意状态下的离子浓度幂乘积称为离子积，用符号 Q_i 表示。对于一般难溶电解质的沉淀溶解平衡，有

$$A_mB_n(s) \rightleftharpoons mA^{n+} + nB^{m-}$$

$$Q_i = c_{A^{n+}}^m c_{B^{m-}}^n \tag{5-23}$$

对于某一溶液，有以下几点。

(1) $Q_i > K_{sp}^{\ominus}$，溶液过饱和，有沉淀析出。

(2) $Q_i = K_{sp}^{\ominus}$，溶液饱和，为平衡状态。

(3) $Q_i < K_{sp}^{\ominus}$，溶液不饱和，无沉淀析出，若有固体物质则可继续溶解。

以上关于沉淀生成和溶解的判据称为溶度积规则，溶度积规则可用于判断难溶电解质沉淀溶解平衡的移动。

5.5.3.2 沉淀生成

根据溶度积规则，在溶液中要使某难溶电解质的沉淀生成，必须满足沉淀生成条件 $Q_i > K_{sp}^{\ominus}$。由溶度积常数表达式可知，如果沉淀剂适当过量，将有效地降低被沉淀离子的残留浓度。

例 5-20 如果向 0.010mol/L 的 Pb^{2+} 溶液中加入固体 KI，问加入的 KI 必须超过多少克才会产生 PbI_2 沉淀？已知 $M(KI)=166.0g/mol$。

解：设溶液中产生 PbI_2 沉淀所需的 I^- 浓度为 $x$mol/L。根据：

$$PbI_2 \rightleftharpoons Pb^{2+} + 2I^-$$

$$K_{sp}^{\ominus}(PbI_2) = [Pb^{2+}][I^-]^2 = [Pb^{2+}]x^2$$

$$[I^-] = x = \sqrt{\frac{K_{sp}^{\ominus}}{[Pb^{2+}]}} = \sqrt{\frac{7.1\times10^{-9}}{0.010}} = 8.4\times10^{-4}\,\text{mol/L}$$

$$m(KI) = 8.4\times10^{-4}\times166.0 = 0.14\,\text{g/L}$$

要使溶液中产生 PbI_2 沉淀，每升溶液中加入固体 KI 的质量必须超过 0.14g。

例 5-21 用改变溶液的 pH 值而生成氢氧化物沉淀的方法沉淀 Fe^{3+}。计算含 0.010mol/L Fe^{3+} 的溶液开始沉淀和 Fe^{3+} 沉淀完全时溶液的 pH 值。

解：查附表 6，得 $K_{sp}^{\ominus}[Fe(OH)_3] = 4.0\times10^{-38}$。

(1) 开始沉淀时的 pH 值

根据 $Fe(OH)_3 \rightleftharpoons Fe^{3+} + 3OH^-$ $\quad K_{sp}^{\ominus}[Fe(OH)_3] = [Fe^{3+}][OH^-]^3$

开始沉淀时，$[Fe^{3+}]$ 为 0.010mol/L，则：

$$[OH^-] = \sqrt[3]{\frac{K_{sp}^{\ominus}}{[Fe^{3+}]}} = \sqrt[3]{\frac{4.0\times10^{-38}}{0.010}} = 1.6\times10^{-12}\,\text{mol/L}$$

所以 $pH = 14 - pOH = 14 + \lg(1.6 \times 10^{-12}) = 2.20$

（2）沉淀完全时的pH值

沉淀完全时，残留［Fe^{3+}］为 10^{-5}mol/L，则：

$$[OH^-] = \sqrt[3]{\frac{K_{sp}^{\ominus}}{[Fe^{3+}]}} = \sqrt[3]{\frac{4.0 \times 10^{-38}}{10^{-5}}} = 1.6 \times 10^{-11} \text{mol/L}$$

所以 $pH = 14 - pOH = 14 + \lg(1.6 \times 10^{-11}) = 3.20$

含0.010mol/L Fe^{3+}的溶液当pH值为2.20时开始析出$Fe(OH)_3$沉淀，当Fe^{3+}沉淀完全时pH值等于3.20。

5.5.3.3 沉淀的溶解

根据溶度积规则，沉淀溶解的必要条件是$Q_i < K_{sp}^{\ominus}$，只要采取一定的措施，降低难溶电解质沉淀溶解平衡系统中有关离子的浓度，就可以使沉淀溶解。使沉淀溶解的方法通常有生成弱电解质、氧化还原反应、生成配位化合物等，改变温度能改变难溶电解质的溶度积常数，因而也能影响难溶电解质的溶解度。

（1）生成弱电解质使沉淀溶解　利用H^+与难溶电解质组分离子结合成弱电解质，可以使该难溶电解质溶解度增大。

例如，固体ZnS可以溶于盐酸中，其反应过程如下：

$$ZnS(s) \rightleftharpoons Zn^{2+} + S^{2-} \qquad K_1^{\ominus} = K_{sp}^{\ominus}(ZnS) \tag{1}$$

$$S^{2-} + H^+ \rightleftharpoons HS^- \qquad K_2^{\ominus} = \frac{1}{K_{a2}^{\ominus}(H_2S)} \tag{2}$$

$$HS^- + H^+ \rightleftharpoons H_2S \qquad K_3^{\ominus} = \frac{1}{K_{a1}^{\ominus}(H_2S)} \tag{3}$$

由上述反应可见，H^+与S^{2-}结合生成弱电解质H_2S，［S^{2-}］降低，使ZnS的沉淀溶解平衡向溶解的方向移动，若加入足够量的盐酸，则ZnS会全部溶解。

将式(1)+式(2)+式(3)，得到ZnS溶于HCl的溶解反应式为：

$$ZnS(s) + 2H^+ \rightleftharpoons Zn^{2+} + H_2S$$

根据多重平衡规则，ZnS溶于盐酸反应的平衡常数为：

$$K^{\ominus} = \frac{[Zn^{2+}][H_2S]}{[H^+]^2} = K_1^{\ominus}K_2^{\ominus}K_3^{\ominus} = \frac{K_{sp}^{\ominus}(ZnS)}{K_{a1}^{\ominus}(H_2S)K_{a2}^{\ominus}(H_2S)}$$

可见，这类难溶弱酸盐溶于酸的难易程度与难溶盐的溶度积和酸反应所生成的弱酸的解离常数有关。$K_{sp}^{\ominus}$越大，$K_a^{\ominus}$越小，其反应越容易进行。

例 5-22　欲使0.10mol ZnS或0.10mol CuS溶解在1L盐酸中，所需盐酸的最低浓度是多少？

解：（1）溶解ZnS

如果0.10mol ZnS溶解在1L盐酸中，溶液中［Zn^{2+}］= 0.10mol/L，S^{2-}转化为0.10mol/L H_2S，需结合0.20mol/L H^+，设平衡体系中［H^+］为$x$mol/L，则有：

$$ZnS(s) + 2H^+ \rightleftharpoons Zn^{2+} + H_2S$$

平衡时　　x　　0.10　0.10

$$K^{\ominus} = \frac{[Zn^{2+}][H_2S]}{[H^+]^2} = \frac{[Zn^{2+}][H_2S]}{x^2} = \frac{K_{sp}^{\ominus}(ZnS)}{K_{a1}^{\ominus}(H_2S)K_{a2}^{\ominus}(H_2S)}$$

式中 $K_{a1}^{\ominus}(H_2S) = 1.3 \times 10^{-7}$

$$K_{a2}^{\ominus}(H_2S)=7.1\times10^{-15}$$

$$K_{sp}^{\ominus}(ZnS)=2.5\times10^{-22}$$

$$x=\sqrt{\frac{K_{a1}^{\ominus}(H_2S)K_{a2}^{\ominus}(H_2S)[Zn^{2+}][H_2S]}{K_{sp}^{\ominus}(ZnS)}}$$

$$=\sqrt{\frac{1.3\times10^{-7}\times7.1\times10^{-15}\times0.10\times0.10}{2.5\times10^{-22}}}$$

$$=0.19\text{mol/L}$$

$$c(HCl)=0.19+0.10\times2=0.39\text{mol/L}$$

S^{2-} 转化为 H_2S，需结合的 H^+ 和平衡体系中的 H^+ 均由盐酸提供，所以 0.10mol ZnS 溶解于盐酸中需结合 0.2mol 的氢离子，因此 0.10mol ZnS 溶解在 1L 盐酸中，盐酸的最低浓度应为 0.39mol/L。

(2) 溶解 CuS

如果 0.10mol CuS 溶解在 1L 盐酸中，溶液中 $[Cu^{2+}]=0.10\text{mol/L}$，$S^{2-}$ 转化为 0.10mol/L H_2S，需结合 0.20mol/L H^+，设平衡体系中 $[H^+]$ 为 $x$mol/L，同理：

$$x=\sqrt{\frac{1.3\times10^{-7}\times7.1\times10^{-15}\times0.10\times0.10}{6.3\times10^{-36}}}=1.2\times10^{6}\text{mol/L}$$

盐酸不可能达到如此浓度，市售浓盐酸的浓度仅为 12mol/L，因此溶度积很小的 CuS 不能溶于盐酸。

氢氧化物一般都能溶于酸，这是因为氢氧化物与酸反应生成弱电解质水。一些溶解度相对较大的难溶氢氧化物，如 $Mg(OH)_2$、$Pb(OH)_2$、$Mn(OH)_2$ 等，能溶于酸，还能溶于铵盐溶液，因为 NH_4^+ 是弱酸。例如固体 $Mg(OH)_2$ 可溶于盐酸中，其反应为：

$$Mg(OH)_2+2H^+\rightleftharpoons Mg^{2+}+2H_2O$$

$Mg(OH)_2$ 还能溶于铵盐，其反应为：

$$Mg(OH)_2+2NH_4^+\rightleftharpoons Mg^{2+}+2H_2O+2NH_3$$

但一些溶解度很小的氢氧化物，如 $Fe(OH)_3$、$Al(OH)_3$ 等，则不能溶于铵盐，因为 NH_4^+ 是弱酸，不能有效地降低溶液中 OH^- 的浓度。

(2) 利用氧化还原反应使沉淀溶解　加入一种氧化剂或还原剂，使难溶电解质的某一离子发生氧化还原反应而降低其浓度，从而使 $Q_i<K_{sp}^{\ominus}$，则可增大该难溶电解质的溶解度。如 CuS、PbS、Ag_2S 等都不溶于盐酸，但能溶于硝酸中。因为：

$$3CuS(s)+8HNO_3 = 3Cu(NO_3)_2+3S\downarrow+2NO\uparrow+4H_2O$$

硝酸将 S^{2-} 氧化成单质硫析出，有效降低了 S^{2-} 浓度，使平衡向 CuS 溶解方向移动。

(3) 生成配位化合物使沉淀溶解　在难溶电解质的溶液中加入一种配位剂，与难溶电解质的某一离子发生配位反应，生成配位化合物，从而降低难溶电解质的某一离子的浓度，则可增大该难溶电解质的溶解度。例如，AgCl 溶于氨水：

$$AgCl(s)+2NH_3 = [Ag(NH_3)_2]^++Cl^-$$

由于生成了稳定的 $[Ag(NH_3)_2]^+$ 配离子，降低了 Ag^+ 浓度，使平衡向 AgCl 溶解方向移动。

以上几种方法，都可降低难溶电解质组分离子的浓度，增大该难溶电解质的溶解度，使沉淀溶解。在实际工作中，可根据难溶电解质的溶度积的大小和离子的性质来选择合适的方法，有时可选其中一种方法，有时须同时选用两种方法。例如，HgS 的溶度积太小，既不溶于 HCl，也不溶于 HNO_3，必须用王水（3 份浓盐酸和 1 份浓硝酸混合）才能使之溶解。

因为 HNO_3 可将 S^{2-} 氧化成 S，降低 S^{2-} 浓度，而高浓度 Cl^- 与 Hg^{2+} 配位生成稳定的 $[HgCl_4]^{2-}$ 配离子而降低了 Hg^{2+} 的浓度。因此王水溶解 HgS 涉及氧化还原反应和生成配合物两种机理。

5.5.3.4　分步沉淀

在实际工作中，常常会遇到系统中同时含几种离子，当加入某种沉淀剂时，几种离子均可能发生沉淀反应，生成难溶电解质，这种情况下离子积首先超过溶度积的难溶电解质将首先沉淀析出。例如，向含有相同浓度的 Cl^- 和 I^- 的溶液中，滴加 $AgNO_3$ 溶液，首先会生成黄色的 AgI 沉淀，然后生成白色的 AgCl 沉淀。这种先后沉淀的现象，叫作分步沉淀。控制沉淀剂的浓度，若能使一种离子沉淀完全的时候另一种离子还没有形成沉淀，就可以用分步沉淀的方法分离这两种离子。

例 5-23　在 Cl^- 和 I^- 浓度均为 1.0×10^{-2} mol/L 的混合溶液中，逐滴加入 $AgNO_3$ 溶液，问：(1) 哪种离子先形成沉淀？(2) 当后形成沉淀的离子开始沉出时，先沉出离子的浓度已降至多少？两种离子有无可能分离？(3) 若能分离，$[Ag^+]$ 应控制在什么范围 [已知 $K_{sp}^{\ominus}(AgCl)=1.8\times10^{-10}$，$K_{sp}^{\ominus}(AgI)=8.3\times10^{-17}$]？

解： (1) 因为 AgCl 和 AgI 同属 AB 型物质，而且 $[Cl^-]=[I^-]$，$K_{sp}^{\ominus}(AgI)<K_{sp}^{\ominus}(AgCl)$，所以 I^- 先形成沉淀。

(2) 当 Cl^- 开始形成沉淀时：

$$[Ag^+]>\frac{K_{sp}^{\ominus}(AgCl)}{[Cl^-]}=\frac{1.8\times10^{-10}}{0.010}=1.8\times10^{-8}\,\text{mol/L}$$

此时：

$$[I^-]<\frac{K_{sp}^{\ominus}(AgI)}{[Ag^+]}=\frac{8.3\times10^{-17}}{1.8\times10^{-8}}=4.6\times10^{-9}\,\text{mol/L}$$

当 Cl^- 开始形成沉淀时，$[I^-]<10^{-5}$ mol/L，所以溶液中的 Cl^- 和 I^- 可以分离。

(3) 若想使 Cl^- 和 I^- 分离，应控制 $[Ag^+]$ 使 I^- 沉淀完全而 Cl^- 不形成沉淀。

I^- 沉淀完全：

$$[Ag^+]>\frac{K_{sp}^{\ominus}(AgI)}{1.0\times10^{-5}}=\frac{8.3\times10^{-17}}{1.0\times10^{-5}}=8.3\times10^{-12}\,\text{mol/L}$$

Cl^- 不形成沉淀，$[Ag^+]$ 应小于 1.8×10^{-8} mol/L，所以应控制：

$$8.3\times10^{-12}\,\text{mol/L}<[Ag^+]<1.8\times10^{-8}\,\text{mol/L}$$

例 5-24　某混合溶液中，含有 0.20mol/L 的 Ni^{2+} 和 0.30mol/L 的 Fe^{3+}，若通过滴加 NaOH 溶液（忽略溶液体积的变化）分离这两种离子，溶液的 pH 值应控制在什么范围？

解： 根据溶度积规则，0.20mol/L Ni^{2+}、0.30mol/L Fe^{3+} 的混合溶液中开始析出 $Ni(OH)_2$ 和开始析出 $Fe(OH)_3$ 所需 OH^- 浓度分别为：

$$[OH^-]_1=\sqrt{\frac{K_{sp}^{\ominus}[Ni(OH)_2]}{[Ni^{2+}]}}=\sqrt{\frac{5.5\times10^{-16}}{0.20}}=5.24\times10^{-8}\,\text{mol/L}$$

$$[OH^-]_2=\sqrt[3]{\frac{K_{sp}^{\ominus}[Fe(OH)_3]}{[Fe^{3+}]}}=\sqrt[3]{\frac{4.0\times^{-38}}{0.30}}=5.1\times10^{-13}\,\text{mol/L}$$

因为 $[OH^-]_1\gg[OH^-]_2$，所以 $Fe(OH)_3$ 先沉淀。

$Fe(OH)_3$ 沉淀完全时所需 OH^- 最低浓度为：

$$[OH^-]=\sqrt[3]{\frac{K_{sp}^{\ominus}[Fe(OH))_3]}{[Fe^{3+}]}}=\sqrt[3]{\frac{4.0\times10^{-38}}{10^{-5}}}=1.6\times10^{-11}\,mol/L$$

$Ni(OH)_2$ 不沉淀所容许的 OH^- 最高浓度即为：

$$[OH^-]=[OH^-]_1=5.24\times10^{-8}\,mol/L$$

即应 $[OH^-]$ 控制在 $1.6\times10^{-11}\sim5.24\times10^{-8}\,mol/L$。

$$pH_{min}=14+lg(1.6\times10^{-11})=3.20$$

$$pH_{max}=14+lg(5.24\times10^{-8})=6.72$$

所以若要分离这两种离子，溶液的 pH 值应控制在 3.20～6.72。

5.5.3.5 沉淀转化

借助于某种试剂，将一种难溶电解质转变为另一种难溶电解质的过程，叫作沉淀的转化。例如，借助于 Na_2S 的作用，可将 $PbSO_4$ 转化为 PbS，其反应如下：

$$Na_2S \longrightarrow 2Na^+ + S^{2-}$$

$$PbSO_4(s) \rightleftharpoons Pb^{2+} + SO_4^{2-} \qquad K_1^{\ominus}=K_{sp}^{\ominus}(PbSO_4) \qquad (1)$$

$$Pb^{2+} + S^{2-} \rightleftharpoons PbS \qquad K_2^{\ominus}=\frac{1}{K_{sp}^{\ominus}(PbS)} \qquad (2)$$

将式（1）＋式（2），得到 $PbSO_4$ 转化为 PbS 的反应：

$$PbSO_4 + S^{2-} \rightleftharpoons PbS + SO_4^{2-}$$

$$K^{\ominus}=\frac{[SO_4^{2-}]}{[S^{2-}]}=K_1^{\ominus}K_2^{\ominus}=\frac{K_{sp}^{\ominus}(PbSO_4)}{K_{sp}^{\ominus}(PbS)}=\frac{1.6\times10^{-8}}{1.0\times10^{-28}}=1.6\times10^{20}$$

计算表明，上述沉淀转化的平衡常数很大。说明 $PbSO_4$ 转化为 PbS 很容易实现。一般来讲，溶解度较大的难溶电解质容易转化为溶解度较小的难溶电解质，两者溶解度差别越大，沉淀转化越容易。但是要将溶解度较小的难溶电解质转化为溶解度较大的难溶电解质就比较困难，如果两者溶解度相差太大，这种转化实际上不能实现。例如，用 Na_2S 溶液将 0.010mol/L $PbSO_4$ 转化为 PbS 容易实现，而用 Na_2SO_4 溶液就不可能将 0.010mol/L PbS 转化为 $PbSO_4$。

知识拓展

离子液体

离子液体是指在室温或接近室温下呈现液态的、完全由阴阳离子所组成的盐，也称低温熔融盐。由于离子液体本身所具有的许多传统溶剂所无法比拟的优点及其作为绿色溶剂应用于有机及高分子物质的合成，甚至于应用到化学研究的各个领域中，因而受到越来越多的化学工作者的关注。

如高温下的 KCl、KOH 呈液体状态很正常。在室温或室温附近温度下呈液态的由离子构成的物质，称为室温离子液体、室温熔融盐（室温离子液体常伴有氢键的存在，定义为室温熔融盐有点勉强）、有机离子液体等，目前尚无统一的名称，但倾向于简称离子液体。在离子化合物中，阴阳离子之间的作用力为库仑力，其大小与阴阳离子的电荷数量及半径有关，离子半径越大，它们之间的作用力越小，这种离子化合物的熔点就越低。某些离子化合物的阴阳离子体积很大，结构松散，导致它们之间的作用力较低，以至于熔点接近室温。

离子液体的历史可以追溯到1914年，当时Walden报道了$(EtNH_2)HNO_3$的合成（熔点12℃）。这种物质由浓硝酸和乙胺反应制得，但是，由于其在空气中很不稳定而极易发生爆炸，它的发现在当时并没有引起人们的兴趣，这是最早的离子液体。一般而言，离子化合物熔解成液体需要很高的温度才能克服离子键的束缚，这时的状态叫作“熔盐”。离子化合物中的离子键随着阳离子半径增大而变弱，熔点也随之下降。对于绝大多数的物质而言，混合物的熔点低于纯物质的熔点。例如，NaCl的熔点为803℃，而50%LiCl-50%$AlCl_3$（摩尔分数）组成的混合体系的熔点只有144℃。如果再通过进一步增大阳离子或阴离子的体积和结构的不对称性，削弱阴阳离子间的作用力，就可以得到室温条件下的液体离子化合物。根据这样的原理，1951年Hurley F. H. 和Wiler T. P. 首次合成了在环境温度下是液体状态的离子液体。他们选择的阳离子是*N*-乙基吡啶，合成出的离子液体是溴化正乙基吡啶和氯化铝的混合物（氯化铝和溴化乙基吡啶摩尔比为1∶2）。但这种离子液体的液体温度范围还是相对比较狭窄的，而且，氯化铝离子液体遇水会放出氯化氢，对皮肤有刺激作用。直到1976年，美国Colorado州立大学的Robert利用$AlCl_3$/［N-EtPy］Cl作电解液，进行有机电化学研究时，发现这种室温离子液体是很好的电解液，能和有机物混溶，不含质子，电化学窗口较宽。1992年Wilkes以1-甲基-3-乙基咪唑为阳离子合成出氯化1-甲基-3-乙基咪唑，在摩尔分数为50%的$AlCl_3$存在下，其熔点达到了8℃。在这以后，离子液体的应用研究才真正得到广泛的开展。

离子液体作为离子化合物，其熔点较低的主要原因是因其结构中某些取代基的不对称性使离子不能规则地堆积成晶体所致。它一般由有机阳离子和无机或有机阴离子构成，常见的阳离子有季铵盐离子、季鳞盐离子、咪唑盐离子和吡咯盐离子等，阴离子有卤素离子、四氟硼酸根离子、六氟磷酸根离子等。

研究的离子液体中，阳离子主要以咪唑阳离子为主，阴离子主要以卤素离子和其他无机酸离子（如四氟硼酸根等）为主。但近几年来又合成了一系列新型的离子液体，例如在阳离子方面，Shreeve领导的研究小组合成了一些新型阳离子的离子液体。

离子液体种类繁多，改变阳离子、阴离子的不同组合，可以设计合成出不同的离子液体。离子液体的合成大体上有两种基本方法：直接合成法和两步合成法。

直接合成法是通过酸碱中和反应或季铵化反应等一步合成离子液体，操作经济简便，没有副产物，产品易纯化。Hlrao等利用酸碱中和法合成出了一系列不同阳离子的四氟硼酸盐离子液体。另外，通过季胺化反应也可以一步制备出多种离子液体，如卤化1-烷基3-甲基咪唑盐、卤化吡啶盐等。

直接合成法难以得到目标离子液体，必须使用两步合成法。两步合成法制备离子液体的应用很多。常用的四氟硼酸盐和六氟磷酸盐类离子液体的制备通常采用两步合成法。首先，通过季铵化反应制备出含目标阳离子的卤盐；然后用目标阴离子置换出卤素离子或加入Lewis酸来得到目标离子液体。在第二步反应中，使用金属盐MY（常用的是AgY）、HY或NH_4Y时，产生Ag盐沉淀或胺盐、HX气体容易被除去，加入强质子酸HY，反应要求在低温搅拌条件下进行，然后多次水洗至中性，用有机溶剂提取离子液体，最后真空除去有机溶剂得到纯净的离子液体。特别应注意的是，在用目标阴离子 Y 交换 X^-（卤素）阴离子的过程中，必须尽可能地使反应进行完全，确保没有 X 阴离子留在目标离子液体中，因为离子液体的纯度对于其应用和物理化学特性的表征至关重要。高纯度二元离子液体的合成通常是在离子交换器中利用离子交换树脂通过阴离子交换来制备。另外，直接将 Lewis 酸（MY）与卤盐结合，可制备［阳离子］［M_nX_{ny+1}］型离子液体，如氯铝酸盐离子液体的制备就是利用这个方法，如离子液体的性质中所述，离子液体的酸性可以根据需要进行调节。

由于离子液体的可设计性，所以根据需要定向地设计功能化离子液体是我们实验研究的方向。

习　题

1. 写出下列各物质的共轭酸。

(1) CO_3^{2-}　(2) NH_3　(3) HS^-　(4) H_2O

(5) HPO_4^{2-}　(6) $[Zn(H_2O)_3(OH)]^+$

2. 写出下列各物质的共轭碱。

(1) $HC_2O_4^-$　(2) HClO　(3) $H_2PO_4^-$　(4) NH_3

(5) HSO_3^-　(6) $[Cu(H_2O)_4]^{2+}$

3. 计算下列各物质的解离常数。

(1) $K_a^{\ominus}(NH_4^+)$　(2) $K_b^{\ominus}(Ac^-)$　(3) $K_b^{\ominus}(CO_3^{2-})$　(4) $K_b^{\ominus}(HCO_3^-)$

4. 已知 298K 时 HClO 的 $K_a^{\ominus}=2.9\times10^{-8}$，计算 0.050mol/L 溶液中的［$H^+$］和 HClO 的解离度。

5. 在室温下 0.10mol/L $NH_3 \cdot H_2O$ 的解离度为 1.34%，计算的 $NH_3 \cdot H_2O$ 的 $K_b^{\ominus}$ 和溶液的 pH 值。

6. 计算 0.10mol/L H_3PO_4 溶液中的［H^+］和［HPO_4^{2-}］。

7. 将 0.20mol/L HAc 溶液和 0.10mol/L KOH 溶液以等体积混合，计算该溶液的 pH 值（提示：首先分析混合溶液的组成）。

8. 写出下列盐的水解反应式，并说明该溶液的酸碱性。

(1) K_2CO_3　(2) Na_2S　(3) $(NH_4)_2SO_4$　(4) Na_3PO_4

(5) $CuCl_2$

9. 计算下列溶液的 pH 值。

(1) 0.20mol/L NaAc　(2) 0.20mol/L NH_4Cl

(3) 0.20mol/L Na_2CO_3　(4) 0.20mol/L Na_2HPO_4

10. 在 250mL 0.10mol/L 氨水中加入 2.68g NH_4Cl 固体（忽略体积的变化），该溶液的 pH 值是多少？若在此溶液中加入等体积的 H_2O，pH 值有何变化？

11. 欲配制 pH=5.00 的缓冲溶液，需向 300mL 0.50mol/L HAc 溶液中加入 $NaAc \cdot 3H_2O$ 多少克（忽略体积的变化）？

12. 用 125mL 1.0mol/L NaAc 和 6.0mol/L HAc 溶液来配制 250mL 的 pH=5.0 的缓冲溶液，如何配制？

13. 求 0.05mol/L KHC_2O_4 溶液中 pH 值是多少？若在此溶液中加入等体积 0.1mol/L $K_2C_2O_4$ 溶液，则溶液的 pH 值应为多少？

14. 写出下列难溶电解质的溶度积常数表达式。

(1) $CaCO_3$ (2) Ag_2SO_4

(3) $Ni(OH)_2$ (4) $Mg_3(PO_4)_2$

15. 已知室温时下列各难溶电解质的溶解度，试求其溶度积。

(1) CuI，1.05×10^{-6}mol/L (2) BaF_2，6.30×10^{-3}mol/L

16. 已知室温时下列各难溶电解质的溶度积，试求其溶解度（mol/L）。

(1) $BaCrO_4$，$K_{sp}^{\ominus}=1.2\times10^{-10}$ (2) $Mg(OH)_2$，$K_{sp}^{\ominus}=1.8\times10^{-11}$

17. 计算 $Mg(OH)_2$ 分别在下列情况的溶解度（mol/L）。

(1) 在 0.010mol/L $MgCl_2$ 的溶液中 (2) 在 0.010mol/L NaOH 的溶液中

18. 将 10.0mL 的 0.25mol/L $Ca(NO_3)_2$ 与 25.0mL 的 0.30mol/L NaF 溶液混合后，求反应完全后溶液中 Ca^{2+} 和 F^- 的浓度。

19. 现有一瓶含有 Fe^{3+} 杂质的 0.10mol/L $MgCl_2$ 溶液，欲将 Fe^{3+} 以 $Fe(OH)_3$ 的形式除去，溶液的 pH 值应控制在什么范围？

20. 在 100mL 0.20mol/L $MnCl_2$ 溶液中，加入等体积的含有 NH_4Cl 0.010mol/L 的 $NH_3\cdot H_2O$，问在此氨水溶液中需要加入多少克的 NH_4Cl，才不致生成 $Mn(OH)_2$ 沉淀？

21. 某溶液含有 0.010mol/L Ba^{2+} 和 0.010mol/L Sr^{2+}，若向其中逐滴加入浓 Na_2SO_4 时（忽略体积变化），哪种离子先沉淀出来？当第二种离子开始沉淀时，第一种离子浓度为多少？

22. 在下列溶液中通入 H_2S 气体至饱和（其 H_2S 溶液浓度为 0.10mol/L），分别计算下列溶液中残留的 $[Cu^{2+}]$。

(1) 0.1mol/L $CuSO_4$ (2) 0.1mol/L $CuSO_4$ 与 1.0mol/L HCl 的混合溶液

23. 选择正确答案的序号填入括号内。

(1) 欲配制 pH=10.0 的缓冲溶液，考虑选取较为适合的缓冲对是（ ）。

A. HAc-NaAc B. $NH_3\cdot H_2O$-NH_4Cl

C. H_3PO_4-NaH_2PO_4 D. NaH_2PO_4-Na_2HPO_4

(2) 下列缓冲溶液中，缓冲容量最大的是（ ）。

A. 1.0mol/L HAc-0.1mol/L NaAc B. 0.1mol/L HAc-0.1mol/L NaAc

C. 0.3mol/L HAc-0.3mol/L NaAc

(3) 欲使 0.1mol/L Na_2CO_3 溶液中 $[CO_3^{2-}]$ 最小，应加入等体积的下列哪种物质（ ）？

A. H_2O B. 0.1mol/L HCl 溶液 C. 0.1mol/L NaOH 溶液

(4) 通常情况下，平衡常数 $K_a^{\ominus}$、$K_b^{\ominus}$ 和 $K_{sp}^{\ominus}$ 只与（ ）有关。

A. 温度 B. 浓度 C. 物质的种类

24. 人体血液中 CO_2 是以 H_2CO_3 和 HCO_3^- 形式存在的，pH 值为 7.40。计算血液中 H_2CO_3 和 HCO_3^- 含量的比值（H_2CO_3：$K_{a1}=4.3\times10^{-7}$，$K_{a2}=4.8\times10^{-11}$）。

第 6 章 酸碱滴定法

本章学习指导

熟练掌握酸碱溶液 pH 值的计算；掌握各类型酸碱滴定过程中 pH 值变化规律及指示剂的选择方法；理解指示剂的变色原理；掌握酸碱滴定分析计算。

酸碱滴定法是以酸碱反应为基础的，利用酸碱平衡原理，通过滴定操作来定量地测定物质含量的方法。它是滴定分析中重要的方法之一。所依据的反应是：

$$H_3O^+ + OH^- \xlongequal{} 2H_2O$$

$$H_3O^+ + A^- \xlongequal{} HA + H_2O$$

$$H_3O^+ + B \xlongequal{} HB^+ + H_2O$$

酸碱反应的特点是反应速率快，副反应极少，反应进行的程度可用平衡常数估计，确定反应计量终点的方法简便，有多种酸碱指示剂可供选择。一般酸碱反应以及能与酸碱直接或间接发生酸碱反应的物质，很多都可以用酸碱滴定法测定。在农业、林业应用中常用此法测定土壤、肥料、果品等的酸碱度、氮和磷的含量、农药中的游离酸等。滴定方式常采用直接滴定法、返滴定法和间接滴定法。如 NaOH、HCl、HAc、$H_2C_2O_4$、H_3PO_4 等物质，可分别用酸或碱标准溶液直接滴定，即采用直接滴定法。有些物质，如 $CaCO_3$、$(NH_4)_2SO_4$、$Ca_3(PO_4)_2$ 等，不能用直接滴定法时，可采用返滴定法或间接滴定法。测定 $CaCO_3$ 可用返滴定法。测定 $(NH_4)_2SO_4$ 中氮含量时可采用间接滴定法，即先使其与浓 NaOH 溶液反应，生成的 NH_3 用硼酸溶液吸收，生成的 $NH_4H_2BO_3$ 用 HCl 标准溶液滴定。可见酸碱滴定法是一种应用较广的滴定分析方法。

酸碱滴定过程中，溶液外观上没有任何变化，需要采取其他措施确定化学计量点。现在常用的方法有两种：一是利用 pH 计测定溶液的 pH 值的突跃；二是借助于指示剂的变色作为化学计量点到达的信号。前一种方法将在第 11 章中论述，本章只讨论后一种。这种方法最重要的问题有两个：一是被测组分能否被准确滴定，即所谓滴定的可行性；二是若能滴定，怎样选择合适的指示剂。要解决这两个问题，就需要了解在滴定过程中溶液的 pH 值变化规律，特别是化学计量点附近 pH 值的变化情况，以及酸碱指示剂的变色原理，选择指示剂的原则等。这些问题将在本章中逐一进行讨论。

6.1　酸碱平衡系统中各型体分布

分析化学中所使用的试剂（如沉淀剂、配位剂）大多是弱酸（碱）。在弱酸（碱）平衡系统中，往往存在多种型体，为使反应进行完全，必须控制有关型体的浓度。它们的浓度分布是由溶液中的氢离子浓度所决定的，因此酸度是影响各类化学反应的重要因素。例如，以 CaC_2O_4 形式沉淀 Ca^{2+} 时，沉淀的完全程度与 $C_2O_4^{2-}$ 浓度有关，而后者又取决于溶液中的 H^+ 浓度。了解酸度对弱酸（碱）型体分布的影响，对于掌握和控制分析条件有重要的指导意义。

6.1.1　一元弱酸溶液中各种型体分布

一元弱酸（HA）在溶液中以 HA 和 A^- 两种形式存在，其总浓度 c 又称分析浓度，两种型体的平衡浓度分别为［HA］和［A^-］。由平衡式知：

$$[A^-]=[HA]\frac{K_a^\ominus}{[H^+]}$$

又

$$c=[HA]+[A^-]$$

$$c=[HA]\left(1+\frac{K_a^\ominus}{[H^+]}\right) \tag{6-1}$$

δ_{HA}表示 HA 在总浓度中所占分数，称为 HA 的分布系数，则：

$$\delta_{HA}=\frac{[HA]}{c}=\frac{1}{1+\dfrac{K_a^\ominus}{[H^+]}}=\frac{[H^+]}{K_a^\ominus+[H^+]} \tag{6-2}$$

同样可导出 A^- 的分布系数：

$$\delta_{A^-}=\frac{[A^-]}{c}=\frac{K_a^\ominus}{K_a^\ominus+[H^+]} \tag{6-3}$$

且有

$$\delta_{HA}+\delta_{A^-}=1$$

因此，可由酸的 $K_a^\ominus$ 和溶液的 pH 值计算两种型体的分布系数。

例 6-1　计算 pH＝4.0 和 pH＝8.0 时的 HAc 和 Ac^- 的分布系数。

解：已知 HAc 的 $K_a^\ominus=1.8\times10^{-5}$，pH＝4.0 时，$[H^+]=1.0\times10^{-4}$ mol/L。

$$\delta_{HAc}=\frac{[H^+]}{K_a^\ominus+[H^+]}=\frac{1.0\times10^{-4}}{1.8\times10^{-5}+1.0\times10^{-4}}=0.85$$

$$\delta_{Ac^-}=\frac{K_a^\ominus}{K_a^\ominus+[H^+]}=\frac{1.8\times10^{-5}}{1.8\times10^{-5}+1.0\times10^{-4}}=0.15$$

pH＝8.0 时，有：

$$\delta_{HAc}=\frac{1.0\times10^{-8}}{1.8\times10^{-5}+1.0\times10^{-8}}=5.7\times10^{-4}$$

$$\delta_{Ac^-}=1-\delta_{HAc}=1-5.7\times10^{-4}\approx1.0$$

图 6-1 为 HAc 的 δ-pH 分布曲线图。由图可见，δ_{HAc}随 pH 值增大而减小，δ_{Ac^-} 则随 pH 值增大而升高，两曲线相交于 $pH=pK_a^\ominus=4.74$ 这一点。此时 $\delta_{HAc}=\delta_{Ac^-}=0.5$，两种型体各占一半。图形以 $pK_a^\ominus$ 点为界分成两个区域：当酸度高时（$pH<pK_a^\ominus$）以酸型

(HAc) 为主；酸度低时（$pH>pK_a^\ominus$）以碱型（Ac^-）为主；在 $pH \approx pK_a^\ominus$ 处是过渡区，两种型体都以较大量存在。以上结论可以推广到任何一元弱酸。

若将酸碱分布图简化成优势区域图，可以简明地表明 $pK_a^\ominus$ 对酸型、碱型分布的重要作用。图 6-2 是 HF 和 HCN 的优势区域图。F^- 和 CN^- 常用作配位剂以掩蔽某些金属离子，为使掩蔽效果好，必须使氟离子与氰根离子浓度足够大。由于 HF 酸性远比 HCN 强，F^- 占优势的区域（pH>3.17）就比 CN^- 占优势的区域（pH>9.21）宽得多。酸越弱，其碱型占优势的区域越窄，控制酸度就更为重要。而若是利用其酸型，则恰好相反。可见弱酸的 $pK_a^\ominus$ 值是决定型体分布的内部因素，而 pH 值的控制则是其外部条件。

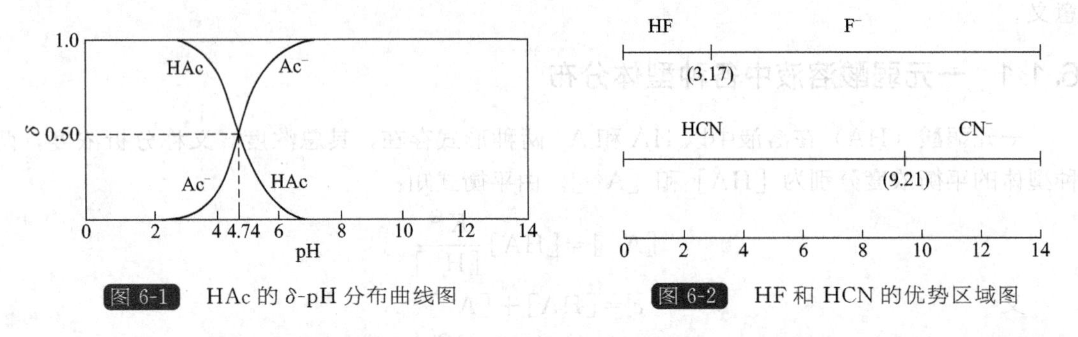

图 6-1 HAc 的 δ-pH 分布曲线图　　图 6-2 HF 和 HCN 的优势区域图

平衡浓度与分析浓度是两个有联系但又不相同的概念。在平衡计算中经常涉及，必须区别清楚，分布系数式将这两种浓度联系起来，以 HA 为例。

在计算溶液的 $[H^+]$ 时，平衡式中表示的是各型体的平衡浓度，而实际知道的是分析浓度 c，弄清两者的关系将使计算大大简化。对 HA-A^- 系统：若 $pH<pK_a^\ominus$，则 $[HA] \gg [A^-]$，即 $\delta_{HA} \approx 1$，此时 $[HA] \approx c$，$[A^-] \ll c$；若 $pH>pK_a^\ominus$，则 $[A^-] \gg [HA]$，即 $\delta_{A^-} \approx 1$，此时 $[A^-] \approx c$，$[HA] \ll c$；若 $pH=pK_a^\ominus$，则 $[HA]=[A^-]$，此时 $[HA]$ 和 $[A^-]$ 均不能用 c 代替，必须将 c 与分布系数式结合，即用 c、$K_a^\ominus$ 和 $[H^+]$ 分别表示 $[HA]$ 和 $[A^-]$。

6.1.2 多元酸溶液中各种型体的分布

以二元弱酸 H_2A 为例。它在溶液中以 H_2A、HA^- 和 A^{2-} 三种型体存在。若分析浓度为 c，同样可导出 H_2A、HA^- 和 A^{2-} 的分布系数 δ_2、δ_1 和 δ_0（δ 的下标表示某型体所含的 H^+ 离子数）。即：

$$c=[H_2A]+[HA^-]+[A^{2-}]=[H_2A]\left(1+\frac{K_{a1}^\ominus}{[H^+]}+\frac{K_{a1}^\ominus K_{a2}^\ominus}{[H^+]^2}\right)$$

$$\delta_2=\frac{[H_2A]}{c}=\frac{[H^+]^2}{[H^+]^2+[H^+]K_{a1}^\ominus+K_{a1}^\ominus K_{a2}^\ominus}$$

$$\delta_1=\frac{[HA^-]}{c}=\frac{[H^+]K_{a1}^\ominus}{[H^+]^2+[H^+]K_{a1}^\ominus+K_{a1}^\ominus K_{a2}^\ominus}$$

$$\delta_0=\frac{[A^{2-}]}{c}=\frac{K_{a1}^\ominus K_{a2}^\ominus}{[H^+]^2+[H^+]K_{a1}^\ominus+K_{a1}^\ominus K_{a2}^\ominus} \tag{6-4}$$

且有
$$\delta_0+\delta_1+\delta_2=1$$

例 6-2　计算 pH＝4.0 时 0.050mol/L 酒石酸（表示为 H_2A）溶液中酒石酸根离子 $[A^{2-}]$ 浓度。

解：已知酒石酸的 $pK_{a1}^{\ominus}=3.04$，$pK_{a2}^{\ominus}=4.37$，则：

$$\delta_0=\frac{[A^{2-}]}{c}=\frac{K_{a1}^{\ominus}K_{a2}^{\ominus}}{[H^+]^2+[H^+]K_{a1}^{\ominus}+K_{a1}^{\ominus}K_{a2}^{\ominus}}$$

$$=\frac{10^{-3.04}\times10^{-4.37}}{10^{-8}+10^{-4}\times10^{-3.04}+10^{-3.04}\times10^{-4.37}}=0.28$$

所以　　　　　　$[A^{2-}]=0.28\times0.050=0.014mol/L$

二元弱酸有两个 $pK_a^{\ominus}$ 值（$pK_{a1}^{\ominus}$ 和 $pK_{a2}^{\ominus}$），以它们为界，可分为三个区域：$pH<pK_{a1}^{\ominus}$ 时，H_2A 占优势；$pH>pK_{a2}^{\ominus}$ 时，A^{2-} 型体为主；而当 $pK_{a1}^{\ominus}<pH<pK_{a2}^{\ominus}$ 时，则主要是 HA^- 型体。$pK_{a1}^{\ominus}$ 与 $pK_{a2}^{\ominus}$ 相差越小，HA^- 占优势的区域越窄。酒石酸正是这种情况（$pK_{a1}^{\ominus}=3.04$，$pK_{a2}^{\ominus}=4.37$）。以酒石酸氢钾沉淀形式检出 K^+ 时，希望酒石酸氢根离子（HA^-）浓度大些。这时要求控制酸度在 pH＝3.0～4.3。反之，在含有酒石酸和钾（或铵）盐的分析溶液中，为防止酒石酸氢钾（或酒石酸氢铵）沉淀，应控制 pH 值在 3.0～4.3 范围以外。由式(6-4) 还可算出，在 pH＝4.0 时，酒石酸氢根离子（HA^-）最多时只占 72%，其他两种型体（H_2A 和 A^{2-}）各占 14%。换言之，即使将纯的酒石酸氢钾溶于水中，也将有 28%发生酸式和碱式解离。酒石酸氢根离子（HA^-）的浓度将比其分析浓度小得多（图 6-3）。

同理可导出三元弱酸的分布系数：

$$\delta_3=\frac{[H_3A]}{c}=\frac{[H^+]^3}{[H^+]^3+[H^+]^2K_{a1}^{\ominus}+[H^+]K_{a1}^{\ominus}K_{a2}^{\ominus}+K_{a1}^{\ominus}K_{a2}^{\ominus}K_{a3}^{\ominus}}$$

$$\delta_2=\frac{[H_2A^-]}{c}=\frac{[H^+]^2K_{a1}^{\ominus}}{[H^+]^3+[H^+]^2K_{a1}^{\ominus}+[H^+]K_{a1}^{\ominus}K_{a2}^{\ominus}+K_{a1}^{\ominus}K_{a2}^{\ominus}K_{a3}^{\ominus}}$$

$$\delta_1=\frac{[HA^{2-}]}{c}=\frac{[H^+]K_{a1}^{\ominus}K_{a2}^{\ominus}}{[H^+]^3+[H^+]^2K_{a1}^{\ominus}+[H^+]K_{a1}^{\ominus}K_{a2}^{\ominus}+K_{a1}^{\ominus}K_{a2}^{\ominus}K_{a3}^{\ominus}}$$

$$\delta_0=\frac{[A^{3-}]}{c}=\frac{K_{a1}^{\ominus}K_{a2}^{\ominus}K_{a3}^{\ominus}}{[H^+]^3+[H^+]^2K_{a1}^{\ominus}+[H^+]K_{a1}^{\ominus}K_{a2}^{\ominus}+K_{a1}^{\ominus}K_{a2}^{\ominus}K_{a3}^{\ominus}}\tag{6-5}$$

图 6-4 为 H_3PO_4 的 δ-pH 分布曲线图。H_3PO_4 的 $pK_{a1}^{\ominus}(2.12)$ 与 $pK_{a2}^{\ominus}(7.21)$ 相差较大，$H_2PO_4^-$ 占优势的区域宽，当它达最大时，其他型体均很小，可以略去。同样，$pK_{a3}^{\ominus}$（12.32）与 $pK_{a2}^{\ominus}$ 相差也较大，HPO_4^{2-} 占优势的区域也宽。这将有利于 H_3PO_4 分步滴定到 $H_2PO_4^-$ 和 HPO_4^{2-}。

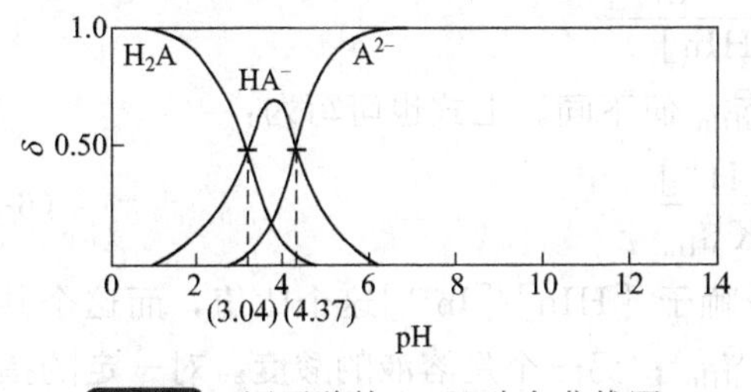

图 6-3　酒石酸的 δ-pH 分布曲线图

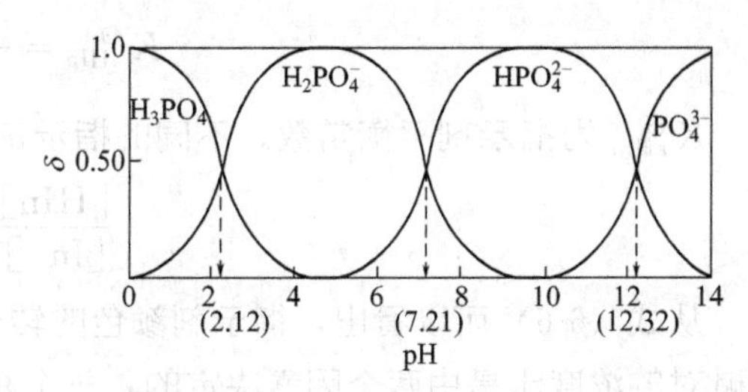

图 6-4　H_3PO_4 的 δ-pH 分布曲线图

在弱碱平衡系统中，各型体的 δ-pH 分布曲线图与弱酸平衡系统中各型体的 δ-pH 分布曲线图相似。

6.2 酸碱指示剂

由于一般酸碱反应本身无外观的变化，因此通常需要加入能在化学计量点附近发生颜色变化的物质来指示化学计量点的到达。这些随溶液 pH 值改变而发生颜色变化的物质，称为酸碱指示剂（acid-base indicator）。

6.2.1 酸碱指示剂的变色原理

酸碱指示剂一般是有机弱酸或有机弱碱，其共轭酸碱对具有不同的颜色，当溶液的 pH 值改变时，共轭酸失去质子转变为共轭碱，或得到质子由共轭碱转为共轭酸。由于结构上的变化，从而引起颜色的变化。下面以甲基橙、酚酞为例来说明。甲基橙是一种双色指示剂及有机弱碱，在溶液中有以下平衡：

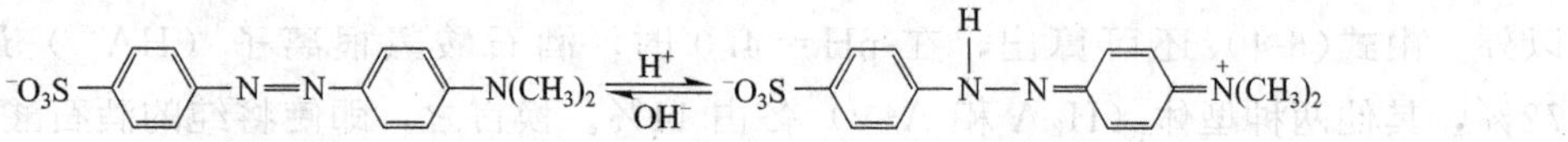

黄色(偶氮式) 红色(醌式)

由平衡关系可以看出，当溶液中 $[H^+]$ 增大时，甲基橙主要以醌式结构存在，溶液显红色。当溶液中 $[H^+]$ 降低时，甲基橙主要以偶氮式结构存在，溶液显黄色。

酚酞是一种单色指示剂，是有机弱酸，当溶液酸度增加时，平衡向左移动，酚酞主要以无色的羟式存在；当溶液碱度增加时，平衡向右移动，酚酞转变为醌式显红色（图 6-5）。

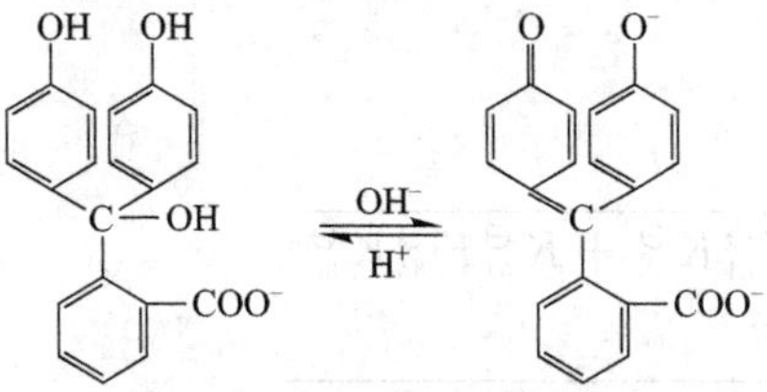

无色 红色(醌式)

图 6-5 酚酞的解离平衡

6.2.2 酸碱指示剂的变色范围

为进一步说明指示剂颜色变化与酸度的关系，用 HIn 表示复杂的有机弱酸指示剂的分子式，则其解离平衡可表示为：

$$\underset{(\text{酸式色})}{HIn} \rightleftharpoons H^+ + \underset{(\text{碱式色})}{In^-}$$

$K^{\ominus}_{aHIn}$ 平衡常数表达式为：

$$K^{\ominus}_{aHIn}=\frac{[H^+][In^-]}{[HIn]}$$

$K^{\ominus}_{aHIn}$ 为指示剂平衡常数。不同的指示剂 $K^{\ominus}_{aHIn}$ 值不同。上式也可写为：

$$\frac{[HIn]}{[In^-]}=\frac{[H^+]}{K^{\ominus}_{aHIn}} \tag{6-6}$$

从式（6-6）可以看出，指示剂颜色的转变依赖于 $[HIn]/[In^-]$ 这个比值，而这个共轭酸碱对的浓度比是由两个因素决定的：一个是 $K^{\ominus}_{aHIn}$；另一个是溶液的酸度。对一定的指示剂而言，在指定条件下 $K^{\ominus}_{aHIn}$ 是常数。因此，指示剂颜色的转变就完全由溶液中 $[H^+]$ 决定。若溶液中的 $[H^+]$ 发生变化，$[HIn]/[In^-]$ 比值随之发生变化，溶液的颜色也发生改变。

从式（6-6）可知，当［H^+］＝$K^{\ominus}_{aHIn}$时，即 pH＝p$K^{\ominus}_{aHIn}$时，［HIn］＝［In^-］，这时溶液的颜色是 HIn 和 In^- 两者颜色各占一半的混合色，称为中间色。此时溶液的 pH 值称为该指示剂的理论变色点，数值上等于 p$K^{\ominus}_{aHIn}$，其意义是指示剂变色的转折点。

当［H^+］＞$K^{\ominus}_{aHIn}$时，［HIn］＞［In^-］，溶液中酸式色超过碱式色；当［HIn］/［In^-］＝10 时，人的眼睛能勉强辨认出 HIn 的存在，溶液略带酸式色；当［HIn］/［In^-］＞10 时，HIn 的颜色较为明显，溶液呈明显的酸式色，此时溶液的 pH ≤ p$K^{\ominus}_{aHIn}$－1。［H^+］＜$K^{\ominus}_{aHIn}$时，［HIn］＜［In^-］，溶液的碱式色超过酸式色。一般当［HIn］/［In^-］＝1/10 时，人的眼睛勉强辨认出 In^- 的颜色，溶液略带碱式色；当［HIn］/［In^-］＜1/10 时，可看到明显的 In^- 色，溶液显碱式色，此时 pH≥p$K^{\ominus}_{aHIn}$＋1。显然指示剂从酸式色变成碱式色，或从碱式色转变成酸式色时，pH 值的改变是从 p$K^{\ominus}_{aHIn}$－1 到 p$K^{\ominus}_{aHIn}$＋1 或从 p$K^{\ominus}_{aHIn}$＋1 到 p$K^{\ominus}_{aHIn}$－1，一般把 pH＝p$K^{\ominus}_{aHIn}$－1～p$K^{\ominus}_{aHIn}$＋1 这个范围称为指示剂的变色范围。这个范围内溶液的颜色称为过渡色。将酸碱指示剂的变色情况与溶液 pH 值的关系图示如下：

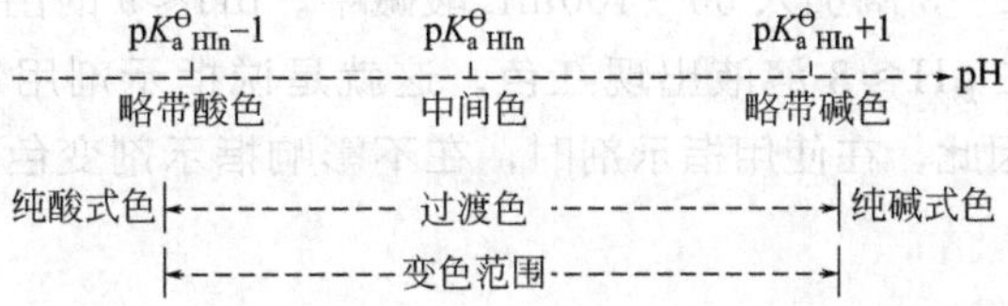

p$K^{\ominus}_{aHIn}$−1　　p$K^{\ominus}_{aHIn}$　　p$K^{\ominus}_{aHIn}$+1　→pH

略带酸色　　中间色　　略带碱色

纯酸式色 |←-------- 过渡色 --------→| 纯碱式色

|←-------- 变色范围 --------→|

用公式表示上述关系，可得：

$$\text{pH(变色范围)}=\text{p}K^{\ominus}_{aHIn}\pm 1 \tag{6-7}$$

由于人的眼睛对不同颜色变化的敏感程度不同，实际变色范围不一定正好在 pH＝p$K^{\ominus}_{aHIn}$＋1 或 p$K^{\ominus}_{aHIn}$－1。例如，酚酞变色范围内应是 p$K^{\ominus}_{aHIn}$＋1 或 p$K^{\ominus}_{aHIn}$－1 等于 9.1＋1 或 9.1－1，即 8.1～10.1，但由于人的眼睛对无色变红色易察觉，红色褪去不易察觉，酚酞的实际范围是在 8.0～10.0 之间，相当于 p$K^{\ominus}_{aHIn}$－1.1 到 p$K^{\ominus}_{aHIn}$＋0.9。又如甲基橙，实际变色范围是 3.1～4.4，而不是 2.4～4.4，这是由于人类对红色较之对黄色更为敏感的缘故。

指示剂种类很多，由于它们的解离常数不同，所以它们的变色点和变色范围也各不相同，这给选择指示剂提供了方便。现将几种常用酸碱指示剂列于表 6-1 中。

表 6-1　几种常用酸碱指示剂

指示剂	变色范围 pH 值	颜色变化	p$K^{\ominus}_{aHIn}$	浓度	用量/(滴/10mL 试液)
百里酚蓝[①]	1.2～2.8	红～黄	1.7	0.1%的 20%乙醇溶液	1～2
甲基橙	3.1～4.4	红～黄	3.4	0.05%的水溶液	1
溴甲酚绿	4.0～5.6	黄～蓝	4.9	0.1%的 20%乙醇溶液或其钠盐水溶液	1～3
甲基红	4.4～6.2	红～黄	5.0	0.1%的 60%乙醇溶液或其钠盐水溶液	1
溴百里酚蓝	6.2～7.6	黄～蓝	7.3	0.1%的 20%乙醇溶液或其钠盐水溶液	1
中性红	6.8～8.0	红～黄橙	7.4	0.1%的 60%乙醇溶液	1
酚酞	8.0～10.0	无～红	9.1	0.5%的 90%乙醇溶液	1～3
百里酚蓝	8.0～10.0	黄～蓝	8.9	0.1%的 20%乙醇溶液	1～4
百里酚酞	9.4～10.6	无～蓝	10.0	0.1%的 90%乙醇溶液	1～2

① 百里酚蓝有两个变色点。

6.2.3 影响酸碱指示剂变色范围的主要因素

6.2.3.1 温度

温度能引起解离常数 $K^{\ominus}_{aHIn}$ 和水的离子积常数 $K^{\ominus}_{w}$ 的变化，因而指示剂的变色间隔也随之发生改变。如甲基橙在室温下的变色范围是 3.1～4.4，在 100℃时为 2.5～3.7，对 $[H^{+}]$ 的灵敏度下降。所以滴定都应在室温下进行，有必要加热煮沸时，最好将溶液冷却后再滴定。

6.2.3.2 指示剂的用量

指示剂用量过大会使颜色变化不明显，而且指示剂本身也要消耗一些滴定剂，带来误差。对于单色指示剂，指示剂用量的改变会引起变色范围的移动。例如，酚酞是单色指示剂，将其 0.1%的溶液 2～3 滴加入 50～100mL 酸碱中。pH≈9 时出现红色。若相同条件下加入 10～15 滴时，则在 pH≈8 溶液出现红色。这就是说指示剂用量过多时，变色范围向 pH 值低的方向移动。因此，在使用指示剂时，在不影响指示剂变色灵敏度的情况下，一般用量少为宜。

6.2.3.3 变色方向

指示剂的变色方向有时也影响颜色变化的明显程度，如酚酞，从无色到变为红色时颜色变化明显，易辨别。若从红色变为无色时则不易辨别，滴定剂易过量。又如甲基橙，由黄变红比由红变黄易辨别。因此，强碱滴强酸时一般选用酚酞，而强酸滴强碱时则选用甲基橙就是这个道理。

6.2.4 混合指示剂

以上介绍的酸碱指示剂都是单一的指示剂，变色范围较宽，而在一些酸碱滴定中，需要把滴定终点限制在很窄的 pH 值间隔范围内，以达到一定的准确度。这就需要变色范围比一般单一指示剂要窄，颜色变化更易察觉的指示剂。这时可采用混合指示剂。

表 6-2 几种常用混合指示剂

指示剂溶液的组成	变色时 pH 值	颜色		备注
		酸色	碱色	
1 份 0.1%甲基橙溶液 1 份 0.25%靛蓝二磺酸水溶液	4.1	紫	黄绿	
3 份 0.1%溴甲酚绿乙醇溶液 1 份 0.2%甲基红乙醇溶液	5.1	酒红	绿	
1 份 0.1%溴甲酚绿钠盐溶液 1 份 0.1%氯酚红钠盐溶液	6.1	黄绿	蓝紫	pH=5.4，蓝绿色；5.8，蓝色；6.0，蓝带紫；6.2，蓝紫
1 份 0.1%中性红乙醇溶液 1 份 0.1%亚甲基蓝乙醇溶液	7.0	紫蓝	绿	pH=7.0，紫蓝
1 份 0.1%甲酚红钠盐溶液 3 份 0.1%百里酚蓝钠盐溶液	8.3	黄	紫	pH=8.2，玫瑰红；8.4，清晰的紫色

续表

指示剂溶液的组成	变色时pH值	颜色		备注
		酸色	碱色	
1份0.1%百里酚蓝50%乙醇溶液 3份0.1%酚酞50%乙醇溶液	9.0	黄	紫	从黄到绿，再到紫
1份0.1%酚酞乙醇溶液 1份0.1%百里酚酞乙醇溶液	9.9	无	紫	pH=9.6，玫瑰红； 10，紫红
2份0.1%百里酚酞乙醇溶液 1份0.1%茜素黄乙醇溶液	10.2	黄	紫	

混合指示剂通常是由某种颜色不随溶液 pH 值改变而变化的染料与一种指示剂混合而成，或是由 $K^{\ominus}_{aHIn}$ 相近的两种指示剂混合而成的，所以称为混合指示剂。常用混合指示剂如表 6-2 所示。混合指示剂主要利用颜色的互补作用，使得指示剂的变色范围变窄。如将靛蓝染料和甲基橙按一定比例混合配制成混合指示剂，因为靛蓝的颜色不随溶液的 pH 值变化，始终保持蓝色，与甲基橙的过渡色（橙色）刚好互补，结果溶液颜色变化如下：

溶液 pH 值	甲基橙颜色	靛蓝颜色	溶液颜色
≥4.4	黄色	蓝色	绿色
4.4～3.1	橙色	蓝色	浅灰色
≤3.1	红色	蓝色	紫色

溶液的颜色变化无论是从绿色到浅灰色，或从紫色到浅灰色都极明显，很易辨别，终点非常敏锐。

又如将 $pK^{\ominus}_{aHIn}$ 很接近的溴甲酚绿和甲基红两种酸碱指示剂混合而成的混合指示剂，在酸碱滴定过程中颜色变化如下：

溶液 pH 值	溴甲酚绿	甲基红	溴甲酚绿+甲基红
≤4.0	黄色	红色	橙色
4.0～6.2	绿色	橙色	灰色
≥6.2	蓝色	黄色	绿色

滴定达到终点时颜色从橙色到灰色，或从绿色到灰色，终点也很敏锐。

混合指示剂因为具有变色明显、变色范围窄的特点，指示酸碱滴定的化学计量点比一般单一指示剂更准确。混合指示剂颜色变化是否显著，主要取决于指示剂和染料的性质，也与二者的混合比例有关，这是配制混合指示剂时必须注意的。

6.3 酸碱滴定曲线和指示剂的选择

为了选择合适的指示剂来指示滴定终点，只了解指示剂的一些性质还不够，必须了解滴定过程中溶液 pH 值的变化，特别是化学计量点时的 pH 值和化学计量点附近相对误差在 −0.1%～0.1%之间 pH 值的变化情况。酸碱滴定曲线表示加入不同量的滴定剂（或不同的中和百分数）时的 pH 值。下面分别讨论不同类型酸碱滴定的滴定曲线和如何选择合适的指示剂来确定滴定终点。

6.3.1 强酸与强碱的相互滴定

如 HCl、HNO_3、H_2SO_4、$HClO_4$ 与 NaOH、KOH、$Ba(OH)_2$ 之间的相互滴定都属

于这类滴定。这类滴定反应及滴定反应常数 $K_t^\ominus$ 是：

$$OH^- + H^+ \rightleftharpoons H_2O$$

$$K_t^\ominus = \frac{1}{[H^+][OH^-]} = \frac{1}{K_w^\ominus} = 10^{14}$$

它是酸碱滴定中反应程度最完全的，容易准确滴定。

现以0.1000mol/L NaOH溶液滴定20.00mL 0.1000mol/L HCl溶液为例，讨论强碱滴定强酸溶液过程中pH值的变化、滴定曲线的形状以及指示剂的选择。整个滴定过程可分为四个阶段。

6.3.1.1 滴定前

滴定开始前，NaOH溶液的加入量为0.00mL，溶液的酸度等于HCl溶液的原始浓度。

$$c(H^+) = 0.1000\text{mol/L}$$

$$pH = -\lg[H^+] = 1.00$$

6.3.1.2 滴定开始到化学计量点前

滴定开始到化学计量点前，溶液的酸度取决于剩余HCl溶液的浓度。设 c_1 为HCl溶液的浓度，V_1为HCl溶液的体积，c_2 为NaOH溶液的浓度，V_2 为加入的NaOH溶液的体积，则溶液中：

$$[H^+] = \frac{c_1V_1 - c_2V_2}{V_1 + V_2}$$

（1）当加入NaOH溶液18.00mL时，则未中和的HCl为2.00mL，此时溶液中［H⁺］应为：

$$[H^+] = \frac{0.1000 \times (20.00 - 18.00)}{20.00 + 18.00} = 5.3 \times 10^{-3}\text{mol/L}$$

$$pH = -\lg[H^+] = 2.28$$

（2）当加入NaOH溶液19.98mL时，未中和的HCl为0.02mL，此时中和百分数为19.98/20.00×100%=99.9%，此时溶液中［H⁺］应为：

$$[H^+] = \frac{0.1000 \times (20.00 - 19.98)}{20.00 + 19.98} = 5.0 \times 10^{-5}\text{mol/L}$$

$$pH = -\lg[H^+] = 4.30$$

其余各点pH值的计算依次类推。

6.3.1.3 化学计量点

当加入NaOH溶液为20.00mL时，HCl全部被中和，生成的NaCl是强酸强碱盐，不发生水解，因此溶液的pH=7.00。任何强酸强碱之间相互滴定的化学计量点的pH值均等于7.00。

6.3.1.4 化学计量点后

化学计量点后溶液的pH值取决于过量的NaOH的浓度，此时：

$$[OH^-] = \frac{0.1000 \times (V_2 - 20.00)}{V_2 + 20.00}$$

如加入 NaOH 溶液为 20.02mL，即 NaOH 过量 0.02mL，NaOH 过量 0.02/20.00×100%=0.1%，此时溶液的 $[OH^-]$ 为：

$$[OH^-]=\frac{0.1000\times(20.02-20.00)}{20.02+20.00}=5.0\times10^{-5}\,mol/L$$

$$[H^+]=2.0\times10^{-10}\,mol/L$$

$$pH=9.70$$

用类似的方法可以计算滴定过程中溶液的 pH 值（表 6-3）。

以溶液的 pH 值为纵坐标、NaOH 溶液的加入体积（或中和百分数）为横坐标作图，可得滴定曲线（图 6-6）。

由表 6-3 和图 6-6 中可以看出，从滴定开始到加入 19.80mL NaOH 溶液，即中和了 99% 的 HCl 溶液，溶液的 pH 值只改变了 2.30 个单位。在滴定曲线上，这一段斜率很小，再滴入 0.18mL（共滴入 19.98mL NaOH 时，此时 HCl 剩余 0.1%），pH 值改变了一个单位，pH 值为 4.30，pH 值的变化加快了，在滴定曲线上表现为斜率增加。再滴入 0.02mL，即共加入 20.00mL NaOH 溶液时，溶液的 pH 值迅速增加至 7.00，再滴入 0.02mL NaOH 溶液，即 NaOH 过量 0.1% 时，pH 值增加到 9.70，以后过量的 NaOH 溶液所引起的溶液 pH 值的变化又越来越小。

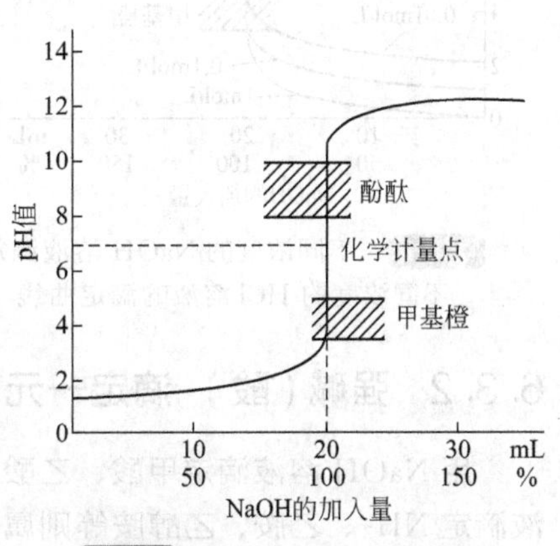

图 6-6　0.1000mol/L NaOH 滴定 20.00mL 0.1000mol/L HCl 的滴定曲线

表 6-3　用 0.1000mol/L NaOH 滴定 20.00mL 0.1000mol/L HCl

加入 NaOH 溶液/mL	剩余 HCl 溶液/mL	过量 NaOH 溶液/mL	pH 值
0.00	20.00		1.00
18.00	2.00		2.28
19.80	0.20		3.30
19.98	0.02		4.30 ┐
20.00	0.00		7.00 ├ 突跃范围
20.02		0.02	9.70 ┘
20.20		0.20	10.70
22.00		2.00	11.70
40.00		20.00	12.50

由此可见，在化学计量点前后由剩余的 0.1% HCl 未中和到 NaOH 过量 0.1%，相对误差在 −0.1%～0.1% 之间，溶液的 pH 值有一个突变，从 4.30 增加到 9.70，变化了 5.4 个单位，曲线呈现近似垂直的一段。这一段被称为滴定突跃，突跃所在的 pH 值范围称为滴定突跃范围。

滴定突跃有重要的实际意义，它是指示剂的选择依据。凡是变色范围全部或部分落在突跃范围之内的指示剂，都可以被选为该滴定的指示剂。如酚酞、甲基红、甲基橙都能保证终点误差在 ±0.1% 以内。其中甲基橙的变色范围（pH=3.1～4.4）只有 0.1 个 pH 单位被包括在突跃范围（pH=4.30～9.70）之内，但只要将滴定终点控制在溶液从橙色变到黄色就符合要求。

如果用 HCl 滴定 NaOH（条件同前），则滴定曲线与图 6-6 的曲线对称，对称轴是突跃部分。这时酚酞、甲基红都可以作为指示剂。若用甲基橙指示剂从黄色滴定到橙色（pH＝4.0），将有0.2%的误差。

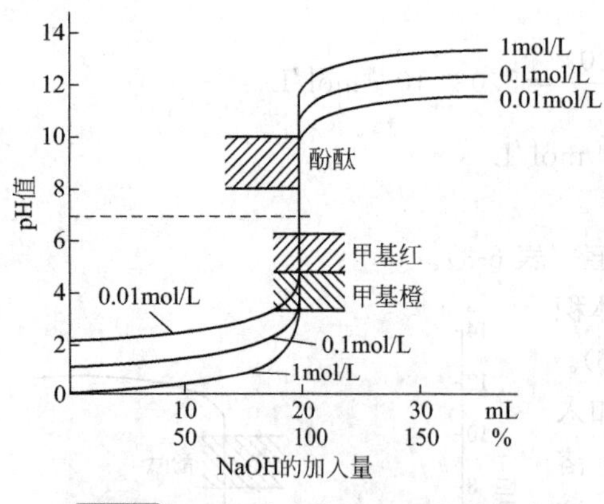

图 6-7 不同浓度的 NaOH 溶液滴定不同浓度的 HCl 溶液的滴定曲线

滴定突跃范围的大小决定指示剂的正确选择，而突跃范围的大小还与酸碱的浓度有关。酸碱浓度越大，则突跃范围越大。图 6-7 中表示了三种不同浓度酸碱的滴定曲线。

其中酸碱浓度为 1.000mol/L 时突跃范围最大（pH＝3.30～10.70），很多指示剂都适用。而酸碱浓度为 0.01000mol/L 时滴定突跃范围最小（pH＝5.30～8.70），此时甲基橙就不能选为指示剂。酸碱浓度每增大 10 倍或降低至原来的 1/10，其突跃范围就增加或减少 2 个 pH 单位，选择指示剂时务必注意这种变化。

6.3.2 强碱（酸）滴定一元弱酸（碱）

用 NaOH 溶液滴定甲酸、乙酸、乳酸等有机酸，都属于强碱滴定一元弱酸。用 HCl 溶液滴定 NH_3、乙胺、乙醇胺等则属于强酸滴定一元弱碱。这一类型的基本反应是：

$$OH^- + HA \longrightarrow H_2O + A^-$$

$$H^+ + B \longrightarrow HB^+$$

现以 0.1000mol/L NaOH 溶液滴定 20.00mL 0.1000mol/L HAc 为例，计算滴定过程中溶液的 pH 值。与前例一样，分四个阶段讨论。

6.3.2.1 滴定前

滴定前是 0.1000mol/L 的 HAc 溶液，$[H^+]$ 计算如下：

$$[H^+] = \sqrt{K^{\ominus}_{aHAc}[HAc]} = \sqrt{1.8\times10^{-5}\times0.1000} = 1.3\times10^{-3}\text{mol/L}$$

$$pH = 2.89$$

6.3.2.2 滴定开始至化学计量点前

这个阶段溶液中的溶质有 NaAc 和剩余的 HAc，HAc 与其共轭碱 Ac^- 组成缓冲溶液，溶液 pH 值的计算为：

$$pH = pK^{\ominus}_a - \lg\frac{[HAc]}{[Ac^-]}$$

例如，当加入 NaOH 溶液 19.98mL 时，即有 99.9% 的 HAc 被中和，则：

$$[Ac^-] = 5.0\times10^{-2}\text{mol/L}$$

$$[HAc] = 5.0\times10^{-5}\text{mol/L}$$

$$pH = 4.74 - \lg(5.0\times10^{-5}/5.0\times10^{-2}) = 7.74$$

6.3.3.3 化学计量点

化学计量点时 HAc 全部被中和，生成 NaAc，此时 $[Ac^-]=0.05$mol/L，因为 $cK^{\ominus}_b > 20K^{\ominus}_w$，$c/K^{\ominus}_b > 500$，可用简单公式计算：

$$[OH^-]=\sqrt{K_b^{\ominus}[Ac^-]}=\sqrt{\frac{K_W^{\ominus}}{K_{aHAc}^{\ominus}}[Ac^-]}=\sqrt{\frac{1.0\times10^{-14}}{1.8\times10^{-5}}}\times0.05=5.3\times10^{-6}\text{mol/L}$$

$$pH=14.00+\lg(5.3\times10^{-6})=8.72$$

6.3.3.4 化学计量点后

此时溶液的组成是 NaOH 和 NaAc。Ac^- 的碱性较弱，溶液的 $[OH^-]$ 由过量的 NaOH 浓度决定。例如，已滴入 NaOH 20.02mL，过量的 NaOH 为 0.02mL，即过量 0.1%，则：

$$[OH^-]=\frac{20.02-20.00}{20.02+20.00}\times0.1000=5.0\times10^{-5}\text{mol/L}$$

$$pH=pK_w^{\ominus}-pOH=14.00-4.30=9.70$$

按上述方法，可以计算滴定过程中溶液的 pH 值，结果列于表 6-4 中，并根据各点的 pH 值绘出滴定曲线，如图 6-8 所示。

表 6-4 0.1000mol/L NaOH 滴定 20.00mL 0.1000mol/L HAc 的 pH 值变化

加 NaOH/mL	中和百分数/%	剩余 HAc/mL	过量 NaOH/mL	pH 值
0.00	0.00	20.00		2.89
18.00	90.00	2.00		5.70
19.80	99.00	0.20		6.73
19.98	99.90	0.02		7.74
20.00	100.0	0.00		8.72 突跃范围
20.02	100.1		0.02	9.70
20.20	101.0		0.20	10.70
22.00	110.0		2.00	11.70
40.00	200.0		20.00	12.50

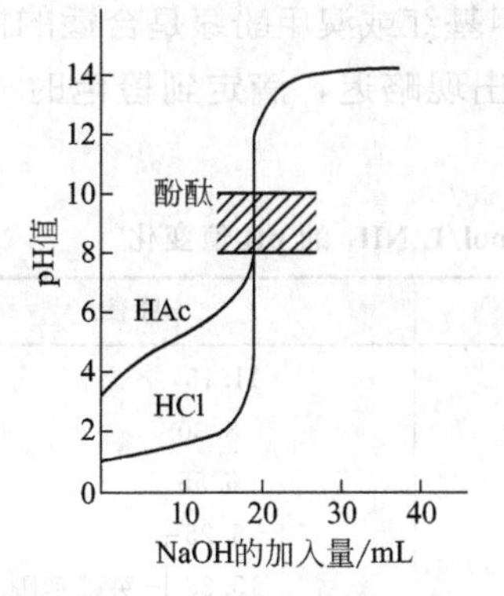

图 6-8 0.1000mol/L NaOH 滴定 20.00mL 0.1000mol/L HAc 的滴定曲线

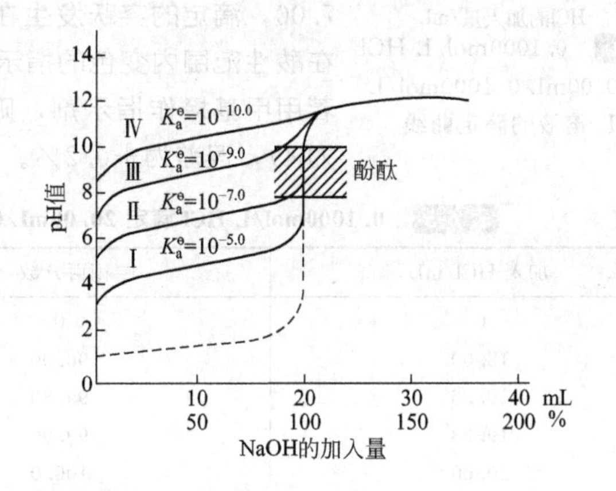

图 6-9 NaOH 溶液滴定弱酸溶液的滴定曲线

图 6-8 表明，滴定前弱酸溶液的 pH 值比强酸溶液的大。滴定开始后，反应产生的 Ac^- 抑制了 HAc 的解离，溶液中 $[H^+]$ 降低很快，pH 值很快增加，这段曲线斜率大。随着 NaOH 不断加入，溶液中 HAc 不断减少，Ac^- 不断增加，这个由 HAc 和 Ac^- 组成的缓冲溶液系统的缓冲能力也逐渐增加，溶液 pH 值变化缓慢，当 HAc 被滴定 50%时，[HAc]/

$[Ac^-]=1$，此时溶液的缓冲作用最大，这一段曲线斜率最小。接近计量点时，HAc 浓度已很低，溶液的缓冲作用显著减弱，继续加入 NaOH，溶液的 pH 值则较快地增大。由于滴定产物 Ac^- 为弱碱，计量点时溶液不是中性而是弱碱性。计量点后为 NaAc、NaOH 混合溶液，Ac^- 碱性较弱，它的解离几乎完全受到过量 NaOH 的 OH^- 的抑制，曲线与 NaOH 滴定 HCl 的曲线重合。

由表 6-4 看到，强碱滴定弱酸的突跃范围比滴定同样浓度的强酸的突跃小得多，而且是在弱碱性区域。0.1mol/L NaOH 滴定 0.1mol/L HAc 的突跃范围是 7.74～9.70，在酸性范围内变化的指示剂如甲基橙、甲基红等都不能使用，而只能选择在碱性范围内变色的指示剂，如酚酞、百里酚蓝等，酚酞的变色点（pH=9）恰好在滴定突跃范围内。用酚酞作指示剂可获得准确的结果。

强碱滴定弱酸的滴定突跃范围的大小，受酸碱的浓度和酸的强度的影响。当浓度一定时，$K_a^\ominus$ 值越大，突跃范围越大；$K_a^\ominus$ 值越小，突跃范围越小。强酸的强度最大，所以强碱滴定强酸时其突跃最大（图 6-9）。当 $K_a^\ominus$ 值一定时，浓度越大，突跃范围越大；反之，突跃范围越小。实践证明，突跃范围必须在 0.3 个 pH 单位以上，人们才能准确地通过观察指示剂的变色来判断滴定终点。要有 0.3 个 pH 单位的突跃必须满足下列条件：

$$cK_a^\ominus \geqslant 10^{-8} \tag{6-8}$$

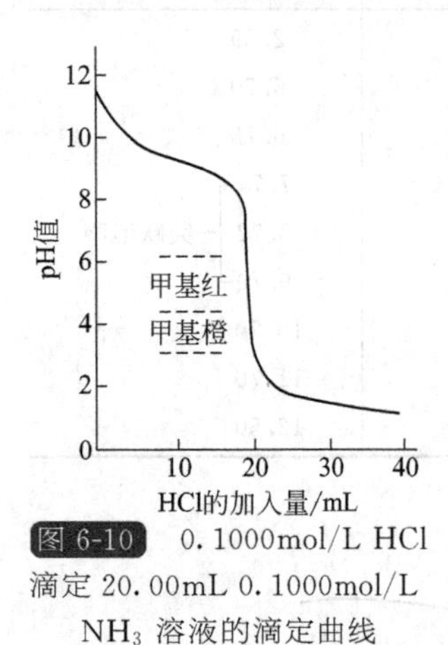

图 6-10 0.1000mol/L HCl 滴定 20.00mL 0.1000mol/L NH_3 溶液的滴定曲线

这是弱酸能否用强碱直接准确滴定的判断式，此时终点误差不大于 ±0.2%。如 H_3BO_3（$K_a=5.8\times10^{-10}$），即使浓度为 1mol/L 也不能用强碱直接滴定，只能采用其他的滴定方式。

关于强酸滴定一元弱碱，溶液中各阶段的 pH 值的计算方法与强碱滴定一元弱酸基本相似，现将 HCl 滴定 NH_3 过程中 pH 值的计算结果列于表 6-5 中，并绘成滴定曲线，如图 6-10 所示。

滴定曲线与 NaOH 滴定 HAc 相似，但 pH 变化方向相反，由于反应的产物是 NH_4^+，化学计量点的 pH 值（5.28）小于 7.00，滴定的突跃发生在酸性范围（4.30～6.25）内，必须选择在酸性范围内变色的指示剂，甲基红或溴甲酚绿是合适的指示剂，若用甲基橙作指示剂，则终点出现略迟，滴定到橙色时（pH 值为 4），误差为 +0.2%。

表 6-5 0.1000mol/L HCl 滴定 20.00mL 0.1000mol/L NH_3 的 pH 值变化

加入 HCl/mL	中和百分数/%	pH 值
0	0	11.13
18.00	90.00	8.30
19.96	99.80	6.55
19.98	99.90	6.25 ┐
20.00	100.0	5.28 ├ 突跃范围
20.02	100.1	4.30 ┘
20.20	101.0	3.30
22.00	110.0	2.30
40.00	200.0	1.30

与弱酸的滴定一样，弱碱的滴定突跃范围大小与弱碱的强度及其浓度有关，只有在 $cK_b^\ominus \geqslant 10^{-8}$ 时，该弱碱才能直接被强酸准确滴定。

6.3.3　多元酸和多元碱的滴定

6.3.3.1　多元酸的滴定

常见的多元酸多数是弱酸，多元酸在水中是分步解离的。以二元酸 H_2A 为例，在水溶液中存在下列解离平衡：

$$H_2A \rightleftharpoons H^+ + HA^-$$

$$HA^- \rightleftharpoons H^+ + A^{2-}$$

但是在滴定过程中，它们是否能分步滴定，即每一级化学计量点处是否有明显的突跃形成，这些都与多元酸的各级解离常数和浓度大小有关。

由一元酸的滴定可知，当 $cK_{a1}^{\ominus} \geqslant 10^{-8}$ 时，多元酸第一级解离的 H^+ 可被准确滴定，第一化学计量点处是否有突跃形成，则要看 $K_{a1}^{\ominus}$ 与 $K_{a2}^{\ominus}$ 的比值。若 $K_{a1}^{\ominus}/K_{a2}^{\ominus} \geqslant 10^4$ 时则有突跃（滴定准确度较高，终点误差小于1%），第一级解离的 H^+ 与第二级解离的 H^+ 可分开滴定。若同时 $cK_{a2}^{\ominus} \geqslant 10^{-8}$ 时，第二级解离的 H^+ 也可被滴定，第二化学计量点处也有突跃，共有两个突跃形成。当 $cK_{a1}^{\ominus} \geqslant 10^{-8}$，$cK_{a2}^{\ominus} \geqslant 10^{-8}$，而 $K_{a1}^{\ominus}/K_{a2}^{\ominus} < 10^4$ 时，两级解离出的 H^+ 都能被滴定，但不能被分开滴定，即在第一化学计量点处不能形成突跃或突跃不明显，只有在两级解离产生的 H^+ 全部被滴定后才能出现突跃，故只有一个突跃。

多数有机多元弱酸各级相邻解离常数之比都太小，不能分步滴定，例如：

酒石酸	$pK_{a1}^{\ominus}=3.04$	$pK_{a2}^{\ominus}=4.37$	
草酸	$pK_{a1}^{\ominus}=1.23$	$pK_{a2}^{\ominus}=4.19$	
柠檬酸	$pK_{a1}^{\ominus}=3.13$	$pK_{a2}^{\ominus}=4.76$	$pK_{a3}^{\ominus}=6.40$

但它们的最后一级常数都大于 10^{-7}，都能用 NaOH 溶液一步滴定全部可中和的 H^+，例如草酸就常作为标定 NaOH 的基准物质，能滴定到 $C_2O_4^{2-}$。

例 6-3　用 0.10mol/L NaOH 溶液滴定 0.10mol/L H_3PO_4 溶液，有几个滴定突跃？各选什么指示剂（$K_{a1}^{\ominus}=7.5\times10^{-3}$，$K_{a2}^{\ominus}=6.2\times10^{-8}$，$K_{a3}^{\ominus}=4.8\times10^{-13}$）？

解：

$$cK_{a1}^{\ominus}=0.10\times7.5\times10^{-3}>10^{-8}$$

$$cK_{a2}^{\ominus}=0.10\times6.2\times10^{-8}\approx10^{-8}$$

$$cK_{a3}^{\ominus}=0.10\times4.8\times10^{-13}<10^{-8}$$

第一、第二级解离出的 H^+ 可被滴定，但第三级解离出的 H^+ 不能被滴定。滴定反应如下：

$$H_3PO_4 + OH^- \longrightarrow H_2PO_4^- + H_2O$$

$$H_2PO_4^- + OH^- \longrightarrow HPO_4^{2-} + H_2O$$

$$\frac{K_{a1}^{\ominus}}{K_{a2}^{\ominus}}=\frac{7.5\times10^{-3}}{6.2\times10^{-8}}>10^4$$

$$\frac{K_{a2}^{\ominus}}{K_{a3}^{\ominus}}=\frac{6.2\times10^{-8}}{4.8\times10^{-13}}>10^4$$

故第一化学计量点和第二化学计量点都有突跃，第一和第二级解离出来的 H^+ 可分开滴定：

第一化学计量点时产物为 NaH_2PO_4 溶液，$H_2PO_4^-$ 是两性物质。经判断应选用近似计算：

$$[H^+]=\sqrt{K_{a1}^{\ominus}K_{a2}^{\ominus}}=\sqrt{7.5\times10^{-3}\times6.2\times10^{-8}}=2.15\times10^{-5}\text{mol/L}$$

$$pH=4.67$$

应选用甲基红（$pK^{\ominus}_{aHIn}=5.0$）或溴甲酚绿（$pK^{\ominus}_{aHIn}=4.9$）作为指示剂。

第二化学计量点时产物为 Na_2HPO_4，经判断可用近似公式计算：

$$[H^+]=\sqrt{K^{\ominus}_{a2}K^{\ominus}_{a3}}=\sqrt{6.2\times10^{-8}\times4.8\times10^{-13}}=1.72\times10^{-10}mol/L$$

$$pH=9.76$$

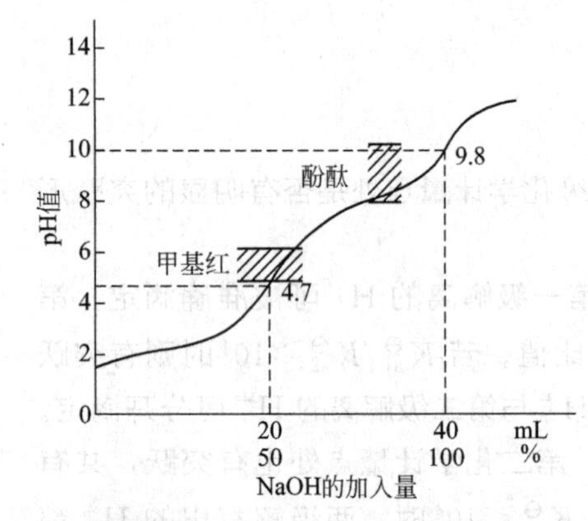

图 6-11 NaOH 溶液滴定 H_3PO_4 溶液的滴定曲线

可选用酚酞（$pK^{\ominus}_{aHIn}=9.1$）或百里酚酞（$pK^{\ominus}_{aHIn}=10.0$）作为指示剂。

H_3PO_4 第三级解离出的 H^+ 因 $K^{\ominus}_{a3}$ 太小，不能被直接准确滴定。

绘制多元酸的滴定曲线的计算比一元酸复杂得多，数字处理较麻烦。通常可用测定滴定过程中 pH 值的变化，来绘制滴定曲线。在实际工作中通常只计算化学计量点时的 pH 值，并以此选择指示剂。只要指示剂在化学计量点附近变色，该指示剂就可选用。NaOH 溶液滴定 H_3PO_4 溶液的滴定曲线如图 6-11 所示。

6.3.3.2 多元碱的滴定

例 6-4 用 0.1000mol/L HCl 溶液滴定 0.1000mol/L Na_2CO_3 溶液，能否分级滴定？选用什么指示剂（H_2CO_3 的 $K^{\ominus}_{a1}=4.3\times10^{-7}$，$K^{\ominus}_{a2}=4.8\times10^{-11}$）？

解： 先计算 CO_3^{2-} 的 $K^{\ominus}_{b}$，则：

$$K^{\ominus}_{b1}=K^{\ominus}_{w}/K^{\ominus}_{a2}=1.0\times10^{-14}/4.8\times10^{-11}=2.1\times10^{-4}$$

$$K^{\ominus}_{b2}=K^{\ominus}_{w}/K^{\ominus}_{a1}=1.0\times10^{-14}/4.3\times10^{-7}=2.3\times10^{-8}$$

因为 $cK^{\ominus}_{b1}>10^{-8}$，$cK^{\ominus}_{b2}\approx10^{-8}$，由 Na_2CO_3 两级解离出的 OH^- 都可被滴定。滴定反应如下：

$$CO_3^{2-}+H^+\rightleftharpoons HCO_3^-$$

$$HCO_3^-+H^+\rightleftharpoons H_2CO_3\longrightarrow CO_2+H_2O$$

由于 $K^{\ominus}_{b1}/K^{\ominus}_{b2}\approx10^4$，两级解离出的 OH^- 可被分步滴定。第一化学计量点产物为 HCO_3^-，是两性物质，经判断可选用最简式计算 pH 值：

$$[H^+]=\sqrt{K^{\ominus}_{a1}K^{\ominus}_{a2}}=\sqrt{4.3\times10^{-7}\times4.8\times10^{-11}}=4.5\times10^{-9}mol/L$$

$$pH=8.30$$

可选用酚酞作为指示剂。

第二化学计量点的滴定产物是 $H_2CO_3(CO_2+H_2O)$，在常温常压下其饱和溶液的浓度为 0.04mol/L，pH 值可用最简式计算：

$$[H^+]=\sqrt{K^{\ominus}_{a1}c}=\sqrt{4.3\times10^{-7}\times0.04}=1.3\times10^{-4}mol/L$$

$$pH=3.89$$

甲基橙是合适的指示剂。

HCl 溶液滴定 Na_2CO_3 的滴定曲线见图 6-12。由曲线可以看出，第一化学计量点突跃不太明显，滴定误差大于 1%。这是由于 $K^{\ominus}_{b1}/K^{\ominus}_{b2}$ 不够大，同时有 $NaHCO_3$ 的缓冲作用等原因所致。为了较准确地判断第一化学计量点，常采用同浓度的 $NaHCO_3$ 溶液作参比溶液，或使用甲酚红与百里酚蓝混合指示剂，其变色范围为 8.2（粉红色）～8.4（紫色），这样可使滴定误差减小至 0.5%。

因为 $K^{\ominus}_{b2}$ 不够大，第二化学计量点的突跃也不明显。如果 HCO_3^- 浓度稍大一点就易形成 CO_2 的过饱和溶液，使得 H_2CO_3 分解速率很慢，溶液的酸度有所增大，终点提前到达。因此，滴定快到终点时，应剧烈摇动溶液，以加快 H_2CO_3 的分解，或通过加热来减小 CO_2 的浓度，这时颜色又回到黄色，继续滴定至红色。重复操作直到加热后颜色不变为止，一般需要加热 2～3 次。此滴定终点敏锐，准确度高。

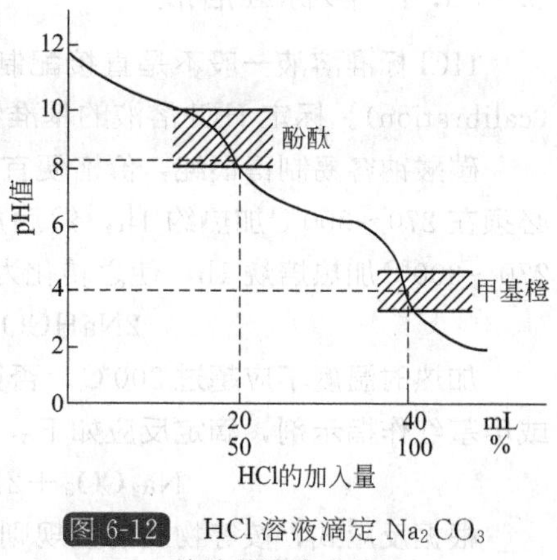

图 6-12 HCl 溶液滴定 Na_2CO_3 溶液的滴定曲线

还可使用双指示剂法。在溶液中先后加入酚酞和溴甲酚绿，由酚酞变色估计滴定剂大致用量。近终点时加热除去 CO_2、冷却，继续滴定至溶液由紫色变为绿色。终点敏锐，准确度也高。

综上所述，酸碱滴定在化学计量点附近都要形成突跃，但突跃的大小和化学计量点的位置都不尽相同。主要因素有以下几点。

（1）酸和碱的强度（酸碱解离常数 $K^{\ominus}_a$ 和 $K^{\ominus}_b$ 的大小）。酸和碱的 $K^{\ominus}_a$ 和 $K^{\ominus}_b$ 越大，滴定的突跃越大。强酸和强碱的互滴突跃最大。在同等条件下，酸的 $K^{\ominus}_a$ 越小，突跃开始点的 pH 值越大，突跃范围越小，且越偏向碱性；而碱的 $K^{\ominus}_b$ 越小，突跃开始时的 pH 值越小，突跃范围越小，越偏向于酸性。弱酸和弱碱互滴的突跃最小，甚至于没有突跃，所以不能直接滴定。这也是通常用强酸或强碱作为滴定剂的原因。

（2）酸和碱溶液的浓度。酸和碱的浓度越小，突跃范围也越小，如果 $cK^{\ominus}_a<10^{-8}$ 或 $cK^{\ominus}_b<10^{-8}$ 时，无明显突跃，一般不适合于用指示剂指示滴定终点。除强酸和强碱的滴定外，其余酸和碱的滴定，化学计量点的位置都随浓度有所变化。

（3）酸和碱溶液的温度。常温下溶剂水的质子自递常数（即水的离子积）$K^{\ominus}_w=1.0\times10^{-14}$，当温度发生变化时，$K^{\ominus}_w$ 也发生变化，影响酸和碱溶液中的 $c(H^+)$，使得突跃起点或终点的 pH 值发生改变，缩短突跃范围。$K^{\ominus}_w$ 的变化也影响化学计量点的位置。

多元弱酸（碱）滴定的突跃范围，除上述影响因素外，还有相邻两级解离常数比值大小的影响。当 $K^{\ominus}_{an}/K^{\ominus}_{a(n+1)}$ 或 $K^{\ominus}_{bn}/K^{\ominus}_{b(n+1)}$ 越大，n 级化学计量点处的突跃越大。通常要求比值大于 10^4。

选择指示剂的原则：选择那些变色范围全部或部分在滴定突跃范围内的指示剂。实际工作中是依据酸碱反应化学计量点的 pH 值选择指示剂的，选用那些变色点在化学计量点附近的指示剂。

6.4 酸碱滴定法的应用

6.4.1 酸碱标准溶液的配制与标定

酸碱滴定法中最常用的标准溶液是 HCl 与 NaOH 溶液，有时也用 H_2SO_4 和 HNO_3 溶液。溶液浓度常配成 0.1mol/L，太浓，消耗试剂太多造成浪费，太稀，滴定突跃小，得不到准确的结果。

6.4.1.1 酸标准溶液

HCl 标准溶液一般不是直接配制的，而是先配成大致所需浓度，然后用基准物质标定（calibration）。标定 HCl 溶液的基准物质，最常用的是无水碳酸钠（Na_2CO_3）及硼砂。

碳酸钠容易制得很纯，价格便宜，也能得到准确的结果。但有强烈的吸湿性，因此用前必须在 270～300℃加热约 1h，然后放于干燥器中冷却备用。也可采用分析纯 $NaHCO_3$ 在 270～300℃加热焙烧 1h，使之转化为 Na_2CO_3：

$$2NaHCO_3 = Na_2CO_3 + CO_2 + H_2O$$

加热时温度不应超过 300℃，否则将有部分 Na_2CO_3 分解为 Na_2O。标定时可选甲基橙或甲基红作指示剂，滴定反应如下：

$$Na_2CO_3 + 2HCl = 2NaCl + CO_2 \uparrow + H_2O$$

根据反应式，按等物质的量规则可计算 HCl 溶液的准确浓度：

$$c(HCl) = \frac{2 \times 1000 \times m(Na_2CO_3)}{M(Na_2CO_3) \times V(HCl)}$$

硼砂（$Na_2B_4O_7 \cdot 10H_2O$）标定 HCl 的反应如下：

$$Na_2B_4O_7 \cdot 10H_2O + 2HCl = 4H_3BO_3 + 2NaCl + 5H_2O$$

它与 HCl 反应的摩尔比也是 1∶2，但由于其摩尔质量较大（381.4g/mol），在直接称取单份基准物做标定时，称量误差小。硼砂无吸湿性，也容易提纯。其缺点是在空气中易失去部分结晶水，因此常保存在相对湿度为 60%的恒湿器中。滴定时，选甲基红为指示剂是合适的。根据标定反应式可准确计算 HCl 溶液的浓度：

$$c(HCl) = \frac{2 \times 1000 \times m(\text{硼砂})}{M(\text{硼砂}) \times V(HCl)}$$

6.4.1.2 碱标准溶液

NaOH 具有很强的吸湿性，也易吸收空气中的 CO_2，因此不能用直接法配制标准溶液，而是先配成大致浓度的溶液，然后进行标定。常用来标定 NaOH 溶液的基准物质有邻苯二甲酸氢钾、草酸等。

邻苯二甲酸氢钾（$KHC_8H_4O_4$）是两性物质（邻苯二甲酸的 $pK^{\ominus}_{a2}$ 为 5.4），与 NaOH 定量地反应：

$$C_6H_4(COOH)(COO^-) + OH^- \rightleftharpoons C_6H_4(COO^-)_2 + H_2O$$

滴定时选酚酞为指示剂。根据等物质的量规则可计算 NaOH 的准确浓度：

$$c(NaOH) = \frac{1000 \times m(KHC_8H_4O_4)}{M(KHC_8H_4O_4) \times V(NaOH)}$$

邻苯二甲酸氢钾容易提纯；在空气中不吸水，容易保存；与 NaOH 按 1∶1 摩尔比反应；摩尔质量又大（204.2g/mol），可以直接称取单份做标定。所以它是标定碱的较好的基准物质。

草酸（$H_2C_2O_4 \cdot 2H_2O$）是弱二元酸（$pK_{a1}^{\ominus}=1.25$，$pK_{a2}^{\ominus}=4.29$），由于 $K_{a1}^{\ominus}/K_{a2}^{\ominus}<10^4$，只能作二元酸一次滴定到 $C_2O_4^{2-}$，亦选酚酞为指示剂。滴定反应如下：

$$H_2C_2O_4+2OH^- = C_2O_4^{2-}+2H_2O$$

根据反应式可计算 NaOH 的精确浓度：

$$c(\text{NaOH})=\frac{2\times m(H_2C_2O_4 \cdot 2H_2O)}{M(H_2C_2O_4 \cdot 2H_2O)\times V(\text{NaOH})\times 10^{-3}}$$

草酸稳定，也常作基准物。由于它与 NaOH 按 1∶2 摩尔比反应，其摩尔质量不大（126.07g/mol）。若 NaOH 溶液浓度不大，为减小称量误差，应当多称一些草酸，用容量瓶定容，然后移取部分溶液做标定。

6.4.2　应用实例

6.4.2.1　氮含量的测定

生物细胞中主要化学成分是碳水化合物、蛋白质、核酸和脂类，其中蛋白质、核酸和部分脂类都是含氮化合物。因此，氮是生物生命活动过程中不可缺少的元素之一。在生产和科研中常常需要测定水、食品、土壤、动植物等样品中的氮含量。对于这些物质中氮含量的测定，通常是将试样进行适当处理，使各种含氮化合物中的氮都转化为氨态氮，再进行测定。常用的有两种方法。

（1）蒸馏法　样品如果是无机盐，如 $(NH_4)_2SO_4$、NH_4Cl 等，则将试样中加入过量的浓碱，然后加热将 NH_3 蒸馏出来，用过量饱和的 H_3BO_3 溶液吸收，再用标准 HCl 溶液滴定，反应如下：

$$NH_4^+ + OH^- \xlongequal{\triangle} NH_3\uparrow + H_2O$$

$$NH_3+H_3BO_3 = NH_4H_2BO_3$$

$$HCl+NH_4H_2BO_3 = NH_4Cl+H_3BO_3$$

H_3BO_3 是极弱的酸，不影响滴定。当滴定到达化学计量点时，因溶液中含有 H_3BO_3 及 NH_4Cl，此时溶液的 pH 值在 5～6 之间，故选用甲基红和溴甲酚绿混合指示剂，终点为粉红色。根据滴定反应及到达终点时 HCl 溶液的用量，氮含量可按下式计算：

$$w(\text{N})=\frac{c(\text{HCl})V(\text{HCl})\times 10^{-3}\times M(\text{N})}{m_s}\times 100\%$$

蒸馏出的 NH_3，除用硼酸吸收外，还可用过量的酸标准溶液吸收，然后以甲基红或甲基橙作指示剂，再用碱标准溶液返滴定剩余的酸。

试样如果是含氮的有机物质，测其氮含量时，首先用浓 H_2SO_4 消煮使有机物分解并转化成 NH_3，并与 H_2SO_4 作用生成 NH_4HSO_4。这一反应的速率较慢，因此常加 K_2SO_4 以提高溶液的沸点，并加催化剂如 $CuSO_4$、HgO 等，经这样处理后就可用上述方法测量物质的氮含量了。此法只限于物质中以−3 价状态存在的氮。对于含氮的氧化型的化合物，如有机的硝基或偶氮化合物，在消煮前必须用还原剂［如 Fe(Ⅱ)或硫代硫酸钠］处理后，再如上法测定。这种测定有机物质氮含量的方法常称为凯氏定氮法。

（2）甲醛法　甲醛与铵盐反应，生成酸（质子化的六亚甲基四胺和 H^+）：

$$4NH_4^+ + 6HCHO = (CH_2)_6N_4H^+ + 3H^+ + 6H_2O$$

生成的酸可用 NaOH 直接滴定，选酚酞作指示剂。可按下式计算氮含量：

$$w(\mathrm{N})=\frac{c(\mathrm{NaOH})\times V(\mathrm{NaOH})\times 10^{-3}\times M(\mathrm{N})}{m_s}\times 100\%$$

试样中如果含有游离酸，事先需中和，以甲基红为指示剂。甲醛中常含有少量甲酸，使用前也需中和，以酚酞为指示剂。

6.4.2.2 磷的测定

磷元素是生物生长不可缺少的元素之一，生物的呼吸作用、光合作用以及生物体内的含氮化合物的代谢等都需要磷。因此，测定样品中的磷含量也是生产及科学研究中不可缺少的一项工作。测磷的方法很多，这里只简要介绍用酸碱滴定法测定磷的原理和方法。其他方法在后续有关章节再做介绍。试样经处理后，将磷转化为 H_3PO_4，在硝酸介质中，磷酸与钼酸铵反应，生成黄色磷钼酸铵沉淀，反应如下：

$$H_3PO_4+12MoO_4^{2-}+2NH_4^++22H^+ = (NH_4)_2HPO_4\cdot 12MoO_3\cdot H_2O\downarrow +11H_2O$$

沉淀经过滤后，用水洗涤至不显酸性为止。然后将沉淀溶解于一定量过量的 NaOH 标准溶液中，溶解反应为：

$$(NH_4)_2HPO_4\cdot 12MoO_3\cdot H_2O+24OH^- = 12MoO_4^{2-}+HPO_4^{2-}+2NH_4^++13H_2O$$

过量的 NaOH 用 HCl 标准溶液返滴之，有：

$$1\mathrm{mol\ P}\sim 24\mathrm{mol\ NaOH}$$

所以磷含量可计算如下：

$$w(\mathrm{P})=\frac{\frac{1}{24}\times[c(\mathrm{NaOH})V(\mathrm{NaOH})-c(\mathrm{HCl})V(\mathrm{HCl})]\times 10^{-3}\times M(\mathrm{P})}{m_s}\times 100\%$$

此法适用于微量磷的测定。

6.4.2.3 混合碱的分析

（1）烧碱中 NaOH 和 Na_2CO_3 含量的测定　烧碱（NaOH）在生产和贮存过程中因吸收空气中的 CO_2 而产生部分 Na_2CO_3。因此，在测定烧碱中 NaOH 含量的同时，常需要测定 Na_2CO_3 的含量，此称为混合碱的分析。最常用的方法是双指示剂法。

所谓双指示剂法，就是利用两种指示剂进行连续滴定，根据不同化学计量点颜色变化得到两个终点，分别根据各终点处所消耗的酸标准溶液的体积，计算各成分的含量。

测定烧碱中 NaOH 和 Na_2CO_3 含量，可选用酚酞和甲基橙两种指示剂，以酸标准溶液连续滴定。首先以酚酞为指示剂，用 HCl 标准溶液滴至溶液红色刚消失时，记录所用 HCl 体积为 V_1(mL)，此时混合碱中 NaOH 全部被中和，而 Na_2CO_3 仅中和到 $NaHCO_3$，此为第一终点。然后再加入甲基橙指示剂，继续用 HCl 标准溶液滴定至溶液由黄色恰变橙色为止，即为第二终点，又消耗的 HCl 用量记录为 V_2(mL)。整个滴定过程如图 6-13 所示。

根据滴定的体积关系，则有下列计算关系：

$$w(\mathrm{NaOH})=\frac{c(\mathrm{HCl})[V_1(\mathrm{HCl})-V_2(\mathrm{HCl})]\times 10^{-3}\times M(\mathrm{NaOH})}{m_s}\times 100\%$$

$$w(\mathrm{Na_2CO_3})=\frac{c(\mathrm{HCl})V_2(\mathrm{HCl})\times 10^{-3}\times M(\mathrm{Na_2CO_3})}{m_s}\times 100\%$$

双指示剂法操作简便，但滴定至第一化学计量点（$NaHCO_3$）时，终点不明显，误差较大，约为1%。为使第一化学计量点终点明显，减小误差，现常选用甲酚红和百里酚蓝混合指示剂，终点颜色由紫色变为粉红色，即到达第一终点，且此混合指示剂不影响第二终点颜色。

(2) Na_2CO_3 与 $NaHCO_3$ 混合物的测定　Na_2CO_3 与 $NaHCO_3$ 混合碱的测定，与测定烧碱的方法相类似。用双指示剂法，滴定过程如图 6-14 所示。

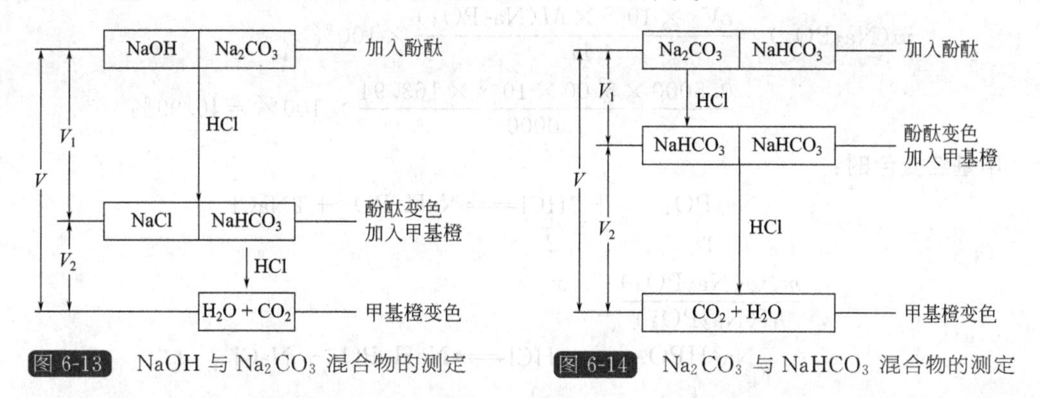

图 6-13　NaOH 与 Na_2CO_3 混合物的测定　　图 6-14　Na_2CO_3 与 $NaHCO_3$ 混合物的测定

由图 6-14 可得计算公式如下：

$$w(Na_2CO_3)=\frac{c(HCl)V_1(HCl)\times 10^{-3}\times M(Na_2CO_3)}{m_s}\times 100\%$$

$$w(NaHCO_3)=\frac{c(HCl)[V_2(HCl)-V_1(HCl)]\times 10^{-3}\times M(NaHCO_3)}{m_s}\times 100\%$$

双指示剂法不仅用于混合碱的定量分析，还可用于判断混合碱的组成：

V_1 或 V_2 的变化	试样的组成（括号中 HCl 体积用于计算各组分含量）
$V_1\neq 0$，$V_2=0$	$OH^-(V_1)$
$V_1=0$，$V_2\neq 0$	$HCO_3^-(V_2)$
$V_1=V_2\neq 0$	$CO_3^{2-}(V_1$ 或 $V_2)$
$V_1>V_2>0$	$OH^-(V_1-V_2)+CO_3^{2-}(V_2)$
$V_2>V_1>0$	$CO_3^{2-}(V_1)+HCO_3^-(V_2-V_1)$

6.4.2.4　磷酸盐混合物的分析

酸碱滴定法适用于 $cK_a^\ominus\geqslant 10^{-8}$ 的各种酸碱的分析。对于磷酸盐混合物的测定，同样可采用双指示剂法进行定性与定量分析。

例 6-5　已知试样可能含有 Na_3PO_4、Na_2HPO_4、NaH_2PO_4 或它们的混合物，以及其他不与酸作用的物质。今称取该试样 1.0000g，溶解后用甲基红作指示剂，以 0.5000mol/L HCl 标准溶液滴定时，需用 14.50mL，同样质量的试样用酚酞为指示剂滴定时，需用上述 HCl 标准溶液 5.00mL，求试样中各组分的含量。

解：　甲基红变色时可发生下列反应　　　　酚酞变色时发生下列反应

$$Na_3PO_4 \quad Na_2HPO_4 \xrightarrow{HCl\ \downarrow\ V_1} NaH_2PO_4 \qquad\qquad Na_3PO_4 \xrightarrow{HCl\ \downarrow\ V_2} Na_2HPO_4$$

因为　　　　$V_1>2V_2$

所以可以确定混合物的组成是 Na_3PO_4 和 Na_2HPO_4。

酚酞变色时：

$$\begin{array}{llll} Na_3PO_4 & + HCl \rightleftharpoons Na_2HPO_4 + NaCl \\ 1 & 1 \\ \dfrac{m_s w(Na_3PO_4)}{M(Na_3PO_4)} & cV_2 \end{array}$$

$$w(Na_3PO_4) = \frac{cV_2 \times 10^{-3} \times M(Na_3PO_4)}{m_s} \times 100\%$$

$$= \frac{0.5000 \times 5.00 \times 10^{-3} \times 163.94}{1.0000} \times 100\% = 40.99\%$$

甲基红变色时：

$$\begin{array}{llll} Na_3PO_4 & + 2HCl \rightleftharpoons NaH_2PO_4 + 2NaCl \\ 1 & 2 \\ \dfrac{m_s w(Na_3PO_4)}{M(Na_3PO_4)} & x_1 \end{array}$$

$$\begin{array}{llll} Na_2HPO_4 & + HCl \rightleftharpoons NaH_2PO_4 + NaCl \\ 1 & 1 \\ \dfrac{m_s w(Na_2HPO_4)}{M(Na_2HPO_4)} & x_2 \end{array}$$

$$cV_1 = x_1 + x_2 = \frac{2m_s w(Na_3PO_4)}{M(Na_3PO_4)} + \frac{m_s w(Na_2HPO_4)}{M(Na_2HPO_4)}$$

$$= 2cV_2 + \frac{m_s w(Na_2HPO_4)}{M(Na_2HPO_4)}$$

$$w(Na_2HPO_4) = \frac{(cV_1 - 2cV_2) \times 10^{-3} \times M(Na_2HPO_4)}{m_s} \times 100\%$$

$$= \frac{(0.5000 \times 14.50 - 2 \times 0.5000 \times 5.00) \times 10^{-3} \times 141.96}{1.000} \times 100\%$$

$$= 31.94\%$$

知识拓展

非水溶液酸碱滴定法

水具有很大的极性，很多物质易溶于水，水是最常用的溶剂，所以酸碱滴定通常在水溶液中进行。但是许多有机物难溶于水，许多有机物和无机物的酸碱性非常弱，解离常数小于 10^{-10}，在水溶液中都不能直接滴定；许多有机酸在水中的溶解度很小，甚至难溶于水，使滴定无法进行。为了解决这些问题，采用各种非水酸碱滴定法。

(1) 非水溶剂的分类和性质

① 酸性溶剂　这类溶剂给出质子的能力比水强，接受质子的能力比水弱，即酸性比水强，碱性比水弱，称为酸性溶剂，常用的有 HCOOH、CH_3COOH、H_2SO_4 等，主要适用于弱碱含量的测定。

② 碱性溶剂　这类溶剂给出质子的能力比水弱，接受质子的能力比水强，即酸性比水弱，碱性比水强，称为碱性溶剂，常用的有 $H_2NCH_2CH_2NH_2$、$CH_3CH_2CH_2CH_2NH_2$、$H_2NCH_2CH_2OH$ 等，主要用于测定弱酸的含量。

③ 两性溶剂　这类溶剂的酸碱性与水相近，即它们给出和接受质子的能力相当。

这类溶剂主要是醇类，常用的有 CH_3OH、CH_3CH_2OH、$HOCH_2CH_2OH$、$CH_3CH_2CH_2OH$ 等，主要用于测定酸碱性较强的有机酸或有机碱。

④ 惰性溶剂　这类溶剂既没有给出质子的能力，又没有接受质子的能力，其介电常数通常比较小，在该溶剂中物质难以解离，所以称为惰性溶剂。这类溶剂常用的有苯、$CHCl_3$、CCl_4 等。在这类溶剂中，溶剂分子之间没有质子自递反应发生，质子转移反应只发生在试样和滴定剂之间。

（2）拉平效应、分辨效应和溶剂作用

① 拉平效应　根据 Bronsted 酸碱质子理论，凡是能给出质子（H^+）的分子或离子都是酸，凡是能接受质子（H^+）的分子或离子都是碱，酸和碱通过溶剂才能顺利地给出或接受质子完成解离，所以酸和碱在溶剂中才能表现出它们的酸性和碱性。不同物质所表现出的酸碱性的强弱，不仅与该物质本身给出或接受质子能力的大小有关，而且与溶剂的性质有关。即溶剂的碱性（接受质子的能力）越强，则物质的酸性越强；溶剂的酸性（给出质子的能力）越强，则物质的碱性越强。

我们知道，$HClO_4$、H_2SO_4、HCl、HNO_3 的酸性强度本身是有差别的，其酸性强度为：$HClO_4>H_2SO_4>HCl>HNO_3$。但是在水溶剂中它们的强度却没有显示出差别。因为它们在水溶剂中给出质子的能力都很强，而水的碱性已足够使它充分接受这些酸给出的全部质子转化为 H_3O^+，因此这些酸的强度在水溶剂中全部被拉平到 H_3O^+ 的水平。这种将各种不同强度的酸拉平到溶剂化质子水平的效应，就是溶剂的拉平效应，这样的溶剂称为拉平溶剂。水溶剂就是 $HClO_4$、H_2SO_4、HCl 和 HNO_3 的拉平溶剂，所以，通过水溶剂的拉平效应，任何一种酸性比 H_3O^+ 更强的酸都被拉平到了 H_3O^+ 的水平。

② 分辨效应　如果我们采用 CH_3COOH 作溶剂，这些酸在 CH_3COOH 中就不是全部解离，而是存在如下解离平衡：

$$HClO_4+CH_3COOH \rightleftharpoons CH_3COOH_2^+ + ClO_4^- \qquad pK_a=5.8$$

$$H_2SO_4+CH_3COOH \rightleftharpoons CH_3COOH_2^+ + SO_4^{2-} \qquad pK_{a1}=8.2$$

$$HCl+CH_3COOH \rightleftharpoons CH_3COOH_2^+ + Cl^- \qquad pK_a=8.8$$

$$HNO_3+CH_3COOH \rightleftharpoons CH_3COOH_2^+ + NO_3^- \qquad pK_a=9.4$$

根据 pK_a 值，我们可以看出，在 CH_3COOH 介质中，这些酸的强度就显示出了强弱。这是由于 $CH_3COOH_2^+$ 的酸性比水强，CH_3COOH 的碱性比水弱，在这种情况下，这些酸就不能将其质子全部转移给 CH_3COOH，这就表现出了差别。这种能够区分酸或碱的强弱的效应称为分辨效应，这种溶剂称为分辨溶剂。同理，在水溶剂中最强的碱是 OH^-，其他更强的碱却被拉平到 OH^- 的水平，只有比 OH^- 更弱的碱才能分辨出强弱。

（3）非水溶液酸碱滴定条件的选择

① 溶剂的选择　在非水溶液酸碱滴定中，溶剂的选择非常重要，在选择溶剂时，主要考虑的是溶剂酸碱性，所选溶剂必须满足以下条件：对试样的溶解度较大，并能提高其酸度或碱度；能溶解滴定生成物和过量的滴定剂；溶剂与样品及滴定剂不发生化学反应；有合适的终点判断方法；易提纯，挥发性低，易回收，使用安全。

在非水溶液滴定中，利用拉平效应可以滴定酸或碱的总量。利用分辨效应可以分别滴定混合酸和混合碱。

② 滴定剂的选择

酸性滴定剂：在非水介质中滴定碱时，用乙酸作溶剂，采用 $HClO_4$ 的乙酸溶液作滴定剂。滴定过程中生成的高氯酸盐具有较大的溶解度。高氯酸的乙酸溶液采用含70% 高氯酸水溶液配制，其中的水分采用加入一定量乙酸酐的方法除去。

碱性滴定剂：在非水介质中滴定酸时，常用惰性溶剂，采用醇钠或醇钾作滴定剂。滴定产物易溶于惰性溶剂。碱性非水滴定剂在贮存和使用时，必须防止吸收水分和 CO_2。

③ 滴定终点的确定　在非水溶液的酸碱滴定中，常用电势法和指示剂法确定滴定终点。

电势法：以玻璃电极为指示电极、饱和甘汞电极为参比电极，通过绘制出滴定曲线来确定滴定终点，具有颜色的溶液，就可以采用电位法判断终点。

指示剂法：酸性溶剂中，常用结晶紫、甲基紫、α-萘酚作指示剂；碱性溶剂中，常用百里酚蓝、偶氮紫、邻硝基苯胺作指示剂。

习　题

1. NaOH 标准溶液如吸收了空气中的 CO_2，当分别用于滴定强酸、弱酸时，对滴定的准确度各有何影响？

2. 标定 NaOH 溶液的浓度时，若分别采用部分风化的 $H_2C_2O_4 \cdot 2H_2O$、含有少量中性杂质的 $H_2C_2O_4 \cdot 2H_2O$，则标定所得的浓度偏高，偏低，还是准确？为什么？

3. 分别用在110℃烘过的 Na_2CO_3、在相对湿度为30%的容器中保存的硼砂标定 HCl 溶液浓度，则标定所得的浓度偏高，偏低，还是准确？为什么？

4. 有四种未知物，它们可能是 NaOH、Na_2CO_3、$NaHCO_3$ 或它们的混合物，如何把它们区别开来并分别测定它们的含量？说明理由。

5. 四种化合物，它们可能是 Na_3PO_4、Na_2HPO_4、NaH_2PO_4 或它们的混合物，如何把它们区别开来，并分别测定它们的含量？说明理由？

6. (1) 计算 pH=5.0 时，H_2S 的分布系数 δ_2、δ_1、δ_0。

(2) 假定 H_2S 各种型体总浓度是 0.050mol/L，求系统中 H_2S、HS^-、S^{2-} 的浓度。

7. 下列各物质能否在水溶液中直接滴定？如果可以，选用哪一种指示剂（浓度均为0.1000mol/L，缺少的解离常数查附表5）？

(1) 甲酸（HCOOH）　　(2) 氯化铵（NH_4Cl）

(3) 硼酸（H_3BO_3）　　(4) 氰化钠（NaCN）

(5) 苯甲酸（$pK_a^\ominus$ 为 4.21）　　(6) 苯酚钠（苯酚的 $pK_a^\ominus$ 为 8.96）

8. 下列多元酸能否用碱直接滴定？如果能滴定，有几个滴定突跃？选择何种指示剂（浓度均为 0.1000mol/L)？

(1) 酒石酸（$H_2C_4H_4O_6$）（解离常数见本章例 6-2）

（2）柠檬酸（$H_3C_6H_5O_7$）（解离常数见本章）

（3）琥珀酸（$H_2C_4H_4O_4$）（$pK_{ai}^{\ominus}$ 分别为 4.21、5.64）

（4）砷酸（H_3AsO_4）（$pK_{ai}^{\ominus}$ 分别为 2.20、7.00、11.50）

9. 测定肥料中的铵态氮时，称取试样 0.2471g，加浓 NaOH 溶液蒸馏，产生的 NH_3 用过量的 50.00mL 0.1015mol/L HCl 吸收，然后再用 0.1022mol/L NaOH 返滴过量的 HCl，用去 11.69mL，计算样品中的氮含量。

10. 有工业硼砂 1.000g，用 0.2000mol/L HCl 25.00mL 中和至化学计量点，试计算样品中 $Na_2B_4O_7 \cdot 10H_2O$、$Na_2B_4O_7$和 B 的质量分数。

11. 一个 P_2O_5样品含有一些 H_3PO_4 杂质，今有 0.2025g 样品同水反应，得到的溶液用 0.1250mol/L NaOH 滴定至酚酞变色，需用 NaOH 42.50mL，计算杂质 H_3PO_4 的质量分数。

12. 称取混合碱 0.5895g，用 0.3000mol/L 的 HCl 滴定至酚酞变色时，用去 24.08mL HCl，加入甲基橙后继续滴定，又消耗 12.02mL HCl，计算该试样中各组分的质量分数。

13. 称取钢样 1.000g，溶解后，将其中的磷沉淀为磷钼酸铵。用 0.1000mol/L NaOH 20.00mL 溶解沉淀，过量的 NaOH 用 0.2000mol/L HNO_3 7.50mL 滴定至酚酞刚好褪色，计算钢中 P 及 P_2O_5的质量分数。

14. 现有浓磷酸试样 2.000g 溶于水，用 1.000mol/L NaOH 溶液滴定至甲基红变色，消耗 NaOH 标准溶液 20.04mL，计算试样中 H_3PO_4 的质量分数。

15. 用凯氏法测定蛋白质中的氮含量时，称取样品 0.2420g，用浓 H_2SO_4 和催化剂消解，蛋白质全部转化为铵盐，然后加碱蒸馏，用 4% 的 H_3BO_3 溶液吸收 NH_3，最后用 0.09680mol/L HCl 滴定至甲基红变色，用去 25.00mL，计算样品中 N 的质量分数。

16. 已知试样可能含有 Na_3PO_4、NaH_2PO_4 和 Na_2HPO_4 的混合物，同时含有惰性物质。称取试样 2.000g 配成溶液，当用甲基红作指示剂，用 0.5000mol/L HCl 标准溶液滴定时，用去 32.00mL。同样质量的试液，当用酚酞作指示剂时，需用 0.5000mol/L HCl 12.00mL，求试样中 Na_3PO_4、Na_2HPO_4 和杂质的质量分数。

17. 含有 Na_2CO_3、$NaHCO_3$ 和惰性杂质的混合物样品重 0.3010g，用 0.1060mol/L HCl 溶液滴定，需 20.10mL 到达酚酞终点。当达到甲基橙终点时，所用滴定剂总体积为 47.70mL，问混合物中 Na_2CO_3 和 $NaHCO_3$ 的质量分数各是多少？

18. 称取碳酸氢铵化肥 0.2000g 溶于水后，滴定至甲基橙变色，用去 0.1000mol/L HCl 溶液 20.00mL，求该碳酸氢铵的质量分数（NH_4HCO_3 79.06）。

19. 用 0.2000mol/L 的 NaOH 滴定 0.2000mol/L 的 HA（$K_a = 1 \times 10^{-5}$），试计算化学计量点的 pH 值，并指出合适的指示剂和终点时溶液的颜色变化。

20. 0.1273g 草酸 $H_2C_2O_4 \cdot 2H_2O$（分子量为 126.07）溶于水，加入 2 滴酚酞作指示剂，用 20.00mL NaOH 恰好滴定至终点，计算该 NaOH 溶液的浓度。

第7章 重量分析法与沉淀滴定法

本章学习指导

了解重量分析法，熟悉重量分析法主要操作如沉淀过程、过滤、洗涤、干燥等；了解沉淀滴定法原理，掌握莫尔法的原理、测定条件和应用范围。

利用适当的方法使试样中的待测组分与其他组分进行分离，然后用称重的方法测定该组分的含量，这种分析方法叫作重量分析法（gravimetric analysis）。用适当的指示剂确定滴定终点，将沉淀反应设计成容量分析，这种分析方法叫作沉淀滴定法（precipitation titration）。这两种分析方法的基础都是沉淀-溶解平衡，故合并成一章介绍。

7.1 重量分析法

重量分析法中，待测组分与试样中其他组分分离的方法，常用的有下面两种。

（1）沉淀法　将待测组分生成难溶化合物沉淀下来，使其转化成一定的称量形式称重，从而得出待测组分的含量。例如，测定试液中 SO_4^{2-} 含量时，在试液中加入过量 $BaCl_2$ 使 SO_4^{2-} 完全生成难溶的 $BaSO_4$ 沉淀，经过滤、洗涤、干燥后称量，从而计算出试液中硫酸根离子的含量。

（2）失重法　通过加热或其他方法使试样中的被测组分挥发逸出，然后根据试样重量的减轻计算试样中该组分的含量；或当该组分逸出时，选择一种吸收剂将它吸收，然后根据吸收剂重量的增加计算该组分的含量。例如，测定试样中吸湿水或结晶水时，可将试样烘干至恒重，试样减少的重量，即所含水分的重量。也可以将加热后产生的水气吸收在干燥剂里，干燥剂增加的重量，即所含水分的重量。根据称量结果，可求得试样中吸湿水或结晶水的含量。

重量分析法直接用分析天平称量而获得分析结果，不需要标准试样或基准物质进行比较。如果分析方法可靠，操作细心，对于常量组分的测定能得到准确的分析结果，相对误差为0.1%～0.2%。但是，重量分析法操作烦琐，耗时较长，也不适用于微量和痕量组分的测定。

目前，重量分析主要用于含量不太低的硅、硫、磷、钨、稀土元素等组分的分析，本节主要介绍沉淀重量法。

7.1.1　重量分析对沉淀的要求

在重量分析中，沉淀是经过烘干或灼烧后再称量的，在烘干或灼烧过程中可能发生化学变化，因而称量的物质可能不是原来的沉淀，而是从沉淀转化而来的另一种物质。也就是说在重量分析中“沉淀形式”和“称量形式”可能是不相同的。例如，在 Ca^{2+} 的测定中沉淀形式是 $CaC_2O_4 \cdot H_2O$，灼烧后所得的称量形式是 CaO，两者不同；而用 $BaSO_4$ 重量法测定 Ba^{2+} 或 SO_4^{2-} 时，沉淀形式和称量形式都是 $BaSO_4$。

对沉淀形式和称量形式，分别有以下要求。

7.1.1.1　对沉淀形式的要求

沉淀的溶度积要小，以保证被测组分沉淀完全。沉淀要易于过滤和洗涤，因此，要尽可能获得粗大的晶形沉淀；如果是无定形沉淀，应注意掌握好沉淀条件，改善沉淀的性质。沉淀要纯净，以免混进杂质。沉淀还要易于转化为称量形式。

7.1.1.2　对称量形式的要求

组成必须与化学式符合，这是对称量形式最重要的要求，否则无法计算分析结果。称量形式要稳定，不受空气中水分、二氧化碳和氧气的影响。称量形式的摩尔质量要大，这样，由少量的待测组分可以得到较大量的称量物质，能提高分析灵敏度，减少称量误差。

7.1.1.3　沉淀剂

应根据上述对沉淀的要求来考虑沉淀剂的选择。此外，还要求沉淀剂应具有较好的选择性，即要求沉淀剂只能和待测组分生成沉淀，而与试液中的其他组分不起作用。例如，丁二酮肟和 H_2S 都可沉淀 Ni^{2+}，但在测定 Ni^{2+} 时常选用前者。又如，沉淀 Zr^{4+} 时，选用在盐酸溶液中与锆有特效反应的苦杏仁酸作沉淀剂，这时即使有钛、铁、钒、铝、铬等十多种离子存在，也不发生干扰。

还应尽可能选用易挥发或易灼烧除去的沉淀剂。这样，沉淀中带有的沉淀剂即使未洗净，也可以借烘干或灼烧而除去。一些铵盐和有机沉淀剂都能满足这项要求。许多有机沉淀剂的选择性较好，而且形成的沉淀组成固定，易于分离和洗涤，简化了操作，加快了速度，称量形式的摩尔质量也较大，因此在沉淀分离中，有机沉淀剂的应用日益广泛。

为了使某种离子沉淀得更完全，往往利用同离子效应，加入适当过量的沉淀剂。但是沉淀剂也不能过量太多，因为盐效应不仅可使弱电解质的解离度增大，同样可使难溶电解质的溶解度增大。通常情况下，加入的沉淀剂一般过量 20%～50%即可。由于盐效应比同离子效应小得多，如果加入的沉淀剂和其他电解质浓度不是很大，则可以不考虑盐效应的影响。

7.1.2　影响沉淀纯度的因素

重量分析中，要求获得纯净的沉淀。但当沉淀从溶液中析出时，会或多或少夹杂溶液中的其他组分使沉淀沾污。因此，必须了解影响沉淀纯度的各种因素，找出减少杂质的方法，以获得合乎重量分析要求的沉淀。

7.1.2.1 共沉淀

当一种难溶物质从溶液中沉淀析出时，溶液中的某些可溶性杂质会被沉淀带下而混杂于沉淀中，这种现象称为共沉淀。例如，用沉淀剂 $BaCl_2$ 沉淀 SO_4^{2-} 时，如试液中有 Fe^{3+}，则由于共沉淀，在得到 $BaSO_4$ 时常含有 $Fe_2(SO_4)_3$，因而沉淀经过过滤、洗涤、干燥、灼烧后不呈 $BaSO_4$ 的纯白色，而略带灼烧后的 Fe_2O_3 的棕色。因共沉淀而使沉淀沾污，这是重量分析中最重要的误差来源之一。产生共沉淀的原因是表面吸附、形成混晶、吸留和包藏等，其中主要的是表面吸附。

(1) 表面吸附　由于沉淀表面离子电荷的作用力未完全平衡，因而在沉淀表面上产生了一种自由力场，特别是在棱边和顶角，自由力场更显著。于是溶液中带相反电荷的离子被吸引到沉淀表面上形成第一吸附层。

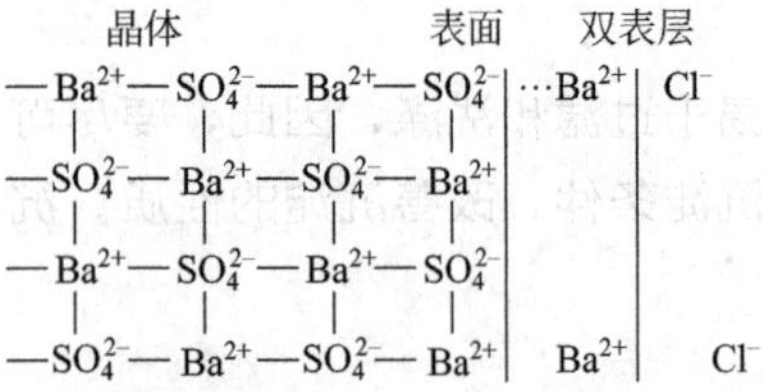

晶体　表面　双表层

$-Ba^{2+}-SO_4^{2-}-Ba^{2+}-SO_4^{2-}\cdots Ba^{2+}\quad Cl^-$

$-SO_4^{2-}-Ba^{2+}-SO_4^{2-}-Ba^{2+}$

$-Ba^{2+}-SO_4^{2-}-Ba^{2+}-SO_4^{2-}$

$-SO_4^{2-}-Ba^{2+}-SO_4^{2-}-Ba^{2+}\quad Ba^{2+}\quad Cl^-$

图 7-1　晶体表面吸附示意图

例如，加过量 $BaCl_2$ 到 Na_2SO_4 的溶液中，生成 $BaSO_4$ 沉淀后，溶液中有 Ba^{2+}、Na^+、Cl^- 存在，沉淀表面上的 SO_4^{2-} 因电场力将强烈地吸引溶液中的 Ba^{2+}，形成第一吸附层，使晶体沉淀表面带正电荷。然后它又吸引溶液中带负电荷的离子，如 Cl^-，构成电中性的双电层（图 7-1），当电荷达到平衡后，则随 $BaSO_4$ 沉淀一起析出。

如果在上述溶液中，除 Cl^- 外尚有 NO_3^-，则因 $Ba(NO_3)_2$ 溶解度比 $BaCl_2$ 小，第二层优先吸附的将是 NO_3^-，而不是 Cl^-。此外，带电荷多的离子静电引力强也易被吸附。因此对这些离子应设法除去或掩蔽。沉淀的表面积越大，吸附杂质就越多。吸附与解吸是可逆过程，吸附是放热过程，所以增高溶液温度，沉淀吸附杂质的量就会减少。

(2) 形成混晶　如果试液中的杂质与沉淀具有相同的晶格，或杂质离子与构成晶体的离子（构晶离子）具有相同的电荷和相近的离子半径，杂质将进入晶格排列中形成混晶（混合晶体）而沾污沉淀。例如 $CaCO_3$ 和 $NaNO_3$、$BaSO_4$ 和 $PbSO_4$ 等。这时用洗涤或陈化的方法净化沉淀，效果不显著。为减少混晶的生成，最好事先将这类杂质分离除去。

(3) 吸留和包藏　吸留就是被吸附的杂质机械地嵌入沉淀之中。包藏常指母液机械地存留在沉淀中。这些现象的发生，是由于沉淀剂加入太快，使沉淀急速生长。沉淀表面吸附的杂质还来不及离开就被随后生成的沉淀所覆盖，使杂质或母液被吸留或包藏在沉淀内部。这类共沉淀不能用洗涤沉淀的方法将杂质除去，可以借改变沉淀条件、陈化或重结晶的方法来减免。

从带入杂质方面来看，共沉淀现象对重量分析是不利的，但利用这一现象可富集分离溶液中某些微量成分，提高痕量分析的检测限。

7.1.2.2 后沉淀

后沉淀是由于沉淀速度的差异，而在已形成的沉淀上形成第二种不溶物质，这种情况大多发生在该组分形成的稳定的过饱和溶液中。例如，在 Mg^{2+} 存在下沉淀 CaC_2O_4 时，镁由于形成稳定的草酸盐过饱和溶液而不立即析出。如果把草酸钙沉淀立即过滤，则发现沉淀表面上吸附少量的镁。若把含有 Mg^{2+} 的母液与草酸钙沉淀一起放置一段时间，则草酸镁将会增多。后沉淀所引入的杂质量比共沉淀要多，且随着沉淀放置时间的延长而增多。因此为防止后沉淀现象的发生，某些沉淀的陈化时间不宜过久。

7.1.2.3　获得纯净沉淀的措施

（1）采用适当的分析程序和沉淀方法　如果溶液中同时存在含量相差很大的两种离子，需要沉淀分离，为了防止含量少的离子因共沉淀而损失，应该先沉淀含量少的离子。对一些离子采用均相沉淀法或选用适当的有机沉淀剂，可以减少或避免共沉淀。此外，针对不同类型的沉淀，选用适当的沉淀条件，并在沉淀分离后，用适当的洗涤剂洗涤。

（2）降低易被吸附离子的浓度　对于易被吸附的杂质离子，必要时应先分离除去或加以掩蔽。

（3）再沉淀（或称二次沉淀）　即将沉淀过滤、洗涤、溶解后，再进行一次沉淀。再沉淀时由于杂质浓度大为降低，可以减免共沉淀现象。

7.1.3　沉淀的形成与沉淀条件的选择

为了获得纯净且易于分离和洗涤的沉淀，必须了解沉淀形成的过程和选择适当的沉淀条件。

7.1.3.1　沉淀的形成

沉淀的形成一般要经过晶核形成和晶核长大两个过程。将沉淀剂加入试液中，当形成沉淀的离子积超过该条件下沉淀的溶度积时，离子通过相互碰撞聚集成微小的晶核，溶液中的构晶离子向晶核表面扩散，并沉积在晶核上，晶核就逐渐长大成沉淀微粒。这种由离子聚集成晶核，再进一步聚集成沉淀微粒的速度称为聚集速度。在聚集的同时，构晶离子在一定晶格中定向排列的速度称为定向速度。如果聚集速度大，而定向速度小，即离子很快地聚集而生成沉淀微粒，却来不及进行晶格排列，则得到非晶形沉淀。反之，如果定向速度大，而聚集速度小，即离子较缓慢地聚集成沉淀，有足够时间进行晶格排列，则得到晶形沉淀。

聚集速度（或称为“形成沉淀的初始速度”）主要由沉淀时的条件所决定，其中最重要的是溶液中生成沉淀物质的过饱和度。聚集速度与溶液的相对过饱和度成正比，这可用如下的经验公式表示：

$$v = K(Q - S)/S \tag{7-1}$$

式中，v 为形成沉淀的初始速度（聚集速度）；Q 为加入沉淀剂瞬间，生成沉淀物质的浓度；S 为沉淀的溶解度；$Q-S$ 为沉淀物质的过饱和度；$(Q-S)/S$ 为相对过饱和度；K 为比例常数，它与沉淀的性质、温度、溶液中存在的其他物质等因素有关。

从式（7-1）可清楚看出，相对过饱和度越大，则聚集速度越大。定向速度主要取决于沉淀物质的本性。一般极性强的盐类，如 $MgNH_4PO_4$、$BaSO_4$、CaC_2O_4 等，具有较大的定向速度。

7.1.3.2　沉淀条件的选择

聚集速度和定向速度这两个速度的相对大小直接影响沉淀的类型，其中聚集速度由沉淀时的条件所决定。为了得到纯净而易于分离和洗涤的晶形沉淀，要求有较小的聚集速度，这就应选择适当的沉淀条件。从式（7-1）可知，欲得到晶形沉淀应满足下列条件。

（1）在适当稀的溶液中进行沉淀，以减小 Q 值，降低相对过饱和度。

（2）在不断搅拌下慢慢地滴加稀的沉淀剂，以免局部相对过饱和度太大。

（3）在热溶液中进行沉淀，使 S 值略有增加，相对过饱和度降低。同时温度增高，可使吸附的杂质减少。为防止因溶解度增大而造成溶解损失，沉淀须经冷却才可过滤。

（4）陈化。陈化就是在沉淀定量完全后，让沉淀和母液一起放置一段时间。当溶液中大小晶体同时存在时，由于微小晶体比大晶体溶解度大，溶液对大晶体已经达到饱和，而对微小晶体尚未达到饱和，因而微小晶体逐渐溶解。溶解到一定程度后，溶液对小晶体为饱和时对大晶体则为过饱和。于是溶液中的构晶离子就在大晶体上沉积。当溶液浓度降低到对大晶体为饱和溶液时，对小晶体已为不饱和，小晶体又要继续溶解。这样继续下去，小晶体逐渐消失，大晶体不断长大，最后获得粗大的晶体。

陈化作用还能使沉淀变得更纯净。这是因为大晶体的比表面积较小，吸附杂质量小，同时，由于小晶体溶解，原来吸附、吸留或包藏的杂质，将重新进入溶液中，因而提高了沉淀的纯度。

加热和搅拌可以增加沉淀的溶解速度和离子在溶液中的扩散速度，因此可以缩短陈化时间。

为改进沉淀结构，发展了新的沉淀方法。沉淀剂不是直接加入溶液中去，而是通过溶液中发生的化学反应，缓慢而均匀地在溶液中产生沉淀剂，从而使沉淀在整个溶液中均匀地、缓慢地析出。这样可获得颗粒较粗、结构紧密、纯净而易过滤的沉淀。这种方法叫作均相沉淀法。

7.1.4 沉淀的过滤、洗涤、烘干或灼烧

如何使沉淀完全和纯净、易于分离，固然是重量分析中的首要问题，但沉淀以后的过滤、洗涤、烘干或灼烧操作完成得好坏，同样影响分析结果的准确度。

（1）沉淀的过滤和洗涤　过滤和洗涤是为了除去沉淀表面吸附的杂质和混杂在沉淀中的母液。洗涤时要尽量减少沉淀的溶解损失和避免形成胶体。

（2）沉淀的烘干或灼烧　烘干是为了除去沉淀中的水分和可挥发物质，使沉淀形式转化为组成固定的称量形式，灼烧沉淀除有上述作用外，有时还可以使沉淀形式在较高温度下分解成组成固定的称量形式。灼烧温度一般在800℃以上，常用瓷坩埚盛沉淀。

7.1.5 重量分析的计算和应用示例

7.1.5.1 重量分析结果的计算

重量分析根据称量的结果计算待测组分含量。例如，测定某试样中的硫含量时，使之沉淀为$BaSO_4$，灼烧后称量$BaSO_4$沉淀，其质量为0.5562g，则试样中的硫含量可计算如下：

$$233.4\text{g } BaSO_4 \text{ 中含 S } 32.06\text{g}，0.5562\text{g } BaSO_4 \text{ 中含 S } x\text{g}$$

$$233.4 : 32.06 = 0.5562 : x$$

$$x = BaSO_4\text{ 的质量} \times \frac{\text{S 的摩尔质量}}{BaSO_4\text{ 的摩尔质量}} = \left(0.5562 \times \frac{32.06}{233.4}\right)\text{g}$$

$$= 0.07640\text{g}$$

在上述计算过程中，用了待测组分的摩尔质量与称量形式的摩尔质量之比，这个比值为一常数，通常称为“化学因数”或“换算因数”。引入化学因素计算待测组分的质量可写成下列通式：

$$\text{待测组分的质量} = \text{称量形式的质量} \times \text{化学因数} \tag{7-2}$$

在计算化学因数时，必须在待测组分的摩尔质量和称量形式的摩尔质量上乘以适当系数，使分子、分母中待测元素的原子数目相等。下面举例说明化学因数的计算及应用。

例 7-1 在镁的测定中，先将 Mg^{2+} 沉淀为 $MgNH_4PO_4$，再灼烧成 $Mg_2P_2O_7$ 称重。若 $Mg_2P_2O_7$ 质量为 0.3515g，则镁的质量为多少？

解：每一个 $Mg_2P_2O_7$ 分子含有两个 Mg 原子，故得：

$$m(\mathrm{Mg})=0.3515\times\frac{2\times M(\mathrm{Mg})}{M(\mathrm{Mg_2P_2O_7})}=\left(0.3515\times\frac{2\times 24.32}{222.6}\right)\mathrm{g}=0.07681\mathrm{g}$$

在定量分析中，分析结果通常以待测组分的质量分数表示。一般计算式为：

$$w(\text{待测组分})=\frac{\text{待测组分质量}}{\text{试样质量}}=\frac{\text{称量形式质量}\times\text{化学因数}}{\text{试样质量}} \tag{7-3}$$

例 7-2 分析某铬矿中的 Cr_2O_3 含量时，把 Cr 转变为 $BaCrO_4$ 沉淀，设称取 0.5000g 试样，然后得 $BaCrO_4$ 质量为 0.2530g。求此矿石中 Cr_2O_3 的质量分数。

解：由 $BaCrO_4$ 质量换算为 Cr_2O_3 质量的化学因数为 $\frac{M(\mathrm{Cr_2O_3})}{2\times M(\mathrm{BaCrO_4})}$，故：

$$\begin{aligned}w(\mathrm{Cr_2O_3})&=\frac{0.2530}{0.5000}\times\frac{M(\mathrm{Cr_2O_3})}{2\times M(\mathrm{BaSO_4})}\times 100\%\\&=\frac{0.2530}{0.5000}\times\frac{152.0}{2\times 253.3}\times 100\%\\&=15.18\%\end{aligned}$$

7.1.5.2 应用示例

重量分析是一种准确、精密的分析方法，在此仅举两个常用的重量分析实例。

(1) 硫酸根的测定　测定硫酸根时一般都用 $BaCl_2$ 将 SO_4^{2-} 沉淀成 $BaSO_4$，再灼烧，称量，但费时较多。由于 $BaSO_4$ 沉淀颗粒较细，浓溶液中沉淀时可能形成胶体。$BaSO_4$ 不易被一般溶剂溶解，不能进行二次沉淀，因此沉淀作用是在稀盐酸溶液中进行的，溶液中不允许有酸不溶物和易被吸附的离子（如 Fe^{3+}、NO_3^- 等）存在。对存在的 Fe^{3+}，常采用 EDTA 配位掩蔽。硫酸钡重量法测定 SO_4^{2-} 的方法应用很广。磷肥、萃取磷酸、水泥中的硫酸根和许多其他可溶性硫酸盐都能用此法测定。

(2) 硅酸盐中二氧化硅的测定　硅酸盐在自然界分布很广，绝大多数硅酸盐不溶于酸，因此试样一般需用碱性熔剂熔融后，再加酸处理。此时金属元素成为离子溶于酸中，而硅酸根则大部分呈胶状硅酸 $SiO_2\cdot xH_2O$ 析出，少部分仍分散在溶液中，需经脱水才能沉淀。经典方法是用盐酸反复蒸干脱水，准确度虽高，但手续麻烦，费时较久，后来多采用动物胶凝聚法，即利用动物胶吸附 H^+ 而带正电荷（蛋白质中氨基酸的氨基吸附 H^+），与带负电荷的硅酸胶粒发生胶体凝聚而析出，但必须蒸干，才能完全沉淀。近年来，有用长碳链季铵盐如十六烷基三甲基溴化铵（简称 CTMAB）作沉淀剂，它在溶液中呈带正电荷胶粒，可以不再加盐酸蒸干，而将硅酸定量沉淀，所得沉淀疏松而易洗涤。这种方法比动物胶法优越，而且可缩短分析时间。不论何种方法得到的硅酸沉淀，都需经过高温灼烧才能完全脱水和除去带入的沉淀剂。但即使经过灼烧，一般还可能带有不挥发的杂质（如铁、铝等的化合物）。在要求较高的分析中，于灼烧、称量后，还需加氢氟酸及 H_2SO_4，再加热灼烧，使 SiO_2 成为 SiF_4 挥发逸去，最后称量，从两次质量差即可得纯 SiO_2 质量。土壤、水泥、矿石中的二氧化硅含量常用此法。

7.2 沉淀滴定法

沉淀滴定法是以沉淀反应为基础的一种滴定分析方法。虽然能形成沉淀的反应很多，但并不是所有的沉淀反应都能用于滴定分析。用于沉淀滴定法的沉淀反应必须符合下列几个条件。

（1）生成的沉淀应具有恒定组成，而且溶解度必须很小。

（2）能够用适当的指示剂或其他方法确定滴定的终点。

由于上述条件的限制，能用于沉淀滴定的反应不多。目前用得较广的是生成难溶银盐的反应，例如：

$$Ag^+ + Cl^- \rightleftharpoons AgCl\downarrow$$

$$Ag^+ + SCN^- \rightleftharpoons AgSCN\downarrow$$

这种利用生成难溶银盐反应的测定方法称为“银量法”，用银量法可以测定 Cl^-、Br^-、I^-、Ag^+、CN^-、SCN^- 等离子。

在沉淀滴定中，除了银量法外，还有用其他沉淀反应的方法。例如，$K_4[Fe(CN)_6]$ 与 Zn^{2+}，四苯硼酸钠与 K^+ 等形成的沉淀反应，都可用于沉淀滴定。本节仅讨论银量法(argentometry)。

根据滴定终点所用指示剂不同，银量法可分为 3 种：莫尔法以铬酸钾作指示剂，佛尔哈德法以铁铵矾作指示剂，法扬司法用吸附指示剂。

7.2.1 莫尔法

用铬酸钾作指示剂的银量法称为莫尔法（Mohr method）。

在含有 Cl^- 的中性溶液中，加入 K_2CrO_4 指示剂，用 $AgNO_3$ 标准溶液滴定，溶液中首先析出 AgCl 沉淀。当 AgCl 定量沉淀后，过量一滴的 $AgNO_3$ 使溶液 $c(Ag^+)$ 发生突跃，并与 CrO_4^{2-} 生成砖红色沉淀，指示滴定终点。滴定反应如下：

$$Ag^+ + Cl^- \rightleftharpoons AgCl\downarrow \text{（白色）} \quad K_{sp}^{\ominus} = 1.8\times10^{-10}$$

$$2Ag^+ + CrO_4^{2-} \rightleftharpoons Ag_2CrO_4 \text{（砖红色）} \quad K_{sp}^{\ominus} = 1.1\times10^{-12}$$

由于 CrO_4^{2-} 本身显黄色，其颜色较深影响终点的观察。实际用量一般在 $(2\sim4)\times10^{-3}$ mol/L 时较为适宜，即每 50～100mL 溶液中加入 50g/L K_2CrO_4 溶液 1.0mL。

计算证明，当用 0.100mol/L $AgNO_3$ 溶液滴定 0.100mol/L KCl 溶液，指示剂浓度为 4.0×10^{-3} mol/L 时，产生的终点误差为 0.05%，可以认为不影响分析结果的准确度。如果溶液较稀，例如用 0.0100mol/L $AgNO_3$ 滴定同浓度的 KCl 时，则终点误差将达 0.5%，误差较大，准确度降低。在这种情况下，通常需要以指示剂的空白值对测定结果进行校正。

滴定溶液的酸度应保持为中性或微碱性条件（pH=6.5～10.5）。这是因为：

$$2CrO_4^{2-} + 2H^+ \rightleftharpoons 2HCrO_4^- \rightleftharpoons Cr_2O_7^{2-} + H_2O$$

当 pH 值太小，平衡右移，$c(CrO_4^{2-})$ 降低太多，为了产生 Ag_2CrO_4 沉淀，就要多消耗 Ag^+ 阳离子，必然造成较大的误差。若 pH 值太大，又将生成 Ag_2O 沉淀。

当试液中有铵盐存在时，要求溶液的酸度范围更窄，pH 值为 6.5～7.2。因为若溶液 pH 值较高时，便有相当数量的 NH_3 释放出来，与 Ag^+ 阳离子产生副反应，形成 $[Ag(NH_3)]^+$ 及 $[Ag(NH_3)_2]^+$ 配离子，从而使 AgCl 和 Ag_2CrO_4 溶解度增大，影响滴定。应用莫尔法应注意以下两点。

（1）进行实验操作时，必须剧烈摇动，以降低对被测离子的吸附 用 $AgNO_3$ 滴定卤离子时，由于生成的卤化银沉淀吸附溶液中过量的卤离子，使溶液中卤离子浓度降低，以致终点提前而引入误差。因此，滴定时必须剧烈摇动。莫尔法可以测定氯化物和溴化物，但不适用于测定碘化物及硫氰酸盐，因为 AgI 和 AgSCN 沉淀更强烈地吸附 I^- 和 SCN^-，剧烈摇动达不到解除吸附（解吸）的目的。

（2）预先分离干扰离子　凡是能与 Ag^+ 和 CrO_4^{2-} 生成微溶化合物或配合物的阴、阳离子，都干扰测定，应预先分离除去。例如，PO_4^{3-}、AsO_4^{3-}、S^{2-}、CO_3^{2-}、$C_2O_4^{2-}$ 等阴离子能与 Ag^+ 生成微溶化合物；Ba^{2+}、Pb^{2+}、Hg^{2+} 等阳离子与 CrO_4^{2-} 生成沉淀干扰测定。另外，Fe^{3+}、Al^{3+}、Bi^{3+}、Sn^{4+} 等高价金属离子在中性或弱碱性溶液中发生水解，故也不应存在。

由于上述原因，莫尔法的应用受到一定限制。只适用于用 $AgNO_3$ 直接滴定 Cl^- 和 Br^-，不能用 NaCl 标准溶液直接测定 Ag^+。因为在 Ag^+ 试液中加入 K_2CrO_4 指示剂，立即生成 Ag_2CrO_4 沉淀，用 NaCl 滴定时，Ag_2CrO_4 沉淀转化为 AgCl 沉淀是很缓慢的，使测定无法进行。

7.2.2 佛尔哈德法

用铁铵矾［$NH_4Fe(SO_4)_2$］作指示剂的银量法称为佛尔哈德法（Volhard's method）。

在酸性溶液中以铁铵矾作指示剂，用 NH_4SCN 或 KSCN 标准溶液滴定 Ag^+ 阳离子。滴定过程中首先析出白色 AgSCN 沉淀，当滴定达到化学计量点时，$c(SCN^-)$ 产生突跃，稍过量的 NH_4SCN 溶液与 Fe^{3+} 生成红色配合物，指示滴定终点。

用本法可以直接用 NH_4SCN 标准溶液滴定 Ag^+，还可以用返滴定法测定卤化物。操作过程是先向含卤离子的酸性溶液中定量地加入过量的 $AgNO_3$ 标准溶液，加入适量的铁铵矾指示剂，用 NH_4SCN 标准溶液返滴定过量的 $AgNO_3$。滴定反应为：

$$Ag^+ + X^- \rightleftharpoons AgX\downarrow$$

$$Ag^+(\text{过量}) + SCN^- \rightleftharpoons AgSCN\downarrow(\text{白色})$$

$$Fe^{3+} + SCN^- \rightleftharpoons [FeSCN]^{2+}(\text{红色})$$

滴定时，溶液的酸度一般控制在 0.1～1.0mol/L，这时 Fe^{3+} 主要以［$Fe(H_2O)_6$］$^{3+}$ 的形式存在，颜色较浅。如果酸度较低，则 Fe^{3+} 水解形成颜色较深的羟基化合物或多核羟基化合物，如［$Fe(H_2O)_5(OH)$］$^{2+}$、［$Fe_2(H_2O)_4(OH)_4$］$^{2+}$ 等，影响终点观察。如果酸度更低，则甚至可能析出水合氧化物沉淀。

在较高的酸度下滴定是此方法的一大优点，许多弱酸根离子如 PO_4^{3-}、AsO_4^{3-}、CrO_4^{2-}、CO_3^{2-} 等不干扰测定，提高了测定的选择性，比莫尔法扩大了应用范围。

实验指出，为要产生能觉察到的红色，$[FeSCN]^{2+}$ 的最低浓度为 6.0×10^{-6} mol/L。但是，当 Fe^{3+} 的浓度较高时，呈现较深的黄色，影响终点观察。由实验得出，通常 Fe^{3+} 的浓度为 0.015mol/L 时，滴定误差不会超过 0.1%。

用 NH_4SCN 直接滴定 Ag^+ 时，生成的 AgSCN 沉淀强烈吸附 Ag^+，由于有部分 Ag^+ 被吸附在沉淀表面上，往往使终点提前到达，结果偏低。因此，在操作上必须剧烈摇动溶液，使被吸附的 Ag^+ 解吸出来。用返滴定法测定 Cl^- 时，终点判定会遇到困难。这是因为 AgCl 的溶度积（$K^{\ominus}_{sp,AgCl}=1.8\times10^{-10}$）比 AgSCN 的溶度积（$K^{\ominus}_{sp,AgSCN}=1.0\times10^{-12}$）大，在返滴定达到终点后，稍过量的 SCN^- 与 AgCl 沉淀发生沉淀转化反应，即：

$$AgCl\downarrow + SCN^- \rightleftharpoons AgSCN\downarrow + Cl^-$$

因此，终点时出现的红色随着不断摇动而消失，得不到稳定的终点，以致多消耗 NH_4SCN 标准溶液而引起较大误差。要避免这种误差，阻止 AgCl 沉淀转化 AgSCN 沉淀，通常采用以下两项措施。

（1）试液加入过量的 $AgNO_3$ 后，将溶液加热煮沸使 AgCl 沉淀凝聚，以减少 AgCl 沉淀对 Ag^+ 的吸附。滤去沉淀，用稀 HNO_3 洗涤，然后用 NH_4SCN 标准溶液滴定滤液中的过量的 $AgNO_3$。

（2）在滴入 NH_4SCN 标准溶液前加入硝基苯 1～2mL，用力摇动，使 AgCl 沉淀进入硝基苯层中，避免沉淀与滴定溶液接触，从而阻止了 AgCl 沉淀与 SCN^- 的沉淀转化反应。

用返滴定法测定溴化物和碘化物时，由于 AgBr 和 AgI 的溶解度均比 AgSCN 小，不发生上述沉淀转化反应，所以不必将沉淀过滤或加有机试剂。但在测定碘时，应先加 $AgNO_3$，再加指示剂，以避免 I^- 对 Fe^{3+} 的还原作用。

佛尔哈德法可以测定 Cl^-、Br^-、I^-、SCN^-、Ag^+ 及有机氯化物等。

7.2.3 法扬司法

用吸附指示剂指示滴定终点的银量法，称为法扬司法（Fajans method）。

吸附指示剂是一类有色有机化合物。它被吸附在胶体微粒表面以后，发生分子结构的变化，从而引起颜色变化。在沉淀滴定中，利用指示剂这种性质来确定滴定终点。

例如，荧光黄指示剂，它是一种有机弱酸，用 HFI 表示，在溶液中可解离：

$$HFI \rightleftharpoons H^+ + FI^- \text{（黄绿色）}$$

当用 $AgNO_3$ 标准溶液滴定 Cl^- 时，加入荧光黄指示剂，在化学计量点前，溶液中 Cl^- 过量，AgCl 胶体微粒吸附构晶离子 Cl^- 而带负电荷，故 FI^- 不被吸附，此时溶液呈黄绿色。当达到化学计量点后，稍过量的 $AgNO_3$ 可使 AgCl 胶粒吸附 Ag^+ 阳离子而带正电荷。这时带正电荷的胶体微粒强烈吸附 FI^-，可能在 AgCl 表面上形成了荧光黄银化合物而呈淡红色，使整个溶液由黄绿色变成淡红色，指示终点到达。即：

$$AgCl\cdot Ag^+ + \underset{\text{（黄绿色）}}{FI^-} \xrightarrow{\text{吸附}} \underset{\text{（粉红色）}}{AgCl\cdot Ag^+\cdot FI^-}$$

如果是用 NaCl 标准溶液滴定 Ag^+，则颜色变化恰好相反。

为了使终点颜色变化明显，应用吸附指示剂时要注意以下几点。

（1）由于吸附指示剂的颜色变化发生在沉淀微粒表面上，因此，应尽可能使卤化银沉淀呈胶体状态，使其具有较大的表面积。为此，在滴定前应将溶液稀释，并加入糊精、淀粉等高分子化合物保护胶体，防止 AgCl 沉淀凝聚。

（2）溶液的酸度要适当。常用的指示剂大多为有机弱酸，而指示剂变色是由于指示剂阴离子被吸附而引起的，因此，控制适当酸度有利于指示剂解离。如荧光黄的 $pK_a^{\ominus}=7$，只能在中性或弱碱性（pH=7～10）溶液中使用；若 pH<7，则指示剂阴离子浓度过低，使滴定终点变化不明显。常用的几种指示剂列于表 7-1 中。

（3）溶液中被滴定的离子的浓度不能太低，因为浓度太低时，沉淀很少，观察终点会比较困难。用 $AgNO_3$ 溶液滴定 Cl^-，用荧光黄作指示剂，Cl^- 的浓度要求在 0.005mol/L 以上。但滴定 Br^-、I^-、SCN^- 的灵敏度稍高，浓度低至 0.001mol/L 时，仍可准确滴定。

（4）应避免在强光下进行滴定，因为卤化银沉淀对光敏感，遇光易分解析出金属银，使沉淀很快转变为灰黑色，影响终点观察。

表 7-1　常用的几种吸附指示剂

指示剂名称	待测离子	滴定剂	滴定条件(pH 值)
荧光黄	Cl^-	Ag^+	7～10
二氯荧光黄	Cl^-	Ag^+	4～6
曙红	Br^-、I^-、SCN^-	Ag^+	2～10
溴甲酚绿	SCN^-	Ag^+	4～5
甲基紫	SO_4^{2-}、Ag^+	Ba^{2+}、Cl^-	酸性溶液
二甲基二碘荧光黄	I^-	Ag^+	中性

(5) 胶体微粒对指示剂的吸附能力应略小于对被测离子的吸附能力，否则将在化学计量点前变色。但若吸附能力太差将使终点延迟。卤化银对卤化物和常用的几种吸附指示剂吸附能力大小次序如下：

I^- > 二甲基二碘荧光黄 > Br^- > 曙红 > Cl^- > 荧光黄

因此，滴定 Cl^- 时，不能选曙红，而应选用荧光黄为指示剂。

7.2.4 银量法的应用

银量法可以用来测定无机卤化物，也可以测定有机卤化物，应用广泛。

例如，天然水中氯含量可以用莫尔法测定。若水样中含有磷酸盐、亚硫酸盐等阴离子，则应采用佛尔哈德法。因为在酸性条件下可消除上述离子的干扰。

银合金中银的测定采用佛尔哈德法。将银合金用 HNO_3 溶解，将银转化为 $AgNO_3$，但必须逐出氮的氧化物，否则它与 SCN^- 作用生成红色化合物而影响终点的观察。

碘化物中碘的测定采用佛尔哈德法中返滴定法。准确称取碘化物试样，溶解后定量加入过量的 $AgNO_3$ 标准溶液，当 AgI 沉淀析出后加入适量铁铵矾指示剂，用 NH_4SCN 标准溶液返滴定过量的 $AgNO_3$。

例 7-3　称取食盐 0.2000g，溶于水，以 K_2CrO_4 作指示剂，用 0.1500mol/L $AgNO_3$ 标准溶液滴定，用去 22.50mL，计算 NaCl 的质量分数。

解：

$$NaCl + AgNO_3 = AgCl\downarrow + NaNO_3$$

$$w(NaCl) = \frac{m(NaCl)}{m_s} \times 100\% = \frac{n(NaCl)M(NaCl)}{m_s} \times 100\%$$

$$= \frac{0.1500 \times 22.50}{1000} \times \frac{58.44}{0.2000} \times 100\% = 98.62\%$$

例 7-4　0.5000g 不纯的 $SrCl_2$ 溶解后，加入纯 $AgNO_3$ 固体 1.7840g，过量的 $AgNO_3$ 用 0.2800mol/L 的 KSCN 标准溶液滴定，用去 25.50mL，求试样中 $SrCl_2$ 的质量分数。

解：

$$2AgNO_3 + SrCl_2 = 2AgCl\downarrow + Sr(NO_3)_2$$

化学计量点时 $n(AgNO_3) = 2n(SrCl_2)$，故：

$$w(SrCl_2) = \frac{m(SrCl_2)}{m_s} \times 100\% = \frac{n(SrCl_2)M(SrCl_2)}{m_s} \times 100\%$$

由滴定反应可知：

$$AgNO_3 + KSCN \longrightarrow AgSCN\downarrow$$

化学计量点时 $n(AgNO_3) = n(AgSCN)$，故：

$$n(AgNO_3)=\left(\frac{1.7840}{169.9}\times 1000-0.2800\times 25.50\right)mol=3.360\times 10^{-3}mol$$

$$w(SrCl_2)=\frac{\frac{1}{2}\times 3.360\times 10^{-3}\times 158.5}{0.5000}\times 100\%=53.26\%$$

知识拓展

水热法合成纳米材料

水热法，是指使用特殊设计的装置，人为地创造一个高温高压环境，使通常难溶或不溶的物质溶解或反应，生成该物质的溶解产物，并在达到一定的过饱和度后进行结晶和生长。当然，这种方法也可用于易溶的原料来合成所需产品。

水热法合成出的产物具有如下特点：粉体的晶粒发育完整，粒径小且分布均匀，团聚程度较轻，易得到合适的化学计量比和晶粒形态；可使用较便宜的原料；省去了高温煅烧和球磨，避免了杂质引入和结构缺陷等。其引起人们广泛关注的主要原因是：采用中温液相控制，能耗相对较低，适用性广，既可制备超微粒子和尺寸较大的单晶，还可制备无机陶瓷薄膜；原料相对廉价易得，反应在液相快速对流中进行，产率高、物相均匀、纯度高、结晶良好，形状、大小可控；可通过调节反应温度、压力、溶液成分和pH 值等因素来达到有效地控制反应和晶体生长的目的；反应在密闭的容器中进行，可控制反应气氛而形成合适的氧化还原反应条件，获得某些特殊的物相，尤其有利于有毒体系中的合成，从而尽可能地减少了环境污染。

水热法已被广泛用于合成各种纳米材料。水热法合成纳米材料主要从两个方面入手：一方面利用产物本身晶体的各向异性，在一定条件下，某个面生长速度更快，从而合成出纳米线，包括难溶物在一定条件下先溶解再结晶生成产物，目前研究较多的是钒酸盐、铌酸盐和钨酸盐，某些产物有很高的长径比和良好的均一性，但该方法因受产物本身特性的影响，适用性并不广泛；另一方面利用模板法辅助生长合成纳米线，目前的研究主要是利用合适的表面活性剂辅助作为软模板来合成。表面活性剂作用可分为两种：一是在一定条件下形成特定的微结构如线状孔道等起到模板作用；二是与产物的某些面相作用，减缓甚至限制了该面的生长，从而起到模板作用。而像阳极氧化铝模板（当然首先需要研究 Al_2O_3 模板在水热条件下的存在情况）等硬模板在水热合成中的应用仍未见报道。模板法因不受产物本身特性的影响而具有较广泛的研究前景，特别是具有均匀、高长径比孔道的硬模板有望合成一些特殊相态的纳米线；同时有利于研究表面活性剂在水热条件下的聚集态。

习 题

1. 在测定 Ba^{2+} 时，如果 $BaSO_4$ 中有少量 $BaCl_2$ 共沉淀，测定结果将偏高还是偏低？如有 Na_2SO_4、$Fe_2(SO_4)_3$、$BaCrO_4$ 共沉淀，它们对测定结果有何影响？如果测定 SO_4^{2-}，$BaSO_4$ 中带有少量 $BaCl_2$、Na_2SO_4、$BaCrO_4$、$Fe_2(SO_4)_3$，对测定结果又分别有何影响？

2. 试说明为什么：（1）氯化银在 1mol/L HCl 溶液中比在水中较易溶解；（2）铬酸银

在0.001mol/L $AgNO_3$ 溶液中比在0.001mol/L K_2CrO_4 溶液中难溶解；（3）$BaSO_4$ 沉淀要陈化，而AgCl或 $Fe_2O_3 \cdot nH_2O$ 沉淀不要陈化。

3. 用银量法测定下列试样中 Cl^- 含量时，选用以下哪种指示剂指示终点较为合适：（1）NH_4Cl；（2）$BaCl_2$；（3）$FeCl_2$；（4）$NaCl+Na_3PO_4$；（5）$NaCl+Na_2SO_4$。

4. 在含0.1000g Ba^{2+} 的100mL溶液中，加入50mL 0.010mol/LH_2SO_4 溶液中还剩余多少克的 Ba^{2+}？如果沉淀用100mL纯水或100mL 0.010mol/LH_2SO_4 溶液洗涤，假设洗涤时达到溶解平衡，各损失 $BaSO_4$ 多少克？

5. 为了使0.2032g$(NH_4)_2SO_4$ 中的 SO_4^{2-} 沉淀完全，需要每升含63g $BaCl_2 \cdot 2H_2O$ 的溶液多少毫升？

6. 计算下列换算因数：（1）从 $Mg_2P_2O_7$ 的质量计算MgO的质量；（2）从 $Mg_2P_2O_7$ 的质量计算 P_2O_5 的质量；（3）从 $(NH_4)_3PO_4 \cdot 12MoO_3$ 的质量计算P和 P_2O_5 的质量。

7. 今有纯的CaO和BaO的混合物2.212g，转化为混合硫酸盐后重5.023g，计算原混合物中CaO和BaO的质量分数。

8. 将0.1068mol/L $AgNO_3$ 溶液30.00mL加入含有氯化物试样0.2173g的溶液中，然后用1.24mL 0.1158mol/L NH_4SCN 溶液滴定过量的 $AgNO_3$。计算试样中氯的质量分数。

9. 称取含有NaCl和NaBr的试样0.5776g，用重量法测定，得到二者的银盐沉淀为0.4403g；另取同样质量的试样，用沉淀滴定法测定，消耗0.1074mol/L $AgNO_3$ 溶液25.25mL，求NaCl和NaBr的质量分数。

10. 某化学家欲测量一个大木桶的容积，但手边没有能用于测量大体积液体的适当量具，该化学家把380g NaCl放入桶中，用水充满水桶，混匀溶液后，取100mL所得溶液，以0.0747mol/L $AgNO_3$ 溶液滴定，达终点时用去32.24mL。该水桶的容积是多少？

第 8 章

配位化合物

> **本章学习指导**
>
> 熟练掌握配位化合物的组成，命名；掌握配位化合物在溶液中的稳定性与相关计算；了解螯合物的定义、形成和特性以及配位化合物的应用。

配位化合物是含有配位键的化合物，简称为配合物或络合物，它是由阳离子（或原子）与中性分子或阴离子以配位键结合，形成具有某些特殊性质的离子（或分子）化合物。近几十年来，配合物的研究日益深入，配合物种类也已远远超过一般的简单化合物，已形成了一门研究配合物的独立学科——配位化学。配位化学广泛应用于金属的分离提取、化学分析、电镀工艺、控制腐蚀、医药工业、印染工业、食品和饲料工业等。配合物也常见于生物体内，如人和动物血液中传递氧气的血红素、植物中起光合作用的叶绿素以及生物体内的许多酶都是配合物。因此，学习配合物知识有很重要的意义，本章主要介绍有关配位化合物的基本知识。

8.1 基本概念

8.1.1 配位化合物的组成

HCl、NaOH、KI 和 CO_2 等简单化合物，它们的结构都符合经典的价键理论。而 $[Cu(NH_3)_4]SO_4$、$Na_3[Ag(S_2O_3)_2]$、$K_3[Fe(CN)_6]$ 和 $K_2[PtCl_6]$ 等配合物，它们的结构不符合经典的价键理论。按照维尔纳（Werner A.）1893 年创立的配位理论，配合物的组成可分为内界和外界两部分。内界为配合物的特征部分，由中心离子和配位体构成，在配合物的化学式中一般用方括号表示。外界由其他离子组成，它们距离中心离子比较远。例如：

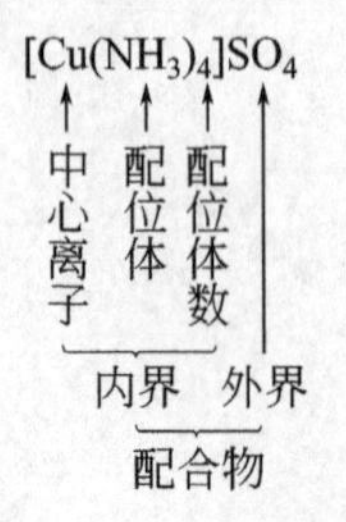

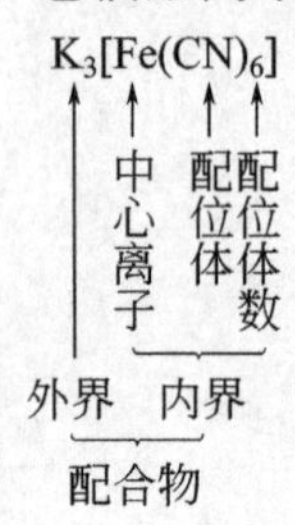

$[Cu(NH_3)_4]^{2+}$、$[Fe(CN)_6]^{3-}$等带电荷的复杂离子叫作配离子。而有的配合物，如$[Ni(CO)_4]$、$[CoCl_3(NH_3)_3]$等，就没有外界。例如：

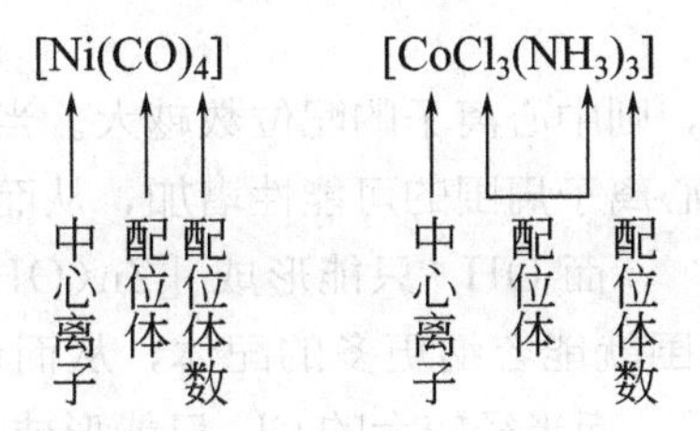

8.1.1.1　中心离子（原子）(central ion/atom)

中心离子（或中心原子）又叫配合物形成体，位于配合物的中心。中心离子一般为金属阳离子，常见的为过渡金属阳离子，如Fe^{3+}、Fe^{2+}、Cu^{2+}、Ag^{+}、Zn^{2+}、Mn^{2+}、Al^{3+}等；少数配合物形成体是中性原子，如$[Ni(CO)_4]$中的Ni；极少数配合物的中心离子是非金属元素阳离子，如$[SiF_6]^{2-}$中的Si^{4+}、$[BF_4]^{-}$中的B^{3+}。中心离子和中心原子常统称为中心离子。

8.1.1.2　配位体和配位原子（ligand and coordinating atom）

配位体常简称为配体，配体是与中心离子结合的中性分子或阴离子。如NH_3、H_2O、CO、CN^-、F^-等。提供配体的物质叫作配位剂，如KCN、NaF等。有时配位剂本身就是配体，如NH_3、H_2O、CO等。

配体中与中心离子直接以配位键结合的原子叫作配位原子。在分子中吸引电子能力较强的非金属元素原子经常作为配位原子，如C、N、P、O、S、F、Cl、Br、I等。

按照配体中所含配位原子的数目，可以将配体分为单齿配体和多齿配体。单齿配体是指一个配体中只有一个配位原子，如H_2O:、:NH_3、:F^-、:Cl^-等。多齿配体是指一个配体中有两个或两个以上的配位原子，如乙二胺（$NH_2—CH_2—CH_2—NH_2$，简写为en）为二齿配体，乙二胺四乙酸为六齿配体，结构如下：

$$\begin{array}{l}HOOCH_2C \\ HOOCH_2C\end{array}\!\!>N—CH_2—CH_2—N<\!\!\begin{array}{l}CH_2COOH \\ CH_2COOH\end{array}$$

乙二胺四乙酸可简写成EDTA或H_4Y。

8.1.1.3　配位数（ligancy）

与中心离子直接以配位键结合的配位原子总数叫作中心离子的配位数。如果配合物的所有配体都是单齿的，配位数就是配位体数。如$[Co(NH_3)_6]^{3+}$、$[Co(NH_3)_5H_2O]^{3+}$、$[CoCl_6]^{3-}$中，虽然配体不尽相同，但是它们都是单齿配体，故Co^{3+}的配位数都是6。如果配体为同类型的多齿配体，则配位数等于配位体数乘以该配体的齿数。例如$[Zn(en)_2]^{2+}$中，因乙二胺（en）是双齿配体，故Zn^{2+}的配位数为4。

中心离子的配位数最常见的是2、4和6。中心离子配位数的大小，主要取决于中心离子的性质（例如中心离子价电子层空轨道数，见第12章）和配位体的性质，也与形成配合物时的条件有关。

中心离子电荷越多，半径越大，则配位数越大。因为中心离子电荷越多，吸引配体的能力越强，配位数就越大。如$[PtCl_4]^{2-}$中Pt^{2+}的配位数为4，而$[PtCl_6]^{2-}$中Pt^{4+}的配位数为 6。另一方面，中心离子半径越大，它周围容纳配位体的空间就越多，配位数也就越大。如 $[AlF_6]^{3-}$ 中的 Al^{3+} 的半径为 50pm，配位数为 6；$[BF_4]^-$ 中的 B^{3+} 的半径为 20pm，配位数为 4。

配体电荷越少，半径越小，则中心离子的配位数越大。当配体电荷减少时，配体之间的排斥力也减小，它们共存于中心离子周围的可能性增加，从而使配体数增加。如中性水分子可与 Zn^{2+} 形成 $[Zn(H_2O)_6]^{2+}$，而 OH^- 只能形成 $[Zn(OH)_4]^{2-}$。配体的半径越小，在半径相同或相近的中心离子周围就能容纳更多的配体，从而使配位数增加，如半径较小的 F^-，可与 Al^{3+} 形成 $[AlF_6]^{3-}$，而半径较大的 Cl^- 只能形成 $[AlCl_4]^-$。

增大配位体浓度，降低反应温度，有利于形成高配位数的配合物。

8.1.1.4 配离子的电荷(complex ion charge)

配离子的电荷等于中心离子与配体电荷的代数和。例如 $[Fe(CN)_6]^{3-}$，由于配位体为带负电荷的 CN^-，因此配离子的电荷为 $+3+(-1)\times 6=-3$。又如 $[CoCl_3(NH_3)_3]$，配离子的电荷为 $+3+3\times(-1)+3\times 0=0$。

由于整个配合物是电中性的，因此也可以从外界离子的电荷来推算配离子的电荷。例如 $K_3[Fe(CN)_6]$ 和 $K_4[Fe(CN)_6]$ 中，配离子的电荷分别为－3 和－4。

8.1.2 配位化合物的命名

8.1.2.1 命名原则

配合物的命名服从一般无机化合物的命名原则，对于含配阳离子的配合物，外界酸根为简单离子时，命名为某化某，外界的酸根为复杂离子时，命名为某酸某。对于含配阴离子的配合物，命名为某酸某。

配位化合物命名的难点在于配合物的内界。

(1) 配合物内界命名顺序　配体数（用倍数词头一、二、三等汉字表示）— 配体名称—缀字“合”— 中心离子名称（用加括号的罗马数字表示中心离子的化合价，没有外界的配合物，中心离子的化合价可不必标明)。

(2) 配位体排列顺序　如果在同一配合物中的配位体不止一种时，排列次序一般为先阴离子后中性分子；阴离子中先简单离子后复杂离子、有机酸根离子；中性分子中先氨后水再有机分子。不同的配位体之间要加圆点“·”分开。

8.1.2.2 实例

$[Co(NH_3)_6]^{3+}$	六氨合钴（Ⅲ）配离子
$[Ag(S_2O_3)_2]^{3-}$	二硫代硫酸根合银（Ⅰ）配离子
$[Cu(NH_3)_4]SO_4$	硫酸四氨合铜（Ⅱ）
$[Co(NH_3)_3(H_2O)_3]Cl_3$	三氯化三氨·三水合钴（Ⅲ）
$[CoCl_2(NH_3)_4]Cl$	氯化二氯·四氨合钴（Ⅲ）
$K_4[Fe(CN)_6]$	六氰合铁（Ⅱ）酸钾
$K[PtCl_3(C_2H_4)]$	三氯·一乙烯合铂（Ⅱ）酸钾
$[Ni(CO)_5]$	五羰基合镍

$[PtCl_2(NH_3)_2]$　　　　　　　　二氯·二氨合铂

8.1.2.3　配合物的简名

常见的仅含有一种配位原子的配合物，可以将系统名称中代表配位原子数目词头和中心离子的化合价省略，并将合字略去，形成简名。例如，六氰合铁（Ⅱ）酸钾可简称为氰亚铁酸钾，六氯合铂（Ⅳ）酸钾可简称为氯铂酸钾。

8.2　配位平衡

一般的配合物在水溶液中完全解离为配离子和外界离子。配离子在水溶液中像弱电解质一样能部分解离。另一方面，配离子的组分离子（或分子）在水溶液中能生成配离子。在一定条件下，这两种情况都是可逆的，都能建立配位平衡（coordination equilibrium）。

8.2.1　配位平衡常数

8.2.1.1　配离子的稳定常数（stability constant of complex ion）

配离子在溶液中是否稳定，常用配离子的稳定常数来表示。稳定常数 $K_f^\ominus$（或 $K_{稳}^\ominus$）是生成配离子时的平衡常数。例如，在水溶液中生成 $[Cu(NH_3)_4]^{2+}$ 配离子的反应为：

$$Cu^{2+} + 4NH_3 \rightleftharpoons [Cu(NH_3)_4]^{2+}$$

$$K_f^\ominus = \frac{[Cu(NH_3)_4^{2+}]}{[Cu^{2+}][NH_3]^4}$$

平衡常数 $K_f^\ominus$ 越大，表示相应的配离子越稳定。

中心离子与配体形成配离子时，反应是逐级进行的。每一步都有一个稳定常数，称为逐级稳定常数。例如：

$$Cu^{2+} + NH_3 \rightleftharpoons [Cu(NH_3)]^{2+}$$

$$K_{f1}^\ominus = \frac{[Cu(NH_3)^{2+}]}{[Cu^{2+}][NH_3]} = 10^{4.13}$$

$$[Cu(NH_3)]^{2+} + NH_3 \rightleftharpoons [Cu(NH_3)_2]^{2+}$$

$$K_{f2}^\ominus = \frac{[Cu(NH_3)_2^{2+}]}{[Cu(NH_3)^{2+}][NH_3]} = 10^{3.48}$$

$$[Cu(NH_3)_2]^{2+} + NH_3 \rightleftharpoons [Cu(NH_3)_3]^{2+}$$

$$K_{f3}^\ominus = \frac{[Cu(NH_3)_3^{2+}]}{[Cu(NH_3)_2^{2+}][NH_3]} = 10^{2.87}$$

$$[Cu(NH_3)_3]^{2+} + NH_3 \rightleftharpoons [Cu(NH_3)_4]^{2+}$$

$$K_{f4}^\ominus = \frac{[Cu(NH_3)_4^{2+}]}{[Cu(NH_3)_3^{2+}][NH_3]} = 10^{2.11}$$

$K_{f1}^\ominus$、$K_{f2}^\ominus$、$K_{f3}^\ominus$、$K_{f4}^\ominus$ 是 $[Cu(NH_3)_4]^{2+}$ 的逐级稳定常数，可以分别叫作第一级稳定常数、第二级稳定常数、第三级稳定常数、第四级稳定常数，逐级稳定常数的数值一般随着配位数的增加而减小。这是因为随着配位数的增加，配体之间的斥力增大，中心离子对配体的吸引力减小。根据多重平衡规则，逐级稳定常数的乘积等于该配离子的稳定常数。例如：

$$Cu^{2+}+4NH_3 \rightleftharpoons [Cu(NH_3)_4]^{2+}$$

$$K_f^{\ominus}=\frac{[Cu(NH_3)_4^{2+}]}{[Cu^{2+}][NH_3]^4}=K_{f1}^{\ominus}K_{f2}^{\ominus}K_{f3}^{\ominus}K_{f4}^{\ominus}=10^{12.59}$$

一些配合物的稳定常数见附表7。

利用配离子的稳定常数，可以计算配合物溶液中有关离子的浓度。

例 8-1 计算溶液中 Cu^{2+} 的平衡浓度，该溶液中含 0.001mol/L $[Cu(NH_3)_4]^{2+}$ 和 1.0mol/L NH_3。

解： 因为 $[Cu(NH_3)_4]^{2+}$ 配离子的 $K_f^{\ominus}=10^{12.59}$ 很大，系统中又存在着过量的配位剂 NH_3，故可忽略由配离子解离所得到的配位剂的浓度，使计算简化。

因为 $$Cu^{2+}+4NH_3 \rightleftharpoons [Cu(NH_3)_4]^{2+}$$

平衡浓度/(mol/L) x 1.0 1.0×10^{-3}

$$K_f^{\ominus}=\frac{[Cu(NH_3)_4^{2+}]}{[Cu^{2+}][NH_3]^4}=\frac{1.0\times10^{-3}}{x\times(1.0)^4}=10^{12.59}$$

所以 $$[Cu^{2+}]=x=\frac{1.0\times10^{-3}}{10^{12.59}\times(1.0)^4}=2.6\times10^{-16}\,mol/L$$

在实际工作中，除了使用如附录中所列的 $\lg K_f^{\ominus}$ 以外，也使用累积稳定常数（β），累积稳定常数与逐级稳定常数有如下关系：

$$\beta_1=K_1^{\ominus}$$

$$\beta_2=K_1^{\ominus}K_2^{\ominus}$$

$$\cdots$$

$$\beta_n=K_1^{\ominus}K_2^{\ominus}\cdots K_n^{\ominus}$$

8.2.1.2 配离子的不稳定常数（instability constant of complex ion）

配离子在水溶液中分步解离，有逐级（或分步）不稳定常数。例如，在298 K时，在 $[Cu(NH_3)_4]^{2+}$ 的溶液中，存在着如下的平衡：

$$[Cu(NH_3)_4]^{2+} \rightleftharpoons [Cu(NH_3)_3]^{2+}+NH_3$$

$$K_{d1}^{\ominus}=\frac{[Cu(NH_3)_3^{2+}][NH_3]}{[Cu(NH_3)_4^{2+}]}=10^{-2.11}$$

$$[Cu(NH_3)_3]^{2+} \rightleftharpoons [Cu(NH_3)_2]^{2+}+NH_3$$

$$K_{d2}^{\ominus}=\frac{[Cu(NH_3)_2^{2+}][NH_3]}{[Cu(NH_3)_3^{2+}]}=10^{-2.87}$$

$$[Cu(NH_3)_2]^{2+} \rightleftharpoons [Cu(NH_3)]^{2+}+NH_3$$

$$K_{d3}^{\ominus}=\frac{[Cu(NH_3)^{2+}][NH_3]}{[Cu(NH_3)_2^{2+}]}=10^{-3.48}$$

$$[Cu(NH_3)]^{2+} \rightleftharpoons Cu^{2+}+NH_3$$

$$K_{d4}^{\ominus}=\frac{[Cu^{2+}][NH_3]}{[Cu(NH_3)^{2+}]}=10^{-4.13}$$

某一级不稳定常数的大小，反映该级平衡解离的程度，常数越大，表示该配离子越易解离，即越不稳定。如上述反应，$K_{d4}^{\ominus}<K_{d1}^{\ominus}$，所以 $[Cu(NH_3)_4]^{2+}$ 的解离大于 $[Cu(NH_3)]^{2+}$。

将上述各个平衡式相加，得：

$$[Cu(NH_3)_4]^{2+} \rightleftharpoons Cu^{2+} + 4NH_3$$

按多重平衡规则，上式的平衡常数等于 $K_{d1}^{\ominus}$、$K_{d2}^{\ominus}$、$K_{d3}^{\ominus}$、$K_{d4}^{\ominus}$ 的乘积，即：

$$\frac{[Cu^{2+}][NH_3]^4}{[Cu(NH_3)_4^{2+}]} = K_{d1}^{\ominus}K_{d2}^{\ominus}K_{d3}^{\ominus}K_{d4}^{\ominus} = 10^{-2.11-2.87-3.48-4.13} = 10^{-12.59} = K_{d}^{\ominus}$$

$K_{d}^{\ominus}$（或 $K_{不稳}^{\ominus}$）叫作 $[Cu(NH_3)_4]^{2+}$ 配离子的不稳定常数。

配离子的逐级不稳定常数，一般是依次减小的，即 $K_{d1}^{\ominus} > K_{d2}^{\ominus} > K_{d3}^{\ominus} > K_{d4}^{\ominus} > \cdots$ 这与多元弱酸类似，但也有例外。与其他平衡常数一样，不稳定常数也随温度等外界因素而变。

显然，在相同的条件下，任何一个配离子的稳定常数与不稳定常数互为倒数关系，即：

$$K_{f}^{\ominus} = \frac{1}{K_{d}^{\ominus}} \quad 或 \quad K_{稳}^{\ominus} = \frac{1}{K_{不稳}^{\ominus}}$$

8.2.2　配位平衡的移动

在水溶液中，配离子存在着下列平衡（为书写方便，略去了可能有的电荷）：

$$M + nL \rightleftharpoons ML_n$$

根据化学平衡移动原理，改变平衡系统中任一组分的浓度都会使平衡移动。利用配离子的稳定常数，通过配位平衡移动的计算，可以得到一些有用的结论。

8.2.2.1　沉淀反应与配位平衡

例 8-2　在 1L 例 8-1 所述的溶液中加入 0.0010mol NaOH，有无 $Cu(OH)_2$ 沉淀生成？若加入 0.0010mol 的 Na_2S，会生成 CuS 沉淀吗？

解：（1）忽略溶液的体积变化，则溶液中：

$$c(OH^-) = 0.0010 mol/L$$

溶液中有关离子浓度的乘积（离子积 Q_i）：

$$Q_i = c(Cu^{2+})c^2(OH^-)$$

$$Q_i = c(Cu^{2+})c^2(OH^-) = 2.6 \times 10^{-16} \times (0.0010)^2 = 2.6 \times 10^{-22}$$

$$Q_i < K_{sp}^{\ominus}[Cu(OH)_2] = 2.2 \times 10^{-20}$$

故没有 $Cu(OH)_2$ 沉淀生成。

（2）因为

$$c(S^{2-}) = 0.0010 mol/L$$

$$Q_i = c(Cu^{2+})c(S^{2-}) = 2.6 \times 10^{-16} \times 0.0010 = 2.6 \times 10^{-19}$$

$$Q_i > K_{sp}^{\ominus}(CuS) = 6.3 \times 10^{-36}$$

所以有 CuS 沉淀生成。

例 8-3　已知 AgBr 的 $K_{sp}^{\ominus}$ 为 5.2×10^{-13}，$[Ag(NH_3)_2]^+$ 的 $K_{f}^{\ominus}$ 为 2.51×10^7。欲使 0.0100mol AgBr 溶于 1L 氨水中，氨水的初始浓度至少是多大？

解：设 AgBr 溶解后全部能生成 $[Ag(NH_3)_2]^+$，则 $[Ag(NH_3)_2^+] = [Br^-] = 0.0100 mol/L$。

因为

$$AgBr + 2NH_3 \rightleftharpoons [Ag(NH_3)_2]^+ + Br^-$$

$$K^{\ominus} = \frac{[Ag(NH_3)_2^+][Br^-]}{[NH_3]^2}$$

$K^{\ominus}$ 为上述溶解-配位平衡的平衡常数。为求 $K^{\ominus}$ 的具体值，可将 $K^{\ominus}$ 的表达式乘 $[Ag^+]/[Ag^+]$，此时得：

$$K^{\ominus}=\frac{[Ag(NH_3)_2^+][Br^-][Ag^+]}{[NH_3]^2[Ag^+]}=K_f^{\ominus}[Ag(NH_3)_2^+]K_{sp}^{\ominus}(AgBr)$$

$$=2.51\times10^7\times5.2\times10^{-13}=1.30\times10^{-5}$$

所以 $[NH_3]=\sqrt{\frac{[Ag(NH_3)_2^+][Br^-]}{K^{\ominus}}}=\sqrt{\frac{0.0100\times0.0100}{1.30\times10^{-5}}}\text{mol/L}=2.77\text{mol/L}$

这是在溶解 AgBr 后达到平衡时氨的浓度，根据配位反应可知，氨水初始浓度为：

$$(2.77+0.01\times2)\text{mol/L}=2.79\text{mol/L}$$

从例 8-2 和例 8-3 可以看出，沉淀-配合物的转化过程，其实质是沉淀剂和配位剂争夺金属离子。沉淀的生成和溶解，配合物的生成和破坏，主要取决于沉淀的溶度积 $K_{sp}^{\ominus}$ 和配合物稳定常数 $K_f^{\ominus}$ 的大小，也与沉淀剂和配位剂浓度的大小有关。

8.2.2.2 酸碱反应和配位平衡

例 8-4 在 $c[Ag(NH_3)_2^+]=0.10\text{mol/L}$ 的溶液中，定量加入 HNO_3 溶液，使 $c(H^+)=0.30\text{mol/L}$。求溶液平衡后 $[Ag(NH_3)_2]^+$ 配离子的浓度。

解： H^+ 与 NH_3 结合生成 NH_4^+ 使 $[Ag(NH_3)_2]^+$ 解离。即：

$$[Ag(NH_3)_2]^+ \rightleftharpoons Ag^+ + 2NH_3 \quad (配位平衡) \tag{1}$$

$$H^+ + NH_3 \rightleftharpoons NH_4^+ \quad (酸碱平衡) \tag{2}$$

总反应是式 (1)+2×式 (2)：

$$[Ag(NH_3)_2]^+ + 2H^+ \rightleftharpoons Ag^+ + 2NH_4^+ \tag{3}$$

$$K^{\ominus}=\frac{[Ag^+][NH_4^+]^2}{[Ag(NH_3)_2^+][H^+]^2}=K_1^{\ominus}(K_2^{\ominus})^2$$

$K_1^{\ominus}$、$K_2^{\ominus}$ 分别为式 (1)、式 (2) 的平衡常数，其中：

$$K_1^{\ominus}=\frac{[Ag^+][NH_3]^2}{[Ag(NH_3)_2^+]}=\frac{1}{K_f^{\ominus}}$$

$$K_2^{\ominus}=\frac{[NH_4^+]}{[H^+][NH_3]}=\frac{[NH_4^+][OH^-]}{[H^+][NH_3][OH^-]}=\frac{K_b^{\ominus}(NH_3)}{K_w^{\ominus}}$$

将 $K_1^{\ominus}$、$K_2^{\ominus}$ 代入 $K^{\ominus}$ 的表达式，得：

$$K^{\ominus}=K_1^{\ominus}(K_2^{\ominus})^2=\frac{1}{K_f^{\ominus}}\times\left[\frac{K_b^{\ominus}(NH_3)}{K_w^{\ominus}}\right]^2$$

$$=\frac{1}{2.51\times10^7}\times\frac{(1.8\times10^{-5})^2}{(1.0\times10^{-14})^2}=1.3\times10^{11}$$

$K^{\ominus}$ 值很大，表明式 (3) 的平衡极度偏右。设平衡时 $[Ag(NH_3)_2{}^+]=x\text{mol/L}$，可得：

$$K^{\ominus}=\frac{[Ag^+][NH_4^+]^2}{[Ag(NH_3)_2^+][H^+]^2}=\frac{(0.10-x)\times[2\times(0.1-x)]^2}{x\times[0.3-2\times(0.1-x)]^2}$$

$$\approx\frac{0.10\times0.20^2}{x\times0.10^2}=1.3\times10^{11}$$

解之得：

$$x=3.1\times10^{-12}$$

计算结果表明，$[Ag(NH_3)_2]^+$ 解离很完全。从酸碱质子理论看，分子碱 NH_3 与 H^+ 生

成稳定的 NH_4^+（NH_3 的共轭酸），破坏了 $[Ag(NH_3)_2]^+$ 的配位平衡，使 $[Ag(NH_3)_2]^+$ 完全解离。

一般来说，配位体的碱性越强，溶液的酸度越大，则配离子的解离就越完全。

8.2.2.3 配离子之间的转化

与沉淀之间的转化类似，配离子之间的转化反应容易向生成更稳定配离子的方向进行。两种配离子的稳定常数相差越大，转化就越完全。

例 8-5 在 0.10mol/L 的 $[Ag(NH_3)_2]^+$ 溶液中加入固体 KCN，使 CN^- 初始浓度达 0.20mol/L，求平衡时 $[Ag(CN)_2]^-$ 和 $[Ag(NH_3)_2]^+$ 的浓度。

解： 溶液中 CN^- 和 NH_3 同时争夺 Ag^+，其反应式为：

$$[Ag(NH_3)_2]^+ + 2CN^- \rightleftharpoons [Ag(CN)_2]^- + 2NH_3$$

$$K^{\ominus} = \frac{[Ag(CN)_2^-][NH_3]^2}{[Ag(NH_3)_2^+][CN^-]^2} = \frac{[Ag(CN)_2^-][NH_3]^2[Ag^+]}{[Ag(NH_3)_2^+][CN^-]^2[Ag^+]}$$

$$= \frac{K_f^{\ominus}[Ag(CN)_2^-)}{K_f^{\ominus}Ag(NH_3)_2^+)} = \frac{1.26\times 10^{21}}{2.51\times 10^{7}} = 5.02\times 10^{13}$$

$K^{\ominus}$ 值如此之大，$[Ag(NH_3)_2]^+$ 基本上转化成 $[Ag(CN)_2]^-$。设达到平衡时：

$$[Ag(NH_3)_2{}^+] = x\,\text{mol/L}$$

则有 $0.10-x\approx 0.10$，故：

$$K^{\ominus} = \frac{[Ag(CN)_2^-][NH_3]^2}{[Ag(NH_3)_2^+][CN^-]^2} = \frac{(0.10-x)\times[2\times(0.10-x)]^2}{x\times[0.20-2\times(0.10-x)]^2} = 5.02\times 10^{13}$$

解之得：

$$x = 2.7\times 10^{-6}$$

$$[Ag(CN)_2^-] = (0.10-x)\,\text{mol/L} \approx 0.10\,\text{mol/L}$$

计算表明上述配离子的转化十分完全。

在测定多组分溶液中某种金属离子时，其他离子往往发生类似的反应而干扰测定。例如，在含 Co^{2+} 和 Fe^{3+} 的混合溶液中，用 KSCN 测定 Co^{2+}

$$\underset{\text{(粉红色)}}{[Co(H_2O)_6]^{2+}} + 4SCN^- \rightleftharpoons \underset{\text{(宝石蓝色)}}{[Co(SCN)_4]^{2-}} + 6H_2O$$

Fe^{3+} 也可与 SCN^- 生成血红色的配合物 $[Fe(SCN)_n]^{3-n}$（$n=1\sim6$），干扰 Co^{2+} 的测定。如在系统中加入足够的 F^-，Fe^{3+} 将生成更稳定的、无色的氟配合物 $[FeF_6]^-$，就可消除 Fe^{3+} 对测定 Co^{2+} 的干扰。

8.3 螯合物

8.3.1 螯合物的定义

中心离子与多齿配体形成的具有环状结构的配合物叫作螯合物（chelate）。例如，Cu^{2+} 与乙二胺结合成配离子时，由于乙二胺是二齿配体，每个乙二胺中有两个氮原子是配位原子，Cu^{2+} 的配位数通常为 4，故只要两个乙二胺分子就能满足 Cu^{2+} 的配位数，生成的螯合配离子结构是：

$$
\begin{array}{ccccc}
H_2C—H_2N & \searrow & & \swarrow & NH_2—CH_2 \\
| & & Cu^{2+} & & | \\
H_2C—H_2N & \nearrow & & \nwarrow & NH_2—CH_2
\end{array}
$$

与螯合配离子（常简称“螯离子”）相应的配合物叫作螯合物。例如，$[Cu(en)_2]SO_4$ 就是一种螯合物。习惯上也常把 $[Cu(en)_2]^{2+}$ 这样的螯离子叫作螯合物。螯合物呈环状结构，中心离子是组成环的一元，这样的环叫作螯环。例如，在 $[Cu(en)_2]^{2+}$ 中有两个五元环，每个环皆由两个碳原子、两个氮原子和中心离子组成。大多数螯合物的环是五元环或六元环。

8.3.2 螯合剂

能形成螯合物的配位剂叫作螯合剂（chelating agent）。一般常用的螯合剂都是有机化合物，其配位原子常为 N、O、S、P 等。

由于大多数螯合物具有五元环或六元环，所以要求螯合剂具备两个条件：第一，螯合剂必须含有两个或两个以上的配位原子，即螯合剂能提供多齿配体；第二，螯合剂的配位原子必须处于适当的位置，以便容易形成五原子环或六原子环，即两个配位原子之间最好间隔 2 个或 3 个其他原子。

螯合剂的品种很多，其中最常见的是氨羧螯合剂。氨羧螯合剂是以氨基乙酸为母体的一系列衍生物。最简单的氨羧螯合剂就是氨基乙酸 NH_2CH_2COOH。其他的氨羧螯合剂还有亚氨基二乙酸、氨基三乙酸、乙二胺四乙酸等。

在氨羧配位剂中，最重要和应用最广的是乙二胺四乙酸及其二钠盐，常用简式 H_4Y 和 Na_2H_2Y 表示它们。Na_2H_2Y 的溶解度比 H_4Y 的大。Y^{4-} 是六齿配体，能通过两个氮原子、四个氧原子与金属离子相结合，形成 1∶1 的极稳定的螯合物。EDTA 几乎能与所有金属离子形成螯合物。如 Ca^{2+} 与 EDTA 反应生成 CaY^{2-}（图 8-1）。

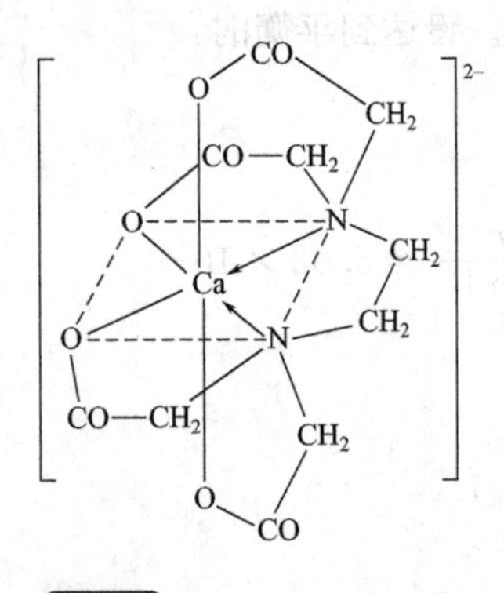

图 8-1 CaY^{2-} 结构示意图

$$Na_2H_2Y \rightleftharpoons 2Na^+ + H_2Y^{2-}$$

$$Ca^{2+} + H_2Y^{2-} \rightleftharpoons CaY^{2-} + 2H^+$$

8.3.3 螯合效应

螯离子一般比具有相同配位原子的非螯合配离子稳定。这种特性叫作螯合效应（chelate effect）。例如 $[Cu(NH_3)_4]^{2+}$ 与 $[Cu(en)_2]^{2+}$，它们的中心离子都是 Cu^{2+}，配位原子都是氮原子，它们的稳定常数分别为 $10^{12.59}$ 和 $10^{19.60}$，$[Cu(en)_2]^{2+}$ 较稳定。表 8-1 列出了一些以乙二胺、氨作配位体的螯合物和一般配合物的稳定常数，表中数据说明螯合物具有特殊稳定性。

螯合效应可以用熵效应来解释。例如，当中心离子和配位原子相同时：

$$[Cu(H_2O)_4]^{2+} + 4NH_3 \rightleftharpoons [Cu(NH_3)_4]^{2+} + 4H_2O$$

$$[Cu(H_2O)_4]^{2+} + 2en \rightleftharpoons [Cu(en)_2]^{2+} + 4H_2O$$

两式的 Gibbs 函数变的差别主要来源于熵变。生成 $[Cu(NH_3)_4]^{2+}$ 时，系统中质点（分子、离子）数目不变；而生成 $[Cu(en)_2]^{2+}$ 时，系统中质点增加很多，即系统的混乱度增加。这使反应前后熵值增加，$\Delta S > 0$。根据 Gibbs 函数变与平衡常数的关系：

$$\Delta G^{\ominus} = -RT\ln K^{\ominus}$$

熵值的增加导致 $\Delta G^{\ominus}$ 减少，从而使 $K_f^{\ominus}$ 值增加。

表 8-1 螯合物与一般配合物的稳定常数

螯合物	$\lg K_f^\ominus$	配合物	$\lg K_f^\ominus$
$[Cu(en)_2]^{2+}$	19.60	$[Cu(NH_3)_4]^{2+}$	12.59
$[Zn(en)_2]^{2+}$	12.08	$[Zn(NH_3)_4]^{2+}$	9.06
$[Co(en)_3]^{2+}$	13.82	$[Co(NH_3)_6]^{2+}$	4.75
$[Co(en)_3]^{3+}$	46.89	$[Co(NH_3)_6]^{3+}$	35.2
$[Ni(en)_3]^{2+}$	18.59	$[Ni(NH_3)_6]^{2+}$	8.49
$[Hg(en)_2]^{2+}$	23.42	$[Hg(NH_3)_4]^{2+}$	19.4

螯合物的稳定性与螯环的大小有关，在多数情况下，五元环和六元环较稳定。如表 8-2 所示，Ca^{2+} 与 $(HOOCCH_2)_2N(CH_2)_nN(CH_2COOH)_2$ 生成螯合物，其稳定性随 n 增加而减小。

表 8-2 Ca^{2+} 与 $(HOOCCH_2)_2N(CH_2)_nN(CH_2COOH)_2$ 生成的螯合物的稳定性

n	螯环的原子数	$\lg K_f^\ominus$
2	5	10.7
3	6	7.1
4	7	5.1
5	8	4.6

除了螯环的大小影响螯合物的稳定性外，螯环的数目也会影响螯合物的稳定性。一个二齿配体与中心离子形成一个螯环，一个三齿配体与中心离子形成两个螯环。要使螯合物解离成金属离子和配体，对于二齿配体所形成的螯合物，需要破坏两个键，而三齿配体所形成的螯合物则需要破坏三个键，所以，螯合物的环数越多则越稳定。这种情况可用表 8-3 中螯合离子的稳定常数来说明。

表 8-3 一些常见螯合离子的稳定常数（298.15K）

螯合离子	$\lg K_f^\ominus$	螯合离子	$\lg K_f^\ominus$
$[Ag(en)_2]^+$	7.7	$[AgY]^{3-}$	7.3
$[Co(en)_2]^{2+}$	13.82	$[CoY]^{2-}$	16.31
$[Cd(en)_2]^{2+}$	10.02	$[CdY]^{2-}$	16.46
$[Fe(en)_2]^{2+}$	9.52	$[FeY]^{2-}$	14.33
$[Mn(en)_3]^{2+}$	5.67	$[MnY]^{2-}$	14.04
$[Ni(en)_3]^{2+}$	18.59	$[NiY]^{2-}$	18.67
$[Zn(en)_2]^{2+}$	12.08	$[ZnY]^{2-}$	16.50

8.3.4 螯合物的应用

随着科学技术的发展，螯合物的重要性在科学研究和生产实践中日益显著。在科学研究的各个领域以及工农业生产的各个部门，螯合物都有许多重要的用途。

8.3.4.1 在分析化学中的应用

某种螯合剂若能和金属离子形成具有特征性的有色螯合物，则可用于对该金属离子的分析鉴定。如邻二氮菲（phen）可与 Fe^{2+} 生成可溶性的橘红色螯合物，即：

$$Fe^{2+} + 3\ \text{phen} \longrightarrow [Fe(\text{phen})_3]^{2+}$$

这个反应用于定性检验溶液中是否有 Fe^{2+} 存在，最少可检验出试液中 $0.25\mu g$ 的 Fe^{2+}，这个量叫作最小检出量。也可以根据溶液颜色的深浅，确定溶液中 Fe^{2+} 的含量。

又如，丁二酮肟与 Ni^{2+} 在弱碱性条件下生成鲜红色螯合物沉淀。

$$Ni^{2+} + 2\begin{array}{l} H_3C-C=NOH \\ \quad\quad\ | \\ H_3C-C=NOH \end{array} \longrightarrow \begin{array}{ccccc} & & O^-\cdots HO & & \\ H_3C-C=N & & & & N=C-CH_3 \\ & & Ni^{2+} & & \\ H_3C-C=N & & & & N=C-CH_3 \\ & & OH\cdots {}^-O & & \end{array}$$

这个反应用来检验溶液中是否有 Ni^{2+} 存在，最小检出量为 $0.15\mu g$ 的 Ni^{2+}，也可用这个反应定量测定镍。

某种螯合剂若能与金属离子形成稳定的、符合一定化学计量的螯合物，则可用于定量分析该离子的浓度。例如，EDTA 可用于测定溶液中多种金属离子含量。用 M^{n+} 代表金属离子，则 EDTA 与 M^{n+} 总是生成 1∶1 的螯合物：

$$M^{n+} + Y^{4-} \rightleftharpoons MY^{n-4}$$

根据反应时消耗掉的 EDTA 物质的量就可以求出待测离子 M^{n+} 的含量，这种方法叫作配位滴定法。配位滴定法常用来测定水的硬度（即水中 Ca^{2+}、Mg^{2+} 的含量），测定植物和土壤中的 Al^{3+}、Fe^{3+}、Ca^{2+}、Mg^{2+} 等离子的含量（详见第 9 章）。

8.3.4.2 在植物营养中的应用

植物吸收、贮藏和输送金属离子，大都与螯合物有关。在植物的根部，土壤微粒和有机螯合剂（如腐殖酸）之间，存在着对金属离子的复杂竞争。植物的根或者直接从土壤微粒中获得金属离子，或者由腐殖酸之类的有机螯合剂获得金属离子，然后再把金属离子释放给植物根部配位能力更强的螯合剂。

一般来说，含有机质丰富的土壤，有效磷的含量也高。因为土壤中有大量的铝和铁，它们易与磷结合为难溶于水的 $AlPO_4$ 和 $FePO_4$，这两种形式的磷化合物都不易被植物吸收。土壤中有机物（如腐殖酸）可与 $AlPO_4$、$FePO_4$ 中的 Al^{3+} 和 Fe^{3+} 发生螯合作用，释放出 PO_4^{3-}，使土壤中的可溶性磷增多，即增加了土壤中的有效磷。

8.3.4.3 在医学方面的应用

螯合物在医学方面的应用十分广泛，人体的一些生理、病理现象以及某些药物的作用机理等，都与螯合物有关。

例如，我国在宋代就已经使用 As_2O_3（俗称砒霜、白砒、信石等）作为拌种药剂以防治地下害虫，但是 As_2O_3 对人有剧毒（口服致死量 0.1～1.3mg/kg 体重），使中毒事件时有发生。As_2O_3（或其他砷试剂）使人中毒的原因是砷能与细胞酶系统的巯基螯合，抑制酶的活性。最常用的特效解毒剂是一种叫作二巯基丙醇（BAL，俗称巴尔）的螯合剂，BAL 与砷化合物的反应如下：

$$R-As=O + \begin{array}{c} \quad\ H \\ H_2C-C-CH_2OH \\ |\quad\ \ | \\ SH\ \ SH \end{array} \longrightarrow \begin{array}{c} \quad\ H \\ H_2C-C-CH_2OH \\ |\quad\ \ | \\ S\quad\ S \\ \backslash\ / \\ As \\ | \\ R \end{array} + H_2O$$

二巯基丙醇的两个巯基可与砷形成稳定的五元环。所形成的螯合物无毒性、解离小、可溶于水、能从尿中迅速排出。另一方面。BAL 与砷形成的螯合物比体内巯基酶与砷形成的螯合物稳定。因此 BAL 不仅能防止砷与巯基酶结合，使酶免遭毒害，还能夺取已经与酶结合的砷，使酶恢复活性。BAL 也可用于 Hg、Au 的中毒，但是不像对砷中毒那样特效。表 8-4列出了一些治疗金属中毒的螯合剂。

表 8-4 用于治疗金属中毒的螯合剂

金属	螯合剂
Cu	D-青霉胺，或 $Na_2CaEDTA$
Co，U	$Na_2CaEDTA$
As	BAL(二巯基丙醇)，或 DMS(二巯基丁二酸钠)①
Hg	BAL，或 *N*-乙酰青霉胺
Pb	$Na_2CaEDTA$，或 D-青霉胺
Tl	二苯卡巴腙
Ni	二乙基二硫代氨基甲酸钠
Pu	$Na_2[CaDTPA]$(二亚甲基三胺五乙酸钙钠)
Be	金精三羧酸

① 此药国际上称为梁氏（中国科学院药物研究所研究员梁猷毅先生）解毒剂。

知识拓展

二茂铁

二茂铁，又称二环戊二烯合铁、环戊二烯基铁，是分子式为 $Fe(C_5H_5)_2$ 的有机金属配合物。橙色晶型固体；有类似樟脑的气味；熔点 172.5～173℃，100℃以上升华，沸点 249℃；有抗磁性，偶极矩为零；不溶于水、10%氢氧化钠和热的浓盐酸，溶于稀硝酸、浓硫酸、苯、乙醚、石油醚和四氢呋喃。二茂铁在空气中稳定，具有强烈吸收紫外线的作用，对热相当稳定，可耐 470℃高温加热；在沸水、10%沸碱液和浓盐酸沸液中既不溶解也不分解。二茂铁是最重要的金属茂基配合物，也是最早被发现的夹心配合物，包含两个环戊二烯环与铁原子成键。

二茂铁的结构为一个铁原子处在两个平行的环戊二烯的环之间。在固体状态下，两个茂环相互错开成全错构型，温度升高时则绕垂直轴相对转动。二茂铁的化学性质稳定，类似芳香族化合物。二茂铁的环能进行亲电取代反应，例如汞化、烷基化、酰基化等反应。它可被氧化为 $[Cp_2Fe]^+$，铁原子氧化态的升高，使茂环（Cp）的电子流向金属，阻碍了环的亲电取代反应。二茂铁能抗氢化，不与顺丁烯二酸酐发生反应。二茂铁与正丁基锂反应，可生成单锂二茂铁和双锂二茂铁。茂环在二茂铁分子中能相互影响，在一个环上的致钝，使另一环也有不同程度的致钝，其程度比在苯环要轻一些。

Fe

二茂铁由铁粉与环戊二烯在 300℃的氮气气氛中加热，或以无水氯化亚铁与环戊二烯合钠在四氢呋喃中作用而制得。二茂铁可用作火箭燃料添加剂、汽油的抗爆剂和橡胶及硅树脂的熟化剂，也可用作紫外线吸收剂。二茂铁的乙烯基衍生物能发生烯键聚合，得到碳链骨架的含金属高聚物，可作航天飞机的外层涂料。

二茂铁的发现纯属偶然。1951 年，杜肯大学的 Pauson 和 Kealy 用环戊二烯基溴化镁处理氯化铁，试图得到二烯氧化偶联的产物富瓦烯，但却意外得到了一个很稳定的橙黄色固体。当时他们认为二茂铁的结构并非夹心，并把其稳定性归咎于芳香的环戊二烯基负离子。与此同时，Miller、Tebboth 和 Tremaine 在将环戊二烯与氮气混合气通过一种还原铁催化剂时也得到了该橙黄色固体。

罗伯特·伯恩斯·伍德沃德和杰弗里·威尔金森及恩斯特·奥托·菲舍尔分别独自发现了二茂铁的夹心结构，并且后者还在此基础上开始合成二茂镍和二茂钴。NMR 光谱和 X 射线晶体学的结果也证实了二茂铁的夹心结构。二茂铁的发现展开了环戊二烯基与过渡金属的众多 π 配合物的化学，也为有机金属化学掀开了新的帷幕。1973 年慕尼黑大学的恩斯特·奥托·菲舍尔及伦敦帝国学院的杰弗里·威尔金森爵士被授予诺贝尔化学奖，以表彰他们在有机金属化学领域的杰出贡献。

二茂铁不适于催化加氢，也不作为双烯体发生 Diels-Alder 反应，但它可发生傅-克酰基化及烷基化反应。例如在磷酸作催化剂时，二茂铁与乙酸酐或乙酰氯反应生成乙酰基二茂铁。虽然一方面二茂铁的许多反应类似于芳香烃的相应反应，但另一方面有些反应明显是铁原子在起主要作用。

习　题

1. 指出下列配离子的中心离子、配位体、配位原子、配位数：

(1) $[Cr(NH_3)_6]^{3+}$　(2) $[Co(H_2O)_6]^{2+}$　(3) $[Al(OH)_4]^-$

(4) $[Fe(OH)_2(H_2O)_4]^+$　(5) $[PtCl_5(NH_3)]^-$　(6) $[Ni(en)_2]^{2+}$

2. 命名下列配合物，并指出配离子的电荷数：

(1) $Cu[SiF_6]$　(2) $K_3[Cr(CN)_6]$　(3) $[CoCl_2(NH_3)_4]Cl$

(4) $[Cr(OH)_2(en)_2]Cl$　(5) $[Cu(NH_3)_4][PtCl_4]$

3. 写出下列配合物的化学式：

(1) 六羰基钒　(2) 四氯·二氨合铂（Ⅳ）

(3) 二硫代硫酸根合银（Ⅰ）配离子　(4) 三氯·三硝基合钴（Ⅲ）酸钾

4. 已知铂的配合物，用实验方法确定它们的结构，其结果如下表所列：

物质	化学组成	溶液的导电性	可被 Ag^+ 沉淀的 Cl^- 数/个
Ⅰ	$PtCl_4 \cdot 6NH_3$	导电	4
Ⅱ	$PtCl_4 \cdot 4NH_3$	导电	2
Ⅲ	$PtCl_4 \cdot 2NH_3$	不导电	0

根据上述结果，写出三个配合物的分子式。

5. 在 $AgNO_3$ 的氨溶液中，1/2 的 Ag^+ 形成了配离子 $[Ag(NH_3)_2]^+$，游离氨的浓度为 2×10^{-4} mol/L，求 $[Ag(NH_3)_2]^+$ 的稳定常数。

6. 当 $S_2O_3^{2-}$ 的平衡浓度为多大时，溶液中 99% Ag^+ 转变为 $[Ag(S_2O_3)_2]^{3-}$？

7. 如果在 0.10mol/L $K[Ag(CN)_2]$ 溶液中加入 KCN 固体，使 CN^- 的浓度为

0.10mol/L，然后再加入以下两种物质，是否都产生沉淀：（1）KI 固体，使 I^- 的浓度为 0.10mol/L；（2）NaS 固体，使 S^{2-} 的浓度为 0.10mol/L。

8. 选择填空

（1）在下列物质的水溶液中，加入 $BaCl_2$ 溶液不能得到白色沉淀的是（　　）。

A. $[PtCl_2SO_4(NH_3)_3]$　　B. $[PtCl_2(NH_3)_4]SO_4$

C. $K_2SO_4 \cdot Al_2(SO_4)_3 \cdot 24H_2O$

（2）下列沉淀物中不溶于氨水的是（　　）。

A. $Ni(OH)_2$　　B. $Cu(OH)_2CO_3$　　C. AgCl　　D. $PbCl_2$

（3）铂能溶于王水，生成氢氯铂酸，其原因是（　　）。

A. 盐酸的强酸性　　B. 硝酸的强氧化性和氯离子的配合性

C. 硝酸的强氧化性和盐酸的强酸性　　D. 硝酸的强氧化性和强酸性

9. 在 1.0L 水中加入 1.0mol $AgNO_3$ 与 2.0mol NH_3（设无体积变化），计算溶液中各组分 Ag^+、NH_3 和 $[Ag(NH_3)_2]^+$ 的浓度，当加入 HNO_3（设无体积变化）使配离子消失掉 99%，即 $[Ag(NH_3)_2^+]=1.0\times10^{-2}$ mol/L 时，估算溶液的 pH 值为多少。已知 $K_f\ [Ag(NH_3)_2^+]=1.6\times10^7$，$K_b(NH_3 \cdot H_2O)=1.8\times10^{-5}$。

10. 0.10mol/L 的 $AgNO_3$ 溶液 50mL，加入密度为 0.90g/mL 含 NH_3 18% 的氨水 30mL 后，加水稀释至 100mL，求算这个溶液中 Ag^+、$[Ag(NH_3)_2]^+$ 和 NH_3 的浓度。已知 $K_f[Ag(NH_3)_2{}^+]=1.6\times10^7$。

第 9 章

配位滴定法

本章学习指导

了解 EDTA 的配合性能，理解配位滴定过程中各种平衡同时存在的复杂情况；了解金属指示剂的变色原理；掌握配位滴定中酸度的选择及提高配位滴定选择性的方法；熟悉配位滴定的计算。

配位滴定法是以配位反应为基础的滴定分析方法，它利用配位剂作为标准溶液直接或间接滴定被测物质，并选用适当的方法指示滴定终点。

配位滴定法中常用的配位剂是氨羧类配位剂，它们能与金属离子形成稳定的具有环状结构的螯合物，在滴定分析中得到了广泛的应用。目前，已研究过的氨羧类配位剂不下几十种，常用的氨羧配位剂有氨基三乙酸（NTA）、乙二胺四丙酸（EDTP）、1,2-环己烷二氨基四乙酸（DCTA）和乙二胺四乙酸（EDTA）等。其中最重要、应用最广泛的是乙二胺四乙酸（EDTA）及其二钠盐。

9.1 EDTA 及其螯合物的性质

9.1.1 EDTA 的性质

乙二胺四乙酸常用 H_4Y 表示，22℃时，它在水中的溶解度为 0.2g/L。为增加其水溶性，常制成二钠盐（Na_2H_2Y），Na_2H_2Y 一般也称 EDTA 或 EDTA 二钠盐。Na_2H_2Y 在水中的溶解度较大，22℃时为 111g/L，pH 值为 4.5～4.8。

H_4Y 溶于酸性较高溶液时，可再接受两个 H^+ 而形成 H_6Y^{2+}，质子化了的 EDTA 就相当于六元酸，在溶液中有六级解离平衡。

$$H_6Y^{2+} \rightleftharpoons H^+ + H_5Y^+ \qquad K_{a1}^{\ominus} = \frac{[H_5Y^+][H^+]}{[H_6Y^{2+}]} = 10^{-0.9}$$

$$H_5Y^+ \rightleftharpoons H^+ + H_4Y \qquad K_{a2}^{\ominus} = \frac{[H_4Y][H^+]}{[H_5Y^+]} = 10^{-1.6}$$

$$H_4Y \rightleftharpoons H^+ + H_3Y^- \qquad K_{a3}^{\ominus} = \frac{[H_3Y^-][H^+]}{[H_4Y]} = 10^{-2.1}$$

$$H_3Y^- \rightleftharpoons H^+ + H_2Y^{2-} \qquad K_{a4}^{\ominus} = \frac{[H_2Y^{2-}][H^+]}{[H_3Y^-]} = 10^{-2.67}$$

$$H_2Y^{2-} \rightleftharpoons H^+ + HY^{3-} \qquad K_{a5}^{\ominus} = \frac{[HY^{3-}][H^+]}{[H_2Y^{2-}]} = 10^{-6.16}$$

$$HY^{3-} \rightleftharpoons H^+ + Y^{4-} \qquad K_{a6}^{\ominus} = \frac{[Y^{4-}][H^+]}{[HY^{3-}]} = 10^{-10.26}$$

从以上解离方程式可以看出，EDTA 在水溶液中存在七种型体，为了书写方便，通常省略电荷，用 H_6Y、H_5Y……Y 等表示，各种型体的分布系数可用酸碱平衡中的有关计算公式处理。EDTA 各种型体的分布系数与 pH 值的关系如图 9-1 所示。

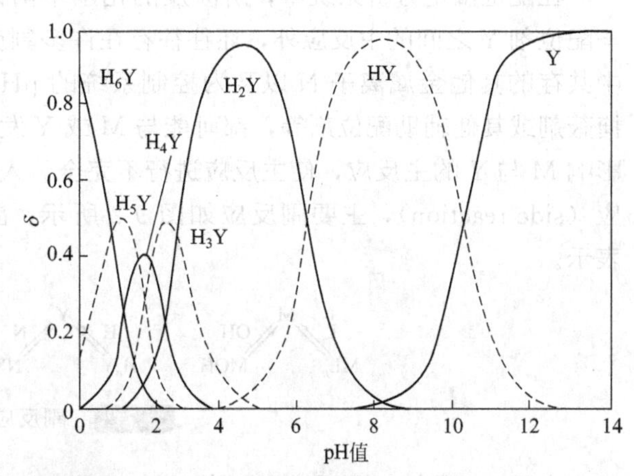

图 9-1　EDTA 各种型体的分布系数与 pH 值的关系

从图 9-1 可以看出，在不同的 pH 值时，EDTA 各种型体的分布系数不同。在 pH＜1 的强酸性溶液中，EDTA 主要以 H_6Y 型体存在；在 pH 值为 2.67～6.16 的溶液中，主要以 H_2Y 型体存在；在 pH＞10.26 时主要以 Y 型体存在。因为金属离子与 EDTA 形成的配合物中，以 Y 与金属离子形成的配合物 MY 最稳定。所以，溶液的酸度是影响金属离子与 EDTA 配合物稳定性的一个极为重要的因素。

9.1.2　EDTA 与金属离子形成的螯合物的特点

（1）普遍性　EDTA 具有两个氨基和四个羧基，既可作为四齿配体，也可作为六齿配体，因此周期表中的绝大多数金属离子都能与其形成多个五元环结构的螯合物。这些螯合物大都具有特殊稳定性，能满足滴定分析的要求。

（2）配合比恒定　EDTA 与金属离子生成螯合物的配合比，在一般情况下都是 1∶1，无分级配位现象。只有极少数高价金属离子与 EDTA 形成 2∶1 的螯合物，如五价钼形成的螯合物组成为 $(MoO_2)_2Y^{2-}$。EDTA 与金属离子的配合比保证了滴定结果的准确度，为分析结果的定量计算带来了方便。

（3）可溶性　EDTA 与金属离子形成的螯合物大多易溶于水。这是因为大部分 MY 螯合物带有电荷，有较强的亲水性，使得滴定反应能在水溶液中进行。

（4）稳定性　EDTA 与大多数金属离子形成多个五元环的螯合物，具有较高的稳定性。

（5）颜色　EDTA 与金属离子配位时，如金属离子无色，则生成的螯合物亦无色；如金属离子有色，一般则生成颜色更深的螯合物（表 9-1）。

表 9-1　MY 的颜色

配合物	NiY^{2-}	CuY^{2-}	CoY^{2-}	MnY^{2-}	CrY^-	FeY^-
颜色	蓝色	深蓝色	紫红色	紫红色	深紫色	黄色

应注意的是，金属离子浓度不能过大，否则生成的螯合物颜色很深，将给用指示剂确定

滴定终点带来困难。在分析化学上，这一性质可用来对某些离子进行分光光度分析（见第14章）。

9.2 EDTA配合物的条件稳定常数

9.2.1 副反应与副反应系数

在配位滴定分析系统中，所涉及的化学平衡体系是比较复杂的，除了被测金属离子 M 与配位剂 Y 之间的主反应外，还往往存在许多副反应。如溶液中的 H^+ 和 OH^-，待测试样中共存的其他金属离子 N 以及为控制系统的 pH 值或掩蔽某些干扰组分而加入的缓冲剂、掩蔽剂或其他辅助配位剂等，都可能与 M 或 Y 发生反应，有可能降低 M 和 Y 的有效浓度，影响 M 与 Y 的主反应，使主反应进行不完全。人们把除主反应以外的其他反应统称为副反应（side reaction），主要副反应如图 9-2 所示。副反应的大小用副反应系数来描述，用 α 表示。

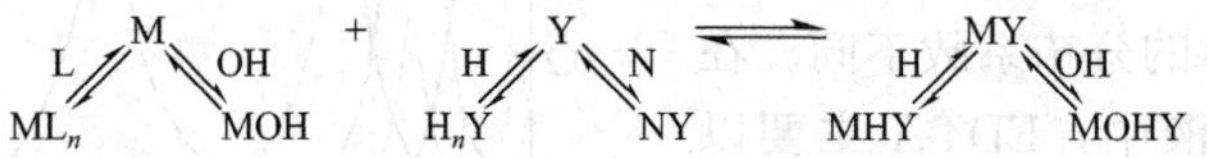

$$\begin{array}{ccccc} & \mathrm{M} & + & \mathrm{Y} & \rightleftharpoons & \mathrm{MY} \\ \mathrm{L}\swarrow & \searrow\mathrm{OH} & & \mathrm{H}\swarrow \quad \searrow\mathrm{N} & & \mathrm{H}\swarrow \quad \searrow\mathrm{OH} \\ \mathrm{ML}_n & \mathrm{MOH} & & \mathrm{H}_n\mathrm{Y} \quad \mathrm{NY} & & \mathrm{MHY} \quad \mathrm{MOHY} \end{array}$$

图 9-2 副反应示意图

由图 9-2 可知，副反应可归为三个方面：一是金属离子的副反应（配位效应和羟合效应）；二是 EDTA 的副反应（酸效应和共存离子效应）；三是反应产物 MY 的副反应。在三类副反应中，反应物 M 和 Y 的副反应显然不利于主反应的进行。而产物 MY 的副反应，形成酸式 MHY 配合物和碱式 MOHY 配合物，使平衡向右移动，有利于主反应的进行。由于 MHY 和 MOHY 只能在 pH 值很高或很低时才能形成，且 M 与 Y 的比例仍为 1∶1，故一般忽略不计。所以，通常所讨论的只是反应物 M 与 Y 的副反应对配位平衡的影响。

9.2.1.1 EDTA的副反应

(1) EDTA 的酸效应及酸效应系数 $\alpha_{Y(H)}$ 在 EDTA 的各种型体中，只有 Y^{4-} 可以与金属离子进行配位反应。由图 9-1 可知，随着酸度的增加，Y^{4-} 的分布系数减小。这种由于 H^+ 的存在，使配体 Y 参加主反应能力降低的现象称为酸效应（acid effect）。酸效应的大小用酸效应系数 $\alpha_{Y(H)}$ 来衡量，是未参加主反应的 EDTA 各型体的总浓度与游离的 EDTA 平衡浓度之比，其数学表达式为：

$$\alpha_{Y(H)} = \frac{c'_Y}{[Y]} \tag{9-1}$$

式中，[Y] 是游离的配位剂浓度（又称 EDTA 的平衡浓度）；c'_Y 是未参加主反应的 EDTA 各型体的总浓度。参考酸分布系数的计算方法，则 $\alpha_{Y(H)}$ 与 δ_Y（酸分布系数）互为倒数。

$$\alpha_{Y(H)} = \frac{1}{\delta_Y} = \frac{[H_6Y] + [H_5Y] + \cdots + [Y]}{[Y]}$$
$$= \frac{[H^+]^6 + K^{\ominus}_{a1}[H^+]^5 + K^{\ominus}_{a1}K^{\ominus}_{a2}[H^+]^4 + \cdots + K^{\ominus}_{a1}K^{\ominus}_{a2}\cdots K^{\ominus}_{a6}}{K^{\ominus}_{a1}K^{\ominus}_{a2}\cdots K^{\ominus}_{a6}}$$

整理后得：

$$\alpha_{Y(H)} = 1 + \frac{[H^+]}{K_{a6}^{\ominus}} + \frac{[H^+]^2}{K_{a6}^{\ominus}K_{a5}^{\ominus}} + \cdots + \frac{[H^+]^6}{K_{a6}^{\ominus}K_{a5}^{\ominus}\cdots K_{a1}^{\ominus}} \tag{9-2}$$

式中，$K_{a1}^{\ominus}$、$K_{a2}^{\ominus}$ …… $K_{a6}^{\ominus}$ 分别为 EDTA 的各级解离常数。

由式（9-2）可以看出，$\alpha_{Y(H)}$ 取决于溶液的酸度，溶液的酸度越大，$\alpha_{Y(H)}$ 就越大。当 pH≥12 时，$[Y] \approx c'_Y$，$\alpha_{Y(H)}=1$，此时 EDTA 的配位能力最强。根据式（9-2），可以计算出不同 pH 值时的 $\alpha_{Y(H)}$，由于 $\alpha_{Y(H)}$ 变化太大，所以常用其对数值表示（表 9-2），更为详细的数据可参见附表 8。

表 9-2　EDTA 在不同 pH 值时的 $\lg\alpha_{Y(H)}$ 值

pH 值	1	2	3	4	5	6	7	8	9	10	11	12
$\lg\alpha_{Y(H)}$	18.01	13.51	10.60	8.44	6.45	4.65	3.32	2.27	1.28	0.50	0.07	0.01

实际工作中常利用控制酸度的办法来调节配位剂的配位能力，使某些金属离子与 EDTA 不发生配位反应，从而达到选择滴定的目的。

（2）共存离子效应及共存离子效应系数 $\alpha_{Y(N)}$　若溶液中同时存在可与 EDTA 发生反应的其他金属离子 N，则 N 与 Y 的反应对主反应的影响称为共存离子效应，其程度用共存离子效应系数 $\alpha_{Y(N)}$ 表示。若只考虑一种共存离子的影响，则有：

$$\alpha_{Y(N)} = \frac{c'_Y}{[Y]} = \frac{[Y]+[NY]}{[Y]} \tag{9-3}$$

同时考虑酸效应和共存离子效应，EDTA 的总副反应系数为 α_Y，则：

$$\alpha_Y = \frac{c'_Y}{[Y]} = \frac{([Y]+[HY]+[H_2Y]+\cdots+[H_6Y])+[NY]}{[Y]}$$

$$= \alpha_{Y(H)} + \frac{[NY]+[Y]-[Y]}{[Y]}$$

即

$$\alpha_Y = \alpha_{Y(H)} + \alpha_{Y(N)} - 1 \tag{9-4}$$

9.2.1.2　金属离子的副反应

（1）配位效应及配位效应系数 $\alpha_{M(L)}$　当滴定系统中除被测离子 M 和 EDTA 外，还有其他配位剂（L）存在时，在一定条件下，该配位剂有可能与系统中的被测离子反应，使金属离子 M 的浓度降低，影响主反应的进行，这种情况叫作配位效应，其大小用配位效应系数 $\alpha_{M(L)}$ 表示：

$$\alpha_{M(L)} = \frac{c'_M}{[M]} = \frac{[M]+[ML]+[ML_2]+\cdots+[ML_n]}{[M]} \tag{9-5}$$

式（9-5）中 c'_M 是指没有参加主反应的各型体的 M 的总浓度，[M] 是金属离子的平衡浓度。将累积稳定常数的定义式依次代入式（9-5）得：

$$\alpha_{M(L)} = 1 + \beta_1[L] + \beta_2[L]^2 + \cdots + \beta_n[L]^n \tag{9-6}$$

由式（9-6）可知，副反应所形成的配合物的累积稳定常数越大，L 的平衡浓度越大，则配位效应系数 $\alpha_{M(L)}$ 就越大，对滴定反应的影响也越大。若 M 无副反应，则 $\alpha_{M(L)}=1$，$[M] \approx c'_M$。

（2）羟合效应与羟合效应系数 $\alpha_{M(OH)}$　羟基也是一种配体，金属离子 M 与系统中的羟基可以形成一系列的羟基配合物，如 $M(OH)$、$M(OH)_2$……$M(OH)_n$，按式（9-6）可得：

$$\alpha_{M(OH)}=1+\beta_1[OH]+\beta_2[OH]^2+\cdots\cdots+\beta_n[OH]^n \tag{9-7}$$

由式（9-7），可以计算出不同 pH 值时的 $\alpha_{M(OH)}$，见附表 8。

同一滴定系统，如果存在着其他配位剂 L，$c(OH^-)$ 又较大，则 M 的总副反应系数 α_M 为：

$$\alpha_M=\frac{c'_M}{[M]}=\alpha_{M(L)}+\alpha_{M(OH)}-1 \tag{9-8}$$

由以上讨论可知，实际的滴定反应常伴有副反应的发生，副反应系数越大，说明副反应越严重，对主反应的影响越大。那么，绝对稳定常数就不能反映配合物的真实稳定程度，用条件稳定常数来说明一定条件下副反应的影响和配位反应进行的程度。

9.2.2 条件稳定常数

若考虑副反应，则达到平衡时，未与 M 反应的配位剂 Y 的浓度不是平衡浓度 [Y]，而应加上 [HY]、$[H_2Y]$ …… $[H_nY]$ 及 [NY] 等各种型体；同理，未与 Y 反应的金属离子 M 的浓度也不是平衡浓度 [M]，而应是 [M] 与 [M(OH)]、$[M(OH)_2]$ ……$[M(OH)_n]$ 及 [M(L)]、$[ML_2]$ …… $[ML_n]$ 之和。所以，平衡常数表达式应写成：

$$K'_{MY}=\frac{[MY]}{c'_Mc'_Y}=\frac{[MY]}{[M][Y]\alpha_M\alpha_Y}=\frac{K^{\ominus}_{MY}}{\alpha_M\alpha_Y} \tag{9-9}$$

式中：

$$c'_M=[M]+[MOH]+[M(OH)_2]+\cdots+[M(OH)_n]+[ML]+[ML_2]+\cdots+[ML_n]$$

$$c'_Y=[Y]+[HY]+[H_2Y]+\cdots+[H_nY]+[NY]$$

式（9-9）一般用其对数值表示：

$$\lg K'_{MY}=\lg K^{\ominus}_{MY}-\lg\alpha_M-\lg\alpha_Y \tag{9-10}$$

K'_{MY} 是考虑了 M 和 Y 都发生副反应时，滴定反应生成的配合物 MY 所表现出的实际稳定常数，称为条件稳定常数（conditional stability constant）。条件一定时，K'_{MY} 为常数。实际滴定时，K'_{MY} 才是衡量滴定反应进行程度的标志。K'_{MY} 越大，滴定反应进行得越完全，所生成的配合物越稳定。据式（9-10），借助有关数据，分别算出 α_M 和 α_Y，就可求得 K'_{MY}。

如果滴定系统中只存在配位效应和酸效应时，$\alpha_M=\alpha_{M(L)}$，$\alpha_Y=\alpha_{Y(H)}$，则：

$$\lg K'_{MY}=\lg K^{\ominus}_{MY}-\lg\alpha_{M(L)}-\lg\alpha_{Y(H)} \tag{9-11}$$

只要分别求出 $\alpha_{M(L)}$、$\alpha_{Y(H)}$ 就可求得 K'_{MY}。

如果滴定系统中仅有酸效应，其他副反应均不存在或可忽略时，则：

$$\lg K'_{MY}=\lg K^{\ominus}_{MY}-\lg\alpha_{Y(H)} \tag{9-12}$$

一般情况下，常常可以忽略其他副反应，只考虑酸效应的影响，因此式（9-12）在分析工作中很实用。

例 9-1 已知 pH=10.0 时，$\lg\alpha_{Y(H)}=0.50$，$\lg\alpha_{Zn(OH)}=2.4$。若不考虑共存离子影响，计算 $[NH_3]=0.10mol/L$ 时 Zn^{2+} 的 $\lg K'_{ZnY}$ 值。

解：因为 $K^{\ominus}_{ZnY}=10^{16.5}$，$[Zn(NH_3)_4]^{2+}$ 的 $\beta_1=10^{2.27}$，$\beta_2=10^{4.61}$，$\beta_3=10^{7.01}$，$\beta_4=10^{9.06}$，则有：

$$\alpha_{Zn(NH_3)}=1+\beta_1[NH_3]+\beta_2[NH_3]^2+\beta_3[NH_3]^3+\beta_4[NH_3]^4$$

$$=1+10^{2.27}\times10^{-1}+10^{4.61}\times10^{-2}+10^{7.01}\times10^{-3}+10^{9.06}\times10^{-4}$$

$$=10^{5.1}$$

$$\alpha_{Zn}=\alpha_{Zn(NH_3)}+\alpha_{Zn(OH)}-1=10^{5.1}+10^{2.4}-1=10^{5.1}$$

$$\alpha_{Y(N)}=1$$

$$\alpha_Y=\alpha_{Y(H)}+\alpha_{Y(N)}-1=\alpha_{Y(H)}=10^{0.50}$$

所以 $\lg K'_{ZnY}=\lg K^{\ominus}_{MY}-\lg\alpha_{Zn}-\lg\alpha_Y=16.5-5.1-0.50=10.9$

9.3 金属指示剂

确定配位滴定终点常用指示剂法确定，配位滴定法中使用的指示剂叫作金属指示剂(metallochromic indicator)。

9.3.1 金属指示剂的作用原理

金属指示剂是一种有机配位剂，能与被滴定的金属离子形成配合物。若以 In 表示金属指示剂，以 M 表示被滴定金属离子，In 和 M 可形成 MIn（为方便书写，略去了可能有的电荷)，In 和 MIn 有不同的颜色：

$$M+In(甲色) \rightleftharpoons MIn(乙色)$$

金属指示剂 In 与金属离子 M 先形成 MIn，到临近滴定终点时，游离的 M 已经很低，EDTA 进而夺取 MIn 中的 M，使 In 游离出来，滴定系统的颜色转为 In 的颜色，从而指示滴定终点。滴定终点的变色反应为：

$$MIn(乙色)+Y \rightleftharpoons MY+In(甲色)$$

9.3.2 金属指示剂应具备的条件

要准确地指示配位滴定的滴定终点，金属指示剂应具备以下条件。

（1）在滴定条件下，In 和 MIn 的颜色应有显著的差异。

（2）指示剂与金属离子形成配合物的显色反应必须灵敏、快速、有良好的变色可逆性和一定的选择性。

（3）显色配合物的稳定性要适当。既要有足够的稳定性（$\lg K'_{MIn}\geqslant 5$)，又要比 MY 的稳定性要小。如果稳定性过低，将导致滴定终点提前，且变色范围变宽；如果稳定性过高，将导致终点拖后，颜色变化不敏锐，甚至使 EDTA 无法夺取 MIn 中的 M，使得滴定到达化学计量点时也不发生颜色突变，无法确定终点。实践证明，两者的稳定常数之差在 100 倍左右为宜。即 $\lg K'_{MY}-\lg K'_{MIn}\geqslant 2$。

（4）金属指示剂要易溶于水，物理和化学性质稳定，以利于贮藏和使用。

9.3.3 常见的金属指示剂

金属指示剂大多是弱酸性或弱碱性的有机染料。到目前为止，使用过的金属指示剂已达数百种，其数量还有不断增加的趋势。下面介绍两种常用的金属指示剂。

9.3.3.1 铬黑 T (erichrome black T)

铬黑 T 简称 EBT，是 O,O'-二羟基偶氮类染料。化学名称是 1-(1-羟基-2-萘偶氮基)-6-硝基-2-萘酚-4-磺酸钠。铬黑 T 溶于水后，磺酸基的 Na^+ 解离，形成离子，解离平衡如下：

$$\mathrm{H_2In^-} \underset{}{\overset{pK_{a1}^{\ominus}=6.3}{\rightleftharpoons}} \mathrm{HIn^{2-}} \underset{}{\overset{pK_{a2}^{\ominus}=11.5}{\rightleftharpoons}} \mathrm{In^{3-}}$$

紫红色　　　　　蓝色　　　　　橙色

pH<6.3　　　　pH=6.3～11.6　　　　pH >11.6

铬黑 T 在不同的 pH 值呈现不同的颜色，pH<6.3 呈紫红色，6.3<pH<11.6 呈蓝色，pH>11.6 呈橙色，而它与许多金属离子形成的配合物呈紫红色，所以，在滴定系统的 pH<6.3或pH>11.6 时，铬黑 T 不能指示滴定终点，理论上只适合在 pH 值为 7～11 时使用，据实验结果，铬黑 T 用作金属指示剂的最佳 pH 值范围为 9～11.5。

铬黑 T 在水溶液中不稳定，容易失效。一般认为，这是由于发生了聚合反应和氧化反应的结果。聚合反应使铬黑 T 的颜色加深至棕色。

在 pH<6.5 时溶液中聚合反应更为严重，聚合后指示剂失效，解决的办法是在铬黑 T 的溶液中加入三乙醇胺以减缓聚合。氧化反应很可能是由于铬黑 T 分子中存在具有氧化性的硝基（$-NO_2$）和具有还原性的偶氮基（$-N{=}N-$），从而发生分子内部的氧化还原反应所致。另外，在碱性溶液中，空气中的 O_2、Mn(Ⅳ) 和 Ce^{4+} 等离子都能将铬黑 T 氧化并使其褪色。

为防止铬黑 T 因聚合、氧化而变质，常将其与 NaCl 按 1∶100 的比例混匀、研细、密封保存，使用时用药匙取约 0.1g，相当于铬黑 T 1mg。

9.3.3.2　钙指示剂（calconcarboxylic acid）

钙指示剂简称钙红（NN），其化学名称为 2-羟基-1-(2-羟基-4-磺酸-1-萘偶氮基)-3-萘甲酸。钙指示剂是配位滴定法中滴定钙的专属指示剂，在 pH 值为 12～13 时测钙（Ca^{2+}），终点蓝色，变色很敏锐，灵敏度极高，如系统中有微量 Mg^{2+} 存在，则滴定终点变色更敏锐，且不影响结果的准确度。纯钙指示剂是紫黑色粉末，很稳定，但它的水溶液和乙醇溶液都不稳定，因此用固体 NN 与 NaCl 按 1∶100 或 1∶200 的比例混匀、研细后使用。

9.3.4　金属指示剂的选择

金属指示剂的选择和酸碱滴定中指示剂的选择原则一样，即要求所选用的指示剂能在滴定“突跃”的 ΔpM 范围之内发生颜色变化，并且指示剂变色点的 pM 值应尽量与滴定计量点时的 pM 值相等或接近，以免发生较大的滴定误差。

9.3.5　金属指示剂的封闭和僵化现象

9.3.5.1　指示剂的封闭现象

指示剂的封闭现象（blocking）是指在一定的条件下，有些金属指示剂能与待测金属离子生成极稳定的配合物，使加入过量的滴定剂也不能将待测金属离子从 MIn 配合物中夺取出来，以致终点不发生颜色突变而无法确定滴定终点的现象。产生金属指示剂封闭现象的另一种原因是由于溶液中某些共存离子与金属指示剂配位形成十分稳定的有色配合物，不能被 EDTA 破坏所致。如果是待测金属离子引起的指示剂封闭，则采用返滴定法；若是共存离子引起的，则可用加入掩蔽剂的方法消除。例如，在 pH=10 时以铬黑 T 为指示剂，用 EDTA 滴定 Ca^{2+}、Mg^{2+} 总量时，Al^{3+}、Fe^{3+}、Cu^{2+}、Ni^{2+} 和 Co^{2+} 等离子对铬黑 T 有封闭作用，可加入三乙醇胺掩蔽 Al^{3+}、Fe^{3+} 和用 KCN 掩蔽 Cu^{2+}、Ni^{2+} 和 Co^{2+} 以消除干扰。

9.3.5.2　金属指示剂的僵化现象

金属指示剂的僵化（fossilization）指的是金属离子与金属指示剂形成的配合物与滴定产物 MY 的稳定性相差不大或 MIn 在水中的溶解度较小而导致终点延后或变色很不敏锐的现象。消除金属指示剂僵化的方法大多可通过加入少量的有机溶剂或加热来增大溶解度加以解决。例如，用 1-(2-吡啶偶氮)-2-萘酚(PAN) 作指示剂时，可加入少量甲醇或乙醇，也可将溶液适当加热，以加快置换速度，使金属指示剂的变色变得较敏锐。如果僵化现象不严重，在接近终点时，采取快摇、慢滴的操作，有时也可获得滴定分析要求的结果。

9.4　配位滴定基本原理

按照路易斯广义酸碱理论，配位反应也是酸碱反应，滴定过程中溶液金属离子浓度（因被滴定的金属离子浓度一般很小，常用其负对数值 pM 来表示）的 pM 变化规律与酸碱滴定中溶液 pH 值的变化规律相似。配位滴定到达计量点附近时滴定系统的 pM 发生突变，可选择适当金属指示剂来指示滴定终点。

9.4.1　配位滴定曲线

如果仅考虑 EDTA 的酸效应，求出一定 pH 值时试液的 $\lg K'_{MY}$，然后计算与各个 V_{EDTA} 相对应的 pM 值。以 pM 为纵坐标、加入的 EDTA 的毫升数或金属离子被滴定的百分数为横坐标作图，可以得到与酸碱滴定相类似的滴定曲线。

9.4.1.1　绘制滴定曲线

设金属离子 M 的初始浓度为 c_M，体积为 V_M，用浓度为 c_Y 的 EDTA 溶液滴定，滴定体积为 V_Y，仅考虑 EDTA 的酸效应。

根据物料平衡和配位平衡，可得到下列方程组：

$$[M]+[MY]=\frac{V_M}{V_M+V_Y}c_M \tag{1}$$

$$[Y']+[MY]=\frac{V_Y}{V_M+V_Y}c_Y \tag{2}$$

$$K'_{MY}=\frac{[MY]}{[M][Y']} \tag{3}$$

式（1）移项得 [M] 表示的 [MY]，式（2）一式（1）后移项得 [M] 表示的 [Y′]，然后分别代入式（3），整理得：

$$K'_{MY}[M]^2+\left[K'_{MY}\left(\frac{c_YV_Y-c_MV_M}{V_M+V_Y}\right)+1\right][M]-\frac{V_M}{V_M+V_Y}c_M=0 \tag{9-13}$$

在选定的条件下，K'_{MY}、c_M、V_M、c_Y、V_Y 都是已知数，按式（9-13）很容易计算出 [M] 值。将 [M] 取负对数值得到 pM，并对 V_Y 作图即得滴定曲线。

9.4.1.2　影响滴定突跃范围大小的因素

（1）假定被测定的金属离子的初始浓度为 0.01000mol/L，当 $\lg K'_{MY}$ 分别为 4、6、8、

10、12、14 时，用 0.01000mol/L 的 EDTA 滴定，按式（9-13）计算滴定过程的 pM 值（表 9-3），并依此绘出滴定曲线（图 9-3）。

表 9-3　滴定过程中溶液 pM 值的变化（$c_M=c_Y=0.01000$mol/L）

EDTA 用量		$\lg K'_{MY}$					
		14	12	10	8	6	4
体积/mL	加入百分数/%	pM					
0.00	0.0	2.000	2.000	2.000	2.000	2.000	2.000
19.80	99.0	4.299	4.299	4.299	4.291	4.001	3.165
19.96	99.8	5.000	5.000	4.997	4.865	4.123	3.178
19.98	99.9	5.301	5.301	5.292	5.000	4.138	3.180
20.00	100.0	8.151	7.151	6.151	5.151	4.154	3.181
20.02	100.1	11.000	9.000	7.008	5.301	4.169	3.183
20.04	100.2	11.301	9.301	7.301	5.437	4.184	3.184
20.20	101.0	12.000	10.000	8.000	6.009	4.305	3.189
40.00	200.0	14.000	12.000	10.000	8.000	6.000	4.000

（2）当 $\lg K'_{MY}$ 一定时，用相同浓度的 EDTA 滴定不同浓度的金属离子。例如，$\lg K'_{MY}=10$，c_M 分别为 $10^{-4}\sim10^{-1}$mol/L，滴定过程中的 pM 也可以计算出来，并绘制成滴定曲线（图 9-4）。

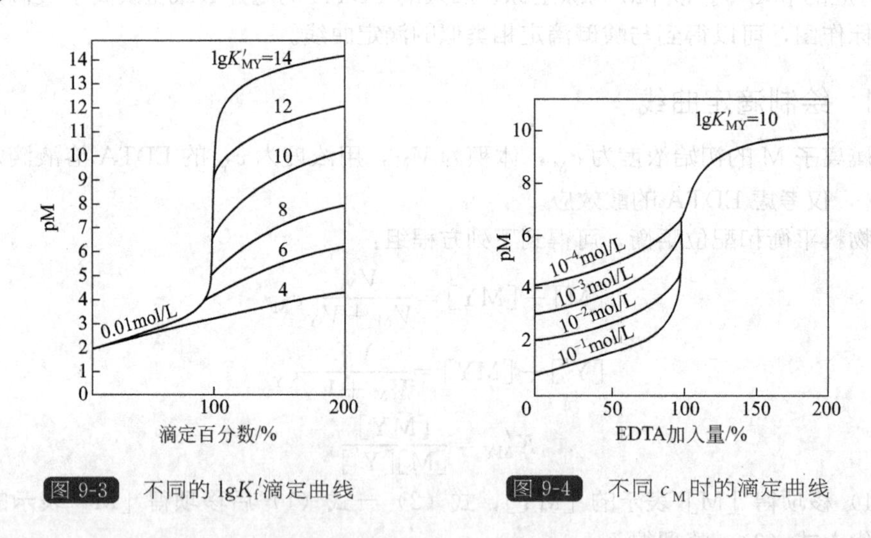

图 9-3　不同的 $\lg K'_f$ 滴定曲线　　图 9-4　不同 c_M 时的滴定曲线

由图 9-3 和图 9-4 可看出，金属离子的初始浓度决定滴定曲线的下限；配合物的 K'_{MY} 决定滴定曲线突跃的上限，即配位滴定突跃范围的大小取决于金属离子的初始浓度和配合物的条件稳定常数 K'_{MY}。

9.4.1.3　$pM_{计}$ 的计算

设 $c_M=c_Y$，只考虑 EDTA 的酸效应，计量点的 $V_M=V_Y$，$[M]_{计}=[Y']_{计}$。由于生成的 MY 比较稳定，滴定终点时 [M] 很小，可以忽略不计，所以：

$$[\mathrm{MY}]=\frac{c_{\mathrm{M}}}{2}-[M]\approx\frac{c_{\mathrm{M}}}{2}=c_{\mathrm{M(计)}}$$

$$K'_{\mathrm{MY}}=\frac{c_{\mathrm{M(计)}}}{[\mathrm{M}]_{计}^{2}}$$

$$[\mathrm{M}]_{计}=\sqrt{\frac{c_{\mathrm{M(计)}}}{K'_{\mathrm{MY}}}}$$

$$\mathrm{pM}_{计}=\frac{1}{2}(\lg K'_{\mathrm{MY}}+\mathrm{p}c_{\mathrm{M(计)}})\tag{9-14}$$

式（9-14）用于估算配位滴定终点的 $\mathrm{pM}_{计}$，其中 $c_{\mathrm{M(计)}}$ 为滴定终点时金属离子分析浓度。应该指出，当 M 也有副反应时，必须用 $\mathrm{PM}'_{计}$ 代表 $\mathrm{PM}_{计}$。

例 9-2　以 0.02000mol/L 的 EDTA 滴定 0.02000mol/L Zn^{2+}，滴定系统的 pH＝10.0，试计算滴定终点时的［Zn^{2+}］。此条件下，滴定是否完全？

解：因为　$\lg K'_{\mathrm{ZnY}}=\lg K^{\ominus}_{\mathrm{ZnY}}-\lg\alpha_{\mathrm{Y(H)}}-\lg\alpha_{\mathrm{Zn(OH)}}=16.50-0.50-2.40=13.60$

设化学计量点时 Zn^{2+} 的分析浓度为 $c_{\mathrm{Zn计}}$，则：

$$c_{\mathrm{Zn计}}=\frac{1}{2}c_{\mathrm{Zn}}=\frac{1}{2}\times0.02000=0.01000\mathrm{mol/L}$$

所以

$$\mathrm{pZn}_{计}=\frac{1}{2}(\lg K'_{\mathrm{ZnY}}+\mathrm{p}c_{\mathrm{Zn计}})$$

$$=\frac{1}{2}(13.60+2.00)=7.80$$

该滴定条件下，$[Zn^{2+}]_{计}=1.6\times10^{-8}\mathrm{mol/L}<10^{-5}\mathrm{mol/L}$，滴定进行得非常完全。

9.4.2　单一金属离子准确滴定的条件

滴定分析中，采用目视法观察指示剂变色来确定滴定终点，若要满足滴定误差≤±0.1%，则在计量点前后必须有≥0.3 pM 单位的变化。用 EDTA 滴定金属离子 M 时，不同 K'_{MY} 的滴定系统计量点前后的 pM 值变化，如表 9-4 所示。

表 9-4　EDTA 滴定金属离子 M 时计量点附近 pM 值的变化

K'_{MY}	0.1000mol//L 溶液				0.01000mol//L 溶液			
	−0.1% pM	计量点 pM	+0.1% pM	突跃 ΔpM	−0.1% pM	计量点 pM	+0.1% pM	突跃 ΔpM
10^4	2.655	2.660	2.665	0.010	3.180	3.181	3.183	0.003
10^5	3.138	3.154	3.169	0.031	3.655	3.660	3.665	0.010
10^6	3.603	3.651	3.700	0.097	4.138	4.154	4.169	0.031
10^7	4.000	4.151	4.301	0.301	4.603	4.651	4.700	0.097
10^8	4.232	4.615	5.069	0.837	5.000	5.151	5.301	0.301
10^9	4.292	5.151	6.008	1.716	5.232	6.615	6.069	0.837

由表 9-4 可见，只有满足 $\lg c_{\mathrm{M}}K'_{\mathrm{MY}}\geqslant6$ 时，才能保证有 0.3 pM 的突跃，满足滴定误差≤±0.1%。假如滴定误差允许大一些，则 $c_{\mathrm{M}}K'_{\mathrm{MY}}$ 的数值也可以再小一些。

9.4.3 配位滴定中酸度的控制

配位滴定受酸度的影响非常大，其影响主要表现在配位能力及生成的配合物的稳定性上，滴定不同的金属离子有不同的酸度范围。

9.4.3.1 最高酸度（最低 pH 值）及酸效应曲线

$\lg c_M K'_{MY} \geqslant 6$ 所对应的 pH 值就是准确滴定该金属离子的最低 pH 值，也称最高酸度。酸度过高，$\alpha_{Y(H)}$ 随之增大，K'_{MY} 降低。当滴定系统的 pH 值大于等于最低 pH 值时，$\lg c_M K'_{MY} \geqslant 6$，可以准确滴定待测金属离子；滴定系统的 pH 值小于最低 pH 值，$\lg c_M K'_{MY} < 6$，不能准确滴定待测金属离子。

假定待测金属离子的总浓度 $c_M = 0.01000\text{mol/L}$，滴定的允许误差小于等于 $\pm 0.1\%$，在只考虑酸效应的配位滴定系统中，准确滴定的条件是：

$$\lg K'_{MY} = \lg K^{\ominus}_{MY} - \lg \alpha_{Y(H)} \geqslant 8$$

即

$$\lg \alpha_{Y(H)} \leqslant \lg K^{\ominus}_{MY} - 8 \tag{9-15}$$

根据式（9-15）可算出滴定任一金属离子时的最大 $\lg \alpha_{Y(H)}$ 值，根据 $\lg \alpha_{Y(H)}$ 值可以计算（或查图 9-5）得到滴定该金属离子所允许的最低 pH 值。

例 9-3 要准确滴定浓度均为 0.01000mol/L 的 Bi^{3+}、Zn^{2+}、Cu^{2+}、Mg^{2+}，求准确滴定各金属离子的最低 pH 值。

解： 查附表 7 得：$\lg K^{\ominus}_{BiY} = 27.94$，$\lg K^{\ominus}_{ZnY} = 16.50$，$\lg K^{\ominus}_{CuY} = 18.80$，$\lg K^{\ominus}_{MgY} = 8.69$。已知 $c_M = 0.01000\text{mol/L}$，准确滴定的条件是 $\lg K'_{MY} \geqslant 8$，计算出 $\lg \alpha_{Y(H)}$。所允许的最低 pH 值由附表 8 查出。

离子	Bi^{3+}	Zn^{2+}	Cu^{2+}	Mg^{2+}
最低 pH 值	0.7	4.0	3.0	9.8

上述结果告诉我们，若各种金属离子的浓度相同或相差不大时，可根据它的 $K^{\ominus}_{MY}$ 求出滴定允许的最低 pH 值。将各种金属离子的 $\lg K^{\ominus}_{MY}$［或 $\lg \alpha_{Y(H)}$］与对应的最低 pH 值作图，所得到的曲线叫作酸效应曲线（acid effect curve），或称“林邦曲线”（图 9-5）。

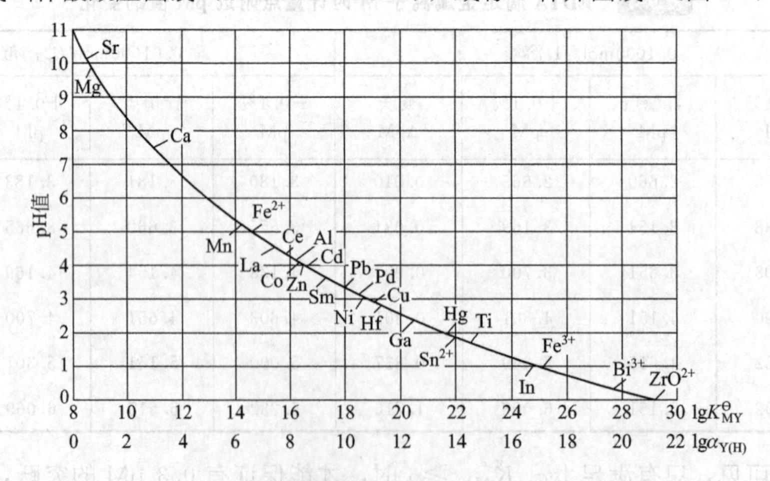

图 9-5 酸效应曲线

从该曲线上，可以方便地查得各种金属离子被准确滴定的最低 pH 值。应用这条曲线，可以解决如下问题。

（1）确定单独滴定某一金属离子的最低 pH 值。如果滴定时溶液的 pH 值小于该值，则配位反应不完全。如滴定 Fe^{3+} 时，溶液的 pH 值必须大于 1；若滴定 Ca^{2+} 时，溶液的 pH 值必须大于 7.5。

（2）可直接判别在一定的 pH 值范围内，哪些金属离子能被准确滴定，哪些离子会干扰滴定。可通过控制溶液酸度的方法，达到分别滴定和连续滴定的目的。如溶液中含有 Fe^{3+} 和 Al^{3+}，可先调节滴定系统的 pH 值为 1.0～2.2，用 EDTA 滴定 Fe^{3+} 至终点；再调 pH 值为 4.0～4.2，用 EDTA 连续滴定 Al^{3+}。

9.4.3.2　最低酸度（最高 pH 值）

酸效应曲线可以确定滴定某一金属离子时的最低 pH 值，但在实际分析工作中所采用的 pH 值要比最低 pH 值稍大一些，因为这样可使配位反应进行得更完全。不过，并不是 pH 值越大越好，因为过浓的 OH^- 会导致金属离子水解或生成羟基配位化合物，同时还可能导致原先不发生干扰的离子因滴定条件的改变而转变为干扰离子。因此，要准确滴定金属离子，不但要考虑最低 pH 值，也应考虑最高 pH 值。最高 pH 值的确定在只考虑酸效应的配位滴定系统中，仅由 M 水解时的 pH 值决定，可借助于该金属离子 $M(OH)_n$ 的溶度积求算。

最低和最高 pH 值共同决定了滴定所允许的 pH 值范围。不同的金属离子被配位滴定时所对应的 pH 值范围不同（也有个别相同的例外）。超出所允许的 pH 值范围，就不能满足配位滴定对 pH 值的要求。

例 9-4　在一定条件下，用 0.01000mol/L EDTA 滴定 0.01000mol/L Cu^{2+} 溶液，计算准确滴定的最低 pH 值和最高 pH 值。

解：（1）最低 pH 值，由例 9-3 得：

$$pH=3.0$$

（2）最高 pH 值，查附表 6 得 $K_{sp}^{\ominus}[Cu(OH)_2]=2.2\times10^{-20}$，故：

$$[OH^-]=\sqrt{\frac{K_{sp}^{\ominus}}{c}}=\sqrt{\frac{2.2\times10^{-20}}{0.01000}}\ mol/L=1.5\times10^{-9}\ mol/L$$

$$pH=5.2$$

由计算得知，该条件下，用 EDTA 滴定的 Cu^{2+} 的 pH 值范围为 3.0～5.2。实际工作中，常用缓冲溶液来调节滴定系统的 pH 值，使滴定系统的 pH 值基本保持不变，从而消除滴定过程中因 pH 值改变而带来的滴定误差，保证滴定的准确进行。

9.5　配位滴定法的应用

EDTA 配位剂具有很强的配位能力，它几乎可以和所有的金属离子生成配合物。而在实际分析试样中，往往有多种离子共存，它们也往往相互产生干扰。因此，如何提高配位滴定的选择性，消除干扰，单独滴定某一种离子或分别滴定几种离子，就成为配位滴定中需要解决的重要问题之一。下面先讨论提高配位滴定选择性的方法，然后讨论配位滴定法的应用。

9.5.1 提高配位滴定选择性的方法

提高配位滴定选择性的方法一般有以下几种。

9.5.1.1 控制溶液的酸度提高配位滴定的选择性

前面已讨论到，用 EDTA 标准溶液滴定单一金属离子 M 时，只要满足 $\lg c_M K'_{MY} \geqslant 6$，滴定误差会小于等于±0.1%。对于多种离子（两种或两种以上）共存的系统，情况就复杂得多。例如，在一定条件下滴定 Ca^{2+} 时，系统中共存的 Mg^{2+} 也能参加滴定反应而造成误差。现以含有待测离子 M 和干扰离子 N 的双离子系统（最简单的多离子系统）为例，讨论消除干扰的条件。根据理论推导，若 $\lg c_M K'_{MY} \geqslant 6$，准确滴定待测离子 M 而 N 不干扰，需满足的条件是：

$$\frac{c_M K'_{MY}}{c_N K'_{NY}} \geqslant 10^5$$

或

$$\lg c_M K'_{MY} - \lg c_N K'_{NY} \geqslant 5 \tag{9-16}$$

若要控制溶液的酸度，对两种离子分别滴定，应同时具备的条件为：

$$\lg c_M K'_{MY} \geqslant 6，\lg c_N K'_{NY} \geqslant 6$$

$$\frac{c_M K'_{MY}}{c_N K'_{NY}} \geqslant 10^5$$

由于同一滴定系统中，$\alpha_{Y(H)}$ 为一定值，所以上述 K'_{MY} 和 K'_{NY} 也可以用 $K^{\ominus}_{MY}$ 和 $K^{\ominus}_{NY}$ 代替。

采用此法消除干扰，关键在于滴定系统酸度的选定。一般先求出待测金属离子 M 被准确滴定时的最低 pH 值，再求出干扰离子不干扰滴定的酸度，然后选择两者之间滴定误差最小的某一段 pH 值。

例 9-5 已知 Pb^{2+}、Ca^{2+} 混合溶液中的 Pb^{2+}、Ca^{2+} 的浓度均为 0.01000mol/L，问：(1) Ca^{2+} 是否干扰 Pb^{2+} 的滴定？(2) 滴定 Pb^{2+} 的适宜 pH 值范围。

解：查附表 7 得：$\lg K^{\ominus}_{PbY} = 18.0$；$\lg K^{\ominus}_{CaY} = 10.69$。

(1) 因为

$$\lg c_{Pb} K^{\ominus}_{PbY} = -2 + 18.0 = 16.0$$

$$\lg c_{Ca} K^{\ominus}_{CaY} = -2 + 10.69 = 8.69$$

$$\Delta \lg c K^{\ominus}_{MY} = \lg c_{Pb} K^{\ominus}_{PbY} - \lg c_{Ca} K^{\ominus}_{CaY} = 16.0 - 8.69 = 7.3 > 5$$

所以 Ca^{2+} 不干扰混合溶液中 Pb^{2+} 的滴定。

(2) 最低 pH 值，查图 9-5，$\lg K^{\ominus}_{PbY} = 18.0$ 时：

$$pH = 3.5$$

最高 pH 值，由 Pb^{2+} 的水解反应得：

$$[OH^-] = \sqrt{\frac{K^{\ominus}_{sp,\ Pb(OH)_2}}{[Pb^{2+}]}} = \sqrt{\frac{1.2 \times 10^{-15}}{10^{-2}}}\ mol/L = 3.5 \times 10^{-7} mol/L$$

解之得：

$$pH = 7.5$$

又查图 9-5，$\lg K^{\ominus}_{CaY} = 10.69$ 时，Ca^{2+} 的最低 pH 值为：

$$pH = 7.5$$

因此，用 0.01mol/L 的 EDTA 滴定 Pb^{2+}、Ca^{2+} 混合溶液中的 Pb^{2+}，适宜的 pH 值范

围是 3.5～7.5。

9.5.1.2　利用掩蔽剂提高配位滴定的选择性

若待测金属离子 M 和干扰离子 N 与 EDTA 形成的配合物的稳定常数相差不大，就无法利用控制酸度的方法来消除干扰。这时，可通过加入掩蔽剂降低干扰离子浓度，增大配合物稳定性的差别，达到选择滴定的目的。常用的掩蔽方法有配位掩蔽法、沉淀掩蔽法和氧化还原掩蔽法等。

(1) 配位掩蔽法　利用配位反应降低干扰离子的浓度，从而消除干扰的方法，称为配位掩蔽法。这是滴定分析中应用最广泛的一种方法。

例如，用 EDTA 滴定水中的 Ca^{2+}、Mg^{2+} 时，Fe^{3+}、Al^{3+} 等离子的存在对测定有干扰，可加入三乙醇胺作为掩蔽剂，它能与 Fe^{3+}、Al^{3+} 等离子形成更稳定的配合物，而且不与 Ca^{2+}、Mg^{2+} 作用，因而可消除 Fe^{3+} 和 Al^{3+} 的干扰。

常用的配位掩蔽剂有 NH_4F、NaF、KCN、三乙醇胺和酒石酸等。

(2) 沉淀掩蔽法　利用沉淀剂与干扰离子生成沉淀，沉淀不与溶液分离而直接进行滴定的方法叫作沉淀掩蔽法。

例如，在 Ca^{2+}、Mg^{2+} 共存的滴定系统中测定 Ca^{2+} 时，可加入 NaOH 溶液调节 pH＞12，此时 Mg^{2+} 形成 $Mg(OH)_2$ 沉淀，消除了 Mg^{2+} 对 Ca^{2+} 的干扰，可用 EDTA 直接滴定 Ca^{2+}，NaOH 即为 Mg^{2+} 的沉淀掩蔽剂。

沉淀掩蔽法有一定的局限性。如有些沉淀反应不完全，掩蔽效率不高，沉淀反应发生时，通常伴随“共沉淀现象”，影响滴定的准确度，“共沉淀现象”有时还会对指示剂产生吸附作用，从而影响滴定终点的观察；有些沉淀颜色很深或体积庞大，也影响滴定终点的观察。因此，应用沉淀掩蔽法时应充分注意这些不利影响。

(3) 氧化还原掩蔽法　利用氧化还原反应来改变干扰离子的价态以消除干扰的方法叫作氧化还原掩蔽法。

例如，Cr^{3+} 对配位滴定有干扰，而它的高氧化态 CrO_4^{2-}、$Cr_2O_7^{2-}$ 对滴定没有干扰，可以将 Cr^{3+} 氧化成 $Cr_2O_7^{2-}$ 来消除干扰。

常用的还原剂有盐酸羟胺、抗坏血酸、$Na_2S_2O_3$、联胺和硫脲等，常用的氧化剂有 H_2O_2、$(NH_4)_2S_2O_8$。

9.5.1.3　化学分离法提高配位滴定的选择性

如果用控制溶液酸度和使用掩蔽剂等方法都无法消除干扰，则只能通过化学分离方法预先将干扰离子分离出来，再滴定待测离子。分离的方法很多，可根据干扰离子与待测离子的性质进行选择。例如，磷矿石中一般含有 Al^{3+}、Fe^{3+}、Ca^{2+}、Mg^{2+}、PO_4^{3-} 及 F^- 等，其中的 F^- 的干扰最严重，它能与 Al^{3+} 生成很稳定的配合物，在酸度低时又能与 Ca^{2+} 生成 CaF_2 沉淀。因此，在配位滴定中必须首先加酸，加热使 HF 酸挥发，以消除 F^- 的干扰。

9.5.2　配位滴定法的应用

9.5.2.1　EDTA 标准溶液的配制和标定

EDTA 标准溶液的浓度一般为 0.01～0.05mol/L，大多采用 EDTA 二钠盐进行间接配制，常用金属锌、ZnO、$CaCO_3$ 和 $MgSO_4 \cdot 7H_2O$ 等基准物质来标定。为了减少滴定误差，提高滴定的准确度，通常选用与被测样品组成类似的标准样品作基准物质，在与测定相近似的条件下进行标定。

EDTA 溶液应当贮存在聚乙烯塑料瓶或硬质玻璃瓶中，若贮存于软质玻璃瓶中，会不断溶解玻璃中的 Ca^{2+} 形成 CaY^{2-}，使 EDTA 的浓度不断降低。

9.5.2.2 混合金属离子溶液中各组分含量的测定

(1) 铁铝混合溶液中铝含量的测定　向制备好的待测试液中加入过量的 EDTA，调节 pH 值为 6，加热煮沸，使 EDTA 与 Fe^{3+}、Al^{3+} 完全配位，然后用锌标准溶液回滴过量的 EDTA。往试液中再加入氟化钾（KF）溶液，加热煮沸，则 F^- 将取代与 Al^{3+} 配位的 EDTA，再用锌标准溶液滴定释放出来的 EDTA，就可求出溶液中 Al^{3+} 的含量。在 pH 值为 6 的条件下，KF 取代配位的选择性极高，它只能将与 Al^{3+} 配位的 EDTA 置换出来，所以 Fe^{3+} 不干扰测定。

(2) Pb^{2+}、Bi^{3+} 的连续测定　Pb^{2+}、Bi^{3+} 均能与 EDTA 形成 1∶1 的稳定性极强的配合物，但由于两者的稳定常数相差大于 10^5，依据前面的讨论，它们可以通过对介质条件的控制，调节 pH 值来达到连续滴定的目的。因为 $\lg K^{\ominus}_{PbY}=18.0$，$\lg K^{\ominus}_{BiY}=27.94$，查阅酸效应曲线可找出滴定 Bi^{3+} 时的最低 pH 值约为 0.7，滴定 Pb^{2+} 的最低 pH 值约为 4。取一定量体积的试液，首先调节 pH=1，二甲酚橙为指示剂，此时 Bi^{3+} 与指示剂形成紫红色的配合物，用 EDTA 标准溶液滴定 Bi^{3+} 至试液的颜色由紫红色突变为亮黄色时即为滴定终点，记录消耗的 EDTA 体积。滴定 Bi^{3+} 后的试液中加入六亚甲基四胺调节 pH=5，仍用二甲酚橙作指示剂，此时 Pb^{2+} 与指示剂形成的配合物也是紫红色，再用 EDTA 标准溶液滴定 Pb^{2+} 至滴定系统的颜色由紫红色突变为亮黄色时即为滴定终点，记录消耗的 EDTA 体积，即可计算出试液中 Pb^{2+}、Bi^{3+} 的浓度。

9.5.2.3 水样中钙、镁含量的测定

例 9-6　取 100.00mL 水样用 NaOH 调节 pH=12 后，加入钙指示剂进行滴定，消耗 0.01000mol/L EDTA 溶液 10.00mL，另取 100.00mL 水样用 NH_3-NH_4Cl 调节 pH=10，加铬黑 T 为指示剂，消耗 0.01000mol/L EDTA 溶液 20.00mL。求每升水样中含 Ca 和 Mg 各多少毫克（Ca 40.00，Mg 24.31）?

解：用钙指示剂，测得的仅是 Ca 含量。则 100.00mL 水样中含 Ca 量：

$$m_{Ca}=(CV)_{EDTA}\times M_{Ca}=(0.01000\times10.00\times40.00)\text{mg}=4.000\text{mg}$$

即每升水样中含 Ca 量=(4.000×10)mg=40.00mg。

用铬黑 T 指示剂时，测得的是 Ca 和 Mg 的总含量。则 100.00mL 水样中含 Mg 量：

$$m_{Mg}=C_{EDTA}(V_2-V_1)_{EDTA}\times M_{Mg}=[0.01000\times(20.00-10.00)\times24.31]\text{mg}=2.431\text{mg}$$

即每升水样中含 Mg 量=(2.431×10)mg=24.31mg。

知识拓展

配位聚合物

配位聚合物是无机或含有金属阳离子为中心的金属有机聚合物，由有机配体相连的复杂结构，具有重复的 1 个、2 个或 3 个维度上延伸的配位实体。配位聚合物的重复单元是配位错合物。配位聚合物可应用到诸多领域，例如有机和无机化学、生物化学、材

料学、电化学和药理学等。

配位聚合物一般通过分子自组装合成，涉及金属盐与配体的结晶；与晶体形成和分子自组装合成的机制相关。用来制备配位聚合物的合成方法与用于晶体形成的方法类似，包括溶剂分层（缓慢扩散），缓慢挥发，缓慢冷却（表征配位聚合物特性的主要方法是 X 射线衍射，因此晶体生长的尺寸和质量非常重要）。

金属-配位错合物的分子间作用力包括范德华力、π-π 相互作用、氢键以及金属和配体之间形成的配位键之外的极性键。这些分子间作用力因为其键长较长，而比共价键弱。苯环之间 π-π 的相互作用，例如两个平行的苯环间，能量为 5～10kJ/mol，间距为 0.34～0.38nm。

在大多数配位聚合物，配位体（原子或原子团）会提供孤对电子给金属阳离子并形成经由一种路易斯酸/碱关系（Lewis acids and bases）的配位错合物。配位聚合物形成时的配位体具有形成多个配位键与作为多金属中心之间的桥梁的能力。配体可以形成一个配位键称为单齿（monodentate），或形成多个配位键的配位聚合物称为多齿（polydentate）。多齿的配位体相当重要，因为它会将多个金属中心连接在一起形成一个无限阵列的配体。多齿的配体也可形成多重键，键结多个相同的金属（称为螯合）。单齿的配体也被称为终端，因为它们不会提供可以连续键结的网络。

几乎任何类型且具有孤对电子的原子都可以作为配位体。在配位聚合物中常见的配体包括聚吡啶（polypyridines）、菲咯啉（phenanthrolines），羟基喹啉（hydroxyquinolines）和聚羧酸盐（polycarboxylates）。氧原子跟氮原子是非常普遍的接合位点，还有硫和磷等原子。

不久的将来，配位聚合物的应用将十分广泛，例如以下几个方面。

（1）分子贮存　虽然尚未实用，但多孔配位聚合物有潜力可与多孔碳和沸石一样作为分子筛。多孔配位聚合物的孔的大小和形状可以由链接器的大小与连接配位体的键长和官能团来控制。可以修改孔径大小，使吸收效率更高；非挥发性的客体分子会插（intercalated）在多孔配位聚合物的空间中来减小孔径，活性表面的客体分子也可以促进吸收。例如，孔径较大的 MOF-177，直径为 1.18nm，C_{60} 分子（直径为 0.683nm）；可以通过或具有良好共轭系统的聚合物，增加表面积以增加对 H_2 吸附。

柔性多孔配位聚合物可用于分子贮存，因为它们的孔径大小会因物理变化而改变。例如，在正常状态下，聚合物含有气体分子，经过压缩后，聚合物的结构崩塌，释放所贮存的气体分子。柔性多孔配位聚合物的结构较有可塑性，而崩塌的孔洞是可逆的，因此该聚合物可以重新利用、吸收气体分子。

（2）发光　荧光配位聚合物的典型特征为有机发色团的配位体，会吸收光能，传递给金属离子，使其激发。因为配位聚合物有发光的特性，可与客体分子耦合成为通用的发光物质。因此最近兴起发光超分子结构在光电器件或作为荧光传感器和探针方面的应用研究。配位聚合物比纯有机物更稳定（耐热性与耐溶剂性）。不需要金属连接剂的荧光配位体要比单独游离的配位体发出强度较强的光。因此这些物质具有应用于发光二极管（LED）器件设计的潜力。

（3）导电　配位聚合物的结构中具有短链的无机键和共轭的有机键，可以用于导电。这是因为金属的 d 轨道和键结配位体的 pI* 之间的相互作用。在某些情况下，配位聚合物可以具有半导电特性。当金属中心整齐排列，则其三维结构包含片状含银聚合物可以表现半导电性，导电性会随银原子从平面转移到垂直面而减少。

(4) 磁性　配位聚合物表现出多种磁性。固体具有反铁磁性、铁磁性，铁磁性是因自旋顺磁中心之间的耦合而产生磁自旋的现象。金属离子如果与小的配体（例如氧代、氰基、叠氮基）和金属产生较短的键，磁性将更高。

(5) 传感　配位聚合物的结构会因溶剂分子的插入而改变，颜色也跟着变化。例如，配位聚合物 [$Re_6S_8(CN)_6$] 利用含有水的配体与钴原子配位。如果用四氢呋喃 (tetrahydrofuran) 把水置换出来，溶液的颜色将由橙色变成紫色或绿色，再加入乙醚后变为蓝色。这是因为加入的溶剂置换与钴原子配位的水，使其立体构型由八面体变成四面体。因此，配位聚合物可以在某些溶剂中利用颜色变化进行某些信号的传感。

习题

1. EDTA 与金属离子形成的配合物具有哪些特点？

2. 酸效应曲线是如何绘制的？它在配位滴定中有什么用途？

3. 为什么配位滴定一定要控制酸度？如何选择和控制滴定系统的 pH 值？

4. 怎样才能提高配位滴定法的选择性？

5. 考虑酸效应和 NH_3 的配位效应，有 pH 值分别为 8、9、10、11 的含 NH_3 和 NH_4Cl 的四种缓冲溶液，$c(NH_3)+c(NH_4^+)$ 之和均为 0.1mol/L，四种溶液中 Zn^{2+} 的总浓度均为 0.01000mol/L，计算上述溶液中的 [Zn^{2+}] 值。

6. 考虑酸效应和 OH^- 的配位效应，分别计算 pH 值为 5.0 和 10.0 时的 $\lg K'_{PbY}$ 值，已知 $Pb(OH)_2$ 的 $\lg\beta_1=6.2$，$\lg\beta_2=10.3$。

7. 考虑酸效应和 NH_3 的配位效应，计算在含有 0.05mol/L 氨和 0.1mol/L NH_4Cl 的缓冲溶液中的 $\lg K'_{CuY}$ 值。

8. 只考虑酸效应，在 pH=5 时，用 EDTA 分别滴定 50mL 0.0100mL 的 Fe^{3+}、Mg^{2+}、Pb^{2+}。计算计量点时的 pM 值（化学计量点时滴定系统的体积按 100mL 计算）。

9. 在 pH 值为 4.0、5.0、6.0、8.0 的四种溶液中各加入 5.00mmol 的 EDTA 和 5.00mmol 的 Ca^{2+}，总体积都是 100mL，只考虑酸效应，分别计算 [Ca^{2+}]、[CaY] 的值。

10. 在 pH=10 的氨缓冲溶液中，滴定 100mL 含 Ca^{2+}、Mg^{2+} 的水样，消耗 0.01016mol/L EDTA 15.28mL，另取水样 100mL，用 NaOH 处理，使 Mg^{2+} 生成 $Mg(OH)_2$ 沉淀，此后在 pH=12 时以相同浓度的 EDTA 溶液滴定 Ca^{2+}，消耗 EDTA 溶液 10.43mL，计算该水样中 $CaCO_3$ 和 $MgCO_3$ 的含量（用 mg/L 表示）。

11. 称取铝矿试样 0.2500g，制备成试液后加入 0.025000mol/L EDTA 溶液 50.00mL，在适当的条件下配位形成配合物后，调滴定系统 pH 值为 5～6，以二甲酚橙为指示剂，用 0.01000mol/L $Zn(Ac)_2$ 溶液 43.00mL 滴定至红色，计算该试样中铝的百分含量。

12. 某试剂厂生产的 $ZnCl_2$，做样品分析时，先称取样品 0.2500g，制备成试液后，控制 Zn 溶液的酸度为 pH=6，选用二甲酚橙作指示剂，用 0.1024mol/L EDTA 标准溶液滴定

溶液中的 Zn^{2+}，消耗 17.90mL，求样品中 $ZnCl_2$ 的百分含量。

13. 某 EDTA 溶液，用 26.00mL 标准 Ca^{2+} 溶液（每毫升含 CaO 0.001000g）来标定，消耗 EDTA 25.26mL，现称取含钾试样 0.6482g 处理成溶液，将 K^+ 全部转化为 $K_2Na[Co(NO_2)_6]$ 沉淀，沉淀经过滤、洗涤、溶解后，用上述 EDTA 溶液滴定其中的 Co^{3+}，需 EDTA 26.50mL。求 EDTA 的物质的量浓度？求试样中 K 的百分含量？若以 K_2O 的百分含量表示又为多少？已知 $M(CaO)=56.08g/mol$，$M(K)=39.10g/mol$，$M(K_2O)=92.20g/mol$。

14. 将 0.5608g 含钙样品溶解配成 250.0mL 试液，从中移取 25.00mL，用 0.02000mol/L EDTA 标准溶液滴定，消耗 EDTA 20.00mL，计算该样品中 CaO 的百分含量（CaO 56.08g/mol）。

15. 取 0.1973g $BaCO_3$（分子量 197.34）溶于盐酸后于 250mL 容量瓶中定容，吸取 50.00mL 溶液，用 0.01000mol/L EDTA 滴定，用去 20.00mL，计算 $BaCO_3$ 的百分含量。

第10章 氧化还原与电化学

> **本章学习指导**
>
> 明确氧化数的概念，掌握氧化还原反应方程式的两种配平方法；了解电极电势的概念，掌握原电池组成符号表示法和电动势的计算；了解影响电极电势的因素，明确并掌握能斯特方程的意义及其应用；能应用电极电势判断氧化还原反应的方向和顺序、氧化剂和还原剂的相对强弱，了解元素电势图及其应用；掌握电动势和自由能的关系、自由能与平衡常数的关系，并能根据计算定量判断氧化还原反应发生的方向和程度。

氧化还原反应（redox reaction）是一类很重要的化学反应，如燃烧、金属冶炼、电池和电解等反应都是氧化还原反应，环境中元素的迁移变化、化工生产和生物体内新陈代谢也涉及氧化还原反应。用电化学的原理和实验方法研究氧化还原反应，产生了相应的交叉学科——电化学。本章介绍氧化还原反应的基本概念，介绍电化学的基础，即原电池、电极电势、电动势以及它们的应用。

10.1 基本概念

10.1.1 氧化还原反应

化学上将有电子得失的化学反应称为氧化还原反应。在氧化还原反应中得到电子的物质称为氧化剂，氧化剂本身在反应中被还原，生成另一种还原剂；在氧化还原反应中失去电子的物质称为还原剂，还原剂本身在反应中被氧化，生成另一种氧化剂。

因此，氧化还原反应实际上可以写成如下的通式：

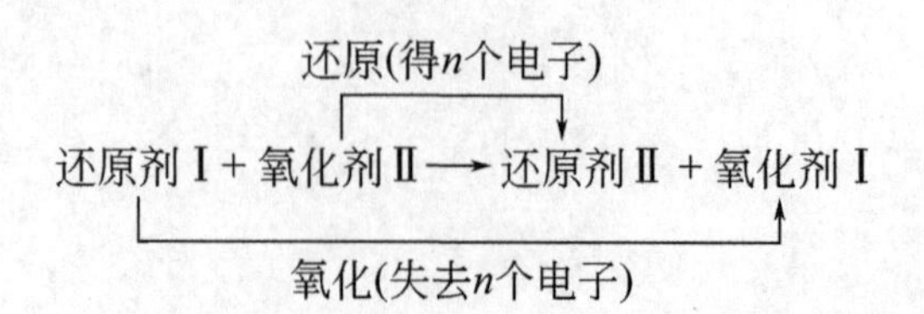

例如，Zn 单质置换溶液中 Cu^{2+} 的反应就是典型的氧化还原反应，其中 Zn 为还原剂Ⅰ，Cu^{2+} 为氧化剂Ⅱ。Cu^{2+} 在反应中得到电子，而其本身在反应中被还原，变成另一种还原剂 Cu 单质；Zn 单质在反应中失去电子，而其自身在反应中被氧化，反应后变成了另一种氧化剂 Zn^{2+}。即：

还原(得2个电子)

$$Zn + Cu^{2+} \longrightarrow Cu + Zn^{2+}$$

氧化(失2个电子)

还原剂Ⅰ 氧化剂Ⅱ 还原剂Ⅱ 氧化剂Ⅰ

中学教材中的置换反应和歧化反应都是氧化还原反应。

10.1.2　氧化数

氧化还原反应的主要特征是：反应前后元素的化合价发生变化。由于一些结构不易确定、组成复杂的化合物组成元素的化合价不易确定，另外不少共价化合物中元素的化合价也很难确定，反应时电子转移也不明显，所以引入氧化数（oxidation number）的概念说明各元素在化合物中所处的状态。

氧化数（又称氧化值）是假设化合物中成键的电子都归属电负性较大的原子，从而求得原子所带的电荷数，此电荷数即为该原子在该化合物中的氧化数。电负性为一纯数，表示元素原子在分子中吸引电子的能力（见第12章），电负性越大，吸引电子的能力越强。例如在 NaCl 中，氯元素的电负性比钠元素大，因而 Na 的氧化数为＋1，Cl 的氧化数为－1。又例如在 NH_3 分子中，三对成键的电子都归电负性大的氮原子所有，N 的氧化数为－3，H 的氧化数为＋1。确定元素原子氧化数的规则可归纳为以下几点。

（1）在单质中，元素原子的氧化数为零。

（2）氧化数有正有负。在二元离子化合物中，元素的氧化数等于其离子的正、负电荷数。例如在 NaCl 中，Na 的氧化数为＋1，Cl 的氧化数为－1。

（3）在共价化合物中，元素原子的氧化数等于原子偏离的电子数，电负性较大的元素的氧化数为负，电负性较小的元素的氧化数为正。例如在 H_2O 分子中，两个 H 原子各有一个电子偏离 H 原子，靠近 O 原子，所以 H 元素的氧化数为＋1，而 O 元素的氧化数为－2。

（4）氢在化合物中的氧化数一般为＋1。但在活泼金属的氢化物（如 NaH、CaH_2 等）中，氢的氧化数为－1。

（5）氧在化合物中的氧化数一般为－2。但在过氧化物（如 H_2O_2、Ba_2O_2 等）中，氧的氧化数为－1；在超氧化合物（如 KO_2）中，氧化数为－1/2；在 OF_2 中，氧化数为＋2。

（6）在一个中性化合物中，所有各元素原子的正、负氧化数的代数和为零。例如在 H_2SO_4 分子中，H 的氧化数为＋1，S 的氧化数为＋6，O 的氧化数为－2，分子中的正氧化数总数为$(+1)\times2+(6)=+8$，负氧化数总数为 $(-2)\times4=-8$，故正、负氧化数代数和 $[+8+(-8)]$ 为零。

（7）在一个复杂离子中，所有元素原子氧化数的代数和等于该离子的电荷数。例如，NO_3^- 带一个负电荷，而其中各元素氧化数的代数和为$+5+(-2)\times3=-1$。

例 10-1　计算 Fe_3O_4 中铁的氧化数、$S_2O_3^{2-}$ 中硫的氧化数。

解： 设 Fe_3O_4 中铁的氧化数为 x。由于氧的氧化数为－2，则根据氧化数规则得：

$$3x+(-2\times4)=0$$

$$x=+\frac{8}{3}$$

设 $S_2O_3^{2-}$ 中硫的氧化数为 y，根据氧化数规则有：

$$2y+(-2\times3)=-2$$

$$y=+2$$

10.1.3 半反应

研究氧化还原反应的进度，也属于化学平衡的范畴。尽管氧化还原反应中的氧化和还原过程是同时进行的，由于平衡性质与过程无关，为简化问题，可以将氧化还原反应看成氧化反应和还原反应分别进行，这样，典型的氧化还原反应将由一个氧化反应和一个还原反应组成。

通常将下面的式子定义为氧化还原反应的半反应（half reaction）：

$$\text{氧化剂}+ne^-\rightleftharpoons\text{还原剂}$$

这种半反应称为还原半反应，有的教材使用它的逆反应作为半反应，称为氧化半反应。

由此不难看出，一个氧化还原反应可以分解为两个半反应；而两个半反应相合并、消去电子就可以得到一个氧化还原反应。

为方便起见，化学上用氧化剂/还原剂来代表上述的半反应，称为电对。电对也常常写成 Ox/Red，Ox、Red 分别代表氧化剂（或氧化态）和还原剂（或还原态）。

例如，下述的两个氧化还原反应：

$$Zn(s)+Cu^{2+}(aq)=Zn^{2+}(aq)+Cu(s)$$

$$Fe(s)+2Ag^{+}(aq)=Fe^{2+}(aq)+2Ag(s)$$

可以分别分解为下述四个半反应：

$$Cu^{2+}(aq)+2e^-\rightleftharpoons Cu(s) \quad (1)$$

$$Zn^{2+}(aq)+2e^-\rightleftharpoons Zn(s) \quad (2)$$

$$Fe^{2+}(aq)+2e^-\rightleftharpoons Fe(s) \quad (3)$$

$$Ag^{+}(aq)+e^-\rightleftharpoons Ag(s) \quad (4)$$

用电对表示分别为 Cu^{2+}/Cu、Zn^{2+}/Zn、Fe^{2+}/Fe 和 Ag^{+}/Ag。这四个半反应中任意两个半反应合并、消去电子就可以得到一个氧化还原反应。如半反应（1）减半反应（3）可以得到：

$$Cu^{2+}(aq)+Fe(s)=Fe^{2+}(aq)+Cu(s)$$

半反应（4）×2 减去半反应（2）可以得到：

$$2Ag^{+}(aq)+Zn(s)=Zn^{2+}(aq)+2Ag(s)$$

例 10-2 把 $2MnO_4^-+5C_2O_4^{2-}+16H^+=2Mn^{2+}+10CO_2+8H_2O$ 分成两个半反应。

解：反应中存在两个电对，即 MnO_4^-/Mn^{2+}、$CO_2/C_2O_4^{2-}$，氧化剂为 MnO_4^-，还原剂为 $C_2O_4^{2-}$。两个还原半反应为：

$$MnO_4^-(aq)+8H^++5e^-\rightleftharpoons Mn^{2+}+4H_2O$$

$$2CO_2+2e^-\rightleftharpoons C_2O_4^{2-}$$

10.2 氧化还原反应方程式配平

进行氧化还原反应平衡计算的前提是配平氧化还原反应方程式，使用较多的有氧化数法和离子-电子法。

10.2.1 氧化数法

氧化数法配平氧化还原反应方程式的依据是：氧化剂的氧化数降低的总数等于还原剂氧化数升高的总数。用氧化数法配平氧化还原反应方程式的具体步骤如下。

(1) 确定氧化还原产物，写出基本反应式。如氯酸和磷作用生成氯化氢和磷酸。

$$HClO_3 + P_4 \longrightarrow HCl + H_3PO_4$$

(2) 根据氧化数的改变，确定氧化剂和还原剂，并指出氧化剂和还原剂的氧化数的变化。

$$\overset{(-1)-(+5)=-6}{\overset{+5}{HClO_3} + \overset{0}{P_4} \longrightarrow \overset{-1}{HCl} + \overset{+5}{H_3PO_4}}$$
$$(5-0)\times 4 = +20$$

由上式可见，氯原子的氧化数由+5 变为−1，它降低的值为 6，因此它是氧化剂。磷原子的氧化数由 0 变为+5，它升高的值为 5，因此它是还原剂。

(3) 按照最小公倍数的原则对各氧化数的变化值乘以相应的系数 10 和 3，使氧化数降低值和升高值相等，都是 60。

$$\begin{array}{l|l} -1-(+5)=-6 & \times 10 = -60 \\ 4\times(5-0)=+20 & \times 3 = +60 \end{array}$$

(4) 将找出的系数分别乘在氧化剂和还原剂的分子式前面，并使方程式两边氯原子和磷原子的数目相等。

$$10HClO_3 + 3P_4 \longrightarrow 10HCl + 12H_3PO_4$$

(5) 检查反应方程式两边的氢原子数目，确定参与反应的水分子数。

上述方程式右边的氢原子比左边多，证明有水分子参加了反应，补进足够的水分子使两边的氢原子数相等。

$$10HClO_3 + 3P_4 + 18H_2O \longrightarrow 10HCl + 12H_3PO_4$$

(6) 如果反应方程式两边的氧原子数相等，即证明该方程式已配平。上列方程式两边的氧原子都是 48 个，所以方程式已配平，此时可将方程式中的“⟶”变为等号“══”。

$$10HClO_3 + 3P_4 + 18H_2O = 10HCl + 12H_3PO_4$$

10.2.2 离子-电子法

既然一个氧化还原反应可以拆分为两个半反应，就可以先配平两个半反应，再将两个半反应分别乘以一定的系数并相减以消去电子，这样就可以配平氧化还原反应了，这种方法称为离子-电子法。

离子-电子法配平氧化还原方程式通常包括以下步骤。

(1) 以离子的形式表示出反应物和氧化还原产物。

(2) 把一个氧化还原反应分成两个半反应，一个表示氧化剂被还原，另一个表示还原剂被氧化。

(3) 分别配平两个半反应式使两边的各种元素原子总数和电荷总数均相等。

(4) 将两个半反应式各乘以适当的系数，使得失电子总数相等，然后将两个半反应式合并，得到一个配平的氧化还原方程式。

下面通过例子来说明配平的步骤。

例 10-3 $KClO_3$ 和 $FeSO_4$ 在酸性介质中反应生成 KCl 和 $Fe_2(SO_4)_3$，配平该氧化还原方程式。

解：(1) 写出反应物和产物的离子形式：

$$ClO_3^- + Fe^{2+} \xlongequal{} Cl^- + Fe^{3+}$$

(2) 分成两个半反应：

$$Fe^{2+} \longrightarrow Fe^{3+} \quad （氧化反应）$$

$$ClO_3^- \longrightarrow Cl^- \quad （还原反应）$$

(3) 配平两个半反应：

第一个半反应两边原子数已相等，只需在右边加上 1 个电子即可使两边的电荷数相等。

$$Fe^{2+} \longrightarrow Fe^{3+} + e^-$$

第二个半反应的右边比左边少 3 个 O 原子，在水溶液中 O^{2-} 不能存在，在酸性溶液中 H^+ 可以和 O^{2-} 结合生成 H_2O 分子，所以在左边加上 6 个 H^+，而在右边加上 3 个 H_2O 分子，就可使两边各种元素的原子总数相等。

$$ClO_3^- + 6H^+ \longrightarrow Cl^- + 3H_2O$$

为了配平电荷数，要在左边加上 6 个电子，这样反应式就配平了。

$$ClO_3^- + 6H^+ + 6e^- \longrightarrow Cl^- + 3H_2O$$

(4) 合并两个半反应式，得到配平的离子方程式：

$$6\times (Fe^{2+} \longrightarrow Fe^{3+} + e^-)$$

$$ClO_3^- + 6H^+ + 6e^- \longrightarrow Cl^- + 3H_2O$$

$$ClO_3^- + 6H^+ + 6Fe^{2+} \xlongequal{} Cl^- + 6Fe^{3+} + 3H_2O$$

如果已知反应在稀硫酸介质中进行，则可写出相应的分子方程式：

$$KClO_3 + 6FeSO_4 + 3H_2SO_4 \xlongequal{} KCl + 3Fe_2(SO_4)_3 + 3H_2O$$

例 10-4 已知 NaClO 在碱性介质中能氧化 $NaCrO_2$ 生成 Na_2CrO_4 和 NaCl，配平该反应的方程式。

解：(1) 写出反应物和产物的离子形式：

$$ClO^- + CrO_2^- \longrightarrow Cl^- + CrO_4^-$$

(2) 分成两个半反应：

$$ClO^- \longrightarrow Cl^- \quad （还原反应）$$

$$CrO_2^- \longrightarrow CrO_4^{2-} \quad （氧化反应）$$

(3) 配平半反应式：

第一个半反应的左边比右边多 1 个 O 原子，但在碱性介质中，加入 H^+ 生成 H_2O 分子是不合理的。若在左边加 H_2O，右边生成 OH^-，就可使两边原子总数相等。

$$ClO^- + H_2O \longrightarrow Cl^- + 2OH^-$$

然后配平电荷数：

$$ClO^- + H_2O + 2e^- \longrightarrow Cl^- + 2OH^-$$

第二个半反应左边加 OH^-，右边生成 H_2O 分子，然后配平电荷数，可得已配平的半反应式为：

$$CrO_2^- + 4OH^- \longrightarrow CrO_4^{2-} + 2H_2O + 3e^-$$

(4) 合并半反应式：

$$3\times(ClO^- + H_2O + 2e^- \longrightarrow Cl^- + 2OH^-)$$
$$2\times(CrO_2^- + 4OH^- \longrightarrow CrO_4^{2-} + 2H_2O + 3e^-)$$
$$3ClO^- + 2CrO_2^- + 2OH^- = 3Cl^- + 2CrO_4^{2-} + H_2O$$

若已知反应介质为 NaOH，则可写出相应的分子方程式为：

$$3NaClO + 2NaCrO_2 + 2NaOH = 3NaCl + 2Na_2CrO_4 + H_2O$$

从以上两个例子可以看出，在半反应式中，如果反应物和生成物内所含的氧原子数目不同，可以根据介质的酸碱性，分别在半反应式中加 H^+ 或 OH^- 或 H_2O，并利用水的解离平衡使反应式两边的氧原子数相等。不同介质条件下配平氧原子的经验规则见表 10-1。

表 10-1 不同介质条件下配平氧原子的经验规则

介质条件	比较方程式两边氧原子数	左边应加入物质	生成物
酸性	(1)左边 O 多	H^+	H_2O
	(2)左边 O 少	H_2O	H^+
碱性	(1)左边 O 多	H_2O	OH^-
	(2)左边 O 少	OH^-	H_2O
中性	(1)左边 O 多	H_2O	OH^-
	(2)左边 O 少	H_2O	H^+

由于一般氧化还原反应均在水溶液中进行，所以用离子-电子法配平方程式比较方便，而且非氧化还原部分的一些物质（如电解质和水分子等）不需要知道元素的氧化数，可以很方便地添入反应式中，并能直接书写出离子反应方程式。

10.3 原电池与电极电势

10.3.1 原电池

10.3.1.1 原电池和氧化还原反应

实验中将锌的氧化反应与 Cu^{2+} 的还原反应分别放在两只烧杯中进行，一只烧杯中放入硫酸锌溶液和锌片，另一只烧杯中放入硫酸铜溶液和铜片，将两只烧杯中的溶液用盐桥联系起来，用导线连接锌片和铜片，并在导线中间连一只电流计，就可以看到电流计的指针发生偏转。这种将化学能转变为电能的装置叫作原电池（primary cell）（图 10-1）。

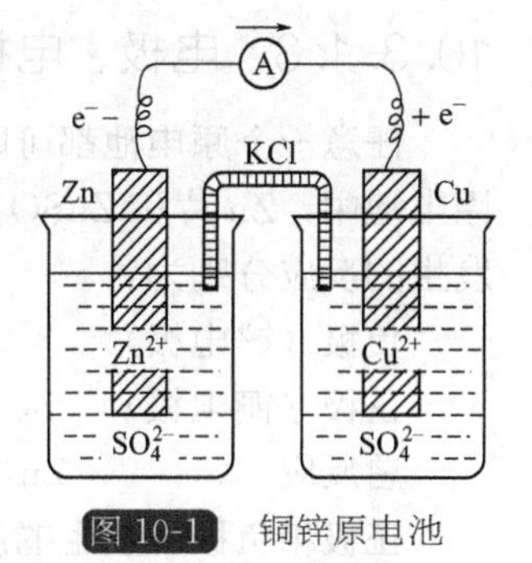

图 10-1 铜锌原电池

原电池的化学能是如何产生的呢？实际上原电池放电时发生了氧化还原反应。当上述装置连接时，Zn 片上的 Zn 失去电子变成 Zn^{2+} 进入溶液，使 Zn 片上带有负电荷而 $ZnSO_4$ 溶液带有正电荷，$CuSO_4$ 溶液中 Cu^{2+} 得到电子沉积为 Cu，使 Cu 片上带有正电荷而 $CuSO_4$ 溶液带有负电荷，由于有导线和盐桥的连接，Zn 片上的电子经导线流向带有正电荷的 Cu 片，而盐桥中的 K^+ 和 Cl^- 则分别向 $CuSO_4$ 和 $ZnSO_4$ 溶液扩散，以保持溶液的电中性，并获得较为恒定的电流。原电池放电一段时间后，可以发现锌片的重量减少了，而铜片的重量增加了。

由此可见，原电池放电是由于发生了化学反应，图 10-1 中的原电池发生了如下的氧化还原反应：

$$Cu^{2+}(aq) + Zn(s) = Zn^{2+}(aq) + Cu(s)$$

与一般氧化还原反应进行的方式不同，原电池中将氧化反应和还原反应分开进行，并用导线和盐桥将它们连接以获得较为恒定的电流。

在大多数情况下，任意一个电池中都进行着一个氧化还原反应，这一反应称为电池反应。因此，任意一个氧化还原反应都可以制作成一个电池。

10.3.1.2 原电池符号

在表示原电池的组成时，通常用特定的符号来表示，称为原电池符号，图 10-1 中铜锌原电池可用下述符号表示：

$$(-)Zn|ZnSO_4(c_1) \| CuSO_4(c_2)|Cu(+)$$

书写原电池符号时规定如下。

(1) 把负极写在左边，正极写在右边。

(2) 以“|”表示两相之间的界面。如固-液界面、固-气界面、气-液界面等。

(3) 以“‖”表示盐桥。

(4) 电极物质为溶液时，要注明其浓度，为气体时应注明其分压。

(5) 当某些电极的电对中没有金属导体时，则需外加一个能导电但不参与电极反应的惰性导电体材料为电极，常用的惰性电极材料有 Pt、石墨等。如 $Pt|Fe^{3+}(c_1), Fe^{2+}(c_2)$。

原电池中正负极以电极的电势高低来确定，电极电势（electrode potential）高的为正极，低的为负极。

如电池 $(-)Co|Co^{2+}(c_1) \| Cl^-(c_2)|Cl_2(p_1)|Pt(+)$ 对应的氧化还原反应为：

$$Co(s) + Cl_2(g) = 2Cl^-(aq) + Co^{2+}(aq)$$

而氧化还原反应 $Hg_2Cl_2(s) + Zn(s) = Zn^{2+}(aq) + 2Hg(l) + 2Cl^-$ 所对应的电池为：

$$(-)Zn|Zn^{2+}(c_1) \| KCl(饱和)|Hg_2Cl_2(s)|Hg(l)|Pt(+)$$

电池最重要的属性是电动势，它是当外接电阻为无穷大时电池正负极之间的电势差，电动势常用 E 表示。

10.3.1.3 电极、电极反应与电池反应

任意一个原电池都可以拆分为两个电极，在两个电极上分别进行着一个半反应。如铜锌原电池中，Zn 片和 $ZnSO_4$ 溶液构成锌电极，Cu 片和 $CuSO_4$ 溶液构成铜电极。在两电极上发生的反应分别为：

负极（锌电极）　$Zn(s) \longrightarrow Zn^{2+}(aq) + 2e^-$　（氧化反应）

正极（铜电极）　$Cu^{2+}(aq) + 2e^- \longrightarrow Cu(s)$　（还原反应）

总反应　$Zn(s) + Cu^{2+}(aq) = Zn^{2+}(aq) + Cu(s)$

正极和负极上发生的反应称为电极反应或半电池反应，由两个电极反应可以得到电池所对应的氧化还原反应称为电池反应。可以使用电极反应或代表这个半反应的电对来表示电极。例如，铜锌原电池中的两个电极就可以用电对 Zn^{2+}/Zn 和 Cu^{2+}/Cu 来表示。

若用 Cu 片和硫酸铜溶液与 Ag 片和硝酸银溶液组成银铜原电池，由于铜比银要活泼，铜为负极、银为正极，则：

负极　$Cu(s) \longrightarrow Cu^{2+}(aq) + 2e^-$

正极　　　　　　$Ag^{+}(aq)+e^{-} \longrightarrow Ag(s)$

电池反应　　　　$Cu(s)+2Ag^{+}(aq) = Cu^{2+}(aq)+2Ag(s)$

可用来组成半电池电极的氧化还原电对，除金属及其对应的金属盐溶液以外，还有非金属单质及其对应的非金属离子（如 H_2 和 H^+、O_2 和 OH^-）、同一种金属不同价的离子（如 Fe^{3+}和 Fe^{2+}）等。

常见的电极分类如下。

（1）金属-金属离子电极　电极反应 $Zn^{2+}+2e^{-} \rightleftharpoons Zn$，电极符号 $Zn \mid Zn^{2+}(c)$。

（2）气体-离子电极　电极反应 $2H^{+}(aq)+2e^{-} \rightleftharpoons H_2(g)$，电极符号 $Pt \mid H_2(p) \mid H^{+}(c)$。

（3）金属-金属难溶盐电极　电极反应 $AgCl(s)+e^{-} \rightleftharpoons Ag(s)+Cl^{-}(aq)$，电极符号 $Ag \mid AgCl \mid Cl^{-}(c)$。

（4）氧化还原电极（浓差电极）　电极反应 $Fe^{3+}(aq)+e^{-} \rightleftharpoons Fe^{2+}(aq)$，电极符号 $Pt \mid Fe^{3+}(c_1), Fe^{2+}(c_2)$。

10.3.2　标准电极电势

原电池能够产生电流的事实，说明在原电池的两极之间有电势差存在，也说明了每一个电极都有一个电势。由于原电池两个电极的电势不同，因而原电池能够产生电流。如果能确定电极电势的绝对值，就可以定量地比较金属在溶液中的活泼性。但到目前为止，测定电极电势的绝对值尚有困难。在实际应用中同焓、Gibbs 函数一样，只需要知道它们的相对值而不必去追究它们的绝对值。

处理方法是选用某一电极作为标准，并人为地规定它的电极电势为零，将此标准电极与其他电极组成原电池，精确测量原电池的电动势，就可求得其他电极的相对电极电势。如果组成电极的物质均处于标准状态，这时的电极叫作标准电极，所对应的电极电势叫作标准电极电势（standard electrode potential），简称标准电势，以 $\varphi^{\ominus}$ 表示。所谓的标准状态是指组成电极的离子浓度（严格来讲是活度）均为 1mol/L，气体的分压均为 101.325kPa，固体、液体均为纯净物质，反应的温度可以任意指定，一般为 298 K。

国际上规定标准氢电极作为标准电极，标准氢电极为：

$$Pt \mid H_2(101.325kPa) \mid H^{+}(1mol/L)$$

并规定任何温度下，标准氢电极的电极电势为零（即所谓氢标），以 $\varphi^{\ominus}(H^{+}/H_2)=0.00V$ 表示。

这样，以标准氢电极与待测标准电极组成原电池，测出原电池的标准电动势（$E^{\ominus}$），就可求出该待测标准电极的标准电极电势：

$$E^{\ominus}=\varphi^{\ominus}_{正}-\varphi^{\ominus}_{负}$$

如以标准氢电极作为负极与待测标准电极作为正极组成的原电池的标准电动势的数值就是该待测标准电极的标准电极电势。例如，在下列原电池中：

$$(-)Pt \mid H_2(101.325kPa) \mid H^{+}(1mol/L) \parallel Cu^{2+}(1mol/L) \mid Cu(+)$$

铜电极的标准电极电势就等于原电池的标准电动势。铜电极为原电池的正极，所以电极电势为正值。若待测电极为原电池的负极，如在下列电池中：

$$(-)Zn \mid Zn^{2+}(1mol/L) \parallel H^{+}(1mol/L) \mid H_2(101.325kPa) \mid Pt(+)$$

锌为原电池的负极，则其标准电极电势取原电池标准电动势的负值。

标准氢电极如图 10-2 所示。它是将镀有一层疏松铂黑的铂片插入标准 H^+ 浓度的酸溶液中，并不断通入压力为 101.325kPa 的纯氢气流。这时溶液中的氢离子与被铂黑所吸附的氢气建立起下列动态平衡：

$$2H^{+}(aq)+2e^{-}\rightleftharpoons H_2(g)$$

通常简写为：

$$2H^{+}+2e^{-}\rightleftharpoons H_2$$

虽然标准氢电极用作其他电极的电极电势的相对比较标准，但是标准氢电极要求氢气纯度很高、压力稳定，并且铂在溶液中易吸附其他组分而失去活性。因此，实际上常用易于制备、使用方便且电极电势稳定的甘汞电极或氯化银电极作为电极电势的对比参考，称为参比电极。如图 10-3 所示为常用的参比电极——甘汞电极。

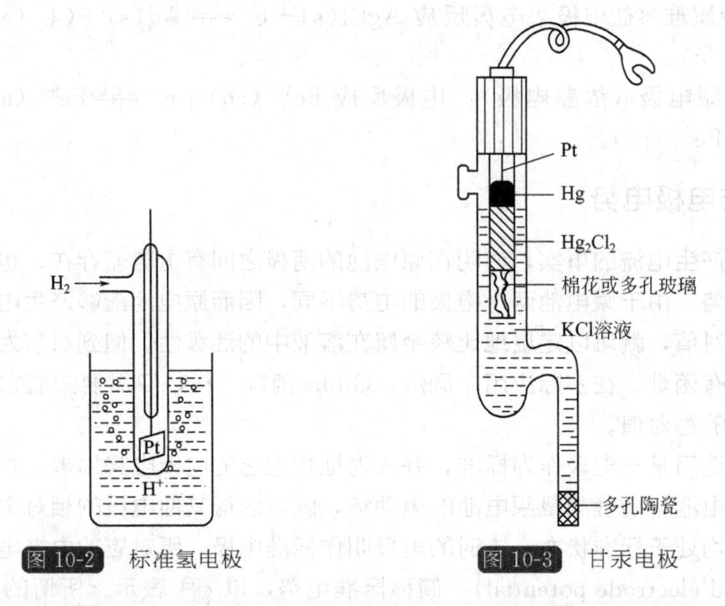

图 10-2 标准氢电极　　图 10-3 甘汞电极

如上所述，可利用标准氢电极或参比电极测得待定电极的标准电极电势。书末附表 9 中列出一些氧化还原电对的标准电极电势值，在查阅标准电极电势数据时，应注意以下几点。

(1) 表中的电极反应均以还原反应表示：氧化型$+ne^{-}\rightleftharpoons$还原型。

(2) 表分为酸表和碱表。电极反应中出现 H^{+}，应查酸表；电极反应中出现 OH^{-}，应查碱表；若电极反应中无 H^{+} 或 OH^{-} 出现，则根据电对的具体存在条件来分析。如电对 Fe^{3+}/Fe^{2+} 的标准电极电势查酸表，因为 Fe^{3+}、Fe^{2+} 都只能存在酸性介质中。对于一些不受溶液酸碱性影响的电对，其标准电极电势列在酸表中。

(3) $\varphi^{\ominus}$ 值由物质的本性决定，具有强度性质，不具有加和性。即电极反应式的系数发生改变，而 $\varphi^{\ominus}$ 值不变。

(4) $\varphi^{\ominus}$ 值越大，其电对中氧化态的氧化能力越强；相反，$\varphi^{\ominus}$ 值越小，其电对中还原态的还原能力越强。

10.3.3 浓度对电极电势的影响

10.3.3.1 能斯特方程

原电池的电动势是由原电池两极的电极电势决定的，原电池在使用一段时间后电动势变小，反映了原电池中发生氧化还原反应后有关离子浓度发生的变化引起了电极电势的变化。离子浓度对电极电势的影响也可从热力学推导而得出如下结论。

对于任意给定的电极，电极反应通式为：

$$a\,\mathrm{Ox}+ne^{-} \rightleftharpoons b\,\mathrm{Red}$$

其相应的浓度对电极电势影响的通式为：

$$\varphi=\varphi^{\ominus}+\frac{RT}{nF}\ln\frac{[\mathrm{Ox}]^{a}/(c^{\ominus})^{a}}{[\mathrm{Red}]^{b}/(c^{\ominus})^{b}}$$

或

$$\varphi=\varphi^{\ominus}+\frac{2.303RT}{nF}\lg\frac{[\mathrm{Ox}]^{a}/(c^{\ominus})^{a}}{[\mathrm{Red}]^{b}/(c^{\ominus})^{b}}$$

由于 $c^{\ominus}=1\mathrm{mol/L}$，故上式也可简写为：

$$\varphi=\varphi^{\ominus}+\frac{2.303RT}{nF}\lg\frac{[\mathrm{Ox}]^{a}}{[\mathrm{Red}]^{b}} \tag{10-1}$$

式（10-1）就叫作能斯特（Nernst W.）方程。式中，φ 为电对在非标准条件下的电极电势；R 为气体常量，取值 8.314J/(mol·K)；T 为热力学温度；n 为电极反应中转移的电子数；F 为法拉第常数，取值 96485J/(mol·V)。当温度为 298.15 K 时，有：

$$\frac{2.303RT}{F}=\frac{2.303\times 8.314\times 298.15}{96485}=0.0592$$

应用能斯特方程时应注意以下几点。

（1）对数后的分式为电极反应式中氧化态物质的相对活度幂乘积除以还原态物质的相对活度幂乘积。当电极反应中氧化态、还原态物质前的化学计量数不等于1时，要特别注意。

（2）对于原电池反应或电极反应中，若某一物质是固体或液体（如液态溴），则不列入方程中；若是气体B，则用相对压力 $P_{\mathrm{B}}/P^{\ominus}$ 表示。

例如，对于 H^{+}/H_2 电极，电极反应为 $2H^{+}(aq)+2e^{-} \rightleftharpoons H_2(g)$，则计算时水合氢离子用相对活度 $\{[H^{+}]/c^{\ominus}\}^{2}$（简化成 $[H^{+}]^{2}$）表示，而氢气用 $p(H_2)/P^{\ominus}$ 表示，即：

$$\varphi(H^{+}/H_2)=\varphi^{\ominus}(H^{+}/H_2)+\frac{2.303RT}{2F}\lg\frac{[H^{+}]^{2}}{p(H_2)/P^{\ominus}}$$

（3）若在原电池反应或电极反应中，除氧化态和还原态物质外，还有 H^{+} 或 OH^{-} 参加反应，则这些离子的浓度及其在反应式中的化学计量数也应根据反应式写在能斯特方程中。

10.3.3.2　浓度对电极电势的影响

由能斯特方程可知，电极电势值的大小除与电极的本性有关外，还与温度、浓度等外界因素有关。那么，在常温下，对于一给定的电极，其电极电势值的大小主要与浓度有关，下面主要讨论浓度对电极电势的影响。

例 10-5　计算 OH^{-} 浓度为 0.100mol/L 时，氧的电极电势 $\varphi(O_2/OH^{-})$ [$p(O_2)=$ 101.325kPa，$T=298.15$ K]。

解：从附表9中可查得氧的标准电极电势，则：

$$O_2(g)+2H_2O(l)+4e^{-} \rightleftharpoons 4OH^{-}(aq) \qquad \varphi^{\ominus}(O_2/OH^{-})=0.401\mathrm{V}$$

式中 OH^{-} 的化学计量数不等于1，注意在能斯特方程中应以其化学计量数作为相应浓度的指数。

当 $[OH^{-}]=0.100\mathrm{mol/L}$ 时，氧的电极电势为：

$$\varphi=\varphi^{\ominus}+\frac{2.303RT}{nF}\lg\frac{p(O_2)/P^{\ominus}}{[OH^{-}]^{4}}$$

$$=\left[0.401+\frac{0.0592}{4}\lg\frac{101.325/101.325}{(0.100)^4}\right]V=0.460V$$

若把电极反应式写成 $1/2\ O_2+H_2O+2e^- \longrightarrow 2OH^-$，会不会影响结果呢？可以通过计算予以说明。

根据电极反应式，此时电极电势的计算式为：

$$\varphi=\varphi^{\ominus}+\frac{2.303RT}{2F}\lg\frac{1}{[OH^-]^2}$$

$$=\left[0.401+\frac{0.0592}{2}\lg\frac{1}{(0.100)^2}\right]V=0.460V$$

从计算结果可以看出，只要是已配平的电极反应，反应式中各物质的化学计量数各乘以一定的倍数，对电极电势的数值并无影响。

例 10-6 求高锰酸钾在 $[H^+]=1.000\times10^{-5}$ mol/L 时的弱酸性介质中的电极电势。设其中的 $[MnO_4^-]=[Mn^{2+}]=1.000$mol/L，$T=298.15$ K。

解：在酸性介质中，MnO_4^- 的还原产物为 Mn^{2+}，其电极反应和标准电极电势为：

$$MnO_4^-+8H^++5e^- \rightleftharpoons Mn^{2+}+4H_2O \qquad \varphi^{\ominus}(MnO_4^-/Mn^{2+})=1.51V$$

上述电极反应中还有 H^+ 参加反应，H^+ 浓度的改变对电极电势的影响可用能斯特方程计算如下：

$$\varphi(MnO_4^-/Mn^{2+})=\varphi^{\ominus}(MnO_4^-/Mn^{2+})+\frac{2.303RT}{nF}\lg\frac{[MnO_4^-][H^+]^8}{[Mn^{2+}]}$$

$$=\left[1.51+\frac{0.0592}{5}\lg(1.000\times10^{-5})^8\right]V=1.034V$$

由于 H^+ 浓度的指数较大，因此 $\varphi(MnO_4^-/Mn^{2+})$ 随溶液中 H^+ 浓度的减小显著降低，即 MnO_4^- 的氧化能力随溶液中 H^+ 浓度减小而显著减弱。从平衡移动原理来看，H^+ 浓度减小，平衡向左移动，也表示 MnO_4^- 的氧化能力减弱，故含氧酸盐作氧化剂时，大都在酸性介质中使用。

例 10-7 在氧化还原反应 $Ag^++e^- \longrightarrow Ag$ 中，已知 $\varphi^{\ominus}(Ag^+/Ag)=0.7994V$，$K_{sp}^{\ominus}(AgCl)=1.8\times10^{-10}$。当溶液中存在 Cl^-，且 $[Cl^-]=1.0$mol/L 时，$\varphi(Ag^+/Ag)$ [即 $\varphi^{\ominus}(AgCl/Ag)$] 为多少？

解：

$Ag^++e^- \longrightarrow Ag$（主反应）

$\Big\Vert\ Cl^-$

AgCl（副反应）

$$\varphi(Ag^+/Ag)=\varphi^{\ominus}(Ag^+/Ag)+0.0592\lg[Ag^+]$$

$$=\varphi^{\ominus}(Ag^+/Ag)+0.0592\lg\frac{K_{sp}^{\ominus}(AgCl)}{[Cl^-]}$$

当 $[Cl^-]=1.0$mol/L 时，相应电势值就是标准电势 $\varphi^{\ominus}(AgCl/Ag)$，则：

$$\varphi(Ag^+/Ag)=\varphi^{\ominus}(AgCl/Ag)=\varphi^{\ominus}(Ag^+/Ag)+0.0592\lg K_{sp}^{\ominus}(AgCl)$$

$$=[0.799+0.0592\lg(1.8\times10^{-10})]V=0.222\ V$$

通过上述计算，$\varphi(Ag^+/Ag)=\varphi^{\ominus}(AgCl/Ag)<\varphi^{\ominus}(Ag^+/Ag)$，说明生成沉淀使氧化态浓度 $c(Ag^+)$ 降低，Ag^+ 的氧化能力减弱。实际上，如果生成的沉淀物越难溶解，$K_{sp}^{\ominus}$ 值越小，电对的氧化能力就越弱。

例 10-8　用碘量法测定铜矿石中的铜时，Fe^{3+}的存在对 Cu^{2+}的测定有干扰。这时可加入 NH_4F 以掩蔽 Fe^{3+}，使 Fe^{3+} 失去氧化 I^- 为 I_2 的能力。设溶液中 Fe^{3+} 的总浓度为 0.10mol/L，Fe^{2+}的总浓度为 1.0×10^{-5}mol/L，$[F^-]=1.0$mol/L。求 $\varphi(Fe^{3+}/Fe^{2+})$ 是多少？

解：查附表 7 得知，FeF_3 配合物的累积稳定常数分别为：

$$\lg\beta_1=5.2，\lg\beta_2=9.2，\lg\beta_3=11.9$$

Fe^{3+}的副反应系数为：

$$\begin{aligned}\alpha(Fe^{3+})&=1+10^{5.2}\times1+10^{9.2}\times1^2+10^{11.9}\times1^3\\&=7.9\times10^{11}\end{aligned}$$

由于 FeF_3 配合物较稳定，所以 $c(FeF_3)\approx0.10$mol/L，故：

$$[Fe^{3+}]=\frac{c_{FeF_3}}{\alpha_{Fe^{3+}}}=\frac{0.10}{7.9\times10^{11}}=1.3\times10^{-13}\text{mol/L}$$

$$\begin{aligned}\varphi(Fe^{3+}/Fe^{2+})&=\varphi^{\ominus}(Fe^{3+}/Fe^{2+})+0.0592\lg\{[Fe^{3+}]/[Fe^{2+}]\}\\&=[0.771+0.0592\lg(1.3\times10^{-13}/1.0\times10^{-5})]\text{V}\\&=0.30\text{V}\end{aligned}$$

计算结果说明，加入 NH_4F 后，Fe^{3+} 与 F^- 生成了稳定的氟配合物，导致 $\varphi(Fe^{3+}/Fe^{2+})$ 电势由 0.771V 降为 0.30V，小于电对 I_2/I^- 的电势，因而 Fe^{3+} 就失去了氧化 I^- 的能力，从而消除了 Fe^{3+}的干扰。

10.4　电极电势的应用

电池由两个电极组成，可以由电极电势来计算电池电动势；同时电池对应于一个氧化还原反应，所以可以由电极电势来判断氧化剂、还原剂的相对强弱和氧化还原反应进行的方向和限度。

10.4.1　判断氧化剂、还原剂的相对强弱

由附表 9 中的标准电极电势的数据可以看出，电极电势的大小反映了电对中氧化剂和还原剂的强弱。电极电势的代数值越大，其对应电对中氧化剂的氧化能力越强，还原剂的还原能力越弱；电极电势的代数值越小，其对应电对中还原剂的还原能力越强，氧化剂的氧化能力越弱。

例 10-9　已知下列三个电对的电极电势：$\varphi^{\ominus}(MnO_4^-/Mn^{2+})=+1.51$V，$\varphi^{\ominus}(Br_2/Br^-)=+1.087$V，$\varphi^{\ominus}(I_2/I^-)=+0.535$V。这些电对的物质中，在标准条件下哪个是最强的氧化剂？若其中的 MnO_4^- 改为在 pH＝5.00 的条件下，它们的氧化性相对强弱次序将发生怎样的改变？

解：(1) 在标准状态下可用 $\varphi^{\ominus}$ 值的相对大小进行比较，$\varphi^{\ominus}$ 值的相对大小次序为：

$$\varphi^{\ominus}(MnO_4^-/Mn^{2+})>\varphi^{\ominus}(Br_2/Br^-)>\varphi^{\ominus}(I_2/I^-)$$

所以在上述物质中 MnO_4^- 是最强的氧化剂，I^-是最强的还原剂。

(2) 溶液中的 pH＝5.00，即 $[H^+]=1.00\times10^{-5}$mol/L 时，根据能斯特方程进行计算，得 $\varphi(MnO_4^-/Mn^{2+})=1.034$V（见例 10-6）。此时电极电势相对大小次序为：

$$\varphi^{\ominus}(Br_2/Br^-)>\varphi^{\ominus}(MnO_4^-/Mn^{2+})>\varphi^{\ominus}(I_2/I^-)$$

这就是说，当 pH=0.00 变为 pH=5.00，酸性减弱时，MnO_4^- 的氧化性减弱了，它的氧化性变成介于 Br_2 和 I_2 之间。此时氧化性的强弱次序为：

$$Br_2 > MnO_4^-(pH=5.00) > I_2$$

10.4.2 判断氧化还原反应的方向

10.4.2.1 Gibbs 函数变 ΔG 与电池电动势 E 之间的关系

从热力学中已知，系统的 Gibbs 函数变等于系统在等温恒压下所做的最大有用功（非体积功）。在原电池中如果非体积功只有电功一种，那么 Gibbs 函数变与电池电动势之间就有下列关系：

$$\Delta G = -nFE \tag{10-2}$$

式中，n 为得失电子数，mol；F 为 1mol 电子所带的电量，称为法拉第常量，其值为 96485 C/mol。

这个关系式说明电池的电能来源于化学反应。在反应中，当 $n$mol 电子自发地从低电势区流至高电势区，即从负极流向正极，反应 Gibbs 函数变转化为电能做了电功。若电池中的所有物质都处在标准状态时，电池的电动势就是标准电动势，ΔG 就是标准 Gibbs 函数变 $\Delta G^\ominus$，则上式可以写为：

$$\Delta G^\ominus = -nFE^\ominus$$

这样就把热力学和电化学联系起来。测得原电池的电动势 $E^\ominus$，就可以求出该电池的最大电功以及反应的 Gibbs 函数变 $\Delta G^\ominus$。反之，已知某个氧化还原反应的 Gibbs 函数变 $\Delta G^\ominus$，就可求得该反应所构成原电池的电动势 $E^\ominus$，而由 ΔG（或 E）可判断氧化还原反应的方向。

由等温方程式 $\Delta G = \Delta G^\ominus + RT\ln Q$（$Q$ 为反应商），可得：

$$-nFE = -nFE^\ominus + RT\ln Q$$

化简，并将自然对数换成常用对数，得：

$$E = E^\ominus - \frac{2.303RT}{nF}\lg Q \tag{10-3}$$

例 10-10 根据下列电池写出反应式并计算在 25℃时电池的 $E^\ominus$ 值和 $\Delta G^\ominus$。

$$(-)Zn|Zn^{2+}(1mol/L) \| Cu^{2+}(1mol/L)|Cu(+)$$

解：从上述电池看出锌是负极，铜是正极，电池的氧化还原反应式为：

$$Zn + Cu^{2+} \longrightarrow Cu + Zn^{2+}$$

查附表 9，$\varphi^\ominus(Zn^{2+}/Zn) = -0.7628V$，$\varphi^\ominus(Cu^{2+}/Cu) = 0.337V$，得：

$$E^\ominus = [0.337 - (-0.7628)]V = 1.100V$$

故 $\Delta G^\ominus = -nFE^\ominus = (-2 \times 96485 \times 1.100)J/mol = -212.3kJ/mol$

10.4.2.2 由电极电势判断氧化还原反应的方向

一个氧化还原反应能否自发进行，可用反应的 Gibbs 函数变来判断。由 $\Delta G = -nFE$，则有：$\Delta G<0$，$E>0$，$\varphi_+ > \varphi_-$，反应正向自发进行；$\Delta G=0$，$E=0$，$\varphi_+ = \varphi_-$，反应处于平衡状态；$\Delta G>0$，$E<0$，$\varphi_+ < \varphi_-$，反应逆向自发进行。

因此只要 $E>0$，即 $\varphi_+ > \varphi_-$ 时，也可以说作为氧化剂电对的电极电势的代数值大于作为还原剂电对的电极电势的代数值时，就能满足反应自发进行的条件。这样，根据组成氧化还原反应的两电对的电极电势，就可以判断氧化还原反应进行的方向。

对于简单的电极反应，由于离子浓度对电极电势影响不大，如果两电对的标准电极电势数值相差较大（如大于0.2V），则即使离子浓度发生变化也还不会使 E 值的正负号发生变化，因此对于非标准条件下的反应仍可以用 $E^{\ominus}>0$ 或 $\varphi^{\ominus}(正)>\varphi^{\ominus}(负)$ 来进行判断。但电极反应如果还有 H^+ 或 OH^- 参加，则必须用 $E>0$ 或 $\varphi(正)>\varphi(负)$ 来进行判断，即要利用能斯特方程先求出非标准条件下的电极电势值再行判断。

10.4.3　计算反应的平衡常数，判断氧化还原反应的限度

因为 $\Delta G^{\ominus}=-nFE^{\ominus}$ 和 $\Delta G^{\ominus}=-RT\ln K^{\ominus}$，所以 $-nFE^{\ominus}=-RT\ln K^{\ominus}$，解得：

$$\ln K^{\ominus}=\frac{nF}{RT}E^{\ominus}=\frac{nF}{RT}(\varphi^{\ominus}_{正}-\varphi^{\ominus}_{负})$$

$$\lg K^{\ominus}=\frac{nF}{2.303RT}(\varphi^{\ominus}_{正}-\varphi^{\ominus}_{负})$$

若反应在298K下进行：

$$\lg K^{\ominus}=\frac{n}{0.0592}(\varphi^{\ominus}_{正}-\varphi^{\ominus}_{负}) \tag{10-4}$$

所以如果已知两个电极的标准电极电势，就可以计算电池对应的氧化还原反应的平衡常数 $K^{\ominus}$，若两电极的标准电极电势相差越大，则反应的平衡常数越大，反应进行的趋势越大，反应越完全。

例 10-11　写出氧化还原反应对应的电池并求298 K时该反应的 $\Delta G^{\ominus}$ 和平衡常数 $K^{\ominus}$。

$$\frac{1}{2}Cu(s)+\frac{1}{2}Cl_2(P^{\ominus})=\!=\!=\frac{1}{2}Cu^{2+}(1mol/L)+Cl^-(1mol/L)$$

解：(1) 将氧化还原反应分解为两个半反应：

$$\frac{1}{2}Cl_2(P^{\ominus})+e^-\rightleftharpoons Cl^-(1mol/L)$$

$$\frac{1}{2}Cu^{2+}(1mol/L)+e^-\rightleftharpoons\frac{1}{2}Cu(s)$$

(2) 判断正负极，在反应中发生还原反应的物质所对应的半反应为正极，发生氧化反应的物质所对应的半反应为负极，故对应的电池为：

$$(-)\ Cu\mid Cu^{2+}(1mol/L)\parallel Cl^-(1mol/L)\mid Cl_2(P_{Cl_2}=P^{\ominus})\mid Pt(+)$$

(3) 查附表9得到两个电极的标准电极电势：

$$\varphi^{\ominus}_{正}=1.360V,\ \varphi^{\ominus}_{负}=0.337V$$

(4) 求电池标准电动势 $E^{\ominus}$：

$$E^{\ominus}=\varphi^{\ominus}_{正}-\varphi^{\ominus}_{负}=(1.360-0.337)V=1.023V$$

(5) 求反应的 $\Delta G^{\ominus}$ 和 $K^{\ominus}$，$n=1$，故：

$$\Delta G^{\ominus}=-nFE^{\ominus}=-(1\times96485\times1.023)J/mol=-9.870\times10^4\ J/mol$$

$$\lg K^{\ominus}=-\frac{\Delta G^{\ominus}}{2.303RT}=-\frac{-9.870\times10^4}{2.303\times8.314\times298.15}=17.289$$

$$K^{\ominus}=1.9\times10^{17}$$

$K^{\ominus}$ 值也可以由式（10-4）计算：

$$\lg K^{\ominus}=\frac{nF}{2.303RT}E^{\ominus}=\frac{1}{0.0592}\times1.023=17.280$$

$$K^{\ominus}=1.9\times10^{17}$$

例 10-12 在 298K 时标准状态下，亚铁离子能否依下式使碘还原为碘离子：

$$Fe^{2+}(aq)+\frac{1}{2}I_2(s)\rightleftharpoons I^-(aq)+Fe^{3+}(aq)$$

解：(1) 将氧化还原反应分解为半反应：

$$\frac{1}{2}I_2(s)+e^-\rightleftharpoons I^-(aq)$$

$$Fe^{3+}(aq)+e^-\rightleftharpoons Fe^{2+}(aq)$$

(2) 判断半反应正负极，I_2/I^- 为正极，Fe^{3+}/Fe^{2+} 为负极。

(3) 查附表 9 得到两个电极的标准电极电势为：

$$\varphi^{\ominus}(I_2/I^-)=0.535V,\ \varphi^{\ominus}(Fe^{3+}/Fe^{2+})=0.771V$$

(4) 求出电池标准电动势：

$$E^{\ominus}=\varphi^{\ominus}_{正}-\varphi^{\ominus}_{负}=(0.535-0.771)V=-0.234V$$

(5) 判断反应方向，因为 $E^{\ominus}<0$，所以反应不能正向自发进行，但可逆向自发进行。

例 10-13 判断下列反应 298 K 时进行的方向：

$$Sn(s)+Pb^{2+}(0.1000mol/L)\rightleftharpoons Sn^{2+}(1.000mol/L)+Pb(s)$$

解：(1) 先求出反应所对应电池的标准电动势：

正极 $Pb^{2+}(c=0.1000mol/L)+2e^-\rightleftharpoons Pb(s)$ $\varphi^{\ominus}(正)=-0.126V$

负极 $Sn^{2+}(c=1.000mol/L)+2e^-\rightleftharpoons Sn(s)$ $\varphi^{\ominus}(负)=-0.136V$

$$E^{\ominus}=\varphi^{\ominus}(正)-\varphi^{\ominus}(负)=-0.126-(-0.136)=0.010V$$

(2) 计算该反应所对应电池的电动势：

$$E=E^{\ominus}-\frac{2.303RT}{nF}\lg Q=E^{\ominus}-\frac{2.303RT}{nF}\lg\frac{c(Sn^{2+})}{c(Pb^{2+})}$$

$$=\left(0.010-\frac{0.0592}{2}\lg\frac{1.000}{0.100}\right)V=-0.0196V$$

由于 $E<0$，反应正向非自发。

10.5 元素电势图

同一元素如具有多种氧化数，为比较各种氧化数物质的氧化还原性质，可将各物质按该元素氧化数从高到低排列，并将相邻两物质组成电对的标准电极电势值（V）写在中间联线上，所得图形即为该元素的标准电势图，简称元素电势图（element potential diagram）。例如酸性溶液中锰元素的电势图如下：

$$MnO_4^- \xrightarrow[\varphi_1^{\ominus}]{0.564} MnO_4^{2-} \xrightarrow[\varphi_2^{\ominus}]{2.26} MnO_2 \xrightarrow[\varphi_3^{\ominus}]{0.95} Mn^{3+} \xrightarrow[\varphi_4^{\ominus}]{1.51} Mn^{2+} \xrightarrow[\varphi_5^{\ominus}]{-1.18} Mn$$

$\varphi_7^{\ominus}=1.695$（$MnO_4^-$—$MnO_2$）

$\varphi_6^{\ominus}=1.51$（MnO_4^-—Mn^{2+}）

图中 $\varphi_1^{\ominus}$、$\varphi_2^{\ominus}$ 等分别表示电对 MnO_4^-/MnO_4^{2-}、MnO_4^{2-}/MnO_2 等的标准电极电势为 0.564V、2.26V 等。

元素电势图中非相邻物质间组成电对时的标准电极电势 $\varphi_x^\ominus$ 与相邻物质间组成电对的标准电极电势（$\varphi_1^\ominus$、$\varphi_2^\ominus$ 等）具有如下关系：

$$\varphi_x^\ominus=\frac{n_1\varphi_1^\ominus+n_2\varphi_2^\ominus+n_3\varphi_3^\ominus+\cdots}{n_1+n_2+n_3+\cdots} \tag{10-5}$$

式中，n_1、n_2、n_3……分别为相应电对内转移的电子数。

从元素的标准电势图可计算任意氧化态间组成电对时的标准电极电势。例如，对于锰元素的 $\varphi_6^\ominus$ 和 $\varphi_7^\ominus$ 可计算如下：

$$\varphi_6^\ominus=\left(\frac{1\times0.564+2\times2.26+1\times0.95+1\times1.51}{1+2+1+1}\right)\mathrm{V}$$

$$=1.51\mathrm{V}$$

$$\varphi_7^\ominus=\left(\frac{1\times0.564+2\times2.26}{1+2}\right)\mathrm{V}=1.695\mathrm{V}$$

利用元素电势图可以方便地判断歧化反应能否发生。

例 10-14 从实验测得 $\varphi^\ominus(Cu^{2+}/Cu)=0.337\mathrm{V}$，$\varphi^\ominus(Cu^{+}/Cu)=0.522\mathrm{V}$，试计算 $\varphi^\ominus(Cu^{2+}/Cu^{+})$ 的值，并判断歧化反应 $2Cu^{+}\rightleftharpoons Cu+Cu^{2+}$ 进行的方向。

解：（1）计算 $\varphi^\ominus(Cu^{2+}/Cu^{+})$，设 $\varphi^\ominus(Cu^{2+}/Cu^{+})$ 为 x，列出元素铜的标准电势图，填上各已知数据：

$$Cu^{2+}\xrightarrow{\ x\ }Cu^{+}\xrightarrow{0.522}Cu \quad (Cu^{2+}\xrightarrow{0.337}Cu)$$

代入式（10-5）得：

$$0.337=\frac{x+1\times0.522}{1+1}$$

解得 $x=\varphi^\ominus(Cu^{2+}/Cu^{+})=0.152\mathrm{V}$

（2）判断歧化反应进行的方向：

$$2Cu^{+}\rightleftharpoons Cu+Cu^{2+}$$

因为 $\varphi^\ominus(Cu^{+}/Cu)=0.522\mathrm{V}$，$\varphi^\ominus(Cu^{2+}/Cu^{+})=0.152\mathrm{V}$，$\varphi^\ominus(Cu^{+}/Cu)>\varphi^\ominus(Cu^{2+}/Cu^{+})$，所以 Cu^{+} 为较强氧化剂，又为较强还原剂，因此上述歧化反应向右进行。此例说明 +1 价铜在溶液中不稳定，可自发转变为 Cu^{2+} 与 Cu。

一般来说，在元素标准电势图中各氧化态物质在溶液中的歧化反应方向判断方法为：若 $\varphi_{右}^\ominus>\varphi_{左}^\ominus$，歧化反应正向进行，该氧化态物质在溶液中不稳定。若 $\varphi_{右}^\ominus<\varphi_{左}^\ominus$，歧化反应逆向进行，即在溶液中该氧化态物质不会发生歧化反应，在溶液中能稳定存在。

知识拓展

燃料电池

燃料电池是将燃料具有的化学能直接变为电能的发电装置。

燃料电池其原理是一种电化学装置，其组成与一般电池相同。其单体电池是由正负两个电极（负极即燃料电极、正极即氧化剂电极）以及电解质组成。不同的是一般电池的活性物质贮存在电池内部，因此，限制了电池容量。而燃料电池的正、负极本身不包含活性物质，只是个催化转换元件。因此燃料电池是名符其实的把化学能转化为电能的能量转换机器。电池工作时，燃料和氧化剂由外部供给，进行反应。原则上只要反应物不断输入，反应产物不断排除，燃料电池就能连续地发电。这里以氢-氧燃料电池为例来说明燃料电池。

氢-氧燃料电池反应原理是电解水的逆过程。电极反应为：

负极 $$H_2+2OH^- \rightleftharpoons 2H_2O+2e^-$$

正极 $$\frac{1}{2}O_2+H_2O+2e^- \rightleftharpoons 2OH^-$$

电池反应 $$H_2+\frac{1}{2}O_2 \rightleftharpoons H_2O$$

另外，只有燃料电池本体还不能工作，必须有一套相应的辅助系统，包括反应剂供给系统、排热系统、排水系统、电性能控制系统及安全装置等。

燃料电池通常由形成离子导电体的电解质板和其两侧配置的燃料极（阳极）和空气极（阴极）及两侧气体流路构成，气体流路的作用是使燃料气体和空气（氧化剂气体）能在流路中通过。

燃料电池涉及化学热力学、电化学、电催化、材料科学、电力系统及自动控制等学科的有关理论，具有发电效率高、环境污染少等优点。

总的来说，燃料电池具有以下特点。

能量转化效率高，它直接将燃料的化学能转化为电能，中间不经过燃烧过程，因而不受卡诺循环的限制。燃料电池系统的燃料-电能转换效率为 45%～60%，而火力发电和核电的效率为 30%～40%。

安装地点灵活，燃料电池电站占地面积小，建设周期短，电站功率可根据需要由电池堆组装，十分方便。燃料电池无论作为集中电站还是分布式电站，或是作为小区、工厂、大型建筑的独立电站，都非常合适。

负荷响应快，运行质量高，燃料电池在数秒钟内就可以从最低功率变换到额定功率。

环境友好。科学家们已认定空气污染是造成心血管疾病、气喘及癌症的元凶之一。最近的健康研究显示，市区污染性的空气对健康的威胁如同吸入二手烟。燃料电池运用能源的方式大幅度优于燃油动力机排放大量危害性废气的方案，其排放物大部分是水分。某些燃料电池虽亦排放二氧化碳，但其含量远低于汽油的排放量（约 1/6）。

燃料电池的主要构成组件为电极（electrode）、电解质隔膜（electrolyte membrane）与集电器（current collector）等。

（1）电极　燃料电池的电极是燃料发生氧化反应与氧化剂发生还原反应的电化学反应场所，其性能的好坏关键在于催化剂的性能、电极的材料与电极的制程等。

电极主要可分为两部分，其一为阳极（anode），另一为阴极（cathode），厚度一般为 200～500mm。其结构与一般电池的平板电极不同之处在于，燃料电池的电极为多孔结构，所以设计成多孔结构的主要原因是燃料电池所使用的燃料及氧化剂大多为气体（例如氧气、氢气等），而气体在电解质中的溶解度并不高，为了提高燃料电池的实际工作电流密度与降低极化作用，故发展出多孔结构的电极，以增加参与反应的电极表面积，而此也是燃料电池当初之所以能从理论研究阶段步入实用化阶段的重要原因之一。

目前高温燃料电池的电极主要是以催化剂材料制成，例如固态氧化物燃料电池（简称SOFC）的Y_2O_3-stabilized-ZrO_2（简称YSZ）及熔融碳酸盐燃料电池（简称MCFC）的氧化镍电极等，而低温燃料电池则主要是由气体扩散层支撑一薄层催化剂材料而构成，例如磷酸燃料电池（简称PAFC）与质子交换膜燃料电池（简称PEMFC）的白金电极等。

（2）电解质隔膜　电解质隔膜的主要功能是分隔氧化剂与还原剂，并传导离子，故电解质隔膜越薄越好，但亦需顾及强度，就现阶段的技术而言，其一般厚度约在数十毫米至数百毫米。至于材质，目前主要朝两个方向发展，其一是先以石棉（asbestos）膜、碳化硅SiC膜、铝酸锂（$LiAlO_3$）膜等绝缘材料制成多孔隔膜，再浸入熔融锂-钾碳酸盐、氢氧化钾与磷酸等中，使其附着在隔膜孔内，另一则是采用全氟磺酸树脂（例如PEMFC）及YSZ（例如SOFC）。

（3）集电器　集电器又称双极板（bipolar plate），具有收集电流、分隔氧化剂与还原剂、疏导反应气体等的功用，集电器的性能主要取决于其材料特性、流场设计及其加工技术。

按燃料的处理方式的不同，燃料电池可分为直接式、间接式和再生式燃料电池。直接式燃料电池按温度的不同又可分为低温、中温和高温燃料电池三种类型。间接式的包括重整式和生物燃料电池。再生式燃料电池中有光、电、热、放射化学燃料电池等。按照电解质类型的不同，可分为碱型、磷酸型、聚合物型、熔融碳酸盐型、固体电解质型燃料电池。

血糖燃料电池是美国麻省理工学院的工程师最新研制成功的一种微型电池原型，从人体自然血糖分子中产生电能。这种电池将用于驱动治疗癫痫、瘫痪以及帕金森病患者的大脑植入器。据悉，当前植入人体的装置通常是由锂电池提供动力，但是这种电池使用时间非常有限，必须进行更换。再次进入人体组织更换电池并不是医生所喜欢做的事情，如果是要更换大脑植入器的电池就变得更加棘手了。

当大脑组织中的血糖分子流经铂催化剂，伴随其氧化过程，电子和氢离子将分离开来。在电池另一端，当氧分子与单壁碳纳米管接触时，与氢离子混合形成水，该电池最多可产生180μW功率的电能，足以驱动一个大脑植入器发送信号绕开受损大脑组织，或者刺激大脑组织（用于治疗帕金森病的方法）。

血糖电池是一个较早的概念，最早出现于20世纪70年代。2010年，法国科学家设计了一种类似的电池用于驱动起搏器。这种电池混合了石墨和酶，能够从血糖中分离电子。但这种电池的问题在于酶动力电池无法提供像锂电池一样的电能输出。

习 题

1. 已知氢的氧化数为+1，氯为−1，氧的氧化数为−2，钾和钠的氧化数为+1，确定下列物质中其他元素的氧化数：PH_3、$K_4P_2O_7$、$NaNO_2$、K_2MnO_4、KIO_3、SCl_2、SO_2、$Na_2S_2O_3$、$Na_2S_4O_6$；CH_4、C_2H_4、C_2H_2。

2. 用氧化数法配平下列方程式：

(1) $Cu+HNO_3 \longrightarrow Cu(NO_3)_2+NO$

(2) $KClO_3 \longrightarrow KClO_4+KCl$

(3) $As_2S_3+HNO_3 \longrightarrow H_3AsO_4+H_2SO_4+NO$

3. 用离子电子法配平下列离子（或分子）方程式：

(1) $I^-+H_2O_2+H^+ \longrightarrow I_2+H_2O$

(2) $MnO_4^{2-}+H_2O_2+H^+ \longrightarrow Mn^{2+}+O_2+H_2O$

(3) $Cr^{3+}+PbO_2+H_2O \longrightarrow Cr_2O_7^{2-}+Pb^{2+}+H^+$

(4) $Cr_2O_7^{-}+H_2S+H^+ \longrightarrow Cr^{3+}+S+H_2O$

(5) $KClO_3+FeSO_4+H_2SO_4 \longrightarrow KCl+Fe_2(SO_4)_3+H_2O$

(6) $PbO_2+Mn(NO_3)_2+HNO_3 \longrightarrow Pb(NO_3)_2+HMnO_4+H_2O$

4. 如将下列氧化还原反应装配成原电池，试以电池符号表示之：

(1) $Cl_2(g)+2I^- \longrightarrow I_2(s)+2Cl^-$

(2) $MnO_4^-+5Fe^{2+}+8H^+ \longrightarrow Mn^{2+}+5Fe^{3+}+4H_2O$

5. 下列说法是否正确：

(1) 电池正极所发生的反应是氧化反应。

(2) $\varphi^\ominus$ 值越大则电对中氧化态物质的氧化能力越强。

(3) $\varphi^\ominus$ 值越小则电对中还原态物质的还原能力越弱。

(4) 电对中氧化态物质的氧化能力越强则其还原态物质的还原能力越强。

6. 计算 $[OH^-]=0.05mol/L$、$p(O_2)=1.0\times10^3Pa$ 时，氧电极的电极电势，已知 $O_2+2H_2O+4e^- \longrightarrow 4OH^-$，$\varphi^\ominus=0.40V$。

7. 试从有关电对的电极电势，如 $\varphi^\ominus(Sn^{2+}/Sn)$、$\varphi^\ominus(Sn^{4+}/Sn^{2+})$ 及 $\varphi^\ominus(O_2/H_2O)$，说明为什么常在 $SnCl_2$ 溶液加入少量纯锡粒以防止 Sn^{2+} 被空气中的氧所氧化。

8. 将下列反应组成原电池 $Sn^{2+}+2Fe^{3+} \longrightarrow Sn^{4+}+2Fe^{2+}$：

(1) 用符号表示原电池的组成。

(2) 计算 $E^\ominus$。

(3) 求 $\Delta G_{298}^\ominus$。

(4) 求 $[Sn^{2+}]=1.0\times10^{-3}mol/L$ 时，原电池的 E。

(5) 该原电池在使用一段时间后，电动势变大还是变小？为什么？

9. 下列电池反应中，当 $[Cu^{2+}]$ 为何值时，该原电池电动势为零：

$$Ni(s)+Cu^{2+}(aq) \longrightarrow Ni^{2+}(1.0mol/L)+Cu(s)$$

10. 当 $pH=5.00$、$[MnO_4^-]=[Cl^-]=[Mn^{2+}]=1.00mol/L$，$p(Cl_2)=101.325kPa$ 时，能否用下列反应 $2MnO_4^-+16H^++10Cl^- \longrightarrow 5Cl_2+2Mn^{2+}+8H_2O$ 制备 Cl_2？通过计算说明。

11. 由镍电极和标准氢电极组成原电池，若 $[Ni^{2+}]=0.0100mol/L$ 时，原电池的 $E=0.288V$，其中 Ni 为负极，计算 $\varphi^\ominus(Ni^{2+}/Ni)$。

12. 判断下列氧化还原反应进行的方向（设离子浓度均为 1mol/L）：

(1) $Sn^{4+}+2Fe^{2+} \rightleftharpoons Sn^{2+}+2Fe^{3+}$

(2) $2Cr^{3+}+3I_2+7H_2O \rightleftharpoons Cr_2O_7^{2-}+6I^-+14H^+$

(3) $Cu+3FeCl_3 \rightleftharpoons CuCl_2+2FeCl_2$

13. 由标准钴电极和标准氯电极组成原电池，测得其电动势为 1.63V，此时钴电极为负极。现已知氯的标准电极电势为＋1.36V，试问：

（1）此电池反应的方向如何？

（2）钴标准电极的电极电势是多少（不查表）？

（3）当氯气的压力增大或减小时，电池的电动势将发生怎样的变化？

（4）当 Co^{2+} 离子浓度降低到 0.1mol/L 时，电池的电动势将如何变化？

14. 从标准电极电势值分析下列反应，应向哪一方向进行？

$$MnO_2 + 4Cl^- + 4H^+ \rightleftharpoons MnCl_2 + Cl_2\uparrow + 2H_2O$$

实验室中是根据什么原理，采取什么措施使之产生 Cl_2 气体的？

15. 在铜锌原电池中，当 $[Zn^{2+}]=[Cu^{2+}]=1.0$mol/L 时，电池的电动势为 1.10V。

（1）计算此反应的 $\Delta G^{\ominus}$ 值。

（2）从 $E^{\ominus}$ 值和 $\Delta G^{\ominus}$ 值，计算反应的平衡常数。

16. Cu 片插入 0.01mol/L $CuSO_4$ 溶液中，Ag 片插入 $AgNO_3$ 溶液中组成原电池，298K 时测定其电极电势 $E=0.46$V。已知 $\varphi^{\ominus}(Ag^+/Ag)=0.80$V，$\varphi^{\ominus}(Cu^{2+}/Cu)=0.34$V。

（1）写出原电池符号。

（2）写出电极反应及电池反应。

（3）计算 $AgNO_3$ 溶液的浓度。

（4）计算平衡常数的对数值 $\lg K^{\ominus}$。

第11章 氧化还原滴定法与电势分析法

本章学习指导

了解氧化还原反应的特点；掌握高锰酸钾法、重铬酸钾法、碘量法滴定条件的控制方法和终点的确定；熟练掌握氧化还原滴定的计算；理解参比电极、指示电极、玻璃电极和膜电势及其特征；了解离子选择性电极的使用；掌握 pH 值电势测定和电势滴定的基本原理。

氧化还原滴定法是以氧化还原反应为基础的滴定分析方法。该方法应用广泛，不但可以直接测定很多氧化性物质和还原性物质，而且可以间接测定一些能与氧化剂或还原剂发生定量反应的物质。不仅可以测定无机物，也可以测定一些有机物。

利用物质的电学及电化学性质进行分析的方法叫作电化学分析法，测量时将被测物质转化成溶液并组成化学电池的一个组成部分。由测量化学电池的某些参数如电势、电阻、电流和电量等进行定性或定量分析。电势分析法是电化学分析法的重要分支，它利用测定原电池电动势的大小来确定被测物质含量。

在第 10 章中已经学习过氧化还原反应与电化学的基本原理。本章的重点是氧化还原滴定分析和电势分析的基本原理及其实际应用。

11.1 氧化还原滴定法概述

氧化还原反应不同于酸碱、沉淀和配位等以离子结合的反应，它是溶液中氧化剂与还原剂之间电子转移的反应，反应的过程比较复杂，除主反应外，还可能发生副反应或因条件不同而生成不同的产物。因此需要考虑适当的反应条件，使它符合滴定分析的基本要求，并控制滴定速度使之与反应速率相适应。

在氧化还原滴定中，可以选用合适的氧化剂（或还原剂）为标准溶液，直接测定具有还原性（或氧化性）的物质，还可间接测定本身不具有氧化还原性，但能与氧化剂或还原剂定量反应的物质。

水溶液中，物质氧化还原能力的强弱，可用有关电对的标准电极电势（简称标准电势）

来衡量。氧化还原反应的自发方向是强氧化剂与强还原剂反应生成弱还原剂与弱氧化剂。但在实际的滴定反应中，电极电势会随着外部条件的变化而改变，从而引起氧化还原反应完全程度和方向的改变。条件电极电势可以反映在一定外界条件下氧化型（还原型）物质的氧化（还原）能力，比用标准电势更能正确地判断特定条件下氧化还原反应的方向和完全程度。

11.1.1 条件电极电势

在标准电极电势表中所列的数值是指电对中的氧化型和还原型物质的活度均为 1mol/L 时的标准电势（若有 H^+ 或 OH^- 参加反应时，它们的活度也等于 1mol/L），所以 Nernst 方程实际上应该写成下式：

$$\varphi=\varphi^{\ominus}+\frac{2.303RT}{nF}\lg\frac{a(\mathrm{Ox})}{a(\mathrm{Red})} \tag{11-1}$$

式中，$a(\mathrm{Ox})$、$a(\mathrm{Red})$ 分别为氧化型和还原型的活度；n 为半反应中 1mol 氧化剂或还原剂的电子转移数。由式（11-1）可见，电对的电极电势与存在于溶液中的氧化型与还原型物质的活度有关。

在实际工作中，通常知道的是溶液中的浓度而不是活度，为简化起见，往往将溶液中离子强度的影响加以忽略，而以平衡浓度代替活度来进行计算。但在有些情况下，溶液的离子强度常常很大，因而离子强度的影响往往不能忽略［可用活度系数 $\gamma(\mathrm{Ox})$、$\gamma(\mathrm{Red})$ 对平衡浓度进行校正］。而且，当溶液组成改变时，电对的氧化型与还原型物质的存在形式也往往随之改变［可用副反应系数 $\alpha(\mathrm{Ox})$、$\alpha(\mathrm{Red})$ 对平衡浓度进行校正］，从而引起电极电势的变化。例如，计算 HCl 溶液中 Fe(Ⅲ)/Fe(Ⅱ) 电对的电极电势时，由 Nernst 方程得到：

$$\varphi=\varphi^{\ominus}+\frac{2.303RT}{F}\lg\frac{a(\mathrm{Fe^{3+}})}{a(\mathrm{Fe^{2+}})}=\varphi^{\ominus}+\frac{2.303RT}{F}\lg\frac{\gamma_{\mathrm{Fe^{3+}}}[\mathrm{Fe^{3+}}]}{\gamma_{\mathrm{Fe^{2+}}}[\mathrm{Fe^{2+}}]}$$

但实际上，在 HCl 溶液中，除了 Fe^{3+}、Fe^{2+} 外，还存在 $FeOH^{2+}$、$FeCl^{2+}$、$FeCl_2^+$、$FeCl^+$、$FeCl_2$ 等含 Fe(Ⅲ) 或 Fe(Ⅱ) 形式。因此，有：

$$[\mathrm{Fe^{3+}}]=\frac{c_{\mathrm{Fe(III)}}}{\alpha_{\mathrm{Fe(III)}}},\ [\mathrm{Fe^{2+}}]=\frac{c_{\mathrm{Fe(II)}}}{\alpha_{\mathrm{Fe(II)}}}$$

$\alpha_{\mathrm{Fe(III)}}$、$\alpha_{\mathrm{Fe(II)}}$ 和 $c_{\mathrm{Fe(III)}}$、$c_{\mathrm{Fe(II)}}$ 分别为溶液中 Fe^{3+}、Fe^{2+} 的副反应系数和分析浓度。将以上三式合并得：

$$\varphi=\varphi^{\ominus}+\frac{2.303RT}{F}\lg\frac{\gamma_{\mathrm{Fe^{3+}}}\alpha_{\mathrm{Fe(II)}}c_{\mathrm{Fe(III)}}}{\gamma_{\mathrm{Fe^{2+}}}\alpha_{\mathrm{Fe(III)}}c_{\mathrm{Fe(II)}}}$$

$$\varphi=\varphi^{\ominus}+\frac{2.303RT}{F}\lg\frac{\gamma_{\mathrm{Fe^{3+}}}\alpha_{\mathrm{Fe(II)}}}{\gamma_{\mathrm{Fe^{2+}}}\alpha_{\mathrm{Fe(III)}}}+\frac{2.303RT}{F}\lg\frac{c_{\mathrm{Fe(III)}}}{c_{\mathrm{Fe(II)}}}$$

令

$$\varphi^{\ominus'}=\varphi^{\ominus}+\frac{2.303RT}{F}\lg\frac{\gamma_{\mathrm{Fe^{3+}}}\alpha_{\mathrm{Fe(II)}}}{\gamma_{\mathrm{Fe^{2+}}}\alpha_{\mathrm{Fe(III)}}}$$

则

$$\varphi=\varphi^{\ominus'}+\frac{2.303RT}{F}\lg\frac{c_{\mathrm{Fe(III)}}}{c_{\mathrm{Fe(II)}}}$$

$\varphi^{\ominus'}$ 叫作条件电极电势（conditional potential），它是在特定条件下，电对氧化型和还原型物质的分析浓度均为 1mol/L（或其浓度比为 1）时，校正了外界因素（离子强度、各种副反应）影响后的实际电极电势。

对于一般反应，可写成：

$$\varphi=\varphi^{\ominus'}(\mathrm{Ox/Red})+\frac{2.303RT}{nF}\lg\frac{c(\mathrm{Ox})}{c(\mathrm{Red})} \tag{11-2}$$

$$\varphi^{\ominus'}(\mathrm{Ox/Red})=\varphi^{\ominus}(\mathrm{Ox/Red})+\frac{2.303RT}{nF}\lg\frac{\gamma_{\mathrm{Ox}}\alpha(\mathrm{Red})}{\gamma_{\mathrm{Red}}\alpha(\mathrm{Ox})}$$

条件电极电势的高低，反映了在一定外界条件下氧化型（还原型）物质的氧化（还原）能力，比用标准电势更能正确地判断特定条件下氧化还原反应的方向和完全程度。分析化学中引入条件电势之后，只需简单地将氧化型、还原型物质的分析浓度代入能斯特方程，处理实际问题比较简单，也比较符合实际情况。

条件电极电势可由电对的标准电极电势、活度系数和副反应系数计算。但当溶液中离子强度较大时，活度系数γ值不易求得；而当副反应很多时，求α值也很麻烦，所以条件电极电势一般通过实验测定。一些电对的条件电极电势见书后附表 10。当缺少相同条件下的条件电极电势值时，可采用相近条件的条件电极电势值。例如，在未查到 3mol/L H_2SO_4 溶液中$Cr_2O_7{}^{2+}/Cr^{3+}$电对的条件电极电势时，可用4mol/L H_2SO_4 溶液中该电对的条件电极电势（1.15V）代替。当无条件电极电势数据时，只好采用标准电极电势做近似计算。

11.1.2 副反应

在实际的氧化还原滴定反应中，由于溶液的组成较复杂，除了氧化还原反应这一主反应外，可能还存在其他的副反应。

11.1.2.1 沉淀效应

如果在氧化还原反应中，存在一种可与氧化型物质或还原型物质形成沉淀的沉淀剂时，将改变氧化型或还原型物质的浓度，从而改变系统的电极电势，影响氧化还原滴定主反应的完全程度和方向。

11.1.2.2 配位效应

如果在发生氧化还原主反应的同时，氧化还原电对中的某一组分与溶液的其他杂质形成配合物，那么这一配位反应将影响氧化还原主反应的完全程度和方向。因为它能改变平衡系统中某种离子的浓度，从而也改变了该系统的电极电势，引起氧化还原反应完全程度和方向的改变。

11.1.2.3 酸效应

在氧化还原反应中，若有H^+（或OH^-）参加，如忽略离子强度的影响，则有下面的关系式：

$$\mathrm{Ox}+2m\mathrm{H}^++ne^-\rightleftharpoons\mathrm{Red}+m\mathrm{H_2O}$$

$$\varphi=\varphi^{\ominus}(\mathrm{Ox/Red})+\frac{2.303\mathrm{RT}}{nF}\lg\frac{[\mathrm{Ox}][\mathrm{H}^+]^{2m}}{[\mathrm{Red}]}$$

$$=\varphi^{\ominus}(\mathrm{Ox/Red})+\frac{2.303\mathrm{RT}}{nF}\lg[\mathrm{H}^+]^{2m}+\frac{0.0592}{n}\lg\frac{[\mathrm{Ox}]}{[\mathrm{Red}]}$$

$$\varphi^{\ominus'}=\varphi^{\ominus}(\mathrm{Ox/Red})+\frac{2.303\mathrm{RT}}{nF}\lg[\mathrm{H}^+]^{2m}$$

$$=\varphi^{\ominus}(Ox/Red)-2m\frac{2.303RT}{nF}pH$$

由此式看出，电对的条件电势 $\varphi^{\ominus'}(Ox/Red)$ 值是溶液 pH 值的直线函数，酸效应对条件电势影响很大。对于标准电势相差不太大的两个电对，改变溶液的 pH 值，可以显著地改变它们的条件电势，影响电对的实际氧化还原能力。

11.2　氧化还原滴定曲线和滴定终点的确定

11.2.1　氧化还原滴定曲线

在氧化还原滴定中，随着滴定剂的加入，氧化剂或还原剂的浓度会不断变化，相应电对的电极电势也会随之变化。氧化还原滴定过程中电势的变化情况，可以通过实验测量，也可用能斯特方程进行近似的计算。以溶液的电极电势为纵坐标、标准溶液滴入的体积或百分率为横坐标作图，得到的曲线称为氧化还原滴定曲线。

以在 1mol/L H_2SO_4 介质中，用 0.1000mol/L 的 $Ce(SO_4)_2$ 标准溶液滴定 20.00mL 0.1000mol/L 的 Fe^{2+} 溶液为例，说明滴定过程中电极电势的变化。滴定反应为：

$$Ce^{4+}+Fe^{2+}\rightleftharpoons Ce^{3+}+Fe^{3+}$$

已知 $\varphi^{\ominus'}(Fe^{3+}/Fe^{2+})=0.68V$，$\varphi^{\ominus'}(Ce^{4+}/Ce^{3+})=1.44V$。滴定过程中溶液的电势，在滴定开始至化学计量点前，常用被滴定物电对进行计算；化学计量点后，常用滴定剂电对进行计算，具体计算如下。

11.2.1.1　滴定开始前

由于试剂不纯或空气中氧的氧化作用，不可避免地有极少量的 Fe^{2+} 被氧化为 Fe^{3+}。设有 0.1%的 Fe^{2+} 被氧化为 Fe^{3+}，则：

$$\frac{[Fe^{3+}]}{[Fe^{2+}]}=\frac{0.1\%}{99.9\%}\approx\frac{1}{1000}$$

根据能斯特方程，溶液的电势为：

$$\varphi(Fe^{3+}/Fe^{2+})=\varphi^{\ominus'}(Fe^{3+}/Fe^{2+})+\frac{2.303RT}{F}\lg\frac{[Fe^{3+}]}{[Fe^{2+}]}$$

$$=\left(0.68+0.0592\lg\frac{1}{1000}\right)V=0.50V$$

11.2.1.2　滴定开始到化学计量点前

在这个阶段，溶液中存在 Fe^{3+}/Fe^{2+} 和 Ce^{4+}/Ce^{3+} 两个电对。当反应达到平衡时：

$$\varphi=\varphi^{\ominus'}(Fe^{3+}/Fe^{2+})+0.0592\lg\frac{[Fe^{3+}]}{[Fe^{2+}]}=\varphi^{\ominus'}(Ce^{4+}/Ce^{3+})+0.0592\lg\frac{[Ce^{4+}]}{[Ce^{3+}]}$$

这时的 $[Ce^{4+}]$ 很小，计算起来也比较麻烦，因而用电对 Fe^{3+}/Fe^{2+} 计算溶液的电势。为简便起见，用 Fe^{3+} 和 Fe^{2+} 的物质的量之比代替 $[Fe^{3+}]/[Fe^{2+}]$ 进行计算。

(1) 当加入 12.00mL Ce^{4+} 溶液时

$$n(Fe^{3+})=cV=(0.1000\times12.00)mmol=1.200mmol$$

$$n(Fe^{2+})=cV=(0.1000\times8.00)mmol=0.800mmol$$

$$\varphi = \varphi^{\ominus'}(Fe^{3+}/Fe^{2+}) + 0.0592\lg\frac{[Fe^{3+}]}{[Fe^{2+}]} = \left(0.68 + 0.0592\lg\frac{1.200}{0.800}\right)V = 0.69V$$

（2）当加入 19.98mL Ce^{4+} 溶液时

$$n(Fe^{3+}) = cV = (0.1000 \times 19.98)mmol = 1.998mmol$$

$$n(Fe^{2+}) = cV = (0.1000 \times 0.02)mmol = 0.002mmol$$

$$\varphi = \varphi^{\ominus'}(Fe^{3+}/Fe^{2+}) + 0.0592\lg\frac{[Fe^{3+}]}{[Fe^{2+}]} = \left(0.68 + 0.0592\lg\frac{1.998}{0.002}\right)V = 0.86V$$

11.2.1.3 化学计量点时

氧化还原反应化学计量点的电势可以根据化学计量点时溶液中各有关组分的浓度关系，由能斯特方程求得。

在电极反应中，若电对物质氧化态和还原态的化学计量数相同，该电对就叫作对称电对。两个对称电对构成的氧化还原反应为：

$$n_2 Ox_1 + n_1 Red_2 \rightleftharpoons n_1 Ox_2 + n_2 Red_1$$

电对反应为：

$$Ox_1 + n_1 e^- \rightleftharpoons Red_1 \qquad \varphi_1 = \varphi_1^{\ominus'} + \frac{2.303RT}{n_1 F}\lg\frac{[Ox_1]}{[Red_1]} \tag{1}$$

$$Ox_2 + n_2 e^- \rightleftharpoons Red_2 \qquad \varphi_2 = \varphi_2^{\ominus'} + \frac{2.303RT}{n_2 F}\lg\frac{[Ox_2]}{[Red_2]} \tag{2}$$

反应到达化学计量点时，两电对的电势相等，化学计量点电势为：

$$\varphi_{计} = \varphi_1 = \varphi_2$$

将式（1）乘上 n_1，式（2）乘上 n_2，并将两式相加得：

$$(n_1 + n_2)\varphi_{计} = n_1\varphi_1^{\ominus'} + n_2\varphi_2^{\ominus'} + \frac{2.303RT}{F}\lg\frac{[Ox_1][Ox_2]}{[Red_1][Red_2]} \tag{3}$$

在化学计量点时，按等物质的量反应的原则为：

$$n_1[Ox_1] = n_2[Red_2],\ n_2[Ox_2] = n_1[Red_1]$$

$$\lg\frac{[Ox_1][Ox_2]}{[Red_1][Red_2]} = \lg\frac{\frac{n_2}{n_1}[Red_2]\frac{n_1}{n_2}[Red_1]}{[Red_1][Red_2]} = \lg 1 = 0 \tag{4}$$

所以由式（3）得化学计量点电势为：

$$\varphi_{计} = \frac{n_1\varphi_1^{\ominus'} + n_2\varphi_2^{\ominus'}}{n_1 + n_2} \tag{11-3}$$

Ce^{4+} 滴定 Fe^{2+} 的反应为对称电对参加的氧化还原反应，其化学计量点电势可根据化学计量点电势公式（11-3）得：

$$\varphi_{计} = \frac{n_1\varphi_1^{\ominus'} + n_2\varphi_2^{\ominus'}}{n_1 + n_2} = \left(\frac{1 \times 1.44 + 1 \times 0.68}{1+1}\right)V = 1.06V$$

11.2.1.4 化学计量点后

化学计量点后，此时 Ce^{4+} 过量，按 Ce^{4+}/Ce^{3+} 电对计算溶液电势比较方便。如加入 20.02mL 的 Ce^{4+} 溶液时：

$$n(Ce^{4+}) = cV = (0.1000 \times 0.020)mmol = 0.002mmol$$

$$n(Ce^{3+})=cV=(0.1000\times 20.00)\text{mmol}=2.00\text{mmol}$$

$$\varphi=\varphi^{\ominus'}(Ce^{4+}/Ce^{3+})+\frac{2.303RT}{F}\lg\frac{[Ce^{4+}]}{[Ce^{3+}]}=\left(1.44+0.0592\lg\frac{0.002}{2.00}\right)\text{V}=1.26\text{V}$$

计算结果列于表 11-1 中。以溶液电势为纵坐标，Ce^{4+} 溶液滴入的百分率为横坐标，根据表 11-1 的数据可画出该氧化还原反应的滴定曲线（图 11-1）。

表 11-1　在 1mol/L 的 H_2SO_4 介质中，以 0.1000mol/L 的 $Ce(SO_4)_2$ 滴定 0.1mol/L 的 $FeSO_4$ 溶液的电势变化

滴入 Ce^{4+} 溶液/mL	滴入百分率/%	电势 φ/V
1.00	5.0	0.60
2.00	10.0	0.62
4.00	20.0	0.64
8.00	40.0	0.67
10.00	50.0	0.68
12.00	60.0	0.69
18.00	90.0	0.74
19.80	99.0	0.80
19.98	99.9	0.86
20.00	100.0	1.06(突跃中点)
20.02	100.1	1.26
22.00	110.0	1.38
30.00	150.0	1.42
40.00	200.0	1.44

几点说明如下。

(1) 化学计量点附近相对误差在±0.1%之间，溶液的电势由 0.68V 变化到 1.26V，有明显的突跃，这个范围称为突跃范围。突跃范围的大小与氧化剂和还原剂两个电对的条件电极电势的差值有关。差值越大，突跃越大。突跃范围是选择氧化还原滴定指示剂的依据。通常用指示剂指示终点，要求化学计量点附近有 0.2V 以上的电势突跃。

(2) 化学计量点在电势突跃的中点。如 Ce^{4+} 滴定 Fe^{2+}，化学计量点电势为 1.06V，电势突跃从 0.86V 到 1.26V，正好在电势突跃的中点。但对于有不可逆电对参加的反应并非如此，如 MnO_4^- 滴定 Fe^{2+}，MnO_4^-/Mn^{2+} 为不可逆电对，Fe^{3+}/Fe^{2+} 为可逆电对，滴定曲线如图 11-2 所示，在化学计量点前，电势由 Fe^{3+}/Fe^{2+} 电对控制，实验测定和理论计算所得的滴定曲线无明显差别。在化学计量点后，电势主要由 MnO_4^-/Mn^{2+} 电对控制，实验测定和理论计算所得的滴定曲线有明显的差别。这也说明，能斯特方程只适用于可逆电对的电势计算，对不可逆电对，只能做近似的计算。

(3) 若以滴定突跃中点为滴定终点，根据化学计量点电势计算公式：

$$\varphi_{计}=\frac{n_1\varphi_1^{\ominus'}+n_2\varphi_2^{\ominus'}}{n_1+n_2}$$

可以知道，当 $n_1=n_2$ 时，滴定终点与化学计量点一致。若 $n_1\neq n_2$，则化学计量点偏向 n 值较大的电对一方。n_1 和 n_2 相差越大，化学计量点偏向越多（表 11-2）。根据滴定突跃范围选择指示剂时，应该注意化学计量点在滴定突跃中的位置。

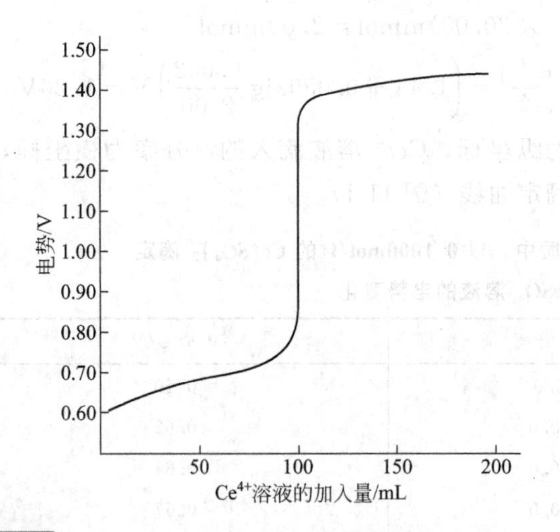

图 11-1 以 0.1000mol/L 的 Ce^{4+} 溶液滴定 0.1000mol/L Fe^{2+} 溶液的滴定曲线（1mol/L H_2SO_4 为介质）

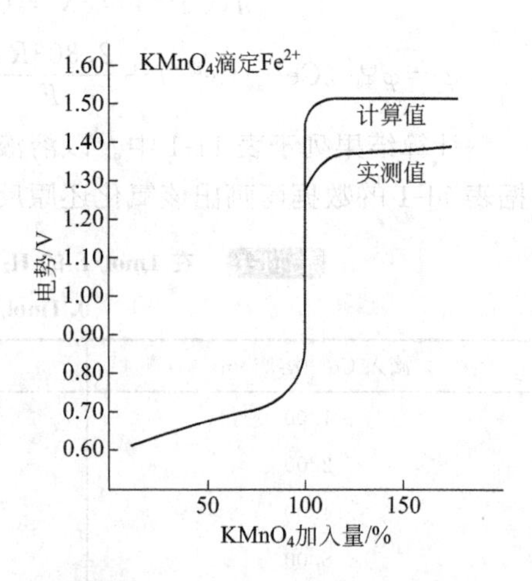

图 11-2 理论与实测的滴定曲线的比较

表 11-2 n_1、n_2 对化学计量点电势的影响

序号	氧化还原反应	$\varphi_1^{\ominus'}$/V	$\varphi_2^{\ominus'}$/V	n_1	n_2	滴定突跃/V	突跃中点/V	$\varphi_计$/V	偏移情况
1	$Ce^{4+}+Fe^{2+}=\!=\!=Ce^{3+}+Fe^{3+}$	1.44	0.68	1	1	0.86～1.26	1.06	1.06	重合
2	$2Fe^{3+}+Sn^{2+}=\!=\!=2Fe^{2+}+Sn^{4+}$	0.70	0.14	1	2	0.23～0.52	0.38	0.33	偏向 Sn^{4+}/Sn^{2+}
3	$MnO_4^-+5Fe^{2+}+8H^+=\!=\!=Mn^{2+}+5Fe^{3+}+4H_2O$	1.45	0.68	5	1	0.86～1.42	1.13	1.32	偏向 MnO_4^-/Mn^{2+}

11.2.2 氧化还原滴定终点的确定

氧化还原滴定的终点可借助指示剂和仪器来确定。即常用的两种方法是指示剂法和电势滴定法。

11.2.2.1 指示剂法

用指示剂确定氧化还原滴定终点，通常要求滴定突跃范围在 0.2V 以上。氧化还原滴定中常用的指示剂有以下三类。

（1）氧化还原指示剂　氧化还原指示剂一般是结构复杂的有机化合物，本身具有氧化还原性，可以参与氧化还原反应，且氧化态和还原态具有不同的颜色，在滴定过程中，指示剂由氧化态变为还原态，或由还原态变为氧化态，根据其颜色的突变来指示终点的到达。

用 In 表示指示剂，则指示剂在滴定过程中所发生的氧化还原反应可用下式表示：

$$\text{In(氧化态)}+ne^- \rightleftharpoons \text{In(还原态)}$$

每种氧化还原指示剂都有自己的标准电极电势，根据能斯特方程，氧化还原指示剂的电势与其浓度的关系为：

$$\varphi_{In}=\varphi_{In}^{\ominus'}+\frac{2.303RT}{nF}\lg\frac{[Ox]_{In}}{[Red]_{In}}$$

在滴定过程中，指示剂受溶液电势的影响，溶液的氧化还原电对的电势改变时，指示剂的氧化态和还原态的浓度也发生改变，因而溶液的颜色也发生变化。

与酸碱指示剂一样，氧化还原指示剂颜色的改变也存在着一定的变色范围，当 $\frac{[Ox]_{In}}{[Red]_{In}} \geqslant 10$ 时，溶液呈现氧化态的颜色，此时：

$$\varphi \geqslant \varphi_{In}^{\ominus'} + \frac{2.303RT}{nF}\lg 10 = \varphi_{In}^{\ominus'} + \frac{2.303RT}{nF}$$

当 $\frac{[Ox]_{In}}{[Red]_{In}} \leqslant \frac{1}{10}$ 时，溶液呈现还原态的颜色，此时：

$$\varphi \leqslant \varphi_{In}^{\ominus'} + \frac{2.303RT}{nF}\lg\frac{1}{10} = \varphi_{In}^{\ominus'} - \frac{2.303RT}{nF}$$

所以，指示剂变色的电势范围为：

$$\varphi_{In} = \varphi_{In}^{\ominus'} \pm \frac{2.303RT}{nF} \tag{11-4}$$

当指示剂氧化态的浓度与其还原态的浓度相等时，则 $\varphi = \varphi_{In}^{\ominus'}$，这个电势 φ 叫作指示剂的变色点。选择氧化还原指示剂的原则是：指示剂的变色范围应全部或大部分落在滴定突跃范围之内。例如，用重铬酸钾滴定亚铁离子时，常用二苯胺磺酸钠作指示剂，它的还原态为无色，氧化态为紫红色，其氧化还原反应如下：

$$2\,C_6H_5\text{-NH-}C_6H_4\text{-}SO_3^- \longrightarrow {}^-O_3S\text{-}C_6H_4\text{-N=}C_6H_4\text{=}C_6H_4\text{=N-}C_6H_4\text{-}SO_3^- + 2H^+ + 2e^-$$

(无色)　　　　(紫红色)

当滴定至化学计量点时，稍微过量的 $K_2Cr_2O_7$ 就能使二苯胺磺酸钠由还原态氧化为氧化态。此时溶液呈紫红色，从而指示滴定终点的到达。

一些常用的氧化还原指示剂列于表 11-3。

表 11-3　常用的氧化还原指示剂

指示剂	还原态颜色	氧化态颜色	$\varphi^{\ominus'}$ (pH=0)/V
二苯胺磺酸钠	无色	紫红色	+0.85
亚甲基蓝	无色	蓝色	+0.53
二苯胺	无色	紫色	+0.76
邻二氮菲	红色	浅蓝色	+1.06

(2) 自身指示剂　有些标准溶液或待测溶液本身具有颜色，而其反应产物无色或颜色很浅，在滴定过程中无须外加指示剂就可指示滴定终点，这种利用标准溶液或待测溶液本身颜色的变化来作指示剂的，叫作自身指示剂。例如，$KMnO_4$ 溶液本身具有紫红色，用 $KMnO_4$ 作为标准溶液滴定无色或浅色物质时，当滴定到达化学计量点，稍微过量的 $KMnO_4$ 就可使溶液呈现粉红色，从而指示滴定终点。

(3) 特殊指示剂　在氧化还原滴定中，有的物质本身不具有氧化还原性质，但能与标准溶液或被测定物质作用产生特殊的颜色，从而指示滴定终点。例如，可溶性的淀粉遇碘显蓝色，在碘量法中可用淀粉作指示剂，当滴定到达化学计量点时，稍微过量的碘可使溶液出现蓝色而指示滴定终点。

11.2.2.2 电势滴定法

当氧化还原滴定反应平衡常数较小，滴定突跃不够明显或试液有色、浑浊，用指示剂指示终点有困难时，可以用电势滴定法确定滴定终点（见11.4节）。

11.3 常用的氧化还原滴定法

根据所用氧化剂或还原剂不同，可以将氧化还原滴定法分为多种方法。常用的有高锰酸钾法、重铬酸钾法、碘量法、溴酸钾法和铈量法等。由于还原剂易被空气氧化而改变浓度，因此，氧化滴定剂远比还原滴定剂用得多。各种强度不同的滴定剂为选择性滴定提供了有利的条件。各种方法都有其特点和应用范围，可根据实际测定情况选用。

11.3.1 高锰酸钾法

11.3.1.1 概述

高锰酸钾法（permanganate titration）是以高锰酸钾为标准溶液的氧化还原滴定法。高锰酸钾是一种强氧化剂，它的氧化能力和还原产物与溶液的酸度有很大关系。

在强酸性溶液中：

$$MnO_4^- + 8H^+ + 5e^- \rightleftharpoons Mn^{2+} + 4H_2O \qquad \varphi^\ominus = 1.51V$$

在弱酸性、中性或弱碱性溶液中：

$$MnO_4^- + 2H_2O + 3e^- \rightleftharpoons MnO_2 + 4OH^- \qquad \varphi^\ominus = 0.588V$$

在强碱性溶液中：

$$MnO_4^- + e^- \rightleftharpoons MnO_4^{2-} \qquad \varphi^\ominus = 0.564V$$

可见，高锰酸钾在强酸性溶液中的氧化能力最强，且 MnO_4^- 被还原成无色 Mn^{2+}（浓度高时为肉色），有利于终点观察。而在微酸性或中性溶液中有二氧化锰棕色沉淀生成，影响终点观察，故高锰酸钾法一般在强酸性条件下滴定，所用的强酸是硫酸。

利用高锰酸钾法可以直接测定许多还原性物质，如 H_2O_2、Fe^{2+}、$C_2O_4^{2-}$、As(Ⅲ)、Sb(Ⅲ) 和 NO_2^- 等；也可间接测定一些本身不具有氧化还原性的物质，如 Ca^{2+}、Ba^{2+}、Zn^{2+}、Pb^{2+}等；还可以用返滴定法测定一些不直接与 $KMnO_4$ 反应的物质，如 MnO_2、PbO_2 和有机物等。

高锰酸钾法的优点是：氧化能力强，应用广泛，可以直接或间接地测定多种无机物和有机物的含量；MnO_4^- 本身有颜色，滴定无须外加指示剂。其缺点是：标准溶液不太稳定；反应历程比较复杂，易发生副反应；滴定的选择性较差。若标准溶液配制、保存得当，滴定时严格控制条件，这些缺点大多可以克服。

11.3.1.2 标准溶液的配制与标定

（1）$KMnO_4$ 标准溶液的配制　市售 $KMnO_4$ 试剂纯度一般为99%～99.5%，其中含少量 MnO_2 及其他杂质。同时，蒸馏水中常含有少量的有机物质，可与 $KMnO_4$ 发生反应生成 $MnO(OH)_2$ 沉淀，MnO_2 和 $MnO(OH)_2$ 又会促进 $KMnO_4$ 进一步分解。因此，$KMnO_4$ 标准溶液不能直接配制。

为了配制较稳定的$KMnO_4$溶液，可称取稍多于计算用量的$KMnO_4$，溶解于一定体积蒸馏水中，加热煮沸约1h，然后放置2～3天，使还原性物质完全氧化。用微孔玻璃漏斗过滤除去$MnO(OH)_2$沉淀（滤纸有还原性，不能用滤纸过滤），将过滤后的$KMnO_4$溶液贮存于棕色瓶中，置于暗处以免光催化分解，用时需进行标定。另外，标定好的$KMnO_4$溶液在放置一段时间后，若发现有$MnO(OH)_2$沉淀析出，应重新过滤并标定。$KMnO_4$溶液不宜长期贮存。

（2）$KMnO_4$标准溶液的标定　标定$KMnO_4$溶液的基准物质有$H_2C_2O_4 \cdot 2H_2O$、$Na_2C_2O_4$、$(NH_4)_2Fe(SO_4)_2 \cdot 6H_2O$、$As_2O_3$和纯铁丝等。其中最常用的是$Na_2C_2O_4$，它易于提纯、稳定、无结晶水，在105～110℃烘干2h并在干燥器中冷却至室温即可使用。

在1mol/L的H_2SO_4溶液中，MnO_4^-和$C_2O_4^{2-}$的标定反应为：

$$2MnO_4^- + 5C_2O_4^{2-} + 16H^+ \xlongequal{} 2Mn^{2+} + 10CO_2 + 8H_2O$$

为了保证该反应定量进行，应注意以下滴定条件。

① 温度　此反应在室温下速率极慢，需加热至70～80℃滴定。但若温度超过90℃，则$H_2C_2O_4$部分分解：

$$H_2C_2O_4 \xlongequal{} CO_2 + CO + H_2O$$

温度也不宜过低，低于60℃，反应速率太慢。

② 酸度　酸度过低，MnO_4^-会部分被还原成MnO_2；酸度过高，会促进$H_2C_2O_4$分解。一般滴定开始的最适宜酸度约为1mol/L，为防止Cl^-（还原性）和NO_3^-（氧化性）的干扰，滴定在H_2SO_4介质中进行。

③ 滴定速度　由于MnO_4^-与$C_2O_4^{2-}$的反应速率很慢，所以滴定开始阶段滴定速度不宜太快。否则，滴入的$KMnO_4$来不及和$C_2O_4^{2-}$反应就在热的酸性溶液中发生分解：

$$4MnO_4^- + 12H^+ \xlongequal{} 4Mn^{2+} + 5O_2 + 6H_2O$$

滴加速度以第一滴$KMnO_4$褪色后再加入第二滴$KMnO_4$溶液为宜，之后反应生成了有催化作用的Mn^{2+}，反应速率逐渐加快，滴定速度也可适当加快。若滴定前加入少量$MnSO_4$为催化剂，则在滴定的最初阶段就可以较快的速度进行。接近终点时，由于反应物的浓度降低，滴定速度要逐渐减慢。

④ 滴定终点　$KMnO_4$是自身指示剂，以稍过量的$KMnO_4$在溶液中呈现微红色并能维持30s不褪色即为终点。若时间过长，空气中的还原性物质能使紫红色褪色。

11.3.1.3 应用示例

（1）直接滴定法测H_2O_2　以商品双氧水中H_2O_2含量测定为例，在酸性溶液中，H_2O_2被MnO_4^-定量氧化：

$$2MnO_4^- + 5H_2O_2 + 6H^+ \xlongequal{} 2Mn^{2+} + 5O_2 + 8H_2O$$

此反应在室温下即可顺利进行。滴定开始时反应较慢，随着Mn^{2+}生成而加速，也可先加入少量Mn^{2+}为催化剂。

H_2O_2含量（g/100mL）可按下式计算：

$$\rho(H_2O_2) = \frac{\frac{5}{2} \times c(KMnO_4)V(KMnO_4) \times 10^{-3} \times M(H_2O_2)}{V_{样品}} \times 100$$

若H_2O_2中含有有机物，因其消耗$KMnO_4$，会使测定结果偏高。这时，应当改用碘量

法或铈量法测定 H_2O_2。

(2) 间接滴定法测 Ca^{2+}　一些本身不具有氧化还原性的物质如 Ca^{2+}、Ba^{2+} 等能与 $C_2O_4^{2-}$ 反应定量生成沉淀，然后将沉淀溶于酸，再用 $KMnO_4$ 标准溶液滴定 $C_2O_4^{2-}$，就可间接测定金属离子的含量。

以 Ca^{2+} 的含量测定为例，先沉淀为 CaC_2O_4，再经过滤、洗涤后将沉淀溶于热的稀 H_2SO_4，滴定 $C_2O_4^{2-}$，根据 $KMnO_4$ 标准溶液的浓度和所消耗的体积，间接求得 Ca^{2+} 的含量。测定的相关反应：

$$Ca^{2+}+C_2O_4^{2-} = CaC_2O_4$$

$$CaC_2O_4+2H^+ = Ca^{2+}+H_2C_2O_4$$

$$2MnO_4^-+5C_2O_4^{2-}+16H^+ = 2Mn^{2+}+10CO_2+8H_2O$$

样品中钙的质量分数：

$$w(Ca)=\frac{\frac{5}{2}\times c(KMnO_4)V(KMnO_4)\times 10^{-3}\times M(Ca)}{m_s}$$

(3) 返滴定法测 MnO_2　例如，软锰矿中 MnO_2 的含量的测定，利用 MnO_2 和 $C_2O_4^{2-}$ 在酸性溶液中的反应：

$$MnO_2+C_2O_4^{2-}+4H^+ = Mn^{2+}+CO_2+2H_2O$$

准确加入过量的 $Na_2C_2O_4$ 于磨细的矿样中，加 H_2SO_4 并加热，当样品中无棕黑色颗粒存在时表示试样分解完全。然后用 $KMnO_4$ 标准溶液滴定剩余的 $Na_2C_2O_4$，由 $Na_2C_2O_4$ 消耗量之差求出 MnO_2 的含量：

$$2MnO_4^-+5C_2O_4^{2-}+16H^+ = 2Mn^{2+}+10CO_2+8H_2O$$

有些物质不能用 $KMnO_4$ 溶液直接滴定，可以采用返滴定的方式。例如，在强碱性溶液中，过量的 $KMnO_4$ 能定量氧化甘油、甲醇、甲醛、甲酸、苯酚和葡萄糖等有机化合物。测甲酸的反应如下：

$$MnO_4^-+HCOO^-+3OH^- = CO_3^{2-}+MnO_4^{2-}+2H_2O$$

反应完毕将溶液酸化，用亚铁盐还原剂标准溶液滴定剩余的 MnO_4^-。根据已知过量的 $KMnO_4$ 和还原剂标准溶液的浓度和消耗的体积，即可计算出甲酸的含量。

11.3.2 重铬酸钾法

11.3.2.1 概述

重铬酸钾法是以重铬酸钾为标准溶液的氧化还原滴定法。重铬酸钾是常用氧化剂之一，在酸性溶液中被还原成 Cr^{3+}。

$$Cr_2O_7^{2-}+14H^++6e^- \rightleftharpoons 2Cr^{3+}+7H_2O \qquad \varphi^{\ominus}=1.33V$$

溶液的酸度越高，$Cr_2O_7^{2-}$ 的氧化能力越强。实际上，在酸性溶液中 $Cr_2O_7^{2-}/Cr^{3+}$ 电对的条件电势较标准电势小得多。例如，在 1mol/L $HClO_4$ 中，$\varphi^{\ominus'}=1.025V$；在 3mol/L HCl 中，$\varphi^{\ominus'}=1.08V$；在 1mol/L HCl 中，$\varphi^{\ominus'}=1.00V$。

$K_2Cr_2O_7$ 的氧化能力虽不及 $KMnO_4$ 强，但与高锰酸钾法相比，重铬酸钾法有其独特的优点。

① $K_2Cr_2O_7$ 容易提纯（含量 99.99%），在 150～180℃ 干燥 2h 就可作为基准物质，直

接配制标准溶液。

② $K_2Cr_2O_7$ 溶液非常稳定，在密闭容器中可长期保存。据文献记载，一瓶 0.017mol/L 的 $K_2Cr_2O_7$ 溶液，放置 24 年后其浓度并无明显改变。

③ $K_2Cr_2O_7$ 氧化性较 $KMnO_4$ 弱，在冶金分析中选择性比较高。

④ $K_2Cr_2O_7$ 滴定可在 HCl 介质中进行。在 HCl 浓度低于 3mol/L 时，$Cr_2O_7^{2-}$ 不氧化 Cl^-。

⑤ 滴定反应速率快，通常在室温下进行。

$Cr_2O_7^{2-}$ 的还原产物 Cr^{3+} 呈绿色，滴定中须用指示剂确定终点。常用指示剂是二苯胺磺酸钠。

11.3.2.2 应用示例

（1）测定矿石中全铁含量　重铬酸钾法是公认的测定矿石中全铁量的标准方法。$Cr_2O_7^{2-}$ 与 Fe^{2+} 的反应速率快，计量关系好，无副反应发生，指示剂变色明显。

将铁矿石用浓 HCl 加热溶解，然后用 $SnCl_2$ 将 Fe^{3+} 还原为 Fe^{2+}，过量的 $SnCl_2$ 用 $HgCl_2$ 氧化，再用水稀释，然后在 1mol/L 的 H_2SO_4-H_3PO_4 混合介质中以二苯胺磺酸钠为指示剂，用 $K_2Cr_2O_7$ 标准溶液滴定，溶液由浅绿色（Cr^{3+}）变为紫红色即为终点。滴定反应为：

$$6Fe^{2+} + Cr_2O_7^{2-} + 14H^+ = 6Fe^{3+} + 2Cr^{3+} + 7H_2O$$

加入 H_3PO_4 的目的：一是使 Fe^{3+} 生成稳定、无色的 $[Fe(HPO_4)]^+$ 配离子，有利于终点观察；二是 Fe^{3+} 生成配离子后降低了 Fe^{3+}/Fe^{2+} 电对的电极电势，使滴定突跃增大，让二苯胺磺酸钠变色点落在滴定的突跃范围之内，使变色更敏锐。样品中铁的质量分数为：

$$w(Fe) = \frac{6 \times c(K_2Cr_2O_7)V(K_2Cr_2O_7) \times 10^{-3} \times M(Fe)}{m_s}$$

另外，还可利用 $K_2Cr_2O_7$ 间接测定多种物质。

（2）测定氧化剂　如 NO_3^- 或 ClO_3^- 等被还原的反应速率较慢，可加入过量的 Fe^{2+} 标准溶液，发生的反应如下：

$$NO_3^- + 3Fe^{2+} + 4H^+ = 3Fe^{3+} + NO + 2H_2O$$

待反应完全后，用 $K_2Cr_2O_7$ 标准溶液返滴定剩余的 Fe^{2+}，即求得 NO_3^- 含量。

（3）测定还原剂　一些强还原剂如 Ti^{3+}（或 Cr^{3+}）等极不稳定，易被空气中的氧所氧化。为使测定准确，可将 Ti（Ⅳ）流经还原柱后，用盛有 Fe^{3+} 溶液的锥形瓶接收，发生的反应如下：

$$Ti(Ⅲ) + Fe^{3+} = Ti(Ⅳ) + Fe^{2+}$$

置换出的 Fe^{2+}，再用 $K_2Cr_2O_7$ 标准溶液滴定。

（4）测定污水化学需氧量　化学需氧量 COD（chemical oxygen demand）是衡量水污染程度的一项指标，反映水中还原性物质的含量，水中的还原性无机物和低分子的直链化合物大部分都能被 $K_2Cr_2O_7$ 氧化，利用 $K_2Cr_2O_7$ 法可以测定这些物质对水的污染。测定方法是在水样中加入过量 $K_2Cr_2O_7$ 溶液，在 H_2SO_4 介质中以 Ag_2SO_4 为催化剂，加热回流 2h 使有机物氧化成 CO_2，过量 $K_2Cr_2O_7$ 用 $FeSO_4$ 标准溶液返滴定，用邻二氮菲亚铁指示滴定终点。

11.3.3 碘量法

11.3.3.1 概述

(1) 定义　碘量法（iodimetry）是基于 I_2 的氧化性及 I^- 的还原性进行滴定分析的方法。由于固体 I_2 在水中的溶解度很小（0.00133mol/L）且易挥发，通常将 I_2 溶解于 KI 溶液中，此时它以 I_3^- 配离子形式存在，其半反应是：

$$I_3^- + 2e^- \rightleftharpoons 3I^- \quad \varphi^\ominus(I_3^-/I^-) = 0.545V$$

在强调化学计量关系时，一般仍将 I_3^- 简写为 I_2。这个电对的电势在标准电势表中居于中间，可见 I_2 是较弱的氧化剂，I^- 则是中等强度的还原剂。

(2) 碘量法分类　根据所用标准溶液的不同，可分为直接碘量法和间接碘量法。

① 直接碘量法（碘滴定法）　用 I_2 标准溶液直接滴定 $S_2O_3^{2-}$、As(Ⅲ)、SO_3^{2-}、Sn(Ⅱ)、维生素 C 等强还原剂。

② 间接碘量法（滴定碘法）　利用 I^- 的还原作用，可与许多氧化性物质如 MnO_4^-、H_2O_2、IO_3^-、$Cr_2O_7^{2-}$、Cu^{2+}、Fe^{3+} 等反应定量地析出 I_2。然后用 $Na_2S_2O_3$ 标准溶液滴定 I_2，从而间接地测定这些氧化性物质。其中以间接碘量法应用较广。

(3) 碘量法特点　采用淀粉为指示剂，灵敏度甚高，I_2 浓度为 1×10^{-5} mol/L 即显蓝色。当溶液呈现蓝色（直接碘量法）或蓝色消失（间接碘量法）即为终点。

碘量法测定对象广泛，既可测定氧化剂，又可测定还原剂；I_3^-/I^- 电对可逆性好，副反应少；与很多氧化还原法不同，碘量法不仅在酸性介质中，而且可在中性或弱碱性介质中滴定；同时又有此法通用的指示剂——淀粉，因此，碘量法是一个应用十分广泛的滴定方法。

(4) 碘量法误差来源　I_2 的挥发与 I^- 被空气氧化。

① 为防止 I_2 挥发　应加过量 KI 使之形成 I_3^- 配离子；反应在室温下进行，避免加热；析出碘的反应最好在带塞的碘量瓶中进行；反应完全后立即滴定；滴定时勿剧烈摇动。

② 为防止 I^- 被空气氧化　应将析出 I_2 的反应置于暗处进行并事先除去杂质，滴定时避免阳光直射，因为光及 Cu^{2+}、NO_2^- 等杂质催化空气氧化 I^-；控制合适的酸度，因酸度会加速 I^- 的氧化。

11.3.3.2 碘与硫代硫酸钠的反应

I_2 与 $S_2O_3^{2-}$ 的反应是碘量法中最重要的反应。I_2 与 $S_2O_3^{2-}$ 反应的计量关系是：

$$I_2 + 2S_2O_3^{2-} = 2I^- + S_4O_6^{2-}$$

产物 $S_4O_6^{2-}$ 叫作连四硫酸根离子。I_2 与 $S_2O_3^{2-}$ 的物质的量比为 1∶2。但此反应受酸度影响较大，酸度过高或过低都会影响它们的计量关系，造成误差。

若酸度过高，如间接碘量法中，氧化剂氧化 I^- 的反应大都在酸度较高的条件下进行，用 $Na_2S_2O_3$ 滴定时易发生如下反应：

$$S_2O_3^{2-} + 2H^+ = H_2SO_3 + S\downarrow$$

$$I_2 + H_2SO_3 + H_2O = SO_4^{2-} + 4H^+ + 2I^-$$

这时，I_2 与 $S_2O_3^{2-}$ 反应的物质的量比是 1∶1，由此会造成误差。但由于 I_2 与 $S_2O_3^{2-}$ 反应较快，只要滴加 $Na_2S_2O_3$ 速度不太快，并充分搅拌勿使 $S_2O_3^{2-}$ 局部过浓，即使酸度高达 3～4mol/L，也可以得到满意的结果。相反的滴定，即用 I_2 滴定 $S_2O_3^{2-}$，则不能在强酸性溶液中进行。

若在强碱性溶液中，I_2 会部分歧化生成 HIO 和 IO_3^-，它们将部分地氧化 $S_2O_3^{2-}$ 为 SO_4^{2-}：

$$4I_2+S_2O_3^{2-}+10OH^- \xlongequal{} 2SO_4^{2-}+8I^-+5H_2O$$

即部分的 I_2 和 $S_2O_3^{2-}$ 按 4∶1 物质的量比反应，这也会造成误差。因此，用 $S_2O_3^{2-}$ 滴定 I_2，一般 pH<9。而用 I_2 滴定 $S_2O_3^{2-}$，pH 值的高限可达 11。

11.3.3.3 标准溶液的配制与标定

碘量法中常使用的标准溶液是硫代硫酸钠和碘。

(1) 硫代硫酸钠溶液的配制与标定 结晶的 $Na_2S_2O_3 \cdot 5H_2O$ 容易风化，并含有少量杂质，因此只能采用间接法配制标准溶液。$Na_2S_2O_3$ 溶液不稳定，其原因如下。

① 被酸分解 即使水中溶解的 CO_2 也能使它发生分解：

$$Na_2S_2O_3+CO_2+H_2O \xlongequal{} NaHSO_3+NaHCO_3+S\downarrow$$

② 微生物的作用 水中存在的微生物会消耗 $Na_2S_2O_3$ 中的硫，使它变成 Na_2SO_3，这是 $Na_2S_2O_3$ 浓度变化的主要原因。

③ 空气的氧化作用 反应如下：

$$2Na_2S_2O_3+O_2 \xlongequal{} 2Na_2SO_4+2S\downarrow$$

此反应速率较慢，少量 Cu^{2+} 等杂质可加速此反应。

因此，配制 $Na_2S_2O_3$ 溶液时，为了除去水中溶解的 CO_2 和 O_2 并杀死细菌，应当用新煮沸并冷却的蒸馏水，并加入少量 Na_2CO_3（0.02%）使溶液呈弱碱性以抑制细菌生长；溶液贮于棕色瓶并置于暗处以防止光照分解。经过一段时间后应重新标定溶液，不宜长期保存，如发现溶液变得浑浊表示有硫析出，应弃去重配。

可用 $K_2Cr_2O_7$、$KBrO_3$、KIO_3、纯铜等基准物，以间接碘量法进行标定。这些物质均能在酸性溶液中与过量 I^- 反应定量析出 I_2。

$$Cr_2O_7^{2-}+6I^-+14H^+ \xlongequal{} 2Cr^{3+}+3I_2+7H_2O$$

$$BrO_3^-+6I^-+6H^+ \xlongequal{} Br^-+3I_2+3H_2O$$

$$IO_3^-+5I^-+6H^+ \xlongequal{} 3I_2+3H_2O$$

$$2Cu^{2+}+4I^- \xlongequal{} 2CuI\downarrow+I_2$$

以 $K_2Cr_2O_7$ 为例，在酸性溶液中与过量 KI 反应定量析出 I_2，析出的 I_2，以淀粉为指示剂，用 $Na_2S_2O_3$ 标准溶液滴定，滴定反应为：

$$I_2+2S_2O_3^{2-} \xlongequal{} 2I^-+S_4O_6^{2-}$$

$Na_2S_2O_3$ 标准溶液的浓度可按下式计算：

$$c(Na_2S_2O_3)=\frac{6\times m(K_2Cr_2O_7)\times 10^3}{M(K_2Cr_2O_7)V(Na_2S_2O_3)}$$

标定反应中应注意：$Cr_2O_7^{2-}$ 与 I^- 反应较慢。为加速反应，须加入过量的 KI 并提高酸度。然而酸度过高又加速空气氧化 I^-，一般控制酸度在 0.4mol/L 左右，并在暗处放置 5min 以使反应完成。用 $Na_2S_2O_3$ 滴定前最好先用蒸馏水稀释，一是降低酸度可减少空气对 I^- 的氧化，二是使 Cr^{3+} 的绿色减弱，便于观察终点。淀粉指示剂应在近终点时加入，否则碘-淀粉吸附化合物会吸附部分 I_2，致使终点提前且不明显。溶液呈现稻草黄色（I_3^- 黄色+

Cr^{3+} 绿色）时，预示 I_2 已不多，临近终点，可以加入淀粉指示剂。如滴定至终点后（蓝色消失），过几分钟溶液又出现蓝色，这对测定结果没有影响，因为空气中的氧氧化 I^- 的结果。

（2）碘溶液的配制与标定　I_2 的挥发性强，准确称量较困难，一般配成大致浓度再标定。先将一定量的 I_2 溶于 KI 的浓溶液中，然后稀释至一定体积。溶液贮于棕色瓶中，置于阴凉、暗处，不与橡胶等有机物接触，否则溶液浓度将发生变化。

碘溶液常用 As_2O_3 基准物标定，也可用已标定好的 $Na_2S_2O_3$ 溶液标定。As_2O_3 难溶于水，可用 NaOH 溶液溶解。在 pH 值为 8～9 时，I_2 快速而定量地氧化 $HAsO_2$。

$$HAsO_2 + I_2 + 2H_2O \xlongequal{} HAsO_4^{2-} + 2I^- + 4H^+$$

标定时先酸化试液，再加 $NaHCO_3$ 调节 pH≈8。

11.3.3.4　应用示例

（1）钢铁中硫的测定——直接碘量法　将钢样与金属锡（作助熔剂）置于瓷舟中，放入130℃的管式炉中，并通空气使硫氧化成 SO_2，用水吸收 SO_2，以淀粉为指示剂，用稀碘标准溶液滴定，其反应如下：

$$S + O_2 \xlongequal{130℃} SO_2$$

$$SO_2 + H_2O \xlongequal{} H_2SO_3$$

$$H_2SO_3 + I_2 + H_2O \xlongequal{} SO_4^{2-} + 4H^+ + 2I^-$$

（2）铜的测定——间接碘量法　碘量法测定铜是基于 Cu^{2+} 与过量 KI 反应定量地析出 I_2，然后用 $Na_2S_2O_3$ 标准溶液滴定，其反应如下：

$$2Cu^{2+} + 4I^- \xlongequal{} 2CuI\downarrow + I_2$$

$$I_2 + 2S_2O_3^{2-} \xlongequal{} 2I^- + S_4O_6^{2-}$$

试样中 Cu 的质量分数为：

$$w(Cu) = \frac{c(Na_2S_2O_3)V(Na_2S_2O_3) \times 10^{-3} \times M(Cu)}{m_s}$$

测定中 CuI 沉淀表面会吸附一些 I_2 导致测定结果偏低，为此常加入 KSCN，使 CuI 沉淀转化为溶解度更小的 CuSCN：

$$CuI + SCN^- \xlongequal{} CuSCN\downarrow + I^-$$

CuSCN 沉淀吸附 I_2 的倾向较小，因而提高了测定的准确度。KSCN 应当在接近终点时加入，否则 SCN^- 会还原 I_2 使结果偏低。

（3）葡萄糖含量的测定——返滴定法　葡萄糖分子中所含醛基能在碱性条件下用过量 I_2 氧化成羧基，其反应过程如下：

$$I_2 + 2OH^- \xlongequal{} IO^- + I^- + H_2O$$

$$CH_2OH(CHOH)_4CHO + IO^- + OH^- \xlongequal{} CH_2OH(CHOH)_4COO^- + I^- + H_2O$$

剩余的 IO^- 在碱性溶液中歧化成 IO_3^- 和 I^-：

$$3IO^- \xlongequal{} IO_3^- + 2I^-$$

溶液经酸化后又析出 I_2：

$$IO_3^- + 5I^- + 6H^+ \xlongequal{} 3I_2 + 3H_2O$$

最后以 $Na_2S_2O_3$ 标准溶液滴定析出的 I_2。在这一系列的反应中，1mol 葡萄糖与 1mol NaIO 作用，而 1mol I_2 产生 1mol NaIO。因此，1mol 葡萄糖与 1mol I_2 相当。

11.4 电势分析法

利用物质的组成及含量与它的电化学性质的关系而建立起来的分析方法即电化学分析法。电势分析法（potentiometry）是电化学分析法（常有电势分析法、电导分析法、电解分析法、库仑分析法和极谱分析法等）的一种。

电势分析法是利用测定原电池电动势而求出被测组分含量的分析方法，该方法也叫电势法。电势分析法分为两类：一是直接电势法，是通过测量电池电动势，用能斯特方程直接求得（或由仪器表头直接读出）待测离子活度的方法；二是电势滴定法，是通过观察滴定过程中电动势的突跃来确定滴定终点的滴定分析法，该法用电动势突跃代替指示剂确定终点，可用于有色、浑浊溶液的滴定及无合适指示剂时的滴定。

11.4.1 电势分析法基本原理

在电势分析法中，将一支测量电极（正极）与一支参比电极（负极）同时插入待测离子溶液中组成测量电池，在零电流条件下，测量电池的电动势 E 为一定值：

$$E=\varphi_{正}-\varphi_{负}+\varphi_{j}=\varphi(M^{n+}/M)-\varphi_{参}+\varphi_{j}$$

式中，$\varphi_{参}$ 为参比电极的电极电势（恒定已知），与待测离子活度无关。φ_{j} 为液接电势，在使用盐桥情况下 φ_{j} 可减至最小值而忽略，或在实验条件保持恒定的情况下，φ_{j} 也可视为常数。因此，将能斯特方程代入上式，合并常数项可得：

$$\begin{aligned}E&=\varphi^{\ominus}(M^{n+}/M)+\frac{RT}{nF}\ln a(M^{n+})-\varphi_{参}+\varphi_{j}\\&=k+\frac{2.303RT}{nF}\lg a(M^{n+})\end{aligned} \tag{11-5}$$

式（11-5）表明，电池电动势与金属离子活（浓）度的对数呈线性关系。测得电池电动势 E，即可求出溶液中待测离子活（浓）度。这就是电势分析法定量的理论基础。

11.4.2 指示电极与参比电极

在电势分析中用到两类电极，即指示电极和参比电极。在分析工作中，电极电势随溶液中待测离子活度的变化而改变的电极，叫作指示电极，电极电势在一定条件下恒定不变，不随被测试液组成的变化而改变的电极，叫作参比电极。

11.4.2.1 指示电极 (indicating electrode)

指示电极是能对溶液中待测离子的活度产生灵敏响应的电极，常见的指示电极有金属类电极和离子选择性电极。

（1）金属类电极

① 第一类电极（金属/金属离子电极）　由金属与该金属离子溶液组成。其电极电势与溶液中金属离子浓度的大小有关，故可用于测定该金属离子的浓度。如将 Ag 丝插入 Ag^{+} 溶液中，组成半电池，可表示为：$Ag \mid Ag^{+}$。因为第一类电极可以用来测定某些阳离子的浓度，所以叫作阳离子指示电极。常用的第一类电极有银、铜、汞、铅、锌等阳离子指示电极。

② 第二类电极（金属/难溶盐电极）　由金属、该金属的难溶盐和该金属难溶盐的阴离子溶液组成。其电极电势与溶液中上述阴离子的浓度有关，故可用于阴离子浓度的测定。常

用的有银-氯化银电极、银-溴化银电极、银-硫化银电极等。如银-氯化银电极浸入 Cl^- 溶液中时，则构成半电池，表示为：Ag | AgCl | Cl^-。因为这种电极可用来测定阴离子的浓度，所以叫作阴离子指示电极，这类电极电势值稳定，重现性好。在电势分析中既可作指示电极，也常用作参比电极。

③ 零类电极（惰性金属电极） 它由一种惰性金属（铂或金）与含有可溶性的氧化态和还原态物质的溶液组成。表示为：Pt | Fe^{3+}，Fe^{2+}。惰性金属不参与电极反应，仅仅提供交换电子的场所。

（2）离子选择性电极（膜电极） 这类电极是电化学传感器，其电极电势与溶液中某特定离子的活度（或浓度）的对数呈线性关系。通常将电极对被测离子的敏感性叫作响应，因为此类电极仅对某特定离子具有选择性响应，故称为离子选择性电极。各种离子选择性电极一般由敏感薄膜及其支撑体、内参比电极（银-氯化银电极）、内参比溶液（待测离子的强电解质与氯化物溶液）等组成。如 pH 玻璃电极就是具有专门响应氢离子的典型离子选择性电极。

金属类电极虽可作为指示电极使用，但其性能上受到溶液中氧化剂、还原剂等许多因素影响，没有得到广泛应用，正逐渐被离子选择性电极取代。

11.4.2.2 参比电极（reference electrode）

参比电极是测量电动势、计算电极电势的基准，因此要求它的电极电势恒定，在测量中即使有微小电流通过，仍能保持不变。在实际工作中最常用的参比电极是饱和甘汞电极或饱和银-氯化银电极。饱和甘汞电极由金属汞、甘汞（Hg_2Cl_2）及饱和 KCl 溶液组成，常用 SCE 表示。饱和银-氯化银电极由金属银、氯化银及饱和 KCl 溶液组成。

11.4.3 离子选择性电极和膜电势

离子选择性电极是 20 世纪 60 年代后迅速发展起来的一种指示电极。其响应机理与金属电极完全不同，电势的产生并不是基于电化学反应过程中电子的得失，而是基于离子在溶液和一片被称为选择性敏感膜之间的扩散和交换，如此产生的电势就叫作膜电势。离子选择性电极一般由薄膜及其支持体、内参比电极（常用 Ag | AgCl 电极）和内参比溶液（一般为被测离子的强电解质和氯化物溶液）组成，对待测溶液中某一种离子有选择性响应，可用来测定该离子的活度。下面主要介绍 pH 玻璃电极及其他离子选择性电极的基本结构和响应机理。

11.4.3.1 pH 玻璃电极

pH 玻璃电极是应用最早也是应用最广的电极，它是对溶液中的 H^+ 活度具有选择性响应的离子选择性电极，是电势法测定溶液 pH 值的指示电极（图 11-3）。玻璃电极下端是由特殊成分的玻璃吹制而成的球状薄膜，膜的厚度约为 0.1mm。玻璃管内装一定 pH 值的内参比溶液，并插入 Ag | AgCl 电极作为内参比电极。

敏感的玻璃膜是电极对 H^+、Na^+、K^+ 等产生电势响应的关键。它的化学组成对电极的性质有很大的影响。石英是纯 SiO_2，它没有可供离子交换的电荷点，所以没有响应离子的功能。当加入 Na_2O 后就成了玻璃。它使部分硅-氧键断裂，生成固定的带负电荷的硅-氧骨架（图 11-4），正离子 Na^+ 就可能在骨架的网络中活动。电荷的传导也由 Na^+ 来承担。

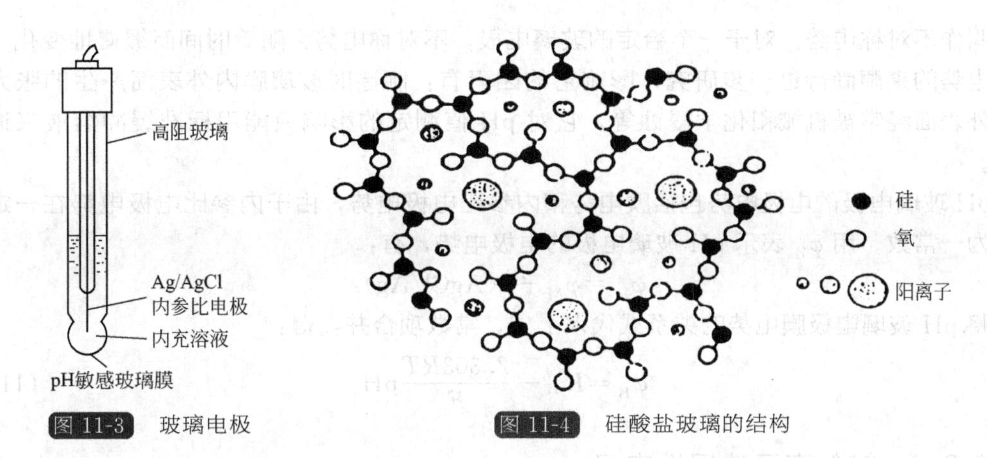

图 11-3　玻璃电极　　　图 11-4　硅酸盐玻璃的结构

pH 玻璃电极使用前必须在水中浸泡才能正常工作，当与水溶液接触时，原来骨架中的 Na^+ 与水中 H^+ 发生交换反应，形成水化层（图 11-5）。即：

$$G^-Na^+ + H^+ \rightleftharpoons G^-H^+ + Na^+$$

φ_1 ← φ_M → φ_2

外部试液	水化层	干玻璃层	水化层	内部溶液
$a(H^+)=x$	10^{-4}mm $a(Na^+)$上升 → ← $a(H^+)$上升	0.1mm 抗衡离子 Na^+	10^{-4}mm ← $a(Na^+)$上升 $a(H^+)$上升 →	$a(H^+)$=定值

图 11-5　水化敏感玻璃球膜的分层结构模式

上式中，G 代表玻璃骨架。由图 11-5 可知，在水中浸泡后的玻璃膜由三部分组成，即两个水化层和一个干玻璃层。在水化层中，由于硅氧结构与 H^+ 的键合强度远远大于它与钠离子的强度，在酸性和中性溶液中，水化层表面钠离子点位基本上全被氢离子所占有。在水化层中 H^+ 的扩散速度较快，电阻较小，由水化层到干玻璃层，氢离子的数目渐次减少，钠离子数目相应地增加。在水化层和干玻璃层之间为过渡层，其中 H^+ 在未水化的玻璃中扩散系数很小，其电阻率较高，甚至高于以 Na^+ 为主的干玻璃层约 1000 倍。这里的 Na^+ 被 H^+ 代替后，大大增加了玻璃的阻抗，所以玻璃电极是一种高阻抗电极。

水化层表面存在着如下的解离平衡：

$$\equiv > SiO^-H^+ + H_2O \rightleftharpoons \equiv > SiO^- + H_3O^+$$

符号$\equiv >$ SiO^- 表示 SiO^- 结合在玻璃骨架上。水化层中的 H^+ 与溶液中的 H^+ 能进行交换。在交换过程中，水化层得到或失去 H^+ 都会影响水化层与溶液界面的电势。这种由 H^+ 的交换，在玻璃膜的内外相界面上形成了双电层结构，产生两个相界电势。在内外两个水化层与干玻璃层之间又形成两个扩散电势。若玻璃膜两侧的水化层性质完全相同，则其内部形成的两个扩散电势大小相等，但符号相反，结果互相抵消。因此玻璃膜的电势主要取决于内外两个水化层与溶液的相间电势，即 $\varphi_M = \varphi_1 - \varphi_2$。

内充液组成一定时，φ_2 的值是固定的，φ_1 的值由$\equiv >$$SiO^-H^+$ 的解离平衡所决定，它受溶液中 $a(H^+)$ 的影响。总的 φ_M 在 25℃时可表示为：

$$\varphi_M = K + 0.0592\lg a(H^+) = K - 0.0592\text{pH}$$

如果内充液和膜外面的溶液相同时，则 φ_M 应为零。但实际上仍有一个很小的电势存

在，叫作不对称电势。对于一个给定的玻璃电极，不对称电势会随着时间而缓慢地变化，不对称电势的来源尚待进一步研究，影响它的因素有：制造时玻璃膜内外表面产生的张力不同，外表面经常被机械和化学侵蚀等。它对 pH 值测定的影响只能用标准缓冲溶液来进行校正。

pH 玻璃电极的电极电势包括膜电势和内参比电极电势，由于内参比电极电势在一定温度下为一常数。用 φ_B 表示 pH 玻璃电极的电极电势，有：

$$\varphi_B = \varphi_M + \varphi(AgCl/Ag)$$

将 pH 玻璃电极膜电势的关系式代入上式，常数项合并，得：

$$\varphi_B = K_B - \frac{2.303RT}{F}pH \qquad (11\text{-}6)$$

11.4.3.2 其他离子选择性电极

（1）基本构造　离子选择性电极（膜电极）的基本构造如图 11-6 所示。它主要包括三部分。

① 敏感膜（又称传感膜）　是电极的最重要部分，其作用是将溶液中给定离子的活度转变成电势信号。

② 内导系统　包括内参比电极（常用 Ag | AgCl 电极）和内参比溶液（一般为被测离子的强电解质和氯化物溶液），起着将膜电势引出的作用。

③ 电极管　起固定敏感膜的作用。常用高绝缘的化学稳定性好的玻璃或塑料制成。

（2）性能参数

① Nernst 响应、线性范围和检测下限　按照 IUPAC 的推荐，以 E 为纵坐标、$\lg a_i$ 为横坐标作 E-$\lg a_i$ 图，所得曲线叫作校准曲线。若这种响应变化服从于 Nernst 方程，则称它为 Nernst 响应。如图 11-7 所示，在一定活度范围内校准曲线的直线段（ab 段），叫作电极响应的线性范围。直线段 ab 的斜率即为电极的响应斜率。斜率与理论值 $\frac{2.303RT}{nF}$ 一致时，称电极具有 Nernst 响应。当离子活度较低时，曲线就逐渐弯曲，偏离线性。按 IUPAC 的定义，上面曲线中 A 点所对应的活度 a_i 为检测下限。如下面曲线的形状，直线 $a'b'$ 延长线与曲线弯曲部分相距 $\frac{18}{n}$mV 的 A' 处所对应的离子活度叫作检测下限。

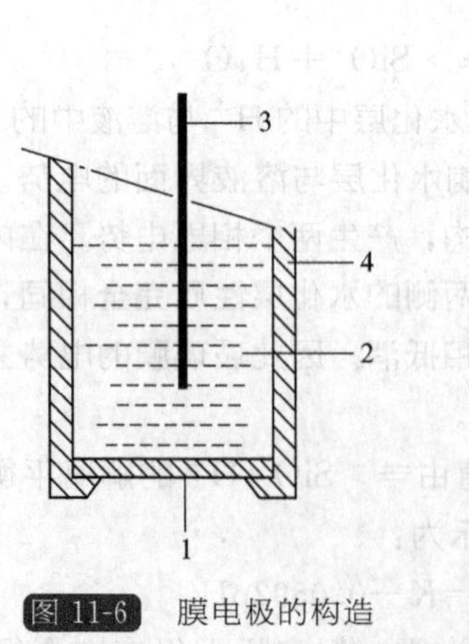

图 11-6　膜电极的构造

1—敏感膜；2—内参比溶液；3—内参比电极；4—电极管

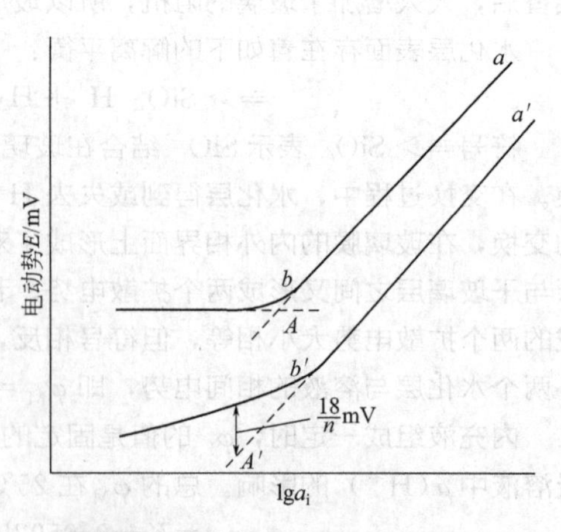

图 11-7　校准曲线及检测下限的确定

② 响应时间　响应时间是指离子选择电极和参比电极一起从接触试液开始到电极电势变化稳定所经过的时间。该值与膜电势建立的快慢、参比电极的稳定性、溶液的搅拌速度有关，常常通过搅拌溶液来缩短响应时间。

（3）作用原理　不同的离子选择电极，其响应机理各有特点，但其膜电势产生的机理是相似的。与玻璃电极类似，各种离子选择电极的膜电势与溶液中响应离子的活度之间遵守 Nernst 方程：

$$\varphi_M = K \pm \frac{2.303RT}{nF}\lg a_i \tag{11-7}$$

式中，n 为响应离子的电荷数；K 与膜性质、内参比电极、内参比液等有关，对给定电极可视为常数。上式用于阳离子取“＋”，用于阴离子取“－”。式（11-7）说明：在一定条件下，离子选择电极的电极电势与溶液中被测离子活度的对数呈直线关系，这就是离子选择电极电势法测定离子活度的基础。

11.4.4　直接电势法

11.4.4.1　溶液 pH 值的测定

（1）基本原理　测定溶液的 pH 值时，用 pH 玻璃电极作指示电极（负极），用饱和甘汞电极（SCE）作参比电极（正极），与待测溶液组成工作电池。如下：

$$(-)\text{pH 玻璃电极} \mid \text{未知液}\ a(H^+)=x \parallel \text{SCE}(+)$$

其电池电动势 E 为：

$$E = \varphi_{SCE} - \varphi_B + \varphi_j$$

将式 φ_B 的表达式代入，得：

$$E = \varphi_{SCE} + \varphi_j - \left(K_B - \frac{2.303RT}{F}\text{pH}\right)$$

对同一电池来说，液接电势 φ_j 为一常数。上式中 φ_{SCE}、K_B 和 φ_j 均为常数，用 K' 表示，得：

$$E = K' + \frac{2.303RT}{F}\text{pH} \tag{11-8}$$

由此可见，电池电动势 E 与试液的 pH 值之间呈直线关系。直线的斜率为 $\frac{2.303RT}{F}$，溶液 pH 值每改变一个单位，E 要改变 $\frac{2.303RT}{F}$。由于 $\frac{2.303RT}{F}$ 值随温度 T 的改变而变化，因此在直读 pH 计上都设有温度补偿旋钮，以便调节斜率与该温度下的 $\frac{2.303RT}{F}$ 值相等。所以，只要测出电池电动势，就可求得试液的 pH 值。

（2）测量方法　由于式（11-8）中的 K' 常数包括内外参比电极的电极电势、膜内表面相界电势、不对称电势和液接电势五项，其中后两项难以测量和计算，所以，在实际测定中都采用两次测量法，即先用已知 pH 值的标准溶液与参比电极对组成电池，测得已知 pH 标准溶液的电动势 E_s。然后，用同一电极对插入待测溶液中组成电池，在同一温度下测出待测溶液的电动势 E_x。分别代入式（11-8）中，得：

$$E_x = K' + \frac{2.303RT}{F}\text{pH}_x$$

$$E_s = K' + \frac{2.303RT}{F}\mathrm{pH_s}$$

两式相减，消去K'得：

$$\mathrm{pH_x} = \mathrm{pH_s} + \frac{E_x - E_s}{2.303RT/F} \tag{11-9}$$

由两次测量的过程可知，实际所测得溶液 pH 值是以已知 pH 值标准溶液为基准相比较而求得的，国际纯粹与应用化学协会（IUPAC）建议将式（11-9）作为 pH 值的定义，通常也叫 pH 值的操作定义。测定的准确度首先取决于标准缓冲溶液 $\mathrm{pH_s}$ 值的准确度，其次是标准溶液和待测溶液组成的接近程度。后者直接影响到包含液接电势的常数项是否相同。

为了省去上述计算，实现表头直读 pH 值。在测量 pH 值的仪器——酸度计上都设有定位旋钮，当电极对插入 pH 标准溶液时，旋转定位旋钮施加一额外电压以消除K'值，使指针正好指在所用标准溶液的 pH 值。这样，电极对再插入被测溶液时，表头的显示即为被测溶液的 pH 值。

11.4.4.2 其他离子的测量和定量方法

（1）基本原理　其他阳、阴离子活度（浓度）测定，用各类离子选择电极作指示电极（正极），用饱和甘汞电极（SCE）作参比电极（负极），与待测溶液组成工作电池。

假设测定的阴离子为R^{n-}，则电池的电动势为：

$$E = \left(K - \frac{2.303RT}{nF}\lg a_{R^{n-}}\right) - \varphi_{SCE}$$

令$K' = K - \varphi_{SCE}$，则：

$$E = K' - \frac{2.303RT}{nF}\lg a_{R^{n-}} \tag{11-10}$$

同理，若测定的是阳离子M^{n+}，则电池的电动势为：

$$E = K' + \frac{2.303RT}{nF}\lg a_{M^{n+}} \tag{11-11}$$

式（11-10）、式（11-11）表明，通过测量电池的电动势，即可求得被测离子的活度，这就是离子选择电极的测量原理。

利用式（11-10）、式（11-11）测量得到的是被测离子活度，而不是浓度。对分析化学来说一般要求测量的是离子浓度，而不是活度。为使离子选择电极能用于浓度测定，必须在分析测定时向溶液中加入足够量的惰性电解质，控制试液与标准溶液的总离子强度相同，从而使试液和标准溶液中被测离子的活度系数γ_i保持相同且恒定为常数。因为式（11-10）、式（11-11）可写作：

$$E = K' \pm \frac{2.303RT}{nF}\lg \gamma_i c_i = K'' \pm \frac{2.303RT}{nF}\lg c_i \tag{11-12}$$

$$K'' = K' \pm \frac{2.303RT}{nF}\lg \gamma_i$$

式中，K''为常数。式（11-12）说明，电池电动势与溶液中待测离子浓度也符合 Nernst 方程。

为控制离子强度而加入的惰性电解质溶液叫作离子强度调节液（ISA）。有些情况除加入离子强度调节液控制离子强度恒定外，还要加入缓冲剂控制溶液 pH 值，加入掩蔽剂以消除干扰。这三种作用合为一体的混合溶液叫作总离子强度调节缓冲溶液（TISAB）。

（2）定量方法

① 标准曲线法　配制一系列含有不同浓度被测离子的标准溶液，其离子强度用总离子强度调节缓冲溶液（TISAB）来调节，用选定的指示电极和参比电极插入以上溶液，测得电动势 E。作 E-lg$c$ 图。在一定范围内它是一条直线。待测溶液进行离子强度调节后，用同一对电极测量它的电动势。从 E-lg$c$ 图上找出与 E_x 相对应的浓度 c_x。由于待测溶液和标准溶液均加入离子强度调节液，调节到总离子强度基本相同，它们的活度系数基本相同，所以测定时可以用浓度代替活度。由于待测溶液和标准溶液的组成基本相同，又使用同一套电极，液接电势和不对称电势的影响可通过标准曲线校准。此法适用于大批同类样品分析，并能求出电极的线性范围和实际斜率。

② 标准加入法　标准加入法又叫添加法或增量法。它是取一定体积（V_x）样品溶液先测其电动势为 E_x，然后加入一小体积 V_s（约为 $0.01V_x$）的待测离子标准溶液（浓度已知为 c_s，约为 $100c_x$），混匀后再测其电动势 E_{x+s}，最后根据 Nernst 方程算出待测离子的浓度。计算公式如下：

$$c_x = \frac{c_s}{(10^{\frac{\Delta E}{S}} - 1)\dfrac{V_x}{V_s}} \tag{11-13}$$

$$S = \pm \frac{2.303RT}{nF}$$

式中，c_x 为待测离子活度；S 为电极的实际斜率。在测定过程中，控制 $\Delta E = E_{x+s} - E_x$ 的数值在 30～40mV 为宜，在 100mL 试液中一般加入 2～5mL 标准溶液。

标准加入法的优点是：不用离子强度调节液，且能用于离子强度高、变化大、组分复杂试样的分析，并且适应性广、准确度高；不需作标准曲线，仅需一种标准溶液，操作简单快速；在有过量配位剂存在的系统中，此法可测得离子的总浓度。

11.4.5 电势滴定法

在滴定分析中遇到有色或浑浊溶液、滴定反应平衡常数小而使滴定突跃不够明显等情况时，由于找不到合适的指示剂确定终点而常采用电势滴定法。电势滴定就是在溶液中插入指示电极和参比电极，由滴定过程中电极电势突跃来指示终点到达。滴定过程中，随着滴定剂的加入，被测离子与滴定剂发生化学反应，待测离子的浓度不断改变引起电势的改变，在滴定到达化学计量点前后，溶液中离子的浓度往往连续变化几个数量级，电势将发生突跃。因此测量电动势的变化，就能确定滴定终点，根据标准溶液的浓度和用量即可求出待测物质的含量。

在酸碱滴定时，可以用 pH 玻璃电极作指示电极。氧化还原滴定可以用铂电极作指示电极。在配合滴定中若用 EDTA 作滴定剂，可以用 J 型汞电极作指示电极。

经典的电势滴定装置如图 11-8 所示，在电势滴定过程中，边滴定边记录滴定剂的体积 V 和电动势 E。在滴定初期和末期，每次加入滴定剂量可多些（1～3mL），在化学计算点前后（附近）加入量应少一点（如每次 0.1mL 或更少），且要准确、仔细。

以加入滴定剂的体积 V 为横轴、电动势 E 为纵轴作图，即得电势滴定曲线（图 11-9），该曲线也叫 E-V 曲线。曲线的拐点即为滴定终点。确定的办法是：作两条与 E-V 线相切的对横轴夹角为 45°的切线，两切线的等分线与 E-V 线的交点即是滴定终点。

由于离子选择电极的发展，电势滴定法得到了广泛的应用，而自动滴定仪的生产和它在常规分析中的大量应用，大大加快了电势分析的速度。

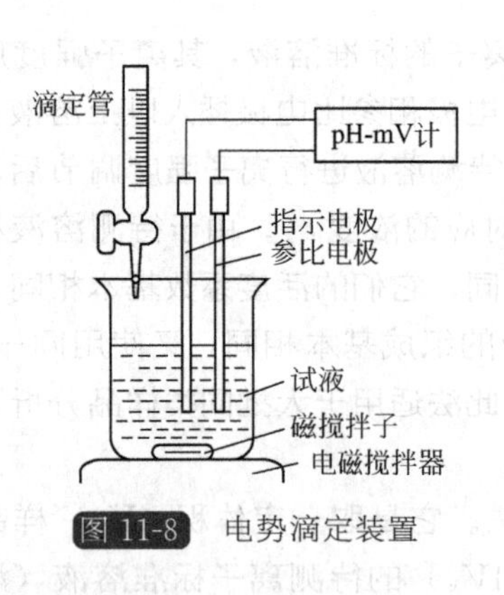

图 11-8　电势滴定装置

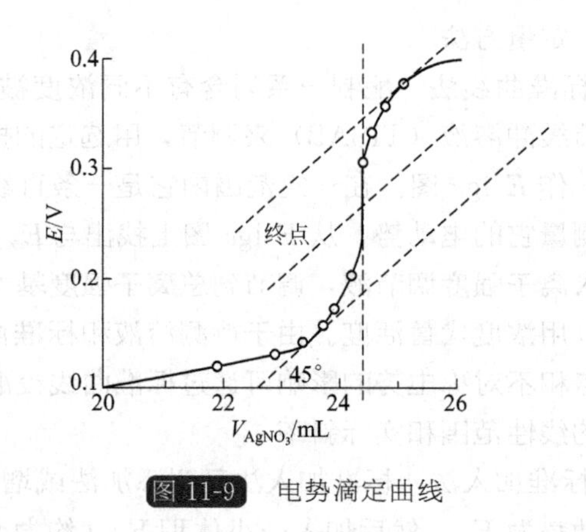

图 11-9　电势滴定曲线

知识拓展

生物传感器

生物传感器（biosensor）是对生物物质敏感并将其浓度转换为电信号进行检测的仪器。是由固定化的生物敏感材料作识别元件（包括酶、抗体、抗原、微生物、细胞、组织、核酸等生物活性物质）与适当的理化换能器（如氧电极、光敏管、场效应管、压电晶体等）及信号放大装置构成的分析工具或系统。生物传感器具有接收器与转换器的功能。

1967 年乌普迪克等制作出了第一个生物传感器——葡萄糖传感器。将葡萄糖氧化酶包含在聚丙烯酰胺胶体中加以固化，再将此胶体膜固定在隔膜氧电极的尖端上，便制成了葡萄糖传感器。当改用其他的酶或微生物等固化膜，便可制得检测其对应物的其他传感器。固定感受膜的方法有直接化学结合法、高分子载体法和高分子膜结合法。现已发展了第二代生物传感器（微生物、免疫、酶免疫和细胞器传感器），研制和开发第三代生物传感器，是将系统生物技术和电子技术结合起来的场效应生物传感器，20 世纪 90 年代开启了微流控技术，生物传感器的微流控芯片集成为药物筛选与基因诊断等提供了新的技术前景。由于酶膜、线粒体电子传递系统粒子膜、微生物膜、抗原膜、抗体膜对生物物质的分子结构具有选择性识别功能，只对特定反应起催化活化作用，因此生物传感器具有非常高的选择性。缺点是生物固化膜不稳定。生物传感器涉及的是生物物质，主要用于临床诊断检查、治疗时实施监控、发酵工业、食品工业、环境和机器人等方面。

生物传感器是用生物活性材料（酶、蛋白质、DNA、抗体、抗原、生物膜等）与物理化学换能器有机结合的一门交叉学科，是发展生物技术必不可少的一种先进的检测方法与监控方法，也是物质分子水平的快速、微量分析方法。在未来 21 世纪的知识经济发展中，生物传感器技术必将是介于信息和生物技术之间的新增长点，在国民经济中的临床诊断、工业控制、食品和药物分析（包括生物药物研究开发）、环境保护以及生物技术、生物芯片等研究中有着广泛的应用前景。

生物传感器由分子识别部分（敏感元件）和转换部分（换能器）构成，以分子识别部分去识别被测目标，是可以引起某种物理变化或化学变化的主要功能元件。分子识别部分是生物传感器选择性测定的基础。生物体中能够选择性地分辨特定物质的物质有酶、抗体、组织、细胞等。这些分子识别功能物质通过识别过程可与被测目标结合成复合物，如抗体和抗原的结合，酶与基质的结合。在设计生物传感器时，选择适合于测定对象的识别功能物质，是极为重要的前提。要考虑到所产生的复合物的特性。根据分子识别功能物质制备的敏感元件所引起的化学变化或物理变化，去选择换能器，是研制高质量生物传感器的另一重要环节。敏感元件中光、热、化学物质的生成或消耗等会产生相应的变化量。根据这些变化量，可以选择适当的换能器。

生物传感技术是一门由生物、化学、物理、医学、电子技术等多种学科互相渗透成长起来的高新技术。因其具有选择性好、灵敏度高、分析速度快、成本低、在复杂的体系中进行在线连续监测，特别是它的高度自动化、微型化与集成化的特点，使其在近几十年获得蓬勃而迅速的发展。

在国民经济的各个部门如食品、制药、化工、临床检验、生物医学、环境监测等方面有广泛的应用前景。特别是分子生物学与微电子学、光电子学、微细加工技术及纳米技术等新学科、新技术结合，正改变着传统医学、环境科学、动植物学的面貌。生物传感器的研究开发，已成为世界科技发展的新热点，形成 21 世纪新兴的高技术产业的重要组成部分，具有重要的战略意义。

习　题

1. 什么是条件电极电势？它与标准电极电势的关系是什么？使用条件电极电势有什么优点？

2. 在 1mol/L HCl 溶液中，用 Fe^{3+} 滴定 Sn^{2+}，计算下列滴定百分数的电势：9%，50%，91%，99%，99.9%，100.0%，100.1%，101%，110%，200%，1000%，并绘制滴定曲线。

3. 证明用 $K_2Cr_2O_7$ 标准溶液滴定 Fe^{2+} 时，化学计量点的电势为：

$$\varphi_{计}=\frac{1}{7}\times\varphi^{\ominus}(Fe^{3+}/Fe^{2+})+\frac{6}{7}\times\varphi^{\ominus}(Cr_2O_7^{2-}/Cr^{3+})+\frac{0.0592}{7}\lg\frac{[H^+]^{14}[Fe^{3+}]}{6[Cr^{3+}]^2}$$

式中，$\varphi^{\ominus}(Cr_2O_7^{2-}/Cr^{3+})$ 为 $Cr_2O_7^{2-}/Cr^{3+}$ 电对的标准电势；$\varphi^{\ominus}(Fe^{3+}/Fe^{2+})$ 为 Fe^{3+}/Fe^{2+} 电对的标准电势。

4. 土壤 1.000g，用重量法获得 Al_2O_3 和 Fe_2O_3 共 0.1100g。将此混合氧化物用酸溶解并使铁还原（$Fe^{3+}+e^- \rightleftharpoons Fe^{2+}$），以 0.01000mol/L $KMnO_4$ 滴定，用去 8.00mL，计算土壤中 Fe_2O_3 和 Al_2O_3 的质量分数。

5. 测定尿中钙含量，常将 24h 尿样浓缩到较小的体积后，采用 $KMnO_4$ 间接法测定。如果滴定生成的 CaC_2O_4 需用 0.08554mol/L $KMnO_4$ 溶液 27.50mL 完成滴定，计算 24h 尿样钙含量。

6. 在 H_2SO_4 溶液中 0.1000g 工业 CH_3OH 与 25.00mL 0.01667mol/L $K_2Cr_2O_7$ 溶液作用。反应完成后，以邻苯氨基甲酸作指示剂，用 0.1000mol/L $(NH_4)_2Fe(SO_4)_2$ 滴定剩余的 $K_2Cr_2O_7$，用去 10.00mL。求试样中 CH_3OH 的质量分数［已知 $M(CH_3OH)=32.00$ g/mol］。

7. 从精炼工段取回铜氨液样品后，从中吸取 1mL，加入 30mL 稀 H_2SO_4 酸化，又加过量 KI，稍停，析出的 I_2 再用 0.1000mol/L $Na_2S_2O_3$ 标准溶液滴定，若用去 $Na_2S_2O_3$ 溶液 3.40mL，求铜氨液中高价铜（Cu^{2+}）的浓度（用 mol/L 表示）。

8. 将不纯的碘化钾试样 0.5108g，用 0.1940g $K_2Cr_2O_7$ 处理后，将溶液煮沸后除去析出的碘；然后用过量的纯 KI 处理，这时析出的碘，需用 10.00mL 0.1000mol/L $Na_2S_2O_3$ 溶液滴定，计算试样中碘化钾的质量分数。

9. 下述电池中溶液，pH＝9.18 时，测得电动势为 0.418V，若换一个未知溶液，测得电动势为 0.312V，计算未知溶液的 pH 值。

（－）玻璃电极｜H^+（a_s 或 a_x）‖ 饱和甘汞电极（＋）

10. 将 ClO_4^- 选择性电极插入 50.00mL 某高氯酸盐待测溶液，与饱和甘汞电极（为负极）组成电池，测得电动势为 358.7mV；加入 1.00mL 0.0500mol/L $NaClO_4$ 标准溶液后，电动势变成 346.1mV。求待测溶液中 ClO_4^- 浓度。

11. 称取土壤试样 8.172g，用 pH＝8.2 的乙酸钠溶液处理，离心分离转移含钙的澄清液于 100mL 容量瓶中并稀释至刻度。取 50mL 溶液用钙离子选择性电极和饱和甘汞电极组成电池，测得电动势为 20.0mV，加入 25.0mL 3.85×10^{-2} mol/L 的标准钙溶液，测得电动势为 0。已知 M_{Ca}＝40.08g/mol，计算 Ca 的百分含量（假定加入标准钙溶液前后离子强度不变）。

12. 下表是用 0.1250mol/L NaOH 溶液滴定 50.00mL 某一元弱酸的数据。

体积/mL	pH 值	体积/mL	pH 值	体积/mL	pH 值
0.00	2.40	36.00	4.76	40.08	10.00
4.00	2.86	39.20	5.50	40.80	11.00
8.00	3.21	39.92	6.57	41.60	11.24
20.00	3.81	40.00	8.25		

（1）绘制滴定曲线。

（2）从滴定曲线上求出滴定终点的 pH 值。

（3）计算弱酸的浓度。

13. 称取丙酮试样 0.1000g 于盛有 NaOH 溶液的碘量瓶中振荡，准确加入 50.00mL 0.05000mol/L I_2 标准溶液，盖好，放置一定时间后，加 H_2SO_4 调节溶液呈微酸性，立即用 0.1000mol/L 的 $Na_2S_2O_3$ 溶液滴定至淀粉指示剂褪色，消耗 10.00mL。丙酮与碘的反应为：

$$CH_3COCH_3+3I_2+4NaOH \xlongequal{} CH_3COONa+3NaI+3H_2O+CHI_3$$

计算试样中丙酮的百分含量（丙酮 58.03g/mol）。

14. 用氟离子选择性电极测定植物样品中的氟含量。称取 1.9000g 植物样品，经消化后配成 50mL 溶液，从中取 5mL 溶液加入 TISAB 定容为 50mL，在 25℃ 测得电动势为 0.400V。同样条件下取 1mL 1.00×10^{-3} mol/L 氟离子标准溶液，加入 TISAB 定容为 50mL，测得电动势为 0.300V。试计算该植物样品中氟的百分含量（F 19.00g/mol）。

第12章 物质结构基础

本章学习指导

了解电子运动的波粒二象性；了解原子轨道（波函数）、电子云的概念，定性了解四个量子数的来源，明确四个量子数的物理意义及其组合规律，明确 s、p、d 轨道与电子云角度分布图的形状与特征；掌握核外电子排布规律及原子半径、解离能、电子亲和能、电负性的周期性变化规律；掌握共价键的基本特性；掌握杂化轨道理论、分子轨道理论的基本要点，能应用这些理论说明分子的空间构型和稳定性；明确晶格能、键角、键长、键的极性和分子的极性、偶极矩等概念；了解离子极化对物质性质的影响。

物质的种类繁多，在不同条件下表现出各种不同的性质，不论是物理性质还是化学性质，都与其内部结构有关。因此，要了解物质的宏观性质及其变化规律，必须了解物质的内部结构。本章介绍原子、分子和晶体结构的基础知识，并运用这些知识来解释一些实际问题。

12.1 原子结构

通常把质量和体积都极其微小，运动速度等于或接近光速的微粒，如光子、电子、中子和质子等，称为微观粒子。因为光子的静止质量等于零，所以也把除光子以外的微观粒子叫作实物微观粒子，简称实物粒子。微观粒子的运动规律与普通物体不同，不能用经典力学描述。迄今为止，只有建立在微观粒子的量子性及其运动规律的统计性这两个基本特征之上的量子力学，才能比较正确地描述微观粒子的运动。学习量子力学需要高深的数学和物理知识，这超出了本课程的范围，本节仅定性介绍一些量子力学知识，并运用其结论来讨论原子结构问题。

原子是由原子核和核外电子组成的。在一般化学反应（核反应除外）中，原子核并不发生变化，只是核外电子的运动状态（或者说电子的排布情况）发生变化。因此，本节重点介绍原子核外电子的运动状态及其特征，研究核外电子的排布规律，阐述元素性质发生周期性变化与核外电子排布的内在联系。

早在 19 世纪末，人们就对原子的发光现象进行了大量研究，积累了原子光谱的许多资料，由此人们才逐步地了解原子核外电子层的结构和核外电子的运动状态及规律。

12.1.1 原子核外电子运动状态

12.1.1.1 原子光谱和玻尔理论

（1）原子光谱　人们对原子结构的认识是和原子光谱的实验分不开的。当复合光通过棱镜后，由于各种色光偏折程度不同，透过棱镜后便会彼此分散而形成光谱。例如，将太阳光或白炽灯发出的光经过棱镜投射到屏幕上，可得到按红、橙、黄、绿、青、蓝、紫次序连续分布的彩色光谱。这种光谱称连续光谱。

如果将装有高纯度低压氢气的放电管所发出的光通过棱镜，在屏幕上可得到不连续的红、蓝绿、蓝、紫四条明显的特征谱线。这种光谱称为线状光谱（或不连续光谱）。线状光谱是原子受激发后从原子内部辐射出来的，因此又称原子光谱。

任何单原子气体在激发时都会发射线状光谱。实验表明，由相同元素的原子所发射的线状光谱都是一样的，而不同元素的原子所发射的线状光谱却各不相同。即每种元素的原子都具有它自己的特征光谱。例如，钾蒸气的光谱里有两条红线、一条紫线。从谱线的颜色和位置可以知道发射光的波长 λ 和频率 ν，也就知道发射光的能量（$E=h\nu$，普朗克常数 h 为 $6.63\times10^{-34}\mathrm{J\cdot s}$）。

那么，为什么激发态原子会发光呢？而且每种元素的原子发射光都有特征的波长、频率和能量呢？这需要从原子的内部结构去寻求答案。

（2）玻尔理论　1913 年，丹麦物理学家玻尔（Bohr N.）在前人工作的基础上大胆提出了氢原子结构的玻尔理论。其基本要点如下。

① 定态轨道概念　氢原子中电子是在氢原子核的势能场中运动，其运动轨道不是任意的，电子只能在以原子核为中心的某些能量（E_n）确定的圆形轨道上运动。这些轨道的能量状态不随时间改变，称为定态轨道。

② 轨道能级的概念　电子在不同的轨道运动时，电子的能量是不同的。离核越近的轨道上，电子被原子核束缚越牢，能量越低；离核越远的轨道上，能量越高。轨道的这些不同的能量状态，称为能级。在正常状态下，电子尽可能处于离核较近、能量较低的轨道上，这时原子（或电子）所处的状态称为基态。在高温火焰、电火花或电弧的作用下，原子中处于基态的电子因获得能量，跃迁到离核较远、能量较高的空轨道上去，这时原子（或电子）所处的状态称为激发态。

③ 激发态原子发光的原因　激发态原子由于具有较高的能量，所以它是不稳定的。处在激发态的电子随时都有可能从能级较高（$E_{较高}$）的轨道跃迁至能级较低（$E_{较低}$）的轨道（甚至使原子恢复为基态）。这时释放的能量以光的形式发射出来（$\Delta E=h\nu$，ν 即为发射光的频率），故激发态的原子能发光。由于各轨道的能级都有不同的确定值，各轨道间的能级差也就有不同的确定值，所以电子从一定的高能级轨道跃迁到一定的低能级轨道时，只能发射出具有固定能量、波长、频率的光来。

不同元素的原子，由于原子的大小、核电荷数和核外电子数不同，电子运动轨道的能量也就不同，所发射的光能量也就不同，都有各自的特征光谱。

④ 轨道能量量子化概念　原子光谱是不连续的线状光谱，即激发态原子发射光的能量值是不连续的，轨道间能量差是不连续的，轨道能量是不连续的。在物理学里，如果某一物理量的变化是不连续的，就说这一物理量是量子化的。那么，轨道能量或电子在各轨道上所

具有的能量是量子化的。

玻尔理论的建立是物质结构理论发展中的一个重要里程碑。它成功地解释了氢原子光谱的形成和规律性，其精确程度令物理学界大为震惊，玻尔因此获得1922年诺贝尔物理学奖。他提出的原子轨道能级至今仍有用。但玻尔理论有着严重的局限性，它只能解释氢原子和类氢原子（He^{+}、Li^{2+}、Be^{3+}等）光谱的一般现象，不能解释多电子原子光谱，更不能进一步去解释化学键的形成。其根本原因在于，玻尔理论虽然引用了量子化概念，但它的原子模型是建立在牛顿的经典力学理论基础之上的。他认为核外电子是在固有轨道上绕核运动的，这不符合微观粒子运动的特殊性，而电子具有微观粒子所有的规律性——波粒二象性。

12.1.1.2 微观粒子的波粒二象性

20世纪初，经过长期的研究和争论，人们认识到光既有波动性又有粒子性，即光有波粒二象性（wave-particle duality）。光的“二象性”可用普朗克提出的公式描述：

$$E=h\nu \qquad (12\text{-}1)$$

式中，能量E描述光的粒子性，频率ν代表波动性，光的波动性和粒子性通过普朗克常数h（6.63×10^{-34} J·s）和谐地联系在一起。

1924年，法国物理学家德布罗意（De Broglie）在光的波粒二象性的启发下，大胆地提出了电子、原子等实物粒子也具有波粒二象性的假设。对于质量为m、运动速度为v的实物粒子，其波长为：

$$\lambda=\frac{h}{p}=\frac{h}{mv} \qquad (12\text{-}2)$$

式中，λ为实物粒子的波动性特征，动量p为粒子性的特征，h为普朗克常数，此式称为德布罗意关系式。λ也叫德布罗意波长。德布罗意因此荣获1929年诺贝尔物理学奖。

德布罗意的设想很快引起了人们的重视，到了1927年，戴维逊（Devisson C. J.）和盖末（Germer L. H.）用电子衍射实验证实了德布罗意关系式的正确性。当电子射线通过晶体粉末，投射到感光胶片上时，如同光的衍射一样，也会出现明暗相间的衍射环纹（图12-1），说明实物粒子运动时确实有波动性。后来，又陆续发现了质子、中子等实物粒子的衍射现象，证明它们运动时都具有波动性。波粒二象性在微观世界中具有普遍意义。

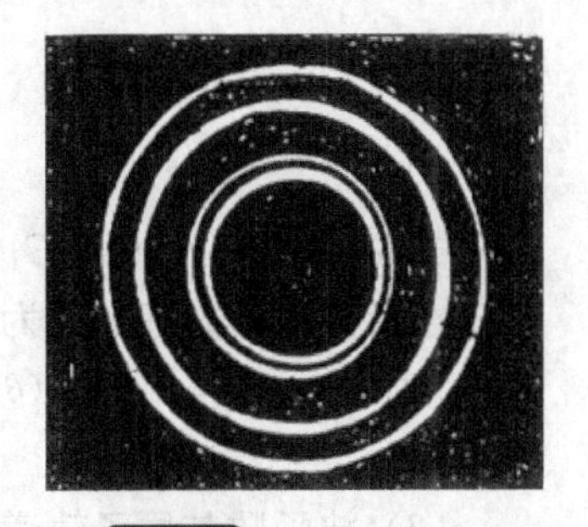

图12-1 电子衍射图

12.1.1.3 海森堡测不准原理

应用经典力学可以同时准确测定宏观物体运动时的位置（坐标）和速度（或动量），因而，可预测其运动轨道，如人造卫星的轨道。但是量子力学认为，对于具有波粒二象性的实物粒子，人们不可能同时准确地测定它的空间位置和动量。这可从海森堡测不准原理得到说明。1927年，德国的物理学家海森堡（Heisenberg W.）从理论上证明了：实物粒子的动量（或速度）和位置不可能同时被确定。这就是海森堡测不准原理，其数学表达式为：

$$\Delta P_x \Delta x \geqslant \frac{h}{4\pi} \qquad (12\text{-}3)$$

式中，ΔP_x为确定x轴方向动量分量时的误差；Δx为确定位置时的误差；h为普朗克常数；π为圆周率。式（12-3）说明，如确定了实物粒子的动量，则其位置不能确定，反之亦然。海森堡测不准原理指出了微观粒子运动具有波动性，微观粒子运动规律具有统计性（例如，单个电子的衍射不能预言其运动轨迹，亿万个电子的衍射则可形成图 12-1 的衍射环纹）。

测不准原理并不意味着微观粒子运动无规律可言，只是说明它不符合经典力学的规律，我们应该用量子力学来描述微观粒子的运动。

12.1.1.4 波函数和原子轨道

（1）薛定谔方程 1926 年，奥地利的薛定谔（Schrodinger E.）根据波粒二象性和经典光波方程，提出了一个描述微观粒子运动的基本方程——薛定谔方程，是一个二阶偏微分方程，其一般形式是：

$$\frac{\partial^2 \Psi}{\partial x^2}+\frac{\partial^2 \Psi}{\partial y^2}+\frac{\partial^2 \Psi}{\partial z^2}+\frac{8\pi^2 m}{h^2}(E-V)\Psi=0 \tag{12-4}$$

式中，Ψ 为波函数；E 为系统的总能量；V 为系统的势能；h 为普朗克常数；m 为实物粒子的质量；x、y、z 为实物粒子在空间的坐标。其物理意义是：对于一个质量为 m 的实物粒子，在势能为 V 的势场中的运动状态，可用服从该方程的波函数 Ψ 来描述。

对氢原子来说，波函数 Ψ 是描述氢原子核外电子运动状态的数学表达式，是空间坐标 x、y、z 的函数，即 $\Psi=f(x,y,z)$。E 为氢原子的总能量，V 为系统的势能（即核对电子的吸引能），m 为电子质量。所谓解薛定谔方程就是要解出电子每一种可能的运动状态所对应的波函数 Ψ 和能量 E 来。

解薛定谔方程，一般能得到一系列波函数 $\Psi_1,\Psi_2,\Psi_3\cdots\Psi_i$ 和相应的一系列能量 E_1，$E_2,E_3\cdots E_i$。方程的每一个合理解 Ψ_i 及 E_i 代表系统的一种可能的定态。E_i 的数值是不连续的，按一定规律呈跳跃式变化（即量子化）和增加。E_i 的集合叫作能级。对氢原子的电子，有：

$$E=-\frac{R}{n^2} \qquad n=1,2,3\cdots$$

式中，$R=21.79$J，E_i 越小，表示氢原子系统的能量越低，电子被原子核束缚得越牢。

求解薛定谔方程时，为了容易求解，需将直角坐标（x,y,z）化为极坐标（r,θ,φ），并令 $\Psi(r,\theta,\varphi)=R(r)Y(\theta,\varphi)$，从而把含有三个变量的方程分离成两个较易求解的方程的乘积。

（2）波函数与原子轨道 波函数 $\Psi(x,y,z)$ 或 $\Psi(r,\theta,\varphi)$ 的空间图像可以表示电子在原子中的运动范围，借用经典物理学的概念，通常将这种空间图像叫作“原子轨道”。由于原子轨道的数学表达式就是波函数，所以在有些场合也把 Ψ 叫作原子轨道。

波函数 $\Psi(r,\theta,\varphi)=R(r)Y(\theta,\varphi)$，其中 $R(r)$ 为波函数的径向部分，它是离核距离 r 的函数，$Y(\theta,\varphi)$ 为波函数的角度部分，它是方位角 θ 和 φ 的函数。因此，通常把原子轨道分成径向分布图 $R=R(r)$ 和角度分布图 $Y=Y(\theta,\varphi)$。

薛定谔的贡献之一，就是将 100 多种元素的原子轨道的角度分布图归纳为 4 类，用光谱学的符号可表示为 s、p、d、f（图 12-2）。f 原子轨道角度分布图较复杂，这里不做介绍。

将图 12-2 中各个曲线想象成闭合曲面，如 Y_s 为球形、Y_d 为哑铃形等，这些闭合曲面就是相应原子轨道的角度分布图。原点到曲面上某一点的距离也就代表该点 Y 值的相对大小，图中的正负号代表 Y 值的符号，当符号相同，表示对称性相同或对称，符号相反，表示对称性不同或反对称。这些正、负号在讨论化学键形成时具有一定意义。

（3）电子云和径向分布 在原子内核外某处单位体积的空间中，电子出现的概率密度

(ρ) 与该处波函数的绝对值的平方成正比：

$$\rho \propto |\Psi|^2$$

在考虑 ρ 的大小时，只注重它在各处的相对大小而不是绝对值。因此，常用 $|\Psi|^2$ 来表示原子核外某处单位体积的空间中，电子出现的概率密度。

化学中常用小黑点的疏密来表示电子出现的概率密度大小，所得图像叫作黑点图或电子云。若以 $|\Psi|^2$ 作图，亦应得到电子云的近似图像。由于单独表示 $|\Psi|^2$ 较困难，故电子云也分别从角度分布与径向分布两方面来描述（图 12-3、图 12-4）。

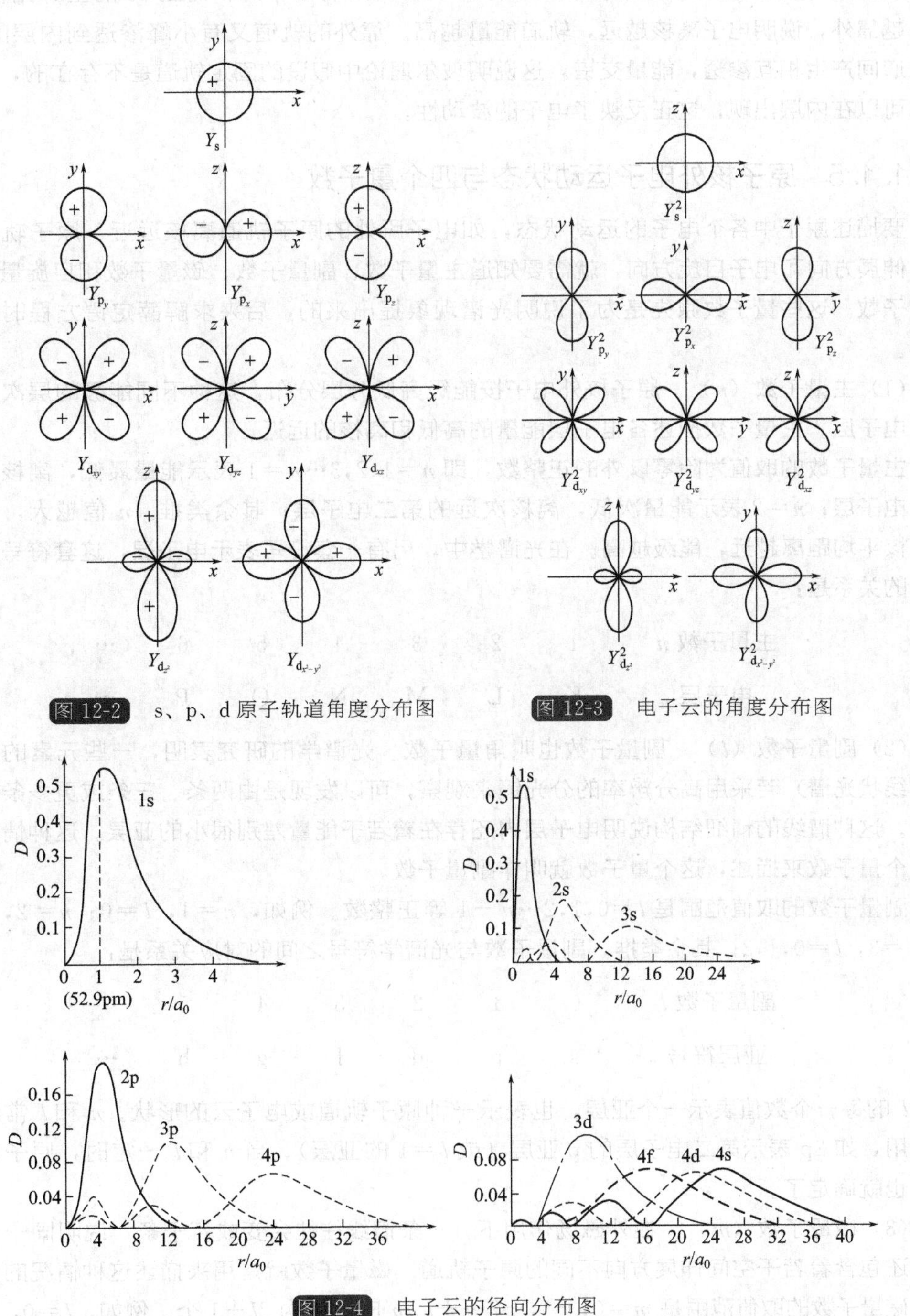

图 12-2 s、p、d 原子轨道角度分布图

图 12-3 电子云的角度分布图

图 12-4 电子云的径向分布图

由图 12-3 可知，s 态电子云的角度分布图是球形对称的，p、d 态电子云的形状比原子轨道分布图“瘦”些，这是因为$Y \leqslant 1$、$Y^2 \leqslant Y$的缘故。图 12-4 是径向分布函数图，纵轴为径向分布函数，即$D=4\pi r^2 \Psi^2$（D是r的函数），横轴为电子与原子核的距离r。径向分布函数图反映电子在离核半径为r的球面上单位厚度球壳中出现概率随半径变化的情况。图 12-4 说明 1s 径向分布函数图在$r=a_0$（玻尔半径，$a_0=52.9\text{pm}$）出现一个峰，即概率达最大值，但此处的概率密度不是最大值。因为概率密度是Ψ^2，而概率是$4\pi r^2 \Psi^2$。从径向分布函数图还可以看出，1s 有 1 个峰，2s 有 2 个峰，3s 有 3 个峰，而且 3s 的主峰比较靠外。主峰越靠外，说明电子离核越远，轨道能量越高。靠外的轨道又有小峰渗透到内层的轨道，使轨道间产生相互渗透，能量交错，这说明玻尔理论中假设的固定轨道是不存在的，外层电子也可以在内层出现，这正反映了电子的波动性。

12.1.1.5 原子核外电子运动状态与四个量子数

要描述原子中各个电子的运动状态，如电子所处的原子轨道离核远近、原子轨道的形状、伸展方向和电子自旋方向，就需要知道主量子数、副量子数、磁量子数和自旋量子数四个量子数。这些量子数原先是为了说明光谱现象提出来的，后来求解薛定谔方程时又自然得出。

(1) 主量子数（n）　原子核外电子按能级高低分层分布，这种不同能级的层次习惯上叫作电子层。主量子数描述各电子层能量的高低和离核的远近。

主量子数的取值为除零以外的正整数，即$n=1,2,3\cdots$ $n=1$表示能量最低，离核最近的第一电子层；$n=2$表示能量次低，离核次远的第二电子层；其余类推。n值越大，说明该层离核平均距离越远，能级越高。在光谱学中，另有一套符号表示电子层，这套符号与主量子数的关系是：

主量子数n	1	2	3	4	5	6	…
电子层	K	L	M	N	O	P	…

(2) 副量子数（l）　副量子数也叫角量子数。光谱学的研究表明，一些元素的原子谱线（线状光谱）若采用高分辨率的分光镜来观察，可以发现是由两条、三条或更多条细谱线构成。这种谱线的精细结构说明电子层内还存在着若干能量差别很小的亚层。这种情况必须用一个量子数来描述，这个量子数就叫作副量子数。

副量子数的取值范围是$l=0,1,2\cdots n-1$等正整数。例如，$n=1$，$l=0$；$n=2$，$l=0$，1；$n=3$，$l=0,1,2$；其余类推。副量子数与光谱学符号之间的对应关系是：

副量子数l	0	1	2	3	4	5	…
亚层符号	s	p	d	f	g	h	…

l的每一个数值表示一个亚层，也表示一种原子轨道或电子云的形状。n和l常组合起来使用，如 2p 表示第二电子层的 p 亚层（或$l=1$的亚层）。当n和l一定时，原子轨道的能量也就确定了。

(3) 磁量子数（m）　在外磁场作用下，一条谱线往往会变成若干条，说明同一亚层中有时还包含着若干空间伸展方向不同的原子轨道。磁量子数就是用来描述这种情况的。

磁量子数的取值范围是$m=0,\pm1,\pm2\cdots\pm l$。m的数目为$2l+1$个。例如，$l=0$，$m=0$；

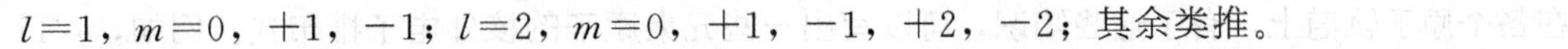

$l=1$，$m=0$，$+1$，-1；$l=2$，$m=0$，$+1$，-1，$+2$，-2；其余类推。

m 的每一个数值都表示一种原子轨道或电子云在空间的伸展方向。同一个电子亚层中，m 有多少可能的数值，该亚层就有多少个不同伸展方向的同类原子轨道或电子云。

n、m、l 可以确定原子轨道的能量和形状，故常用这三个量子数作 Ψ 的脚标以区别不同的波函数。例如，Ψ_{100} 表示 $n=1$、$m=0$、$l=0$ 的波函数。Ψ_{100} 有时更进一步写成 $\Psi(x,y,z)_{100}$ 或 $\Psi(r,\theta,\varphi)_{100}$。

(4) 自旋量子数（m_s）　实验证明，电子除了有轨道运动以外，其本身还有自旋运动，为此，引入了第四个量子数——自旋量子数（m_s）。它表示电子自旋角动量在外磁场方向的分量。m_s 有两个值，$\pm 1/2$，分别代表正、负两种自旋，有时正自旋用“↑”表示，负自旋用“↓”表示。

量子力学的研究表明，在同一原子中不可能有运动状态完全相同的电子，按此推论，一个原子轨道只能容纳两个自旋方向相反的电子。

12.1.2　原子核外电子排布和元素周期律

12.1.2.1　基态原子中电子排布原理

基态原子中的电子，按一定的规则分布在由四个量子数所确定的各个原子轨道中。根据对原子光谱和元素周期系的研究结果，提出了核外电子排（分）布的三个基本原理。

(1) 能量最低原理　原子处于基态时，核外电子总是尽可能分布在能量较低的轨道，以使原子处于能量最低状态。

(2) 泡利（Pauli）不相容原理　在同一原子中，不能有四个量子数完全相同的两个电子存在。或者说，每一个原子轨道最多只能容纳两个自旋方向相反的电子。

(3) 洪特（Hund）规则　没有外磁场作用时，同一电子亚层的原子轨道能量是相等的，这种情况叫作“等价”或“简并”。同一电子亚层的等价轨道上分布电子时，将尽可能分占不同轨道，而且自旋方向相同（即 m_s 相同）。例如，氮原子的电子排布式是 $1s^2 2s^2 2p^3$，$1s^2$ 表示 $n=1$、$l=0$ 的原子轨道上分布了 2 个电子，其轨道排布式是：

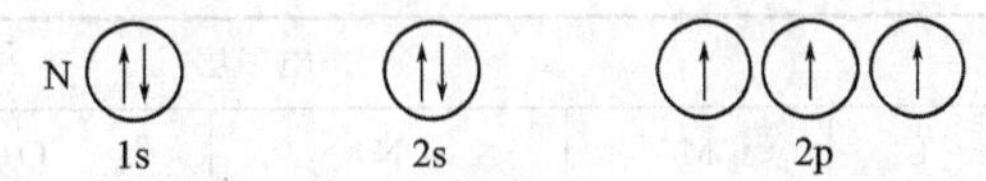

一个小圆圈代表一个原子轨道，一个箭头代表一个电子及其自旋方向。

12.1.2.2　原子轨道的能级图

多电子原子（除氢原子以外的其他元素原子）的轨道能量除了与主量子数（n）有关外，还与副量子数（l）有关。其能级的高低可用光谱实验确定，也可由理论推算确定。1939 年，美国化学家鲍林（Pauling L.）根据光谱实验结果，用小圆圈表示原子轨道，用小圆圈的高低（不反映真实的能量差距）表示该轨道能量高低，绘制了多电子原子中原子轨道的近似能级图（图 12-5）。图中虚线框内各原子轨道的能量较接近，构成一个能级组。

从图 12-5 可知，同一多电子原子的同一电子层内，电子之间的相互作用造成能级分裂。各亚层之间能级高低为 $E_{ns}<E_{np}<E_{nd}<E_{nf}<\cdots$ 同一原子内，不同类型的亚层之间，有能级交错现象，如 $E_{4s}<E_{3d}<E_{4p}$，$E_{5s}<E_{4d}<E_{5p}$，$E_{6s}<E_{4f}<E_{5d}<E_{6p}$。

多电子原子的核外电子遵循基态原子中电子分布的三个原理，按照近似能级图依次分布在各个原子轨道上，有了这些知识，可以写出一些元素原子的核外电子排布式。例如，$_{22}$Ti 原子的电子排布式为：

$$1s^2 2s^2 2p^6 3s^2 3p^6 3d^2 4s^2$$

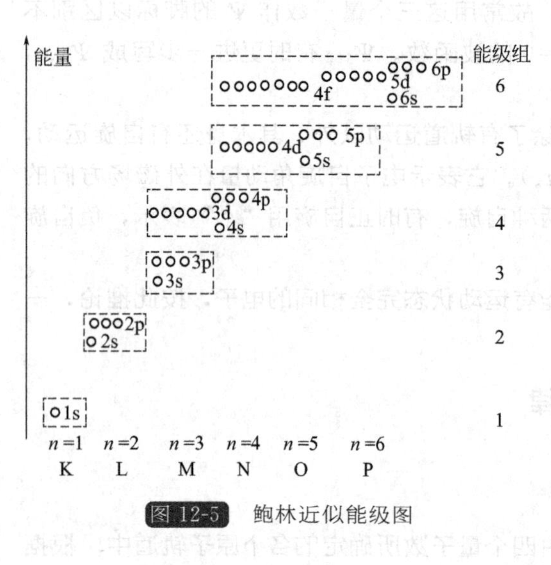

图 12-5 鲍林近似能级图

注意，按填充顺序排布电子时，最后 4 个电子要先填入 4s，后填入 3d，但在书写电子排布式时，一律按电子层的顺序写，即按主量子数从左到右、依次增加的次序，把 n 相同的能级写在一起，使电子排布式呈现按 n 分层的形式。

对于等价轨道（即同一电子亚层）来说，当电子分布为全充满（p^6，d^{10}，f^{14}）、半充满（p^3，d^5，f^7）、全空（p^0，d^0，f^0）的状态时，电子云分布呈球形，原子结构较为稳定，这是洪特规则的一个特例。例如，$_{29}$Cu 原子的电子排布式是…$3d^{10}4s^1$（d^{10}，全充满），而不是…$3d^9 4s^2$。$_{24}$Cr 原子的电子分布式是…$3d^5 4s^1$（d^5，半充满），而不是…$3d^4 4s^2$。

表 12-1 列出了原子序数 1～109 各元素基态原子内的电子分布，基态原子的电子分布式除了用上述电子排布式表示以外，还可用该元素前一周期的稀有气体元素符号加方括号代替相应的电子分布部分，例如，$_3$Li 可写成 [He] $2s^1$，$_{16}$S 可写成 [Ne] $3s^2 3p^4$。加方括号的这一部分叫作原子实。

书写离子的电子排布式是在基态原子的电子排布式基础上加上（负离子）或失去（正离子）电子。但要注意，在填电子时 4s 能量比 3d 低，但填满电子后 4s 的能量则高于 3d，所以形成离子时，先失去 4s 上的电子。例如，Fe^{2+}，[Ar] $3d^6 4s^0$（失去 4s 上的 2 个电子）；Fe^{3+}，[Ar] $3d^5 4s^0$（先失去 4s 上 2 个电子，再失去 3d 上的 1 个电子）。

表 12-1 基态原子的电子分布

周期	原子序数	元素符号	电子层																	
			K	L		M			N				O				P			Q
			1s	2s	2p	3s	3p	3d	4s	4p	4d	4f	5s	5p	5d	5f	6s	6p	6d	7s
1	1	H	1																	
	2	He	2																	
2	3	Li	2	1																
	4	Be	2	2																
	5	B	2	2	1															
	6	C	2	2	2															
	7	N	2	2	3															
	8	O	2	2	4															
	9	F	2	2	5															
	10	Ne	2	2	6															

续表

周期	原子序数	元素符号	电子层																	
			K	L		M			N				O				P			Q
			1s	2s	2p	3s	3p	3d	4s	4p	4d	4f	5s	5p	5d	5f	6s	6p	6d	7s
3	11	Na	2	2	6	1														
	12	Mg	2	2	6	2														
	13	Al	2	2	6	2	1													
	14	Si	2	2	6	2	2													
	15	P	2	2	6	2	3													
	16	S	2	2	6	2	4													
	17	Cl	2	2	6	2	5													
	18	Ar	2	2	6	2	6													
4	19	K	2	2	6	2	6		1											
	20	Ca	2	2	6	2	6		2											
	21	Sc	2	2	6	2	6	1	2											
	22	Ti	2	2	6	2	6	2	2											
	23	V	2	2	6	2	6	3	2											
	24	Cr	2	2	6	2	6	5	1											
	25	Mn	2	2	6	2	6	5	2											
	26	Fe	2	2	6	2	6	6	2											
	27	Co	2	2	6	2	6	7	2											
	28	Ni	2	2	6	2	6	8	2											
	29	Cu	2	2	6	2	6	10	1											
	30	Zn	2	2	6	2	6	10	2											
	31	Ga	2	2	6	2	6	10	2	1										
	32	Ge	2	2	6	2	6	10	2	2										
	33	As	2	2	6	2	6	10	2	3										
	34	Se	2	2	6	2	6	10	2	4										
	35	Br	2	2	6	2	6	10	2	5										
	36	Kr	2	2	6	2	6	10	2	6										
5	37	Rb	2	2	6	2	6	10	2	6			1							
	38	Sr	2	2	6	2	6	10	2	6			2							
	39	Y	2	2	6	2	6	10	2	6	1		2							
	40	Zr	2	2	6	2	6	10	2	6	2		2							
	41	Nb	2	2	6	2	6	10	2	6	4		1							
	42	Mo	2	2	6	2	6	10	2	6	4		2							
	43	Tc	2	2	6	2	6	10	2	6	5		2							
	44	Ru	2	2	6	2	6	10	2	6	7		1							
	45	Rh	2	2	6	2	6	10	2	6	8		1							
	46	Pd	2	2	6	2	6	10	2	6	10		0							
	47	Ag	2	2	6	2	6	10	2	6	10		1							
	48	Cd	2	2	6	2	6	10	2	6	10		2							
	49	In	2	2	6	2	6	10	2	6	10		2	1						
	50	Sn	2	2	6	2	6	10	2	6	10		2	2						
	51	Sb	2	2	6	2	6	10	2	6	10		2	3						
	52	Te	2	2	6	2	6	10	2	6	10		2	4						
	53	I	2	2	6	2	6	10	2	6	10		2	5						
	54	Xe	2	2	6	2	6	10	2	6	10		2	6						

续表

周期	原子序数	元素符号	电子层																	
			K	L		M			N				O				P			Q
			1s	2s	2p	3s	3p	3d	4s	4p	4d	4f	5s	5p	5d	5f	6s	6p	6d	7s
6	55	Cs	2	2	6	2	6	10	2	6	10		2	6			1			
	56	Ba	2	2	6	2	6	10	2	6	10		2	6			2			
	57	La	2	2	6	2	6	10	2	6	10		2	6	1		2			
	58	Ce	2	2	6	2	6	10	2	6	10	1	2	6	1		2			
	59	Pr	2	2	6	2	6	10	2	6	10	3	2	6			2			
	60	Nd	2	2	6	2	6	10	2	6	10	4	2	6			2			
	61	Pm	2	2	6	2	6	10	2	6	10	5	2	6			2			
	62	Sm	2	2	6	2	6	10	2	6	10	6	2	6			2			
	63	Eu	2	2	6	2	6	10	2	6	10	7	2	6			2			
	64	Gd	2	2	6	2	6	10	2	6	10	7	2	6	1		2			
	65	Tb	2	2	6	2	6	10	2	6	10	9	2	6			2			
	66	Dy	2	2	6	2	6	10	2	6	10	10	2	6			2			
	67	Ho	2	2	6	2	6	10	2	6	10	11	2	6			2			
	68	Er	2	2	6	2	6	10	2	6	10	12	2	6			2			
	69	Tm	2	2	6	2	6	10	2	6	10	13	2	6			2			
	70	Yb	2	2	6	2	6	10	2	6	10	14	2	6			2			
	71	Lu	2	2	6	2	6	10	2	6	10	14	2	6	1		2			
	72	Hf	2	2	6	2	6	10	2	6	10	14	2	6	2		2			
	73	Ta	2	2	6	2	6	10	2	6	10	14	2	6	3		2			
	74	W	2	2	6	2	6	10	2	6	10	14	2	6	4		2			
	75	Re	2	2	6	2	6	10	2	6	10	14	2	6	5		2			
	76	Os	2	2	6	2	6	10	2	6	10	14	2	6	6		2			
	77	Ir	2	2	6	2	6	10	2	6	10	14	2	6	7		2			
	78	Pt	2	2	6	2	6	10	2	6	10	14	2	6	9		1			
	79	Au	2	2	6	2	6	10	2	6	10	14	2	6	10		1			
	80	Hg	2	2	6	2	6	10	2	6	10	14	2	6	10		2			
	81	Tl	2	2	6	2	6	10	2	6	10	14	2	6	10		2	1		
	82	Pb	2	2	6	2	6	10	2	6	10	14	2	6	10		2	2		
	83	Bi	2	2	6	2	6	10	2	6	10	14	2	6	10		2	3		
	84	Po	2	2	6	2	6	10	2	6	10	14	2	6	10		2	4		
	85	At	2	2	6	2	6	10	2	6	10	14	2	6	10		2	5		
	86	Rn	2	2	6	2	6	10	2	6	10	14	2	6	10		2	6		
7	87	Fr	2	2	6	2	6	10	2	6	10	14	2	6	10		2	6		1
	88	Ra	2	2	6	2	6	10	2	6	10	14	2	6	10		2	6		2
	89	Ac	2	2	6	2	6	10	2	6	10	14	2	6	10		2	6	1	2
	90	Th	2	2	6	2	6	10	2	6	10	14	2	6	10		2	6	2	2
	91	Pa	2	2	6	2	6	10	2	6	10	14	2	6	10	2	2	6	1	2
	92	U	2	2	6	2	6	10	2	6	10	14	2	6	10	3	2	6	1	2
	93	Np	2	2	6	2	6	10	2	6	10	14	2	6	10	4	2	6	1	2
	94	Pu	2	2	6	2	6	10	2	6	10	14	2	6	10	6	2	6		2
	95	Am	2	2	6	2	6	10	2	6	10	14	2	6	10	7	2	6		2
	96	Cm	2	2	6	2	6	10	2	6	10	14	2	6	10	7	2	6	1	2
	97	Bk	2	2	6	2	6	10	2	6	10	14	2	6	10	9	2	6		2
	98	Cf	2	2	6	2	6	10	2	6	10	14	2	6	10	10	2	6		2
	99	Es	2	2	6	2	6	10	2	6	10	14	2	6	10	11	2	6		2

续表

周期	原子序数	元素符号	电子层																	
			K	L		M			N				O				P			Q
			1s	2s	2p	3s	3p	3d	4s	4p	4d	4f	5s	5p	5d	5f	6s	6p	6d	7s
7	100	Fm	2	2	6	2	6	10	2	6	10	14	2	6	10	12	2	6		2
	101	Md	2	2	6	2	6	10	2	6	10	14	2	6	10	13	2	6		2
	102	No	2	2	6	2	6	10	2	6	10	14	2	6	10	14	2	6		2
	103	Lr	2	2	6	2	6	10	2	6	10	14	2	6	10	14	2	6	1	2
	104	Rf	2	2	6	2	6	10	2	6	10	14	2	6	10	14	2	6	2	2
	105	Db	2	2	6	2	6	10	2	6	10	14	2	6	10	14	2	6	3	2
	106	Sg	2	2	6	2	6	10	2	6	10	14	2	6	10	14	2	6	4	2
	107	Bh	2	2	6	2	6	10	2	6	10	14	2	6	10	14	2	6	5	2
	108	Hs	2	2	6	2	6	10	2	6	10	14	2	6	10	14	2	6	6	2
	109	Mt	2	2	6	2	6	10	2	6	10	14	2	6	10	14	2	6	7	2

12.1.2.3　屏蔽效应和钻穿效应

对于多电子原子来说，核外某电子 i 不但受到原子核的引力，还受到其他电子的斥力。这种由于其他电子的斥力存在，使得原子核对某电子的吸引力减弱的现象叫作屏蔽效应。例如，$_{19}K$ 的原子核有 19 个质子，其 $4s^1$ 价电子受到的核电荷引力约为 2.2 个正电子所带电荷，其余 16.8 个电荷均为内层电子所屏蔽。屏蔽效应的大小，可以用屏蔽常数（σ）表示，其定义式是：

$$Z^* = Z - \sigma \qquad (12\text{-}5)$$

式中，Z^* 为有效核电荷数；Z 为核电荷数。由式（12-5），屏蔽常数可理解为被抵消了的那一部分核电荷数。

对于离核近的电子层内的电子，其他电子层对其屏蔽作用小（Z^* 大），受核场引力较大，故势能较低；而对外层电子而言，由于 σ 大，Z^* 小，故势能较高。因此，对于 l 值相同的电子来说，n 值越大，能量越高。例如：

$$E_{1s} < E_{2s} < E_{3s} < E_{4s} < E_{5s} < E_{6s}$$

在同一电子亚层中，屏蔽常数（σ）的大小与原子轨道的几何形状有关，其大小次序为 s＜p＜d＜f。因此，若 n 值相同，l 值越大的电子，其能量越高。例如：

$$E_{3s} < E_{3p} < E_{3d}$$

屏蔽效应造成能级分裂，使 n 相同的轨道能量不一定相同，只有 n 与 l 的值都相同的轨道才是等价的。

由电子云的径向分布图（图 12-4）可知，4s 有 4 个峰，主峰距原子核较远，另外 3 个小峰距原子核较近，这说明 4s 电子较多地出现在离核较远的区域，但它也有较少的机会出现在离核较近的内部空间。像 4s 电子这样，外层电子有机会出现在原子核附近的现象叫作钻穿。同一电子层的电子，钻穿能力的大小次序是 s＞p＞d＞f。例如，4s 电子的钻穿能力＞4p 电子＞4d 电子＞4f 电子。钻穿能力强的电子受到原子核的吸引力较大，因此能量较低。例如：

$$E_{3s} < E_{3p} < E_{3d}$$

$$E_{4s} < E_{4p} < E_{4d} < E_{4f}$$

由于钻穿而使电子的能量发生变化的现象叫作钻穿效应。

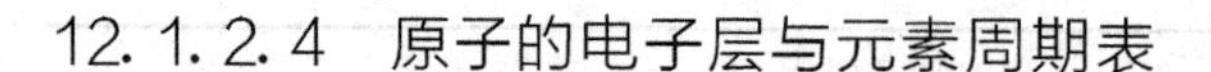

12.1.2.4 原子的电子层与元素周期表

(1) 周期与能级组　各周期内所含元素与各能级组内原子轨道所能容纳的电子数相等，周期数与能级组的序号完全对应（图 12-5）。

(2) 区　根据元素原子的外层电子构型，可以把元素划成 5 部分，在周期表中体现为 s、p、d、ds 和 f 五个区（表 12-2）。s、p 区对应于ⅠA、ⅡA……ⅦA 等主族元素，d、ds 区对应于过渡元素，而 f 区对应于内过渡元素（即镧系元素和锕系元素）。表 12-2 中还注明了各区元素原子的外层价电子构型。发生化学反应时，可能参与成键的电子亚层为最外层的 s 亚层、次外层的 d 亚层、外数第三层的 f 亚层。

表 12-2　周期表中元素的分区

周期＼族	ⅠA	ⅡA	ⅢB-ⅦB,Ⅷ	ⅠB　ⅡB	ⅢA-ⅦA	0
1						
2						
3						
4	s区				p区	
5	$ns^{1\sim2}$		d区	ds区	$ns^2np^{1\sim6}$	
6			$(n-1)d^{1\sim9}ns^{0\sim2}$	$(n-1)d^{10}ns^{0\sim2}$		
7						

镧系元素	f区 $(n-2)f^{1\sim14}(n-1)d^{0\sim2}ns^{1\sim2}$
锕系元素	

(3) 族　如上表所示，周期表的纵行称为族，外层电子结构相同或相似的元素构成一族。共 18 个纵行分为 16 个族，ⅠA、ⅡA……ⅦA、0 族、ⅠB、ⅡB……ⅧB，第ⅧB 族有 3 个纵行，0 族为稀有气体。元素在周期表中的族数取决于原子的价电子层结构（电子构型例外的元素除外）。

12.1.3 元素性质的周期性

原子电子层结构的周期性，决定了原子半径、解离能、电子亲和能和电负性等元素性质的周期性。

12.1.3.1 原子半径

原子核外电子运动具有波粒二象性，因此，原子本身并无明显的界面。通常所说的原子半径，实际上是根据物质中相邻原子的核间距确定的。常有共价半径、金属半径和范德华半径三种。例如，测得 O_2 分子中两个 O 原子之间的核间距，则此核间距的一半定义为氧的原子半径，此半径也叫共价半径，这是因为两个 O 原子是以共价键连接的。再者，如果测出金属 Mg 中相邻两个 Mg 原子之间的核间距，则此核间距的一半叫作金属半径。同一种元素的共价半径和金属半径数值不同，一般而言，金属半径比共价半径大 10%～25%。稀有气体分子间只能靠较弱的相互作用力（范德华力）形成晶体，晶体中分子间相邻两原子核间距的一半叫作范德华半径。对于同一元素，范德华半径比共价半径大得多。表 12-3 列出了元素的共价半径（其中稀有气体引用的是范德华半径）。

表 12-3 元素的共价半径 单位：pm

H																	He
28																	54
Li	Be											B	C	N	O	F	Ne
134	90											80	77	55	60	71	71
Na	Mg											Al	Si	P	S	Cl	Ar
154	136											118	113	95	94	99	98
K	Ca	Sc	Ti	V	Cr	Mn	Fe	Co	Ni	Cu	Zn	Ga	Ge	As	Se	Br	Kr
196	174	144	132	122	118	117	117	116	115	117	125	126	122	120	108	114	112
Rb	Sr	Y	Zr	Nb	Mo	Te	Ru	Rh	Pd	Ag	Cd	In	Sn	Sb	Te	I	Xe
216	191	162	145	134	130	127	125	125	128	134	148	144	141	140	130	133	131
Cs	Ba	La	Hf	Ta	W	Re	Os	Ir	Pt	Au	Hg	Tl	Pb	Bi	Po	At	Rn
235	198	169	144	134	130	128	126	127	130	134	149	148	147	146	146	145	

Ce	Pr	Nd	Pm	Sm	Eu	Gd	Tb	Dr	Ho	Er	Tm	Yb	Lu
165	165	164	163	162	185	161	159	159	158	157	156	156	156
Th	Pa	U	Np	Pu	Am	Cm	Bk	Cf	Es	Fm	Md	No	Lw
165		142											

从表 12-3 中可以看出各个元素的原子半径在周期和族中变化的情况。同一周期的主族元素从左至右随着有效核电荷 Z^* 的增加，核对外层电子引力增强，原子半径缩小。同一周期 d 区元素从左至右过渡时，新增电子分布在次外层 $(n-1)$d 轨道上，对外层电子屏蔽作用增强，Z^* 增加较少，故原子半径收缩减缓；到达 ds 区时 $(n-1)$d 轨道已经全充满，d 电子的屏蔽作用更强，原子半径反而略有增加。同一周期 f 区元素，新增电子填在外数第三层的 f 轨道上，Z^* 增加极少，原子半径收缩更缓。从 La 到 Lu，15 个元素的原子半径仅减少了 13pm，这个变化叫作镧系收缩。

同一主族元素，作用在外层电子上的有效核电荷（Z^*）相差甚小，故原子半径取决于电子层数。因此，同一主族元素，随着电子层数增多，原子半径显著增大。同一副族元素除钪（Sc）分族以外，从上到下，原子半径增加较少。特别是第五周期和第六周期的同一副族元素之间，原子半径非常接近。例如，铪（Hf）、钽（Ta）、钨（W）与上一周期的同族元素锆（Zr）、铌（Nb）、钼（Mo）原子半径极为接近，因而 Zr 与 Hf、Nb 与 Ta、Mo 与 W 的性质十分相似，在自然界往往形成共生矿，分离较为困难，这种情况是由镧系收缩引起的。

12.1.3.2 解离能和电子亲和能

（1）解离能（I） 基态（能量最低状态）的气态原子失去一个电子形成气态一价正离子所需的能量，称为原子的第一解离能，记为 I_1；一价气态正离子再失去一个电子形成二价气态正离子所需的能量，称为原子的第二解离能，记为 I_2；二价气态正离子再失去一个电子形成三价气态正离子所需的能量，称为原子的第三解离能，记为 I_3。例如，Mg 的第

一、第二、第三解离能分别为737.7kJ/mol、1450.7kJ/mol、7732.8kJ/mol。显然，$I_1<I_2<I_3$。这是由于随着离子的正电荷增多，对电子的引力增强，因而外层电子更难失去。

元素原子的解离能越小，原子就越易失去电子；元素原子的解离能越大，原子就越难失去电子。因此，解离能的大小可以表示原子失去电子的难易程度。通常只使用第一解离能来判断元素原子失去电子的难易程度。表12-4为一些元素原子的第一解离能。

表12-4 一些元素原子的第一解离能 单位：kJ/mol

H																	He
1312																	2372
Li	Be											B	C	N	O	F	Ne
520	900											801	1086	1402	1314	1681	2081
Na	Mg											Al	Si	P	S	Cl	Ar
496	738											578	786	1012	1000	1251	1520
K	Ca	Sc	Ti	V	Cr	Mn	Fe	Co	Ni	Cu	Zn	Ga	Ge	As	Se	Br	Kr
419	590	631	658	650	653	717	759	758	737	746	906	579	762	944	941	1140	1351
Rb	Sr	Y	Zr	Nb	Mo	Te	Ru	Rh	Pd	Ag	Cd	In	Sn	Sb	Te	I	Xe
403	550	616	660	664	685	702	711	720	805	731	868	558	709	832	869	1008	1170
Cs	Ba	La	Hf	Ta	W	Re	Os	Ir	Pt	Au	Hg	Tl	Pb	Bi	Po	At	Rn
376	503	538	654	761	770	760	840	880	870	890	1007	589	716	703	812	917	1037
Fr	Ra	Ac															
386	509	666															

Ce	Pr	Nd	Pm	Sm	Eu	Gd	Tb	Dr	Ho	Er	Tm	Yb	Lu
528	523	530	536	543	547	592	564	572	581	589	597	603	524
Th	Pa	U	Np	Pu	Am	Cm	Bk	Cf	Es	Fm	Md	No	Lw
590	570	590	600	585	578	581	601	608	619	627	635	642	

从表12-4可知，同一周期元素从左至右，原子的第一解离能逐渐增加，原因是有效核电荷（Z^*）逐渐增加。其中稍有起伏，如第三周期Mg（$3s^2$）、P（$3s^2 3p^3$）显得比前后的元素均高，这是由于原子轨道全充满和半充满的缘故。同一主族从上至下，原子的第一解离能逐渐减小，是因为电子层增加，使得核对外层电子的吸引力减弱。

值得注意的是，解离能的大小只能衡量气态原子失去电子变为气态离子的难易程度，至于金属在溶液中发生化学反应形成阳离子的倾向，还是应该根据金属的电极电势来衡量。

（2）电子亲和能（Y） 原子结合电子的能力用电子亲和能（Y）来表示。与解离能相反，它是指一个气态元素的基态原子得到一个电子形成气态阴离子所释放出来的能量。按结合电子数目，有一电子、二电子、三电子亲和能之分。例如，氧原子的$Y_1=-141$kJ/mol，$Y_2=780$kJ/mol，这是由于O^-对再结合的电子有排斥作用。第一电子亲和能（Y_1）的代数值越小，表示元素的原子结合电子的能力越强，即元素的非金属性越强。电子亲和能难于测定，因而数据较少，应用也受到限制，表12-5提供了一些元素原子的电子亲和能数据。从表12-5可知，无论是在周期或族中，电子亲和能的代数值都随着原子半径的增大而增加。这是由于随着原子半径增加，核对电子的引力减小的缘故。

表 12-5　一些元素原子的电子亲和能　　单位：kJ/mol

H						He
−72.9						(+20)
Li	B	C	N	O	F	Ne
−59.8	−23	−122	0(+20)[①]	−141	−322	(+29)
Na	Al	Si	P	S	Cl	Ar
−52.9	−44	−120	−74	−200.4	−348.7	(+35)
K	Ga	Ge	As	Se	Br	Kr
−48.4	−36	−116	−77	−195	−324.5	(+39)
Rb	In	Sn	Sb	Te	I	Xe
−46.9	−34	−121	−101	−190.1	−295	(+40)
Cs	Tl	Pb	Bi	Po	At	Rn
−45.5	−50	−100	−100	(−180)	(−270)	(+20)

① 括号中的数字是计算值。

12.1.3.3　电负性

如前所述，解离能只能用来衡量元素金属性的相对强弱，电子亲和能只能用来定性比较元素非金属性的相对强弱。为了能比较全面地描述不同元素原子在分子中吸引电子的能力，鲍林提出了电负性的概念，所谓电负性（χ）是指元素的原子在分子中吸引电子的能力。计算电负性的根据是热化学数据和分子键能，首先规定 $\chi(\mathrm{F})=4.0$，然后求出其他元素的电负性（表 12-6）。由表 12-6 可知，同一周期元素原子从左至右随着有效核电荷（Z^*）的增加，原子半径（r）的减小，在分子中对电子的吸引力增强，电负性升高。同一主族元素原子从上至下，原子半径增加，电负性减小。至于副族元素原子，电负性变化的规律性不强。元素的电负性越大，表示它的原子在分子中吸引成键电子的能力越强。

表 12-6　元素的电负性

H																
2.1																
Li	Be											B	C	N	O	F
1.0	1.5											2.0	2.5	3.0	3.5	4.0
Na	Mg											Al	Si	P	S	Cl
0.9	1.2											1.5	1.9	2.1	2.5	3.0
K	Ca	Sc	Ti	V	Cr	Mn	Fe	Co	Ni	Cu	Zn	Ga	Ge	As	Se	Br
0.8	1.0	1.3	1.5	1.6	1.6	1.5	1.8	1.9	1.9	2.0	1.6	1.6	1.8	2.0	2.4	2.8
Rb	Sr	Y	Zr	Nb	Mo	Te	Ru	Rh	Pd	Ag	Cd	In	Sn	Sb	Te	I
0.8	1.0	1.2	1.4	1.6	1.8	1.9	2.2	2.2	2.2	1.9	1.7	1.7	1.8	1.9	2.1	2.5
Cs	Ba	La[①]	Hf	Ta	W	Re	Os	Ir	Pt	Au	Hg	Tl	Pb	Bi	Po	At
0.7	0.9	1.1	1.3	1.5	1.7	1.9	2.2	2.2	2.2	2.4	1.9	1.8	1.9	1.9	2.0	2.2
Fr	Re	Ac[②]														
0.7	0.9	1.1														

① 镧系（La～Lu）：1.0～1.2。
② 锕系（Th～No）：1.3～1.4。

12.2 分子结构

物质的分子是由原子组成的，原子之所以能形成分子，说明原子间存在较强的相互作用力。通常把分子中直接的两个或多个原子间的强相互作用力称为化学键。对化学键本质的研究，直到 19 世纪末电子的发现和近代原子结构理论建立后才获得较好的阐明。

20 世纪初，德国化学家科赛尔（Kossel）根据稀有气体的稳定结构提出了离子键理论，认为不同的原子相互化合时首先形成稳定结构的正负离子，再通过静电相互吸引形成化合物。但它不能解释 O_2、Cl_2 等同核双原子分子的形成或电负性相差不大的原子形成分子（如 CH_4）。

1916 年，美国化学家路易斯（Lewis G. N.）提出了“共价键”理论，认为上述分子是通过共用电子对结合成键的，分子形成后，每个原子都达到了稳定的稀有气体结构。路易斯的经典共价键理论为化合物结构式中的短线赋予了合理的解释，例如，Cl－Cl 中的短线表示两个氯原子之间的一对共用电子。

1927 年，德国化学家海特勒（Heitler W.）和伦敦（London F.）运用量子力学研究 H_2 的形成，从而奠定了现代化学键理论的基础。以量子力学为基础的化学键理论需要求解分子的薛定谔方程，即使运用现代数学和电子计算机，这种求解也有困难。因此只好采用某些近似的假定以简化计算。一种假定是成键电子对局限于两个原子之间运动，这种情况常称“定域”。另一种假定是成键电子对在属于整个分子的区域运动，这种情况常称“离域”。共价键定域理论的代表是 1931 年鲍林建立的现代价键理论（简称 VB 法）和杂化轨道理论（简称 HO 法），而共价键离域理论以德国化学家洪特（Hund F.）和美国化学家慕礼孔（Milliken）于 1932 年提出的分子轨道（简称 MO 法）为代表。

本节将在原子结构理论的基础上，重点介绍共价键理论（价键理论、杂化轨道理论和分子轨道理论）及应用。同时对分子间力和氢键等做简要介绍。

12.2.1 价键理论（VB 法）

12.2.1.1 价键理论的基本要点

价键理论又称电子配对法，简称 VB 法。其基本要点如下。

（1）有未成对且自旋方向相反的电子，即键合的两原子，各有一个未成对电子，且自旋方向相反。

如 A、B 两原子各有一个未成对电子，且自旋方向相反，则这两个单电子可相互配对形成稳定的共价单键（如 H_2）；如 A、B 两原子各有两个或三个未成对电子，则自旋方向相反的电子可两两配对形成共价双键（如 O_2）或三键（如 N_2）。

（2）原子轨道最大重叠原理。成键电子的原子轨道要发生最大程度的重叠，这样两核间的电子概率密度才大，形成的共价键牢固，分子更稳定。

12.2.1.2 共价键的本质

价键理论指出，两个原子中必须有自旋方向相反的未成对电子且两原子轨道发生最大程度的重叠才能形成稳定的共价键。根据量子力学的理论计算和实验得知，氢分子的形成如图 12-6 所示。

当两个氢原子的 1s 电子自旋方向相同时，两原子在相互靠近时互相排斥，两原子核间的电子概率密度几乎为零，体系的能量高于两个孤立的氢原子能量之和。且原子越靠近，体系能量越高，说明两个氢原子并未键合成分子。

如果两个氢原子的 1s 电子自旋方向相反，当两个氢原子逐渐靠近时，体系能量逐渐降低，两个氢原子的原子轨道发生重叠，两原子核间电子概率密度很大，当核间距为 74pm（理论值 87pm）时，两原子的原子轨道发生最大程度的重叠，系统能量降至最低。比两个孤立的氢原子的能量之和还低，说明两个氢原子结合成分子，形成稳定的共价键。

从上述共价键的形成过程可知，共价键（valence bond）的本质是：原子间由于成键电子的原子轨道重叠而形成的化学键。

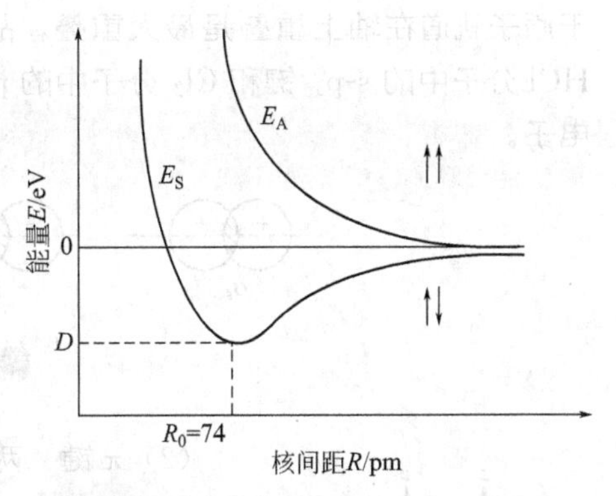

图 12-6 H_2 分子能量与核间距的关系
E_A—排斥态能量曲线；E_S—基态能量曲线

12.2.1.3 共价键的特点

（1）饱和性　两原子接近时，自旋方向相反的未成对价电子可以配对形成共价键。这说明，原子的一个未成对价电子可以，而且只可以与另一原子自旋方向相反的电子配对。例如，氢原子之间可以形成 H_2，由于 H_2 与 H 之间再也不能配对成键，因此，没有 H_3 分子。这就是共价键的饱和性。

（2）方向性　形成共价键时，将尽可能使成键电子的原子轨道按对称性匹配原则多重叠，因为这样所形成的共价键较牢固。这就是最大重叠原理。

根据这个要点，形成共价键时，成键电子的原子轨道只有沿着轨道伸展的方向进行重叠（s 轨道为球形，s-s 重叠除外），才能实现最大限度的重叠，这就决定了共价键的方向性。

用原子轨道（实指角度部分，下同）可以进一步讨论最大重叠原理。根据对称性匹配原则，当两个原子轨道以对称性相同的部分（即“+”与“+”，“−”与“−”）相互重叠时，两原子间电子出现的概率增加，有可能形成化学键，这种重叠叫作正重叠或有效重叠（图 12-7）。当两个原子的原子轨道发生“+”与“−”重叠时，两原子间电子出现的概率减小，难以形成化学键，故称这种重叠为负重叠或无效重叠（图 12-8）。

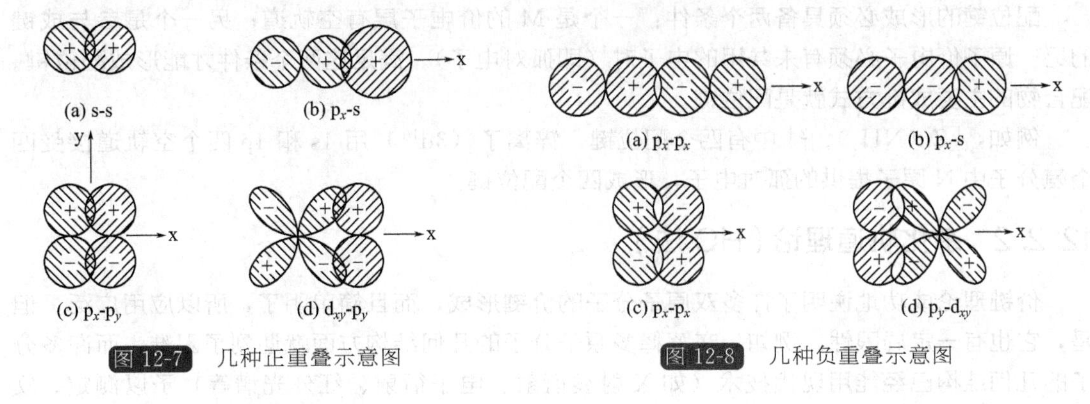

图 12-7 几种正重叠示意图　　图 12-8 几种负重叠示意图

12.2.1.4 共价键的类型

由于原子轨道重叠的情况不同，共价键的类型也不同。根据原子轨道重叠部分的对称性，共价键可以分成σ键和π键。

（1）σ键　在共价键中，通过两个成键原子的轴叫作该键的键轴。成键两原子沿着键轴方向，以“头碰头”的方式发生轨道重叠形成的共价键叫作σ键，其对称性叫作σ对称。由于原子轨道在轴上重叠是最大重叠，故σ键的键能大且稳定。例如，H_2 分子中的 s-s 键、HCl 分子中的 s-p_x 键和 Cl_2 分子中的 p_x-p_x 键都是σ键（图 12-9），形成σ键的电子叫作σ电子。

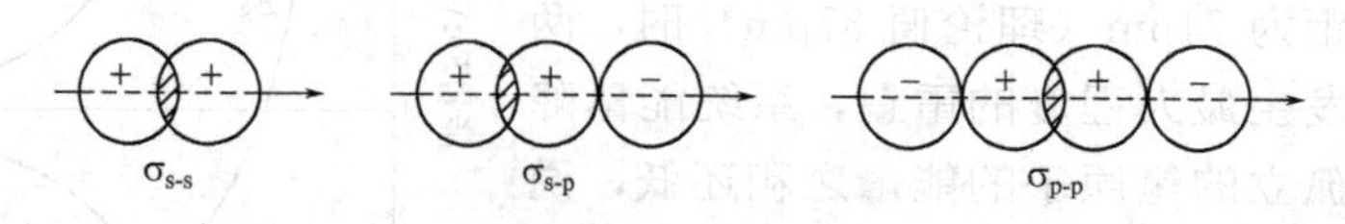

图 12-9　σ键示意图

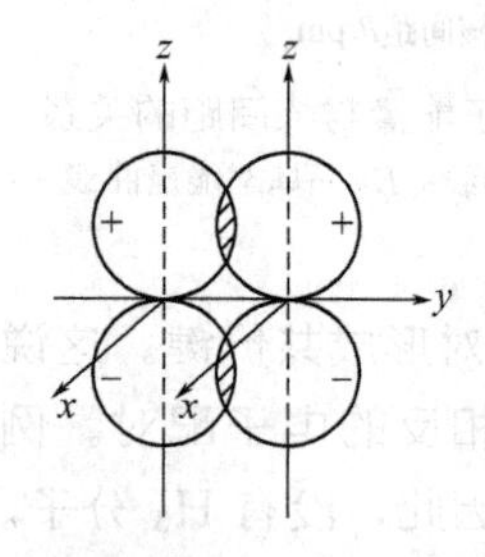

图 12-10　π键示意图

（2）π键　两个原子轨道的 p_x 轨道重叠形成σ键后，相互平行的两个 p_y 或 p_z 轨道只能以“肩并肩”的方式重叠，形成的共价键叫作π键（图 12-10），图 12-7 中（c）和（d）也是π键。形成π键时，原子轨道的重叠部分通过键轴的平面呈镜面反对称，反对称是指形状对称，但符号或虚实相反的情况。反对称又叫π对称，如图 12-10 中的原子轨道重叠部分就是关于 xy 平面的反对称。形成π键的电子就叫作π电子。

最大重叠原理所提到的对称性匹配就是指成键时必须符合σ对称或π对称，否则就不能成键。共价单键一般是σ键，共价双键或三键中，除一个σ键外，其余为π键。由于π键的电子云密集在原子核连线上下，则原子核对π电子束缚力小，电子流动性较大，稳定性较小，是化学反应的积极参与者，如烯烃、炔烃中的π键易于断裂发生加成反应。

12.2.1.5　配位共价键

由一个原子单方面提供共用电子对而形成的共价键叫作配位共价键，简称配位键或配价键。配位键可用“→”表示：M←L，M 表示接受电子对的一方，它经常是过渡金属离子或过渡金属原子，故用 M 表示；L 为提供电子对的一方，箭头（→）表示电子对的授受方向。

配位键的形成必须具备两个条件：一个是 M 的价电子层有空轨道；另一个是参与成键的另一原子价电子必须有未共用的电子对（即孤对电子）。满足这两个条件才能形成配位键。配合物的主要成键方式就是配位键。

例如，$[Zn(NH_3)_4]^{2+}$ 中有四个配位键，锌离子（$3d^{10}$）用 4s 和 4p 四个空轨道接受四个氨分子中 N 原子提供的孤对电子，形成四个配位键。

12.2.2　杂化轨道理论（HO 法）

价键理论成功地说明了许多双原子分子的价键形成，而且简单明了，所以应用广泛。但是，它也有一定局限性。例如，在解释多原子分子的几何结构方面就遇到了困难，而许多分子的几何结构已经能用现代技术（如 X 射线衍射、电子衍射、红外光谱等）予以测定。实验测知，甲烷（CH_4）分子的几何构型为正四面体，碳原子位于四面体的中心，键角为 109°28′，四个 C—H 是相同的，即它们的键长和键能都相等。用 VB 法得不到上述结论，这是因为基态碳原子 $C(2s^2 2p^2)$ 的轨道式为：

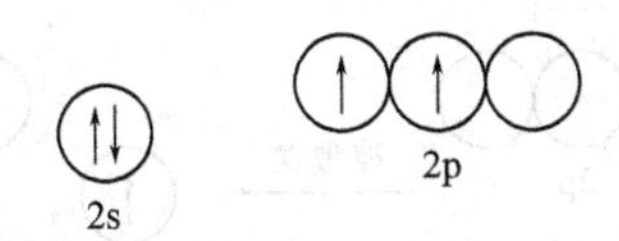

按照这个轨道式，C 原子仅能形成两个夹角为 90°的 C—H 键。这与实验事实不符。进一步考虑到 2s 上的一个电子可以被激发到 2p 上并改变自旋，从而使 C 原子的价层有四个未成对电子。

这样可以形成四个 C—H 键，激发所需能量可以由键能得到补偿。但上述四个键不是等同的，s 轨道能量较低，它形成的 C—H 键的键能理应较低，由 p 轨道形成的 C—H 键应互相垂直。这些推断与实验事实不符。为了更好地阐明分子的实际构型及稳定性，鲍林在价键理论中引入了杂化轨道（hybrid orbit）的概念，并用量子力学的方法，得到了杂化轨道的波函数。从而解决了大部分多原子分子的几何构型及稳定性的问题。

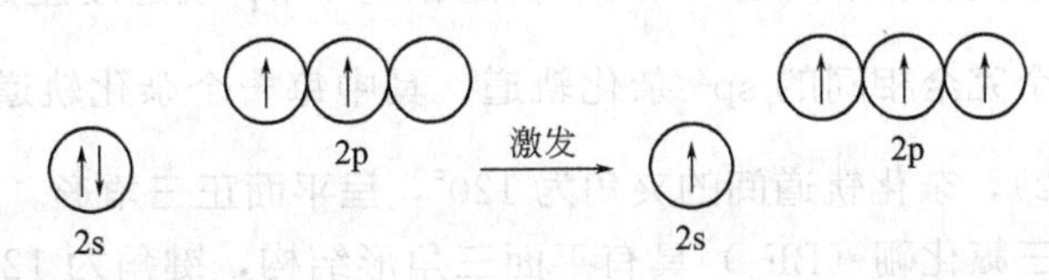

12.2.2.1　杂化轨道理论的基本要点

（1）同一原子中，能级相近的、不同类型的原子轨道在成键时，受到与之成键原子的影响，有可能改变原有状态，“混杂”起来并重新组合成一组新原子轨道，这个过程叫作杂化。杂化后组成的新轨道叫作杂化轨道（简称 HO）。

（2）杂化轨道的数目等于参与杂化的原子轨道数目。例如，某一原子的 ns 轨道和 $n\text{p}_x$ 轨道杂化，只能形成两个 sp 杂化轨道（图 12-11）。图中两个 sp 杂化轨道分别用实线和虚线绘出。由图可知，两个 sp 杂化轨道形状相同，但其角度分布最大值在 x 轴上的取向相反。

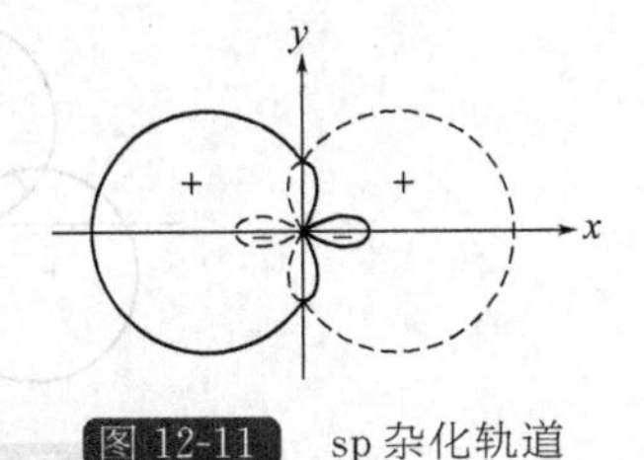

图 12-11　sp 杂化轨道

（3）杂化轨道的成键能力比未杂化的原子轨道成键能力强。成键后放出的能量更多，形成的分子更稳定。

12.2.2.2　杂化轨道的类型

由于原子轨道的种类和数目的不同，可组成不同类型的杂化轨道。下面主要介绍 s 和 p 轨道参与组成的杂化及有关分子的结构。

（1）sp 杂化　同一原子内，由一个 ns 轨道和一个 np 轨道发生杂化，叫作 sp 杂化。杂化后组成了两个完全相同的 sp 杂化轨道，其中每个轨道均含有 $\frac{1}{2}$ s 成分和 $\frac{1}{2}$ p 成分。两个杂化轨道间的夹角为 180°，呈直线形。

以 $BeCl_2$ 的形成为例，来说明 sp 杂化。实验表明，气态 $BeCl_2$ 是一个直线形的共价分子，键角为 180°，两个 Be—Cl 键完全相同，即 $BeCl_2$ 的分子结构是 Cl—Be—Cl。

基态 Be 原子的价电子层结构虽然是 $2s^2$，似乎不能形成共价键，但是杂化轨道理论认为，成键时 Be 原子中的一个 2s 电子可以激发至 2p 中，使 Be 原子的 2s 和一个 2p 轨道发生 sp 杂化，形成两个完全相同的 sp 杂化轨道。用轨道图式表示上述过程较简便。

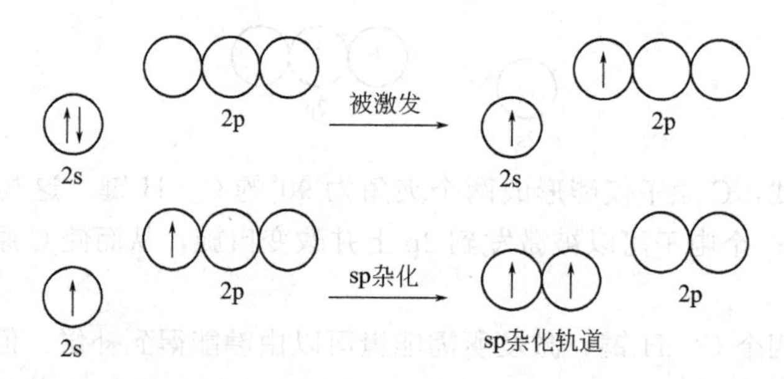

杂化后形成的 sp 杂化轨道如图 12-11 所示。成键时，每一个 sp 杂化轨道都用大的一头与一个 Cl 原子的成键轨道重叠，从而形成两个完全相同的 σ 键。据杂化轨道理论推算，两个 sp 杂化轨道的夹角正好是 180°。上述推断与实验结果相符。

（2）sp^2 杂化　同一原子中，由一个 ns 轨道和两个 np 轨道发生的杂化，叫作 sp^2 杂化。杂化后组成了三个完全相同的 sp^2 杂化轨道，其中每一个杂化轨道均含有 $\frac{1}{3}$ s 和 $\frac{2}{3}$ p 轨道的成分（图 12-12），杂化轨道间的夹角为 120°，呈平面正三角形。

实验表明，气态三氟化硼（BF_3）具有平面三角形结构，键角为 120°，三个 B—F 键完全相同（图 12-13）。

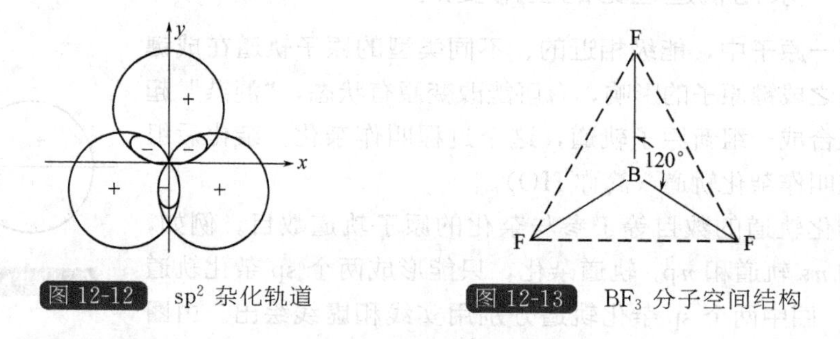

图 12-12　sp^2 杂化轨道　　图 12-13　BF_3 分子空间结构

用轨道图式可以简便地说明 BF_3 中杂化轨道的形成过程。

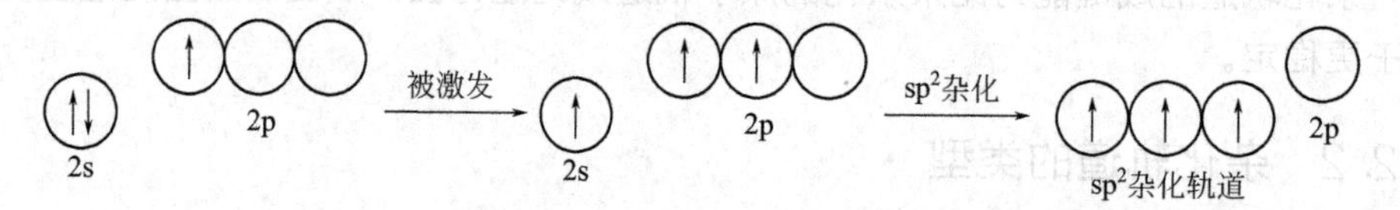

由理论推算，sp^2 杂化轨道的夹角为 120°，BF_3 中，B 原子以杂化轨道较大的一头与 F 原子的成键轨道重叠而成三个 σ 键，键角为 120°，三个键完全相同。

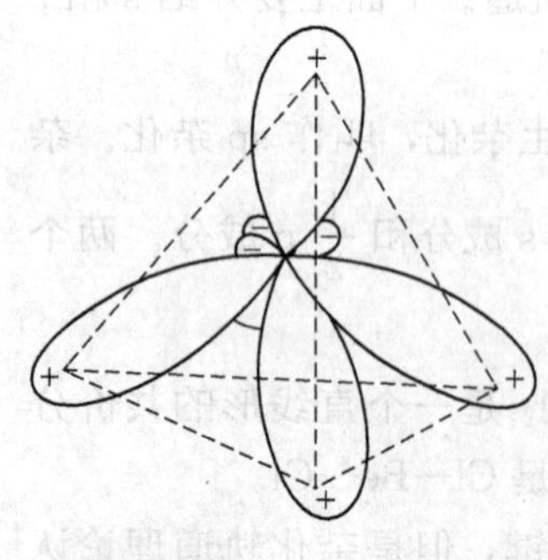

图 12-14　sp^3 杂化轨道

（3）sp^3 杂化　同一原子内，由一个 ns 轨道和三个 np 轨道发生的杂化，叫作 sp^3 杂化。杂化后组成了四个完全相同的 sp^3 杂化轨道，其中每一个杂化轨道均含有 $\frac{1}{4}$ s 和 $\frac{3}{4}$ p 轨道的成分。杂化轨道之间的夹角为 109°28′（图 12-14），正四面体形。用杂化轨道理论可以圆满地解释 CH_4 分子的几何构型。基态 C 原子在成键时发生了变化，一个 2s 电子被激发到 2p 轨道上，并改变了自旋，同时 2s 轨道和三个 2p 轨道发生 sp^3 杂化，形成 4 个完全相同的 sp^3 杂化轨道。

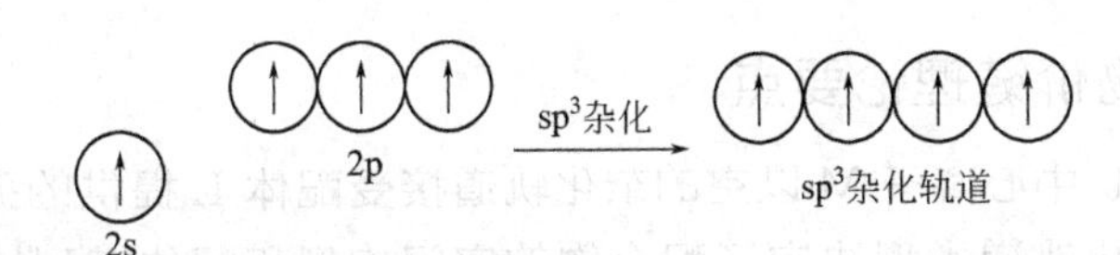

4 个 sp^3 杂化轨道一头大一头小，成键时用大的一头与 H 原子的成键轨道重叠形成四个 σ 键。理论计算表明，四个 sp^3 杂化轨道的夹角是 109°28′，这表明 CH_4 分子的构型是正四面体。

(4) 不等性 sp^3 杂化　表面上看，NH_3 与 BF_3 的分子式类似，但实际上 NH_3 分子的键角为 107°18′，更为接近 CH_4 的 109°28′。H_2O 分子与 $BeCl_2$ 分子式类似，但实际上 H_2O 的键角不是 180°而是 104°45′，也是更为接近 109°28′。杂化轨道理论认为 NH_3 中的 N、H_2O 中的 O 都是以 sp^3 杂化方式成键。

N 原子的价电子层结构是 $2s^2 2p^3$，成键时形成的四个杂化轨道不完全相同，其中有一个 sp^3 杂化轨道被一对电子所占据。产生这种不完全相同的轨道叫作不等性杂化。成键时，三个具有成单电子的杂化轨道分别与 H 原子的 1s 轨道重叠，形成三个相同的键；另一个杂化轨道上的一对孤对电子由于没有参加成键，因而较为靠近 N 原子，其电子云在 N 原子外占据着比较大的空间，对三个 N—H 键的电子云有较大的静电排斥力，使 NH_3 的键角被压缩到 107°18′，NH_3 分子呈三角锥形构型（图 12-15）。

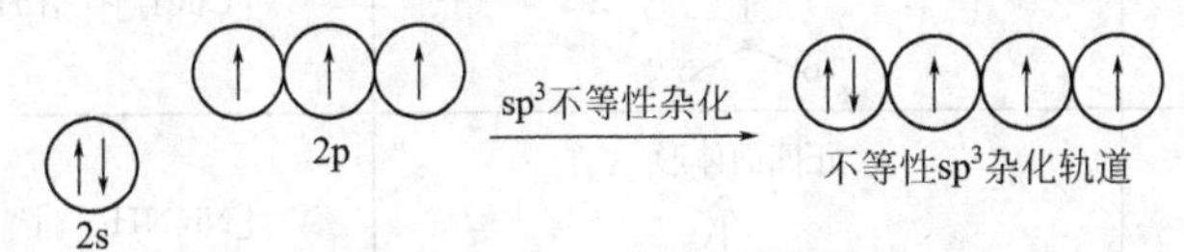

H_2O 分子中 O 原子的价电子层结构为 $2s^2 2p^4$，成键时也发生了不等性 sp^3 杂化形成的四个不等性 sp^3 杂化轨道中，两个各有一对孤对电子，另外两个分别与氢原子形成 σ 键。

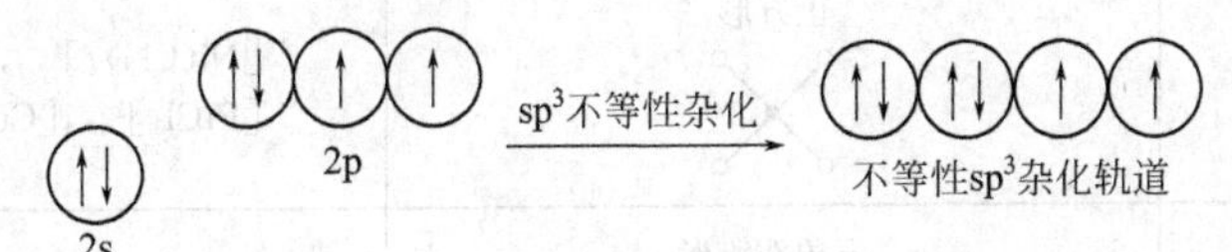

由于它们的电子云在 O 原子外占据着更大的空间，对两个 O—H 键有更大的排斥力使键角压缩到 104°45′。H_2O 分子的几何构型为 V 形（图 12-16）。

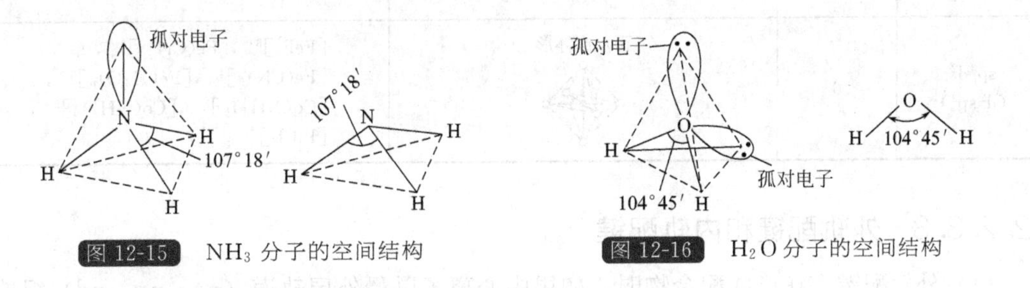

图 12-15　NH_3 分子的空间结构

图 12-16　H_2O 分子的空间结构

12.2.3 配合物中的价键理论

第三周期以后的元素，价电子层有 d 轨道，成键时有可能发生 spd（或 dsp）型杂化。许多 d 区元素可作配合物的中心离子（或原子），因此配合物的杂化类型比较复杂。1931 年，鲍林把杂化轨道的价键概念应用到配合物中，用以说明配合物的化学键本性，随后经过逐步完善，形成了近代的配合物价键理论。

12.2.3.1 配合物价键理论要点

在形成配合物时，中心离子 M 以空的杂化轨道接受配体 L 提供的孤对电子，形成 σ 配位键。中心离子的杂化轨道类型决定了配合物的空间构型和配位键型（外轨配键或内轨配键）。

12.2.3.2 配合物的空间构型

由于配合物中心离子的杂化轨道类型不同，使得配合物的空间构型多种多样。例如，$[Ag(NH_3)_2]^+$ 中 Ag^+ 采用 sp 杂化，故 $[Ag(NH_3)_2]^+$ 的空间构型为直线形，而 $[Ni(NH_3)_4]^{2+}$ 的 Ni^{2+} 采用 sp^3 杂化轨道，故 $[Ni(NH_3)_4]^{2+}$ 的空间构型为正四面体形。表 12-7 列出了一些配合物中心离子轨道杂化类型与配合物的空间构型。

表 12-7 一些配合物中心离子轨道杂化类型与配合物的空间构型

杂化类型	配位数	空间构型	实例
sp	2	直线形	$[Cu(NH_3)_2]^+$，$[Ag(NH_3)_2]^+$ $[CuCl_2]^-$，$[Ag(CN)_2]^-$
sp^2	3	平面等边三角形	$[CuCl_3]^{2-}$，$[HgI_3]^-$
sp^3	4	正四面体形	$[Ni(NH_3)_4]^{2+}$，$[Zn(NH_3)_4]^{2+}$， $[Ni(CO)_4]$，$[HgI_4]^{2-}$
dsp^2	4	正方形	$[Ni(CN)_4]^{2-}$，$[Cu(NH_3)_4]^{2+}$ $[PtCl_4]^{2-}$，$[Cu(H_2O)_4]^{2+}$
dsp^3 (d^3sp)	5	三角双锥形	$[Fe(CO)_5]$，$[Mn(CO)_5]$， $[Co(CN)_5]^{3-}$
sp^3d^2 (d^2sp^3)	6	正八面体形	$[FeF_6]^{3-}$，$[Fe(CN)_6]^{3-}$， $[Fe(CN)_6]^{4-}$，$[Fe(H_2O)_6]^{3+}$， $[Co(NH_3)_6]^{2+}$，$[Co(NH_3)_6]^{3+}$， $[PtCl_6]^{2-}$

12.2.3.3 外轨配键和内轨配键

(1) 外轨配键　在形成配合物时，如果中心离子以最外层轨道（ns、np、nd）组成杂化轨道，并与配位体结合形成配位键，则这样的配位键叫作外轨配键。含外轨配键的配合物叫作外轨型配合物。例如，Ni^{2+} 与四个氨分子结合为 $[Ni(NH_3)_4]^{2+}$ 时，Ni^{2+}（价电子层构型 $3d^84s^04p^0$）离子的一个 4s 和三个 4p 空轨道进行杂化，组成四个 sp^3 杂化轨道，容纳四个氨分子中氮原子提供的四对孤对电子而形成四个外轨配键，配合物的空间构型为正四面体，即：

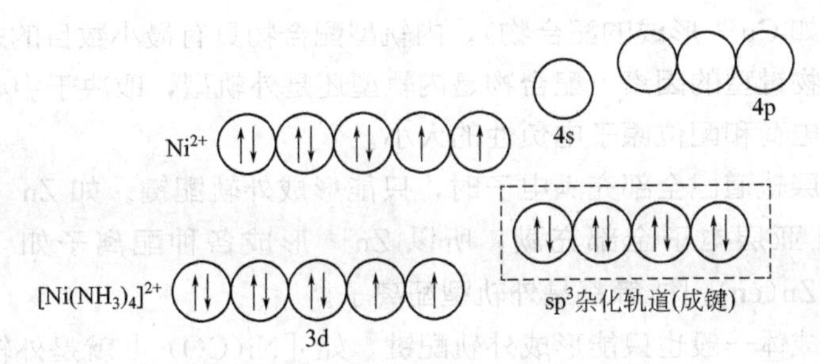

虚线框表示杂化轨道中的共用电子对由 N 原子提供。

Fe^{3+} 与六个 F^- 形成的 $[FeF_6]^{3-}$ 也是一种外轨型配合物，其空间构型为正八面体。形成外轨型配合物时，中心离子仍保持自由离子的电子层结构，其未成对电子数与自由离子相同。即：

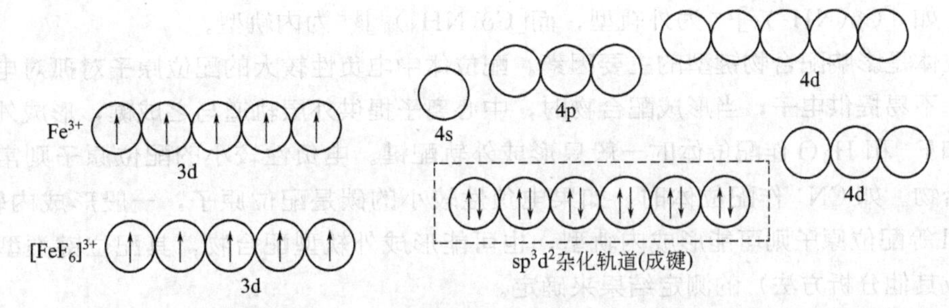

（2）内轨配键　在形成配合物时，如果中心离子不仅提供外层的 ns、np 轨道，而且还提供了 $(n-1)$d 轨道参与组成杂化轨道，并与配体结合形成配位键，则这样的配位键叫作内轨配键，含内轨配键的配合物叫作内轨型配合物。例如，Ni^{2+} 与四个 CN^- 结合成 $[Ni(CN)_4]^{2-}$ 时，Ni^{2+} 在配位体的影响下，3d 电子重新排布，空出一个 3d 轨道与一个 4s、两个 4p 轨道进行杂化，组成四个 dsp^2 杂化轨道，容纳四个 CN^- 中的碳原子所提供的四对弧对电子而形成四个内轨配键。即：

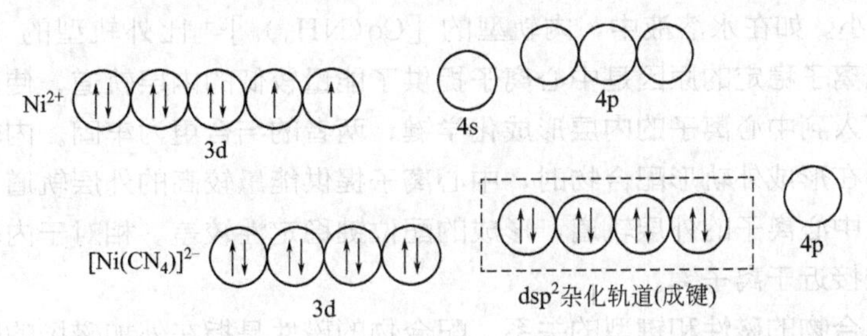

各个 dsp^2 杂化轨道间的夹角为 90°，而且在同一平面上，因此 $[Ni(CN)_4]^{2-}$ 的空间构型为正方形。Ni^{2+} 在正方形中心，四个配位体位于正方形的四个顶角上。

Fe^{3+} 与 CN^- 结合时，在配位体的影响下，3d 电子重新分布，形成的 $[Fe(CN)_6]^{3-}$ 也是一种内轨型配合物，其空间构型为正八面体。

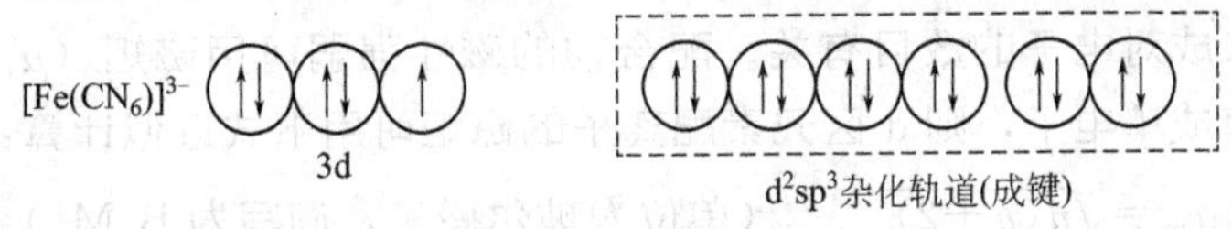

形成内轨型配合物时，在配位体的影响下，中心离子的电子分布发生变化，形成杂化轨道时动用了中心离子的内层轨道，配合物中心离子的未成对电子数比自由离子的未成对电子

数少（也有例外，如 Cu^{2+} 形成的配合物），内轨型配合物具有最小数目的未成对电子数。

（3）影响配合物键型的因素　配合物是内轨型还是外轨型，取决于中心离子的电子层结构、中心离子所带电荷和配位原子电负性的大小。

当中心离子内层轨道已全部充满电子时，只能形成外轨配键。如 Zn^{2+} 的价层电子结构为 $3d^{10}4s^{0}4p^{0}$，3d 亚层电子全部充满，所以 Zn^{2+} 形成各种配离子如 $[Zn(NH_3)_4]^{2+}$、$[Zn(CN)_4]^{2-}$ 和 $[Zn(en)_2]^{2+}$ 等都是外轨型配离子。

中性原子作形成体一般也只能形成外轨配键。如 $[Ni(CO)_5]$ 就是外轨型配合物。

中心离子具有空的 $(n-1)$d 轨道，或通过电子重排可以空出 $(n-1)$d 轨道，则有可能形成内轨型配合物。前者如 $Cr^{3+}(3d^3)$，后者如 $Fe^{3+}(3d^5)$。

中心离子电荷的增多有利于形成内轨型配合物。这是因为中心离子的电荷较多时对外层电子的吸引能力大，有可能空出若干个 $(n-1)$d 轨道，这有利于中心离子的内层 d 轨道参与成键。如 $[Co(NH_3)_6]^{2+}$ 为外轨型，而 $[Co(NH_3)_6]^{3+}$ 为内轨型。

配位体是影响配合物键型的主要因素。配位体中电负性较大的配位原子对孤对电子的吸引较牢，不易提供电子，当形成配合物时，中心离子提供外层轨道与之成键，形成外轨型配合物。如 F^- 和 H_2O 作配位体时一般只形成外轨配键。电负性较小的配位原子则常形成内轨型配合物。如 CN^- 作配位体时，如果电负性较小的碳是配位原子，一般形成内轨配键，而 N、Cl 等配位原子则可能形成内轨型，也可能形成外轨型配合物，其配位键类型应根据磁矩（或其他分析方法）的测定结果来确定。

12.2.3.4 配合物价键理论的应用

（1）解释配合物的空间构型和配位数　中心离子的杂化轨道具有一定的方向性，具有一定的数目，所以配合物就有一定的空间构型和配位数。常见的配合物的空间构型和配位数见表 12-7。

（2）解释配离子的稳定性　内轨型配离子的中心离子与配位体结合比较牢固，在水中的解离度比外轨型的小。如在水溶液中，内轨型的 $[Co(NH_3)_6]^{3+}$ 比外轨型的 $[Co(NH_3)_6]^{2+}$ 稳定。内轨型配离子稳定的原因是中心离子提供了能量较低的内层轨道，使配位体所提供的孤对电子能够深入到中心离子的内层形成化学键，两者的结合更为牢固。内轨配键的性质较接近于共价键。在形成外轨形配合物时，中心离子提供能量较高的外层轨道，配体提供的孤对电子只能进入中心离子的外层轨道，形成的配位键稳定性较差。相对于内轨配键而言，外轨配键的性质较接近于离子键。

（3）解释配合物的磁性和键型的关系　配合物的磁性是指在外加磁场的影响下，配合物所表现出来的顺磁性或反磁性。顺磁性配合物可被外磁场吸引，反磁性配合物不被外磁场吸引。配合物的磁性主要与配合物中电子自旋运动有关。如果配合物中电子均已成对，电子自旋所产生的磁效应相互抵消，配合物就表现为反磁性。当配合物中有未成对电子，总磁效应不能相互抵消，多出的电子所产生的磁矩就使整个分子具有顺磁性。因此，配合物的磁性强弱与配合物内部未成对电子的数目有关。配合物的磁性强弱可用磁矩（μ_m）表示。假定配离子中配体内没有成单电子，则 d 区元素配离子的磁矩可用下式近似计算：

$$\mu_m=\sqrt{n(n+2)} \quad \text{（单位为玻尔磁子，简写为 B. M.）}$$

根据上式可以算出未成对电子数 n 为 1～5 的理论磁矩值与前面相应。因此，测定配合物的磁矩，就可以了解中心离子未成对电子数，从而可以确定配合物的键型。

表12-8 磁矩的理论值

未成对电子数	1	2	3	4	5
μ/B. M.	1.73	2.83	3.87	4.90	5.92

例如，Fe^{3+} 中有5个未成对电子，则它的磁矩理论值为：

$$\mu=\sqrt{5(5+2)}=5.92\text{B. M.}$$

实验测得 $[FeF_6]^{3-}$ 的磁矩为5.90 B. M.，与计算出来的理论值（或查表12-8）比较可知，在 $[FeF_6]^{3-}$ 中，Fe^{3+} 仍保留有5个未成对电子，以 sp^3d^2 杂化轨道与 F^- 形成外轨配键，所以 $[FeF_6]^{3-}$ 为外轨型配离子。而 $[Fe(CN)_6]^{3-}$ 的磁矩由实验测得为2.0 B. M.，查表12-8，此数值与具有一个未成对电子的磁矩理论值1.73 B. M. 很接近，表明在成键过程中，中心离子的未成对电子数减少，d电子重新分布，空出两个d轨道以 d^2sp^3 杂化轨道与配位原子碳形成内轨配键，所以 $[Fe(CN)_6]^{3-}$ 为内轨型配离子。

又如配位数为4的配离子 $[Ni(NH_3)_4]^{2+}$ 和 $[Ni(CN)_4]^{2-}$，Ni^{2+}（$3d^84s^0$）有两个未成对电子，查表12-8可知其 $\mu=2.83$ B. M.，而实验测得 $[Ni(NH_3)_4]^{2+}$ 和 $[Ni(CN)_4]^{2-}$ 的磁矩分别为3.2B. M. 和0，这表明 $[Ni(NH_3)_4]^{2+}$ 为外轨型，$[Ni(CN)_4]^{2-}$ 为内轨型。

12.2.4 分子轨道理论（MO法）

前面介绍了共价键理论中的价键理论，该理论沿用了早期经典共价键理论中的一些概念，有量子力学作理论基础，又运用杂化轨道理论，解释了分子的几何构型、配合物的磁性等问题，因此它得到了广泛的应用。但是有一些问题用价键理论很难解释。例如，如果用价键理论处理 O_2 分子，应该得到 O_2 分子中形成了一个 σ 键和一个 π 键，其中所有的电子都已成对。可是根据对 O_2 分子的磁性研究，O_2 是顺磁性物质，其中存在着两个自旋平行的单电子。另外，价键理论也无法解释氢分子离子（H_2^+）为什么能稳定存在。应用分子轨道理论（molecular orbital theory）可以解决这些问题。分子轨道理论在近年来发展很快，在共价键理论中占重要地位。

12.2.4.1 分子轨道理论的基本要点

由于计算方面的困难，与价键理论相比，分子轨道理论发展较慢。近年来随着计算技术和计算机技术的突飞猛进，分子轨道理论也飞速发展。分子轨道理论的要点如下。

（1）分子中的电子不属于某些特定的原子，而是属于整个分子，电子在分子轨道中运动。

（2）分子轨道由组成分子的各原子的原子轨道组合而成。n 个原子轨道组合可以得 n 个分子轨道。

（3）分子轨道中电子的填充同样遵循能量最低原理、泡利不相容原理和洪特规则。

以下仅对分子轨道理论进行定性描述，说明一些结论，但分子轨道的形状和能级都经过严格计算所得，并被实验所证实。

12.2.4.2 分子轨道的类型

当原子轨道组合成分子轨道时，如果原子轨道的波函数是同号部分（正号与正号，负号与负号）相重叠，则形成的分子轨道称为成键分子轨道；相反，如果原子轨道的波函数是异号部分相重叠，则形成的分子轨道称为反键分子轨道。

根据原子轨道的重叠方式和对称性不同，可将分子轨道分为σ、σ*、π、π*等类型。

(1) σ和σ*分子轨道　当两个原子的s-s、s-p_x、p_x-p_x沿键轴方向"头碰头"方式相重叠，若同号重叠，形成的分子轨道称为σ成键分子轨道；反之，异号重叠形成的分子轨道称为σ*反键分子轨道。例如，一个原子的ns原子轨道与另一个原子的ns原子轨道组合，可以得到两个分子轨道，即σ_{ns}和σ_{ns}^*。两个分子轨道的形成过程及能量高低如图12-17所示。

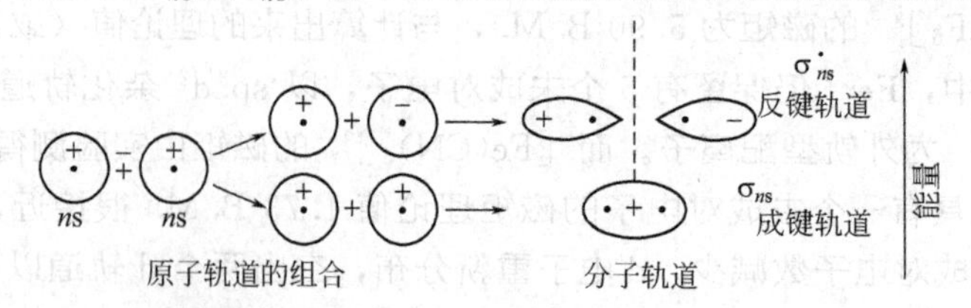

图12-17　s-s原子轨道组合成分子轨道示意图

再如，当两个原子的np_x原子轨道沿键轴（x轴）以"头碰头"的方式靠近时，形成的两个分子轨道分别为σ_{np_x}和$\sigma_{np_x}^*$（图12-18）。

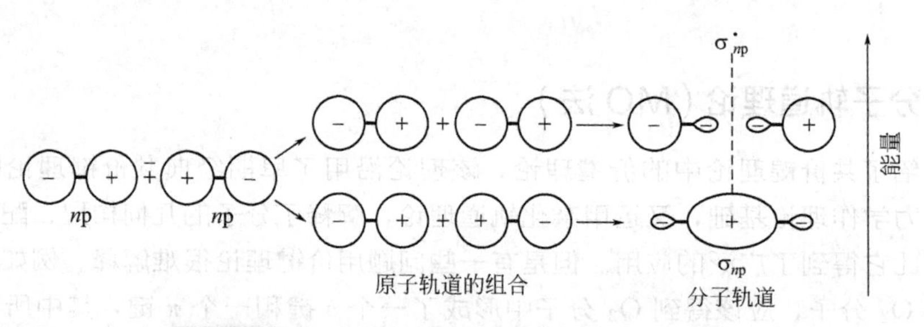

图12-18　p-p原子轨道组合成σ分子轨道示意图

由图12-17、图12-18可知，σ和σ*两个分子轨道的图形都是沿键轴对称分布的。σ成键分子轨道两核间概率密度增大，能量较原子轨道低；σ*反键分子轨道由于两核间概率密度减小，能量较原子轨道高。σ成键分子轨道能量比σ*反键分子轨道的能量低。

(2) π和π*分子轨道　当两个原子的np_y和np_y、np_z和np_z沿键轴以"肩并肩"的方式重叠，形成四个分子轨道π_{np_y}、$\pi_{np_y}^*$、π_{np_z}、$\pi_{np_z}^*$（图12-19）。

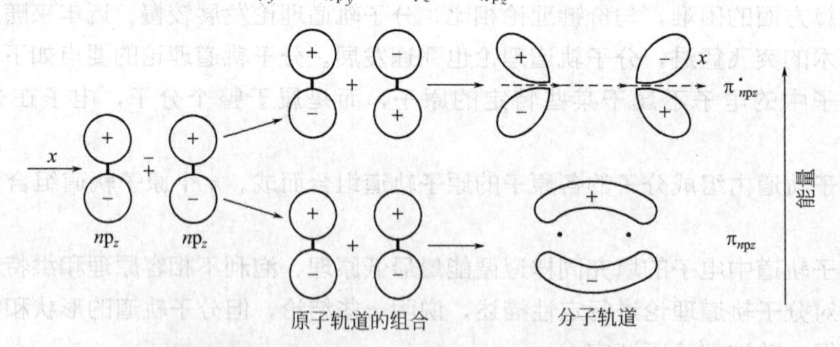

图12-19　p-p原子轨道组合成π分子轨道示意图

图12-19绘出了π_{np_z}、$\pi_{np_z}^*$的形成过程，轨道形状和能量高低。π_{np_y}与π_{np_z}完全一样，只是空间取向互成90°，故它们是等价分子轨道（或简称为简并分子轨道）。$\pi_{np_y}^*$与$\pi_{np_z}^*$也是等价的。

12.2.4.3 分子轨道的能级

分子中，每个分子轨道都有相应的能量。由于分子轨道的能量从理论上计算十分复杂，除少数分子轨道的能量外，目前大都借助光谱实验来确定。把分子轨道按能级顺序排列起来，即得分子轨道能级图。O_2 和 F_2 分子的分子轨道能级图如图 12-20（a）所示，能级次序为：

$$\sigma_{1s}<\sigma_{1s}^*<\sigma_{2s}<\sigma_{2s}^*<\sigma_{2p_x}<\pi_{2p_y}=\pi_{2p_z}<\pi_{2p_y}^*=\pi_{2p_z}^*<\sigma_{2p_x}^*$$

第一、二周期元素所组成的同核双原子分子（O_2、F_2 除外），其分子轨道能级图如图 12-20（b)所示，能级次序为：

$$\sigma_{1s}<\sigma_{1s}^*<\sigma_{2s}<\sigma_{2s}^*<\pi_{2p_y}=\pi_{2p_z}<\sigma_{2p_x}<\pi_{2p_y}^*=\pi_{2p_z}^*<\sigma_{2p_x}^*$$

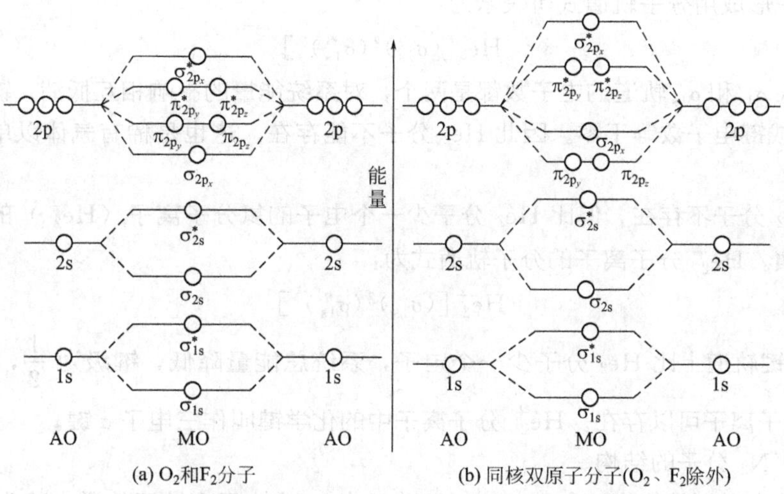

图 12-20　同核双原子分子的分子轨道能级图

比较这两个顺序可知，它们之间的差异在于：O_2 和 F_2 分子的 σ_{2p_x} 轨道能量低于 π_{2p_y} 和 π_{2p_z} 的能量。这是由于组成原子（O 或 F）的 2s 和 2p 轨道能级差较大，则不会发生 2s 和 2p 间的相互作用。有了分子轨道能级顺序，分子中的电子就可以按照能量最低原理、泡利不相容原理和洪特规则分布在分子轨道之中了。

12.2.4.4 键级

分子轨道理论中有一个重要的键参数——键级，用键级可以判断分子能否稳定存在。键级定义为分子中净成键电子数的 1/2，即：

$$键级=\frac{净成键电子数}{2}=\frac{成键电子总数-反键电子总数}{2}$$

键级可以是零、正整数和分数，其大小与键能有关。键级越大，键能越大，形成的分子越稳定。键级为零，分子不可能存在。一般来说，单键、双键和三键的键级分别为 1、2 和 3。

12.2.4.5 分子轨道理论的应用

例 12-1　H_2 分子和 H_2^+ 的结构。

H_2 分子的形成用分子轨道式可表示为：

$$2H(1s^1) \longrightarrow H_2[(\sigma_{1s})^2]$$

两个 H 原子各带一个自旋相反的成单电子，成键时，这两个电子进入能量较低的 σ_{1s} 成键分子轨道。H_2 分子的键级$=\frac{2-0}{2}=1$，H_2 分子形成了一个单（σ）键。

H_2^+ 只有一个价电子，它的分子轨道式为 $H_2^+[(\sigma_{1s})^1]$。由于 σ_{1s} 轨道上分布了一个电子，系统的能量降低，故从理论上可说明氢分子离子（H_2^+）能稳定存在。H_2^+ 的键级$=\frac{1-0}{2}=\frac{1}{2}$，键级不为零，也表明 H_2^+ 能存在。根据实验测定，H_2^+ 能够稳定存在，其键能为 256kJ/mol。像 H_2^+ 中的这种共价键叫作单电子 σ 键。

例 12-2 He_2 分子和 He_2^+ 分子离子的结构。

He_2 分子形成用分子轨道式可表示为：

$$He_2[(\sigma_{1s})^2(\sigma_{1s}^*)^2]$$

由于进入 σ_{1s} 和 σ_{1s}^* 轨道的电子数都是两个，对系统能量的影响相互抵消。键级为零，说明 He_2 中净成键电子数等于零。因此 He_2 分子不能存在。这也是稀有气体以单原子分子存在的原因。

虽然 He_2 分子不存在，但比 He_2 分子少一个电子的氦分子离子（He_2^+）的存在已被光谱实验所证实。He_2^+ 分子离子的分子轨道式为：

$$He_2^+[(\sigma_{1s})^2(\sigma_{1s}^*)^1]$$

在 σ_{1s}^* 反键轨道上比 He_2 分子少一个电子，系统总能量降低，键级为 $\frac{1}{2}$，从理论上说明了 He_2^+ 分子离子可以存在。He_2^+ 分子离子中的化学键叫作三电子 σ 键。

例 12-3 N_2 分子的结构。

N 原子的电子层结构为 $1s^22s^22p^3$，N_2 分子中 14 个电子在分子轨道中的分布是：

$$N_2[(\sigma_{1s})^2(\sigma_{1s}^*)^2(\sigma_{2s})^2(\sigma_{2s}^*)^2(\pi_{2p_y})^2(\pi_{2p_z})^2(\sigma_{2p_x})^2]$$

其中 σ_{1s} 和 σ_{1s}^* 轨道上的电子为内层电子。由于它们离核较近，被核束缚得较紧，在形成分子时不起作用，常常用 KK 表示它们，故 N_2 分子的分子轨道式可写成：

$$N_2[KK(\sigma_{2s})^2(\sigma_{2s}^*)^2(\pi_{2p_y})^2(\pi_{2p_z})^2(\sigma_{2p_x})^2]$$

其中（σ_{2s}）^{2} 和（σ_{2s}^*）^{2} 四个电子的成键作用互相抵消。对成键起作用的是（π_{2p_y}）和（π_{2p_z}）分子轨道上的四个 π 电子、（σ_{2p_x}）分子轨道上的两个 σ 电子，即 N_2 分子中形成了一个 σ 键和两个 π 键，N_2 分子的键级等于 3，是一个反磁性物质。N_2 分子的结构仍可表示为：

:N≡N:　　:N——N:（上下各有一个长方框，框内各有两个电子“· ·”）

左边为分子结构式，表示 N_2 分子中有三键和两对价层孤电子对。右边为价键结构式，进一步区分了 σ 键和 π 键，长方框表示 π 分子轨道 π_{2p_y} 和 π_{2p_z}，其中的电子表示每一个 N 原子提供一个电子形成双电子 π 键。

例 12-4 O_2 分子的结构

O_2 分子具有顺磁性，说明 O_2 分子中有未成对电子。用价键理论处理得不到这个结果。O 原子的电子层结构是 $1s^22s^22p^4$，O_2 分子中 16 个电子在分子轨道中的分布是：

$$O_2[KK(\sigma_{2s})^2(\sigma_{2s}^*)^2(\sigma_{2p_x})^2(\pi_{2p_y})^2(\pi_{2p_z})^2(\pi_{2p_y}^*)^1(\pi_{2p_z}^*)^1]$$

当电子依次分布到 π_{2p_z} 轨道后，还剩余两个电子，根据洪特规则，这两个电子要以自旋平行的方式分布在等价的 $\pi_{2p_y}^*$ 和 $\pi_{2p_z}^*$ 轨道中。因为 O_2 分子有两个自旋平行的单电子，故 O_2 分子有顺磁性。O_2 分子的价键式是：

:O—O:

O_2 分子中有三个化学键，即一个 σ 键、两个 $(\pi_{2p})^2$ 与 $(\pi_{2p}^*)^1$ 构成的三电子 π 键。

12.2.5 分子间力和氢键

12.2.5.1 分子的极性

分子可以分成极性分子和非极性分子。分子中有带正电荷的原子核和带负电荷的电子，像求物体的重心一样，可以设想把正电荷和负电荷按对称性分别集中为点电荷，这种集中起来的电荷叫作正电荷中心或负电荷中心。如果某分子正、负电荷中心重合，该分子就是非极性分子；如果某分子正、负电荷中心不重合，该分子就是极性分子（图 12-21）。

分子的极性与键的极性有关，通常有以下几种情况。

（1）双原子分子，分子的极性与键的极性一致。即同核双原子分子为非极性分子，异核双原子分子为极性分子。

（2）多原子分子，分子的极性取决于元素的电负性和分子的空间构型。

① 组成相同的多原子分子是非极性分子，化学键是非极性键。如 S_8、P_4、O_3 等。

② 有极性键但分子空间构型对称的多原子分子是非极性分子。如 CH_4、CO_2 等。

③ 有极性键但分子空间构型不对称的多原子分子是极性分子。如 NH_3、H_2O 等。

分子极性的大小与分子中正、负电荷重心间的距离（也称偶极长，图 12-22）和正（或负）电荷重心的电量有关，其大小通常用偶极矩 μ 来衡量。偶极矩 μ 等于正（或负）电荷重心的电量 q 和正、负电荷重心间的距离 d 的乘积，即：

$$\mu = q \cdot d$$

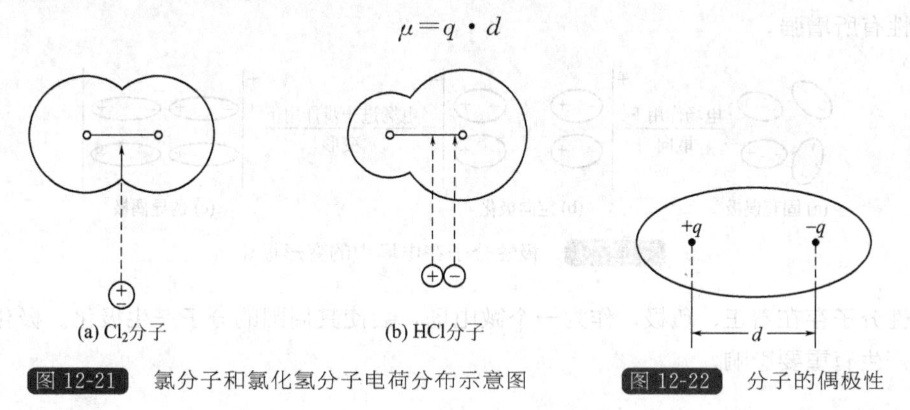

图 12-21 氯分子和氯化氢分子电荷分布示意图

图 12-22 分子的偶极性

分子偶极矩的数值可以由实验测出，单位常用库·米（C·m）。表 12-9 列出了一些物质分子的偶极矩数值。从表 12-9 可知，如果某分子的偶极矩为零，那么这种分子就是非极性分子；偶极矩不为零，该分子一定是极性分子。偶极矩越大，分子极性也就越强。如卤化氢，从 HI、HBr、HCl 到 HF，其偶极矩数值依次增加，说明卤化氢分子的极性也按上述次序依次增强。另外，根据偶极矩数值也可以验证和推断一些分子的几何构型。例如，测得 H_2O 分子的偶极矩为 $6.23\times10^{-30}C\cdot m$，确定了水是极性分子，因此水分子不可能是直线形，从而证实了水是 V 形分子。

表 12-9　一些分子的偶极矩

物质	$\mu/\times10^{-30}C\cdot m$	物质	$\mu/\times10^{-30}C\cdot m$
H_2	0	HI	1.27
N_2	0	HBr	2.63
CO_2	0	HCl	3.61
CS_2	0	HF	6.40
CH_4	0	H_2O	6.23
CCl_4	0	H_2S	3.67
CO	0.33	NH_3	4.33
NO	0.53	SO_2	5.33

12.2.5.2 分子的变形极化

将分子置于电场中时，分子中的电子云与核发生相对位移，分子的外形会发生变化，这就是分子的变形。分子能够产生变形的性质，就叫作分子的变形性。

如果将一个非极性分子置于电容器的两个极板之间，分子的原子核被吸引而偏向负极板，电子云被吸引而偏向正极板，分子产生了变形，使原来重合的正负电荷中心分离，分子出现偶极，这个偶极叫作诱导偶极。产生诱导偶极的过程叫作变形极化（图 12-23）。

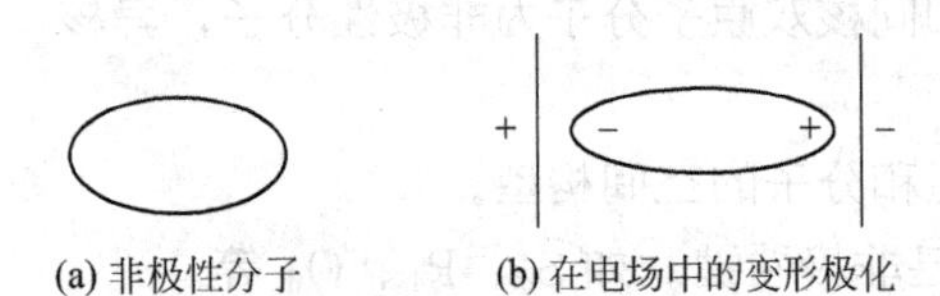

图 12-23　非极性分子及其在电场中的变形极化

极性分子本身就存在着偶极，这种偶极叫作固有偶极或永久偶极。把极性分子放入电场中，它们将首先顺着电场方向整齐排列，这个过程叫作定向极化，然后在电场的进一步作用下，产生诱导偶极（图 12-24）。在电场中，极性分子的偶极为固有偶极与诱导偶极之和，分子的极性有所增强。

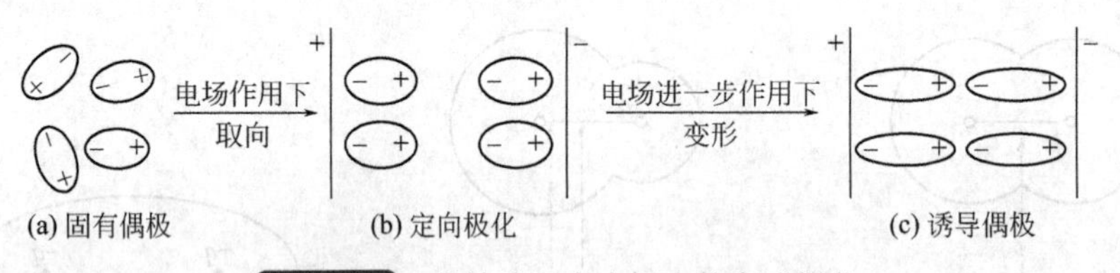

图 12-24　极性分子在电场中的变形极化

极性分子存在着正、负极，作为一个微电场，会使其周围的分子产生极化。极化对分子间力的产生有重要影响。

12.2.5.3 分子间力

化学键（离子键、金属键和共价键）是分子中原子间较强的相互作用力，键能为 100～800kJ/mol。除了这种原子间较强的作用力之外，分子间还存在着一种较弱的相互作用力，其键合能（kJ/mol）为几千焦/摩尔至几十千焦/摩尔，通常把分子间的这种作用力叫作范德华力。它与物质的很多性质如沸点、熔点、气化热、溶解度和表面张力等有着密切的关系。按照分子间力产生的原因和特性，分子间力可以分为三种。

（1）取向力　极性分子与极性分子靠近时，会产生定向极化，由于固有偶极的取向而产生的作用力称为取向力（图 12-25）。

（2）诱导力　当极性分子与非极性分子靠近时，非极性分子会发生变形极化。由于极性分子的固有偶极与诱导偶极相互作用而产生的作用力叫作诱导力（图 12-26）。极性分子定向排列后，还会发生变形极化，产生诱导偶极。因此，诱导力也存在于极性分子与极性分子之间。

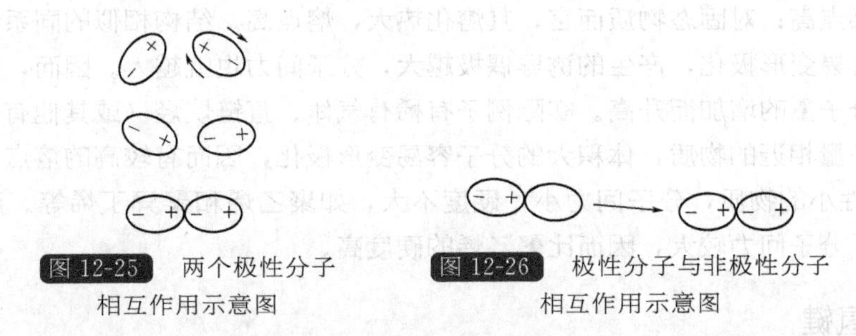

图 12-25　两个极性分子相互作用示意图

图 12-26　极性分子与非极性分子相互作用示意图

（3）色散力　非极性分子没有固有偶极［图 12-27（a）］，但由于分子中电子和原子核都在不停地运动，使电子云和原子核之间发生瞬时位移而产生瞬间的正、负电荷中心不重合，从而产生瞬时偶极［图 12-27（b）、（c）］。分子之间由于瞬时偶极而产生的作用力叫作色散力。由于存在着色散力，使非极性分子溴在室温下是液体，碘和萘是固体。其实，由于极性分子也存在着瞬时偶极，故色散力存在于各种分子之间。

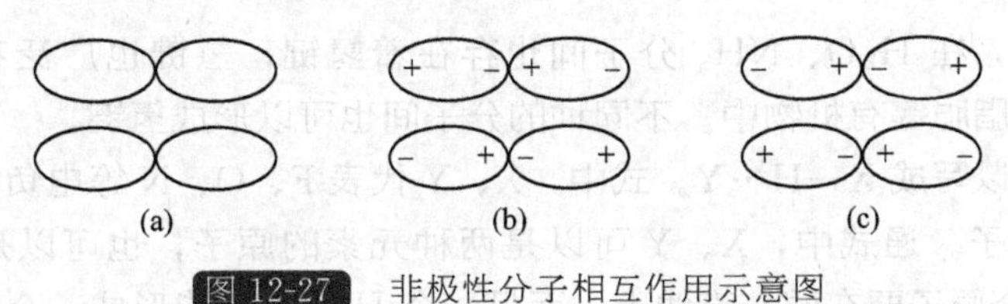

图 12-27　非极性分子相互作用示意图

（4）分子间力的特点　分子间力的特点如下。

① 分子间力比化学键小 1～2 个数量级，在 1～100kJ/mol 之间。

② 分子间力是一种短距离的电性作用力，其作用范围约数十皮米（pm），一般没有方向性和饱和性。

③ 除了极性很大，而且分子间存在着氢键的分子（如 NH_3 和 H_2O）之外，色散力是分子间的主要作用力。三种力的相对大小一般是：色散力＞＞取向力＞诱导力。

一些物质的分子间力列于表 12-10 中。

表 12-10　一些物质的分子间力　　单位：kJ/mol

分子	取向力	诱导力	色散力	总作用力
Ar	0.000	0.000	8.49	8.49
CO	0.003	0.008	8.74	8.75
HI	0.025	0.113	25.8	25.9
HBr	0.686	0.502	21.9	23.1

续表

分子	取向力	诱导力	色散力	总作用力
HCl	3.30	1.00	16.8	21.1
NH_3	13.3	1.55	14.9	29.8
H_2O	36.3	1.92	8.99	47.2

(5) 分子间力对物质物理性质的影响

① 分子间力越大，对液态物质的气化而言，意味着要更多的能量去克服分子间力，因此气化热大，沸点高；对固态物质而言，其熔化热大，熔点高。结构相似的同系物，分子量越大，分子越容易变形极化，产生的诱导偶极越大，分子间力也就越大。因而，同系物的熔点和沸点随着分子量的增加而升高。实际例子有稀有气体、直链烷烃（或其他有机物中的同系物）等。分子量相近的物质，体积大的分子容易变形极化，因而有较高的熔点、沸点。

② 分子极性小的物质，分子间力小，硬度不大，如聚乙烯和聚异丁烯等。而有机玻璃含有极性基团，分子间力较大，因而比聚乙烯的硬度高。

12.2.5.4 氢键

(1) 氢键的形成　以 HF 为例说明氢键（hydrogen bond）的形成。F 的电负性很大(4.0)，在 HF 分子中，共用电子对强烈地偏向 F 原子一边，使 H 原子几乎呈质子状态。由于质子（H 原子核）体积很小，它所具有的正电荷密度相对较大。当两个 HF 分子靠近时，H 原子可能被另外一个 HF 分子中 F 原子的孤对电子所吸引，这种静电作用力就是氢键（图 12-28）。

除了 HF 以外，在 H_2O、NH_3 分子间也存在着氢键，氢键也广泛存在于醇、胺、羧酸、糖、蛋白质和脂肪等有机物中。不同种的分子间也可以形成氢键。

氢键的通式可以写成 X—H⋯Y。式中，X、Y 代表 F、O、N 等电负性大、半径小，又具有孤对电子的原子。通式中，X、Y 可以是两种元素的原子，也可以是同一种元素的原子。X—H⋯Y 三个原子要在同一直线上，而且一个 H 原子只能形成一个氢键，因此氢键有方向性和饱和性。

(2) 氢键的强度和本质　键的强度是用键能表示的。氢键键能一般在 42kJ/mol 以下，比共价键小一个数量级，与分子间力更为接近。因此，人们对氢键的本质有两种看法：一种看法认为，既然氢键有方向性和饱和性，它应该属于化学键范畴，但考虑到氢键键能小，宜把氢键视为弱化学键；另一种看法认为，既然氢键的键能与分子间力更为接近，它应该属于分子间力范畴，但考虑到氢键的方向性，宜把氢键视为有方向性的分子间力。由于氢键尤其是分子内氢键的方向性不很严格，目前较多的人倾向于后一种看法。

(3) 氢键的类型

① 分子间氢键　除 H_2O 外，HF、NH_3 等均可形成分子间氢键。另外，醇、胺、羧酸等有机物中也广泛存在氢键。另外，不同分子间也能形成氢键。

② 分子内氢键　在氢键 X—H⋯Y 中，如果 X 和 Y 属于同一分子，则这种氢键叫作分子内氢键。例如，苯酚的邻位如果有—OH、—NO_2、—CHO、—COOH 时，可以形成分子内氢键。分子内氢键具有环状结构（图 12-29）。

(4) 氢键对物质物理性质的影响　氢键的形成，影响物质的熔点、沸点、溶解度、黏度和密度等。

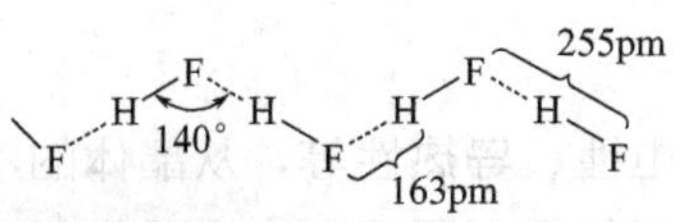

图 12-28 HF 分子间的氢键 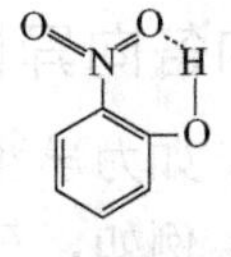　　图 12-29 邻硝基苯酚分子内氢键

① 熔点、沸点　分子间氢键使分子之间的结力增强，当这些物质熔化或气化时，需要额外的能量来破坏分子间的氢键，N、O、F 的氢化物中有氢键，它们的沸点比同族元素氢化物要高许多。

② 溶解度　在极性溶剂中，如果溶质分子与溶剂分子可以形成氢键，则溶解度会增大。HF 和 NH_3 在水中有较大的溶解度，就是这个缘故。

③ 黏度　分子间有氢键的物质，黏度一般较大。如一些多羟基化合物，像磷酸、硫酸、甘油，分子间形成了大量氢键，故通常为黏稠状液体。

④ 密度　如果形成氢键，则分子间可能发生缔合，缔合分子的存在会影响液体的密度。如常温下的液态水中，除了 H_2O 分子以外，还存在着 $(H_2O)_2$、$(H_2O)_3$…… $(H_2O)_n$ 等缔合分子。因为水的缔合程度与温度有关，所以不同温度的水有不同的密度。

12.3 晶体结构

12.3.1 晶体的特征

物质通常以气、液、固三态存在，而自然界中的固态物质大都是晶体。与非晶体相比较，晶体有以下特征。

12.3.1.1 晶体有一定的几何外形

从外观上看，晶体都有一定的几何外形。如食盐（NaCl）晶体为正方体，石英（SiO_2）晶体为六角柱体，方解石（$CaCO_3$）晶体为棱面体（图 12-30）。

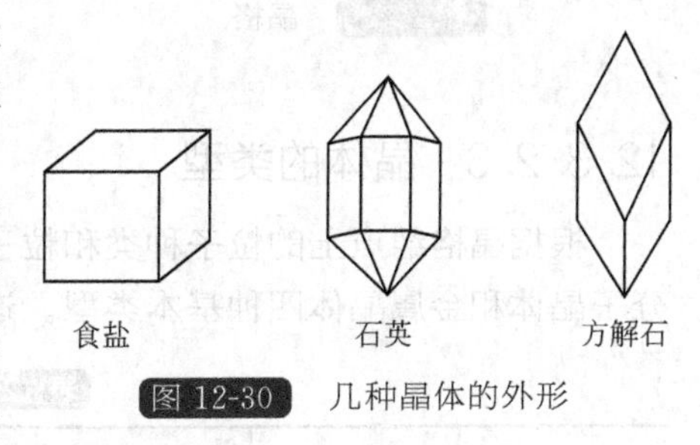

图 12-30 几种晶体的外形

非晶体物质如玻璃、松香、沥青、动物等，没有一定的几何外形，所以也叫作无定形体。有一些物质从外观上看没有一定的几何外形，如炭黑和化学反应中新析出的某些沉淀，但结构分析表明，它们是由极微小的晶体组成的，这些物质叫作微晶体，仍属于晶体的范畴。

12.3.1.2 晶体有固定的熔点

在一定压力下，将晶体加热到一定温度时，晶体会开始熔化。在晶体完全熔化之前，即使继续加热，系统的温度仍然维持不变，吸收的热量都消耗在使晶体从固态到液态的转化中。当晶体完全熔化后，温度才会继续上升。这个特定的温度就是晶体的熔点。晶体有固定的熔点，如常压下，冰的熔点为 0℃，NaF 的熔点为 993℃。非晶体物质没有固定的熔点，加热时先软化再变成黏度很大的物质，最后成为具有流动性的液体。从软化到熔化，温度一直上升，故只能说非晶体有一个软化的温度范围，专业书上常称为“软化点”。例如，松香的软化点是 60～85℃。

12.3.1.3 晶体的各向异性

晶体的一些性质，如力学性质、光学性质、导电性、导热性等，从晶体的不同方向去测定时，经常是不同的。例如，石墨晶体的导电性，平行于石墨层方向比垂直于石墨层方向要大1万倍左右；云母晶体可沿解理面撕裂成薄片。晶体的这类性质叫作各向异性。非晶体没有各向异性。

12.3.2 晶体的类型及内部结构

12.3.2.1 晶格(crystal lattice)

为了研究晶体的结构，人们把晶体中按一定规则排列的粒子抽象为几何点，并把它们叫作结点。结点的总和叫作空间点阵。如果按某种规则沿一定方向把结点连接起来，则得到晶体的空间格子，简称晶格。晶格是描述各种晶体内部结构的几何图像（图12-31）。

12.3.2.2 晶胞(crystal cell)

在晶格中，能代表晶体结构的最小单位叫作晶胞。NaCl的晶胞如图12-32所示。

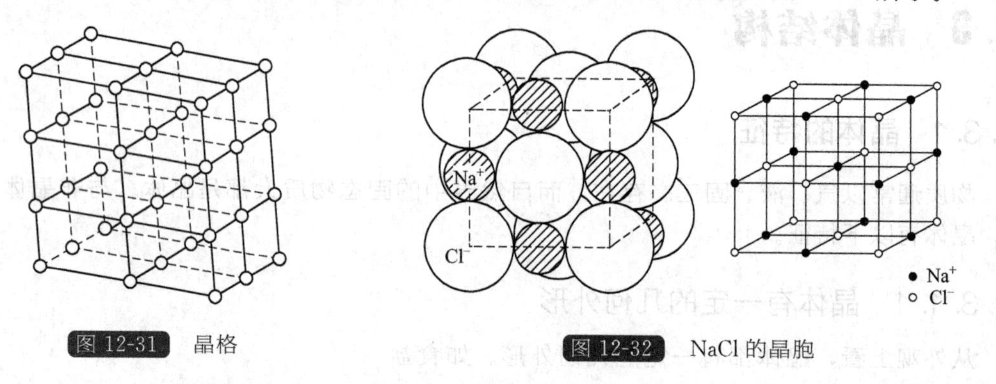

图12-31 晶格

图12-32 NaCl的晶胞

12.3.2.3 晶体的类型

根据晶格结点上的粒子种类和粒子之间的作用力，晶体可以分为离子晶体、原子晶体、分子晶体和金属晶体四种基本类型。这些晶体的特征及性质列于表12-11中。

表12-11 晶体的特征及性质

晶体种类	结点上的质点	结合力	晶体的特性	晶体实例	晶格能/(kJ/mol)	熔点/K
离子晶体	阳离子和阴离子	离子键	硬而脆。在极性溶剂中的溶解度大于非极性溶剂。熔融状态易导电	NaCl KF CaO MgO	769.8 807.5 2614 3791	1073 1129 2614 2852
原子晶体	原子	共价键	很硬。基本上不溶于任何溶剂	金刚石 SiC AlN	313.8	>3773 >2973 3493

续表

晶体种类	结点上的质点	结合力	晶体的特性	晶体实例	晶格能/(kJ/mol)	熔点/K
分子晶体	极性分子	范德华力	硬度低。大多能溶于极性溶剂	H_2O HCl NH_3	47.27 21.13 29.58	273.2 161 239.8
	非极性分子	范德华力	硬度很低。能溶于非极性溶剂	Ar CH_4 Cl_2	8.49 11.29 31.08	83.9 89 171
金属晶体	金属原子或金属离子	金属键	硬度的差别很大，多数硬度大。有延展性。导电、导热性能好	W Na Al		3643 370.5 933.2

表中的晶格能的定义为：在标准状态下，生成晶体时放出的能量的负值。晶格能越大，则晶体的熔点越高、硬度越大。因此，表中 MgO 因其熔点很高，可用作耐火材料；而新型陶瓷材料 SiC、AlN 等硬度很大，可用作磨料。

12.3.3 离子极化

12.3.3.1 离子的电子构型和离子半径

(1) 离子的电子构型　基态阴离子的轨道能级与基态原子不同，从大量的光谱实验数据可归纳出价电子解离顺序为：np→ns→$(n-1)$d→$(n-2)$f。基态原子的电子分布式的写法与这个顺序有关，即先解离的亚层写在电子分布式的最右边。例如，Fe 原子的电子分布式为 $[Ar]3d^6 4s^2$，Fe^{3+} 的电子分布式为 $[Ar]3d^5$。Fe^{3+} 最外层（$n=3$）的电子分布为 $3s^2 3p^6 3d^5$，共有 13 个电子，叫作 13 电子构型。一般有 2、8 等稀有气体构型，9～17、18、18＋2 等非稀有气体构型（表 12-12）。

表 12-12　离子的电子构型

离子外层电子排布通式	离子的电子构型	实际的阳离子
$1s^2$	2(稀有气体型)	Li^+,Be^{2+}
ns^2np^6	8(稀有气体型)	Na^+,Mg^{2+},Al^{3+},Sc^{3+},Ti^{4+}
$ns^2np^6nd^{1\sim9}$	9～17	Cr^{3+},Mn^{2+},Fe^{2+},Fe^{3+},Cu^{2+}
$ns^2np^6nd^{10}$	18	Ag^+,Zn^{2+},Cd^{2+},Hg^{2+}
$(n-1)s^2(n-1)p^6(n-1)d^{10}ns^2$	18＋2	Tl^+,Sn^{2+},Pb^{2+},Sb^{3+},Bi^{3+}

(2) 离子半径　阴、阳离子形成离子晶体时，两个原子核之间的距离（核间距）可以由实验测得，问题在于如何将核间距（d）合理划分。例如，在 NaF 晶体中，相邻 Na 和 F 的核间距为 231pm，经推算，F^- 的半径为 136pm，故 Na^+ 的半径为 $r(Na^+)=d-r(F^-)=231-136=95$pm。目前有多种推算离子半径的方法，所得数据也略有出入。最常用的是鲍林推导出来的一套离子半径数据（表 12-13）。

表 12-13　离子半径　　单位：pm

			H^-	Li^+	Be^{2+}								B^{3+}	C^{4+}	N^{5+}		
			208	60	31								20	15	11		
C^{4-}	N^{3-}	O^{2-}	F^-	Na^+	Mg^{2+}								Al^{3+}	Si^{4+}	P^{5+}	S^{6+}	Cl^{7+}
260	171	140	136	95	65								50	41	34	29	26
Si^{4-}	P^{3-}	S^{2-}	Cl^-	K^+	Ca^{2+}	Sc^{3+}	Ti^{4+}	V^{5+}	Cr^{6+}	Mn^{7+}	Cu^+	Zn^{2+}	Ga^{3+}	Ge^{4+}	As^{5+}	Se^{6+}	Br^{7+}
271	212	184	181	133	99	81	68	59	52	46	96	74	62	53	47	42	39
Ge^{4-}	As^{3-}	Se^{2-}	Br^-	Rb^+	Sr^{2+}	Y^{3+}	Zr^{4+}	Nb^{5+}	Mo^{6+}	Tc^{7+}	Ag^+	Cd^{2+}	In^+	Sn^{4+}	Sb^{4+}	Te^{6+}	I^{7+}
272	222	198	195	148	113	93	80	70	62	98	126	97	81	71	62	56	50
Sn^{4-}	Sb^{3-}	Te^{2-}	I^-	Cs^+	Ba^{2+}	La^{3+}	Hf^{4+}	Ta^{5+}	W^{6+}	Re^{7+}	Au^+	Hg^{2+}	Tl^{3+}	Pb^{4+}	Bi^{5+}	Po^{6+}	At^{7+}
294	245	221	216	169	135	115	78	68	62	56	137	110	95	84	74	67	62

12.3.3.2　离子的极化力和变形性

将分子极化的概念推广到离子系统，可以得出离子极化的概念。对于简单阴阳离子来说，其正负电荷重心基本上重合，不存在偶极，在电场中，离子的原子核会受到正电场的排斥和负电场的吸引，而电子的情况正好相反。在电场的作用下，离子的原子核与离子的电子（主要是外层电子）发生相对位移，这种过程叫作离子的极化。离子极化的结果产生了诱导偶极（图 12-33、图 12-34）。

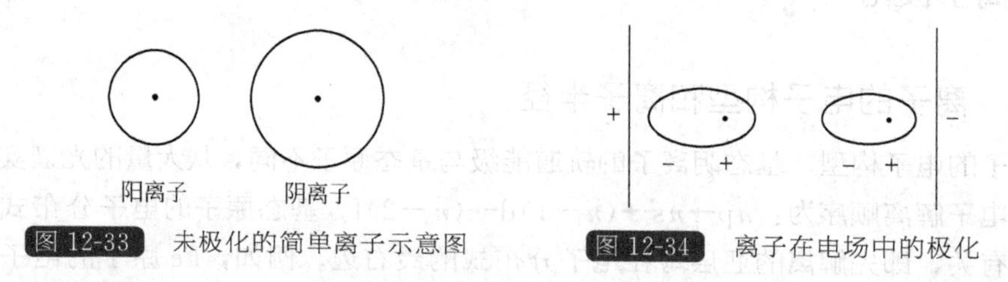

图 12-33　未极化的简单离子示意图　　图 12-34　离子在电场中的极化

（1）离子的极化力　使异号离子变形的能力叫作离子的极化力。离子的极化力与离子势（Z/r）有关。离子势越大，产生的电场强度越强，则离子的极化能力越强。当离子的电荷相同、半径相近时，离子的电子构型将决定离子的极化能力。18、18+2 和 2 电子构型的离子具有强的极化力，9～17 电子构型的离子次之，8 电子构型的离子极化力最弱。

（2）离子的变形性　在外电场作用下，离子的外层电子与核会发生相对位移，这种性质叫作离子的变形性。离子的变形性主要取决于离子的半径，电子构型相同的离子，离子半径大，外层电子离核远，联系不牢固，在外电场中极易极化。与阳离子相比较，阴离子的电子数多于核电荷数，外层电子与核的联系不牢固，所以，阴离子较为容易变形。如果离子半径相近，离子电荷相等，则离子的电子层构型将决定离子的变形性。非稀有气体构型的离子（18、18+2 和 9～17 电子构型），其变形性要比稀有气体构型的离子大得多。

12.3.3.3　离子极化对物质物理性质的影响

（1）离子极化对溶解度的影响　影响无机化合物溶解度的因素有很多，其中最重要的是化合物的键型，即离子键化合物易溶于水，而共价键化合物难溶于水。居于上述两种键型之间的叫作过渡键型。当极化力大、变形性强的阳离子与变形性强的阴离子相遇时，由于阴、

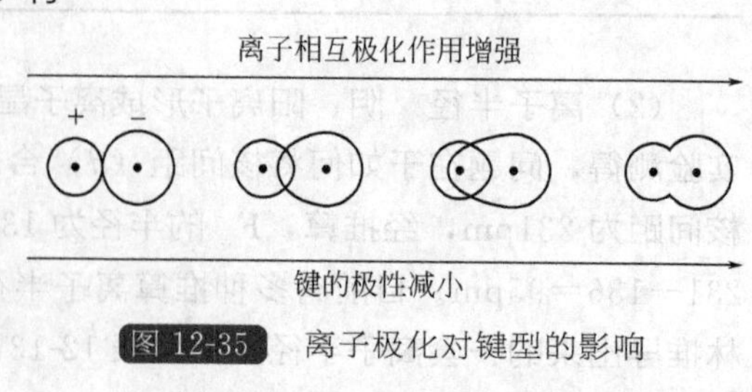

图 12-35　离子极化对键型的影响

阳离子之间相互极化作用显著，它们的电子云会发生变形、重叠，键的极性也会发生变化（图 12-35）。例如，卤化银（AgX）的溶解度从 AgF、AgCl、AgBr 到 AgI 依次减小，而且只有 AgF 溶于水。这是因为 Ag^+ 为 18 电子构型的离子，极化力强，由于离子半径小，变形性不大，Ag^+ 与 F^- 之间的相互极化作用小，形成的化学键为离子键，故而易溶于水。而 Cl^-、Br^-、I^- 离子半径依次增加，变形性依次增大，Ag^+ 与 X^- 之间的相互极化作用依次增强，所形成的化学键极性依次减弱，故溶解度依次减小。其他的例子有 NaCl 和 CuCl、KCl 和 AgCl 等，其溶解度的显著差异，也可用离子极化加以说明。

（2）离子极化对无机化合物颜色的影响　离子的颜色与化合物的颜色之间并没有一定的规律。例如，Na^+ 是无色的，CrO_4^{2-} 是黄色的，Na_2CrO_4 也是黄色的；Ag^+ 和 I^- 都是无色的，而 AgI 是黄色的。像 AgI 这样一类化合物的颜色，可用离子极化的影响来加以说明。

当用可见光照射离子化合物时，离子最外层电子吸收某一特定能量的光从基态跃迁到激发态，反射光缺少了该波长的光而使该化合物呈现一定的颜色，而且基态与激发态能量差越小，颜色会越深。由于存在着离子极化作用，使基态与激发态能量差发生变化，极化作用越强，基态与激发态的能量差越小。由于卤化银（AgX）的基态与激发态能量差从 AgF 到 AgI 依次减小，故卤化银的颜色从 AgF 到 AgI 依次加深。同理，离子极化作用也可解释 Ag_2CrO_4（砖红色）比 K_2CrO_4（黄色）颜色深。

知识拓展

量子化学

量子化学（quantum chemistry）是理论化学的一个分支学科，是应用量子力学的基本原理和方法研究化学问题的一门基础科学。研究范围包括：稳定和不稳定分子的结构、性能，及其结构与性能之间的关系；分子与分子之间的相互作用；分子与分子之间的相互碰撞和相互反应等问题。

量子化学的发展历史可分为两个阶段。

第一个阶段是 1927 年到 20 世纪 50 年代末，为创建时期。其主要标志是三种化学键理论的建立和发展，分子间相互作用的量子化学研究。在三种化学键理论中，价键理论是由鲍林在海特勒和伦敦的氢分子结构工作的基础上发展而成，其图像与经典原子价理论接近，为化学家所普遍接受。

分子轨道理论是在 1928 年由马利肯等首先提出，1931 年休克尔提出的简单分子轨道理论，对早期处理共轭分子体系起重要作用。分子轨道理论计算较简便，又得到光电子能谱实验的支持，使它在化学键理论中占主导地位。

配位场理论由贝特等在 1929 年提出，最先用于讨论过渡金属离子在晶体场中的能级分裂，后来又与分子轨道理论结合，发展成为现代的配位场理论。

第二个阶段是 20 世纪 60 年代以后。主要标志是量子化学计算方法的研究，其中严格计算的从头算方法、半经验计算的全略微分重叠和间略微分重叠等方法的出现，扩大了量子化学的应用范围，提高了计算精度。

1928～1930 年，许莱拉斯计算氦原子，1933 年詹姆斯和库利奇计算氢分子，得到了接近实验值的结果。20 世纪 70 年代又对它们进行更精确的计算，得到了与实验值几乎完全相同的结果。计算量子化学的发展，使定量的计算扩大到原子数较多的分子，并加速了量子化学向其他学科的渗透。

（1）研究范围　量子化学的研究范围包括：稳定和不稳定分子的结构、性能，及其结构与性能之间的关系；分子与分子之间的相互作用；分子与分子之间的相互碰撞和相互反应等问题。

量子化学可分为基础研究和应用研究两大类。基础研究主要是寻求量子化学中的自身规律，建立量子化学的多体方法和计算方法等，多体方法包括化学键理论、密度矩阵理论和传播子理论，以及多级微扰理论、群论和图论在量子化学中的应用等。应用研究是利用量子化学方法处理化学问题，用量子化学的结果解释化学现象。

量子化学的研究结果在其他化学分支学科的直接应用，导致了量子化学对这些学科的渗透，并建立了一些边缘学科，主要有量子有机化学、量子无机化学、量子生物和药物化学、表面吸附和催化中的量子理论、分子间相互作用的量子化学理论和分子反应动力学的量子理论等。

三种化学键理论建立较早，至今仍在不断发展、丰富和提高，它与结构化学和合成化学的发展紧密相联、互相促进。合成化学的研究提供了新型化合物的类型，丰富了化学键理论的内容；同时，化学键理论也指导和预言一些可能的新化合物的合成；结构化学的测定则是理论和实验联系的桥梁。

其他化学许多分支学科也已使用量子化学的概念、方法和结论。例如，分子轨道的概念已得到普遍应用。绝对反应速率理论和分子轨道对称守恒原理，都是量子化学应用到化学反应动力学所取得的成就。

今后，量子化学在其他化学分支学科的研究方面将发挥更大的作用，如催化与表面化学、原子簇化学、分子动态学、生物与药物大分子化学等方面。

（2）计算方法　主要分为：分子轨道法（简称 MO 法，见分子轨道理论）；价键法（简称 VB 法，见价键理论）。以下只介绍分子轨道法，它是原子轨道对分子的推广，即在物理模型中，假定分子中的每个电子在所有原子核和电子所产生的平均势场中运动，即每个电子可由一个单电子函数（电子的坐标函数）来表示它的运动状态，并称这个单电子函数为分子轨道，而整个分子的运动状态则由分子所有的电子的分子轨道组成（乘积的线性组合），这就是分子轨道法名称的由来。

① HFR 方程　分子轨道法的核心是哈特里-福克-罗特汉方程，简称 HFR 方程，它是以三个在分子轨道法发展过程中做出卓著贡献的人的姓氏命名的方程。1928 年，D. R. 哈特里提出了一个将 n 个电子体系中的每一个电子都看成是在由其余的 $n-1$ 个电子所提供的平均势场中运动的假设。这样对于体系中的每一个电子都得到了一个单电子方程（表示这个电子运动状态的量子力学方程），称为哈特里方程。使用自洽场迭代方式求解这个方程，就可得到体系的电子结构和性质。哈特里方程未考虑由于电子自旋而需要遵守的泡利原理。1930 年，B. A. 福克和 J. C. 斯莱特分别提出了考虑泡利原理的自洽场迭代方程，称为哈特里-福克方程。它将单电子轨函数（即分子轨道）取为自旋轨函数（即电子的空间函数与自旋函数的乘积）。泡利原理要求，体系的总电子波函数要满足反对称化要求，即对于体系的任何两个粒子的坐标的交换都使总电子波函数改变正负号，而斯莱特行列式波函数正是满足反对称化要求的波函数。将哈特里-福克方程用于计算多原子分子，会遇到计算上的困难。 C. C. J. 罗特汉提出将分子轨道向组成

分子的原子轨道（简称 AO）展开，这样的分子轨道称为原子轨道的线性组合（简称 LCAO）。使用 LCAO-MO，原来积分微分形式的哈特里-福克方程就变为易于求解的代数方程，称为哈特里-福克-罗特汉方程，简称 HFR 方程。

② RHF 方程　闭壳层体系是指体系中所有的电子均按自旋相反的方式配对充满某些壳层（壳层指一个分子能级或能量相同的即简并的两个分子能级）。这种体系的特点，是可用单斯莱特行列式表示多电子波函数（分子的状态），描述这种体系的 HFR 方程称为限制性的 HFR 方程，所谓限制性，是要求每一对自旋相反的电子具有相同的空间函数。限制性的 HFR 方程简称 RHF 方程。

③ UHF 方程　开壳层体系是指体系中有未成对的电子（即有的壳层未充满）。描述开壳层体系的波函数一般应取斯莱特行列式的线性组合，这样，计算方案就将很复杂。然而对于开壳层体系的对应极大多重度（所谓多重度，指一个分子因总自旋角动量的不同而具有几个能量相重的状态）的状态（即自旋角动量最大的状态）来说，可以保持波函数的单斯莱特行列式形式（近似方法）。描述这类体系的最常用的方法是假设自旋向上的电子（自旋）和自旋向下的电子（β 自旋）所处的分子轨道不同，即不限制自旋相反的同一对电子填入相同的分子轨道。这样得到的 HFR 方程称为非限制性的 HFR 方程，简称 UHF 方程。

原则上讲，有了 HFR 方程（不论是 RHF 方程或是 UHF 方程），就可以计算任何多原子体系的电子结构和性质，真正严格的计算称为从头计算法。RHF 方程的极限能量与非相对论薛定谔方程的严格解之差称为相关能。对于某些目的，还需要考虑体系的相关能。UHF 方程考虑了相关能的一小部分，更精密的做法则须取多斯莱特行列式的线性组合形式的波函数，由变分法求得这些斯莱特行列式的组合系数。这些由一个斯莱特行列式或数个斯莱特行列式按某种方式组合所描述的分子的电子结构称为组态，所以这种取多斯莱特行列式波函数的方法称为组态相互作用法（简称 CI）。

习　题

1. 解释下列各名词和概念：

(1) 基态原子和激发态原子　(2) 能级和电子层　(3) 波粒二象性和不确定关系

(4) 概率和概率密度　(5) 波函数 Ψ 和原子轨道　(6) 概率密度和电子

(7) 量子数和量子化　(8) 简并轨道和简并度　(9) 屏蔽效应和钻穿效应

(10) s 区和 p 区　(11) d 区和 ds 区

2. 量子数 $n=4$ 的电子层，有几个分层？各分层有几个轨道？第四个电子层最多能容纳多少电子？

3. 写出氮原子 7 个电子的全套量子数。

4. 解释下列概念：

共价半径　金属半径　范德华半径　解离能　电子亲和能　电负性

5. 下列各组量子数哪些不合理？为什么？

量子数	n	l	m
(1)	2	2	0

(2)　2　2　-1

(3)　3　0　$+1$

(4)　2　0　-1

6. 在下列问号处填入适当的量子数：

(1) $n=?$　$l=2$　$m=0$　$m_s=+\frac{1}{2}$

(2) $n=2$　$l=?$　$m=-1$　$m_s=-\frac{1}{2}$

(3) $n=3$　$l=0$　$m=?$　$m_s=+\frac{1}{2}$

(4) $n=4$　$l=2$　$m=+1$　$m_s=?$

7. 下列符号各表示什么意义？

s　4s　$2p^3$　3d　$3d^5$　$4f^2$

8. 2s、3s、3p、4d 中哪些是简并轨道？它们的简并度各是多少？

9. 用波函数符号 Ψ_{nlm} 标记 $n=4$ 电子层上的所有原子轨道。

10. 写出原子轨道 2s、$3p_z$、5s 的量子数 n、l、m。

11. 用量子数表示下列电子运动状态，并给出电子的名称：

(1) 第四电子层，原子轨道球形分布，顺时针自旋。

(2) 第三电子层，原子轨道呈哑铃形，沿 z 轴方向伸展，逆时针自旋。

12. 写出原子和离子的电子组态：

(1) $_{29}Cu$ 和 Cu^{2+}　(2) $_{26}Fe$ 和 Fe^{3+}　(3) $_{47}Ag$ 和 Ag^+　(4) $_{53}I$ 和 I^-

13. 不查表，选出各组中第一解离能最大的元素：

(1) Na　Mg　Al　(2) Na　K　Rb　(3) Si　P　S　(4) O　F　Ne

14. 某一元素，其原子序数为 24，问：

(1) 该元素原子的电子总数为多少？

(2) 该原子有几个电子层，每层电子数为多少？

(3) 写出该原子的价电子结构。

(4) 写出该元素所在的周期、族和区。

15. 常见的 s 轨道和 p 轨道能组成几种类型的杂化轨道？等性杂化时，轨道间的夹角各为多少？并画出每种类型杂化轨道的角度部分函数图。

16. 下列说法正确吗？为什么？

(1) sp^3 杂化是指 1 个 s 电子和 3 个 p 电子的杂化。

(2) sp^3 杂化是 1s 轨道和 3p 轨道的杂化。

(3) 只有 s 和 s 轨道才能形成 σ 键。

17. BF_3 和 NF_3 组成相似，它们的空间构型是否相同？试用杂化轨道理论说明它们的空间结构。

18. 实验测得下列配合物的磁矩如下：

(1) $[Zn(NH_3)_4]^{2+}$　0　(2) $[Fe(C_2O_4)_3]^{3-}$　5.8B.M.

(3) $[CoF_6]^{3-}$　4.5B.M.　(4) $[Cu(CN)_4]^{2-}$　1.78B.M.

用价键理论推断这些配合物的键型，并写出中心离子杂化轨道类型。

19. 已知 $[MnBr_4]^{2-}$ 和 $[Mn(CN)_6]^{3-}$ 的磁矩分别为 5.9B.M. 和 2.8 B.M.，试根据

价键理论推断这两个配离子中 d 电子分布及它们的空间构型。

20. 用杂化轨道理论解释下列分子的空间构型，判断它们的偶极矩是否为零。

$HgCl_2$　BF_3　CH_4　NH_3　H_2O　NH_4^+

21. 现有四组物质，试判断各组不同化合物分子间范德华力的类型。

（1）苯和四氯化碳　（2）甲醇和水　（3）氦和水　（4）溴化氢和氯化氢

22. 试用分子轨道理论解释为什么 N_2 的解离能比 N_2^+ 的大？而 O_2 的解离能比 O_2^+ 的小？

23. 写出 O_2、O_2^+、O_2^-、O_2^{2-} 的分子轨道式，计算它们的键级，并判断磁性及稳定性。

24. 写出下列离子的外层电子构型，并指出各离子的电子构型分别属于什么类型：

Ba^{2+}　Al^{3+}　Li^+　I^-　Cu^+　Ag^+　Fe^{3+}

第13章 元素选论

本章学习指导

掌握卤素单质的性质及卤化氢、卤化物的性质；掌握氮、磷及其重要化合物的性质；了解铜、镉、汞、铬、锰等元素及其化合物的性质。

目前在生物体中已发现七十多种元素，其中六十余种含量很少。在含量较多的元素中半数以上是非金属，如 O、H、C、N、S、P、Si、Cl 等。因此，对非金属元素及其化合物的研究与生物科学密切相关。

自然界中最普遍存在的金属元素有铝、铁、钙、钠、镁、钾等，它们也是构成生命物质不可缺少的元素。其他一些元素，如锰、锌、钼、钴等也是生物生命过程所必需的。金属元素的单质及其化合物在工农业生产和日常生活中有着广泛的应用。

本章将就与生物科学、日常生活密切相关的非金属元素和金属元素加以讨论。

13.1 卤素

卤素（halogen）是周期表第ⅦA 族元素氟、氯、溴、碘、砹的通称。其中砹是人工合成的放射性元素，本章不做讨论。

卤素原子的价电子层构型是 ns^2np^5，与稳定的 8 电子构型 ns^2np^6 相比较，仅缺少一个电子，核电荷是同周期元素中最多的（稀有气体除外），因此它们极易取得一个电子形成氧化数为−1 的稳定离子，故卤素单质都是氧化剂。

卤素的一些主要性质列于表 13-1 中。

表 13-1 卤素的主要性质

性质	氟(F)	氯(Cl)	溴(Br)	碘(I)
价电子层结构	$2s^2p^5$	$3s^23p^5$	$4s^24p^5$	$5s^25p^5$
氧化数	−1,0	−1,0,+1,+3,+5,+7	−1,0,+1,+3,+5,+7	−1,0,+1,+3,+5,+7

续表

性质	氟(F)	氯(Cl)	溴(Br)	碘(I)
熔点/℃	−220	−101	−7.2	113.5
沸点/℃	−188	−34.6	58.73	184
第一解离能/(kJ/mol)	1681	1251	1140	1008
电子亲和能/(kJ/mol)	−322	−348	−324	−295
电负性	4.0	3.0	2.8	2.5

从表 13-1 中可见，卤原子的第一解离能都很大，这就决定了卤原子在化学变化中要失去电子成为阳离子是困难的。事实上卤素中仅电负性最小、半径最大的碘，略有这种趋势。

卤素与电负性比它更大的元素化合时，只能通过共用电子对成键。在这类化合物中，除氟外，卤元素都表现出正的氧化数。例如卤素的含氧酸及其盐或卤素化合物（IF_7），它们表现的特征氧化数为＋1、＋3、＋5、＋7，而且相邻氧化数之间的差数是 2，这是由于卤素原子的价电子（ns^2np^5）中，有 6 个电子已成对，一个电子未成对，当参加反应时先是未成对电子参与成键，继而拆开第一对电子就形成两个共价键。而氟电负性最大，若要把电子激发到更高的能级上是困难的，因此氟只能形成氧化数为－1 的化合物。

13.1.1 卤素单质

卤素单质皆为双原子分子，分子间存在着微弱的分子间作用力，随着分子量的增大，分子间的色散力也逐渐增强，因此卤素单质的熔点和沸点随着原子序数增大而升高。在常温下，氟和氯是气体，溴是液体，碘是固体。

气态卤素单质的颜色随着分子量的增大，浅黄色→黄绿色→红棕色→紫色。这种颜色的变化规律可从价电子解离能的高低来解释。当原子吸收可见光，使外层电子激发到较高的能级时，解离能越高，激发所需要的能量也越高。因此气态氟分子需吸收能量高、波长短的光，显示出波长较长的那部分光的颜色，即黄色。气态碘分子则吸收能量低、波长长的光，显示出波长较短的那部分光的颜色，即紫色。

除氟外，其余卤素单质都能一定程度地溶于水。如氯水、溴水。碘微溶于水，但易溶解在 KI、HI 和其他碘化物的溶液中，形成 I_3^-。这是由于在溶液中 I^- 接近 I_2 时，使碘分子极化产生诱导偶极，进一步形成配离子 I_3^-。$I^- + I_2 \longrightarrow I_3^-$，利用这个性质可以配较浓的碘的水溶液。实际上多碘化物溶液的性质和碘溶液相同。

卤素单质的氧化能力和卤素离子（X^-）的还原能力的大小，可根据其标准电极电势数值排列如下：

	氟		氯		溴		碘
$\varphi^\ominus(X_2/X^-)/V$	2.87		1.36		1.09		0.54
X_2 氧化能力	F_2	>	Cl_2	>	Br_2	>	I_2
X^- 还原能力	F^-	<	Cl^-	<	Br^-	<	I^-

氟是最强的氧化剂，能将水氧化而放出氧气：

$$F_2 + H_2O \longrightarrow 2HF + \frac{1}{2}O_2$$

反应可以自发向右进行。从标准电极电势的数值判断，氯氧化水的反应也是可能的，但因反应的活化能很高，氯与水实际上并不发生氟与水的类似反应，而是发生歧化反应：

$$Cl_2 + H_2O \longrightarrow H^+ + Cl^- + HClO$$

碘与水不能发生反应，因为碘是弱氧化剂；反之，空气中的氧能把溶液中的 I^- 氧化成 I_2。

卤素的活泼性变化规律表现在它们与其他元素的反应上，F_2 几乎能和所有元素（除稀有气体的 He、Ne、Ar 外）反应。随着原子序数的增大，卤素活泼性逐渐降低，Cl_2 能与所有金属以及大多数非金属直接作用，但 Br_2 和 I_2 只能与贵金属以外的其他金属作用，且反应速率很慢。

13.1.2 卤化氢和氢卤酸

卤素都与氢直接化合生成卤化氢。卤化氢都具有刺激性臭味，皆为无色气体，易液化，易溶于水。卤化氢的一些重要性质列于表 13-2 中。

卤化氢的水溶液称为氢卤酸，氢卤酸都是挥发性酸。氢氯酸、氢溴酸和氢碘酸皆为强酸，只有氢氟酸是弱酸。这是因为 HF 分子之间相互以氢键缔合的缘故。氢卤酸的强度顺序是 HI＞HBr＞HCl＞HF。

表 13-2 卤化氢的重要性质

性质	HF	HCl	HBr	HI
气体分子偶极矩/$\times 10^{-30}$C·m	1.91	1.04	0.79	0.38
气体分子的核间距/pm	92	128	141	162
熔点/℃	−83.2	−114.8	−86.9	−50.7
沸点/℃	19.5	−84.9	−66.8	−35.4
0.1mol/L 水溶液的表观解离度(18℃)/%	10	92.6	93.5	95.0

从表 13-2 的数据可见，卤化氢性质的递变具有一定规律，卤素离子的半径是决定卤化氢性质的重要原因。而 HF 的性质（熔点、沸点）异常是因为氟元素的原子半径特别小、电负性很大、HF 分子的极性强、易形成氢键变为多分子缔合状态 $(HF)_n$ 而造成的。

在常压下蒸馏氢卤酸（不论是稀酸还是浓酸），溶液的沸点和组成会不断改变，但最后都会达到溶液组成和沸点恒定不变的状态，此时的溶液叫作恒沸溶液。这个恒定的沸点叫作恒沸点。各氢卤酸恒沸溶液的组成和恒沸点见表 13-3。

表 13-3 各氢卤酸恒沸溶液的组成和恒沸点（1.01×10^5 Pa）

氢卤酸	恒沸点/℃	HX 含量/%	密度/(g/cm³)
HF	120	35.37	1.14
HCl	110	20.24	1.10
HBr	126	47	1.49
HI	127	57	1.70

如浓盐酸加热时，蒸发出含水分子的氯化氢，浓度逐渐下降，继续加热时，蒸发出的水分子逐渐增多，在 1.01×10^5 Pa 下，加热到 110℃时，蒸发出来的蒸气和溶液中 HCl 的含量都固定在 20.24%，再继续蒸发，含量和沸点都不再变化，此时的溶液即盐酸的恒沸溶液，

而 110℃称为盐酸的恒沸点。

盐酸是一种重要的工业原料和化学试剂，用于制造各种氯化物，也用于食品（合成酱油、生产味精、葡萄糖）、皮革、染料工业等方面。氟化氢主要用于制造制冷剂、塑料、纯冰晶石（$NaAlF_6$）、三氟化硼（BF_3）。冰晶石为电解炼铝工业中的助熔剂。三氟化硼是有机合成工业的催化剂。氢氟酸用于刻蚀玻璃，因为 HF 能和玻璃的主要成分 SiO_2 反应生成挥发性的 SiF_4。HF 对人的眼睛、皮肤、指甲有强烈的腐蚀性，使用时应注意防护。

13.1.3　卤化物

卤素和电负性较小的元素作用后，生成的化合物叫作卤化物（halide）。周期表中除 He、Ne 和 Ar 外，所有元素都能生成卤化物。非金属如 B、C、Si、P 的卤化物是以共价键结合的，熔点、沸点低，可挥发，熔融时不导电，易溶于有机溶剂。金属卤化物可以看成氢卤酸的盐，它们多为离子型卤化物，它们的性质随金属电负性、离子半径减小、氧化数增大，同一周期元素卤化物的离子性依次降低，共价性依次增强。同一金属卤化物如 NaF、NaCl、NaBr、NaI 的离子性依次降低，共价性依次增强，离子型卤化物具有盐类的性质，它们的熔点、沸点高，可以溶解在极性溶剂中，形成的溶液能导电，熔融状态也能导电。

卤素阴离子能与许多金属尤其是过渡金属离子形成配离子，其中 F^- 易与氧化数高、半径小的阳离子形成稳定的配离子，如 $[SiF_6]^{2-}$、$[AlF_6]^{3-}$、$[FeF_6]^{3-}$ 等。$Na_2[SiF_6]$ 和 $Na_3[AlF_6]$ 是很好的杀虫剂。$Na_3[AlF_6]$ 还可作兽药，用于驱杀蛔虫。

13.1.4　卤素的含氧酸及其盐

氟一般难以形成含氧酸，其他卤素都能生成含氧酸，见表 13-4。

表 13-4　卤素含氧酸

氧化数	Cl	Br	I
+1	HClO	HBrO	HIO
+3	$HClO_2$	$HBrO_2$	HIO_2
+5	$HClO_3$	$HBrO_3$	HIO_3
+7	$HClO_4$	$HBrO_4$	HIO_4、H_5IO_6、$H_4I_2O_9$

这些含氧酸的盐类，除次碘酸盐和亚碘酸盐外，一般都能制得相当稳定的晶状盐。需要指出的是，表 13-4 所列各酸中，HIO_2 是否存在尚待进一步证实，HBrO 尚未获得纯态，$HClO_4$、HIO_3、HIO_4 和 H_5IO_6 可得到他们的固态，其他含氧酸只能存在于溶液中。卤酸根离子的中心原子都采取 sp^3 杂化成键。卤素含氧酸根离子的结构如图 13-1 所示。

亚卤酸根离子为 V 形，卤酸根离子为三角锥形，高卤酸根离子为四面体形。

次卤酸都是极弱的酸，酸性强弱随卤素原子量递增而减弱：

	HClO	HBrO	HIO
$K_a^\ominus$	2.95×10^{-8}	2.06×10^{-9}	2.3×10^{-11}

它们的氧化性都较强，次氯酸很不稳定，常用它的盐作氧化剂。例如，在稀酸介质中用次氯酸钠（或漂白粉溶液）漂白棉布，产生的 HClO 具有漂白作用。方程式如下：

$$ClO^- + H^+ \longrightarrow HClO$$

$$HClO + H^+ + 2e^- \rightleftharpoons Cl^- + H_2O \qquad \varphi_A^\ominus = 1.49V$$

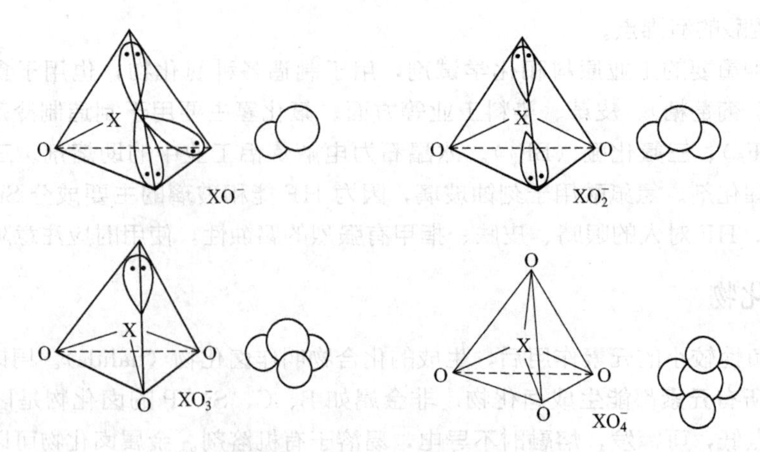

图 13-1 卤素含氧酸根离子的结构

卤酸都是强酸，也是强氧化剂。如氯酸能将单质碘氧化：

$$2HClO_3 + I_2 \longrightarrow 2HIO_3 + Cl_2$$

而氯酸盐溶液只有在酸性介质中才有氧化性。因为 H^+ 可以有效地提高氯酸盐的电极电势值。

$$ClO_3^- + 6H^+ + 6e^- \rightleftharpoons Cl^- + 3H_2O \qquad \varphi_A^\ominus = 1.45V$$

$$ClO_3^- + 3H_2O + 6e^- \rightleftharpoons Cl^- + 6OH^- \qquad \varphi_B^\ominus = 0.62V$$

因此，$KClO_3$ 在酸性溶液中可将 I^- 氧化为单质 I_2：

$$ClO_3^- + 6I^- + 6H^+ \longrightarrow 3I_2 + Cl^- + 3H_2O$$

氯酸钾常用来制作烟火和火柴，而氯酸钠可作为除莠剂，溴酸钾和碘酸钾作为氧化剂常在分析化学上应用。

高卤酸中最重要的是高氯酸 $HClO_4$，它是已知酸中最强的酸。纯高氯酸是无色液体，很不稳定，易爆炸，但它的水溶液则较稳定，商业上 70% 的 $HClO_4$ 多为二水合体。在冷的稀溶液中高氯酸的氧化性很弱，加热或在高浓度下为强氧化剂，与有机物反应会发生猛烈爆炸。高氯酸既是强酸又是强氧化剂，因此常用作分析试剂。高氯酸盐中的钾盐难溶于水，故在分析化学中可用它来定量地测定 K^+。一般高氯酸盐有较高的水合作用，如高氯酸镁、高氯酸钡都是优良的脱水剂。

13.2 氧

13.2.1 氧气和臭氧

氧单质有两种同素异形体，即氧气（O_2）和臭氧（O_3）。从分子轨道理论已知氧分子的外层电子结构为：$(\sigma 2s)^2(\sigma^* 2s)^2(\sigma 2p_x)^2(\pi 2p_y)^2(\pi 2p_z)^2(\pi^* 2p_y)^1(\pi^* 2p_z)^1$。表明氧分子中的两个氧原子通过一个 σ 键和两个三电子 π 键结合起来，由于分子中有两个单电子，使氧分子表现出顺磁性。

氧气（oxygen）为无色、无臭、无味的气体，液态氧则为蓝色液体。氧在水中溶解度很小，25℃和氧分压为 101kPa 时，1L 水溶解 49.1mL 氧气。但这是水中各种生物赖以生存的重要条件。室温下氧在酸性或碱性介质中显示出一定的氧化性，它的标准电极电势如下：

在酸溶液中 $O_2 + 4H^+ + 4e^- \rightleftharpoons 2H_2O$ $\varphi_A^\ominus = 1.229V$

在碱溶液中 $O_2 + 2H_2O + 4e^- \rightleftharpoons 4OH^-$ $\varphi_B^\ominus = 0.401V$

臭氧（ozone）分子是反磁性的，表明分子中没有成单的电子。它的分子是弯曲形的，中心氧原子以 sp^2 杂化轨道与其他两个氧原子形成 σ 键，处在同一平面，为 V 形分子（图 13-2）。

三个氧原子除形成 σ 键外，还各有一个垂直该平面的 p 轨道，而且又相互平行。这些 p 轨道中，中心氧原子的 p 轨道上有一对孤对电子，其他两个氧原子的 p 轨道上都各有一个未成对电子，共四个电子。由于三个 p 轨道上仅有四个电子，不足以形成“正常”共价键。这三个 p 轨道便相互肩并肩地重叠，四个电子可在重叠的轨道上自由运动。这种键称为离域 π 键，记作 π_3^4。π_3^4 符号的右上角和右下角的数字分别为组成离域键的电子数和原子数。

臭氧（O_3）存在于大气的最上层，它是由于太阳对大气中氧气的强辐射作用而形成的。臭氧能吸收太阳的紫外线辐射，从而提供了一个保护地面生物免受过强辐射的防御屏障——臭氧保护层。

臭氧是浅蓝色气体，具有鱼腥臭味。液态臭氧为深蓝色。臭氧比氧气易溶于水，很不稳定，在常温下缓慢分解：

$$2O_3 = 3O_2$$

在酸、碱溶液中臭氧的氧化能力较氧气强：

酸性溶液中 $O_3 + 2H^+ + 2e^- \rightleftharpoons O_2 + H_2O$ $\varphi_A^\ominus = 2.07V$

碱性溶液中 $O_3 + H_2O + 2e^- \rightleftharpoons O_2 + 2OH^-$ $\varphi_B^\ominus = 1.24V$

在正常条件下，O_3 能氧化许多不活泼单质如 Hg、Ag 等，而 O_2 则不能。

由于臭氧的强氧化性，在环境保护方面可用于废气和废水的净化，并用于饮用水的消毒，取代氯气处理饮用水。

13.2.2 过氧化氢

光谱研究和理论计算说明 H_2O_2 分子的两个氢原子和氧原子不在一个平面上，H_2O_2 是极性分子（图 13-3）。

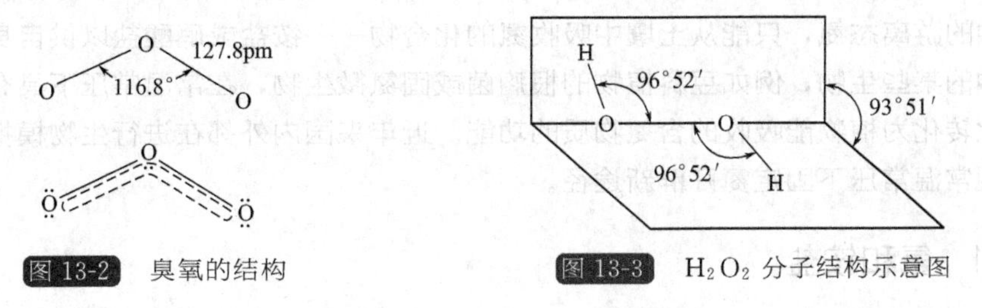

图 13-2 臭氧的结构　　图 13-3 H_2O_2 分子结构示意图

纯的过氧化氢是一种无色的液体，与水相似。过氧化氢在固态和液态时都发生缔合作用，而且缔合的程度比水高。

过氧化氢是一种弱酸，解离常数很小，即：

$$H_2O_2 \rightleftharpoons H^+ + HO_2^-$$

$$K_{a1}^\ominus = \frac{[H^+][HO_2^-]}{[H_2O_2]} = 2.4 \times 10^{-12}$$

第二级解离常数更小（约为 10^{-25}）。由于它的弱酸性，故能同金属氢氧化物作用生成过氧化物：

$$H_2O_2 + Ba(OH)_2 \longrightarrow BaO_2 + 2H_2O$$

过氧化钡可以看成是 H_2O_2 相应的盐。

过氧化氢的重要性质是它的氧化还原反应，其标准电极电势图如下：

酸性介质　　$\varphi_A^\ominus/V$　$O_2 \xrightarrow{0.682} H_2O_2 \xrightarrow{1.77} H_2O$

碱性介质　　$\varphi_B^\ominus/V$　$O_2 \xrightarrow{-0.08} HO_2^- \xrightarrow{0.87} OH^-$

H_2O_2 在酸性或碱性溶液中都是一种氧化剂，但在酸性溶液中其氧化性表现更为突出。例如：

$$H_2O_2 + 2I^- + 2H^+ \longrightarrow I_2 + 2H_2O$$

析出的碘可用硫代硫酸钠滴定，从而测得 H_2O_2 的含量。

作为氧化剂它有一个很大的优点，它的还原产物是 H_2O，不会引入其他杂质，如用 H_2O_2 漂白旧画，可使黑色的 PbS 氧化成白色的 $PbSO_4$：

$$PbS + 4H_2O_2 \longrightarrow PbSO_4 + 4H_2O$$

过氧化氢遇到更强的氧化剂时，在酸性或碱性溶液中，也可以作为还原剂，例如：

$$2MnO_4^- + 5H_2O_2 + 6H^+ \longrightarrow 2Mn^{2+} + 5O_2\uparrow + 8H_2O$$

$$2MnO_4^- + 3H_2O_2 \longrightarrow 2MnO_2\downarrow + 3O_2\uparrow + 2OH^- + 2H_2O$$

实验室中 H_2O_2 被广泛用作氧化剂。在医药上用 3%的（或更稀）H_2O_2 作为消毒杀菌剂。工业上可用来漂白丝绸、象牙、羽毛等，含量在 65%以上的 H_2O_2 与有机物接触易爆炸，故可作火箭燃料的氧化剂。

13.3 氮和磷

13.3.1 氮及其重要化合物

氮元素（nitrogen）是组成生物体内蛋白质、核酸等重要物质所不可缺少的成分，对生命具有重要意义。自然界中氮主要以单质 N_2 状态存在于大气中，而绝大部分作物不能直接吸收空气中的游离态氮，只能从土壤中吸收氮的化合物——铵盐或硝酸盐以供自身生长。然而大自然中的某些生物，例如豆科植物的根瘤菌或固氮微生物，在常温常压下具有固定空气中的氮使之转化为植物能吸收的含氮物质的功能。近年来国内外都在进行生物模拟固氮的研究，为实现常温常压下固定氮开辟新途径。

13.3.1.1 氨和铵盐

氨分子中氮的电负性大，分子间能以氢键结合。氨容易加压液化，又因其蒸发热较高(23.6kJ/mol)，故可作制冷剂。由于 NH_3 和 H_2O 缔合，氨极易溶于水，是溶解度最大的气体。氨溶于水后形成水合物，同时发生部分解离作用：

$$NH_3 + H_2O \rightleftharpoons NH_3 \cdot H_2O \rightleftharpoons NH_4^+ + OH^-$$

由于平衡常数（$K_b^\ominus = 1.79\times10^{-5}$）小，溶液中 OH^- 浓度低，故氨水呈弱碱性。

氨分子中氮原子上的孤对电子能与其他离子或分子形成共价配键，例如 NH_4^+、$[Ag(NH_3)_2]^+$、$[Co(NH_3)_6]^{3+}$、$[Pb(NH_3)_4]^{2+}$ 等，这样能使一些不溶于水的化合物能溶解在氨水中。

氨和酸作用可得到相应的铵盐。铵离子半径等于 143pm，K^+ 为 133pm，Rb^+ 为 148pm，它们的半径很接近，因此，有些性质也很相似，例如铵盐和钾盐都易溶于水。某些难溶的钾盐，如钴亚硝酸钠钾（$KNa_2[Co(NO_2)_6]$）、高氯酸钾（$KClO_4$）等，NH_4^+ 也能生成类似沉淀，故检验 K^+ 时必须除去 NH_4^+ 的干扰。

13.3.1.2　氮的氧化物

氮的氧化物有 N_2O、NO、N_2O_3、NO_2、N_2O_4、N_2O_5 等，氮的氧化数从＋1 到＋5。较为重要的是 NO 和 NO_2。

雷雨时，空气中的氮和氧在电弧作用下合成 NO：

$$N_2+O_2 \xlongequal{} 2NO$$

NO 在空气中进一步被氧化成 NO_2，再被雨水吸收成为 HNO_3 而进入土壤中。

13.3.1.3　氮的含氧酸及其盐

(1) 亚硝酸和亚硝酸盐　亚硝酸只存在于冷的水溶液中，它是一种弱酸（$K_a^\ominus=5.1\times10^{-4}$），其强度略高于乙酸。亚硝酸很不稳定，容易分解：

$$2HNO_2 \xlongequal{} H_2O+NO+NO_2$$

从有关标准电势图可看出，亚硝酸盐在酸性溶液中是氧化剂，在碱性溶液中是还原剂：

酸性溶液中 $\varphi_A^\ominus$ /V　　　$NO_3^- \xrightarrow{0.94} HNO_2 \xrightarrow{0.99} NO$

碱性溶液中 $\varphi_B^\ominus$ /V　　　$NO_3^- \xrightarrow{0.01} NO_2^- \xrightarrow{-0.46} NO$

例如：

$$2NO_2^- +2I^- +4H^+ \xlongequal{} 2NO+I_2+2H_2O$$

析出的 I_2 可使淀粉变蓝，用此反应可定量测定亚硝酸盐。

亚硝酸盐几乎都溶于水，有毒，是致癌物质。因此，在饮用水和腌制食品中严格限制亚硝酸盐的含量。

(2) 硝酸及硝酸盐　纯 HNO_3 是无色液体，密度为 1.4g/mL。和水相比，虽比 H_2O 的分子量大得多，但 HNO_3 的沸点（86℃）却比 H_2O 的沸点（100℃）低很多。这是因为 HNO_3 存在分子内氢键，而 H_2O 存在分子间氢键之故。

硝酸很不稳定，被光照射或受热容易分解：

$$4HNO_3 \xlongequal{} 4NO_2+2H_2O+O_2$$

所以浓 HNO_3 要保存在阴凉处。

硝酸的重要性质是强氧化性。硝酸起氧化作用时自身被还原为一系列较低氧化态的氮的化合物：$NO_2—HNO_2—NO—N_2O—N_2—NH_4^+$。通常得到的是几种产物的混合物。至于以哪一种产物为主，则取决于硝酸的浓度和还原剂的活泼性。浓 HNO_3 主要被还原为 NO_2，稀 HNO_3 通常被还原为 NO。当与较活泼的金属作用，而且硝酸较稀时，可得 N_2O，若 HNO_3 极稀时，可被还原为 NH_4^+。例如：

$$Cu+4HNO_3(浓) \xlongequal{} Cu(NO_3)_2+2NO_2\uparrow+2H_2O$$

$$3Cu+8HNO_3(稀) \xlongequal{} 3Cu(NO_3)_2+2NO\uparrow+4H_2O$$

$$4Zn+10HNO_3(稀) \xlongequal{} 4Zn(NO_3)_2+N_2O\uparrow+5H_2O$$

$$4Zn+10HNO_3(极稀) \xlongequal{} 4Zn(NO_3)_2+NH_4NO_3+3H_2O$$

浓硝酸和浓盐酸的混合物（体积比 1∶3）称为“王水”，王水可溶解 Au、Pt 等贵金属，主要由于高浓度 Cl^- 存在时，金属离子能形成稳定的配离子，如 $[AuCl_4]^-$、$[PtCl_6]^{2-}$ 等使 Au 或 Pt 的电极电势减小，因此在浓硝酸作用下，反应有可能向 Au、Pt 溶解的方向进行。例如：

$$Au^{3+} + 3e^- \rightleftharpoons Au \qquad \varphi^\ominus = 1.42V$$

$$[AuCl_4]^- + 3e^- \rightleftharpoons Au + 4Cl^- \qquad \varphi^\ominus = 0.994V$$

Au 和 Pt 溶于“王水”中的反应为：

$$Au + HNO_3 + 4HCl \longrightarrow H[AuCl_4] + NO\uparrow + 2H_2O$$

$$3Pt + 4HNO_3 + 18HCl \longrightarrow 3H_2[PtCl_6] + 4NO\uparrow + 8H_2O$$

硝酸有一系列稳定的硝酸盐，所有硝酸盐都溶于水。因此欲寻找某金属的易溶盐时，一般首选其硝酸盐。

13.3.2 磷的重要化合物

磷（phosphorus）在自然界中没有单质，主要以磷酸盐的形式存在，如磷酸钙矿［主要成分是 $Ca_3(PO_4)_2$］和磷灰石［主要成分为 $Ca_5F(PO_4)_3$］等。磷是生物体中不可缺少的元素之一。在植物体中磷主要存在于种子的蛋白质中，在动物体中主要存在于脑、血液、神经组织的蛋白质和骨骼中。

磷有两种氧化物，即三氧化二磷和五氧化二磷。根据蒸气密度测定，三氧化二磷的分子式是 P_4O_6，五氧化二磷的分子式是 P_4O_{10}。

亚磷酸酐（P_4O_6）为白色晶体，有剧毒，与冷水作用生成亚磷酸：

$$P_4O_6 + 6H_2O \longrightarrow 4H_3PO_3$$

磷酸酐（P_4O_{10}）为白色粉末，与足量的热水作用，可生成正磷酸（通常称为磷酸）：

$$P_4O_{10} + 6H_2O \longrightarrow 4H_3PO_4$$

P_4O_{10} 的吸湿性很强，常用作干燥剂。

纯的磷酸是无色晶体，熔点为 42.3℃，极易溶于水，市售磷酸含 H_3PO_4 约 85%，为黏稠状溶液，密度为 1.69g/mL。磷酸是一种无氧化性、不挥发的三元中强酸（$K_{a1}^\ominus = 7.52 \times 10^{-3}$，$K_{a2}^\ominus = 6.2 \times 10^{-8}$，$K_{a3}^\ominus = 4.8 \times 10^{-13}$）。

磷酸受强热时发生脱水作用，可生成焦磷酸、三磷酸或四聚偏磷酸等。例如：

$$2H_3PO_4 \longrightarrow \underset{(焦磷酸)}{H_4P_2O_7} + H_2O$$

$$3H_3PO_4 \longrightarrow \underset{(三磷酸)}{H_5P_3O_{10}} + 2H_2O$$

$$4H_3PO_4 \longrightarrow \underset{(四聚偏磷酸)}{(HPO_3)_4} + 4H_2O$$

磷酸分三步解离：

$$H_3PO_4 \rightleftharpoons H^+ + H_2PO_4^- \rightleftharpoons 2H^+ + HPO_4^{2-} \rightleftharpoons 3H^+ + PO_4^{3-}$$

可生成三种相应的盐，即磷酸二氢盐、磷酸一氢盐和磷酸盐。所有的磷酸二氢盐均易溶于水，而磷酸一氢盐除钾盐、钠盐和铵盐外，一般难溶于水。

由于磷酸存在上述解离平衡，故溶液的 pH 值与盐存在的形式有关。例如：

$$H_3PO_4 \rightleftharpoons H^+ + H_2PO_4^-$$

$$K_{a1}^\ominus = \frac{[H^+][H_2PO_4^-]}{[H_3PO_4]}$$

即 $$\frac{[H^+]}{K_{a1}^{\ominus}}=\frac{[H_3PO_4]}{[H_2PO_4^-]}$$

当 $[H^+]=K_{a1}^{\ominus}$ 时，$[H_3PO_4]=[H_2PO_4^-]$；当 $[H^+]<K_{a1}^{\ominus}$ 时，$[H_3PO_4]<[H_2PO_4^-]$，亦即 $pH>pK_{a1}^{\ominus}$（2.12）时，$[H_2PO_4^-]>[H_3PO_4]$。同理，当 $[H^+]<K_{a2}^{\ominus}$ 时，即 $pH>pK_{a2}^{\ominus}$（7.2）时，$[HPO_4^{2-}]>[H_2PO_4^-]$；当 $[H^+]<K_{a3}^{\ominus}$ 时，即 $pH>pK_{a3}^{\ominus}$（12.66）时，$[PO_4^{3-}]>[HPO_4^{2-}]$。

上述关系在农业中很有实际意义。过磷酸钙是常用的磷肥，主要成分为 $Ca(H_2PO_4)_2$。施磷肥时要能保持其有效的可溶性成分不变，则土壤pH值最好要大于 $pK_{a1}^{\ominus}$（2.12），小于 $pK_{a2}^{\ominus}$（7.21），即pH值最好在2～7之间。实际上应在6.5～7.5之间，因为pH<5.5时，土壤中 Fe^{3+}、Al^{3+} 等离子的浓度增大，会使磷肥固定（即生成相应的磷酸盐沉淀）而失效。其他磷的可溶性化合物也可用作磷肥。

另外，磷的化合物在生物体内也颇为重要。

13.4 铜和银、锌、镉、汞

铜（copper）和银（silver）为ⅠB族（也称铜族）元素，锌（zinc）、镉（cadmium）、汞（mercury）为ⅡB族（也称锌族）元素，它们同处于周期表的ds区。ⅠB和ⅡB族元素的价电子构型分别为 $(n-1)d^{10}ns^1$ 和 $(n-1)d^{10}ns^2$。由此可见，这些元素的最外层电子数分别与ⅠA和ⅡA族是相同的，但由于ⅠB和ⅡB族元素次外层为18个电子，ⅠA和ⅡA族元素次外层为8个电子（Li除外），前者对核电荷的屏蔽效应小于后者，所以ⅠB和ⅡB族的有效核电荷较大，核对外层s电子吸引力较强，解离能升高，原子半径减小，标准电极电势升高，化学性质远不及相应的s区元素活泼。

由于铜族元素 ns 电子和 $(n-1)d$ 电子的能量相差不大，所以ⅠB族元素的氧化数有+1、+2和+3三种。但氧化数为+1的Cu不稳定，易发生歧化作用。氧化数为+3的 CuO^+ 电势高，也不稳定。银虽有氧化数为+3(AgO^+)和+2(Ag^{2+})的化合物，但因电势高、氧化性强，也不能稳定存在。所以，铜和银的特征氧化数分别为+2和+1，这可从下列元素标准电势图看出：

$$\varphi_A^{\ominus}/V \quad CuO^+ \xrightarrow{1.8} Cu^{2+} \xrightarrow{0.153} Cu^+ \xrightarrow{0.522} Cu \quad (Cu^{2+} \xrightarrow{0.337} Cu)$$

$$AgO^+ \xrightarrow{2.1} Ag^{2+} \xrightarrow{1.89} Ag^+ \xrightarrow{0.7994} Ag$$

$$\varphi_B^{\ominus}/V \quad Cu(OH)_2 \xrightarrow{-0.08} Cu_2O \xrightarrow{-0.358} Cu$$

$$Ag_2O_3 \xrightarrow{0.74} AgO \xrightarrow{0.57} Ag_2O \xrightarrow{0.344} Ag$$

13.4.1 铜和银的重要化合物

（1）硫酸铜　$CuSO_4 \cdot 5H_2O$ 俗称胆矾或蓝矾，是一种蓝色晶体，加热到285℃时，可脱去水变成白色粉末的无水 $CuSO_4$。无水硫酸铜易溶于水，不溶于乙醇和乙醚。吸水性很强，吸水后恢复其蓝色。因此，无水硫酸铜常用来检验某些液体（如乙醇、乙醚等）是否含水，也可用它除去有机物中的少量水分。

在 $CuSO_4$ 溶液中加入氨水，得到浅蓝色的碱式硫酸铜沉淀：

$$2Cu^{2+}+SO_4^{2-}+2OH^- \longrightarrow Cu_2(OH)_2SO_4\downarrow$$

若继续加入氨水，$Cu_2(OH)_2SO_4$ 将溶解，得到深蓝色的配离子 $[Cu(NH_3)_4]^{2+}$：

$$Cu_2(OH)_2SO_4+8NH_3(\text{过量}) \longrightarrow 2[Cu(NH_3)_4]^{2+}+SO_4^{2-}+2OH^-$$

硫酸铜晶体无论含水与否，都能吸收 HCl 气体：

$$CuSO_4+4HCl \longrightarrow H_2CuCl_4+H_2SO_4$$

因此常利用该反应除去气体中的杂质 HCl。

硫酸铜加入贮水池可以阻止水中藻类滋长。医药上用硫酸铜作催吐剂。此外，硫酸铜还大量用于镀铜、印染、制颜料和木材防腐等方面。

(2) 氯化铜　无水 $CuCl_2$ 为棕色粉状物，$CuCl_2\cdot 2H_2O$ 为绿色晶体，它们均易溶于水。加 NaOH 于 $CuCl_2$ 溶液中得到浅蓝色的碱式氯化铜 $CuCl_2\cdot 3Cu(OH)_2$，俗称“王铜”，是农业上良好的种子消毒剂。

(3) 硝酸银　$AgNO_3$ 是很重要的可溶性银盐，为无色晶体，极易溶于水，也能溶于酒精等有机溶剂，见光受热都易分解：

$$2AgNO_3 \longrightarrow 2Ag\downarrow+2NO_2\uparrow+O_2\uparrow$$

因此无论是固体还是溶液，都必须保存在棕色瓶内。

固体 $AgNO_3$ 或其溶液都是氧化剂，即使在室温，许多有机物都能将它还原成黑色银粉。例如，皮肤或布与它接触后全都变黑。由于 $AgNO_3$ 对有机组织有破坏作用，因而在医药上用 10%的 $AgNO_3$ 溶液作为消毒剂和腐蚀剂。大量的 $AgNO_3$ 用于照相、电镀和制镜等工业。此外，$AgNO_3$ 也是一种重要的分析试剂。

13.4.2　锌、镉、汞的重要化合物

铜族和锌族元素的金属活泼性次序是：

$$Zn>Cd>H>Cu>Hg>Ag>Au$$

ⅡB 族元素的氧化数表现为+2，但有时 Cd、Hg 却表现为+1，并以双聚离子形式存在。

(1) 硫化锌　ZnS 是唯一的白色硫化物，用此特性可鉴定 Zn^{2+}。它不溶于水和弱酸，而可溶于稀的强酸中，并放出 H_2S。在 ZnS 晶体中加入微量的 Ag^+、Cu^{2+} 或 Mn^{2+} 作活化剂后，在紫外线或可见光照射下可以发出不同颜色的荧光，因此 ZnS 可用于制作荧光屏、夜光表等。ZnS 还可以用作白色颜料。

(2) 氯化锌　$ZnCl_2$ 易溶于水（10℃时 100g 水能溶解 330g 的 $ZnCl_2$），是溶解度最大的一种盐。它在浓溶液中能形成配酸 $H[ZnCl_2(OH)_2]$，这种酸能溶解金属氧化物，例如：

$$FeO+2H[ZnCl_2(OH)_2] \longrightarrow Fe[ZnCl_2(OH)]_2+H_2O$$

因此，在焊接时用它清除金属表面的氧化物，并大量用于印染工业和木材防腐。

(3) 氧化锌　ZnO 俗称锌白，为两性氧化物，能溶于酸和碱，还能溶于氨水或铵盐溶液中：

$$ZnO+2HCl \longrightarrow ZnCl_2+H_2O$$

$$ZnO+2NaOH \longrightarrow Na_2ZnO_2+H_2O$$

$$ZnO+4NH_3\cdot H_2O \longrightarrow [Zn(NH_3)_4](OH)_2+3H_2O$$

ZnO 在制橡胶时用作填料。医药上可用作药膏，与抗菌剂合用可治皮肤病。

(4) 磷化锌　在隔绝空气的情况下，点燃赤磷和锌粉（2∶3）的混合物即得 Zn_3P_2：

$$2P + 3Zn \xrightarrow{点燃} Zn_3P_2$$

Zn_3P_2 为深灰色粉末，有恶臭，不溶于水、醇和碱。在空气中易吸水分解，放出剧毒的磷化氢（PH_3）气体，Zn_3P_2 曾用于毒杀田鼠和家鼠等。

（5）氯化汞　$HgCl_2$ 因加热能升华，故称升汞，有剧毒（致死量为 0.2～0.4g）。它的杀菌力很强，稀溶液是外科手术中常用的消毒剂。农业上有时用升汞来消毒蔬菜种子和防治果树幼苗的根癌病。但由于它价格高，对植物有药害，并会污染土壤，所以不宜使用于大批禾本科植物的种子处理。

（6）氯化亚汞　Hg_2Cl_2 俗称甘汞，是微溶于水的白色粉末，纯 Hg_2Cl_2 无毒，能升华，见光易分解：

$$Hg_2Cl_2 \longrightarrow Hg + HgCl_2$$

因此，甘汞应保存在棕色瓶中。Hg_2Cl_2 常用于制作甘汞电极，医药上用作泻剂和利尿剂。

对生物体来说，铜和锌是不可缺少的元素之一。铜影响植物酶的活性和氧化还原过程，参与动物体内碳水化合物的代谢作用，缺铜将导致贫血症。动物所需的铜主要来自植物。锌与叶绿素的形成、糖类的积累、种子的成长等有密切关系，植物缺锌时会导致小叶病、黄萎等，锌还能促进土壤中氮、磷、钾、钙和腐殖质的转化，便于植物吸收。动物缺锌，将造成生长不良、毛发脱落和不妊等病症。

镉和汞对人、畜都有毒害。

13.5 铬、钼、锰

铬（chromium）和钼（molybdenum）为ⅥB 族元素，锰（manganese）为ⅦB 族元素，它们都是 d 区元素，价电子构型为 $(n-1)d^{1\sim9}ns^{1\sim2}$，其次外层的 d 轨道都未充满。因此，除最外层电子的 s 电子可参加成键外，次外层的 d 电子也可部分或全部参加成键，往往有多种氧化态。常见的氧化态列于表 13-5，其中划横线者表示最稳定的氧化态。

由于不同氧化态之间在一定条件下可相互转化，从而表现出氧化还原剂。低氧化态具有还原性，高氧化态具有氧化性，中间氧化态既有还原性又有氧化性。

表 13-5　铬、钼、锰的常见氧化态

元素	氧化数					
Cr	+2	$\underline{+3}$			+6	
Mo		+3		$\underline{+5}$	+6	
Mn	$\underline{+2}$	+3	+4		+6	+7

13.5.1 铬和钼的化合物

铬和钼的元素标准电极电势图如下：

$$\varphi_A^\ominus/V \quad Cr_2O_7^{2-} \xrightarrow{1.33} Cr^{3+} \xrightarrow{-0.41} Cr^{2+} \xrightarrow{-0.91} Cr$$

（Cr^{3+} — Cr：−0.74；$Cr_2O_7^{2-}$ — Cr：0.29）

$$H_2MoO_4 \xrightarrow{0.4} MoO_2 \xrightarrow{0} Mo^{3+} \xrightarrow{-0.2} Mo$$
$$H_2MoO_4 \xrightarrow{-0.06} Mo^{3+}$$

$$\varphi_B^\ominus/V \quad CrO_4^{2-} \xrightarrow{-0.13} Cr(OH)_3 \xrightarrow{-1.1} Cr(OH)_2 \xrightarrow{-1.4} Cr$$
$$CrO_2^- \quad Cr(OH)_3 \xrightarrow{-1.3} Cr \qquad CrO_2^- \xrightarrow{-1.2} Cr$$

$$MoO_4^{2-} \xrightarrow{-1.4} MoO_2 \xrightarrow{-0.87} Mo$$
$$MoO_4^{2-} \xrightarrow{-0.92} Mo$$

由电势图可知，在酸性介质中，Cr(Ⅱ）有较强的还原性，Cr(Ⅵ）有较强的氧化性，Cr(Ⅲ）能稳定存在。在碱性介质中，Cr(Ⅵ）的氧化性大大减弱。在酸性介质中，Mo（Ⅵ）的化合物 H_2MoO_4 较稳定；在碱性介质中，Mo(Ⅳ）的化合物不稳定，易发生歧化作用。

（1）三氧化二铬　Cr_2O_3 是绿色固体，微溶于水，溶于酸形成铬盐，溶于碱形成亚铬酸盐：

$$Cr_2O_3+3H_2SO_4 = Cr_2(SO_4)_3+3H_2O$$
$$Cr_2O_3+2NaOH = 2NaCrO_2+H_2O$$

说明三氧化二铬是两性氧化物。它可用作涂料、陶瓷等颜料和有机合成的催化剂。

（2）铬酸盐和重铬酸盐　重要的铬酸盐有铬酸钠（Na_2CrO_4）和铬酸钾（K_2CrO_4），它们都是黄色晶体。重要的重铬酸盐有重铬酸钠（$Na_2Cr_2O_7$）和重铬酸钾（$K_2Cr_2O_7$），它们均为橙红色晶体。这四种盐都溶于水。在铬酸盐和重铬酸盐的水溶液中存在着下列平衡：

$$Cr_2O_7^{2-}\text{（橙色）}+H_2O \rightleftharpoons 2CrO_4^{2-}\text{（黄色）}+2H^+$$

根据平衡移动原理，加酸可使平衡左移，$Cr_2O_7^{2-}$ 浓度升高，溶液变为橙色；加碱使平衡向右移动，CrO_4^{2-} 浓度增大，溶液变为黄色。

重铬酸钾在酸性溶液中是氧化剂［$\varphi_A^\ominus(Cr_2O_7^{2-}/Cr^{3+})=1.33V$］，在定量分析中常用以测定铁盐的含量：

$$Cr_2O_7^{2-}+14H^++6Fe^{2+} = 2Cr^{3+}+6Fe^{3+}+7H_2O$$

饱和的 $K_2Cr_2O_7$ 溶液和浓硫酸的混合液（5g $K_2Cr_2O_7$ 的热饱和溶液加 100mL 浓 H_2SO_4）称为铬酸洗液，具有很强的氧化性，在实验室用于洗涤玻璃容器。经使用后，当溶液由暗红色变为绿色时，表明洗液已失效。

（3）三氧化钼　MoO_3 是白色晶体，加热时变为黄色，冷却后又恢复为白色，不溶于水，可溶于氨水或强碱性溶液，生成相应的钼酸盐：

$$MoO_3+2NH_3\cdot H_2O = (NH_4)_2MoO_4+H_2O$$
$$MoO_3+2NaOH = Na_2MoO_4+H_2O$$

MoO_3 在石油工业中，用作催化剂，也用于制金属钼、瓷釉颜料和药物等。

（4）钼酸铵　$(NH_4)_2MoO_4$ 为无色晶体，溶于水，也溶于稀的氯化铵溶液。在实验室常用的实际上是四水合七钼酸铵［$(NH_4)_6Mo_7O_{24}\cdot 4H_2O$］，是测定磷的重要试剂，也用于颜料和织物防火剂等。

13.5.2　锰的化合物

锰的＋4、＋6 和＋7 氧化态的化合物在酸性介质中都具有氧化性。MnO_4^{2-} 及 Mn^{3+} 不稳定，易发生歧化作用：

$$2Mn^{3+}+2H_2O \longrightarrow Mn^{2+}+MnO_2\downarrow+4H^+$$

$$3MnO_4^{2-}+4H^+ \longrightarrow 2MnO_4^-+MnO_2\downarrow+2H_2O$$

在碱性介质中，MnO_4^{2-} 也能发生歧化作用，但不如在酸性介质中进行得完全。

（1）二氧化锰 MnO_2 是黑色不溶于水的固体，具有两性，但表现的酸性和碱性都弱。在酸性介质中，MnO_2 是一种强氧化剂，能与浓 HCl 作用产生 Cl_2：

$$MnO_2+4HCl \xrightarrow{\triangle} MnCl_2+Cl_2\uparrow+2H_2O$$

MnO_2 在工业上常用作氧化剂，也大量用于干电池中。

（2）高锰酸钾 $KMnO_4$ 是紫黑色晶体，水溶液呈紫红色。$KMnO_4$ 是最重要的常用氧化剂之一，其氧化能力和还原产物随介质酸碱性不同而异。

$KMnO_4$ 除了在实验室用作氧化剂外，还广泛用作消毒剂和杀菌剂，如 0.1% 的 $KMnO_4$ 溶液可浸洗水果、公共餐具，5% 的 $KMnO_4$ 溶液可治疗烫伤。

要注意的是，$KMnO_4$ 溶液不稳定，会分解放出 O_2：

$$4MnO_4^-+4H^+ \longrightarrow 4MnO_2\downarrow+2H_2O+3O_2\uparrow$$

$$4MnO_4^-+2H_2O \longrightarrow 4MnO_2\downarrow+4OH^-+3O_2\uparrow$$

受热或见光时分解速率加快。因此，实验室配制的 $KMnO_4$ 溶液，放置时间不宜过久，并应保存于棕色瓶中。

锰能加强植物中氧化酶吸收氧的能力，促进种子发芽和幼苗生长，并能在植物吸收硝态氮和氨态氮的过程中起重要作用。植物缺锰时，叶绿素的含量降低，会发生灰斑病等。

13.6 铁和钴

铁（iron）和钴（cobalt）是Ⅷ族元素，虽然也属于 d 区，但这一族有些特殊，每一周期中同族由三个元素组成，并且这三个元素的性质很相似。第四周期的铁（Fe）、钴（Co）、镍（Ni）称为铁系元素，其他六个元素称为铂系元素。

13.6.1 铁的化合物

Fe 的价电子构型是 $3d^6 4s^2$，氧化态表现为 +2 和 +3，在强氧化剂存在下，铁还可出现不稳定的 +6 氧化态（高铁酸盐）。其中以氧化数为 +3 的化合物最稳定，因为 Fe(Ⅲ) 的外电子层构型 $3d^5$ 为半充满稳定构型。

（1）硫酸亚铁 含结晶水的硫酸亚铁 $FeSO_4\cdot7H_2O$ 俗称绿矾，受热失水可得白色的无水 $FeSO_4$。绿矾在空气中风化，且表面易氧化成为黄褐色的碱式硫酸铁 $Fe(OH)SO_4$：

$$4FeSO_4+2H_2O+O_2 \longrightarrow 4Fe(OH)SO_4$$

在酸性介质中，亚铁盐较稳定，但放置过程中也可被空气中的氧所氧化：

$$4Fe^{2+}+O_2+4H^+ \longrightarrow 4Fe^{3+}+2H_2O$$

在碱性介质中立即被氧化：

$$4Fe(OH)_2+O_2+2H_2O \longrightarrow 4Fe(OH)_3$$

这可从下面的标准电极电势看出：

$$Fe^{3+}+e^- \rightleftharpoons Fe^{2+} \qquad \varphi_A^\ominus=0.771V$$

$$Fe(OH)_3+e^- \rightleftharpoons Fe(OH)_2+OH^- \qquad \varphi_B^\ominus=-0.56V$$

$$O_2+4H^++4e^- \rightleftharpoons 2H_2O \qquad \varphi_A^\ominus=1.229V$$

在分析化学中常用绿矾作为还原剂来标定 $K_2Cr_2O_7$ 或 $KMnO_4$ 溶液和测定某些氧化性物质。在农业上用它作为杀菌剂、杀虫剂。工业上用于制造黑墨水和媒染剂。

（2）氯化铁　铁（Ⅲ）盐中以 $FeCl_3$ 为最重要。$FeCl_3$ 溶于水，并发生水解，使溶液显酸性。如果在温度升高时加适量的碱，可促进水解，最后将析出棕色胶状 $Fe(OH)_3$ 沉淀。

$FeCl_3$ 主要用于有机染料工业。由于它能引起蛋白质的迅速凝聚，故在医药上用作止血剂。

（3）铁的配合物　铁不仅可以和 CN^-、F^-、$C_2O_4^{2-}$、SCN^-、Cl^- 等离子形成配合物，而且还可以与 CO、NO 以及许多分子形成配合物。其中最重要的是与 CN^- 形成的两种配合物：亚铁氰化钾 $K_4[(Fe(CN)_6] \cdot 3H_2O$ 和铁氰化钾 $K_3[Fe(CN)_6]$。因亚铁氰化钾为黄色晶体，故称黄血盐。它与 Fe^{3+} 作用生成蓝色沉淀，称为普鲁士蓝。铁氰化钾为深红色晶体，俗称赤血盐，与 Fe^{2+} 作用生成蓝色沉淀，称为滕氏蓝。实际上，经 X 射线研究证明，普鲁士蓝和滕氏蓝的组成和结构是相同的，其化学式为 $KFe[Fe(CN)_6]$。

铁的化合物对生命过程有着重要的意义，例如，血红蛋白、氧化酶、叶绿素的形成都需要 Fe^{2+} 和 Fe^{3+}。植物缺铁时常得黄萎病。

13.6.2　钴的化合物

在钴的化合物中，以 Co(Ⅱ) 的盐类为最常见，Co(Ⅲ) 的简单盐类具有很强的氧化性 $[\varphi_A^\ominus(Co^{3+}/Co^{2+})=1.82V]$，溶于水立即被还原成 Co^{2+}。

二氯化钴 $CoCl_2$ 是比较重要的钴盐，易溶于水，水解性很强。无水 $CoCl_2$ 吸收空气中的水分可形成含不同结晶水的氯化钴，由于结晶水数目不同而呈现不同的颜色，且随温度升高逐渐失去结晶水，伴有颜色的变化：

$$\underset{\text{(粉红色)}}{CoCl_2 \cdot 6H_2O} \xrightleftharpoons{52.25℃} \underset{\text{(紫红色)}}{CoCl_2 \cdot 2H_2O} \xrightleftharpoons{90℃} \underset{\text{(蓝紫色)}}{CoCl_2 \cdot H_2O} \xrightleftharpoons{120℃} \underset{\text{(蓝色)}}{CoCl_2}$$

利用 $CoCl_2$ 的这一性质，作为干燥剂（如硅胶）的指示剂，以指示其吸湿程度。

钴是血液中血红蛋白的组成部分，禽畜饲料缺钴将引起禽畜贫血、食欲缺乏等严重的生理病害。

知识拓展

113 号、115 号、117 号、118 号新元素的发现与命名

2015 年 12 月 30 日，国际纯粹与应用化学联合会（International Union of Pure and Applied Chemistry，IUPAC）与国际纯粹与应用物理联合会（International Union of Pure and Applied Physics，IUPAP）组建的联合工作组（joint working party，JWP）确认人工合成了 113 号、115 号、117 号和 118 号 4 个新元素。

2016 年 6 月 8 日，IUPAC 经过审核后公布了新元素发现者提出的新元素的命名，供公众审查与查阅：113 号元素推荐名为 Nihonium，符号为 Nh，源于日本的国名 Nihon；115 号元素推荐名为 Moscovium，符号为 Mc，源于莫斯科市的市名 Moscow；117 号元素推荐命名为 Tennessine，符号为 Ts，源于美国田纳西州的州名 Tennessee；118 号元素命名为 Oganesson，元素符号为 Og，源于俄罗斯核物理学家尤里·奥加涅相（Yuri Oganessian，1933-）。

全国科学技术名词审定委员会 2016 年决定向公众广泛征集 113 号、115 号、117 号

和 118 号元素的中文命名。化学元素的符号是国际通用的，化学元素的命名由于语种的不同，会有较大的差异。化学元素名称的汉译，自晚清开始译入到 21 世纪的今天，历经了百年，形成了化学元素自有的中文定名原则。

（1）根据尽量少造新字的原则，在元素定名需要造字时，尽量选用已有的古字。

（2）选用或新造汉字应符合国家汉字规范。

（3）符合以形声字为主体的汉字书写特点，以体现元素的性质，发音靠近国际命名。

（4）避免与以前的元素名称同音，避免用多音字。

（5）使用简化字，避免用怪异字，选用笔画少的字。

（6）为了避免歧义，选字应尽量避开生活常用字和已经用作其他行业专用字的汉字。

（7）尽量采用繁简无差别的字，以利于海峡两岸和汉语圈科技术语的统一。

全国科学技术名词审定委员会联合国家语言文字工作委员会组织专家商定：$_{113}Nh$ 为鉨，$_{115}Mc$ 为镆，$_{117}Ts$ 为鿬，$_{118}Og$ 为鿫。

习题

1. 衣服上沾有铁锈时，常用草酸去洗，试说明原理。

2. 在印染业的染液中，常因某些离子（如 Fe^{3+}、Cu^{2+} 等）使染料颜色改变，加入 EDTA 便可纠正此弊，试说明原理。

3. 请用适当的方法将下列各组化合物逐一溶解：

（1）AgCl，AgBr，AgI　（2）$Mg(OH)_2$，$Zn(OH)_2$，$Al(OH)_3$　（3）CuC_2O_4，CuS

4. 写出锌与硝酸反应生成下列产物的反应式：

（1）NO　（2）N_2O　（3）N_2　（4）NH_4NO_3

5. 试按 pH 值由小到大的次序排列 0.1mol/L Na_3PO_4、0.1mol/L H_3PO_4、0.1mol/L Na_2HPO_4 和 0.1mol/L NaH_2PO_4 溶液，并说明理由。

6. 完成并配平下列反应方程式：

（1）$H_2O_2+H_2S \longrightarrow$　（2）$Br_2+H_2S+H_2O_2 \longrightarrow$　（3）$I_2+H_2S \longrightarrow$

（4）$ClO_3^-+H_2S \longrightarrow$　（5）$Na_2SiO_3+CO_2+H_2O \longrightarrow$

7. 用化学方程式完成下列变化：

（1）$K_2CrO_4 \rightarrow K_2Cr_2O_7 \rightarrow CrCl_3 \rightarrow Cr(OH)_3 \rightarrow KCrO_2$

（2）$Zn \rightarrow [Zn(OH)_4]^{2-} \rightarrow ZnCl_2 \rightarrow [Zn(NH_3)_4]^{2+} \rightarrow ZnS$

8. 用盐酸处理 $Fe(OH)_3$、$Co(OH)_3$ 各发生什么反应？为什么？

9. 解释下列实验现象，并写出各步的反应式：

（1）向含有 Fe^{2+} 的溶液中加入 NaOH 溶液后生成白色沉淀，并逐渐变为棕红色。

（2）过滤后，沉淀用盐酸处理，溶液呈黄色。

（3）向黄色溶液中加几滴 KSCN 溶液，又变为深红色。

（4）向红色溶液中加入少量 Fe 粉，红色消失。

10. 将 H_2S 通入 $ZnCl_2$ 溶液时，仅析出少量的 ZnS 沉淀，如果在这种溶液中加入 NaAc，则可使 ZnS 沉淀完全，试说明理由。

第14章

紫外-可见分光光度法

本章学习指导

了解物质对光的选择性吸收；掌握朗伯-比尔定律及摩尔吸光系数的意义；掌握光度分析的方法和仪器的使用；掌握显色条件和光度测量条件的选择及如何提高灵敏度与准确度的方法。

在光的照射下，物质对不同波长的光有选择性地吸收，从而呈现出特定颜色。例如，$KMnO_4$ 溶液呈紫红色，$CuSO_4$ 溶液呈蓝色，$K_2Cr_2O_7$ 溶液呈橙色等。溶液颜色的深浅往往与物质浓度有关，浓度越大，颜色越深。历史上，人们用肉眼观察溶液颜色的深浅来测定物质浓度，建立了“比色分析法”。利用物质对光的选择性吸收，不但可以进行定性分析，还可以进行定量分析。在一定波长下，被测溶液对光的吸收程度与溶液中组分浓度之间存在定量关系，可进行组分含量测定，这种定量测定方法称为吸光光度法，又称吸收光谱法。

在吸光光度法中，根据仪器获得单色光方法的不同，可分成光电比色法与分光光度法。以滤光片获得单色光的光电比色计比较有色溶液的颜色深浅，对组分进行含量测定的方法，称为光电比色法；而以棱镜或光栅等为单色器的分光光度计测量溶液对光吸收程度的测定方法，称为分光光度法。根据波长范围的不同，分光光度法分为可见分光光度法、紫外分光光度法和红外分光光度法等。本章主要讨论紫外-可见分光光度法。

14.1 物质对光的选择性吸收

14.1.1 光的基本性质

光是一种电磁波，它们之间的区别在于波长（或频率）不同。如将电磁波按波长顺序排列，则有电磁波谱表（表14-1）。

表14-1 电磁波谱表

光谱名称	波长范围	跃迁类型	对应的分析方法
X射线	10^{-1}～10nm	K和L层电子	X射线光谱法

续表

光谱名称	波长范围	跃迁类型	对应的分析方法
远紫外线	10～200nm	中层电子	真空紫外光度法
近紫外线	200～400nm	价电子	紫外光度法
可见光	400～760nm	价电子	比色及可见光度法
近红外线	0.76～2.5μm	分子振动	近红外光谱法
中红外线	2.5～5.0μm	分子振动	中红外光谱法
远红外线	5.0～1000μm	分子转动	远红外光谱法
微波	0.1～100cm	分子转动	微波光谱法
无线电波	1～1000m	氢核的进动	核磁共振光谱法

肉眼可感觉到的光称为可见光。可见光只是电磁波中一个很小的波段，其波长范围为 400～760nm。具有同一波长的光称为单色光，每种颜色的单色光都具有一定的波长范围，通常把由不同波长组成的光称为复合光。日常生活中肉眼所见到的白光是由红、橙、黄、绿、青、蓝、紫等光按适当强度比例混合而成，所以白光即为复合光。两种颜色的光若按适当比例混合，可以形成白光，这两种光称为互补色光。

14.1.2　光与物质的相互作用

当光通过透明物质时，具有某些特定能量的光子被吸收，其他光子则不被吸收。光子是否被物质吸收，既取决于物质的内部结构，也取决于光子的能量。物质的分子均具有不连续的量子化能级，图 14-1 是双原子分子能级示意图，从图中可以看出，同一电子能级（A 或 B）包括几个振动能级（ν），而同一振动能级又包括几个转动能级（J）。电子能级间的能量差一般为 1～20eV。当光子的能量等于电子能级的能量差时，该光子被吸收，并使分子由基态跃迁到激发态，处于激发态的分子不稳定，在短时间（约 10^{-8} s）内又从激发态回到基态。在此过程中，吸收的能量以热或光等形式释放出来，这种由电子能级跃迁而产生的吸收光谱位于紫外及可见部分，称为分子的电子光谱。在电子能级变化时，不可避免地伴随着分子振动和转动能级的变化，因此分子的电子光谱呈带状光谱。

物质对光的吸收特征，可用吸收曲线来描述。测量某种物质对不同波长单色光的吸收程度，以波长为横坐标、吸光度为纵坐标作图，可得到吸收曲线，它能更清楚地描述物质对光的吸收情况。

图 14-2 是 $KMnO_4$ 溶液的光吸收曲线。从图可以看出，$KMnO_4$ 溶液对不同波长的光吸收程度不同。对波长 525nm 的绿光吸收最强，而对紫光和红光的吸收很弱，因而 $KMnO_4$ 溶液显紫红色。光吸收程度最大处的波长叫作最大吸收波长，用 λ_{max} 表示；$KMnO_4$ 溶液的 λ_{max} =525nm。不同浓度的 $KMnO_4$ 溶液吸收曲线形状相似，最大吸收波长不变，只是相应的吸光度大小不同。在最大吸收波长处吸光度测量的灵敏度最高，这是定量分析选择入射光的依据。

14.1.3　分光光度法特点

分光光度法主要用于测定试样中微量组分的含量，其特点如下。

(1) 灵敏度高　常用于测定试样中 0.001%～1%微量组分，甚至可测定低至 10^{-5}%～10^{-4}%的痕量组分。

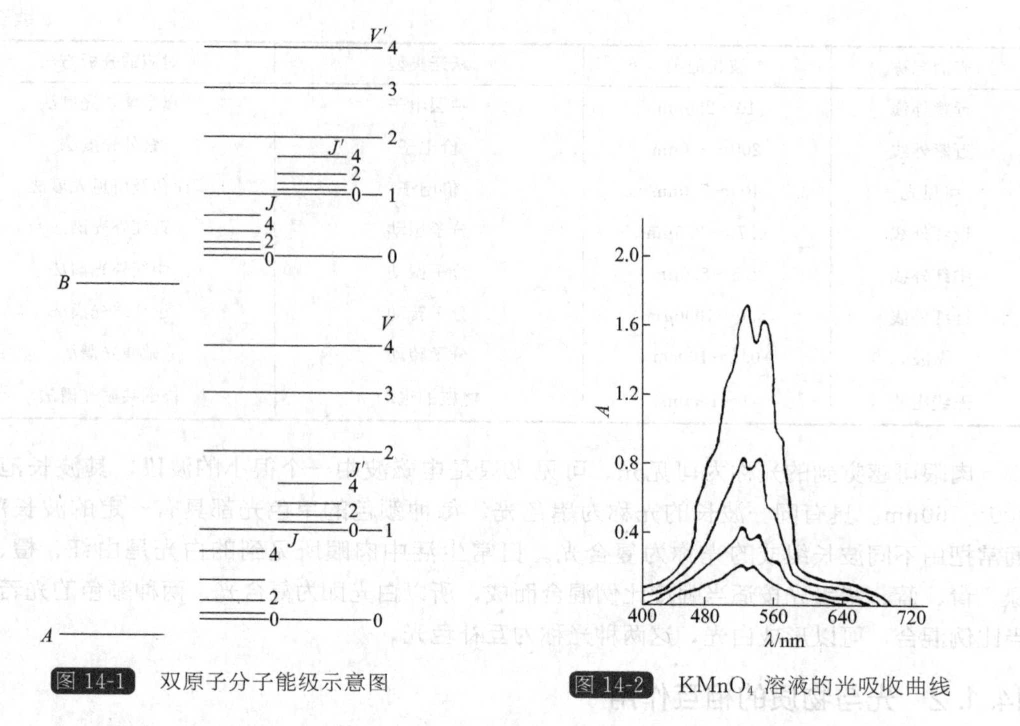

图 14-1 双原子分子能级示意图

图 14-2 $KMnO_4$ 溶液的光吸收曲线

(2) 准确度高　一般分光光度法的相对误差为 2%～5%，对于常量组分的测定，其准确度虽比重量法和容量法低，但对于微量组分的测定，已完全能满足要求，如采用精密的分光光度计测量，相对误差可减少至 1%～2%。

(3) 应用广泛　几乎所有的无机离子和多种有机化合物都可以直接或间接地用该方法测量。

(4) 操作简便快速　近年来，由于新的、灵敏度高、选择性好的显色剂和掩蔽剂的不断出现，常常可不经分离就能直接进行测定。

14.2 光的吸收定律

14.2.1 朗伯-比尔定律

物质吸收光的定量依据为朗伯-比尔定律（Lambert-Beer's Law），该定律描述物质对单色光吸收的程度与溶液的浓度和液层厚度的定量关系。朗伯（Lambert）用数学方式表达了物质对光的吸光度与吸光物质液层厚度间的正比关系，即 $A \propto L$，称为朗伯定律。比尔（Beer）建立了吸光度与吸光物质浓度的关系，即 $A \propto c$，称为比尔定律。将朗伯定律与比尔定律合并，为 Lambert-Beer 定律，即 $A \propto cL$。该定律可推导如下。

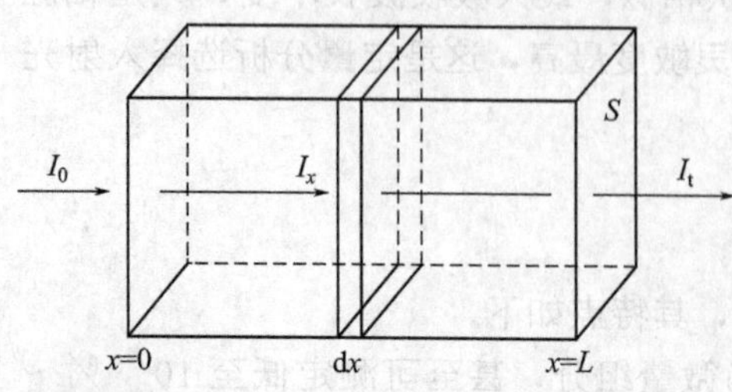

图 14-3 单色光通过长度为 L 的吸光物质

设吸光物质（气体、液体或固体）的截面积为 S，厚度为 L，物质中含有 n 个吸光质点（原子、离子或分子）。当一束平行单色光通过物体后，一部分光子被吸收，一部分光子透过物体，光强度从 I_0 减小至 I_t（图 14-3）。

假设将厚度为 L 的物体分成许多极薄的薄层，每一薄层内含吸光质点数为 $\mathrm{d}n$。且每个吸光质点都有一个可以俘获光子的表面，当一个光子到达此表面时，立即被吸光质点所吸收。设 $\mathrm{d}n$ 个质点可俘获光子的总面积 $\mathrm{d}S$，$\mathrm{d}S$ 与薄层内吸光质点数 $\mathrm{d}n$ 成正比，设 R 为比例常数，有：

$$\mathrm{d}S = R\,\mathrm{d}n$$

当光子通过薄层时，被吸收的概率为：

$$\frac{\mathrm{d}S}{S} = \frac{R\,\mathrm{d}n}{S}$$

使入射至此薄层的光强度 I_x 被减小 $\mathrm{d}I_x$，$\mathrm{d}I_x/I_x$ 也等于光子通过薄层时被吸收的概率，用负号表示强度因被吸收而减小，因此：

$$-\frac{\mathrm{d}I_x}{I_x} = \frac{R\,\mathrm{d}n}{S}$$

将上式积分，可得液层厚度为 L、光照面积为 S 的物体，所含 n 个吸光质点的吸收概率为：

$$\int_{I_0}^{I_t} -\frac{\mathrm{d}I_x}{I_x} = \int_0^n \frac{R\,\mathrm{d}n}{S}$$

$$-\ln\frac{I_t}{I_0} = \frac{Rn}{S}$$

$$-\lg\frac{I_t}{I_0} = \lg eR\ \frac{n}{S} = K\ \frac{n}{S}$$

由于截面积 S、体积 V、质点总数 n 与浓度 c 的关系是，$S=\frac{V}{L}$，$n=cV$，$\frac{n}{S}=cL$，所以：

$$-\lg\frac{I_t}{I_0} = KcL$$

透射光强度 I_t 与入射光强度 I_0 之比，称为透光率，用 T 表示；$-\lg(I_t/I_0)$ 叫作吸光度，常以 A 表示。即：

$$A = -\lg T = KcL \tag{14-1}$$

式（14-1）即为朗伯-比尔定律的表达式。K 为比例常数，与入射光波长、吸光物质的性质和测量温度有关。K 值随浓度 c 单位不同而不同。

当浓度 c 用 g/L、液层厚度 L 用 cm 为单位表示，则 K 用另一符号 a 来表示。a 称为吸光系数，其单位为 L/(g·cm)，此时式（14-1）变为：

$$A = acL \tag{14-2}$$

当浓度 c 用 mol/L、液层厚度 L 用 cm 为单位表示，则 K 用另一符号 ε 来表示。ε 称为摩尔吸光系数，其单位为 L/(mol·cm)，此时式（14-1）变为：

$$A = \varepsilon cL \tag{14-3}$$

显然，不能直接取 1mol/L 这样高浓度的有色溶液去测量摩尔吸光系数，只能通过计算求得。

应当指出，溶液中吸光物质的浓度常因解离等化学反应的发生而改变，故计算其摩尔吸光系数时，必须知道吸光物质的平衡浓度。在实际工作中，通常不考虑这种情况，而以被测物质的总浓度来计算，故测得的 ε 应为条件摩尔吸光系数。

由于 ε 值与入射光波长有关，表示 ε 时，应注明所用入射光波长。例如，在 550nm 处，Cu-二苯硫腙有色配合物的 ε 值，应以 $\varepsilon(550)=4.5\times10^4$ L/(mol·cm) 表示。

ε 反映吸光物质对光的吸收能力，也反映用吸光光度法测定该吸光物质的灵敏度。一般认为，当 ε 值大于 1.0×10^5 属于超高灵敏度，在 $5.0\times10^4\sim1.0\times10^5$ 之间为高灵敏度，$1.0\times10^4\sim5.0\times10^4$ 之间为中等灵敏度，而当 ε 值小于 1.0×10^4 时为低灵敏度。

在多组分系统中，如果共存物质间不存在相互作用，即不因共存物的存在而改变每种物质本身的吸光系数，则各组分的吸光度由各自的浓度和吸光系数所决定，溶液的总吸光度等于各组分吸光度之和：

$$A_{总}=A_1+A_2+\cdots+A_n=K_1c_1L+K_2c_2L+\cdots+K_nc_nL \tag{14-4}$$

式 (14-4) 中脚标表示吸光物质 $1,2,\cdots,n$。利用吸光度的加和性，可进行多组分同时测定。

例 14-1 用 PAN[1-(2-吡啶偶氮)-2-萘酚]为显色剂的分光光度法测定铅，100mL 溶液中含铅 0.020mg，用 $L=2$cm，在 $\lambda_{max}=520$nm 下测得透光率 $T=20\%$，试计算此有色化合物的摩尔吸光系数 ε。

解： 因为

$$c_{Pb}=\left(\frac{0.020\times10^{-3}\times1000}{207.2\times100}\right)\text{mol/L}=9.6\times10^{-7}\text{mol/L}$$

$$A=-\lg T=-\lg(0.20)=0.70$$

所以

$$\varepsilon=\left(\frac{0.70}{2\times9.6\times10^{-7}}\right)\text{L/(mol}\cdot\text{cm)}=3.6\times10^5\text{L/(mol}\cdot\text{cm)}$$

14.2.2 偏离朗伯-比尔定律的原因

在吸光光度分析中，通常吸收池厚度是固定不变的，根据朗伯-比尔定律，吸光度与吸光物质的浓度成正比，故以吸光度为纵坐标、浓度为横坐标作图，应得到一条通过原点的直线，称为标准曲线或工作曲线，如图 14-4 所示。但在实际工作中，经常发现标准曲线偏离直线的情况，特别是当吸光物质的浓度比较高时，明显地看到标准曲线向浓度轴弯曲的情况(个别情况向吸光度轴弯曲)。这种情况称为朗伯-比尔定律的偏离。在一般情况下，如果偏离朗伯-比尔定律的程度不严重，即标准曲线弯曲程度不严重，该曲线仍可用于定量分析。

引起偏离朗伯-比尔定律的原因较多，有来自仪器方面的，有来自溶液方面的。下面只对一些最重要的影响因素加以说明。

14.2.2.1 由于溶液本身的化学和物理因素引起的偏离

(1) 由于介质不均匀性引起的偏离　当被测试液是胶体溶液、乳浊液或存在悬浮物质时，入射光通过溶液时，除了一部分被试液吸收外，还有一部分因散射而损失，使透光率减小、实测吸光度增加，导致偏离朗伯-比尔定律。

(2) 由于溶液中的化学反应引起的偏离　溶液中吸光物质可因浓度的改变，而发生解离、缔合、溶剂化以及配合物组成等变化，使吸光物质存在形式发生改变，从而使吸光物质对光吸收的选择性和吸光强度也发生相应的变化。如亚甲蓝阳离子水溶液中，单体的最大吸收在 660nm 处，而二聚体的最大吸收在 610nm 处。图 14-5 为三种浓度的亚甲蓝阳离子水溶液的吸收光谱，从 a→c 随着浓度的增大，660nm 处吸收峰减弱，而 610nm 处吸收峰增强，吸收光谱形状改变。由于发生化学反应改变溶液中相关组分的离子浓度，使吸光度与浓度成正比的关系发生偏离。

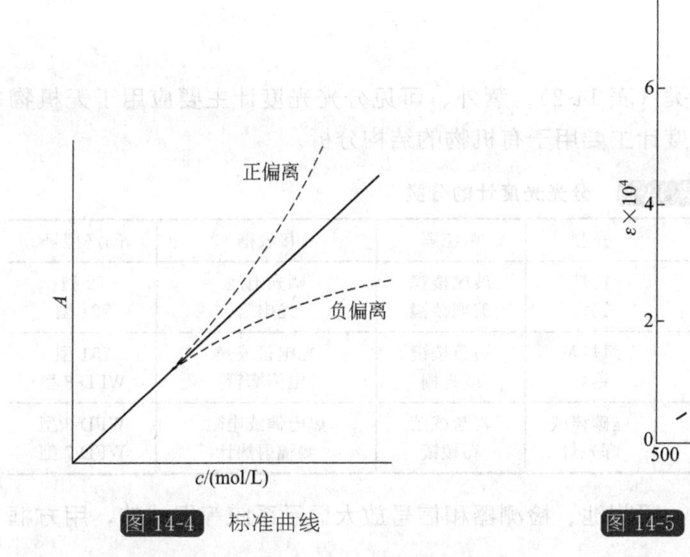

图 14-4　标准曲线

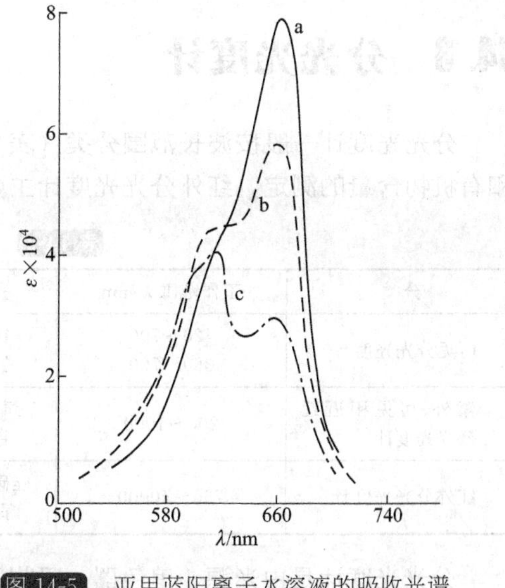

图 14-5　亚甲蓝阳离子水溶液的吸收光谱
a～c—不同浓度

又如重铬酸钾的水溶液存在如下平衡：

$$Cr_2O_7^{2-} + H_2O \rightleftharpoons 2CrO_4^{2-} + 2H^+$$

溶液中 $Cr_2O_7^{2-}$ 及 CrO_4^{2-} 的相对浓度，与溶液的稀释程度及酸度有关，由于 CrO_4^{2-} 的 λ_{max} 为 372nm，$Cr_2O_7^{2-}$ 的 λ_{max} 为 443nm，两者的浓度变化，必然导致偏离朗伯-比尔定律。

14.2.2.2　由于非单色光引起的偏离

朗伯-比尔定律仅适用于入射光是单一波长的情况。仪器所需波长的单色光通过单色器从连续光谱中分离出来，其波长宽度取决于棱镜或光栅的分辨率和狭缝的宽度。由于单色器色散能力的限制和出口狭缝需要保持一定的宽度，所以目前各种分光光度计得到的入射光实质上都是某一波段的复合光。由于物质对不同波长光的吸收程度不同，因而导致对朗伯-比尔定律的偏离。

分光光度计得到的入射光波长范围称为谱带宽度，常用半峰宽度来表示。单色光谱带，宽度越窄，单色光纯度越高，但仍然不是单一波长的光。如图 14-6 所示，设 λ_0 是所需波长的光，而 λ_1 与 λ_2 为邻近波长的光，吸光物质在 λ_1、λ_0、λ_2 波长处，有相应的摩尔吸光系数 ε_1、ε_0、ε_2，如 ε_1、ε_2 与 ε_0 相等，这一单色光谱带下测量的吸光度与浓度或线性关系符合朗伯-比尔定律；若 ε_1、ε_2 与 ε_0 不相等，吸光度与浓度的线性关系不能保持，偏离朗伯-比尔定律，ε_1、ε_2、ε_0 的差值越大，线性关系偏差越大，偏离朗伯-比尔定律越显著。

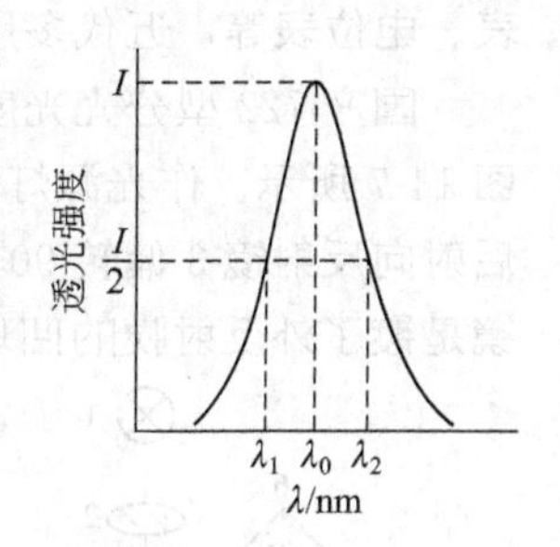

图 14-6　单色光的谱带

物质对光的吸收大都有一个较宽的波段范围，在吸收峰附近常有一个吸收强度相差较小的区域，吸光物质在此区域内各波长的吸光系数比较接近，若选用的单色谱带在此区域内，则得到良好的线性关系。为了使选用的单色光谱带落在吸光系数差异较小的范围之内，应选择吸收峰顶比较平坦的最大吸收波长，这样不仅保证测定有较高的灵敏度，而且由于此处的吸收曲线较平坦，ε_1、ε_2、ε_0 相差不太大，偏离朗伯-比尔定律的程度较小，可以减小单色光不纯带来的误差。

14.3 分光光度计

分光光度计一般按波长范围分类（表14-2）。紫外、可见分光光度计主要应用于无机物和有机物含量的测定，红外分光光度计主要用于有机物的结构分析。

表14-2 分光光度计的分类

分类	工作范围λ/nm	光源	单色器	接收器	国产型号
可见分光光度计	420～700 360～700	钨灯 钨灯	玻璃棱镜 玻璃棱镜	硒光电池 光电管	72型 721型
紫外、可见和近红外分光光度计	200～1000	氘灯及钨灯	石英棱镜或光栅	光电管或光电倍增管	751型 WFD-8型
红外分光光度计	760～40000	硅碳棒或辉光灯	岩盐或萤石棱镜	热电偶或电阻测辐射热计	WFD-3型 WFD-7型

分光光度计是由光源、单色器、吸收池、检测器和信号放大显示系统等组成的，用方框图表示如下：

光源 → 单色器 → 吸收池 → 检测器 → 信号显示系统

（1）光源　光源要求有足够的辐射强度及良好的稳定性，并且使用寿命长，操作方便。可见光源常使用钨灯或卤钨灯，紫外光源常使用氢灯和氘灯等。

（2）单色器　又称波长控制器，其作用是把光源辐射的复合光分解成单色光。常采用棱镜或光栅获得单色光。

（3）吸收池　也叫比色皿，有玻璃和石英两种，用于盛装试液和参比溶液。石英比色皿用于紫外区，玻璃比色皿用于可见及红外区。一般厚度有0.5cm、1cm、2cm、3cm、5cm等。

（4）检测器　将透过吸收池的光转换成电流并测量出其大小的装置。主要有硒光电池、光电管和光电倍增管。

（5）显示系统　显示器是将检测器测到的信号显示出来的装置，过去采用检流计、微安表、电位表等，近代多用数字电位表、记录仪及示波器等显示。

国产722型分光光度计是目前实验室普遍使用的简易型可见分光光度计，其光学系统如图14-7所示。作光源灯的白炽钨灯1发出的光（波长范围360～800nm）经过聚光镜2会聚后射向反射镜3偏转90°在狭缝4附近形成灯丝像。然后通过狭缝直接射向准直镜5，准直镜是镀了外反射膜的凹球面镜。狭缝正好位于准直镜的焦面上，所以光线通过准直镜反射后，以一束平行光射向棱镜6，该棱镜背面镀铝。光线进入棱镜后色散。当入射角在最小偏向角时，某一波长的单色光在棱镜背面反射后依原路返回，仍通过准直镜会聚在狭缝上，再通过小聚光镜7和比色皿8，在光门9打开时便最终进入光电管10，光电管受光照后产生的光电流通过一高值电阻，在电阻的两端形成电压降。仪器就是通过此电压降的测定来间接测量透射光的变化，从而测定溶液的浓度。

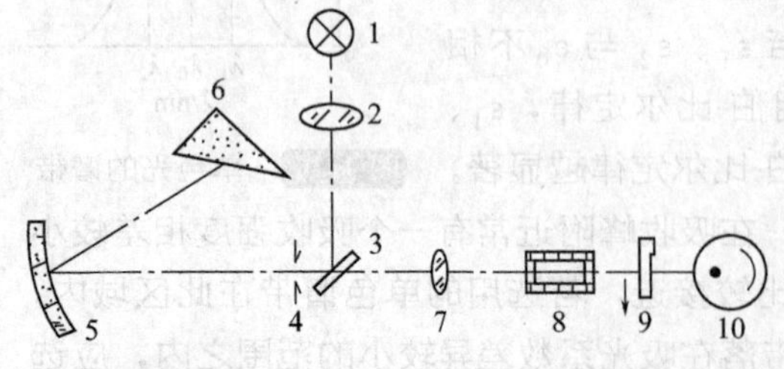

图14-7　722型分光光度计光学系统
1—白炽钨灯；2—聚光镜；3—反射镜；4—狭缝；5—准直镜；6—棱镜；7—小聚光镜；8—比色皿；9—光门；10—光电管

在光路中，入射狭缝和出射狭缝是共轭的，在垂直方向错开了一定距离，故入射光、出射光不会互相干扰，并且狭缝刀口作弧形，近似地吻合谱线的弯曲度，保证仪器有一定的单色性，可进一步提高仪器单色光的纯度以及适应不同测量的需要。

紫外分光光度法所用仪器构造、原理与可见分光光度计基本一致，只不过紫外分光光度计必须使用氢灯或氘灯作为光源，单色器只能使用石英棱镜或光栅，吸收池也只能使用石英比色皿。现常将两种仪器合为一体，统称紫外-可见分光光度计，一般使用双光源（氘灯、钨灯两种光源），可用于 190～850nm 范围的测定，用于测量时，如只需测量可见区的吸收则只开可见光，如既需测可见区又测紫外区的吸收则两个光源应同时打开。紫外-可见分光光度法具有广泛的应用范围，除了可以对物质进行定量分析之外，还可以进行有机物基团的分析、有机物构型和构象的确定、纯度检查、分子量的测定、结构分析、测定平衡常数、氢键强度的测定等定性定量分析等。

14.4　分析条件选择

14.4.1　反应条件的选择

14.4.1.1　显色反应

可见分光光度法一般用于测定试样中的微量成分。灵敏度是光度法的重要指标。由于许多无机元素和有机化合物的摩尔吸光系数小、测定灵敏度低而不能直接用光度法进行测定。通常将试样中被测组分定量地转变为吸光能力强的有色化合物，然后进行测定。

在光度分析中将被测组分转变为有色化合物的反应，称为显色反应。与被测组分反应生成有色化合物的试剂，称为显色剂。例如，测定 Pb^{2+}、Hg^{2+}、Zn^{2+} 等离子的双硫腙，测定 Fe^{2+} 的邻二氮菲，测定 Al^{3+}、Ti^{4+} 的铬天青 S（CAS）等都是常用的显色剂。同一被测组分常有多种显色反应，需根据试样具体情况和测定要求，选择合适的显色反应和显色条件。

14.4.1.2　显色反应的选择

常用的显色反应，按反应类型来说，主要有氧化还原反应和配位反应两大类，其中配位反应是最主要的。对于显色反应，一般应满足下列要求。

（1）灵敏度高　对于微量组分的测定，显色反应灵敏度的选择非常重要。灵敏度的高低，可以从显色反应生成有色化合物的摩尔吸光系数值来判断，但灵敏度高的反应不一定选择性好，故应全面考虑，对于高含量组分的测定，不一定选用最灵敏的显色反应。

（2）选择性好　所用显色剂仅与试液中被测组分发生显色反应，其他组分不干扰测定。实际上这种专属性显色剂是很少的，分析工作中可选择干扰组分容易消除的显色反应；或者选择显色剂和被测组分生成的有色化合物吸收峰与显色剂和干扰组分生成的有色化合物吸收峰相隔较远的显色反应。

（3）有色化合物的组成恒定、性质稳定，至少保证在测量过程中吸光度基本不变。

（4）色差大　显色剂在测定波长无明显吸收，这样的试剂空白较小，可提高测定的准确度。在一般可见分光光度法中，有色化合物 MR 和显色剂 R 的最大吸收波长之差的绝对值 $\Delta\lambda$，一般要求在 60nm 以上。即：

$$\Delta\lambda = |\lambda_{max}^{MR} - \lambda_{max}^{R}| \geqslant 60nm \quad (14-5)$$

14.4.1.3 显色条件的选择

显色反应能否完全满足光度分析的要求，除选择合适的显色反应外，控制显色反应的条件也很重要。如果显色条件选择不合适或者控制不好，必然影响测定的灵敏度和准确度。

（1）显色剂的用量　显色反应一般可用下式表示：

$$M + R \rightleftharpoons MR$$

为使显色反应能进行完全，可加入略过量的显色剂，如果有色化合物很稳定，显色剂可适当过量，对于稳定性高的有色化合物，只需要加入稍过量显示剂，显色反应就能定量进行[图 14-8（a)]。对不稳定或形成逐级配位化合物的反应，必须严格控制显色剂用量［图 14-8（b)、(c)］。

例如用硫氰酸盐法测钼的显色反应，Mo(Ⅴ）与 SCN^- 生成一系列配位数不同的配合物。

$$[Mo(SCN)_3]^{2+} \rightleftharpoons Mo(SCN)_5 \rightleftharpoons [Mo(SCN)_6]^-$$

浅红色　　橙红色　　浅红色

用分光光度法测定时，通常测得的是 $Mo(SCN)_5$ 的吸光度。由于 $Mo(SCN)_5$ 配合物的稳定性较差，显色剂的用量须加大。但 SCN^- 离子浓度太大时，部分 $Mo(SCN)_5$ 会转化为颜色较浅的 $[Mo(SCN)_6]^-$，又会使吸光度降低，给测定带来误差［图 14-8（b)]。

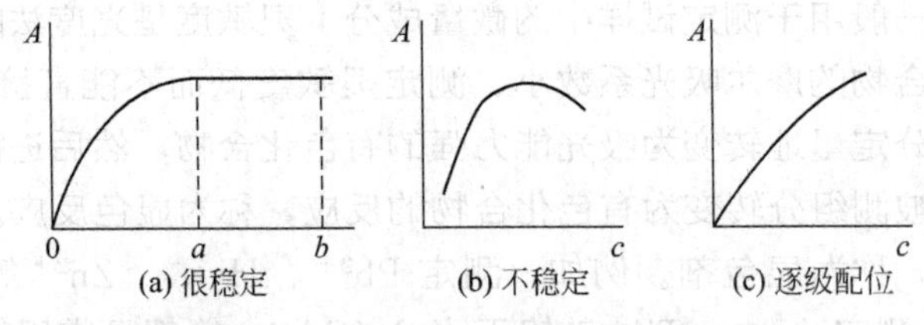

图 14-8　试液吸光度与显色剂浓度的关系

在实际工作中，通常根据实验结果来确定显色剂的用量。方法是将被测组分的浓度和其他条件固定，分别加入不同量的显色剂，测量吸光度，绘制吸光度-显色剂浓度曲线。当显色剂 c 达到某一数值后，吸光度 A 不再增大，表明显色剂的用量已足够［图 14-8（a)]，曲线在 $0 \sim a$ 范围内，吸光度 A 随浓度 c 的增大而增大，说明显色剂的用量不足。图 14-8（b）曲线的平坦区域较窄，此时应严格控制显色剂的量，否则得不到正确结果。图 14-8（c）与前两种情况完全不同，当显色剂的浓度不断增大时，试液吸光度不断增大。例如用 SCN^- 测定 Fe^{3+}，随着 SCN^- 浓度增大，生成颜色越来越深的高配位数配合物 $[Fe(SCN)_4]^-$，$[Fe(SCN)_5]^{2-}$ 溶液颜色由橙黄色变至血红色。对于这种情况，只有更加严格控制显色剂用量，才能得到准确的结果。

（2）溶液的酸度　酸度对显色剂颜色有影响。不少有机显色剂具有酸碱指示剂的性质，在不同酸度下有不同颜色，有的颜色可能干扰测定。如二甲酚橙用于多种金属离子的测定，它在溶液 pH>6.3 时呈红紫色，pH<6.3 时呈黄色；而它与金属离子形成的配合物，一般都呈红色。因此，考虑到酸度对二甲酚橙颜色的影响，测定只能在 pH<6 的溶液中进行。

显色反应大都是配位反应，当显色剂本身是有机弱酸时，存在着显色剂的酸效应。即：

$$nHR \rightleftharpoons nH^+ + nR$$

溶液酸度过大，会阻碍显色剂的解离，从而影响显色反应的定量完成。

大部分被测金属离子很容易水解，当溶液的酸度降低时，它们存在着水解效应：在水溶液中除了以简单的金属离子形式存在之外，还可能形成一系列羟基或多核羟基配离子。例如，Al^{3+} 在 pH＝4 时，有下列水解反应发生：

$$[Al(H_2O)_6]^{3+} \rightleftharpoons [Al(H_2O)_5OH]^{2+} + H^+$$

$$2[Al(H_2O)_5OH]^{2+} \rightleftharpoons [Al_2(H_2O)_6(OH)_3]^{3+} + H^+ + 3H_2O$$

酸度更低时，可能进一步水解生成碱式盐或氢氧化物沉淀。显然，这些水解反应的存在，对显色反应的进行不利，如生成沉淀，则使显色反应无法进行。

对于某些生成逐级配合物的显色反应，酸度不同，配合物的配位比往往不同，其颜色也往往不同，例如磺基水杨酸（Ssal）与 Fe^{3+} 的显色反应，在不同酸度条件下，可能生成1∶1、1∶2和1∶3三种颜色不同的配合物，故测定时应控制溶液的酸度。

pH值	配合物	颜色
1.8～2.5	$[Fe(S_{sal})]^+$	紫红色
4～8	$[Fe(S_{sal})_2]^-$	棕褐色
8～11.5	$[Fe(S_{sal})_3]^{3-}$	黄色

显色反应的适宜酸度，通常是通过实验来确定的，具体方法是，固定溶液中被测组分与显色剂的浓度，调节溶液不同的pH值，测定溶液吸光度。以pH值为横坐标，吸光度为纵坐标，绘出pH值与吸光度的关系曲线，从中找出适宜的pH值的范围。

（3）显色时间　有的显色反应能迅速完成，而且稳定。但有的显色反应速率较慢，加入显色剂后要放置一段时间，才能达到平衡，溶液的颜色才能达到稳定的深度；也有一些有色配合物在放置一定时间后，被空气氧化或产生光化学反应等各种因素而褪色，因此必须选择适宜的显色时间。适宜的显色时间可用实验方法确定，其方法是配制一份显色溶液，以加入显色剂的时间开始，每隔几分钟测量一次吸光度，然后绘制吸光度-时间曲线，确定适宜的显色时间。

（4）显色温度　显色反应的进行与温度有关，许多显色反应在室温下即可完成，但有的反应需在加热条件下才能完成，也有一些有色化合物在较高温度下容易分解。显色反应适宜的温度可通过实验方法，绘制吸光度-温度曲线加以确定。

14.4.2 仪器测量条件选择

任何光度计都有一定的测量误差，这是由于光源不稳定、实验条件的偶然变动、读数不准确等因素造成的。特别是当试样浓度较大或较小时，这些因素对于测定结果影响较大，因此要选择适宜的吸光度范围，以使测量结果的误差尽量减小。根据微分朗伯-比尔定律可得：

$$0.4343\frac{\Delta T}{T} = -\varepsilon L\Delta c \tag{14-6}$$

将式（14-6）代入朗伯-比尔定律，则测定结果的相对误差为：

$$\frac{\Delta c}{c} = \frac{0.4343\Delta T}{T\lg T} \tag{14-7}$$

要使测定结果的相对误差（$\Delta c/c$）最小，对 T 求导数应有一个极小值，令：

$$\frac{d}{dT}\left(\frac{0.4343\Delta T}{T\lg T}\right) = \frac{0.4343\Delta T(\lg T + 0.4343)}{(T\lg T)^2} = 0$$

解得 $\lg T = -0.4343$ 或 $T = 36.8\%$ 时，即当吸光度 $A = 0.4343$ 时，吸光度测量误差最小。一般来说，当透光率为15%～65%，吸光度为0.2～0.8时，浓度测量的相对误差都不太大。这就是吸光度分析中比较适宜的吸光度范围。

为了使测定结果有较高的灵敏度和准确度，必须选择最适宜的测量条件。一般来说，在选择测量条件时，应注意以下几点。

（1）入射光波长的选择　为了使测定结果有较高的灵敏度，应选择波长等于被测物质的最大吸收波长的光作为入射光。这称为“最大吸收原则”。选用这种波长的光进行分析，不仅灵敏度较高，而且测定时偏离朗伯-比尔定律程度减小，其准确度也较好。但是，当有干扰物质存在时，有时不可能选择被测物质的最大吸收波长的光作为入射光。这时，应根据“吸收最大、干扰最小”的原则来选择入射光波长。

（2）控制适当的吸光度范围　从仪器测量误差的讨论中了解到，为了使测量结果得到较高的准确度，一般应控制标准溶液和被测试液的吸光度在0.2～0.8范围内。

14.4.3　参比溶液的选择

测量试样溶液的吸光度时，先将参比溶液的透光率调节为100%，以消除溶液中其他成分以及吸收池器壁及溶剂对入射光的反射和吸收带来的误差，根据试样溶液的性质，选择合适的参比溶液是很重要的。参比溶液有以下几种。

14.4.3.1　溶剂参比

当试液、试剂、显色剂均无色，可直接用纯溶剂（或去离子水）作为参比溶液，这样可消除溶剂、吸收池等因素的影响。

14.4.3.2　试剂参比

如果试液无色，而显色剂或其他试剂有色，应选试剂作参比。按显色反应相同的条件，只是不加入试样，同样加入显色剂或其他试剂作为参比溶液。这种参比溶液可消除试剂中的组分吸收的影响。

14.4.3.3　试样参比

如果试样中其他组分有色，而试剂和显色剂均无色，应选试样作参比。按与显色反应相同的条件处理试样，只是不加显色剂。这种参比溶液适用于试样中有较多的共存组分，加入的显色剂量不大，且显色剂在测定波长无吸收的情况。

选择参比溶液的总原则是：使试液的吸光度能真正反映待测物的浓度。此外，对于比色皿厚度、透光率、仪器波长、读数刻度等应进行校正，对比色皿放置位置、光电仪的灵敏度等也应注意检查。

14.4.4　干扰及消除方法

在光度分析中，系统内存在的干扰物质的影响有以下几种情况：干扰物质，本身有颜色或与显色剂形成有色化合物，在测定条件下也有吸收；在显色条件下，干扰物质水解，析出沉淀、溶液浑浊，致使吸光度的测定无法进行。因此可以采用以下几种方法来消除这些干扰作用。

（1）控制酸度　根据配合物的稳定性不同，可以利用控制酸度的方法提高反应的选择性，以保证主反应进行完全。例如，双硫腙能与Hg^{2+}、Pb^{2+}、Cu^{2+}、Ni^{2+}、Cd^{2+}等十多种金属离子形成有色配合物，其中与Hg^{2+}生成的配合物最稳定，在0.5mol/L的H_2SO_4介质中仍能定量进行，而上述其他离子在此条件下不发生反应。

（2）加入适当的掩蔽剂　使用掩蔽剂消除干扰是常用的有效方法，选取的条件是掩蔽剂不与待测离子作用，掩蔽剂以及它与干扰物质形成的配合物的颜色应不干扰待测离子的测定。

（3）选择适当的测量波长　如在重铬酸钾存在下测定高锰酸钾时，不选 $\lambda_{max}=525nm$，而是选 $\lambda=545nm$，这样测定高锰酸钾溶液的吸光度，重铬酸钾不干扰。

（4）分离　若上述方法都不宜采用时，则采用预先分离方法，如沉淀、萃取、离子交换、蒸发和蒸馏及色谱等分离法。

此外，还可利用化学计量学方法实现多组分同时测定，以及利用导数光谱、双波长法等来消除干扰。

14.5　定量方法

可见分光光度定量分析的依据是朗伯-比尔定律，即在一定波长处被测物质的吸光度与它的浓度呈线性关系。因此，通过测定溶液对一定波长入射光的吸光度，即可求出该物质在溶液中的浓度和含量，下面介绍几种常用的测定方法。

14.5.1　单组分定量方法

14.5.1.1　标准曲线法

这是实际工作中用得最多的一种方法，具体做法是：配制一系列不同浓度的标准溶液，以不含被测组分的空白为参比，在相同条件下测定标准溶液的吸光度，绘制吸光度-浓度曲线，这种曲线就是标准曲线。在相同条件下测定未知试样的吸光度，从标准曲线上就可以找到与之对应的浓度。

例如磷的测定，磷是生物重要的必需元素之一。微量磷的测定常采用分光光度法。其反应如下：

$$H_3PO_4+12(NH_4)_2MoO_4+21HNO_3 \longrightarrow \underset{\text{（磷钼酸铵）}}{(NH_4)_3PO_4\cdot 12MoO_3}+21NH_4NO_3+12H_2O$$

加入适量的还原剂，使上式中部分 Mo（Ⅵ）还原成 Mo（Ⅴ）的磷钼蓝，然后采用 $\lambda_{max}=690nm$ 的入射光，进行光度分析，并从磷的标准曲线上查出其含量。含磷 1mg/L 以下符合朗伯-比尔定律。

14.5.1.2　标准对照法

在相同条件下测定试样溶液和某一浓度的标准溶液的吸光度 A_x 和 A_s，由标准溶液的浓度 c_s 可计算出试样中被测物质的浓度 c_x：

$$A_s=Kc_s,\ A_x=Kc_x$$

$$c_x=\frac{c_sA_x}{A_s} \tag{14-8}$$

这种方法比较简单，但是只有在测定的浓度范围内溶液完全遵守朗伯-比尔定律，并且 c_s 和 c_x 接近时，才能得到较为准确的结果。

14.5.2 多组分定量方法

根据吸光度具有加和性的特点，在同一试样中可以测定两个以上的组分。假设试样中含有 x、y 两种组分，在一定条件下将它们转化为有色化合物，分别绘制其吸收光谱，会出现三种情况（图 14-9）。图 14-9（a）的情况是两组分互不干扰，可分别在 λ_1 和 λ_2 处测量溶液的吸光度。图 14-9（b）的情况是组分 x 对组分 y 的光度测定有干扰，但组分 y 对 x 无干扰，这时可以先在 λ_1 处测量溶液的吸光度 A_{λ_1} 并求得 x 组分的浓度。然后再在 λ_2 处测量溶液的吸光度和纯组分 x 及 y 的吸光度，根据吸光度的加和性原则，可列出下式：

$$A_{\lambda_2}^{x+y}=\varepsilon_{\lambda_2}^{x}Lc_x+\varepsilon_{\lambda_2}^{y}Lc_y \tag{14-9}$$

由式（14-9）即能求得组分 y 的浓度 c_y。

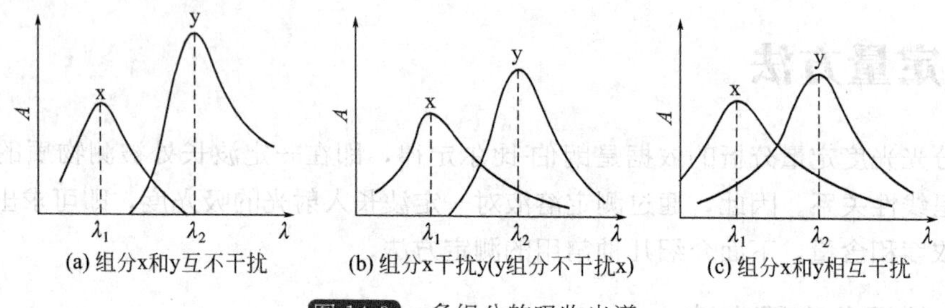

图 14-9 多组分的吸收光谱

图 14-9（c）表明两组分彼此相互干扰，这时首先在 λ_1 处测定混合物吸光度 $A_{\lambda_1}^{x+y}$ 和纯组分 x 及 y 的 $\varepsilon_{\lambda_1}^{x}$ 及 $\varepsilon_{\lambda_1}^{y}$ 值。然后在 λ_2 值处测定混合物吸光度 $A_{\lambda_2}^{x+y}$ 及纯组分的 $\varepsilon_{\lambda_2}^{x}$ 和 $\varepsilon_{\lambda_2}^{y}$ 值。根据吸光度的加和性原则，可列出方程：

$$\begin{aligned}A_{\lambda_1}^{x+y}&=\varepsilon_{\lambda_1}^{x}Lc_x+\varepsilon_{\lambda_1}^{y}Lc_y\\A_{\lambda_2}^{x+y}&=\varepsilon_{\lambda_2}^{x}Lc_x+\varepsilon_{\lambda_2}^{y}Lc_y\end{aligned} \tag{14-10}$$

式中，$\varepsilon_{\lambda_1}^{x}$、$\varepsilon_{\lambda_1}^{y}$、$\varepsilon_{\lambda_2}^{x}$ 和 $\varepsilon_{\lambda_2}^{y}$ 均由已知浓度 x 及 y 的纯溶液测得。试液的 $A_{\lambda_2}^{x+y}$ 和 $A_{\lambda_1}^{x+y}$ 由实验测得，c_x 和 c_y 值便可通过解联立方程求得。对于复杂的多组分系统，可用计算机处理测定的结果。

14.5.3 示差分光光度法

吸光光度法一般仅适宜于微量组分的测定，当待测组分浓度过高或过低，亦即吸光度测量值过大或太小时，从上节的测量误差的讨论得知，在这种情况下即使设备没有偏离朗伯-比尔定律的现象，也具有较大的测量误差，导致准确度大为降低。采用示差法可克服这一缺点。目前主要有高浓度示差法、稀溶液示差法和使用两个参比溶液的精密示差法。其中以高浓度示差法应用最多。

示差分光光度法是采用浓度与试样含量接近的已知浓度的标准溶液作为参比溶液，测量未知试样的吸光度 A，根据测得的吸光度计算试样的含量。如果标准溶液浓度为 c_s，待测试样浓度为 c_x，而且 $c_x > c_s$。根据朗伯-比尔定律：

$$A_x=\varepsilon Lc_x$$

$$A_s=\varepsilon Lc_s$$

$$A=\Delta A=A_x-A_s=\varepsilon L(c_x-c_s)=\varepsilon L\Delta c \tag{14-11}$$

测定时先用比试样浓度稍小的标准溶液，加入各种试剂后作为参比，调节其透光率为

100%，即吸光度为零，然后测量试样溶液的吸光度。这时的吸光度实际上是两者之差 ΔA，它与两者浓度差 Δc 成正比，且处在正常的读数范围（图 14-10）。

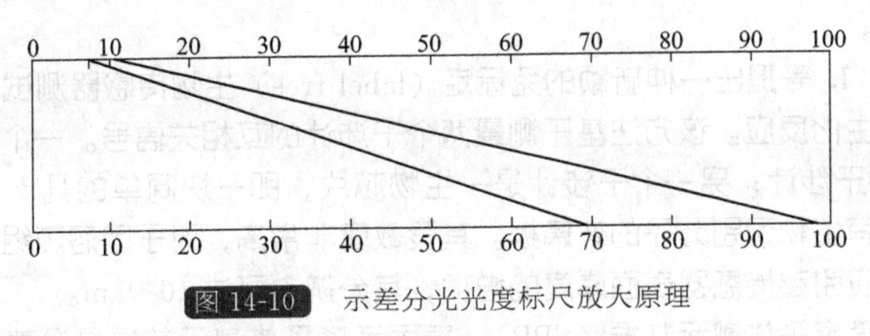

图 14-10　示差分光光度标尺放大原理

以 ΔA 与 Δc 作标准曲线，根据测得的 ΔA 查得相应的 Δc，则 $c_x=c_s+\Delta c$。

由于用已知浓度的标准溶液作参比，如果该参比溶液的透光率为 10%，现调到 100%，就意味着将仪器透光率标尺扩展了 10 倍，如待测试液的透光率原是 5%，用示差光度法测量时将是 50%。另一方面，在示差光度法中即使 Δc 很小，如果测量误差为 d_c，固然 $dc/\Delta c$ 会相当大，但最后测定结果的相对误差是 $\frac{d_c}{\Delta c+c_x}$，c_s 是相当大且非常准确的，所以测定结果的准确度仍然将很高。

知识拓展

光化学传感器

光化学传感器是利用光与物质之间的相互作用，如吸收、色散（折射率变化）、反射（镜面反射、漫反射）、散射（拉曼散射）、透过率变化、荧光猝灭等，来监控待测物质的化学信息。常见的利用光化学传感器的光学检测手段有光度法、椭偏法、光谱法（磷光、荧光、拉曼）、干涉法、表面等离子体激元共振，以及波导耦合法、布儒斯特角法及 P 偏振光双面反射法等。

（1）光谱法　紫外/可见光谱（UV/vis）和荧光光谱检测原理基于光与待分析物的电子结构之间的相互作用或者待分析物引起敏感材料分子的电子结构的扰动。紫外/可见光谱传感器结构简单，功率低，如利用苯和甲苯等有毒气体对 UV 光谱的吸收进行空气污染监测，灵敏度可达 60×10^{-9}。荧光传感器对于许多微量的有机物质如多环芳烃和矿物燃料中的化合物非常敏感。但荧光光谱的宽频特性和普遍存在的许多天然荧光化合物，使得荧光传感器选择性较差。同时荧光光谱法对温度涨落和其他能猝灭荧光的环境因素非常敏感。

红外（IR）和拉曼（Raman）光谱传感器是利用待分析物的振动结构的变化进行检测。由于水能强烈吸收红外光谱，因此红外光谱传感器很难在野外实用。近红外（NIR）和中红外（MIR）没有红外光谱传感器的灵敏度和选择性高，不过选择性问题可通过多元数据分析来弥补。拉曼光谱具有优良的尖锐谱特性，选择性特别好。并且相比 IR 光谱来说，对水不敏感，因此拉曼光谱法可用在有水的环境中。拉曼光谱法是所有光学方法中敏感性最差的一种，可以通过表面增强拉曼光谱（surface-enhanced Raman spectrum，SERS）来提高灵敏度。

（2）干涉法　干涉测量法与其他相位测量法（椭偏仪、外差法）相比具有更高的灵敏度，尤其适合测量传感器表面的光波相位变化。因此适用于测量表面生化反应和构建微阵列传感器。

Nikitin P. I. 等提出一种新颖的免标定（label free）生物传感器测试手段，可用来实时检测表面生化反应。该方法基于测量两个干涉计的互相关信号。一个干涉计是扫描式法布里-珀罗干涉计；另一个干涉计是一生物芯片，即一块简单的几十微米到几百微米厚的表面涂有生物识别分子的玻璃板。其灵敏度非常高，对于因溶液组分与传感器受体层之间的反应引起传感器表面厚度的增加，其分辨力可达 10^{-12}m。

（3）表面等离子体激元共振（SPR） 表面等离子体激元共振是沿着金属与介质表面的等离子体激元波（surface plasmon wave）激励的结果，其共振激励条件由金属与介质的介电常数、入射光波的波长和角度共同决定，该条件只有 TM 波才能满足。金属表面吸附层折射率的任何改变都会影响 SPR 的耦合条件，并引起共振角的偏移。目前，通过反射光的测量来观测 SPR 效应的方法主要有强度调制、角度调制、波长调制及相位调制，其中以相位调制法灵敏度最高。表面等离子体激元共振（SPR）具有高灵敏度和高选择性，由其构筑的传感器结构简单、功率低，尤其在金属-绝缘体的界面处对微小的折射率变化非常敏感，现已广泛应用在化学、生物、食品、环境等方面。例如，Hidehito 等采用四通道（可同时对四种样品进行检测）SPR 传感器分别对发酵 1 天、7 天、14 天的醋进行检测，其共振角度偏移分别为 0.1°、0.2°、0.3°。对三种不同类型的醋（Junkome-su、Kome-su、Gousei-su）进行检测，共振角度分别为 70.3°、70.7°、72.2°。由于 SPR 传感器不仅对发酵时间长短响应不同，并且对不同类型的醋响应也不同，因此可用于醋发酵过程的质量控制。

传统的平面 SPR 传感器使用谱探询（spectral interrogation）技术，不足之处是敏感性和光学响应难以进一步提高。目前的发展趋势是利用纳米金属粒子的优异性能来提高分辨力。纳米金属粒子引起的表面等离子体激元共振的精确位置、形状和强度，是由颗粒形貌（大小和形状）、电介质环境（覆层、周围介质和支持基质）、粒子间耦合（聚集态）等因素决定的。基于表面增强拉曼散射（surface-enhanced Raman scattering，SERS）的 SPR 纳米金属离子传感器，其灵敏度可达到单个分子的水平。因此可用于 DNA 分子生物识别上。

习　题

1. 将下列吸光度值换算为透光率：

（1）0.05　（2）0.15　（3）0.30　（4）0.70　（5）1.20

2. 某试液用 2cm 比色皿测量时，T=60%，若改用 3cm 比色皿，T 及 A 等于多少？

3. 以丁二酮肟为显色剂。用吸光光度法测 Ni^{2+}，当 L=2cm 时，红色配合物 NiR_2 的浓度为 1.7×10^{-5}mol/L，在 470nm 波长处测得的吸光度为 0.523，求 ε 值。

4. 以邻二氮菲法测定 Fe^{2+}，称试样 0.5000g，经处理后加入显色剂，定容为 50.00mL，用 L=1cm 的吸收池在 λ_{max}=510nm 下测得 A=0.430，试计算铁的百分含量。当溶液稀释一倍后透光率是多少 [$\varepsilon_{510}=1.1\times10^{4}$ L/(mol·cm)]？

5. 浓度为25.5μg/50mL的Cu^{2+}溶液，用双环己酮草酰二腙光度法进行测定，波长600nm处用2cm比色皿进行测量，测得T为50.5%，求摩尔吸光系数。

6. 有两份不同浓度的某有色配合物溶液，当$L=1$cm时，其T分别为：

(1) 甲 65.0%　　(2) 乙 41.8%

求：(1) $A_甲$和$A_乙$为多少？(2) 当甲的浓度$c=6.5\times10^{-4}$mol/L时，溶液乙的浓度为多少？

7. 某钢样含镍约0.12%，用丁二酮肟光度法［$\varepsilon=1.3\times10^4$L/(mol·cm)］进行测定。试样溶解后，转入100mL容量瓶中，显色，再加水稀释至刻度。取部分试液于波长470nm处用1cm比色皿进行测量，如希望此时的测量误差最小，应称取试样多少克？

8. 用双硫腙光度法测定某含铅试液，于520nm处，用1cm比色皿，以水作参比，测得透光率为8.0%［$\varepsilon_{520}=1.0\times10^4$L/(mol·cm)］。若改用示差法测定上述试液，问需多大浓度的Pb^{2+}标准溶液作参比溶液，才能使浓度测量的相对标准偏差最小。

9. 某有色配合物的0.0010%水溶液在510nm处，用2cm比色皿测得透光率为42.0%。已知其摩尔吸光系数为2.5×10^3L/(mol·cm)，试求此有色配合物的摩尔质量。

10. P与Q两物质的纯品溶液及混合溶液，用等厚吸收池测得吸光度如下：

项目	238nm	282nm	300nm
纯P 3.00μg/mL	0.112	0.216	0.810
纯Q 5.00μg/mL	1.075	0.360	0.080
P+Q 被测液A	0.725		0.474
P+Q 被测液B	0.442	0.278	

计算被测液A与B中P与Q的含量、被测液A在282nm处与被测液B在300nm处的吸光度。

11. 某植物样品1.00g，将其中的锰氧化成高锰酸盐后准确配制成250.0mL，测得其吸光度为0.400，同一条件下，1.00×10^{-6}mol/L高锰酸钾的溶液吸光度为0.550。计算该样品中锰的百分含量（Mn 55.00g/mol）。

附 录

附表 1　基本物理常数

物理量	符号及常数
电子的电荷	$e=1.6021892\times10^{-19}$C
普朗克常量	$h=6.626176\times10^{-34}$J·s
光速(真空)	$c=2.9979250\times10^{8}$m/s
玻耳兹曼常量	$K=1.380622\times10^{-23}$J/K
摩尔气体常量	$R=8.31441$J/(mol·K)
阿伏伽德罗常量	$N=6.022045\times10^{23}$mol^{-1}
法拉第常量	$F=9.648456\times10^{4}$C/mol
原子质量单位	$U=1.6605655\times10^{-27}$kg
电子静止质量	$m_e=9.109558\times10^{-31}$kg
波尔半径	$r_e=5.2917715\times10^{-11}$m

附表 2　单位换算

1 米(m)$=10^2$ 厘米(cm)$=10^3$ 毫米(mm)$=10^6$微米(μm)$=10^9$纳米(nm)

1 大气压(atm)＝760 托(Torr)＝1.01325 巴(bar)＝101325 帕(Pa)

＝1033.26 厘米水柱(cmH_2O)(4℃)＝760 毫米汞柱(mmHg)(0℃)

1 热化学卡(cal)＝4.1840 焦(J)

0℃＝273.15K

1 电子伏特(eV)＝23.061kJ/mol

附表 3　一些物质的标准生成焓、标准生成 Gibbs 函数和标准熵 (298.15 K)

物质	$\Delta_f H_m^{\ominus}$/(kJ/mol)	$\Delta_f G_m^{\ominus}$/(kJ/mol)	$S_m^{\ominus}$/[J/(K·mol)]
Ag(s)	0	0	42.55
AgBr(s)	−99.50	−95.94	107.11
AgCl(s)	−127.035	−109.721	96.11
AgI(s)	−62.38	−66.32	114.2

续表

物质	$\Delta_f H_m^\ominus$/(kJ/mol)	$\Delta_f G_m^\ominus$/(kJ/mol)	$S_m^\ominus$/[J/(K·mol)]
$AgNO_3$(s)	−123.14	−32.17	140.72
Ag_2SO_4(s)	−713.4	−615.76	200.0
Al(s)	0	0	28.321
$AlCl_3$(s)	−695.3	−631.18	167.4
Al_2O_3(s,刚玉)	−1669.79	−1576.41	50.986
$Al_2(SO_4)_3$(s)	−3434.98	−3091.93	239.3
Ba(s)	0	0	66.944
$BaCO_3$(s)	−1218.8	−1138.9	112.1
$BaCl_2$(s)	−860.06	−810.9	126
BaO(s)	−558.1	−528.4	70.3
$BaSO_4$(s)	−1465.2	−1353.1	132.2
Br_2(g)	30.71	3.142	245.346
Br_2(l)	0	0	152.3
C(金刚石)	1.897	2.900	2.33
C(石墨)	0	0	5.694
CO(g)	−110.525	−137.269	197.907
CO_2(g)	−393.514	−394.384	213.639
Ca(s)	0	0	41.63
$CaCO_3$(方解石)	−1206.87	−1128.76	92.88
$CaCl_2$(s)	−795.0	−750.2	113.8
CaO(s)	−635.5	−604.2	39.7
$Ca(OH)_2$(s)	−986.59	−896.76	76.1
$CaSO_4$(s)	−1432.69	−1320.30	106.7
Cl(g)	121.386	105.403	165.088
Cl_2(g)	0	0	222.949
Co(s)	0	0	28.5
Cr(s)	0	0	23.77
$CrCl_2$(s)	−395.64	−356.27	114.6
Cr_2O_3(s)	−1128.4	−1046.8	81.2
Cu(s)	0	0	33.30
CuO(s)	−155.2	−127.2	42.7

续表

物质	$\Delta_f H_m^{\ominus}$/(kJ/mol)	$\Delta_f G_m^{\ominus}$/(kJ/mol)	$S_m^{\ominus}$/[J/(K·mol)]
$CuSO_4(s)$	−769.86	−661.9	113.4
$Cu_2O(s)$	−116.69	−142.0	93.89
$F_2(g)$	0	0	203.3
Fe(s)	0	0	27.15
FeO(s)	−266.5	−256.9	59.4
FeS(s)	−95.06	−97.57	67.4
Fe_2O_3(赤铁矿)	−822.2	−741.0	90.0
Fe_3O_4(磁铁矿)	−1117.1	−1014.2	146.4
H(g)	217.94	203.26	114.60
$H_2(g)$	0	0	130.587
HBr(g)	−36.23	−53.22	198.24
HCl(g)	−92.31	−95.265	184.80
$HNO_3(l)$	−173.23	−79.91	155.60
HF(g)	−268.6	−270.7	173.51
HI(g)	25.94	1.30	205.60
$H_2O(g)$	−241.827	−228.597	188.724
$H_2O(l)$	−285.838	−237.191	69.940
$H_2O(s)$	−291.850	−234.08	39.4
$H_2S(g)$	−20.146	−33.020	205.64
H_2SO_4	−800.8	−687.0	156.86
$H_3PO_4(l)$	−1271.94	−1138.0	201.87
$H_3PO_4(s)$	−1283.65	−1139.71	176.2
Hg(1)	0	0	77.4
$HgCl_2(s)$	−223.4	−176.6	144.3
$Hg_2Cl_2(s)$	−264.93	−210.66	195.8
HgO(s,红色)	−90.71	−58.53	70.3
HgS(s,红色)	−58.16	−48.83	77.8
$I_2(s)$	0	0	116.7
$I_2(g)$	62.250	19.37	260.58
K(s)	0	0	63.6

续表

物质	$\Delta_f H_m^\ominus$/(kJ/mol)	$\Delta_f G_m^\ominus$/(kJ/mol)	$S_m^\ominus$/[J/(K·mol)]
KBr(s)	−392.17	−379.20	96.44
KCl(s)	−435.868	−408.325	82.68
KI(s)	−327.65	−322.29	104.35
KNO_3(s)	−492.71	−393.13	132.93
KOH(s)	−425.34	−374.2	78.9
Mg(s)	0	0	32.51
$MgCO_3$(s)	−1113.00	−1029	65.7
$MgCl_2$(s)	−641.83	−592.33	89.5
MgO(s)	−601.83	−569.57	26.8
$Mg(OH)_2$(s)	−924.7	−833.75	63.14
Mn(α,s)	0	0	31.76
$MnCl_2$(s)	−482.4	−441.4	117.2
MnO(s)	−384.9	−362.75	59.71
N_2(g)	0	0	191.489
NH_3(g)	−46.19	−16.636	192.50
NH_4Cl-(α,s)	−315.38	−203.89	94.6
$(NH_4)_2SO_4$(s)	−1191.85	−900.35	220.29
NO(g)	90.31	86.688	210.618
NO_2(g)	33.853	51.840	240.45
Na(s)	0	0	51.0
NaBr(s)	−359.95	−349.4	91.2
NaCl(s)	−411.002	−384.028	72.38
NaOH(s)	−426.8	−380.7	64.18
Na_2CO_3(s)	−1133.95	−1050.64	136.0
Na_2O(s)	−416.22	−376.6	72.8
Na_2SO_4(s)	−1384.49	−1266.83	149.49
Ni(α,s)	0	0	29.79
NiO(s)	−538.1	−453.1	79
O_2(g)	0	0	205.029
O_3(g)	142.3	163.43	238.78

续表

物质	$\Delta_f H_m^{\ominus}$/(kJ/mol)	$\Delta_f G_m^{\ominus}$/(kJ/mol)	$S_m^{\ominus}$/[J/(K·mol)]
P(红色)	−18.41	8.4	63.2
Pb(s)	0	0	64.89
$PbCl_2$(s)	−359.20	−313.97	136.4
PbO(s,黄色)	−217.86	−188.49	69.5
S(斜方)	0	0	31.88
SO_2(g)	−296.90	−300.37	248.53
SO_3(g)	−395.18	−370.37	256.23
Si(s)	0	0	18.70
SiO_2(石英)	−859.4	−805.0	41.84
Ti(s)	0	0	30.3
TiO_2(金红石)	−912	−852.7	50.25
Zn(s)	0	0	41.63
ZnO(s)	−347.98	−318.19	43.9
ZnS(s)	−202.9	−198.32	57.7
$ZnSO_4$(s)	−978.55	−871.57	124.7
CH_4(g)	−74.848	−50.794	186.19
C_2H_2(g)	−226.731	−209.200	200.83
C_2H_4(g)	52.292	68.178	219.45
C_2H_6(g)	−84.667	−32.886	229.49
C_6H_6(g)	82.93	129.076	269.688
C_6H_6(l)	49.036	124.139	173.264
HCHO(g)	−115.9	−110.0	220.1
HCOOH(g)	−362.63	−335.72	246.06
HCOOH(l)	−409.20	−346.0	128.95
CH_3OH(g)	−201.17	−161.88	237.7
CH_3OH(l)	−238.57	−166.23	126.8
CH_3CHO(g)	−166.36	−133.72	265.7
CH_3COOH(l)	−487.0	−392.5	159.8
CH_3COOH(g)	−436.4	−381.6	293.3
C_2H_5OH(1)	−277.63	−174.77	160.7
C_2H_5OH(g)	−235.31	−168.6	282.0

附表 4　一些水合离子的标准生成焓、标准生成 Gibbs 函数和标准熵（298.15K）

物质	$\Delta_f H_m^\ominus$/(kJ/mol)	$\Delta_f G_m^\ominus$/(kJ/mol)	$S_m^\ominus$/[J/(K·mol)]
H^+	0.00	0.00	0.00
Na^+	−239.655	−261.872	60.2
K^+	−251.21	−282.278	102.5
Ag^+	105.90	77.111	73.93
NH_4^+	−132.80	−79.50	112.84
Ba^{2+}	−538.36	−560.7	13
Ca^{2+}	−534.59	−553.04	−55.2
Mg^{2+}	−461.96	−456.01	−118.0
Fe^{2+}	−87.9	−84.94	−113.4
Fe^{3+}	−47.7	10.54	−293.3
Cu^{2+}	64.39	64.98	−100
CO_3^{2-}	−676.26	−528.10	−53.1
Pb^{2+}	−1.63	−24.31	21.3
Mn^{2+}	−218.8	−223.4	−84
Al^{3+}	−524.7	−481.16	−313.4
OH^-	−229.940	−158.78	−10.539
F^-	−329.11	−276.48	−9.6
Cl^-	−167.456	−131.168	55.10
Br^-	−120.92	−102.818	80.71
I^-	−55.94	−51.67	109.37
HS^-	−17.66	12.59	61.1
HCO_3^-	−691.11	−587.06	95
NO_3^-	−206.572	−110.50	146.0
AlO_2^-	−918.8	−823.0	−21
S^{2-}	41.8	83.7	22.2
SO_4^{2-}	−907.5	−741.99	17.2
Zn^{2+}	−152.42	−147.210	−106.48

附表5 常见弱酸、弱碱的解离常数

弱酸或弱碱	分子式	温度/℃	$K_a^\ominus$ 或 $K_b^\ominus$	$pK_a^\ominus$ 或 $pK_b^\ominus$
硼酸	H_3BO_3	20	$K_a^\ominus=5.8\times10^{-10}$	9.24
苯甲酸	C_6H_5COOH	25	$K_a^\ominus=6.2\times10^{-5}$	4.21
邻苯二甲酸	$C_6H_4(COOH)_2$	25	$K_{a1}^\ominus=1.3\times10^{-3}$	2.89
			$K_{a2}^\ominus=2.9\times10^{-6}$	5.54
碳酸	H_2CO_3	25	$K_{a1}^\ominus=4.3\times10^{-7}$	6.37
			$K_{a2}^\ominus=4.8\times10^{-11}$	10.32
氢氰酸	HCN	25	$K_a^\ominus=6.2\times10^{-10}$	9.21
氢硫酸	H_2S	18	$K_{a1}^\ominus=1.3\times10^{-7}$	6.89
			$K_{a2}^\ominus=7.1\times10^{-15}$	14.15
过氧化氢	H_2O_2	25	$K_a^\ominus=1.8\times10^{-12}$	11.75
甲酸	HCOOH	20	$K_a^\ominus=1.77\times10^{-4}$	3.75
乙酸	CH_3COOH	20	$K_a^\ominus=1.8\times10^{-5}$	4.74
氯乙酸	$ClCH_2COOH$	25	$K_a^\ominus=1.38\times10^{-3}$	2.86
二氯乙酸	$Cl_2CHCOOH$	25	$K_a^\ominus=5.0\times10^{-2}$	1.30
亚硝酸	HNO_2	12.5	$K_a^\ominus=5.1\times10^{-4}$	3.29
磷酸	H_3PO_4	25	$K_{a1}^\ominus=7.5\times10^{-3}$	2.12
			$K_{a2}^\ominus=6.2\times10^{-8}$	7.21
			$K_{a3}^\ominus=4.8\times10^{-13}$	12.32
硅酸	H_2SiO_3	30	$K_{a1}^\ominus=2.2\times10^{-10}$	9.77
			$K_{a2}^\ominus=1.58\times10^{-12}$	11.80
亚硫酸	H_2SO_3	18	$K_{a1}^\ominus=1.29\times10^{-2}$	1.89
			$K_{a2}^\ominus=6.3\times10^{-8}$	7.20
硫酸	H_2SO_4	25	$K_{a2}^\ominus=1.0\times10^{-2}$	1.99
草酸	$H_2C_2O_4$	25	$K_{a1}^\ominus=5.9\times10^{-2}$	1.23
			$K_{a2}^\ominus=6.4\times10^{-5}$	4.19
氨水	$NH_3\cdot H_2O$	25	$K_b^\ominus=1.8\times10^{-5}$	4.74
苯胺	$C_6H_5NH_2$	25	$K_b^\ominus=4.6\times10^{-10}$	9.34
羟胺	NH_2OH	20	$K_b^\ominus=9.1\times10^{-9}$	8.04

附表 6　难溶化合物溶度积常数（291～298K）

化合物	$K^{\ominus}_{sp}$	$pK^{\ominus}_{sp}$	化合物	$K^{\ominus}_{sp}$	$pK^{\ominus}_{sp}$
卤化物			PbS	1.0×10^{-28}	28.00
AgCl	1.8×10^{-10}	9.75	SnS	1.0×10^{-25}	25.00
AgBr	5.2×10^{-13}	12.28	ZnS(α)	1.6×10^{-24}	23.80
AgI	8.3×10^{-17}	16.08	ZnS(β)	2.5×10^{-22}	21.60
BaF_2	1.0×10^{-6}	5.98	草酸盐		
CaF_2	2.7×10^{-11}	10.57	BaC_2O_4	1.6×10^{-7}	6.79
Hg_2Cl_2	1.3×10^{-18}	17.88	$CaC_2O_4\cdot 2H_2O$	2.6×10^{-9}	8.4
Hg_2I_2	4.5×10^{-29}	28.35	$MnC_2O_4\cdot 2H_2O$	1.1×10^{-15}	14.96
PbF_2	2.7×10^{-8}	7.57	$SrC_2O_4\cdot H_2O$	1.6×10^{-7}	6.80
$PbCl_2$	1.6×10^{-5}	4.79	碳酸盐		
$PbBr_2$	4.0×10^{-5}	4.41	Ag_2CO_3	8.1×10^{-12}	11.09
PbI_2	7.1×10^{-9}	8.15	$BaCO_3$	5.1×10^{-9}	8.29
SrF_2	2.5×10^{-9}	8.61	$CaCO_3$	2.8×10^{-9}	8.54
硫化物			$FeCO_3$	3.2×10^{-11}	10.50
Ag_2S	6.3×10^{-50}	49.2	$MgCO_3$	3.5×10^{-8}	7.46
As_2S_3	2.1×10^{-22}	21.68	$PbCO_3$	7.4×10^{-14}	13.13
Bi_2S_3	1×10^{-97}	97.0	$SrCO_3$	1.1×10^{-10}	9.96
CdS	8.0×10^{-27}	26.10	氢氧化物		
CoS(α)	4.0×10^{-21}	20.40	$Al(OH)_3$(无定形)	1.3×10^{-33}	32.9
CuS	6.3×10^{-36}	35.20	$Bi(OH)_3$	4.3×10^{-31}	30.37
FeS	6.3×10^{-18}	17.20	$Ca(OH)_2$	5.5×10^{-6}	5.26
Fe_2S_3	1.0×10^{-88}	88.00	$Cd(OH)_2$(新沉淀)	2.5×10^{-14}	13.60
Hg_2S	1.0×10^{-47}	47.00	$Co(OH)_2$(粉红色,新)	1.6×10^{-15}	14.8
HgS(红色)	4×10^{-53}	52.4	$Cr(OH)_3$	6.3×10^{-31}	30.20
HgS(黑色)	1.6×10^{-52}	51.80	$Cu(OH)_2$	2.2×10^{-20}	19.66
MnS(晶,绿色)	2.5×10^{-13}	12.60	$Fe(OH)_2$	8×10^{-16}	15.1
NiS(α)	3.2×10^{-19}	18.5	$Fe(OH)_3$	4.0×10^{-38}	37.4

续表

化合物	$K_{sp}^{\ominus}$	$pK_{sp}^{\ominus}$	化合物	$K_{sp}^{\ominus}$	$pK_{sp}^{\ominus}$
氢氧化物			$Cu_2(SCN)_2$	4.8×10^{-15}	14.32
$Hg_2(OH)_2$	2.0×10^{-24}	23.70	$Hg_2(CN)_2$	5×10^{-40}	39.3
$Mg(OH)_2$	1.8×10^{-11}	10.74	砷酸盐		
$Mn(OH)_2$	1.9×10^{-13}	12.72	Ag_3AsO_4	1.0×10^{-22}	22.00
$Ni(OH)_2$(新沉淀)	2.0×10^{-15}	14.70	$Ba_3(AsO_4)_2$	8.0×10^{-51}	50.11
$Pb(OH)_2$	1.2×10^{-15}	14.93	$Cu_3(AsO_4)_2$	7.6×10^{-36}	35.12
$Sn(OH)_2$	1.4×10^{-28}	27.85	$Pb_3(AsO_4)_2$	4.0×10^{-36}	35.39
$Sn(OH)_4$	1×10^{-56}	56.0	磷酸盐		
$Zn(OH)_2$(晶，陈化)	1.2×10^{-17}	16.92	Ag_3PO_4	1.4×10^{-16}	15.84
硫酸盐			$Ba_3(PO_4)_2$	3×10^{-23}	22.5
Ag_2SO_4	1.4×10^{-5}	4.84	$BiPO_4$	1.3×10^{-23}	22.89
$BaSO_4$	1.1×10^{-10}	9.96	$Cd_3(PO_4)_2$	3×10^{-33}	32.6
$CaSO_4$	9.1×10^{-6}	5.04	$Co_3(PO_4)_2$	2×10^{-35}	34.7
$PbSO_4$	1.6×10^{-8}	7.79	$Cu_3(PO_4)_2$	1.3×10^{-37}	36.9
$SrSO_4$	3.2×10^{-7}	6.49	$FePO_4$	1.3×10^{-22}	21.89
铬酸盐			$Mg_3(PO_4)_2$	6×10^{-28}	27.2
Ag_2CrO_4	1.1×10^{-12}	11.95	$MgNH_4PO_4$	2.5×10^{-13}	12.60
$Ag_2Cr_2O_7$	2.0×10^{-7}	6.70	$Pb_3(PO_4)_2$	8.0×10^{-43}	42.10
$BaCrO_4$	1.2×10^{-10}	9.93	$Sr_3(PO_4)_2$	4.0×10^{-28}	27.40
$CaCrO_4$	2.3×10^{-2}	1.64	$Zn_3(PO_4)_2$	9.0×10^{-33}	32.04
$PbCrO_4$	2.8×10^{-13}	12.55	$BaHPO_4$	1×10^{-7}	7.0
$SrCrO_4$	2.2×10^{-5}	4.65	$CaHPO_4$	1×10^{-7}	7.0
氰化物及硫氰化物			$CoHPO_4$	2×10^{-7}	6.7
$AgCN$	1.2×10^{-16}	15.92	$PbHPO_4$	1.3×10^{-10}	9.9
$AgSCN$	1.0×10^{-12}	12.00	$Ba_2P_2O_7$	3.2×10^{-11}	10.50
$CuCN$	3.2×10^{-20}	19.49	$Cu_2P_2O_7$	8.3×10^{-16}	15.08

续表

化合物	$K_{sp}^{\ominus}$	$pK_{sp}^{\ominus}$	化合物	$K_{sp}^{\ominus}$	$pK_{sp}^{\ominus}$
其他			$Pb_2[Fe(CN)_6]$	3.5×10^{-15}	14.46
$Ag[Ag(CN)_2]$	5.0×10^{-12}	11.3	$Zn_2[Fe(CN)_6]$	4.0×10^{-16}	15.39
$K_2Na[Co(NO_2)_6]\cdot H_2O$	2.2×10^{-11}	10.66	$Co[Hg(SCN)_4]$	1.5×10^{-6}	5.82
$Ag_4[Fe(CN)_6]$	1.6×10^{-41}	40.80	$Zn[Hg(SCN)_4]$	2.2×10^{-7}	6.66
$Cd_2[Fe(CN)_6]$	3.2×10^{-17}	16.49	$K[B(C_6H_5)_4]$	2.2×10^{-8}	7.65
$Co_2[Fe(CN)_6]$	1.8×10^{-15}	14.74	$K_2[PtCl_6]$	1.1×10^{-5}	4.96
$Cu_2[Fe(CN)_6]$	1.3×10^{-16}	15.89	$Ba_3(AsO_4)_2$	8.0×10^{-51}	50.11
$Fe_4[Fe(CN)_6]_3$	3.3×10^{-41}	40.52	$Ca[SiF_6]$	8.1×10^{-4}	3.09

附表 7　金属配合物的稳定常数

1. 常见配离子的稳定常数

配离子	$\lg K_f^{\ominus}$	配离子	$\lg K_f^{\ominus}$
$[Ag(NH_3)_2]^+$	7.40	$[Fe(CN)_6]^{3-}$	43.6
$[Cd(NH_3)_4]^{2+}$	6.92	$[Hg(CN)_4]^{2-}$	41.5
$[Co(NH_3)_6]^{2+}$	5.11	$[Ni(CN)_4]^{2-}$	31.3
$[Co(NH_3)_6]^{3+}$	35.2	$[Zn(CN)_4]^{2-}$	16.7
$[Cu(NH_3)_4]^{2+}$	12.59	$[Cd(OH)_4]^{2-}$	12.0
$[Ni(NH_3)_4]^{2+}$	7.79	$[Cr(OH)_2]^-$	18.3
$[Zn(NH_3)_4]^{2+}$	9.06	$[CdI_4]^{2-}$	6.15
$[Ag(CN)_2]^-$	21.1	$[Ag(SCN)_2]^-$	9.1
$[Au(CN)_2]^-$	38.3	$[Ag(S_2O_3)_2]^{3-}$	13.5
$[Cd(CN)_4]^{2-}$	18.9	$[Hg(SCN)_2]$	32.26
$[Cu(CN)_2]^-$	24.0	$[AlF_6]^{3-}$	19.7
$[Fe(CN)_6]^{4-}$	35.4	$[FeF_3]$	11.9

2. 配合物的累积稳定常数

金属离子	离子强度	n	$\lg\beta_n$
氨配合物			
Ag^+	0.1	1,2	3.40,7.40
Cd^{2+}	0.1	1,…,6	2.60,4.65,6.04,6.92,6.6,4.9
Co^{2+}	2	1,…,6	2.11,3.74,4.79,5.55,5.73,5.11
Co^{3+}	2	1,…,6	6.7,14.0,20.1,25.7,30.8,35.2
Cu^+	2	1,2	5.93,10.86
Cu^{2+}	2	1,…,4	4.13,7.61,10.48,12.59
Ni^{2+}	0.1	1,…,6	2.75,4.95,6.64,7.79,8.50,8.49
Zn^{2+}	0.1	1,…,4	2.27,4.61,7.01,9.06

续表

金属离子	离子强度	n	$\lg\beta_n$
氟配合物			
Al^{3+}	0.53	1,…,6	6.1,11.15,15.0,17.7,19.4,19.7
Fe^{3+}	0.5	1,2,3	5.2,9.2,11.9
Th^{4+}	0.5	1,2,3	7.7,13.5,18.0
TiO^{2+}	3	1,…,4	5.4,9.8,13.7,17.4
Sn^{4+}	①	6	25
Zr^{4+}	2	1,2,3	8.8,16.1,21.9
氯配合物			
Ag^{+}	0.2	1,…,4	2.9,4.7,5.0,5.9
Hg^{2+}	0.5	1,…,4	6.7,13.2,14.1,15.1
碘配合物			
Cd^{2+}	①	1,…,4	2.4,3.4,5.0,6.15
Hg^{2+}	0.5	1,…,4	12.9,23.8,27.6,29.8
硫氰酸配合物			
Fe^{3+}	①	1,…,5	2.3,4.2,5.6,6.4,6.4
Hg^{2+}	1	1,…,4	—,16.1,19.0,20.9
硫代硫酸配合物			
Ag^{+}	0	1,2	8.82,13.5
Hg^{2+}	0	1,2	29.86,32.26
氰配合物			
Ag^{+}	0～0.3	1,…,4	—,21.1,21.8,20.7
Au^{+}	①	2	38.3
Cd^{2+}	3	1,…,4	5.5,10.6,15.3,18.9
Cu^{+}	0	1,…,4	—,24.0,28.6,30.3
Fe^{2+}	0	6	35.4
Fe^{3+}	0	6	43.6
Hg^{2+}	0.1	1,…,4	18.0,34.7,38.5,41.5
Ni^{2+}	0.1	4	31.3
Zn^{2+}	0.1	4	16.7
磺基水杨酸配合物			
Al^{3+}	0.1	1,2,3	12.9,22.9,29.0
Fe^{3+}	3	1,2,3	14.4,25.2,32.2

续表

金属离子	离子强度	n	$\lg\beta_n$
乙酰丙酮配合物			
Al^{3+}	0.1	1,2,3	8.1,15.7,21.2
Cu^{2+}	0.1	1,2	7.8,14.3
Fe^{3+}	0.1	1,2,3	9.3,17.9,25.1
草酸配合物			
Al^{3+}	0	1,2,3	7.26,13.0,16.3
Cd^{2+}	0.5	1,2	2.9,4.7
Co^{2+}	0.5	CoHL	5.5
Cu^{2+}	0.5	CuHL	6.25
Fe^{2+}	0.5～1	1,2,3	2.9,4.5,5.22
Fe^{3+}	0	1,2,3	9.4,16.2,20.2
Ni^{2+}	0.1	1,2,3	5.3,7.64,8.5
Zn^{2+}	0.5	ZnH_2L	5.6
邻二氮菲配合物			
Ag^{+}	0.1	1,2	5.02,12.07
Cd^{2+}	0.1	1,2,3	6.4,11.6,15.8
Co^{2+}	0.1	1,2,3	7.0,13.7,20.1
Cu^{2+}	0.1	1,2,3	9.1,15.8,21.0
Fe^{2+}	0.1	1,2,3	5.9,11.1,21.3
Hg^{2+}	0.1	1,2,3	—,19.65,23.35
Ni^{2+}	0.1	1,2,3	8.8,17.1,24.8
Zn^{2+}	0.1	1,2,3	6.4,12.15,17.0
乙二胺配合物			
Ag^{+}	0.1	1,2	4.7,7.7
Cd^{2+}	0.1	1,2	5.47,10.02
Cu^{2+}	0.1	1,2	10.55,19.60
Co^{2+}	0.1	1,2,3	5.89,10.72,13.82
Hg^{2+}	0.1	2	23.42
Ni^{2+}	0.1	1,2,3	7.66,14.06,18.59
Zn^{2+}	0.1	1,2,3	5.71,10.37,12.08
柠檬酸配合物			
Al^{3+}	0.5	1	20.0
Cu^{2+}	0.5	1	18
Fe^{3+}	0.5	1	25
Ni^{2+}	0.5	1	14.3
Pb^{2+}	0.5	1	12.3
Zn^{2+}	0.5	1	11.4

① 离子强度不定。

3. 金属离子与氨羧螯合剂形成的配合物的稳定常数 ($\lg K_{MY}^{\ominus}$)①

金属离子	EDTA	EGTA	DCTA	DTPA	TTHA
Ag^{+}	7.3	6.88	—	—	8.67
Al^{3+}	16.1	13.90	17.63	18.60	19.70
Ba^{2+}	7.76	8.41	8.00	8.87	8.22
Bi^{3+}	27.94	—	24.1	35.60	—
Ca^{2+}	10.69	10.97	12.5	10.83	10.06
Ce^{3+}	15.98	—	—	—	—
Cd^{2+}	16.46	15.6	19.2	19.20	19.80
Co^{2+}	16.31	12.30	18.9	19.27	17.10
Cr^{3+}	23.0	—	—	—	—
Cu^{2+}	18.80	17.71	21.30	21.55	19.20
Fe^{2+}	14.33	11.87	18.2	16.50	—
Fe^{3+}	25.1	20.50	29.3	28.00	26.80
Hg^{2+}	21.8	23.20	24.3	26.70	26.80
Mg^{2+}	8.69	5.21	10.30	9.30	8.43
Mn^{2+}	14.04	12.28	16.8	15.60	14.65
Na^{+}	1.66	—	—	—	—
Ni^{2+}	18.67	17.0	19.4	20.32	18.10
Pb^{2+}	18.0	15.5	19.68	18.00	17.10
Sn^{2+}	22.1	—	—	—	—
Sr^{2+}	8.63	6.8	10.0	9.77	9.26
Th^{4+}	23.2	—	23.2	28.78	31.90
Ti^{3+}	21.3	—	—	—	—
TiO^{2+}	17.3	—	—	—	—
U^{4+}	25.5	—	—	7.69	—
Y^{3+}	18.1	—	—	22.13	—
Zn^{2+}	16.50	14.50	18.67	18.40	16.65

① $I=0.1$，$T=20\sim25$℃。

注：EDTA为乙二胺四乙酸，EGTA为乙二醇二乙醚二胺四乙酸，DCTA为1,2-二氨基环己烷四乙酸，DTPA为二乙基三胺五乙酸，TTHA为三乙基四胺六乙酸。

附表8 常见金属离子的 $\lg\alpha_{M(OH)}$ 值和EDTA的 $\lg\alpha_{Y(H)}$ 值

1. 常见金属离子的 $\lg\alpha_{M(OH)}$

金属离子	离子强度	pH值											
		3	4	5	6	7	8	9	10	11	12	13	14
Al^{3+}	2			0.4	1.3	5.3	9.3	13.3	17.3	21.3	25.3	29.3	33.3
Bi^{3+}	3	1.4	2.4	3.4	4.4	5.4							
Ca^{2+}	0.1											0.3	1.0
Cd^{2+}	3							0.1	0.5	2.0	4.5	8.1	12.0
Co^{2+}	0.1						0.1	0.4	1.1	2.2	4.2	7.2	10.2

续表

金属离子	离子强度	pH 值											
		3	4	5	6	7	8	9	10	11	12	13	14
Cu^{2+}	0.1						0.2	0.8	1.7	2.7	3.7	4.7	5.7
Fe^{2+}	1							0.1	0.6	1.5	2.5	3.5	4.5
Fe^{3+}	3	0.4	1.8	3.7	5.7	7.7	9.7	11.7	13.7	15.7	17.7	19.7	21.7
Hg^{2+}	0.1	0.5	1.9	3.9	5.9	7.9	9.9	11.9	13.9	15.9	17.9	19.9	21.9
La^{3+}	3								0.3	1.0	1.9	2.9	3.9
Mg^{2+}	0.1									0.1	0.5	1.3	2.3
Mn^{2+}	0.1								0.1	0.5	1.4	2.4	3.4
Ni^{2+}	0.1							0.1	0.7	1.6			
Pb^{2+}	0.1					0.1	0.5	1.4	2.7	4.7	7.4	10.4	13.4
Th^{4+}	1		0.2	0.8	1.7	2.7	3.7	4.7	5.7	6.7	7.7	8.7	9.7
Zn^{2+}	0.1							0.2	2.4	5.4	8.5	11.8	15.5

2. EDTA 的 $\lg\alpha_{Y(H)}$ 值

pH 值	$\lg\alpha_{Y(H)}$	pH 值	$\lg\alpha_{Y(H)}$	pH 值	$\lg\alpha_{Y(H)}$	pH 值	$\lg\alpha_{Y(H)}$	pH 值	$\lg\alpha_{Y(H)}$
0.0	23.64	2.5	11.90	5.0	6.45	7.5	2.78	10.0	0.50
0.1	23.06	2.6	11.62	5.1	6.26	7.6	2.68	10.1	0.39
0.2	22.47	2.7	11.35	5.2	6.07	7.7	2.57	10.2	0.33
0.3	21.89	2.8	11.09	5.3	5.88	7.8	2.47	10.3	0.28
0.4	21.32	2.9	10.84	5.4	5.69	7.9	2.37	10.4	0.24
0.5	20.75	3.0	10.60	5.5	5.51	8.0	2.27	10.5	0.20
0.6	20.18	3.1	10.37	5.6	5.33	8.1	2.17	10.6	0.16
0.7	19.62	3.2	10.14	5.7	5.15	8.2	2.07	10.7	0.13
0.8	19.08	3.3	9.92	5.8	4.98	8.3	1.97	10.8	0.11
0.9	18.54	3.4	9.70	5.9	4.81	8.4	1.87	10.9	0.09
1.0	18.01	3.5	9.48	6.0	4.65	8.5	1.77	11.0	0.07
1.1	17.49	3.6	9.27	6.1	4.49	8.6	1.67	11.1	0.06
1.2	16.98	3.7	9.06	6.2	4.34	8.7	1.57	11.2	0.05
1.3	16.49	3.8	8.85	6.3	4.20	8.8	1.48	11.3	0.04
1.4	16.02	3.9	8.65	6.4	4.06	8.9	1.38	11.4	0.03
1.5	15.55	4.0	8.44	6.5	3.92	9.0	1.28	11.5	0.02
1.6	15.11	4.1	8.24	6.6	3.79	9.1	1.19	11.6	0.02
1.7	14.68	4.2	8.04	6.7	3.67	9.2	1.10	11.7	0.02
1.8	14.27	4.3	7.84	6.8	3.55	9.3	1.01	11.8	0.01
1.9	13.88	4.4	7.64	6.9	3.43	9.4	0.92	11.9	0.01
2.0	13.51	4.5	7.44	7.0	3.32	9.5	0.83	12.0	0.01
2.1	13.16	4.6	7.24	7.1	3.21	9.6	0.75	12.1	0.01
2.2	12.52	4.7	7.04	7.2	3.10	9.7	0.67	12.2	0.005
2.3	12.50	4.8	6.84	7.3	2.99	9.8	0.59	13.0	0.0008
2.4	12.19	4.9	6.65	7.4	2.88	9.9	0.52	13.9	0.0001

附表 9 标准电极电势（298.15K）

1. 在酸性溶液中

电极反应（氧化态+电子⇌还原态）	$\varphi_A^\ominus$ /V	电极反应（氧化态+电子⇌还原态）	$\varphi_A^\ominus$ /V
$Li^+ + e^- \rightleftharpoons Li$	−3.04	$PbSO_4 + 2e^- \rightleftharpoons Pb + SO_4^{2-}$	−0.356
$Rb^+ + e^- \rightleftharpoons Rb$	−2.925	$Cd^{2+} + Hg + 2e^- \rightleftharpoons Cd(Hg)$	−0.351
$K^+ + e^- \rightleftharpoons K$	−2.925	$Ag(CN)_2^- + e^- \rightleftharpoons Ag + 2CN^-$	−0.31
$Cs^+ + e^- \rightleftharpoons Cs$	−2.923	$Co^{2+} + 2e^- \rightleftharpoons Co$	−0.277
$Ba^{2+} + 2e^- \rightleftharpoons Ba$	−2.906	$PbBr_2 + 2e^- \rightleftharpoons Pb + 2Br^-$	−0.274
$Sr^{2+} + 2e^- \rightleftharpoons Sr$	−2.888	$PbCl_2 + 2e^- \rightleftharpoons Pb + 2Cl^-$	−0.266
$Ca^{2+} + 2e^- \rightleftharpoons Ca$	−2.866	$Ni^{2+} + 2e^- \rightleftharpoons Ni$	−0.23
$Na^+ + e^- \rightleftharpoons Na$	−2.714	$2SO_4^{2-} + 4H^+ + 4e^- \rightleftharpoons S_2O_6^{2-} + 2H_2O$	−0.22
$La^{3+} + 3e^- \rightleftharpoons La$	−2.25	$AgI + e^- \rightleftharpoons Ag + I^-$	−0.151
$Ce^{3+} + 3e^- \rightleftharpoons Ce$	−2.33	$Sn^{2+} + 2e^- \rightleftharpoons Sn$	−0.136
$Mg^{2+} + 2e^- \rightleftharpoons Mg$	−2.37	$Pb^{2+} + 2e^- \rightleftharpoons Pb$	−0.126
$H_2 + 2e^- \rightleftharpoons 2H^-$	−2.25	$Fe^{3+} + 3e^- \rightleftharpoons Fe$	−0.036
$Sc^{3+} + 3e^- \rightleftharpoons Sc$	−2.08	$2H^+ + 2e^- \rightleftharpoons H_2$	0.0000
$Be^{2+} + 2e^- \rightleftharpoons Be$	−1.85	$P + 3H^+ + 3e^- \rightleftharpoons PH_3(g)$	0.06
$Al^{3+} + 3e^- \rightleftharpoons Al$	−1.66	$AgBr + e^- \rightleftharpoons Ag + Br^-$	0.071
$Ti^{2+} + 2e^- \rightleftharpoons Ti$	−1.63	$S_4O_6^{2-} + 2e^- \rightleftharpoons 2S_2O_3^{2-}$	0.08
$V^{2+} + 2e^- \rightleftharpoons V$	−1.18	$S + 2H^+ + 2e^- \rightleftharpoons H_2S(aq)$	0.141
$Mn^{2+} + 2e^- \rightleftharpoons Mn$	−1.186	$Sb_2O_3 + 6H^+ + 6e^- \rightleftharpoons 2Sb + 3H_2O$	0.152
$TiO_2(aq) + 4H^+ + 4e^- \rightleftharpoons Ti + 2H_2O$	−0.88	$Cu^{2+} + e^- \rightleftharpoons Cu^+$	0.153
$H_3BO_3 + 3H^+ + 3e^- \rightleftharpoons B + 3H_2O$	−0.87	$Sn^{4+} + 2e^- \rightleftharpoons Sn^{2+}$	0.15
$SiO_2 + 4H^+ + 4e^- \rightleftharpoons Si + 2H_2(g)$	−0.84	$BiOCl + 2H^+ + 3e^- \rightleftharpoons Bi + Cl^- + H_2O$	0.16
$Zn^{2+} + 2e^- \rightleftharpoons Zn$	−0.7628	$AgCl + e^- \rightleftharpoons Ag + Cl^-$	0.2224
$Cr^{3+} + 3e^- \rightleftharpoons Cr$	−0.744	$As_2O_3 + 6H^+ + 6e^- \rightleftharpoons 2As + 3H_2O$	0.234
$Ag_2S + 2e^- \rightleftharpoons 2Ag + S^{2-}$	−0.69	$Hg_2Cl_2 + 2e^- \rightleftharpoons 2Hg + 2Cl^-$	0.2676
$As + 3H^+ + 3e^- \rightleftharpoons AsH_3(g)$	−0.60	$Cu^{2+} + 2e^- \rightleftharpoons Cu$	0.337
$Sb + 3H^+ + 3e^- \rightleftharpoons SbH_3(g)$	−0.51	$Fe(CN)_6^{3-} + e^- \rightleftharpoons Fe(CN)_6^{4-}$	0.356
$H_3PO_3 + 2H^+ + 2e^- \rightleftharpoons H_3PO_2 + H_2O$	−0.50	$(CN)_2 + H^+ + e^- \rightleftharpoons HCN$	0.37
$2CO_2 + 2H^+ + 2e^- \rightleftharpoons H_2C_2O_4$	−0.49	$2SO_2(aq) + 2H^+ + 4e^- \rightleftharpoons S_2O_3^{2-} + H_2O$	0.400
$H_3PO_3 + 3H^+ + 3e^- \rightleftharpoons P + 3H_2O$	−0.49	$Ag_2CrO_4 + e^- \rightleftharpoons 2Ag + CrO_4^{2-}$	0.446
$S + 2e^- \rightleftharpoons S^{2-}$	−0.48	$H_2SO_3 + 4H^+ + 2e^- \rightleftharpoons S + 3H_2O$	0.45
$Fe^{2+} + 2e^- \rightleftharpoons Fe$	−0.44	$4SO_2(aq) + 4H^+ + 6e^- \rightleftharpoons S_4O_6^{2-} + 2H_2O$	0.51
$Cd^{2+} + 2e^- \rightleftharpoons Cd$	−0.402	$Cu^+ + e^- \rightleftharpoons Cu$	0.522
$Se + 2H^+ + 2e^- \rightleftharpoons H_2Se(aq)$	−0.36	$I_2(s) + 2e^- \rightleftharpoons 2I^-$	0.535

续表

电极反应(氧化态+电子⇌还原态)	$\varphi_A^\ominus$ /V	电极反应(氧化态+电子⇌还原态)	$\varphi_A^\ominus$ /V
$H_3AsO_4+2H^++2e^-\rightleftharpoons HAsO_2+2H_2O$	0.560	$MnO_2+4H^++2e^-\rightleftharpoons Mn^{2+}+H_2O$	1.208
$2HgCl_2+2e^-\rightleftharpoons Hg_2Cl_2+2Cl^-$	0.63	$ClO_3^-+3H^++2e^-\rightleftharpoons HClO_2+H_2O$	1.21
$Ag_2SO_4+2e^-\rightleftharpoons 2Ag+SO_4^{2-}$	0.653	$O_2+4H^++4e^-\rightleftharpoons 2H_2O(l)$	1.229
$O_2+2H^++2e^-\rightleftharpoons H_2O_2$	0.682	$Cr_2O_7^{2-}+14H^++6e^-\rightleftharpoons 2Cr^{3+}+7H_2O$	1.33
$Fe^{3+}+e^-\rightleftharpoons Fe^{2+}$	0.771	$Cl_2(g)+2e^-\rightleftharpoons 2Cl^-$	1.360
$Ag^++e^-\rightleftharpoons Ag$	0.7994	$Ce^{4+}+e^-\rightleftharpoons Ce^{3+}$	1.459
$NO_3^-+2H^++e^-\rightleftharpoons NO_2+H_2O$	0.803	$PbO_2+4H^++2e^-\rightleftharpoons Pb^{2+}+2H_2O$	1.46
$Hg^{2+}+2e^-\rightleftharpoons Hg$	0.851	$MnO_4^-+8H^++5e^-\rightleftharpoons Mn^{2+}+4H_2O$	1.51
$NO_3^-+3H^++2e^-\rightleftharpoons HNO_2+H_2O$	0.94	$2BrO_3^-+12H^++10e^-\rightleftharpoons Br_2+3H_2O$	1.52
$NO_3^-+4H^++3e^-\rightleftharpoons 3NO+H_2O$	0.96	$2HClO+2H^++2e^-\rightleftharpoons Cl_2+2H_2O$	1.63
$HIO+H^++2e^-\rightleftharpoons I^-+H_2O$	0.99	$PbO_2+SO_4^{2-}+4H^++e^-\rightleftharpoons PbSO_4+2H_2O$	1.685
$HNO_2+H^++e^-\rightleftharpoons NO+H_2O$	1.00	$MnO_4^-+4H^++3e^-\rightleftharpoons MnO_2+2H_2O$	1.695
$NO_2+2H^++2e^-\rightleftharpoons NO+2H_2O$	1.03	$H_2O_2+2H^++2e^-\rightleftharpoons 2H_2O$	1.77
$Br_2(l)+2e^-\rightleftharpoons 2Br^-$	1.0652	$Co^{3+}+e^-\rightleftharpoons Co^{2+}$	1.82
$NO_2+H^++e^-\rightleftharpoons HNO_2$	1.07	$S_2O_8{}^{2-}+2e^-\rightleftharpoons 2SO_4^{2-}$	2.01
$Br_2(aq)+2e^-\rightleftharpoons 2Br^-$	1.087	$O_3+2H^++2e^-\rightleftharpoons O_2+H_2O$	2.07
$ClO_3^-+2H^++e^-\rightleftharpoons ClO_2+H_2O$	1.15	$FeO_4^{2-}+8H^++3e^-\rightleftharpoons Fe^{3+}+4H_2O$	2.20
$ClO_4^-+2H^++2e^-\rightleftharpoons ClO_3^-+H_2O$	1.19	$F_2+2e^-\rightleftharpoons 2F^-$	2.87
$2IO_3^-+12H^++10e^-\rightleftharpoons I_2+6H_2O$	1.195	$F_2+2H^++2e^-\rightleftharpoons 2HF$	3.06

2. 碱性溶液中

电极反应(氧化态+电子⇌还原态)	$\varphi_B^\ominus$ /V	电极反应(氧化态+电子⇌还原态)	$\varphi_B^\ominus$ /V
$Ca(OH)_2+2e^-\rightleftharpoons Ca+2OH^-$	−3.03	$Sn(OH)_6^{2+}+2e^-\rightleftharpoons HSnO_2^-+3OH^-+H_2O$	−0.96
$La(OH)_3+3e^-\rightleftharpoons La+3OH^-$	−2.90	$SO_4^{2-}+H_2O+2e^-\rightleftharpoons SO_3^{2-}+2OH^-$	−0.93
$Sr(OH)_2+2e^-\rightleftharpoons Sr+2OH^-$	−2.88	P(白色)$+3H_2O+3e^-\rightleftharpoons PH_3(g)+3OH^-$	−0.89
$Ba(OH)_2+2e^-\rightleftharpoons Ba+2OH^-$	−2.81	$2H_2O+2e^-\rightleftharpoons H_2+2OH^-$	−0.8277
$Mg(OH)_2+2e^-\rightleftharpoons Mg+2OH^-$	−2.69	$Cd(OH)_2+2e^-\rightleftharpoons Cd+2OH^-$	−0.809
$H_2AlO_3^-+H_2O+3e^-\rightleftharpoons Al+4OH^-$	−2.35	$HSnO_2{}^-+H_2O+2e^-\rightleftharpoons Sn+3OH^-$	−0.79
$SiO_3^{2-}+3H_2O+4e^-\rightleftharpoons Si+6OH^-$	−1.73	$Co(OH)_2+2e^-\rightleftharpoons Co+2OH^-$	−0.73
$HPO_3^{2-}+2H_2O+2e^-\rightleftharpoons H_2PO_2{}^-+3OH^-$	−1.65	$AsO_4^{3-}+2H_2O+2e^-\rightleftharpoons AsO_2{}^-+4OH^-$	−0.71
$Mn(OH)_2+2e^-\rightleftharpoons Mn+2OH^-$	−1.55	$AsO_2{}^-+2H_2O+3e^-\rightleftharpoons As+4OH^-$	−0.68
$Cr(OH)_3+3e^-\rightleftharpoons Cr+3OH^-$	−1.3	$SO_3^{2-}+3H_2O+4e^-\rightleftharpoons S+6OH^-$	−0.66
$Zn(CN)_4{}^{2-}+2e^-\rightleftharpoons Zn+4CN^-$	−1.26	$2SO_3^{2-}+3H_2O+4e^-\rightleftharpoons S_2O_3^{2-}+6OH^-$	−0.58
$Zn(OH)_2+2e^-\rightleftharpoons Zn+2OH^-$	−1.245	$Fe(OH)_3+e^-\rightleftharpoons Fe(OH)_2+OH^-$	−0.56
$As+3H_2O+3e^-\rightleftharpoons AsH_3+3OH^-$	−1.210	$S+2e^-\rightleftharpoons S^{2-}$	−0.48
$CrO_2{}^-+2H_2O+3e^-\rightleftharpoons Cr+4OH^-$	−1.2	$NO_2^-+H_2O+e^-\rightleftharpoons NO+2OH^-$	−0.46
$2SO_3^{2-}+2H_2O+2e^-\rightleftharpoons S_2O_4^{2-}+4OH^-$	−1.12	$Cu_2O+H_2O+2e^-\rightleftharpoons 2Cu+2OH^-$	−0.358
$PO_4^{3-}+2H_2O+2e^-\rightleftharpoons HPO_3^{2-}+3OH^-$	−1.12	$Cu(OH)_2+2e^-\rightleftharpoons Cu+2OH^-$	−0.224

续表

电极反应(氧化态+电子⇌还原态)	$\varphi_B^\ominus$ /V	电极反应(氧化态+电子⇌还原态)	$\varphi_B^\ominus$ /V
$CrO_4^{2-}+4H_2O+3e^- \rightleftharpoons Cr(OH)_3+5OH^-$	−0.13	$IO^-+H_2O+2e^- \rightleftharpoons I^-+2OH^-$	0.485
$2Cu(OH)_2+2e^- \rightleftharpoons Cu_2O+2OH^-+H_2O$	−0.08	$IO_3^-+2H_2O+4e^- \rightleftharpoons IO^-+4OH^-$	0.56
$NO_3^-+H_2O+2e^- \rightleftharpoons NO_2^-+2OH^-$	0.01	$MnO_4^-+e^- \rightleftharpoons MnO_4^{2-}$	0.564
$HgO+H_2O+2e^- \rightleftharpoons Hg+2OH^-$	0.098	$MnO_4^-+2H_2O+3e^- \rightleftharpoons MnO_2+4OH^-$	0.588
$Co(NH_3)_6{}^{3+}+e^- \rightleftharpoons Co(NH_3)_6^{2+}$	0.108	$BrO_2{}^-+3H_2O+6e^- \rightleftharpoons Br^-+6OH^-$	0.61
$IO_3^-+H_2O+6e^- \rightleftharpoons I^-+6OH^-$	0.26	$ClO_3^-+3H_2O+6e^- \rightleftharpoons Cl^-+6OH^-$	0.62
$PbO_2+H_2O+2e^- \rightleftharpoons PbO+2OH^-$	0.28	$ClO_2{}^-+H_2O+2e^- \rightleftharpoons ClO^-+2OH^-$	0.66
$ClO_3^-+H_2O+2e^- \rightleftharpoons ClO_2{}^-+2OH^-$	0.33	$BrO^-+H_2O+2e^- \rightleftharpoons Br^-+2OH^-$	0.70
$ClO_4^-+H_2O+2e^- \rightleftharpoons ClO_3^-+2OH^-$	0.36	$ClO^-+H_2O+2e^- \rightleftharpoons Cl^-+2OH^-$	0.89
$Ag(NH_3)_2^++e^- \rightleftharpoons Ag+2NH_3$	0.373	$Cu^{2+}+2CN^-+e^- \rightleftharpoons Cn(CN)_2^-$	1.103
$O_2+2H_2O+4e^- \rightleftharpoons 4OH^-$	0.401	$O_3+H_2O+2e^- \rightleftharpoons O_2+2OH^-$	1.24

附表 10 一些氧化还原电对的条件电极电势 (298.15 K)

电极反应	条件电势/V	介质
$Ag^{2+}+e^- \rightleftharpoons Ag^+$	2.00	4mol/L $HClO_4$
	1.927	4mol/L HNO_3
$Ce^{4+}+e^- \rightleftharpoons Ce^{3+}$	1.70	1mol/L $HClO_4$
	1.61	1mol/L HNO_3
	1.28	1mol/L HCl
	1.44	0.5mol/L H_2SO_4
$Co^{3+}+e^- \rightleftharpoons Co^{2+}$	1.85	4mol/L $HClO_4$
	1.85	4mol/L HNO_3
$Cr_2O_7^{2-}+14H^++6e^- \rightleftharpoons 2Cr^{3+}+7H_2O$	1.025	1mol/L $HClO_4$
	1.15	4mol/L H_2SO_4
	1.00	1mol/L HCl
	1.05	2mol/L HCl
	1.08	3mol/L HCl
$Fe^{3+}+e^- \rightleftharpoons Fe^{2+}$	0.73	1mol/L $HClO_4$
	0.68	1mol/L H_2SO_4
	0.71	0.5mol/L HCl
	0.68	1mol/L HCl
	0.46	2mol/L H_3PO_4
	0.51	1mol/L HCl-0.25mol/L H_3PO_4
$I_3^-+2e^- \rightleftharpoons 3I^-$	0.545	1mol/L H^+
$Sn^{4+}+2e^- \rightleftharpoons Sn^{2+}$	0.14	1mol/L HCl

附表 11 一些物质的分子量

化合物	分子量	化合物	分子量
Ag_2AsO_4	462.52	CaO	56.08
$AgBr$	187.78	$Ca(OH)_2$	74.09
$AgCN$	133.84	$Ca_3(PO_4)_2$	310.18
$AgCl$	143.32	$CaSO_4$	136.14
Ag_2CrO_4	331.73	$CaSO_4 \cdot 2H_2O$	172.17
AgI	234.77	$Ce(NH_4)_2(NO_3)_6 \cdot 2H_2O$	584.25
$AgNO_3$	169.87	$Ce(NH_4)_4(SO_4)_4 \cdot 2H_2O$	632.55
$AgSCN$	165.95	$Co(NO_3)_2$	182.94
$AlCl_3$	133.341	$Co(NO_2)_2 \cdot 6H_2O$	291.03
$AlCl_3 \cdot 6H_2O$	241.433	CoS	91.00
$Al(C_9H_6N)_3$(8-羟基喹啉铝)	459.444	$CoSO_4$	154.99
$Al(NO_3)_3$	212.996	$CrCl_3$	158.355
$Al(NO_3)_3 \cdot 9H_2O$	375.13	$CrCl_3 \cdot 6H_2O$	266.45
Al_2O_3	101.96	Cr_2O_3	151.99
$Al_2(OH)_3$	78.004	$CuSCN$	121.63
$Al_2(SO_4)_3$	342.15	CuI	190.45
$Al_2(SO_4)_3 \cdot 18H_2O$	666.43	$Cu(NO_3)_2$	187.56
As_2O_3	197.84	$Cu(NO_3)_2 \cdot 3H_2O$	241.60
As_2O_5	229.84	$Cu(NO_3)_2 \cdot 6H_2O$	295.65
As_2S_3	246.04	CuO	79.54
$BaCO_3$	197.34	Cu_2O	143.09
BaC_2O_4	225.35	CuS	95.61
$BaCl_2$	208.24	$CuSO_4$	159.61
$BaCrO_4$	253.32	$CuSO_4 \cdot 5H_2O$	249.69
BaO	153.33	$FeCl_2$	126.75
$Ba(OH)_2$	171.35	$FeCl_3 \cdot 6H_2O$	270.30
$BaSO_4$	233.39	$FeNH_4(SO_4)_2 \cdot 12H_2O$	482.20
$Bi(NO_3)_3$	395.00	$Fe(NH_4)_2(SO_4)_2 \cdot 6H_2O$	392.14
$Bi(NO_3)_3 \cdot 5H_2O$	485.07	$Fe(NO_3)_3$	241.86
CO	28.01	$Fe(NO_3)_3 \cdot 6H_2O$	349.95
CO_2	44.01	FeO	71.85
$CO(NH_2)_2$	60.0556	Fe_2O_3	159.69
$CaCO_3$	100.09	Fe_3O_4	231.54
CaC_2O_4	128.10	$Fe(OH)_3$	106.87
$CaCl_2$	110.99	FeS	87.913
$CaCl_2 \cdot 6H_2O$	219.075	$FeSO_4$	151.91

续表

化合物	分子量	化合物	分子量
$FeSO_4 \cdot 7H_2O$	278.02	$KClO_4$	138.55
H_3AsO_3	125.94	K_2CO_3	138.21
H_3AsO_4	141.94	$K_2Cr_2O_7$	294.19
H_3BO_3	61.83	K_2CrO_4	194.20
H_3PO_4	98.00	$KFe(SO_4)_2 \cdot 12H_2O$	503.26
H_2S	34.08	$K_3[Fe(CN)]_6$	329.25
H_2SO_3	82.08	$K_4[Fe(CN)]_6$	368.35
H_2SO_4	98.08	$KHC_8H_4O_4$(邻苯二甲酸氢钾)	204.22
$HgCl_2$	271.50	$KHC_4H_4O_6$(酒石酸氢钾)	188.18
Hg_2Cl_2	472.09	$KHC_2O_4 \cdot H_2O$	146.14
HgI_2	454.40	$KHC_2O_4 \cdot H_2C_2O_4 \cdot 2H_2O$	254.19
HgS	232.66	$KHSO_4$	136.17
$HgSO_4$	296.65	KI	166.01
Hg_2SO_4	497.24	KIO_3	214.00
$Hg_2(NO_3)_2$	525.19	$KIO_3 \cdot HIO_3$	389.92
$Hg_2(NO_3)_2 \cdot 2H_2O$	561.22	$KMnO_4$	158.04
$Hg(NO_3)_2$	324.60	$KNaC_4H_4O_6 \cdot 4H_2O$(酒石酸盐)	382.22
HgO	216.59	KNO_2	85.10
HBr	80.91	KNO_3	101.10
HCN	27.02	K_2O	92.20
$HCOOH$	46.0257	KOH	56.11
CH_3COOH	60.053	$KSCN$	97.18
$HC_7H_5O_2$(苯甲酸)	122.12	K_2SO_4	174.26
H_2CO_3	62.02	$MgCO_3$	84.32
$H_2C_2O_4$	90.04	$MgCl_2$	95.21
$H_2C_2O_4 \cdot 2H_2O$	126.07	$MgCl_2 \cdot 6H_2O$	203.30
HCl	36.46	$MgNH_4PO_4$	137.33
HF	20.01	$MgNH_4PO_4 \cdot 6H_2O$	245.41
HI	127.91	MgO	40.31
HNO_2	47.01	$Mg(OH)_2$	58.320
HNO_3	63.01	$Mg_2P_2O_7$	222.60
H_2O	18.02	$MgSO_4 \cdot 7H_2O$	246.48
H_2O_2	34.02	$MnCO_3$	114.95
$KAl(SO_4)_2 \cdot 12H_2O$	474.39	$MnCl_2 \cdot 4H_2O$	197.90
KBr	119.01	$Mn(NO_3)_2 \cdot 6H_2O$	287.04
$KBrO_3$	167.01	MnO	70.94
KCl	74.56	MnO_2	86.94
$KClO_3$	122.55	MnS	87.00

续表

化合物	分子量	化合物	分子量
$MnSO_4$	151.00	$NaSCN$	81.07
NH_3	17.03	Na_2SO_3	126.04
$NH_4C_2H_3O_2$(乙酸铵)	77.08	Na_2SO_4	142.04
$(NH_4)_2C_2O_4 \cdot H_2O$	142.11	$Na_2S_2O_3$	158.11
NH_4Cl	53.49	$Na_2S_2O_3 \cdot 5H_2O$	248.19
NH_4F	37.037	$NiCl_2 \cdot 6H_2O$	237.69
$(NH_4)_2HPO_4$	132.05	NiO	74.69
$(NH_4)_3PO_4$	140.02	$Ni(NO_3)_2 \cdot 6H_2O$	290.79
$(NH_4)_6Mo_7O_{24} \cdot 4H_2O$	1235.9	NiS	90.76
NH_4CO_3	79.056	$NiSO_4 \cdot 7H_2O$	280.86
NH_4SCN	76.122	P_2O_5	141.95
$(NH_4)_2SO_4$	132.14	$Pb(C_2H_3O_2)_2$(乙酸铅)	325.28
NH_4VO_3	116.98	$Pb(C_2H_3O_2)_2 \cdot 3H_2O$	379.34
NO	30.006	$PbCrO_4$	323.18
NO_2	45.00	$PbMoO_4$	367.14
$Na_2B_4O_7 \cdot 10H_2O$	381.37	$Pb(NO_3)_2$	331.21
$NaBiO_3$	279.97	PbO	223.19
$NaC_2H_3O_2$(乙酸钠)	82.03	PbO_2	239.19
$NaC_2H_3O_2 \cdot 3H_2O$	136.08	PbS	239.27
$NaCN$	49.01	$PbSO_4$	303.26
Na_2CO_3	105.99	SO_2	64.06
$Na_2CO_3 \cdot 10H_2O$	286.14	SO_3	80.06
$Na_2C_2O_4$	134.00	Sb_2O_3	291.50
$NaCl$	58.44	SiO_2	60.08
$NaHCO_3$	84.01	$SnCl_2 \cdot 2H_2O$	225.65
NaH_2PO_4	119.98	SnO_2	150.71
Na_2HPO_4	141.96	SnS	150.78
$Na_2HPO_4 \cdot 2H_2O$	177.99	$Sr(NO_3)_2$	211.63
$Na_2HPO_4 \cdot 12H_2O$	358.14	$Sr(NO_3)_2 \cdot 4H_2O$	283.69
$Na_2H_2Y \cdot 2H_2O$	372.26	$Zn(NO_3)_2 \cdot 6H_2O$	297.49
$NaNO_3$	84.99	ZnO	81.39
Na_2O	61.98	$Zn(OH)_2$	99.40
Na_2O_2	77.98	ZnS	97.43
$NaOH$	40.01	$ZnSO_4$	161.45
Na_3PO_4	163.94	$ZnSO_4 \cdot 7H_2O$	287.56
Na_2S	78.05		

参考文献

[1] 陈学泽．无机及分析化学．第 2 版．北京：中国林业出版社，2008.

[2] 武汉大学，吉林大学，等．无机化学．第 3 版．北京：高等教育出版社，1994.

[3] 大连理工大学无机化学教研室．无机化学．第 3 版．北京：高等教育出版社，1990.

[4] 王元兰，邓斌．无机及分析化学．北京：化学工业出版社，2015.

[5] 天津大学无机化学教研室．无机化学．第 2 版．北京：高等教育出版社，1992.

[6] 武汉大学．分析化学．第 4 版．北京：高等教育出版社，2000.

[7] 华中师范大学，等．分析化学．第 3 版．北京：高等教育出版社，2001.

[8] 朱明华．仪器分析．第 3 版．北京：高等教育出版社，2000.

[9] 王秀彦，马凤霞．无机及分析化学．北京：化学工业出版社，2016.

[10] 杭州大学化学系分析化学教研室．分析化学手册．第 2 版．北京：化学工业出版社，1997.

[11] 四川大学．近代化学基础．第 2 版．上册．北京：高等教育出版社，2006.

[12] 颜秀茹，肖新亮．无机化学及化学分析．天津：天津大学出版社，2004.

[13] 俞斌，姚成，吴文源．无机与分析化学教程．北京：化学工业出版社，2014.

[14] 葛兴．分析化学．北京：中国农业大学出版社，2004.

[15] 冯炎龙．无机及分析化学．杭州：浙江大学出版社，2011.

[16] 董元彦．无机及分析化学．第 3 版．北京：科学出版社，2011.

[17] 关鲁雄，等．高等无机化学．北京：化学工业出版社，2004.

[18] 李慎安，等．新编法定计量单位应用手册．北京：机械工业出版社，1996.

[19] 傅献彩．大学化学．北京：高等教育出版社，1999.

[20] 周春山，符斌．分析化学简明手册．北京：化学工业出版社，2009.

元素周期表

IUPAC 2013

图例：以95号元素为例，方格内依次为：

- 原子序数（95）
- 元素符号（Am；红色的为放射性元素）
- 元素名称（镅▲；注▲的为人造元素）
- 价层电子构型（$5f^7 7s^2$）
- 原子量（243.06138(2)✦）
- 方格左侧为氧化态（+2 +3 +4 +5 +6）

说明：

- 氧化态（单质的氧化态为0，未列入；常见的为红色）
- 以 $^{12}C=12$ 为基准的原子量（注✦的是半衰期最长同位素的原子量）

分区：s区元素、p区元素、d区元素、ds区元素、f区元素、稀有气体

周期＼族	1 ⅠA	2 ⅡA	3 ⅢB	4 ⅣB	5 ⅤB	6 ⅥB	7 ⅦB	8 ⅧB(Ⅷ)	9 ⅧB(Ⅷ)	10 ⅧB(Ⅷ)	11 ⅠB	12 ⅡB	13 ⅢA	14 ⅣA	15 ⅤA	16 ⅥA	17 ⅦA	18 ⅧA(0)	电子层
1	1 H 氢 $1s^1$ 1.008 (−1 +1)																	2 He 氦 $1s^2$ 4.002602(2)	K
2	3 Li 锂 $2s^1$ 6.94 (+1)	4 Be 铍 $2s^2$ 9.0121831(5) (+2)											5 B 硼 $2s^2 2p^1$ 10.81 (+3)	6 C 碳 $2s^2 2p^2$ 12.011 (−4 +2 +4)	7 N 氮 $2s^2 2p^3$ 14.007 (−3 −2 −1 +1 +2 +3 +4 +5)	8 O 氧 $2s^2 2p^4$ 15.999 (−2 −1)	9 F 氟 $2s^2 2p^5$ 18.998403163(6) (−1)	10 Ne 氖 $2s^2 2p^6$ 20.1797(6)	L K
3	11 Na 钠 $3s^1$ 22.98976928(2) (−1 +1)	12 Mg 镁 $3s^2$ 24.305 (+2)											13 Al 铝 $3s^2 3p^1$ 26.9815385(7) (+3)	14 Si 硅 $3s^2 3p^2$ 28.085 (−4 +2 +4)	15 P 磷 $3s^2 3p^3$ 30.973761998(5) (−3 −2 −1 +1 +3 +5)	16 S 硫 $3s^2 3p^4$ 32.06 (−2 +2 +4 +6)	17 Cl 氯 $3s^2 3p^5$ 35.45 (−1 +1 +3 +5 +7)	18 Ar 氩 $3s^2 3p^6$ 39.948(1)	M L K
4	19 K 钾 $4s^1$ 39.0983(1) (−1 +1)	20 Ca 钙 $4s^2$ 40.078(4) (+2)	21 Sc 钪 $3d^1 4s^2$ 44.955908(5) (+3)	22 Ti 钛 $3d^2 4s^2$ 47.867(1) (−1 0 +2 +3 +4)	23 V 钒 $3d^3 4s^2$ 50.9415(1) (0 ±1 +2 +3 +4 +5)	24 Cr 铬 $3d^5 4s^1$ 51.9961(6) (−3 0 ±1 +2 +3 +4 +5 +6)	25 Mn 锰 $3d^5 4s^2$ 54.938044(3) (−2 0 ±1 +2 +3 +4 +5 +6 +7)	26 Fe 铁 $3d^6 4s^2$ 55.845(2) (−2 0 ±1 +2 +3 +4 +5 +6)	27 Co 钴 $3d^7 4s^2$ 58.933194(4) (0 ±1 +2 +3 +4 +5)	28 Ni 镍 $3d^8 4s^2$ 58.6934(4) (0 ±1 +2 +3 +4)	29 Cu 铜 $3d^{10} 4s^1$ 63.546(3) (+1 +2 +3 +4)	30 Zn 锌 $3d^{10} 4s^2$ 65.38(2) (+1 +2)	31 Ga 镓 $4s^2 4p^1$ 69.723(1) (+1 +3)	32 Ge 锗 $4s^2 4p^2$ 72.630(8) (+2 +4)	33 As 砷 $4s^2 4p^3$ 74.921595(6) (−3 +3 +5)	34 Se 硒 $4s^2 4p^4$ 78.971(8) (−2 +2 +4 +6)	35 Br 溴 $4s^2 4p^5$ 79.904 (−1 +1 +3 +5 +7)	36 Kr 氪 $4s^2 4p^6$ 83.798(2) (+2 +4)	N M L K
5	37 Rb 铷 $5s^1$ 85.4678(3) (−1 +1)	38 Sr 锶 $5s^2$ 87.62(1) (+2)	39 Y 钇 $4d^1 5s^2$ 88.90584(2) (+3)	40 Zr 锆 $4d^2 5s^2$ 91.224(2) (+1 +2 +3 +4)	41 Nb 铌 $4d^4 5s^1$ 92.90637(2) (0 ±1 +2 +3 +4 +5)	42 Mo 钼 $4d^5 5s^1$ 95.95(1) (0 ±1 +2 +3 +4 +5 +6)	43 Tc 锝▲ $4d^5 5s^2$ 97.90721(3)✦ (0 +1 +2 +3 +4 +5 +6 +7)	44 Ru 钌 $4d^7 5s^1$ 101.07(2) (0 +1 +2 +3 +4 +5 +6 +7 +8)	45 Rh 铑 $4d^8 5s^1$ 102.90550(2) (0 +1 +2 +3 +4 +5 +6)	46 Pd 钯 $4d^{10}$ 106.42(1) (0 +1 +2 +3 +4)	47 Ag 银 $4d^{10} 5s^1$ 107.8682(2) (+1 +2 +3)	48 Cd 镉 $4d^{10} 5s^2$ 112.414(4) (+1 +2)	49 In 铟 $5s^2 5p^1$ 114.818(1) (+1 +3)	50 Sn 锡 $5s^2 5p^2$ 118.710(7) (+2 +4)	51 Sb 锑 $5s^2 5p^3$ 121.760(1) (−3 +3 +5)	52 Te 碲 $5s^2 5p^4$ 127.60(3) (−2 +2 +4 +6)	53 I 碘 $5s^2 5p^5$ 126.90447(3) (−1 +1 +3 +5 +7)	54 Xe 氙 $5s^2 5p^6$ 131.293(6) (+2 +4 +6 +8)	O N M L K
6	55 Cs 铯 $6s^1$ 132.90545196(6) (−1 +1)	56 Ba 钡 $6s^2$ 137.327(7) (+2)	57~71 La~Lu 镧系	72 Hf 铪 $5d^2 6s^2$ 178.49(2) (+1 +2 +3 +4)	73 Ta 钽 $5d^3 6s^2$ 180.94788(2) (0 ±1 +2 +3 +4 +5)	74 W 钨 $5d^4 6s^2$ 183.84(1) (0 ±1 +2 +3 +4 +5 +6)	75 Re 铼 $5d^5 6s^2$ 186.207(1) (0 +1 +2 +3 +4 +5 +6 +7)	76 Os 锇 $5d^6 6s^2$ 190.23(3) (0 +1 +2 +3 +4 +5 +6 +7 +8)	77 Ir 铱 $5d^7 6s^2$ 192.217(3) (0 +1 +2 +3 +4 +5 +6)	78 Pt 铂 $5d^9 6s^1$ 195.084(9) (0 +2 +3 +4 +5 +6)	79 Au 金 $5d^{10} 6s^1$ 196.966569(5) (+1 +2 +3 +5)	80 Hg 汞 $5d^{10} 6s^2$ 200.592(3) (+1 +2 +3)	81 Tl 铊 $6s^2 6p^1$ 204.38 (+1 +3)	82 Pb 铅 $6s^2 6p^2$ 207.2(1) (+2 +4)	83 Bi 铋 $6s^2 6p^3$ 208.98040(1) (−3 +3 +5)	84 Po 钋 $6s^2 6p^4$ 208.98243(2)✦ (−2 +2 +4 +6)	85 At 砹 $6s^2 6p^5$ 209.98715(5)✦ (±1 +5 +7)	86 Rn 氡 $6s^2 6p^6$ 222.01758(2)✦ (+2)	P O N M L K
7	87 Fr 钫▲ $7s^1$ 223.01974(2)✦ (+1)	88 Ra 镭 $7s^2$ 226.02541(2)✦ (+2)	89~103 Ac~Lr 锕系	104 Rf 𬬻▲ $6d^2 7s^2$ 267.122(4)✦	105 Db 𬭊▲ $6d^3 7s^2$ 270.131(4)✦	106 Sg 𬭳▲ $6d^4 7s^2$ 269.129(3)✦	107 Bh 𬭛▲ $6d^5 7s^2$ 270.133(2)✦	108 Hs 𬭶▲ $6d^6 7s^2$ 270.134(2)✦	109 Mt 鿏▲ $6d^7 7s^2$ 278.156(5)✦	110 Ds 𫟼▲ 281.165(4)✦	111 Rg 𬬭▲ 281.166(6)✦	112 Cn 鿔▲ 285.177(4)✦	113 Nh 鿭▲ 286.182(5)✦	114 Fl 𫓧▲ 289.190(4)✦	115 Mc 镆▲ 289.194(6)✦	116 Lv 𫟷▲ 293.204(4)✦	117 Ts 鿬▲ 293.208(6)✦	118 Og 鿫▲ 294.214(5)✦	Q P O N M L K

★ 镧系	57 La★ 镧 $5d^1 6s^2$ 138.90547(7) (+3)	58 Ce 铈 $4f^1 5d^1 6s^2$ 140.116(1) (+2 +3 +4)	59 Pr 镨 $4f^3 6s^2$ 140.90766(2) (+3 +4)	60 Nd 钕 $4f^4 6s^2$ 144.242(3) (+2 +3 +4)	61 Pm 钷▲ $4f^5 6s^2$ 144.91276(2)✦ (+3)	62 Sm 钐 $4f^6 6s^2$ 150.36(2) (+2 +3)	63 Eu 铕 $4f^7 6s^2$ 151.964(1) (+2 +3)	64 Gd 钆 $4f^7 5d^1 6s^2$ 157.25(3) (+3)	65 Tb 铽 $4f^9 6s^2$ 158.92535(2) (+3 +4)	66 Dy 镝 $4f^{10} 6s^2$ 162.500(1) (+3 +4)	67 Ho 钬 $4f^{11} 6s^2$ 164.93033(2) (+3)	68 Er 铒 $4f^{12} 6s^2$ 167.259(3) (+3)	69 Tm 铥 $4f^{13} 6s^2$ 168.93422(2) (+2 +3)	70 Yb 镱 $4f^{14} 6s^2$ 173.045(10) (+2 +3)	71 Lu 镥 $4f^{14} 5d^1 6s^2$ 174.9668(1) (+3)
★ 锕系	89 Ac★ 锕 $6d^1 7s^2$ 227.02775(2)✦ (+3)	90 Th 钍 $6d^2 7s^2$ 232.0377(4) (+3 +4)	91 Pa 镤 $5f^2 6d^1 7s^2$ 231.03588(2) (+3 +4 +5)	92 U 铀 $5f^3 6d^1 7s^2$ 238.02891(3) (+2 +3 +4 +5 +6)	93 Np 镎 $5f^4 6d^1 7s^2$ 237.04817(2)✦ (+3 +4 +5 +6 +7)	94 Pu 钚 $5f^6 7s^2$ 244.06421(4)✦ (+3 +4 +5 +6 +7)	95 Am 镅▲ $5f^7 7s^2$ 243.06138(2)✦ (+2 +3 +4 +5 +6)	96 Cm 锔▲ $5f^7 6d^1 7s^2$ 247.07035(3)✦ (+3 +4)	97 Bk 锫▲ $5f^9 7s^2$ 247.07031(4)✦ (+3 +4)	98 Cf 锎▲ $5f^{10} 7s^2$ 251.07959(3)✦ (+2 +3 +4)	99 Es 锿▲ $5f^{11} 7s^2$ 252.0830(3)✦ (+2 +3)	100 Fm 镄▲ $5f^{12} 7s^2$ 257.09511(5)✦ (+2 +3)	101 Md 钔▲ $5f^{13} 7s^2$ 258.09843(3)✦ (+2 +3)	102 No 锘▲ $5f^{14} 7s^2$ 259.1010(7)✦ (+2 +3)	103 Lr 铹▲ $5f^{14} 6d^1 7s^2$ 262.110(2)✦ (+3)